智能控制与高性能材料境外专利分析

主编　杨云锋

内容简介

本书包括5篇内容，分别是无人飞行器导航制导系统境外专利分析、第三代半导体材料境外专利分析、智能穿戴设备境外专利分析、特殊作业机器人境外专利分析和高性能热障涂层境外专利分析。每篇均以具体的技术问题、技术方案和所解决的技术效果为主线，强化专利信息利用，开阔研究视角，通过企业发展历史图、研究合作模式图、组成气泡图、发明人罗盘图等多种方式进行研究成果展示，对于重点申请人、发明人进行详细分析，视角新颖，可视化程度高。适合智能控制与高性能材料领域科技工作者、行业研究人员以及知识权行业人士阅读参考。

图书在版编目（CIP）数据

智能控制与高性能材料境外专利分析 / 杨云锋主编. -- 沈阳：辽宁科学技术出版社，2024.8. --

ISBN 978-7-5591-3650-3

Ⅰ. TP273; TB34

中国国家版本馆 CIP 数据核字第 2024B81B13 号

出版发行：辽宁科学技术出版社
北京拂石医典图书有限公司
地址：北京海淀区车公庄西路华通大厦B座15层
联系电话：010-57262361/024-23284376
E-mail：fushimedbook@163.com
印 刷 者：三河市春园印刷有限公司
经 销 者：各地新华书店

幅面尺寸：185mm×260mm
字　　数：722千字　　印　　张：31.5
出版时间：2024年8月第1版　　印刷时间：2024年8月第1次印刷

责任编辑：陈　颖　　责任校对：梁晓洁
封面设计：潇　潇　　封面制作：潇　潇
版式设计：天地鹏博　　责任印制：丁　艾

如有质量问题，请速与印务部联系　　联系电话：010-57262361

定　　价：168.00元

编委会

主　编　杨云锋

副主编　魏巧莲　达文欣　曾宇昕

孙红花

编　委　（以姓氏笔画为序）

王笑寒　王俊理　李慧杰

苗君叶　林丹丹　耿　娜

前言

专利文献，特别是境外专利文献，是重要的科技信息来源。专利信息的使用几乎贯穿了科技创新活动的全过程，对提高创新效益和产业竞争力起到至关重要的作用，有助于企业应对专利侵权纠纷、走出海外进行专利布局和提升专利申请的质量，有助于科研院所、高校了解最新技术的发展和演变，特别是通过对境外专利文献的挖掘能够获知新兴产业的最新工程实践发展。当前，以智能控制技术、网络信息技术、新材料技术等为代表的高新技术群迅猛发展，推进产业和工程实践发生巨大变化，积极利用上述领域专利信息将能够大幅度提升我国在上述领域的科技和产业发展。

本书以具体的技术问题、技术方案和所解决的技术效果为主线，强化专利信息利用，开阔研究视角，通过企业发展历史图、研究合作模式图、组成气泡图、发明人罗盘图等多种方式进行研究成果展示，对于重点申请人、发明人进行详细分析，视角新颖，可视化程度高。

本书共分 5 篇，分别是无人飞行器导航制导系统境外专利分析、第三代半导体材料境外专利分析、智能穿戴设备境外专利分析、特殊作业机器人境外专利分析和高性能热障涂层境外专利分析。各篇之间相对独立，读者既可以按照章节依次阅读，也可以根据需要重点阅读其中部分章节。

各部分的编写人员以及内容情况如下：杨云锋负责搭建框架、结构统筹、修订和统稿工作，并撰写前言。

“第一篇 无人飞行器导航制导系统境外专利分析”以杨云锋为牵头人，并撰写第一章第一节和第二节、第二章第二节和第三章；耿娜撰写第一章第三节，第二章第一节、第三节和第五节；苗君叶撰写第二章第四节。全篇分别以导航系统和制导系统为入口，重点关注了波音、洛克希德·马丁、三菱等欧美日重点企业。

“第二篇 第三代半导体材料境外专利分析”以曾宇昕为牵头人，并撰写第一章、第二章、第三章第八节、第四至六章；王笑寒撰写第三章第一至七节。全篇主要研究第三代半导体器件，尤其是射频器件和功率器件的技术研究进展和专利布局情况，重点分析了雷神公司和狼速（wolfspeed）公司在该领域的专利布局及其重要专利技术。

“第三篇 智能穿戴设备境外专利分析”以孙红花为牵头人，并撰写第一章、第二章、第五章，王俊理撰写第三章、第四章、第六章。全篇选取智能耳机、智能手表、智能手环和智能眼镜这四类智能穿戴设备，针对其结构、数据处理技术和通信技术，对技术发展和专利布局情况进行了统计研究，重点分析了高通公司、HARMAN 公司、三星公司、Snap 公司等境外创新主体在该领域的关键专利技术。

“第四篇 特殊作业机器人境外专利分析”以达文欣为牵头人，并撰写第一章、第二章

第二节至第四节、第三章第二节、第四章第四节至第六节和第五章；李慧杰撰写第二章第一节、第三章第一节、第三节至第五节、第四章第一节至第三节。全篇主要研究特殊作业机器人的结构部分技术和智能化部分技术，对该领域境外专利技术发展和专利布局情况进行统计研究，重点分析索尼公司、韩国机器人融合研究院、波士顿动力公司等境外创新主体在该领域的专利技术情况。

“第五篇 高性能热障涂层境外专利分析”以魏巧莲为牵头人，并撰写第一章第四节至第六节，第二章，第三章第三节及第四节，第四章第一节、第三节和第四节；林丹丹撰写第一章第一节至第三节、第三章第一节及第二节、第四章第二节。全篇综述了热障涂层在材料及结构体系、制备技术和检测工艺等方面的研究进展，并结合专利分析方法对该领域境外的发展态势、关键技术脉络、布局区域等方面进行统计分析和研究，重点关注通用电气公司、西门子公司、三菱重工等欧美日研发主体的关键专利技术。

本书为我国相关产业的发展提供参考和借鉴，有利于相关技术人员宏观把握和深度了解境外技术，为各类科技工作者、科技企业发展扩展知识提供素材，提高科研能力、助力技术进步、智胜未来。

热点领域的知识浩瀚如海，本书作者虽倾尽全力，但编写时间仓促，且受到信息来源、研究经验和编写能力所限，疏漏和不足之处在所难免，敬请广大读者批评指正。

杨云锋

2024 年 8 月 6 日

目录

第一篇

无人飞行器导航制导系统境外专利分析

第一章

无人飞行器导航制导系统概述

第一节　概　述

无人飞行器是指没有人员直接驾驶，仅依靠机载控制系统和无线通信链路实现自主飞行的飞行器。近年来，随着技术的发展，无人飞行器技术越来越成熟，无人飞行器具有造价低、体积小、生存力强、结构简单、操作灵活、飞行方式灵活等特点，能够适用于高、中、低空，具有长航时、垂直起降、悬停等众多优点，在民用领域有着广泛的应用前景，很多科研机构将该技术置于优先发展的位置。目前世界各国都在积极拓展民用无人机的应用范围，民用无人飞行器已广泛应用于防汛抗旱监测（图 1–1–1–1）、边境监控调查、野生动物监测、土地资源调查（图 1–1–1–2）、矿产资源开发调查与监视、铁路建设勘测等方面。民用无人飞行器在电力、通信、气象、农林、海洋、勘探等领域的技术效果和经济效果都非常看好，在缉毒缉私、边境巡逻、治安反恐等方面也有很好的应用前景，民用无人飞行器应用前景非常广阔。

图 1–1–1–1　无人飞行器采集的某地汛情照片

图 1-1-1-2　无人飞行器采集的土地资源调查照片

导航、制导系统是无人飞行器的“大脑”，是无人飞行器的决策机关，负责规划无人飞行器的航路，使得无人飞行器在一定的约束条件下飞向目标。其中，制导系统主要负责航路规划、目标导引等工作，导航系统主要负责获取无人飞行器的位置、速度、姿态等状态量。导航系统实现位置、速度、姿态等状态量的获取，为制导系统的工作提供基础，最终，控制系统控制无人飞行器的运动，实现无人飞行器飞行过程中的稳态和设计姿态，保证无人飞行器最终以设计路线、落角和速度到达目标。导航、制导系统使无人飞行器能够实现自主飞行，准确进行飞行机动，完成任务。

第二节　导航系统

导航系统的工作内容是获取飞行器自身的位置、速度和姿态等状态量。参见图 1-1-2-1，根据时代和技术的不同，导航技术可大致分为四阶段：19 世纪中叶之前为原始导航阶段，主要依靠天文导航、指南针等技术进行导航；19 世纪中叶至 20 世纪 30 年代为普通导航阶段，主要依靠第一代惯性导航技术进行导航；20 世纪 40 年代至 60 年代为近代导航阶段，主要依靠无线电技术、第二代惯性导航技术进行导航；20 世纪 70 年代以来为现代导航阶段，出现包括卫星导航、第三代惯性导航、第四代惯性导航、电视导航、红外导航、视觉导航、激光导航以及各种导航技术组合的双模、多模导航技术。

现有的导航技术中，应用最为广泛、历史最为悠久的是天文导航。天文导航，也称为星光导航，是以行星、恒星等自然天体作为导航信标，通过星敏感器观测飞行器与天体之间的方位角和高度角，同时基于星体的绝对位置数据，计算得到飞行器的绝对位置。中国古籍中就有许多关于将天文应用于航海的记载，大约到了元明时期，我国天文航海技术有

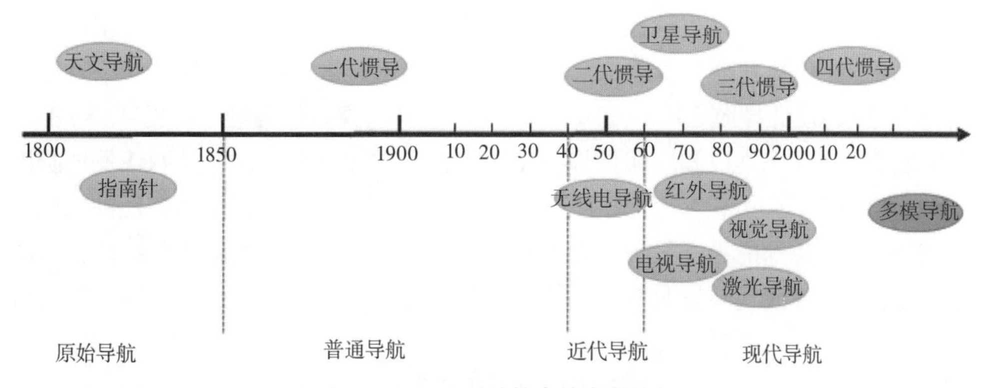

图 1-1-2-1　导航技术的发展阶段

了很大的发展，已能观测星的高度来定地理纬度，以此测定船只的具体航向，称为“牵星术”，代表着当时中国的天文航海技术达到了世界最高水平。郑和七下西洋就是依靠“过洋牵星”的航海技术进行导航的。欧洲在 15 世纪以前仅能白昼顺风沿岸航行，18 世纪的六分仪和天文钟的问世，大大提高了导航定位的准确性；1875 年法国海军军官圣伊芙尔发明截距法，简化了天文定位线测定作业，至今仍在应用。天文导航不向外界辐射电磁波，隐身性能好，定位误差不随时间积累，是一种得到广泛应用的自主导航技术。纵观天文导航的发展历程，数百年来，天文导航为人类文明做出了巨大的贡献。随着科学的发展，人类已从利用自然天体导航发展到建立人造天体为定位和导航服务，电子导航的出现，使现代导航技术发生了翻天覆地的变化，但是在电子导航对人类贡献越来越大的同时，人类对电子导航的依赖及其由此带来的风险越来越大。在当今高技术条件下，天文导航的独特优点仍是其他导航手段所无法取代的。

虽然天文导航为早期的导航需求提供了一定的支撑，但是近代社会的发展尤其是飞行器行业的发展，要求导航系统提供高动态条件下的高精度导航，而当时的天文导航的精度难以满足相应的要求。为了实现高精度导航的目标，经过科研工作者们不懈的努力，出现了早期的惯性导航技术。

惯性导航技术开启了近现代导航技术发展的序幕。17 世纪初，艾萨克・牛顿研究了高速旋转刚体的力学问题，牛顿力学定律是惯性导航的理论基础。自 19 世纪中叶出现惯性仪表以来，经过一百多年的发展，惯性导航技术成为目前非常常见的导航方法。惯性导航利用无人飞行器上安装的陀螺仪、加速度传感器、磁传感器等传感器采集原始信息，经惯性导航算法进行数据处理与计算，得到无人飞行器的位置、速度等状态量。惯性导航是一种完全自主的导航方法，其不借助外界信息，也不向外辐射能量，仅依靠载体自身的传感器信息进行导航。相较于其他非自主导航方法，惯性导航在具有隐身需求的载体上得到了广泛的应用。同时，由于不需要与外界进行交互，惯性导航不容易受到外界干扰，可靠性也较高。

惯性导航技术发展至今大致经历了四个阶段。第一个阶段指 20 世纪 30 年代以前的惯性导航技术，称为第一代惯性导航技术，主要研究内容是惯性仪表技术，这一阶段奠定了整个惯性导航发展的基础。第二个阶段开始于 20 世纪 40 年代火箭发展的初期，称为第二代惯性导航技术，其研究内容从惯性仪表技术发展扩大到惯性导航系统的应用。第三个阶段始于 20 世纪 70 年代初期，称为第三代惯性导航技术，这一阶段出现了一些新型陀螺、加速度计和相应的惯性导航系统，例如光纤陀螺等。其研究目标是进一步提高 INS 的性能，并通过多种技术途径来推广和应用惯性技术。当前，惯性技术正处于第四代发展阶段，其目标是实现高精度、高可靠性、低成本、小型化、数字化、应用领域更加广泛的导航系统。比如随着量子传感技术的迅速发展，在惯性导航技术中，利用原子磁共振特性构造的微小型核磁共振陀螺惯性测量装置具有高精度、小体积、纯固态、对加速度不敏感等优势，成为新一代陀螺仪的研究热点方向之一。

惯性系统最先应用于火箭制导，美国火箭先驱罗伯特·戈达尔（Robert Goddard）试验了早期的陀螺系统。“二战”期间经德国人冯布劳恩改进应后，应用于 V-2 火箭制导。战后美国麻省理工学院等研究机构及人员对惯性制导进行深入研究，从而发展成应用于飞机、火箭、航天飞机、潜艇的现代惯性导航系统。

常见的惯性导航系统有平台惯导和捷联惯导两种形式。平台惯导的惯性测量器件（如陀螺仪和加速度传感器）集中安装在被称作陀螺稳定平台的台体上，平台台体相对惯性空间具有相对不变的方位，或按照平台指令跟踪某一参考坐标系。这样，惯性仪表与飞行器本体运动隔开，具有良好的工作环境。捷联惯导的惯性元件直接安装在飞行器上，有利于采用余度配置。

在惯性导航系统中，陀螺仪是影响系统稳定性的主要传感器。陀螺仪从最初的框架陀螺开始，慢慢发展到灵敏度更高的液浮速率积分陀螺，再到抗振动、抗冲击性能优异的激光陀螺、光纤陀螺、成本低易于集成化的 MEMS 陀螺，在提高灵敏度、提高稳定性、降低成本等方面做出了尝试和努力。

框架陀螺是早期研制的陀螺仪，其制造简单，成本低，抗振动能力较好。但是其校正过程比较烦琐，测量精度低，目前已少有应用。

液浮速率积分陀螺的测量精度有了明显的改善，但是在经过一定时长的有效工作时间之后，活动部件磨损明显，尤其是支撑转子的轴承磨损明显，陀螺工作时的噪声明显增大，甚至容易出现转子卡死的情况。转子卡死之后无法提供正确的角速度数据，随后导航系统和控制系统基于错误的数据进行解算，会得到错误的位置、姿态数据，可能导致飞机的稳态被破坏等严重后果。液浮速率积分陀螺转子结构参见图 1-1-2-2。

同时，由于液浮速率积分陀螺的成本非常高，其设计寿命一般较长。而现有的液浮速率积分陀螺无法满足设计寿命要求，当液浮速率积分陀螺的工作时间较长时，其可靠性大大降低。针对这个问题，目前只能通过增加备份仪表来进行弥补。而这又进一步增加了成本，同时受到安装位置大小、传感器体积要求的约束，备份传感器数量一般是 1 个，即系统的冗余量为 4，此时的系统可靠性依旧值得担忧。

为了提高传感器可靠性，延长使用寿命，代替机械陀螺的光学陀螺的研制成为研究重点。激光陀螺是初代的光学陀螺，其工作原理是利用萨格纳克（Sagnac）效应来测量旋转角速度。在闭合光路中，同一光源发射的两束光分别沿闭合光路的顺时针和逆时针传播，由于载体本身存在旋转角速度，顺时针传播的光束和逆时针传播的光束之间存在光程差。

令顺时针传播的光束和逆时针传播的光束进行干涉，通过观察干涉条纹的变化即可得出载体的角速度信息。内腔式环形激光陀螺仪结构如图 1–1–2–3。

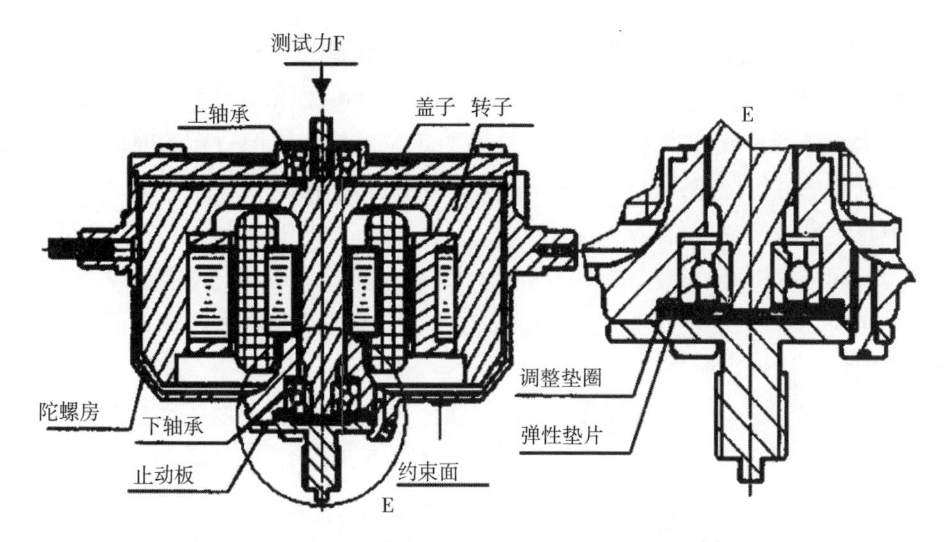

图 1–1–2–2　液浮速率积分陀螺转子结构示意图

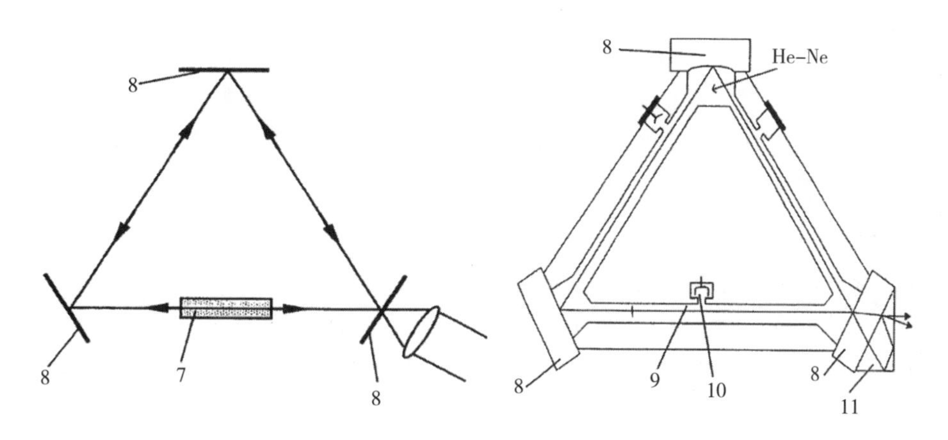

图 1–1–2–3　内腔式环形激光陀螺仪结构示意图（CN101165977A）

激光陀螺没有机械陀螺中的框架结构，以及轴承、导电环、力矩器等活动部件，结构简单，工作寿命长，可靠性高。但是激光陀螺存在成本高、闭锁现象、灵敏度低等问题。

基于激光陀螺的工作原理，为了进一步提高抗振动、抗冲击的能力，同时降低成本，第二代光学陀螺——光纤陀螺应运而生。光纤陀螺用光纤代替激光陀螺中的闭合光路，其工作原理与激光陀螺相同，也是基于萨格纳克效应来测量旋转角速度。光纤陀螺与激光陀螺一样，具有无机械活动部件的优点，同时进一步增强了抗振动、抗冲击能力，还克服了激光陀螺成本高和闭锁现象等致命缺点。目前光纤陀螺在成本、稳定性等方面的表现较好，但是灵敏度与液浮陀螺还有差距，适用于灵敏度要求较低的应用场合。

随着工业的发展，机器人、小型无人机、车载控制系统等民用领域，惯性导航器件的应用越来越广泛。而在这些应用场合中，对陀螺仪的灵敏度要求并不高，而是十分关注陀螺仪的成本。MEMS 陀螺是一种成本低、便于大规模生产的陀螺仪，在民用场合中得到了广泛的使用。

虽然惯性导航系统的自主性和稳定性较好，但是其作为一种相对定位系统，仍然存在致命的问题，即当惯性导航系统长时间工作时，随着时间的积累其会产生较大的累积误差，导航精度会大大降低。此时，就需要有一个绝对定位系统，按照一定的时间间隔对惯性导航系统的导航信息进行校正，以修正累计误差，保证导航精度。

全球卫星导航系统（Global Navigation Satellite System，GNSS）是最常见的绝对定位系统。其通过载体上的接收机接收卫星信号（不小于 3 颗），得到接收机与卫星之间的相对距离，同时基于星历查找卫星的当前位置，根据接收机与卫星之间的相对距离、卫星的当前位置即可计算得到接收机的当前位置。

1957 年 10 月 4 日，苏联成功发射世界上第一颗人造地球卫星，远在美国霍普金斯大学应用物理实验室两名年轻学者接收该卫星信号时，发现卫星与接收机之间形成的运动多普勒频移效应，并断言可以用来进行导航定位。在他们的建议下，美国在 1964 年建成了国际上第一个卫星导航系统即“子午仪”，由 6 颗卫星构成星座，用于海上舰艇船舶的定位导航。1967 年，“子午仪”系统解密并提供给民用。

从 20 世纪 70 年代后期全球定位系统（Global Positioning System, GPS）建设开始，至 2020 年多星座构成的全球卫星导航系统（GNSS）均属于第二代导航卫星系统。目前，全球卫星导航系统委员会公布的全球卫星导航系统供应商有 4 家，分别是美国的全球定位系统（GPS）、俄罗斯的格鲁纳斯卫星导航系统（GLONASS）、中国的北斗卫星导航系统（BDS）和欧盟的伽利略卫星导航系统（GALILEO）。其中 GPS 是世界上第一个建立并用于导航定位的全球系统，近年来在民用导航领域得到了广泛的应用。中国的北斗卫星导航系统目前已经完成全球系统的搭建，为全球用户提供全天候、高精度的定位、导航和授时服务，逐步进入市场。全球导航卫星系统（GNSS）接收器及卫星系统的结构见图 1-1-2-4，全球导航卫星系统的接收器被定位在地球上的某个位置处并且被配置成使用具有围绕地球的多个轨道的多个 GNSS 卫星来确定其位置的坐标。

全球卫星导航系统不需要向外界主动发射信号，只需要在目标载体上安装 GNSS 天线和接收机，成本低，在开阔地面等卫星信号较好的区域，导航定位的精度较高。由于其具有的诸多优点，其被广泛应用于导航定位领域，与惯性导航系统等导航系统相结合，提供稳定、高精度的导航定位信息。

但是在水下、地下定位环境中，受限于卫星信号强度，全球卫星导航系统的定位表现并不好。同时，由于全球定位导航系统需要接受外界信息，当存在授权限制、欺骗干扰信号时，全球定位导航系统的稳定性和可靠性存在问题。

进入现代导航阶段以来，针对多种多样的应用环境和应用需求，又出现了多种导航技术，包括视觉导航、激光导航、红外导航、微波导航、声呐导航等导航技术。

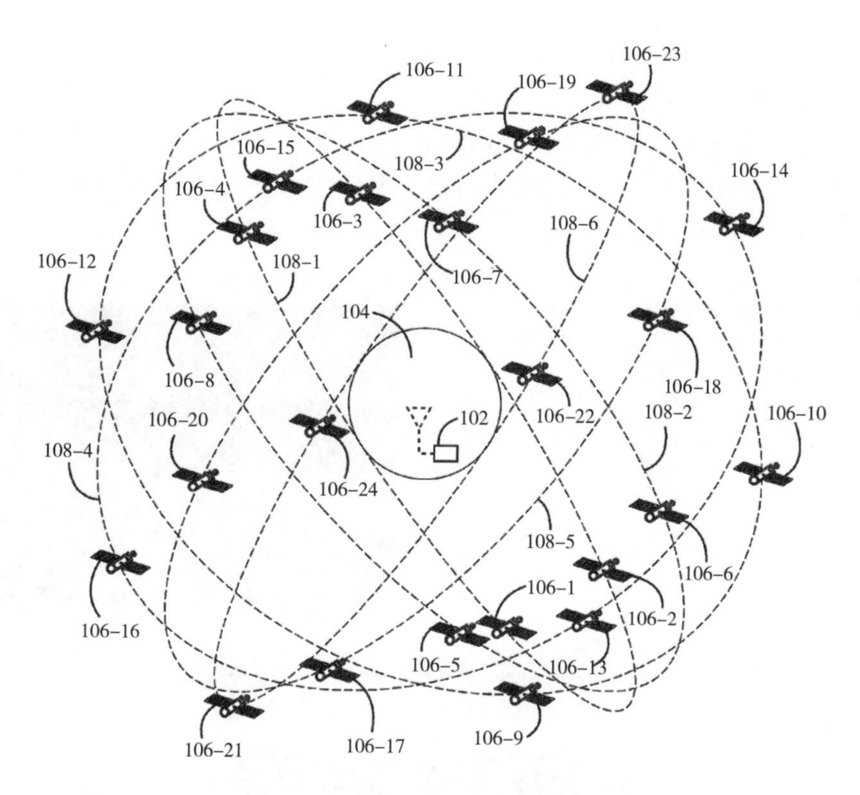

图 1-1-2-4　全球导航卫星系统（GNSS）接收器及卫星系统示意图（CN105277953A）

其中，视觉导航也是一种自主导航技术。其成本低、可靠性高，随着图像处理技术的发展，视觉导航的精度也有了很大程度的提高，很快得到了广泛的应用。

地形匹配导航是视觉导航技术的一个重要分支。地形匹配导航于 20 世纪 70 年代开始走入人们的视野，在 90 年代迅速发展和成熟，逐渐发展成为一种重要的导航系统。如图 1-1-2-5 所示，其工作原理是将飞行器在飞行过程中经过的地形信息预先存储起来，作为基准地形信息，当飞行器飞行至相应的定位点时，飞行器上搭载的传感器获取实时地形信息，随后将实时地形信息和基准地形信息进行匹配，得到当前位置信息。其中，地形匹配的工作可以在飞行器的计算系统实现，也可以在地面控制站实现。按照地形信息分类，地形匹配导航可以分为景象匹配技术和地形高度匹配技术。通常将地形匹配导航与惯性导航配合使用，以提高导航精度。地形匹配导航除了应用于空中、地面的导航场景，也广泛应用于水下导航的应用场景。

虽然地形匹配导航在地形固定的场景导航精度较高，但是在地形发生变化的情况下，地形匹配导航会出现匹配失败的情况，进而无法得到导航定位结果。

综观目前的各种导航系统，囊括了种类繁多的相对定位、绝对定位、自主导航、非自主导航技术，每种导航技术具有其各自的优缺点。鉴于之前介绍的几种导航系统中存在的问题，进入现代导航阶段后不久，人们意识到，单纯靠一种导航技术实现的导航系统，其可靠性、导航精度都难以满足目前的导航需求。并且每一种导航技术都具有自己的特点，存在相应的适合的应用场景。例如，惯性导航在长时间工作的情况下累计误差过大，导航精度受到很大的影响；卫星导航在开阔地面等卫星信号较好的区域，导航定位的精度较高，但是在水下、地下定位环境中，受限于卫星信号强度，全球卫星导航系统的定位表现并不好；地形匹配导航在地形发生变化的情况下导航结果不理想。此外，红外导航技术非常适用于针对空中目标的定位导航技术，因为空中目标一般自身就是一个巨大的热源；而声呐导航技术则适用于海底的导航过程中。

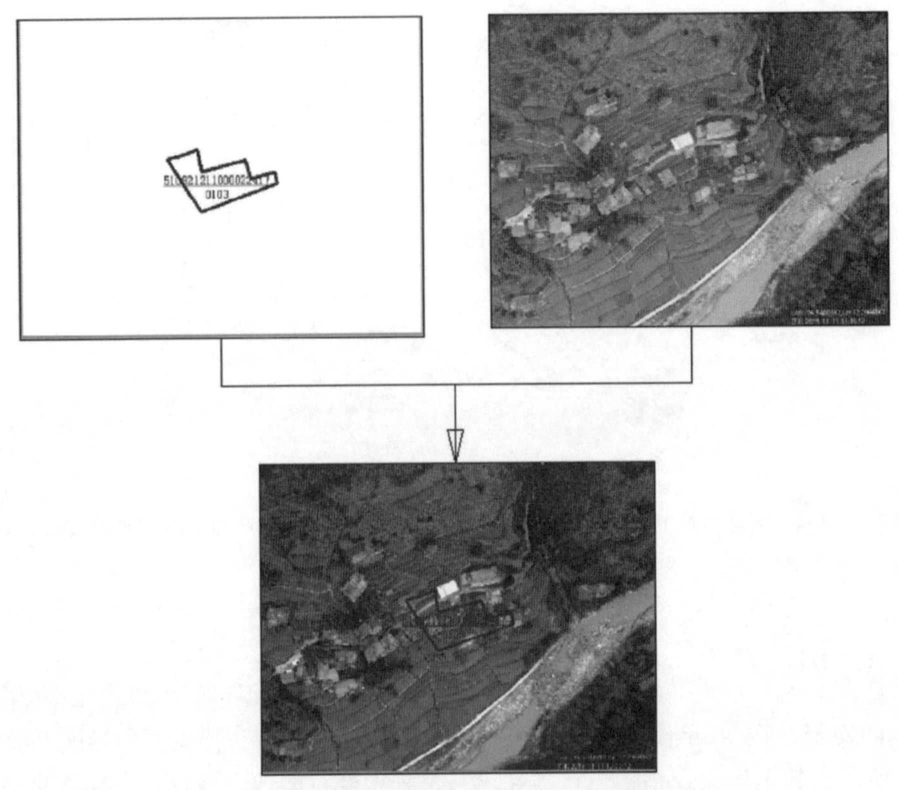

图 1-1-2-5 地形匹导航配示意图（CN113625731A）

鉴于现代导航需求的高标准化、多样化，组合导航技术是未来导航系统的发展方向。组合导航技术可以充分发挥各导航技术的优点，互相弥补不足，极大地提高导航系统的精度、稳定性和可靠性。目前组合导航技术包括惯性 / 卫星导航技术、红外 / 电视导航技术、红外 / 激光导航技术、惯性 / 卫星 / 激光导航技术等。

第三节 制导系统

制导系统根据飞行器的位置、速度等信息和目标的位置、速度等信息，同时基于飞行器的自身性能和外部环境约束条件，获取抵达目标的位置、速度指令。其工作过程主要分为航路规划和制导律设计两个部分。在飞行器飞向目标之前，需要首先根据飞行器与目标的相对位置规划相应的航路；规划好航路之后，需要设计相应的制导律，决定飞行器沿相应航迹飞行需要的位置、速度控制量，使得飞行器沿着规划好的航路最终飞向目标。

在获得任务信息后，首先要进行航路规划，这一步往往在飞行器起飞或发射前就要完成，将规划好的航路信息装订到飞行器中。近年来也出现了很多在线航路规划方法（Online Path Planning），提高了航路规划的灵活性和实时性，弥补了离线航路规划的不足。但是在线航路规划需要飞行器具有较强的数据处理能力和数据存储能力，一定程度上增加了设计成本。

自 20 世纪 80 年代中后期，以美国系统控制技术公司（SCT）开发的自动航迹产生模块（Automatic Routing Module，ARM）和波音航空航天公司开发的基于人工智能（AI）的任务规划软件为代表，美国开始了自动航迹规划技术的研究工作并取得了一定的成功，但在实际应用中还存在许多不足。ARM 采用直观推断法，计算量很大，规划耗时太多是主要缺陷。基于 AI 的任务规划软件中，知识的表达和抽象层的构造是一大难题。

90 年代，美国航空航天局（NASA）开展了名为 ANOE（Automatic Nap of the Earth，自主贴地飞行）的研究计划，用机载传感器获取环境信息，结合导航系统数据，实时产生 ANOE 最优航迹，并给出沿最优航迹飞行的导引控制指令，旨在辅助驾驶员实施贴地飞行。近年来，集地形跟随（Terrain Following）/ 地形回避（Terrain Avoidance）/ 威胁回避（Threat Avoidance）为一体的 TF/TA^2 技术，借助先进的数字地图技术和多传感器信息融合技术，迅速发展成为新一代的低空飞行技术。

一、经典导引律

规划好飞行航路之后，还需要设计相应的制导律，以获得飞行器按照预定轨迹飞行的位置、速度控制量。经典的制导方法分为遥控制导和寻的制导两类，其中遥控制导方法又包括前置角法和三点法，寻的制导包括比例导引法（Proportional Navigation，PN）、平行接近法、追踪法等。

比例导引法是目前应用最广泛的制导方法之一。所谓比例导引法是指飞行器在向目标接近的过程中，使飞行器的速度向量 V 在空间的转动角速度正比于目标视线的转动角速度。

采用比例导引法的无人飞行器，跟踪目标时发现无人飞行器与目标连线的任何旋转，总是使无人飞行器向着减小视线角的角速度方向运动，并抑制视线的旋转，力图使无人飞行器以直线航道飞抵目标，制导精度高。采用比例导引法的无人飞行器，其飞行路线比较平直，技术上容易实现。

采用最优控制理论对比例导引法进行分析可以发现，若无人飞行器和目标的速度均恒定不变，不考虑无人飞行器惯性，且以终端脱靶量最小为唯一性能判据，那么比例导引法是该条件下的最优导引规律。但实际上由于发动机推力和空气阻力的存在，无人飞行器飞行速度不可能恒定；即使目标速度恒定，比例导引法也不能达到最优化。比例导引法要求无人飞行器速度矢量的旋转角速度和目标视线的旋转角速度成正比，此比值称为比例系数。无人飞行器在飞行过程中，视线转动角速度是变化的，并与无人飞行器到目标的距离成反比。如果比例系数保持不变，在某一距离上可以保证系统的导引性能；随着无人飞行器与目标间的相对距离减小，视线转动角速度越来越大，此时比例系数如能随距离的减小而减小，则在无人飞行器飞向目标的整个过程中都能使导引性能得到保证。所以，通常在无人飞行器发射时比例系数较大，而后逐渐减小。在实际应用中，比例系数的选择要合理。比例系数过小，无人飞行器对误差信号过于敏感，无人飞行器接近目标时要加速运动，一旦超过无人飞行器机动能力就会造成加速度饱和及脱靶；比例系数过大，则会增大视线转动角速度噪声。

起初比例导引律是基于客观的物理规律和设备可操作性所构想出来的。休斯飞机公司对比例导引律进行了广泛研究。随后，比例导引律在雷神公司得到了更全面的开发，并被广泛应用。第二次世界大战后，美国关于比例导引律的研究得以解密，并首次出现在《应用物理杂志》上。而有关比例导引最优性的数学推论直到 20 年后才得以被证明。

无人飞行器在接近目标过程中，其速度矢量始终指向目标的导引方法，简称追踪法。

追踪导引法按控制参数可分为速度追踪法和广义追踪导引法。

（1）速度追踪导引法：无人飞行器在接近目标过程中，其速度矢量与无人飞行器目标连线（视线）重合。该方法致使无人飞行器的末段路径曲率较大，这种导引法一般用于飞向低速运动目标和静止目标的无人飞行器，还可用于对目标实施尾追的无人飞行器。

（2）广义追踪导引法：无人飞行器速度矢量相对于无人飞行器与目标连线（视线）的夹角为一个常数，又称常值前置角导引法。无人飞行器在飞行中，其速度矢量总是沿着目标飞行方向超前目标视线（瞄准线）一个角度。

追踪导引法的基本原理是在无人飞行器制导过程中，安装在无人飞行器上的导引头接收目标辐射或反射的能量，对目标进行跟踪与探测，获取无人飞行器与目标的相对运动信息。导引头向无人飞行器上计算装置输入这些信息，计算装置按无人飞行器速度矢量 q 与无人飞行器目标连线 α 的夹角 β 为零（或某一常数值）的规则，向无人飞行器执行装置发送相应指令，实现对无人飞行器的控制。其导引方程为 $q-\alpha=\beta$（$\beta=0$ 时为速度追踪法，β 取常数时为广义追踪法）。

追踪导引法适用于采用寻的制导方式的无人飞行器。采用追踪导引法的无人飞行器，既可以飞向活动目标，也可以飞向固定目标，且制导系统结构较为简单。但在飞向活动目标时，对无人飞行器飞行速度和目标飞行速度之间的比值有严格要求，否则将造成在命中点附近路径过分弯曲；尤其是当无人飞行器迎击目标或飞向近距离高速飞行的目标时，路径弯曲程度较大，对无人飞行器的空气动力、结构强度、制导系统等方面要求较高。

平行接近法是指无人飞行器飞行过程中，保持无人飞行器至目标的视线角速度为零的导引方法。

三点法导引是在制导过程中，目标、无人飞行器和制导站保持在一条直线上的方法，所以又称目标重合法、目标覆盖法。用三点法导引时须保证无人飞行器的瞬时位置始终处在制导站与目标的连线上，也就是说，制导站、无人飞行器、目标三点始终成一线。三点法的过载与目标机动有关。无人飞行器在迎击定高等速飞行的目标时，在命中点达到最大过载；尾追时在初始段上产生最大过载。三点法用同一雷达波束捕获目标和导引无人飞行器，技术实施简单，抗干扰性好，但路径较弯曲，特别是愈接近目标时曲率愈大，无人飞行器要作很大的机动，因而限制了可应用范围，飞向高速运动目标概率不高。然而，它在技术上比较容易实现。三点法适用于飞向低速目标。

上述的几种经典制导方法，三点法技术实施简单，抗干扰性好，但路径较弯曲，飞向高速运动目标概率不高，适用于飞向低速目标。用追踪法导引时，无人飞行器的过载较大，因此这种方法在自动导引的无人飞行器中不采用。平行接近法是比较理想的导引方法，无人飞行器的过载较小，但是实现起来比较困难，需要陀螺稳定平台，实际应用中较少见到。比例导引法具有平行接近法的优点，即无人飞行器过载较小，实现比例导引法的装置比较简单，因此这种导引方法得到了广泛的应用。

二、现代导引律

传统的制导方法虽然设计简单，但是其对于当前形势下新需求的适应性显得应对不足。一方面，飞向目标性能大幅提升，机动能力大幅度提高，且普遍以超音速巡航飞行，经典导引律已难以满足精确制导任务要求，迫切需要能适应复杂环境的导引律；另一方面，无人飞行器性能大幅提升，如大攻角飞行控制和推力矢量控制技术的成功应用，无人飞行器飞行攻角可达 70° ～ 90°，负载能力甚至高达 100g。在这种背景下，现代控制理论逐步进入了人们的视野。计算机技术和现代控制理论的发展，在需求与能力间构建了桥梁，出现了许多先进设计理念，一定程度上弥补了经典导引方法的不足。现代制导方法包括鲁棒制导、变结构制导、最优制导等等。如图 1–1–3–1。

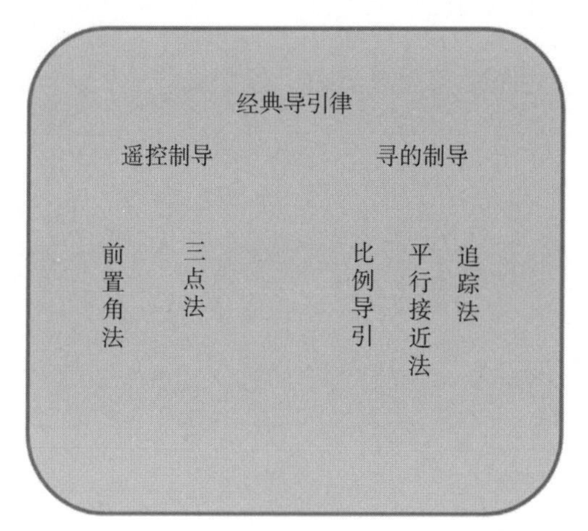

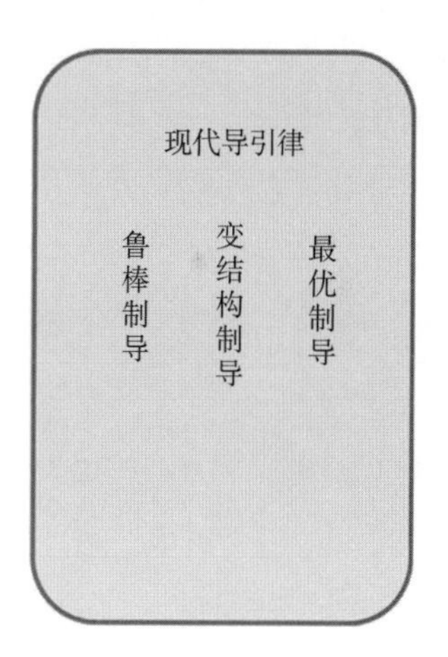

图 1–1–3–1　经典导引律和现代导引律

1. 基于最优控制理论的导引律　在 1966 年 Kishi 等发表次优与最优比例导引研究成果后，应用最优控制理论设计性能更优的导引规律逐渐得到了广泛研究。最优导引律考虑了无人飞行器与目标动力学关系，同时还可根据脱靶量最小、时间最短、能量最省等给定的约束条件设计控制律。但控制律求解涉及两点边值问题解，其最优一般难以获得，因此当前最优导引律设计一般对模型作线性化处理，获得系统近似最优解，工程上易于实现且性能接近最优。预测制导方法的燃料消耗及制导精度有较大的优势，通过分析，比例导引是预测制导方法简化后的一种特殊形式。1975 年，布赖森（Bryson）用最优控制理论证明了比例导引是一种能使终端脱靶量最小化的最优控制律。目前，最优导引律均建立在标称模型基础上，随着高性能无人飞行器的出现，制导模型中的非匹配和不确定性越来越突出，加上无人飞行器本身是一个高度非线性的时变系统，对最优解问题需作进一步研究。

2. 基于鲁棒控制理论的导引律　鲁棒控制理论在应对系统不确定性和外部干扰时有很强的优势。20 世纪 80 年代初，赞姆斯（Zames）等提出的 H 鲁棒控制理论是提高系统鲁棒性的有效途径之一，基于此建立的 H 鲁棒制导律获得了研究。目前，对 H 鲁棒制导律求解 Hamilton-Jacobi 偏微分不等式（HJPDI）的过程，是学者们研究的关键点。

3. 基于变结构理论的导引律　近二十多年来，国内外对滑模变结构控制用于无人飞行器进行了大量研究，特别是针对高速机动目标的阻碍和大攻角机动飞行，设计了多种制导律，研究表明这些制导律的鲁棒性较强。滑模变结构导引律的设计重点是滑动模态和趋近律设计，其中滑动模态设计的关键是目标函数的确立，通常采用基于零脱靶量和基于零化视线转率两种方法实现，并考虑引入自适应控制提高系统综合性能。常用的有常速趋近律、指数趋近律、幂次趋近律等，趋近律方法不仅建立了可达条件而且指定了系统在可达模态的动力学特性，还简化了变结构控制的求解并减少了颤振。

与经典控制理论不同，现代控制理论普遍缺少工程实践的积累，很多理论还处于不断完善过程中，在此基础上建立的导引方法基本还处于理论研究阶段。目前，量测信息多、指令形成复杂、计算量大是现代导引法的主要缺点。但应看到，与经典导引法相比，现代导引法在对付高速、大机动等目标时有无可比拟的优势。

第二章

境外无人飞行器导航制导技术专利分析

考虑到航空航天工业以及无人飞行器由境外率先发展起来，分析境外无人飞行器领域的专利布局情况有助于了解该领域的行业发展历史及技术创新革沿。因此，本章以境外无人飞行器技术领域作为研究对象，对境外无人飞行器导航制导技术领域的专利进行分析。拟定技术分支如表 1-2-1-1 所示。

表 1-2-1-1　本章分析专利的技术分支

	一级分支	二级分支	三级分支
导航制导系统	导航系统	单模导航	惯性导航
			地形 / 景象匹配导航
			GNSS 导航
			卫星导航
			无线电导航
			电视导航
			红外导航
			天文导航
			视觉导航
			……
		多模导航	
	制导系统	制导律	指令
			寻的
			……
		目标探测跟踪	
		航路规划	

以“一级分支”作为检索分支，以外文专利数据库作为检索数据库进行专利文献检索，并对获取的专利文献数据进行筛选去噪。其中，数据检索范围截至专利申请公开日 2023 年 5 月 11 日，即本章专利数据分析确定检索式、进行检索并获得最终检索结果的日期。

第一节　专利数据总体分析

一、境外无人飞行器导航领域专利数据分析

本节主要对境外无人飞行器导航领域专利数据进行分析，包括：专利申请态势、主要申请人相关申请情况、原创国/地区以及目标国/地区。

（一）申请态势分析

对境外无人飞行器导航领域的专利申请态势进行分析，如图 1-2-1-1 所示，20 世纪 50—70 年代属于萌芽期，专利申请量相对较少，且几乎没有太多增长，这一方面与专利制度的普及推广阶段特性有关，另一方面也反映出当时无人飞行器导航领域的技术发展处于起步阶段。从 70 年代开始，专利申请进入成长期，申请量有了比较明显的提升，且一直维持在较稳定的水平，这一时期持续到 90 年代中期。伴随着专利制度的完善和行业技术的蓬勃发展，无人飞行器导航领域的专利申请自 20 世纪 90 年代后期进入了扩张期，申请量开始出现快速增长，直至 2010 年，达到申请量的顶峰。随后，行业态势逐渐稳定，技术发展也趋于成熟，专利申请进入平台期，申请量有所回落，但总体仍然维持在相对较高的水平。上述分析结果从专利层面体现出了无人飞行器导航领域的技术研发热度和创新发展趋势。

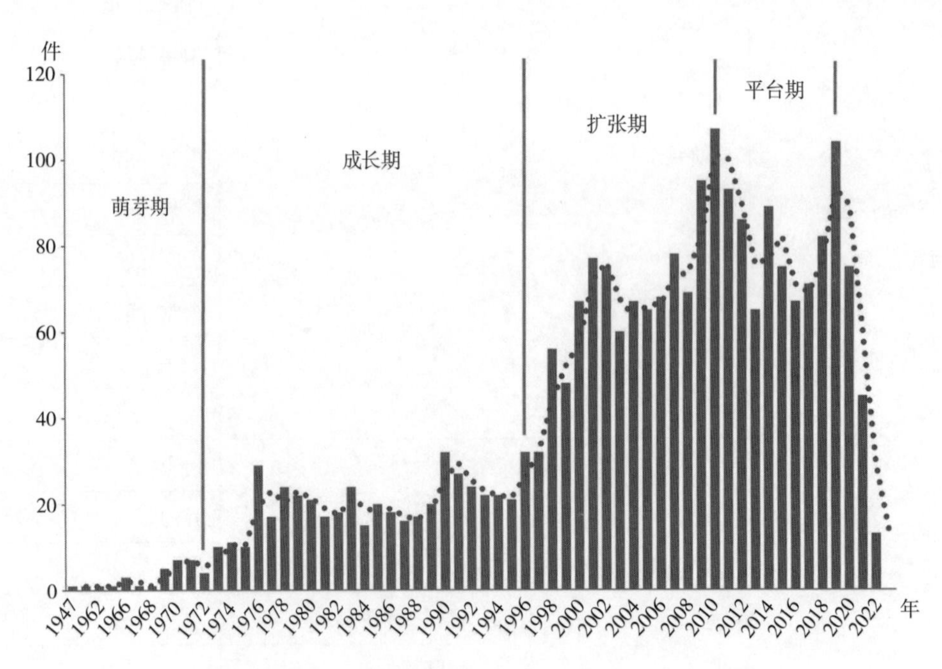

图 1-2-1-1　境外无人飞行器导航领域专利申请态势

（二）申请人分析

1. 申请人申请量排名　境外无人飞行器导航领域专利申请人申请量排名如图 1-2-1-2 所示。

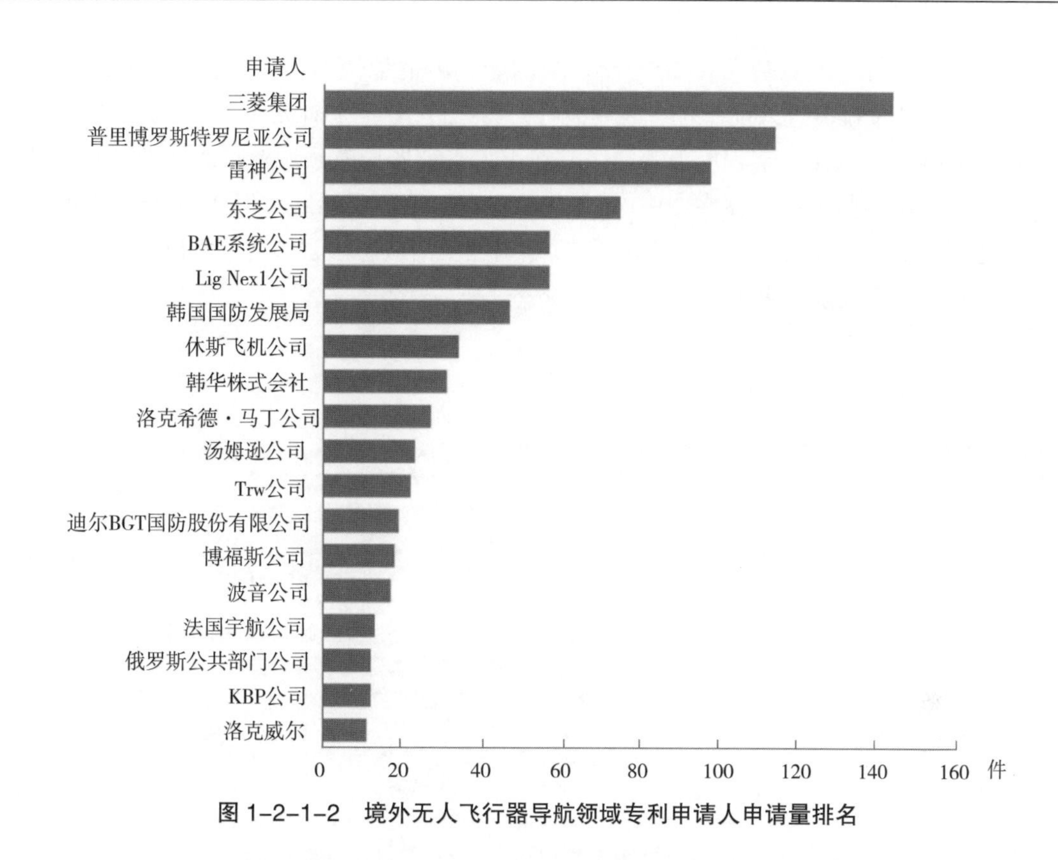

图 1-2-1-2　境外无人飞行器导航领域专利申请人申请量排名

境外无人飞行器领域申请量排名前五的申请人分别为三菱、普里博罗斯特罗尼亚公司、雷神、东芝以及 BAE 系统公司。其中，雷神和 BAE 分别隶属于美国和欧洲，是世界范围内著名的航空航天器生产制造商，显然，在飞行器领域技术上的不断创新是这两家公司赖以生存发展和保持先锋状态的原动力，因此，二者在无人飞行器导航领域专利申请量名列前茅在情理之中。

而三菱集团作为一家业务涵盖机械、船舶、航空航天、电力、交通等领域的综合性工业集团，其是在专利检索及数据统计过程中发掘出的无人飞行器领域申请人，其申请量达到 140 余件，甚至超越雷神和 BAE 系统公司而跃居榜首。因此，值得对其开展进一步研究。

此外，航空航天领域的另一重要生产制造商洛克希德·马丁公司也出现在申请量排名前十的名单中，其申请量在 30 件左右。值得注意的是，虽然申请量不大，但自动化领域的巨头公司洛克威尔在无人飞行器导航领域也进行了专利布局。

2. 不同时期申请人申请量排名　不同时期申请人申请量排名如图 1-2-1-3 所示。

为了重点关注近 10 年的申请人排名变化，以 2010 年作为划分节点，将申请时期划分为“申请日 2010（含）之前”以及“申请日 2010（不含）之后”两个阶段。分析结果表明，2010 年之前，三菱的申请量排名第二，2010 年之后，其申请量排名有所下降，但仍然位于前列。相比之下，雷神公司的申请量排名由 2010 年之前的第四名上升为 2010 年之后的第三名，同时，BAE 系统公司也由 2010 年之前的第六位上升至 2010 年之后的第五位，可见，作为航空航天领域的巨头，雷神和 BAE 一直保持着技术的持续更新与专利申请的强劲势头。而洛克希德·马丁公司在近 10 年以及之前的阶段均进行了专利申请并且其专利布局态势基本维持不变。此外，波音公司在2010年之前的专利申请量较少，并未进入前列，但2010年之后，其申请量排名进入前十位，表明波音公司在近10年来对无人飞行器导航领域的关注程度逐渐增加，也在一定程度上表明了其在无人飞行器导航领域对于新技术研发所投入的精力。另外，某些创新主体在2010年之前的专利申请非常活跃，但2010年之后的申请量并未能跻身前列，或表明该申请人在近10年内逐步消减了该领域的技术研发投入和专利布局，甚至有可能逐渐退出市场。

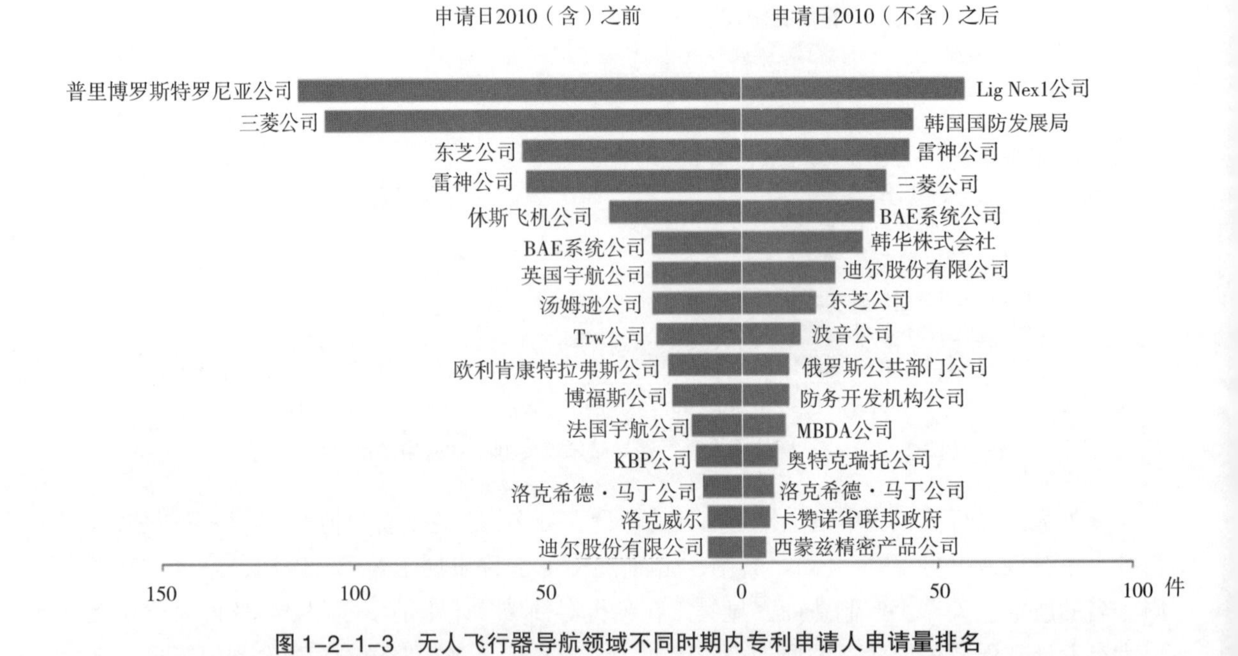

图1-2-1-3　无人飞行器导航领域不同时期内专利申请人申请量排名

不同时期申请人申请量排名的变化，从一定程度上反映出不同时期申请人的技术关注重点和专利布局意愿，为挖掘近期活跃的创新主体提供一定的参考。

在前期背景资料调研的结果之上，结合以上对于申请人的分析数据，本章拟定将雷神、波音、BAE、洛克希德·马丁、三菱作为境外无人飞行器导航领域的重要申请人，对其重点专利及主要技术进行深入分析。

（三）原创国/地区分析

对无人飞行器导航领域原创国进行分析（见图1-2-1-4），结果表明，美国是该领域最大的原创国，申请量占比达39%。排名第二至第四的分别为俄罗斯（苏联）、日本以及德国，其中俄罗斯（苏联）申请量占比16%，日本申请量占比11%，德国申请量占比9%。从原创国分布可以看出各个国家和地区在该领域的技术创新能力和专利申请活跃度。上述分布也基本与美俄等国在无人飞行器技术积累与储备对应。

（四）目标国/地区分析

从无人飞行器导航领域目标国的统计结果（见图1-2-1-5）中可以看出，美国仍然是最大的专利目标国，专利布局占比达到24%。其次分别是欧洲专利局、日本、德国以及俄罗斯（苏联），占比分别为 11%、10%、10% 以及 8%。目标国与原创国的不同点在于前者包含“欧洲专利局”，因向欧洲专利局提交申请时，会赋予该申请以 EP 开头的公开号，因此数据统计时将这样的专利公开文本的目标国 / 地区认定为“欧洲专利局”。除此以外，目标国的分布比例特点与原创国的分布特点较为匹配，这也从侧面反映了无人飞行器导航领域的申请人更多的是在本国 / 地区进行专利布局，向海外布局较少。

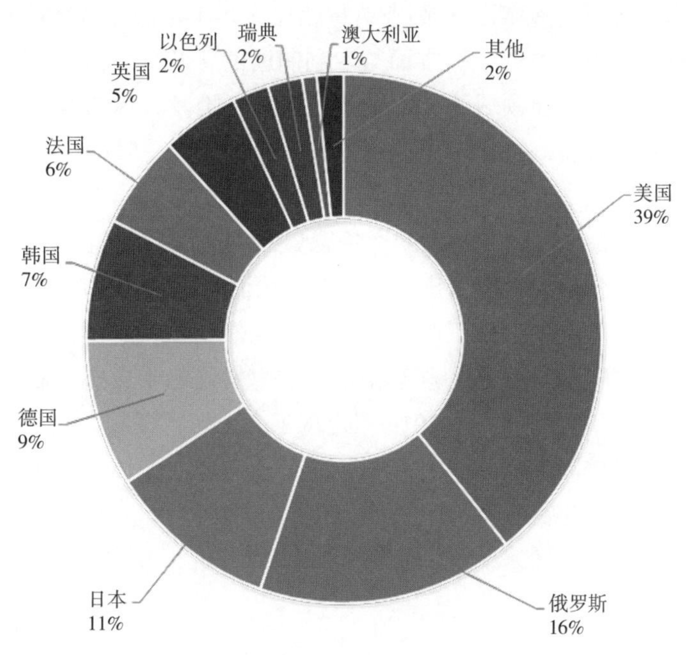

图 1-2-1-4　无人飞行器导航领域原创国

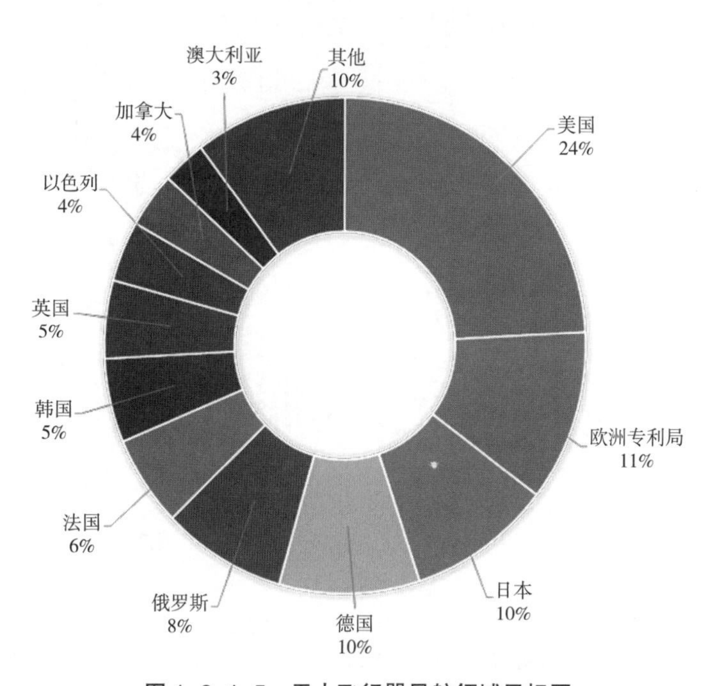

图 1-2-1-5　无人飞行器导航领域目标国

二、 境外无人飞行器制导领域专利数据分析

本节主要对境外无人飞行器制导领域专利数据进行分析，包括专利申请态势、主要申请人相关申请情况、原创国 / 地区以及目标国 / 地区。

（一）申请态势分析

无人飞行器制导领域的专利申请态势分析结果（见图 1-2-1-6）表明，20 世纪 40 年代末期到 70 年代初期处于萌芽期，专利申请量相比无人飞行器导航领域而言更少一些，且几乎没有增长；与导航领域类似，一方面与专利制度的普及推广阶段特性有关，另一方面也反映出当时无人飞行器制导领域的技术发展处于起步阶段。1970 年之后，专利申请进入了成长期，申请量明显增加，且呈现出一定的增长趋势，这一时期持续时间较长，直至 20 世纪 90 年代末期。进入 21 世纪后，伴随着专利制度的完善和行业技术的蓬勃发展，专利申请进入扩张期，申请量出现较为迅猛的增长态势，并于 2010 年，达到申请量高峰。且由图 1-2-1-6 中的增长态势曲线可以看出，较导航领域而言，制导领域的增长曲线更加陡峭，表明其增加率更高，也从专利层面反映了制导领域虽然起步相对缓慢，但中后期的发展更加迅猛。随后，同样伴随着行业态势逐渐稳定，技术发展趋于成熟，制导领域的专利申请也步入平台期，申请量开始回落，但 2014 年出现了一个短暂爆发，之后又出现下降趋势，但总体仍然维持在相对较高的水平。上述分析结果从专利层面体现出了无人飞行器制导领域的技术研发热度和创新发展趋势。

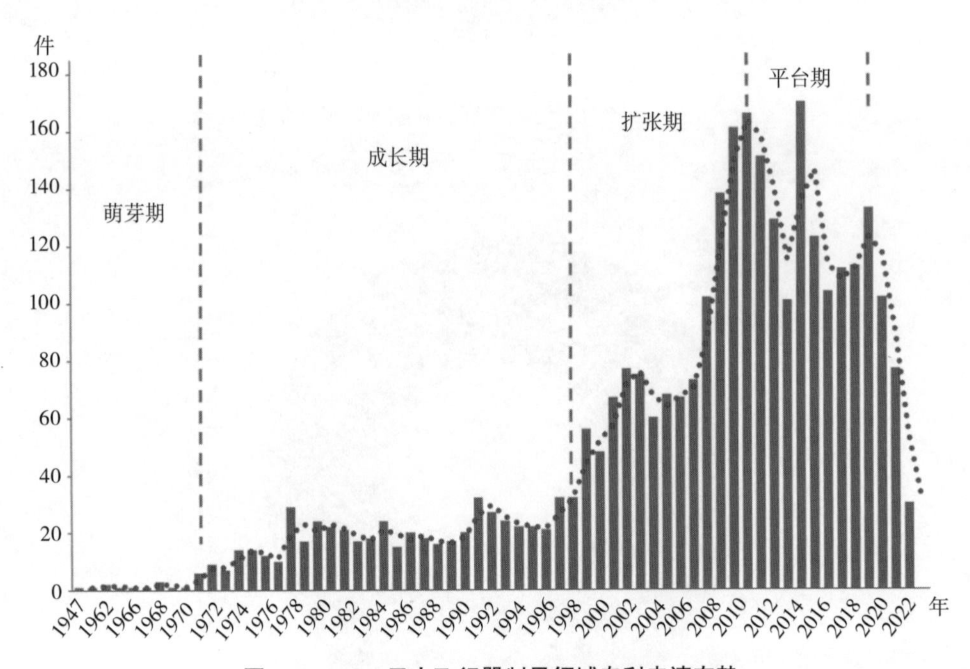

图 1-2-1-6　无人飞行器制导领域专利申请态势

（二）申请人分析

1. 申请人申请量排名　境外无人飞行器制导领域专利申请人申请量排名如图 1-2-1-7 所示。

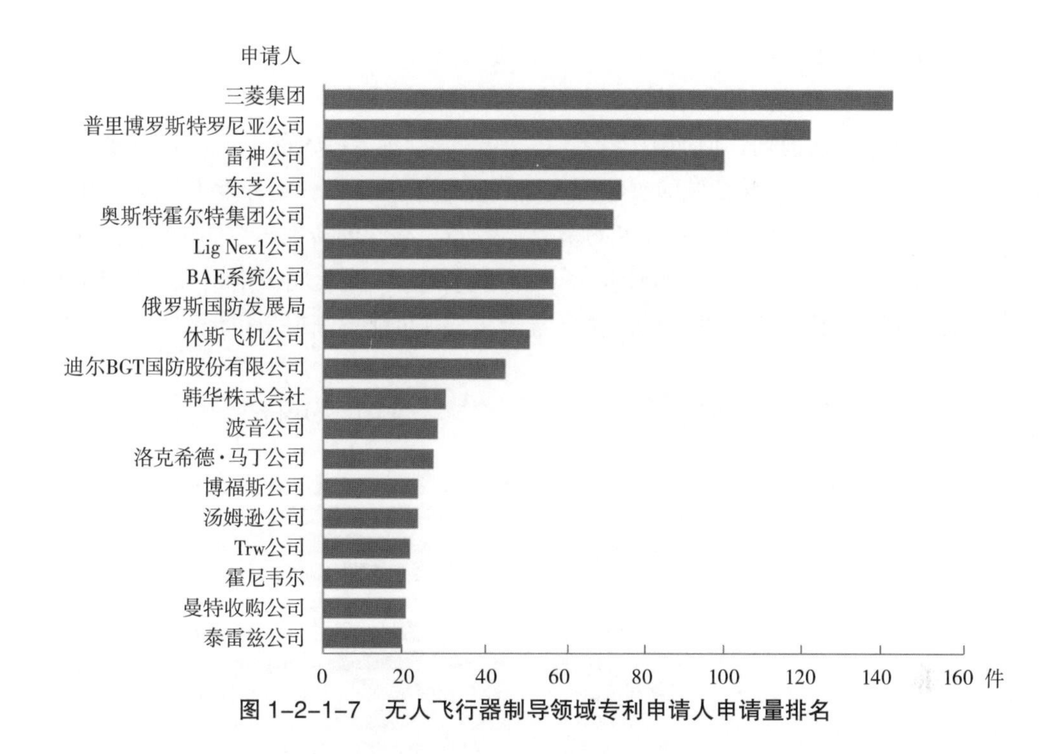

图 1-2-1-7　无人飞行器制导领域专利申请人申请量排名

无人飞行器制导领域申请量排名前七位的申请人分别为三菱、普里博罗斯特罗尼亚公司、雷神、东芝、奥斯特霍尔特集团公司、Lig Nex1 公司以及 BAE。该排名情况与前述分析的无人飞行器导航领域申请人排名虽有差异，但总体趋势基本一致，如雷神、BAE 等巨头公司都榜上有名。其中，雷神公司的申请量约 100 件，BAE 公司的申请量为 60 余件。

与无人飞行器导航领域的申请态势分析结果类似，综合性工业科技集团三菱公司同样是在专利检索及数据分析过程中被发掘的，其在制导领域的专利申请排名也是第一，超过了航空航天领域领航者雷神以及 BAE 公司，其申请量达到了 140 余件。

此外，全球著名的波音公司以及航天航空领域生产制造商洛克希德・马丁公司也出现在了排名榜单中。

值得注意的是，申请量名列前茅的除来自欧美地区的申请人以及来自亚洲的三菱集团外，还出另外一位隶属亚洲的公司，即东芝公司，其申请量约 80 件。这表明相比导航领域由欧美国家和地区的申请人占据主导地位的情况而言，无人飞行器制导领域在亚洲地区的技术创新进步更显著。

2. 不同时期申请人申请量排名　不同时期申请人申请量排名如图 1-2-1-8 所示。

对不同时期申请人申请量排名进行分析，与导航领域类似，为了重点关注近 10 年的申请人排名变化，以 2010 年作为划分节点，将申请时期划分为“申请日 2010(含)之前”以及“申请日 2010（不含）之后”两个阶段。分析结果表明，2010 年之前，三菱的申请量排名第二，2010 年之后，其申请量排名下降至第五位。相比之下，雷神公司的申请量在 2010 年之前与 2010 年之后一直保持在第四位。而 BAE 系统公司的申请量则由 2010 年之前的第九位上升至 2010 年之后的第六位。可见，作为航空航天领域的头部，雷神和 BAE 不仅在导航领域，在制导领域也一直进行着持续技术更新与专利布局。而洛克希德・马丁公司在 2010 年之前的申请量排名位于第十三位，但近 10 年其申请量较少，并未出现在排名榜单中。就波音公司而言，其在制导领域的专利申请情况与其在导航领域的表现类似，在 2010 年之前的专利申请量较少，并未进入前列，但 2010 年之后，其申请量排名进入前十位，表明波音公司在近 10 年来对无人飞行器制导领域的关注程度也在逐渐增加，在一定程度上表明了其在无人飞行器制导领域对于新技术研发所投入的精力。另外，某些创新主体在 2010 年之前的专利申请非常活跃，但 2010 年之后的申请量并未能跻身前列，或表明该申请人在近 10 年内逐步消减了制导领域的技术研发投入和专利布局，甚至有可能逐渐退出市场。

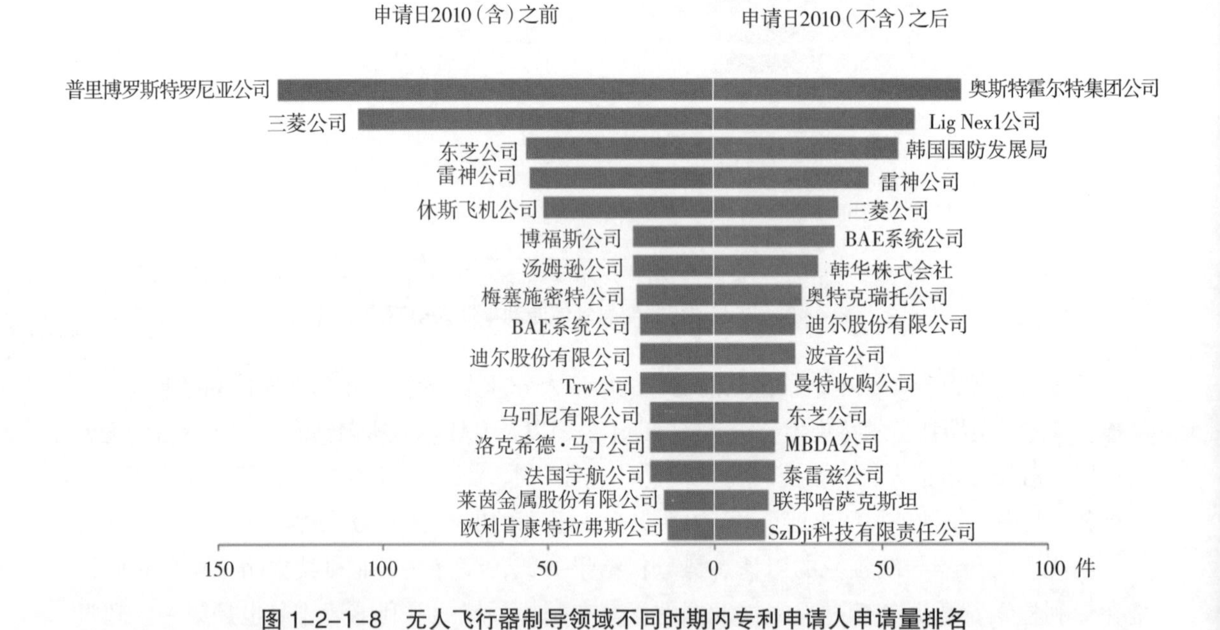

图 1-2-1-8　无人飞行器制导领域不同时期内专利申请人申请量排名

不同时期申请人申请量排名的变化，从一定程度上反映出不同时期申请人的技术关注重点和专利布局意愿，为挖掘近期活跃的创新主体提供一定的参考。

综上，在前期背景资料调研的结果之上，结合以上对于申请人的分析数据，本章拟定将雷神、波音、BAE、洛克希德・马丁、三菱作为无人飞行器制导领域的重要申请人，对其重点专利及主要技术进行深入分析。

（三）原创国 / 地区分析

对无人飞行器制导领域原创国进行分析，结果（见图 1-2-1-9）表明，制导领域与导航领域的原创国分布相似，美国依然是该领域最大的原创国，申请量占比达 48%，接近半数。排名第二至第四的分别为俄罗斯（苏联）、日本以及德国，其中俄罗斯（苏联）申请量占比为 13%，日本申请量占比为 9%，德国申请量占比为 7%。从原创国分布可以看出各个国家和地区在该领域的技术创新能力和专利申请活跃度。上述分布同样基本与美俄等国在无人飞行器技术积累与储备对应。

（四）目标国 / 地区分析

对无人飞行器制导领域目标国进行统计，其结果（见图 1-2-1-10）同样与导航领域的结果类似，美国仍然是最大的专利目标国，专利布局占比达到31%。其次分别是欧洲专利局、日本、德国以及俄罗斯，占比分别为12%、9%、8%以及7%。除此以外，目标国的分布比例特点与原创国的分布特点较为匹配，这也从侧面反映了无人飞行器制导领域的申请人更多的是在本国/地区进行专利布局，向海外布局较少。

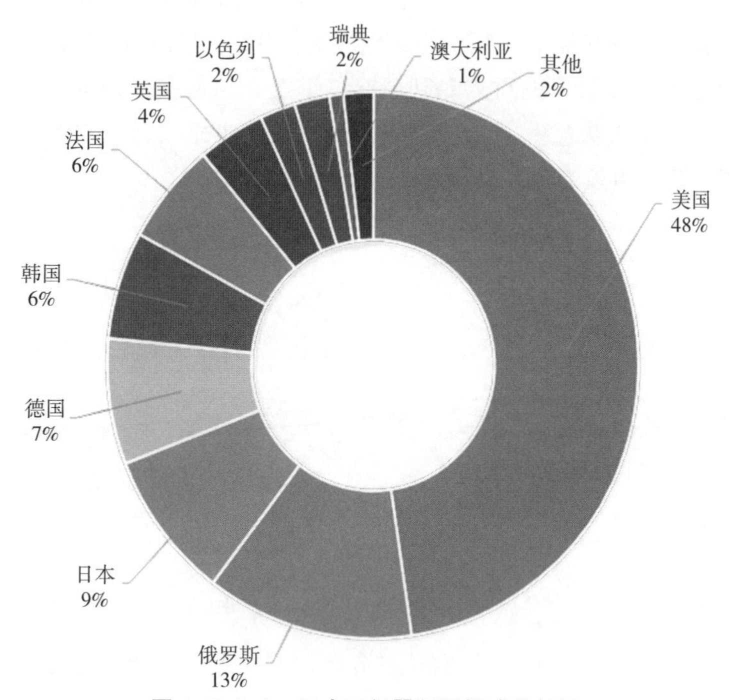

图 1-2-1-9 无人飞行器制导领域原创国

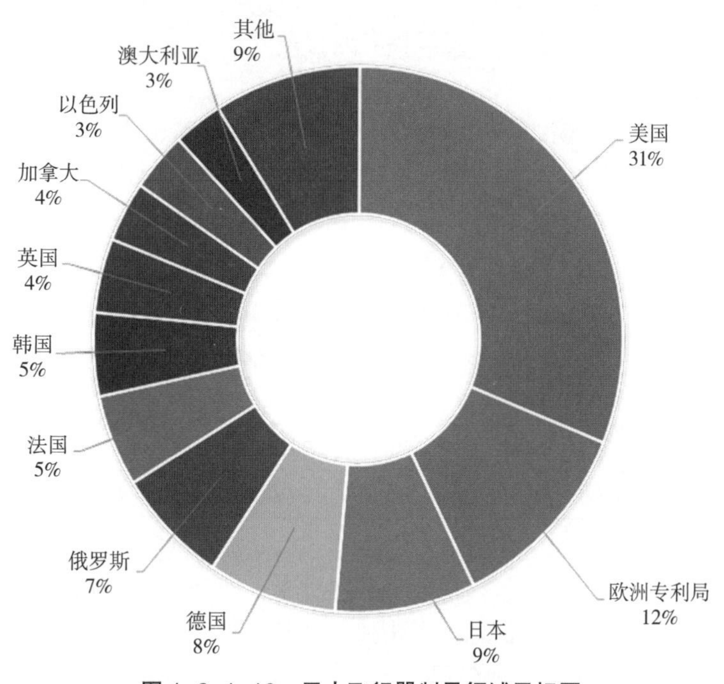

图 1-2-1-10 无人飞行器制导领域目标国

第二节　主要申请人及其重点专利挖掘

前文中介绍了导航、制导领域专利的申请态势、申请人、原创国/地区、目标国/地区、主要技术领域情况，其中在主要的申请人中，雷神公司、波音公司、洛克希德·马丁公司、BAE公司、三菱公司在导航制导领域的申请量较为突出，同时具有较强的延续性。

下面分别介绍上述申请人的重点专利情况。重点专利是在综合考虑“同族数量”“年均被引证次数”“发明人数量”“专利有效性”“当前法律状态”“诉讼情况”等因素而筛选获得。主要申请人重点专利分布概览如图1-2-2-1所示。

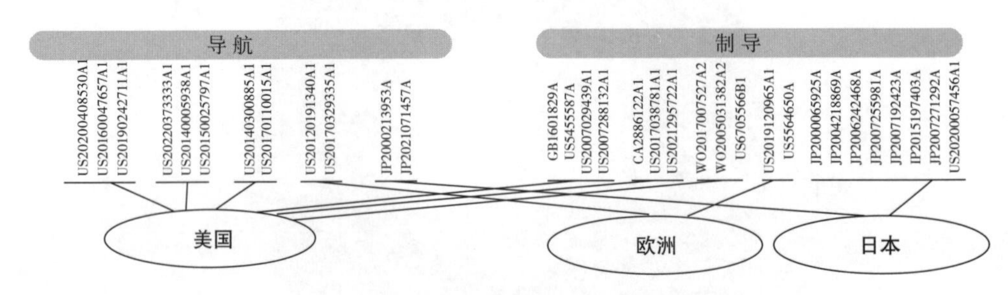

图1-2-2-1　主要申请人重点专利分布概览

一、雷神公司

雷神公司是美国的大型航空航天生产制造商，成立于1922年，经过80多年的创新和发展，已经成为政府与商业电子技术、公务飞机和无人飞行器等行业的龙头老大。雷神公司的雷达以及光电传感器产品能够提供给无人飞行器等需要精确制导的航空航天设备中，其中就包括高精度雷达以及卫星传感追踪器和监视系统。

（一）导航技术

导航技术方面，除了早期的惯性导航技术、卫星导航技术、地形匹配导航技术，雷神公司从20世纪就开始进行多模导航技术的研究，包括惯性导航/雷达、惯性导航/光学导航、雷达/红外/惯性导航/卫星导航、惯性导航/图像匹配导航等。其重点专利如表1-2-2-1所示。

表1-2-2-1　雷神公司导航技术重点专利列表

序号	公开号	申请日	公开日
1	US20160047657A1	20130325	20160218
2	US20190242711A1	20180208	20190808
3	US20200408530A1	20200626	20201231

1.US20160047657A1 自主式仅测距地形辅助导航　如第一章中所介绍的，卫星导航等非自主式导航技术存在依赖外界信息，无法独立完成导航过程的技术问题。

为了解决上述技术问题，雷神公司提出了一种完全独立的自主地形辅助导航技术。示意图如图 1-2-2-2 所示。用于飞行器的自主地形辅助导航的方法，包括以下步骤：①将地形高度数据库加载到所述飞行器上，所述地形高度数据库包括给定位置处的地形相对于地形参考的高度，所述数据库独立于所述飞行器在所述地形上的飞行路径而格式化；②基于所述飞行器的水平位置估计的不确定性，初始化关于所述水平位置估计的二维搜索空间；在所述飞行器的飞行期间；③收集从所述车辆到所述地形的仅测距测量的历史，并且对于每个测距，根据所述数据库中的更新的高度估计和地形高度来计算所述车辆在与关于更新的水平位置估计的搜索空间对准的索引网格上的位置的测距预测，并且基于所述更新的水平位置估计的不确定性来更新所述搜索空间；④在所述仅测距测量的历史与所述测距预测之间执行相关运算，以确定所述网格上的相关偏移，所述网格的所述取向和所述网格索引的所述间隔对于每个所述相关在所述历史上是固定的；⑤使用所述相关偏移来生成位置估计校正，以校正所述车辆的水平位置估计并校正其不确定性；⑥当所述车辆在所述地形上飞行时重复步骤③～⑤。

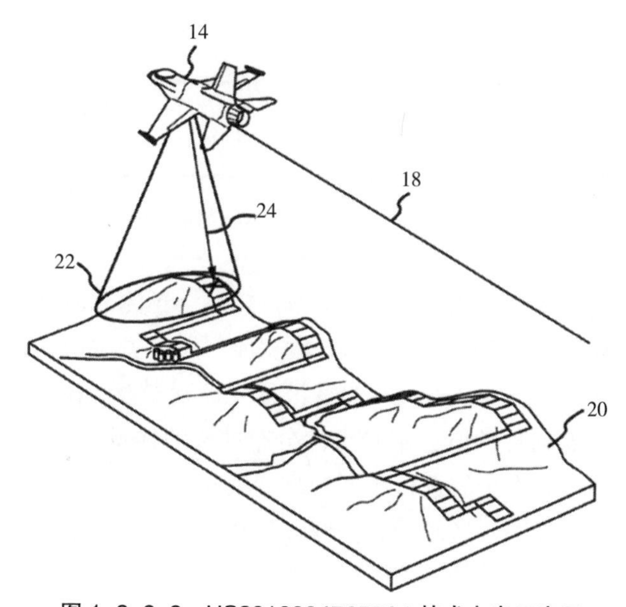

图 1-2-2-2 US20160047657A1 技术方案示意图

上述技术方案提供了飞行器的自主仅测距地形辅助导航，其使用通用地形高度数据库并且仅需要由常规雷达高度计提供的类型的距离测量。这种方法不使用或不需要预先规划的任务特定地形图，因此适用于更广泛类别的飞行器。该方法不需要诸如 GPS 的外部信号，也不需要附加天线和视轴校准的角度测量，可以利用现有导航系统上可用的硬件来实现。该方法解决了当初始位置不确定性大时快速获得运载工具位置的问题，并且允许在整个飞行过程中进行连续校正。

2.US20190242711A1 基于车载导航系统不确定性信息的绝对导航辅助图像地理配准 针对图像匹配导航，图像配准是其中的关键技术，直接影响导航精度。为了提高图像配准精度，雷神公司提出了一种向导航系统提供绝对位置和姿态更新以及测量不确定性分布的图像地理配准方法，用于向包括惯性测量单元（IMU）的导航系统提供绝对位置和姿态，进而提高导航精度。如图 1-2-2-3。

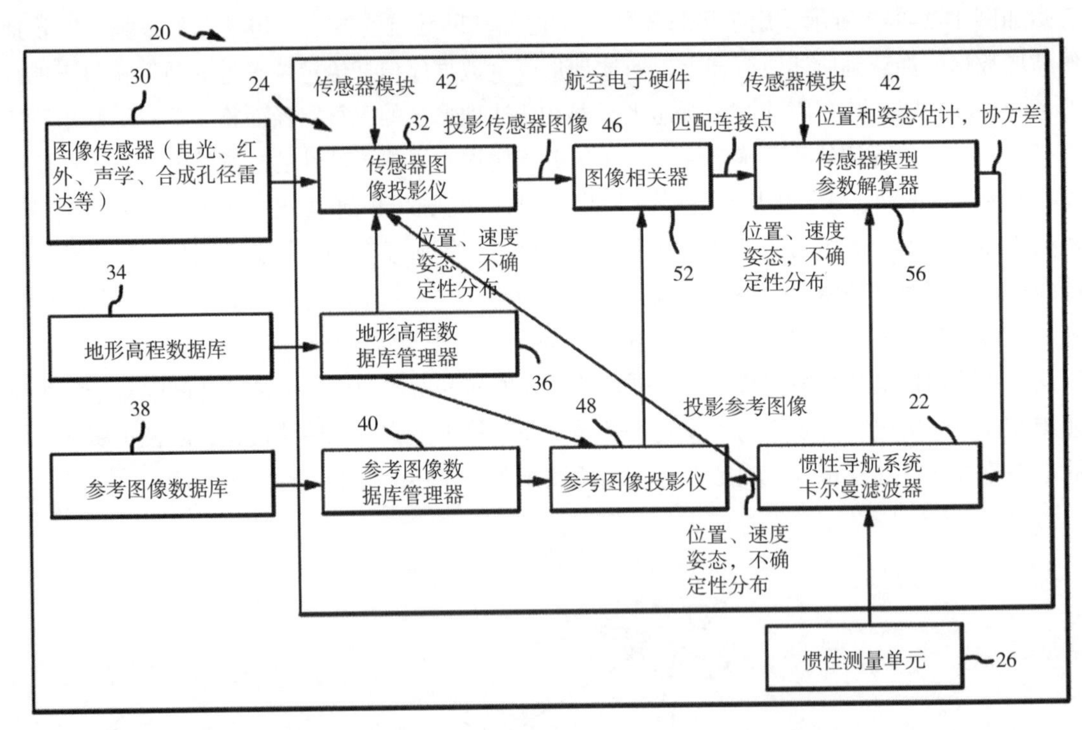

图 1-2-2-3　US20190242711A1 技术方案示意图

具体地，所述导航系统包括惯性测量单元（IMU）、预测滤波器、用于收集传感器图像的传感器、参考图像数据库和 3D 场景模型数据库，所述方法包括：将位置、速度和姿态的状态估计及其不确定性分布从所述预测滤波器反馈到参考图像投影仪和传感器图像投影仪，以使用从所述状态估计的所述不确定性分布抽取的样本，基于 3D 场景模型在公共空间中生成投影参考图像和多个候选传感器模型变换及其所得投影传感器图像；将所述候选投影传感器图像与所述投影参考图像相关联以选择所述候选传感器模型中的一个候选传感器模型；在所选择的所投影的传感器图像与所述参考图像之间生成一组匹配的连结点；以及将所述状态估计及其不确定性分布反馈到传感器模型参数求解器，所述传感器模型参数求解器求解约束优化问题，所述不确定性分布通过对所述传感器模型解进行评分并惩罚低概率解来形成搜索空间的拓扑，以将所述求解器引导到为所述导航系统提供完整六自由度绝对位置和姿态更新的解。

通过上述方法，能够实现准确的图像匹配，进而得到精确的定位信息。

3.US20200408530A1 *定位系统和方法*　GNSS（全球导航卫星系统）使用卫星来提供地理空间定位。GNSS 接收器从 GNSS 卫星接收信号，并使用 GNSS 卫星的已知位置来计算接收器的位置。GNSS 系统的一个示例 GPS（全球定位系统）使用卫星星座，该卫星星座连续地发送它们的当前位置和由卫星上的原子钟保持的时间。接收机监视来自多个卫星的信号，并使用由 GPS 卫星发送的位置和时间来确定其自己的位置。然而，GNSS 信号通常非常弱，因此容易被建筑物或诸如山脉或悬崖的地质特征阻挡。相对弱的信号强度使得攻击者特别容易广播欺骗的 GNSS 信号或干扰 GNSS 信号。此外，卫星本身是链中潜在的弱链路——如果足够数量的卫星发生故障或以其他方式变得不工作，则地面上的接收器将不能确定地理定位。因此，GNSS 系统具有以下缺点：如果没有源信号可用，则由于上述任何原因，它们不再能够确定地理位置。鉴于导航领域对 GNSS 服务的广泛依赖，因此需要一种不依赖于这种基于卫星的定位系统的定位设备。GNSS 系统的现代替代方案包括惯性导航系统，其采用加速度计、陀螺仪、电子罗盘等通过航位推算技术提供相对位置信息（从已知起点改变位置）。这样的系统不需要外部信号，因此在不能通过设备的特定位置的地理位置或通过干扰或其他中断获得外部信号的情况下具有益处。此外，由惯性导航绘制的轨迹的形状通常是高度准确的并且可以被依赖。然而，此类系统随时间在实际位置与估计位置之间展现显著漂移。尽管轨道的形状是准确的，但是漂移可以影响轨道的实际位置和取向。这意味着这些系统随着时间的推移以及在没有外部参考信号可用的延长时段期间是无效的。

为了解决上述技术问题，雷神公司提出了一种导航系统（见图 1-2-2-4），其包括惯性导航子系统和位置估计器子系统。惯性导航子系统被配置为基于所确定的导航系统的速度和 / 或加速度和 / 或方向和 / 或其变化来确定导航系统相对于参考位置的多个相对位置。位置估计器子系统被配置为基于至少两个接收到的信号来估计导航系统的绝对位置。该系统包括被配置为执行多个任务的处理器。首先，处理器被配置为基于在第一时间段期间由惯性导航子系统确定的多个相对位置来限定第一轨迹。其次，处理器被配置为使位置估计器生成导航系统在第一时间段期间的绝对位置的多个估计。最后，处理器被配置为通过使用多个位置估计计算最佳拟合来基于绝对位置的多个估计定义第二轨迹，第二轨迹近似与第一轨迹相同的形状。

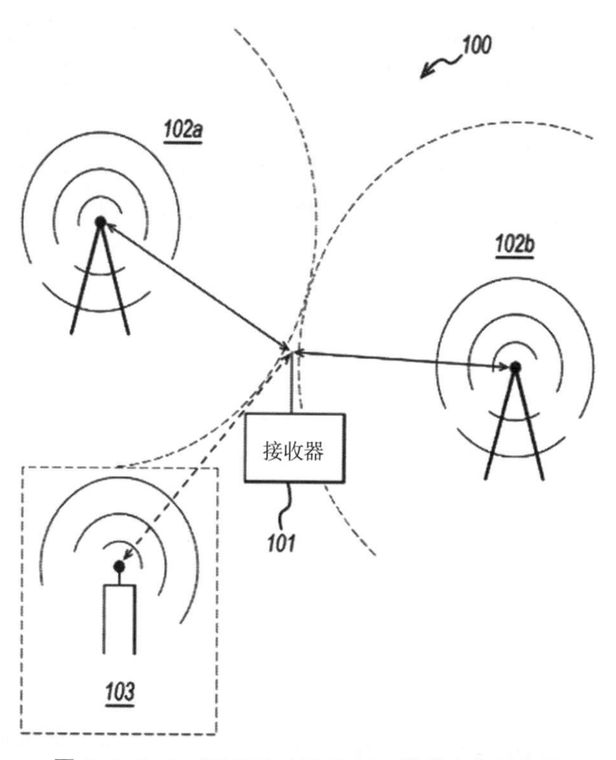

图 1-2-2-4　US2020408530A1 技术方案示意图

该导航系统可以在不依赖于GNSS系统的情况下提供其位置的指示，并且可以在长时间段和大距离内保持准确的位置估计。

（二）制导技术

制导技术方面，除了应用最广泛的比例导引，雷神公司还开展了指令制导与寻的制导结合、有源/半有源/无源制导方式结合、反辐射制导等方向的研究。重点专利分析如表1-2-2-2所示。

表1-2-2-2　雷神公司制导技术重点专利列表

序号	公开号	申请日	公开日
1	GB1601829A	19780508	19811104
2	US5455587A	19930726	19951003
3	US2007029439A1	20051209	20070208
4	US2007288132A1	20060607	20071213

1.GB1601829A *指令制导和寻的制导结合机器控制器实现*　某些无人飞行器至少在飞行的早期部分需要一个姿态参考元件。

基于上述问题，雷神公司提出了一种车辆引导设备，由此在飞行的一部分期间以命令引导模式对车辆进行导引，并且在飞行的另一部分期间以寻的引导模式对车辆进行导引，该设备包括目标跟踪装置，该目标跟踪装置包括由车辆承载的目标跟踪元件。车辆引导设备包括第一装置，其相对于目标跟踪元件固定，用于感测该元件围绕俯仰轴线和偏航轴线的惯性角速率；响应于所述第一装置的检测信息，在末制导期间使所述目标跟踪元件相对于所述车身围绕所述俯仰轴线和所述偏航轴线万向转动的装置；第二装置，其相对于所述目标跟踪元件固定，用于感测所述目标跟踪元件围绕与所述俯仰轴线和所述偏航轴线正交的轴线的惯性角速率；以及响应于所述第一装置和所述第二装置的装置的检测信息，在所述命令引导模式期间将所述目标跟踪元件的姿态稳定在已知的角度方位。

基于上述技术方案，解决了在无人飞行器飞行的早期部分需要一个姿态参考元件的技术问题，简化了系统结构，同时保证了制导精度。

2. US5455587A *三维成像毫米波跟踪制导系统*　本领域已知许多系统和技术用于为飞行器提供末端引导，包括基于电视、红外、雷达和激光的系统。每一个在某些应用中都是有利的。例如，基于电视的系统允许人类操作者参与目标选择、辨别和引导过程。然而，电视引导系统限于具有足够可视性的环境。因此，这些系统在夜晚、雾、雨或烟中不那么有用。红外系统基于从目标辐射的热量来提供引导。红外系统不限于具有良好可见度的环境。然而，当目标及其背景具有相当的热分布时，红外系统通常具有有限的范围和有限的精度。激光制导系统能够提供良好的精度，但是在范围上是有限的并且是昂贵的。雷达制导系统具有提供全天候的能力。然而，常规雷达制导系统在以大俯冲角攻击和攻击垂直目标时的精度受到限制。因此，在本领域需要一种用于在不利天气条件下以高俯冲角度将飞行器精确地引导到目标的系统。此外，本领域需要一种系统，用于以低或接近水平的轨迹从侧面精确地将飞行器引导到垂直结构目标。

基于此目的，雷神公司提出了一种三维成像毫米波跟踪制导系统（图 1-2-2-5），该制导系统包括：用于在包括目标和背景杂波的区域处发射多个第一雷达信号的第一装置；安装在无人飞行器上的第二装置，用于以相对于速度矢量的第一和第二角度接收来自所述目标和所述背景杂波的所述雷达信号的反射，并响应于此产生第二信号；第三装置，用于处理所述第二信号并响应于此构建三维感测图像，所述第三装置包括：用于处理所述第二信号并提供多个第三信号和多个第四信号的装置，所述多个第三信号表示作为所述第一角度和所述第二角度的函数的范围，所述多个第四信号表示作为所述第一角度和所述第二角度的函数的强度，用于存储所述第三信号以提供距离图像的装置，用于存储所述第四信号以提供幅度图像的装置；用于提供三维存储图像的第四装置，包括：用于提供高程轮廓的第一参考地图的装置，以及用于提供振幅的第二参考图的装置；第五装置，用于将所述距离图像与所述第一参考图进行比较，并响应于此提供第一误差信号；第六装置，用于将所述幅度图像与所述第二参考图进行比较，并响应于此提供第二误差信号；第七装置，用于处理所述第一和第二误差信号以提供第三误差信号，所述第三误差信号表示所述检测图像中的所述无人飞行器的目的地与所述存储图像中的所述无人飞行器的目的地之间的差；以及第八装置，用于从所述第三误差信号产生用于所述无人飞行器的制导校正信号。

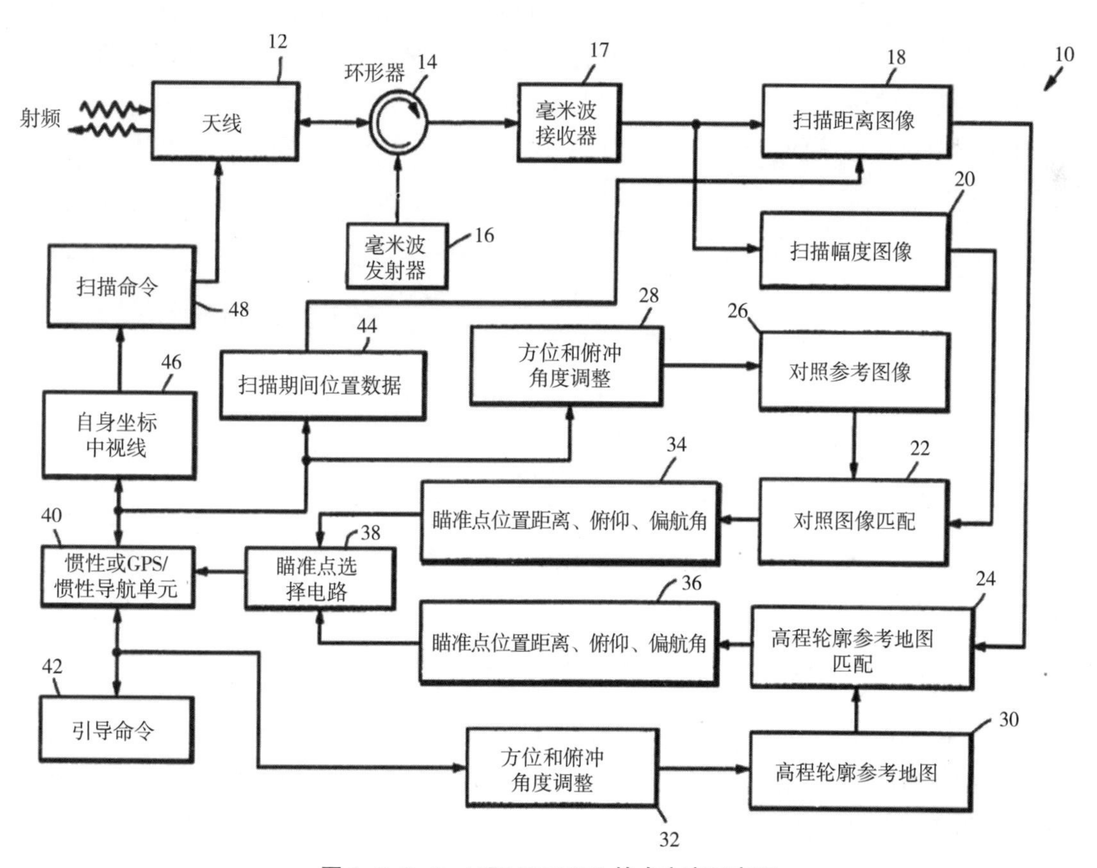

图 1-2-2-5　US5455587A 技术方案示意图

该系统能够应用包括用于直升机、船舶、公共汽车、卡车、用于智能公路的交通观测站等的增强视觉，从而提到制导精度。

3.US2007029439A1 *用于机载系统的方法和装置* 供应品的运输一直是本领域长期关注的要点，然而，在一些情况下，常规运输无法在最需要供应品的时间和位置递送。自然的和人为的灾难往往破坏了食品、清洁水、衣服和药品的供应链，破坏了设施、摧毁了铁路轨道、毁坏了桥梁和阻塞了道路。随着大型飞机的出现，空中供应提出了用于供应偏远或切断区域的实用方法。如果飞机可以安全着陆，则可以手动卸载供应品，并且飞机可以返回其基地。然而，如果飞机不能着陆，则可以使用降落伞来空投供应品，以减缓容纳供应品的容器的下降。

然而，空投供应要求飞机接近需要供应的区域，可能使机组人员暴露于火灾或其他高风险条件。此外，空投的供应品受到风和天气条件的影响，使得难以将供应品放置在需要它们的地方。

为此，雷神公司提出了一种无人驾驶空中递送系统（图 1-2-2-6，图 1-2-2-7），包括：无人容器；无动力转子，所述无动力转子连接至所述容器；引导系统，所述引导系统连接到所述转子，其中，所述引导系统被配置为控制所述输送系统的飞行路径，所述引导系统被配置为在没有显著的向前推力的情况下控制所述飞行路径；还包括：无动力旋翼，所述无动力旋翼安装在所述机身上，其中，所述旋翼包括控制表面；所述引导系统连接到所述转子并且被配置成控制所述控制表面以控制所述输送系统的飞行路径。使用该系统递送有效载荷的方法，包括：将所述无人驾驶空中递送系统发射到飞行中；使用无动力旋翼来控制所述无人空中递送系统的下降； 以及使用连接到所述转子的引导系统来引导所述无人驾驶空中递送系统的飞行路径，使得所述无人驾驶空中递送系统沿着所述飞行路径滑动。

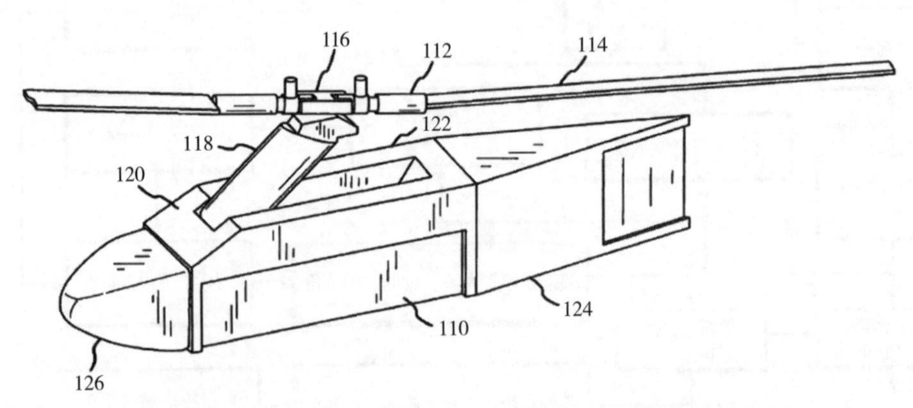

图 1-2-2-6 US2007029439A1 自动旋转空中递送系统示意图

4.US2007288132A1 *无人驾驶飞行器协同群* 传统上，涉及无人驾驶飞行器的任务依赖于预编程的飞行路径。这种规划和编程需要精确了解要导航的地形以及最终目标的位置，其通常适用于地形开放的情况。在开放的无障碍环境中，视线通信链路系统允许无人飞行

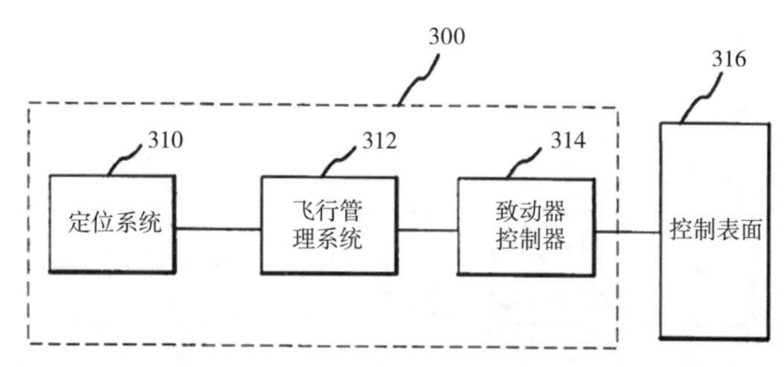

图 1-2-2-7 US2007029439A1 连接到控制表面的引导系统的框图

器组共同共享识别且无障碍的目标的信息，也就是得益于信息共享。这种视距通信系统是点对点系统，并且在城市环境中不起作用，即使无人飞行器可能非常接近，但城市中的筑物和基础设施可能阻挡视距并因此阻挡或反射传输。由于视线通信在城市环境中受到严重限制，因此从一个无人驾驶飞行器到另一个无人驾驶飞行器的直接通信可能是不可能的，或者至少严重延迟，直到建立无人驾驶飞行器构件之间的直接视线。这样的延迟又可能导致感兴趣的目标的丢失。因此，需要一种能够在城市环境中操作而在无人驾驶飞行器构件或控制操作者之间没有直接视线的无人驾驶飞行器协作群，以便克服无人驾驶飞行器操作常见的一个或多个技术问题。

对此，雷神公司提出了一种无人驾驶交通工具的协作群（图 1-2-2-8，图 1-2-2-9），该协作群存在多个无人驾驶交通工具，每个无人驾驶交通工具还包括可操作以提供位置坐标的位置识别系统；收发器，其可操作以经由无处不在的机会信号发送和接收位置坐标，以及引导系统，其可操作以选择性地将无人驾驶交通工具朝向识别的目标并朝向指定位置引导。以及一种协作地控制无人驾驶交通工具群的方法，包括在环境中提供多个无人驾驶交通工具，每个无人驾驶交通工具还包括：位置识别系统，其可操作以提供位置坐标；收发器，其可操作以经由机会的无处不在信号发送和接收位置坐标；以及引导系统，所述引导系统可操作以选择性地将所述无人驾驶交通工具朝向所识别的目标并且朝向由另一无人驾驶交通工具发送的所述位置坐标引导。该方法还包括在环境中检测至少一个无处不在的机会信号；通过检测到的无处不在的机会信号传输环境中的无人驾驶交通工具之间的位置坐标；以及共同评估环境以识别目标和目标位置，并且响应于目标的识别，将无人驾驶交通工具的至少子集移动到目标位置。其中每个无人驾驶交通工具的收发器可操作以经由由 CDPD、GPRS、GPS、GSM、TDMA、Wi-Fi 和 / 或其组合提供的机会的无处不在的信号进行通信。

这种数据传输系统的传输基站和中继站（例如基站收发信机）在城市环境中实现，以允许用户在整个环境中保持数据传输的情况下自由移动，而无须与其他发送或接收方的视线接触。使用这种无所不在的机会信号是非常期望和有利的。例如，由于这样的系统被设计和实现为自动路由通信，因此隔离和终止各个通信是非常困难的。由此实现无人驾驶飞行器协同群在视线受阻的城市环境中的信息共享和航路规划。

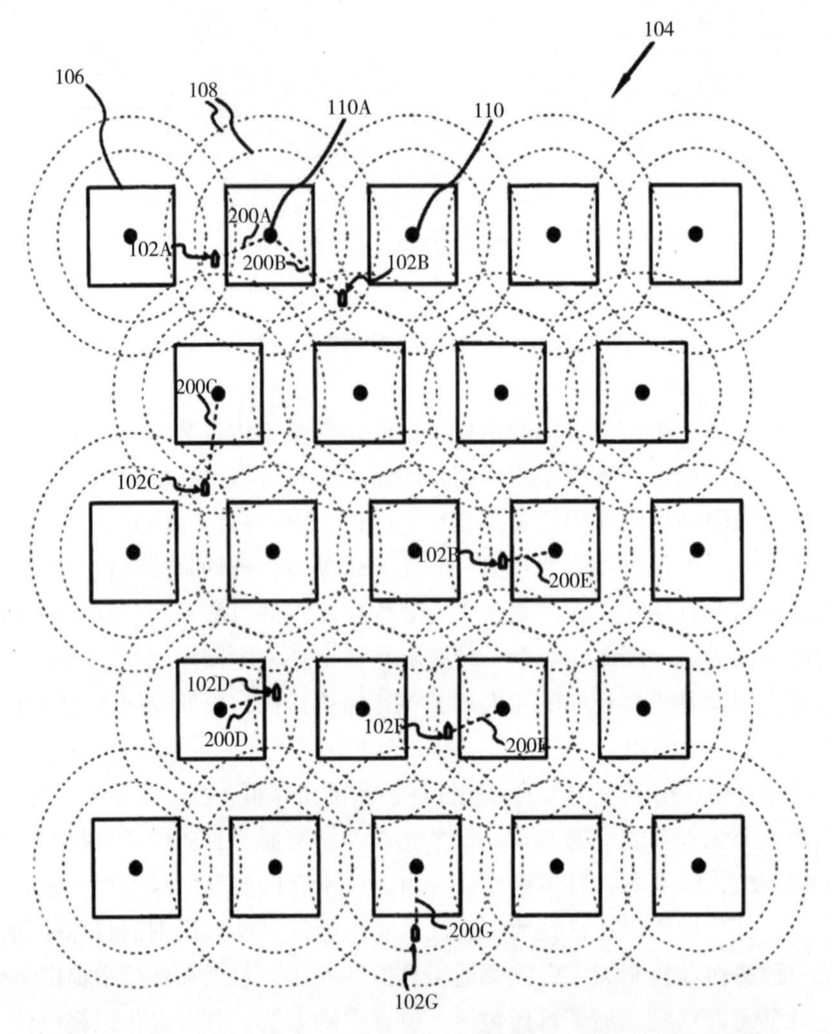

图 1-2-2-8　US2007288132A1 无人驾驶交通工具的协作群的概念图

二、波音公司

波音（Boeing）公司成立于 1916 年 7 月 1 日，总部设在美国伊利诺伊州芝加哥市。1997 年并购麦克唐纳 - 道格拉斯公司后，与欧洲空中客车公司同为世界为数不多的大型民航机制造商，彼此瓜分市场。同时波音也是世界最大的航天航空器制造商，以及美国第一大出口商。

（一）导航技术

导航技术方面，波音公司基于惯性导航、卫星导航的导航应用较多，其在基本的惯性导航、卫星导航的基础上，着重研究了如何提高惯性导航定位精度、提高卫星导航可靠性和准确性。重点专利如表 1-2-2-3 所示。

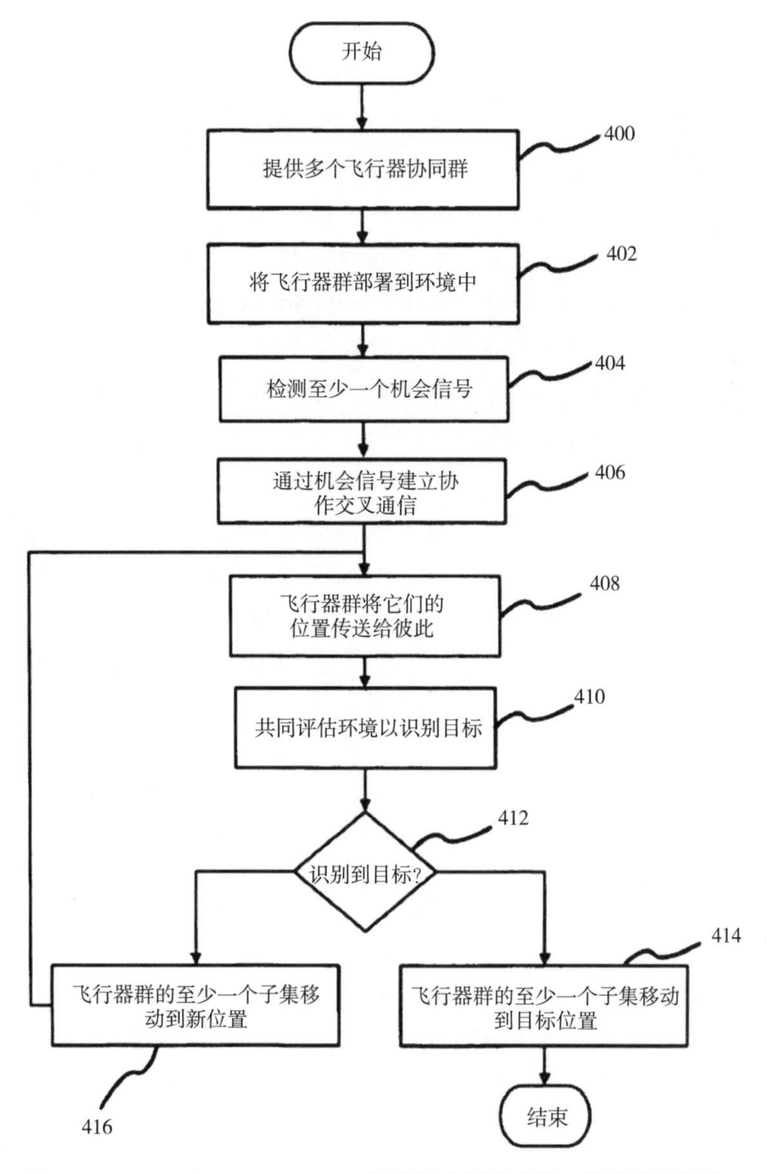

图 1-2-2-9　US2007288132A1 控制无人驾驶交通工具群的流程图

表 1-2-2-3　波音公司导航技术重点专利列表

序号	公开号	申请日	公开日
1	US20150025797A1	20121031	20150122
2	US20140005938A1	20130905	20140102
3	US20220373333A1	20220118	20221124

1.US20150025797A1　精密多车辆导航系统　在一些情况下，需要获取飞行器和目标载体之间的相对导航信息。例如在飞行器降落过程中，需要获取飞行器与目标船舶之间的相对位置，以实现降落过程。这种相对导航信息可以由飞行器、水面船舶或飞行器和水面船

舶两者上的导航系统提供。在一些情况下，飞行器和水面船舶上的导航系统可以彼此通信，使得飞行器知道其相对于水面船舶位于何处。当两个导航系统彼此通信时，飞行器的飞行员可以以期望的精度水平提供飞行器相对于飞行器停机坪的位置所需的信息。这些导航系统包括全球定位系统设备以提供期望的精度水平。然而，这些无线通信链路可能并不总是如期望的那样可靠。在一些情况下，可能发生导航系统之间的通信的临时丢失。因此，当飞行器上的导航系统与水面船舶上的导航系统之间暂时发生通信丢失时，飞行器可能无法像期望的那样精确地接收识别飞行器相对于水面船舶的位置信息。

针对上述技术问题，波音公司提出了一种导航系统（图 1–2–2–10），包括：第一惯性测量单元使能的全球定位系统装置，具有在第一车辆中具有第一精度等级的第一惯性测量单元，其中所述第一惯性测量单元启用的全球定位系统装置被配置为提供标识所述第一车辆相对于第二车辆的位置的第一信息；第一车辆中的第二惯性测量单元启用的全球定位系统装置，其具有第二惯性测量单元，该第二惯性测量单元具有大于第一精度水平的第二精度水平，其中所述第二惯性测量单元启用的全球定位系统装置被配置为提供标识所述第一车辆相对于所述第二车辆的位置的第二信息；以及控制器，被配置为基于第一信息的期望的精确度水平来执行动作。

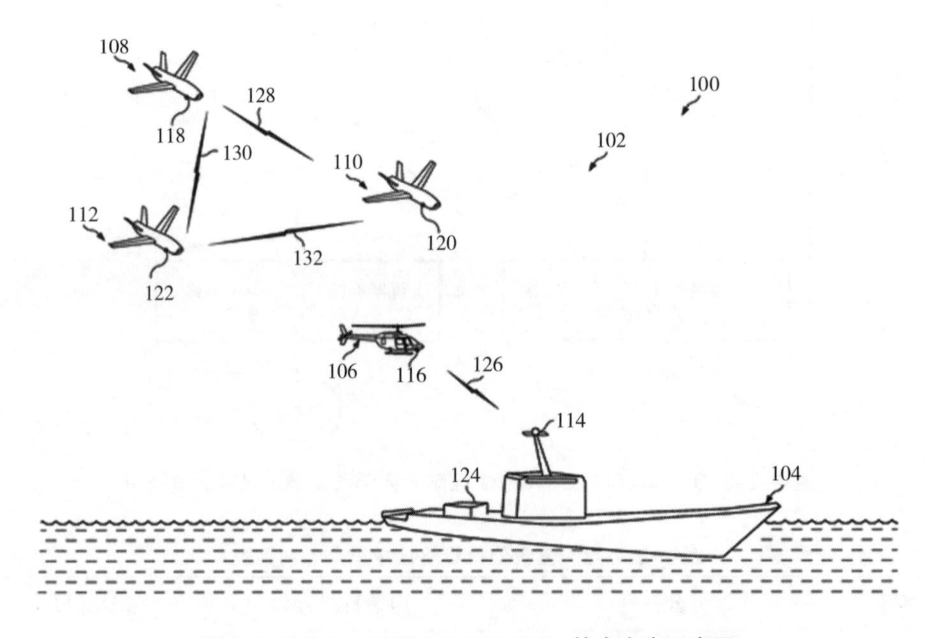

图 1–2–2–10　US20150025797A1 技术方案示意图

基于上述技术方案，在飞行器与目标载体之间不存在可靠的通信条件时，同样能够获取飞行器与目标载体之间的相对导航信息，为飞行器的控制决策提供基础。

2.US20140005938A1 低权限 GPS 辅助避免干扰导航系统　针对可能存在 GNSS 欺骗信号的情况，波音公司还提出了一种用于生成导航解决方案的方法（图 1–2–2–11），所述方法包括：使用惯性传感器测量值产生一组惯性导航解；使用一组全球定位系统接收机测量值和一组惯性传感器测量值产生混合的全球定位系统和惯性导航系统导航解；计算原始全球定位系统导航校正作为惯性导航解与混合全球定位系统和惯性导航系统导航解之间的差值；存储具有时间戳的原始全球定位系统导航校正；在指定的过去时间戳处检索原始全球定位系统导航校正；通过对所检索的原始全球定位系统导航校正应用限制器来计算低权限全球定位系统校正；以及加入惯性导航解和低权限全球定位系统校正，形成导航解。

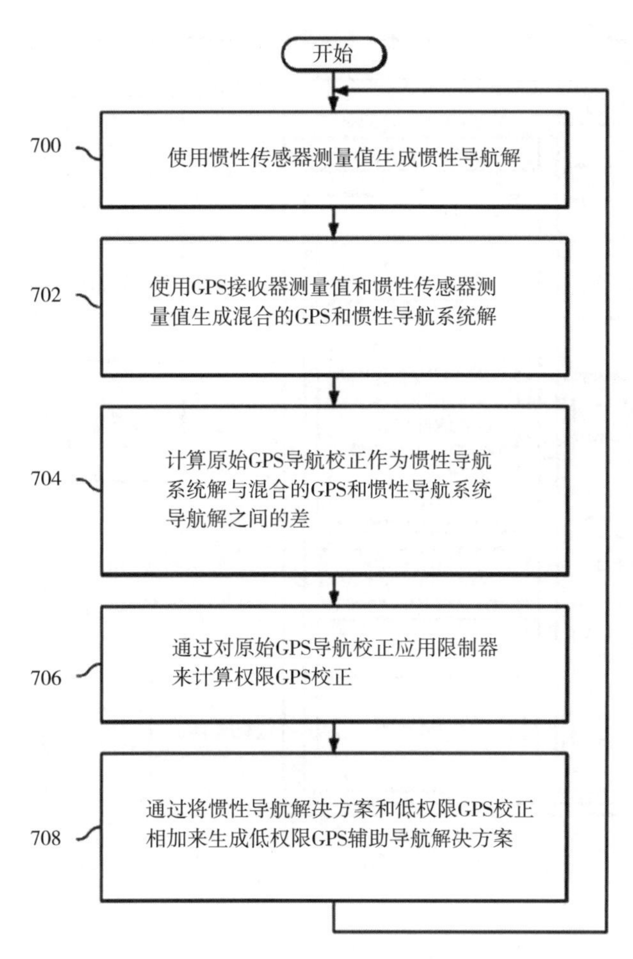

图 1-2-2-11　US20140005938A1 技术方案示意图

通过上述技术方案，波音公司实现了存在 GNSS 欺骗信号时的精确导航，为提高 GNSA 导航技术的可靠性提供了多样化的解决方案。

3.US20220373333A1　车辆位置验证　诸如飞机、水上交通工具和地面交通工具等交通工具可以采用导航系统来确定位置。特定车辆可以采用全球导航卫星系统（GNSS）来确定特定车辆的位置。然而，因为 GNSS 向特定车辆发送使得特定车辆能够确定其位置的基于卫星的信号，所以该过程可能受到干扰卫星信号的影响。

对于上述技术问题，波音公司提供了一种设备（图 1-2-2-12），包括存储器，所述存储器被配置为存储第一车辆的第一位置估计。所述装置还包括接收器，所述接收器被配置为接收第二车辆的第二位置估计。所述装置还包括传感器，所述传感器被配置为生成指示所述第一车辆相对于所述第二车辆的第一相对位置估计的传感器数据。所述装置还包括一个或多个处理器，所述一个或多个处理器被配置为基于所述第一位置估计和所述第二位置估计的比较来确定所述第一车辆相对于所述第二车辆的第二相对位置估计。所述一个或多个处理器还被配置为至少部分地基于确定所述第一相对位置估计是否与所述第二相对位置估计匹配来确定所述第一位置估计是否可靠。

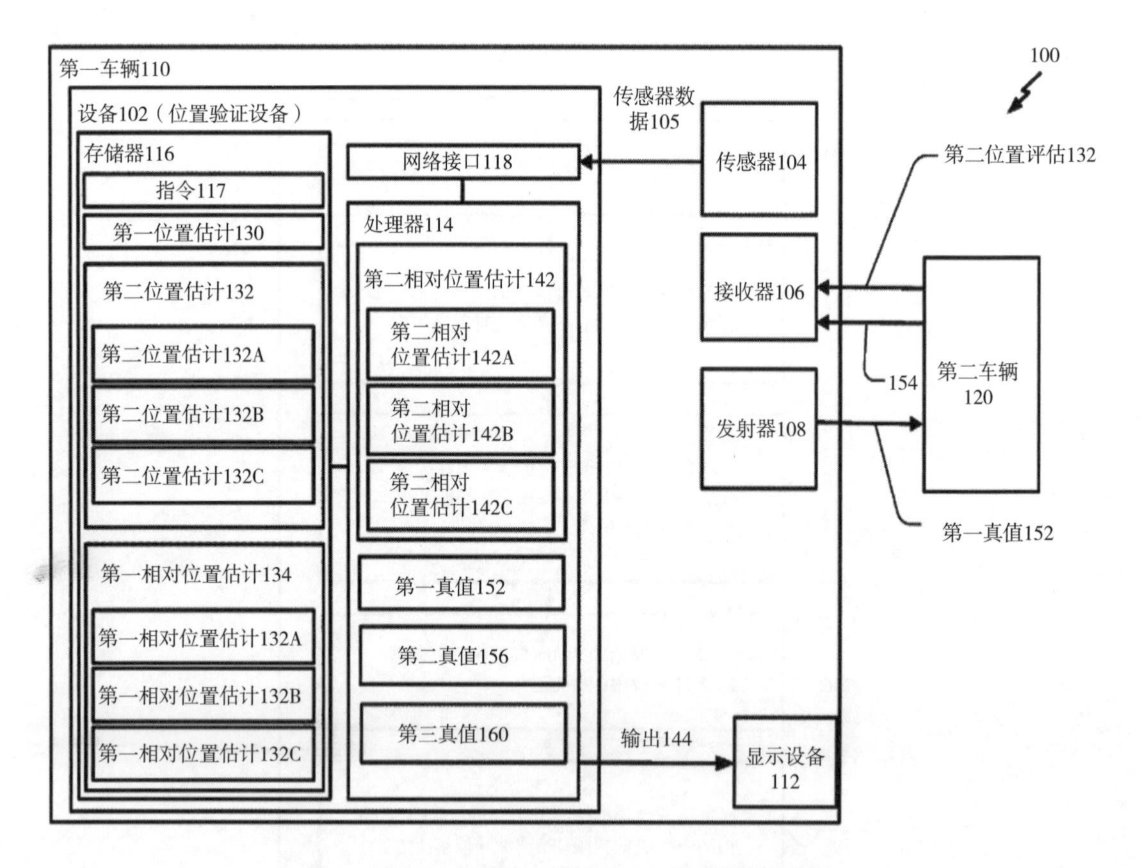

图 1-2-2-12　US20220373333A1 技术方案示意图

基于上述技术方案，当存在干扰卫星信号时，能够对卫星导航得到的定位结果进行验证，进而提供准确的导航信息。

（二）制导技术

制导技术方面，波音公司进行了包括航路规划、目标捕获并跟踪的研究。重点专利如表 1-2-2-4 所示。

表 1-2-2-4　波音公司制导技术重点专利列表

序号	公开号	申请日	公开日
1	CA2886122A1	20150324	20151226
2	US2017038781A1	20160803	20170209
3	US2021295722A1	20210607	20210923

1.CA2886122A1　飞行器自动驾驶仪　传统的自动驾驶仪可以使用由陀螺仪测量的角速率和来自惯性测量单元（“IMU”）的加速度来控制飞行器的飞行，然而飞行器的不稳定飞行会破坏或损坏陀螺仪。

针对上述技术问题，波音公司提出了一种飞行器的引导和控制系统（图 1-2-2-13）。飞行器的引导和控制系统使用状态估计器来确定飞行器的状态估计，引导和控制系统的控制模块使用状态估计来执行从引导和控制系统的引导模块接收的引导命令，引导和控制系统可以使用移动测量设备来测量加速度，移动测量设备可以包括但不限于垂直加速度、横向加速度、倾斜角度或推力，基于所测量的加速度，可以估计飞行器的状态，这些估计可以在来自引导模块的引导命令的执行期间或者在来自引导模块的后续引导命令上用作输入，控制模块可以包括自动驾驶仪模块和控制逻辑模块，自动驾驶仪模块可以从引导模块接收引导命令。

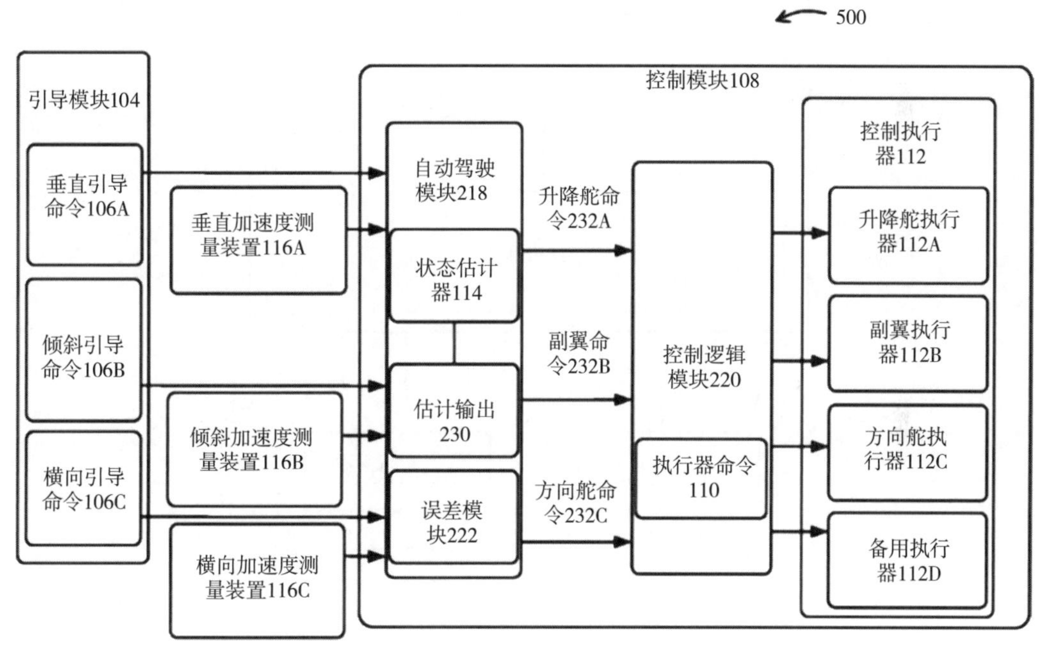

图 1-2-2-13　CA2886122A1 技术方案示意图

基于上述技术方案，在陀螺仪测量失败的情况下，可以使飞行器稳地飞行。

2.US2017038781A1　跟踪来自飞行器的移动目标的方法和装置　无人驾驶飞行器（UAV）可能参与智能、监视和侦察（ISR）任务相关的任务。这些任务可以涉及跟踪和/或跟踪来自空中运载工具的移动目标，以用于诸如边界安全、周边保护、野生动物监测、执法或通用监视的目的。

为了跟踪来自飞行器的移动目标，波音公司提出了一种跟踪来自飞行器的移动目标的方法和装置（图 1-2-2-14）。跟踪基本结构包括空中运载工具行为策略模块和跟踪算法模块，跟踪算法模块产生跟踪/引导算法，该跟踪/引导算法用于生成引导参考，飞行器被命令朝向该引导飞行以跟踪移动目标，飞行器性能模型（APM）和飞行器飞行的地形的数字地图被馈送到跟踪算法模块中，跟踪算法模块负责解决飞行器相对于移动目标的期望相对运动的一般问题，跟踪算法模块向飞行控制系统（FC）提供适当的引导参考，其中，上述一般问题根据若干参数[例如，飞行器的可检测性、飞行器相对于移动目标的最大和最佳距离、期望高度、期望相对位置（α角）]来计算，并且计算时还考虑对飞行器性能的限制（例如，最大和最小空速，以及滚转角、俯仰角和偏航角）。

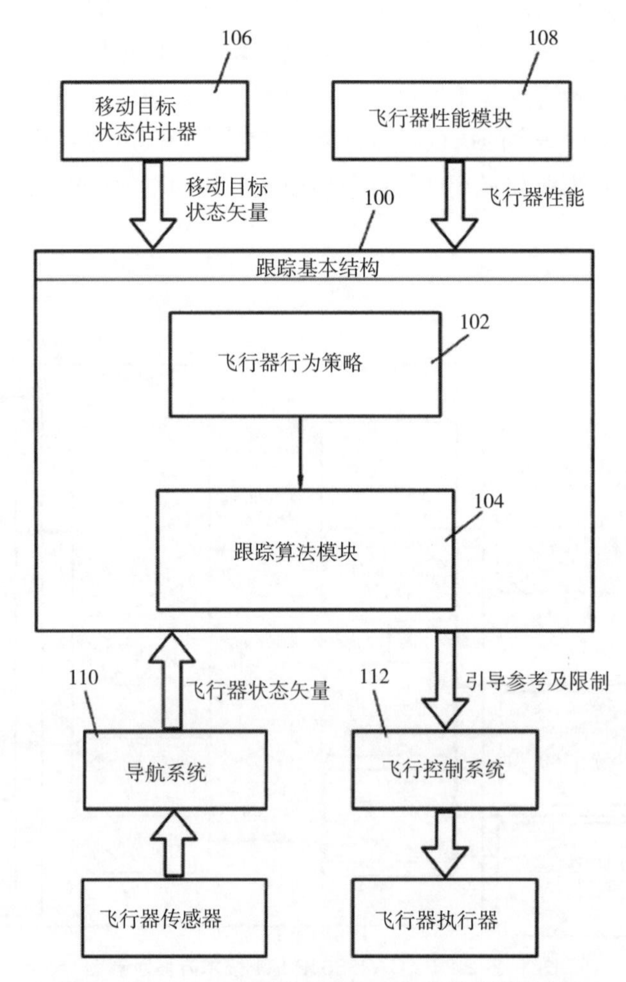

图 1-2-2-14　US2017038781A1 技术方案示意图

基于上述方案，响应于移动目标的估计速度和估计位置，确定移动目标周围的可检测区域，并且使空中运载工具跟随可检测区域外部的移动目标。

3.US2021295722A1 自适应感知与回避系统　飞行器可能在飞行器的空域内遇到大的或小的障碍物，这些障碍物可能是固定的或移动的，并且其位置可能事先不知道。飞行器内的传统形式的障碍物检测和避让依赖飞行员提供观察飞行器外部的关键任务，以确保飞行器不在具有诸如另一飞行器的障碍物的碰撞航线上。在没有飞行员从驾驶舱向外看的情况下，UAV 无法保证它们将检测并避让其他空中交通工具。用于防止飞行器与障碍物碰撞的现有技术 [包括与由全球定位系统（GPS）提供的位置数据配对的障碍物数据库] 通常是不充分的，因为许多阻碍物可能不包括在障碍物数据库中（尤其是移动的障碍物），并且取决于高度或地形，GPS 精度性能在不同环境中差异很大，商业航空工业已采用交通防撞系统（TCAS）作为避让碰撞的标准，这允许协作飞行器相互定位和避开，协作飞行器是指能够与协作传感器协作的飞行器。虽然协作系统对于检测具有转发器（例如 ADS-B）的空中交通工具是有用的，但是检测没有转发器的非协作交通要困难得多，已经并且正在尝试将小型雷达、基于摄像机的视觉系统和其他检测传感器用于非协作目标，因此，尽管取得了进步，但是可以改进具有感知和避让能力的现有自主系统。

针对上述技术问题，波音公司提出了一种与环境中的航空交通工具一起使用的自适应感知与回避系统（图 1-2-2-15 ～图 1-2-2-17）。自适应感知与回避系统包括：处理器，其可操作地与飞行控制器和存储器设备耦接，其中存储器设备包括反映对航空交通工具的飞行约束的一个或多个数据库；多个传感器，其耦接到航空交通工具，多个传感器中的每个传感器配置成生成反映环境中的障碍物的位置的传感器数据；障碍物检测电路，可操作地耦接到处理器和多个传感器，障碍物检测电路被配置为混合来自多个传感器中的每一个的传感器数据，以识别环境中的障碍物并产生反映障碍物在环境中的位置的最佳估计的障碍物信息，其中障碍物检测电路被配置成（i）至少部分地基于航空交通工具的当前状态和环境条件为多个传感器中的每一个设置传感器模式，（ii）根据传感器类型、航空交通工具的当前状态和环境条件，为来自多个传感器中的每一个的传感器数据分配权重；以及避让（avoidance）轨迹电路，其可操作地耦接到障碍物检测电路和处理器，其中障碍物检测电路被配置成（i）根据障碍物信息和来自一个或多个数据库的信息计算轨迹数据，以及（ii）将轨迹数据传达给飞行控制器。

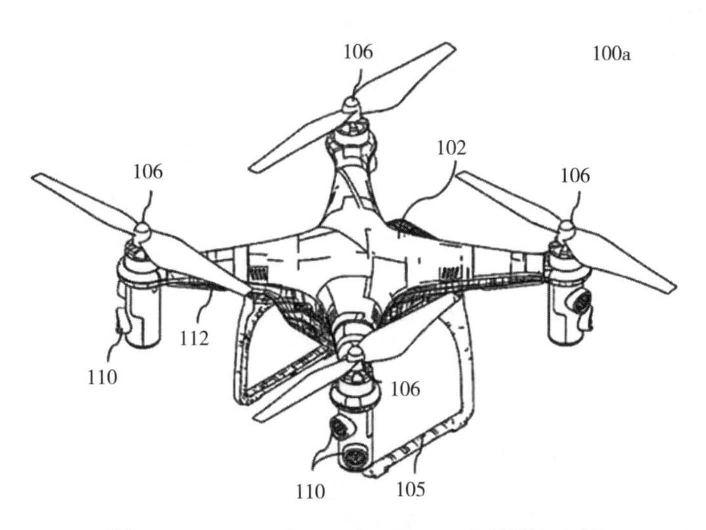

图 1-2-2-15　US2021295722A1 多旋翼飞行器

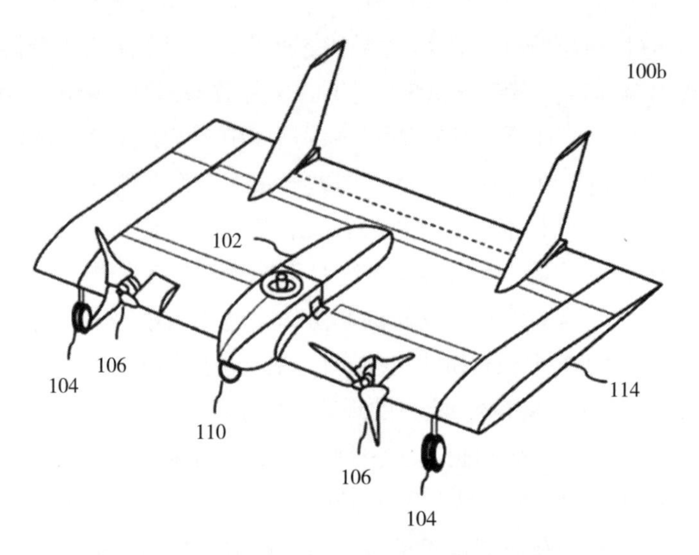

图 1-2-2-16 US2021295722A1 固定翼飞行器

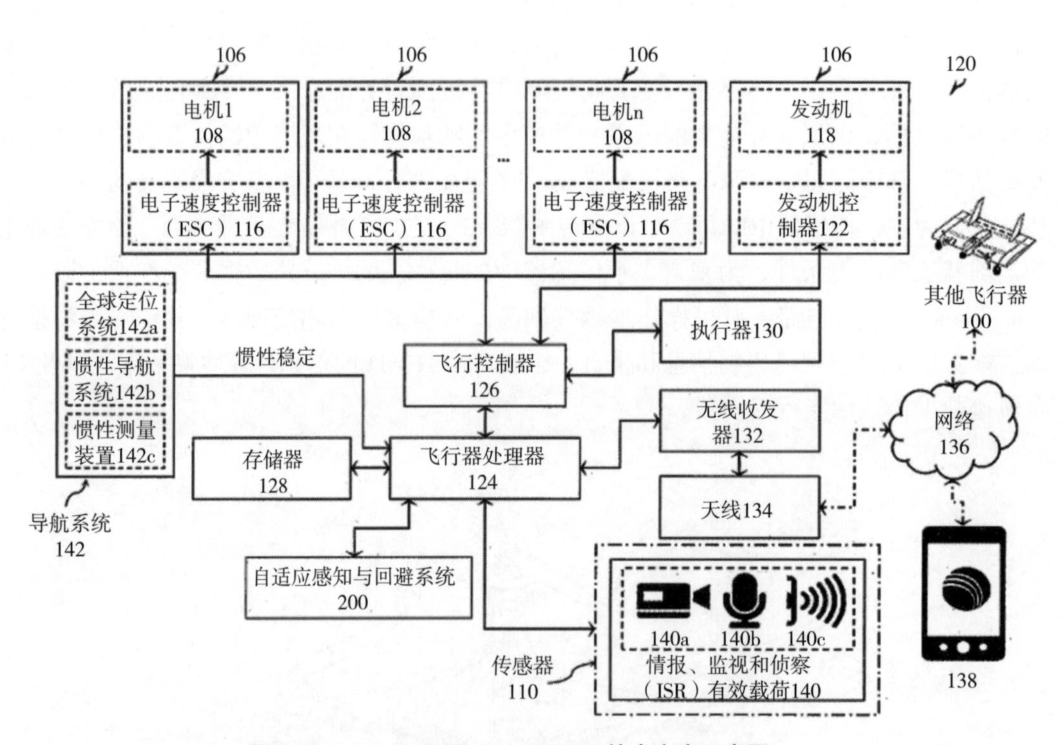

图 1-2-2-17 US2021295722A1 技术方案示意图

基于上述技术方案，飞行器可以自适应感测和避让障碍物。

三、洛克希德 · 马丁公司

1912 年，阿伦 · 洛克希德和马尔科姆 · 洛克希德兄弟在美国加利福尼亚州创建洛克希德公司，以制造飞行器起家。

1995 年，与马丁 · 玛丽埃塔公司合并，正式成立洛克希德 · 马丁公司（Lockheed

Martin），成为一家美国航空航天制造厂商，除航空、航天领域外，其在电子领域也居于世界前列，旗下产品被诸多国家所采用。目前洛克希德·马丁公司总部位于马里兰州蒙哥马利县贝塞斯达。

（一）导航技术

导航技术方面，洛克希德·马丁公司针对激光雷达导航技术进行了研究，同时尝试了激光雷达与其他导航方式相结合的多模导航技术。重点专利如表 1-2-2-5 所示。

表 1-2-2-5　洛克希德·马丁公司导航技术重点专利列表

序号	公开号	申请日	公开日
1	US20140300885A1	20140404	20141009
2	US20170110015A1	20160121	20170420

1.US20140300885A1　激光雷达平台及相关方法　在水下结构以及无人飞行器的检查、修复和操纵领域，在进行相应的操作前，首先要获取准确的水下结构或者无人飞行器模型。

针对上述需求，洛克希德·马丁公司提出了一种构建水下结构的3D虚拟模型的方法（图 1-2-2-18），包括将来自安装在水下平台上的 3D 激光器的一个或多个激光束脉冲引向水下结构，并检测从水下结构反射的光。从检测到的反射光获得数据点云，其中数据点云被处理以提供水下结构的该部分的三维虚拟模型。基于所获得的数据点云生成水下结构的对准模型。另一激光束脉冲被引导朝向水下结构，并且获得新的数据点云。将获得的新数据点云的样本与对准模型对准，并且使用数据点云中的至少一个来构建水下结构的 3D 虚拟模型。当获得新数据点云时，处理器被配置为从数据存储装置获得新数据点云。处理器被配置为将获得的新数据点云与比对模型比对，并将比对的数据点云添加到比对模型。在该过程完成时，对准模型表示水下结构的 3D 虚拟模型。

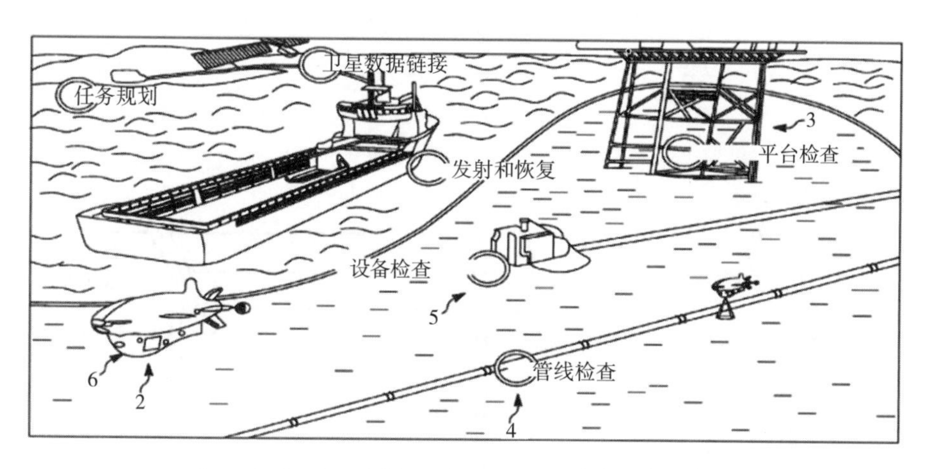

图 1-2-2-18　US20140300885A1 技术方案示意图

由该方法构建的激光雷达平台同样适用于无人飞行器领域。

2.US2017110015A1 利用电网和通信网络的磁导航方法和系统 小型无人驾驶飞行器系统（UAS）通常使用GPS导航并以标称高度飞行以避开地球表面上的障碍物。当GPS不可用或有意拒绝时，UAS可能无法准确地导航到其目的地，因为其惯性导航系统（INS）可能漂移。视觉飞行参考有时可用于移除INS误差，然而，其也存在若干缺陷，例如，UAS必须在相对高的高度飞行以提供具有足够地理覆盖的视觉样本空间来定位其位置的事实使得UAS更容易被检测到。此外，平台往往须携带大的图像数据库，这影响平台的耐久性，而在竞争环境中，访问平台以外的处理器往往是不实际的。此外，视觉飞行参考也可能受到变化的照明条件的影响，并且在劣化的可见性环境中是无效的。有时可以利用合成孔径雷达（SAR）和无源相干定位（PCL），并且可以提供非实时数据，使得系统可以在地形飞过感兴趣的区域之后将地形的图像构建到其侧面。然而，SAR需要传感器在使其暴露于检测的较高海拔处操作。此外，SAR可能需要大量的机载计算资源并且发射可能无意地揭示UAS的位置的RF能量。RF发射的无源测量可用于在RF发射器操作且其位置已知时测量位置。PCL需要多个已知的RF发射器来对位置进行三角测量，并且位置精度可能受到检测到的发射器的类型和数量以及多径误差的限制。

为了解决上述技术问题，洛克希德·马丁公司提出了一种具有自动导航的飞行器（图1-2-2-19，图1-2-2-20），包括：一个或多个DNV传感器，所述一个或多个DNV传感器彼此间隔开并且各自被配置成检测由固定基础设施生成的磁场，这样的一个或多个DNV传感器基于所述磁场确定多个磁矢量，这样的基础设施与所述一个或多个DNV传感器间隔开并且提供磁签名，所述磁签名能够基于其特性被映射并且与感测到的磁矢量相关；一个或多个电子处理器，其被配置为：从所述磁力计接收与所述区域中的读数相对应的多个磁

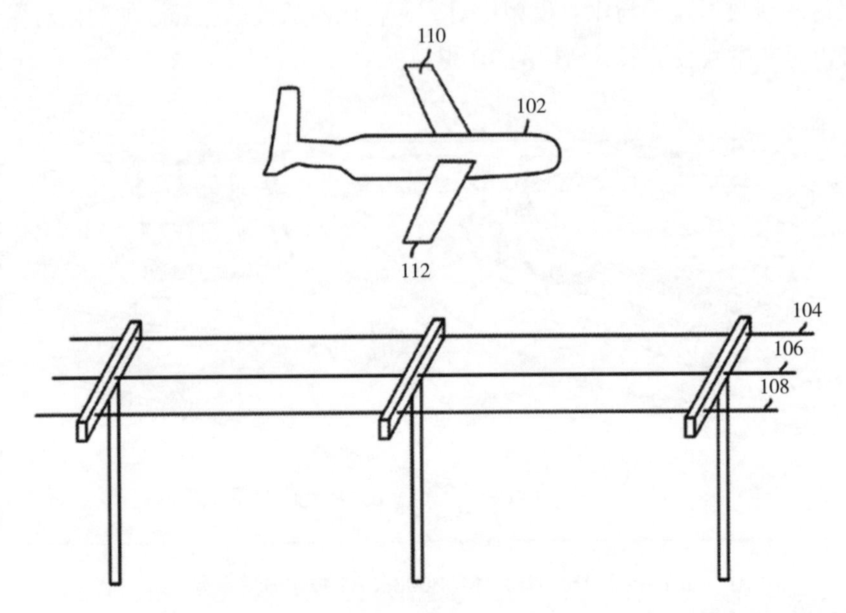

图1-2-2-19 利用电网和通信网络的磁导航小型无人驾驶飞行器系统（UASs）

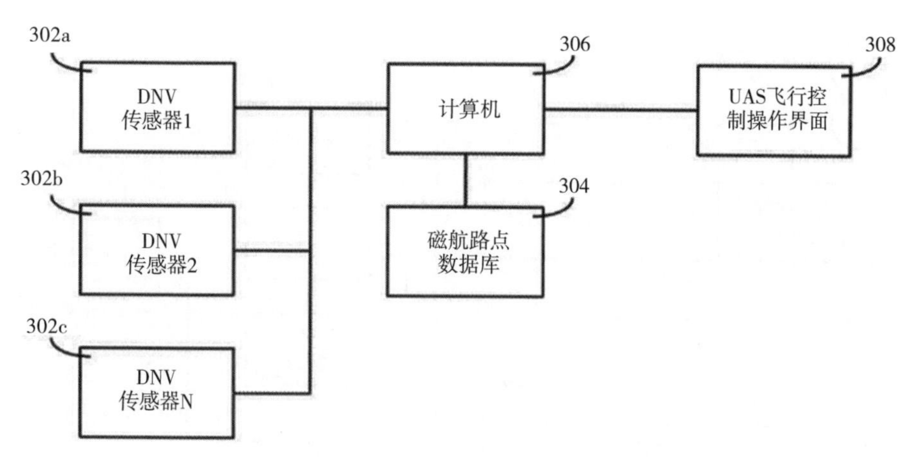

图 1-2-2-20　UAS 导航系统的示意框图

矢量；以及从所述多个磁矢量确定最大量值，其中所述最大量值对应于所述电流源的位置；以及导航控件，所述导航控件被配置为基于所述基础设施及其被检测和确定为磁矢量的弱磁场来自动导航所述飞行器。

（二）制导技术

制导技术方面，洛克希德·马丁公司研究了航路规划中的航路优化策略，并基于优化航路生成制导指令。重点专利如表 1-2-2-6 所示。

表 1-2-2-6　洛克希德·马丁公司制导技术重点专利列表

序号	公开号	申请日	公开日
1	US6705566B1	20020607	20040316
2	WO2005031382A2	20040521	20050407
3	WO2017007527A2	20160421	20170112

1.US6705566B1 主动反射镜引导系统　传统上经常采用万向节引导系统。万向节系统包含许多移动部件，每个移动部件易于失效。由于它们的部件数量和复杂性，万向节系统也很重。重量通常是飞行器的设计约束，这对于万向节系统可能是困难的。此外，万向节系统需要许多复杂的电接口用于操作。所需要的是一种不使用万向节的改进的引导系统。

为解决上述技术问题，洛克希德·马丁公司提出了一种用于车辆的引导系统（图 1-2-2-21）。该引导系统包括有源反射镜以跟踪目标，存在三个反射镜，反射镜响应于由陀螺仪、加速度计或经由远程控制手动检测到的干扰而移动，从第一反射镜和第二反射镜提供的图像通过聚焦装置发送到第三反射镜，然后对图像进行滤波并由图像传感器接收以进行处理，还可以使用签名信号处理设备和附加光学器件。控制系统连接引导系统的每个部件，引导系统还连接到车辆控制设备，以使车辆朝向目标转向。

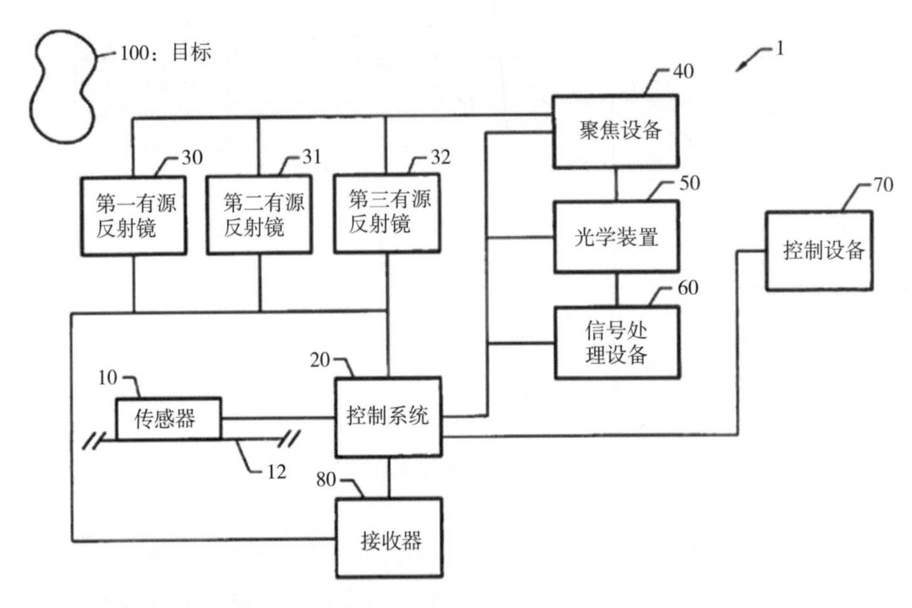

图 1-2-2-21　US6705566B1 技术方案示意图

通过上述技术方案，车辆朝向目标转向时，不需要使用万向节。

2.WO2005031382A2 红外制导　传统的红外图像跟踪技术是基于红外图像的跟踪技术，常用于无人飞行器的目标跟踪与制导系统，这种传统的红外图像跟踪技术通常仅使用一种跟踪机制，例如基于相关的跟踪器，以识别目标中的红外图像。受一天中不同时间、目标附近物体和地形的特征、大气条件、纵横比和俯角以及无人飞行器与目标之间的距离等因素的影响，不同条件下目标的 IR 图像可能会有所不同，当环境条件或其他情况足以改变目标的红外图像时，传统的红外图像跟踪技术可能无法在实施红外图像中识别目标，从而“丢失”目标。当无人飞行器的跟踪机构在多个连续图像帧中丢失目标时，该跟踪机构可能会丢失目标的轨迹。

针对上述技术问题，洛克希德·马丁公司提出了一种基于多级红外图像的跟踪系统（图 1-2-2-22），其能够在多种不同情况和多种不同环境条件下准确地识别和跟踪目标。该多级红外图像的跟踪系统包括主跟踪器和辅助跟踪器。辅助跟踪器通过在主跟踪器丢失或未能识别一个或多个目标时识别并跟踪目标来支持主跟踪器，并帮助主跟踪器重新获得有效目标。主跟踪器可以是基于相关性的跟踪器，辅助跟踪器可以是基于特征的跟踪器。多级红外图像的跟踪系统还包括预筛选器，其与基于相关性和基于特征的跟踪器同时操作以生成可能目标的列表。

3.WO2017007527A2 航路规划与制导　在无人飞行器飞行过程中的识别与方向导引中，需要解决的一个问题是使用传感器的线性阵列来找到信号在 3D 空间中的到达方向（DOA）（方位角和仰角）。由于线性阵列是一维的，它们只能提供“锥角”，计算出的角度围绕阵列的轴是不明确的。如果使用两个传感器阵列，则会大大提高成本，同时增加系统质量和体积，带来非常多的附加影响。

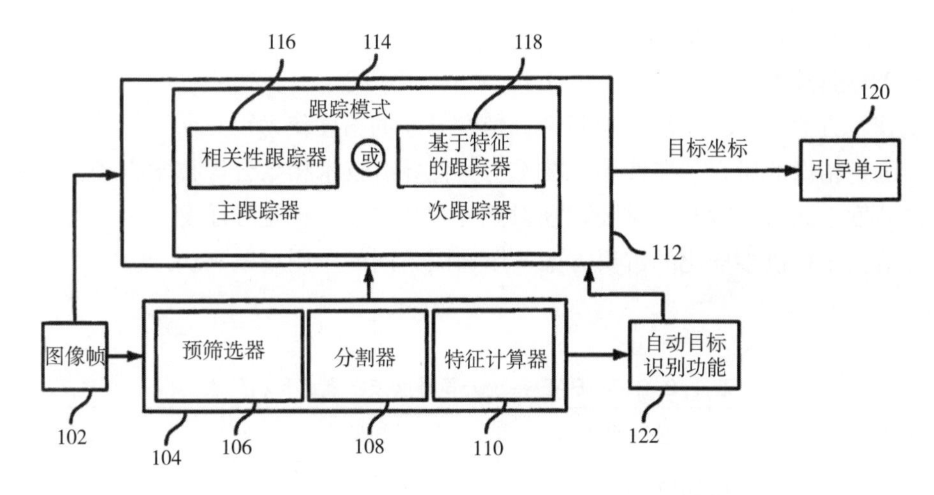

图 1-2-2-22　WO2005031382A2 技术方案示意图

为了解决上述问题，洛克希德·马丁公司提出了一种使用单个一维传感器阵列进行方向寻找的方法（图 1-2-2-23），当基于锥体相交算法可以识别目标的位置时，将第一传感器的测量结果和附加传感器的测量结果应用于锥体相交算法以识别目标的位置和对应于目标的真实目标角度。当基于锥体相交算法不能识别目标的位置时，将第一传感器的测量结果和附加传感器的测量结果应用于角运动模型，以确定对应于目标的最佳拟合弧形路径，以及基于所确定的最佳拟合弧形路径的目标的真实目标角度估计和目标角速度。

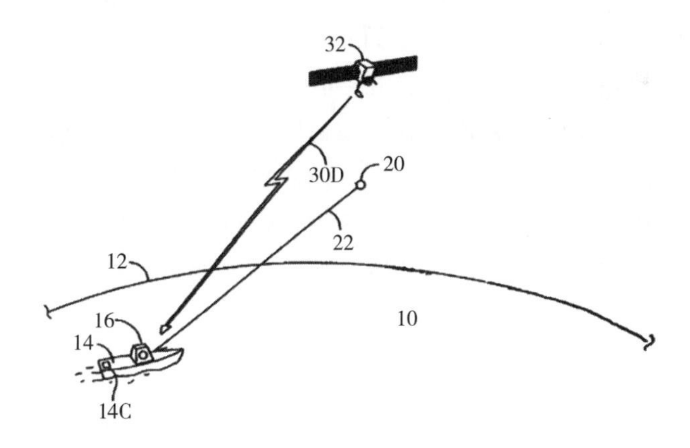

图 1-2-2-23　WO2017007527A2 技术方案示意图

基于上述技术方案，在仅使用单个一维传感器阵列的条件下，实现了目标方向角的准确确定，节约了系统成本。

四、BAE 系统公司

BAE 系统公司（BAE Systems）是 1999 年 11 月由英国航空航天公司（BAE） 和马可尼电子系统公司 （Marconi Electronic Systems）合并而成的。BAE 系统公司是世界上第三大电子航空公司。其具有一流的系统提供能力，在航行器、电子产品、系统集成和其他技术占领了全球范围内的多个市场。

（一）导航技术

导航技术方面，BAE 系统公司将提高惯性导航的精度作为重点研究领域，其中包括提高传感器测量精度的研究、惯性导航技术与其他导航技术相结合等技术方案，进而提高惯性导航的精度。同时，BAE 系统公司还对激光雷达导航、视觉导航等技术进行研究，为飞行器的导航技术提供多样化的解决方案，以适应不同的应用场景和应用需求。重点专利如表 1-2-2-7 所示。

表 1-2-2-7　BAE 系统公司导航技术重点专利列表

序号	公开号	申请日	公开日
1	US20120191340A1	20101004	20120726
2	US20170329335A1	20161130	20171116

1.US20120191340A1　*导航系统*　卫星导航系统的已知问题是来自最小数量的卫星的信号丢失。这可能发生在设备用于建成或位于山区时，使得最小数量的卫星与设备之间的视线不被维持。类似地，在林地环境中，树木及其叶子可能遮挡、折射或以其他方式吸收从卫星发送的信号。在上述情况下，接收器可能无法确定装置的位置，并且因此装置可能无法提供路线或位置信息，这将可能导致导航延迟，或者导致迷失。

为此，BAE 系统公司提出了一种用于在导航系统信号不可用时使用导航装置的设备及方法（图 1-2-2-24），即：一种与导航装置一起使用的定位装置，所述定位装置包括：输入装置，其经布置以从除导航系统以外的源接收数据信号；转换装置，用于将接收到的数据信号转换成位置数据；及输出装置，其经布置以输出呈与所述导航装置兼容的格式的所述位置数据。使得可能与导航装置不兼容且可能尚未设计用于导航目的的数据信号能够转换成可由导航装置使用的数据。举例来说，导航装置可为卫星导航装置，且源可不同于卫星导航系统，在此情况下，该方案提供装置可接收及处理非导航数据信号且将其转换成适合于由卫星导航装置处理的形式的优点。类似地，导航装置可为经布置以处理来自另一导航系统的导航信号的导航装置。

具体地，运行的卫星导航接收器以专有通信协议格式向导航设备提供位置数据，该导航设备以动态地图的形式显示导航数据。在使用期间，接收器移动到其导航信号被阻挡但其他信号（例如中波无线电信号）可用的区域中。使用这些无线电信号的相位来确定接收器及 / 或导航装置在导航信号被阻挡的此周期期间的移动。该方案通过转换来自无线电波的行进的位置及 / 或方向且将其转换成呈与导航装置兼容的通信协议格式的位置数据来实现此目的，且输出位置数据。

2.US20170329335A1　*一种无人机视觉辅助导航方法*　针对 GPS 导航技术存在的某些环境下不可用、惯性导航技术的长期漂移误差等问题，BAE 系统公司提出了一种基于视觉辅助导航的方法（图 1-2-2-25），包括：识别跨多时相图像持续存在的基准点；至少部分地基于所识别的基准点来创建参考图像数据库；从车辆获得测试图像；将所述测试图像与来自所述参考图像数据库的参考图像配准；估计所述车辆的位置误差；校正所述车辆的所述位置误差；以及至少部分地基于所述校正的误差位置来引导所述车辆。

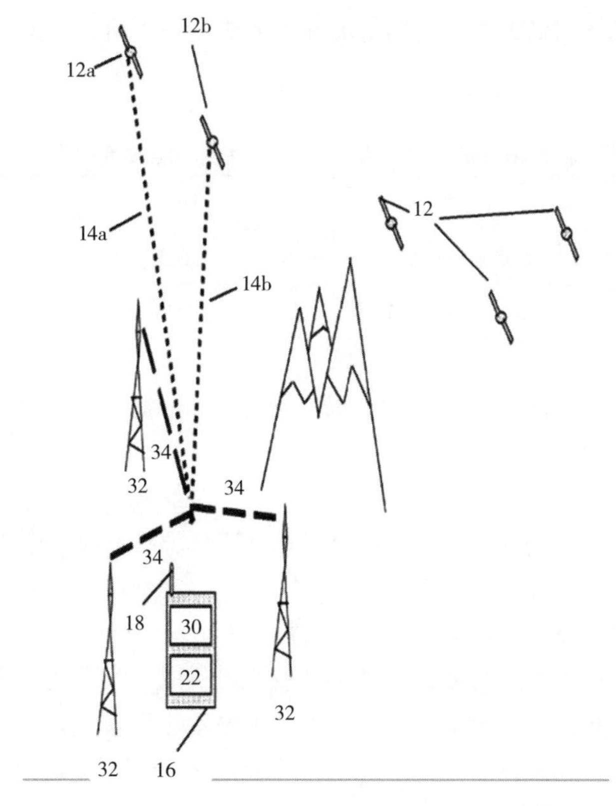

图 1-2-2-24　US20120191340A1 的技术方案示意图

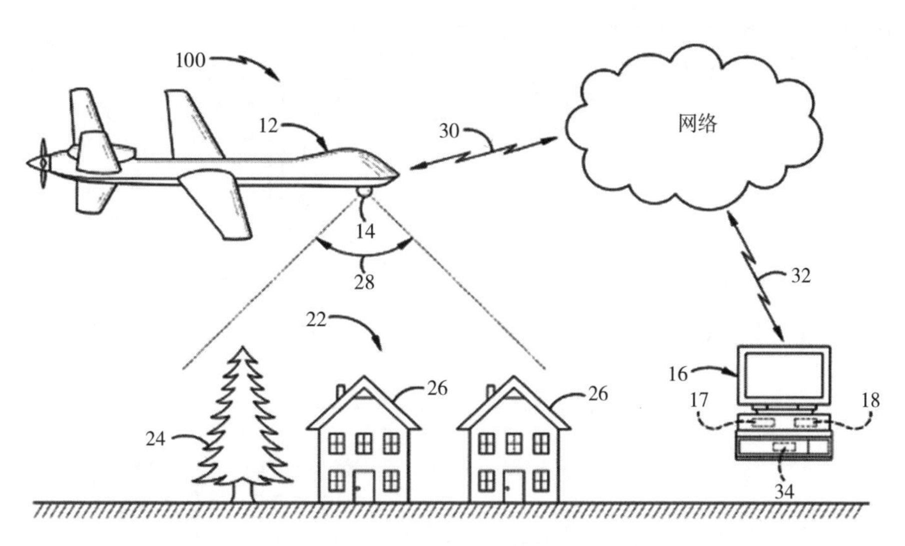

图 1-2-2-25　US20170329335A1 技术方案示意图

基于上述技术方案，能够弥补现有导航技术的不足，为实现高精度、高可靠性的导航提供解决方案。

（二）制导技术

制导技术方面，BAE 系统公司进一步提高了航路规划的准确度以实现制导精度的提高，而在导引方法上，则针对低成本、高回报的导引方法进行了研究。重点专利如表 1-2-2-8 所示。

表 1-2-2-8　BAE 系统公司制导技术重点专利列表

序号	公开号	申请日	公开日
1	US5564650A	19850618	19961015
2	US2019120965A1	20171025	20190425

1.US5564650A 引导飞行器的处理器装置　现有技术中对于不同的引导阶段使用完全不同的导引技术时，通常在每个导引阶段采用不同的控制处理装置，由此导致装置庞大及昂贵的成本。

为了解决这一问题，BEA 系统公司提供了一种适合于沿着预定路径在相对长的距离上将飞行器导航到精确指定目的地的处理装置（图 1-2-2-26）。包括：在第一引导阶段期间操作的装置，用于将在身体的移动期间收集的并且表示其被观察的周围环境的场景数据与表示预期视场的预定存储数据相关联； 所述装置在另一引导阶段期间可操作，用于将在所述身体的运动期间收集的数据与从先前在所述身体的运动期间收集的场景数据导出的数据相关联；以及取决于所述主体的位置的装置，用于将引导控制从操作的所述第一阶段转移到操作的所述第二阶段。

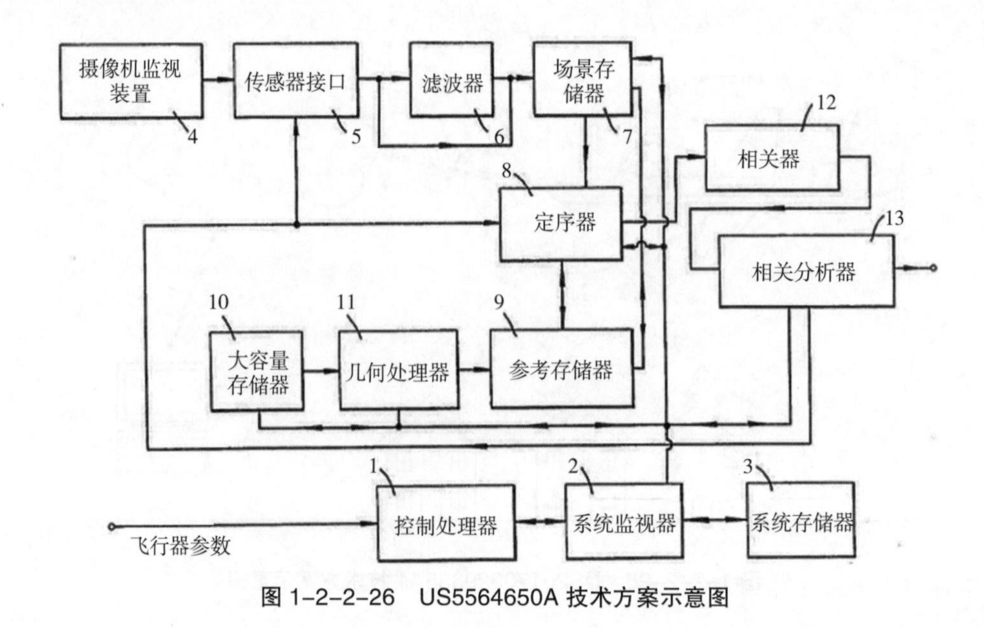

图 1-2-2-26　US5564650A 技术方案示意图

具体地，飞行器沿着到其目的地的路径的移动被分成三个不同的阶段。第一阶段称为导航阶段，其适合于在非常长的距离上精确地引导飞行器。导航阶段通过依赖景象匹配相关技术来完成；也就是说，将地面的场景与机载携带的存储数据进行比较，并且如果飞行器保持其正确的航线，则该场景与飞行器预期在其上飞行的地形相对应。为此目的，飞行器携带光学或红外相机等以生成表示外部视场的视频信号。通过周期性地在外部场景与飞行器搭载数据的对应部分之间进行比较，确定飞行器的实际位置，并且可以对导航系统进行微小校正，以便保持沿着预定路径移动飞行器所需的路线。该导航阶段继续，直到飞行器足够靠近目的地或目标，以能够将目标聚集在其视场内。目标的收集在被称为目标检测阶段的第二阶段完成。

一旦目标被肯定地识别，引导的控制就转移到第三阶段，也就是最后阶段，称为归位阶段。在归位阶段，当飞行器更紧密地接近目标时，所识别的目标的选定视场被保留作为连续产生的视场的参考数据。该操作涉及不同类型的处理能力，因为当飞行器相对于目标接近和操纵时，当目标的形状和取向相对于视场改变时，必须保证对于目标的跟踪。显然，在归位阶段，即使表示视场的数据可能相对较小，也需要对飞行器的位置进行连续且非常快速的检查。这与导航阶段形成对比，在导航阶段，以相对不频繁的间隔处理表示大视场的非常大量的数据。

上述方案能够实现使用公共硬件结构对不同导引阶段的飞行器进行制导，从而减小装置体积并控制成本。

2.US2019120965A1 用于被引导的自主交通工具的数字光处理以及光检测和测距的方法和系统　3D LIDAR 通常使用具有非常窄的光束发散度的激光器来扫描地形，然后使用宽 FOV 接收器收集返回能量。在常规系统中，空间滤波器是激光器本身；仅辐射场景的一小部分以用于单个范围确定。通过使用高脉冲重复频率（PRF）激光器和快速扫描仪，生成 3D 图像。扫描激光器（激光器和扫描仪）的成本往往是高昂的，并且需要几个移动部件，同时产生较低的可靠性。

为此，BAE 系统公司提供了一种用于引导自主交通工具（例如无人飞行器）的数字光处理以及光检测和测距系统（图 1-2-2-27），包括激光发射器，用于发射具有视场的激光脉冲；数字光处理阵列，所述数字光处理阵列具有多个微镜，并且所述多个微镜中的每一个具有开启位置和关闭位置，其中，当所述微镜接收到从物体反射回的激光时，所述微镜处于开启位置；检测器元件，所述检测器元件用于在所述多个微镜处于所述开启位置时接收由所述数字光处理阵列的所述多个微镜反射的光；光学聚光器装置，所述光学聚光器装置位于所述数字光处理阵列与所述检测器元件之间；模拟 / 数字转换器，其耦合到所述检测器元件，用于处理由所述检测器元件检测到的信号；以及导航处理器，所述导航处理器被配置为评估所述地形粗糙度、所述地形复杂度和所述地形深度，以在给定所述自主交通工具（例如无人飞行器）的限制的情况下确定所述最佳路线。用于引导自主交通工具的数字光处理以及光检测和测距系统的一个实施例是其中激光脉冲包括辐射在 0.5kHz ～ 30kHz 之间的可见、近红外和短波红外频带。数字光处理阵列的范围从视频图形阵列格式到高清晰度格式，并且在可见光、近红外和 / 或短波红外频带中从 0.5kHz ～ 30kHz 操作。

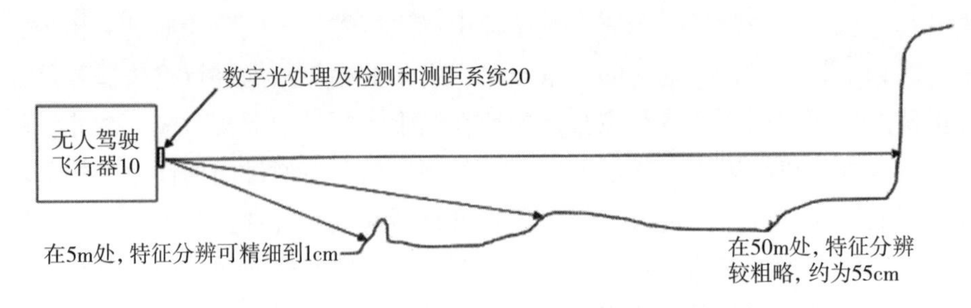

图 1-2-2-27　US2019120965A1 技术方案示意图

通过上述技术方案，数字光处理阵列的可变性允许调整图像分辨率以考虑目标的范围、天气条件和姿态，与学习 AI 系统相结合，无人驾驶飞行器可以在操作环境中提供优异的灵活性。

五、三菱集团

三菱集团（Mitsubishi Group）是由原日本三菱财阀解体后的公司共同组成的一个松散的实体。三菱系列公司均为三菱集团组织“金曜会”的成员，三菱重工就是其中之一，也是三菱集团的核心企业之一，其业务涵盖机械、船舶、航空航天、电力、交通等领域产品，企业内部有完善的研发、制造、销售体系，与三菱系其他企业亦形成良好的分工协作关系。

在检索过程中，研究发现三菱集团在导航技术方面根据导航技术的发展对专利进行布局，重点在于提高精度，获取准确的姿态信息。根据导航技术的发展，选取以下重点专利并分析（见表 1-2-2-9）。

表 1-2-2-9　三菱集团导航技术重点专利列表

序号	公开号	申请日	公开日
1	JP2000213953A	19990125	20000804
2	JP2021071457A	20191101	20210506

1. JP2000213953A 飞行物体导航装置　由于内置陀螺仪和加速度计的误差，惯性装置的输出也具有误差。惯性装置对角速度及加速度进行积分来计算位置及速度、姿态角，因此具有误差随着时间而增大这样不可避免的问题。

对于上述技术问题，三菱集团提供一种抑制随着时间经过而增大的惯性装置的精度劣化的飞行体的导航装置（图 1-2-2-28）。飞行体的导航装置具备：输出飞行体的位置及速度、姿态角的惯性装置、安装于飞行体的前方而得到前方的拍摄图像的拍摄装置、根据由该拍摄装置拍摄到的图像来运算自身姿态角的单元，以及将根据上述图像求出的姿态角与由惯性装置计算出的姿态角进行比较并根据其差来推定惯性装置的姿态角误差并进行校正的单元。

基于上述技术方案，飞行体的导航装置能够抑制随时间增大的惯性计算精度的劣化，能够提高向目标的引导精度。

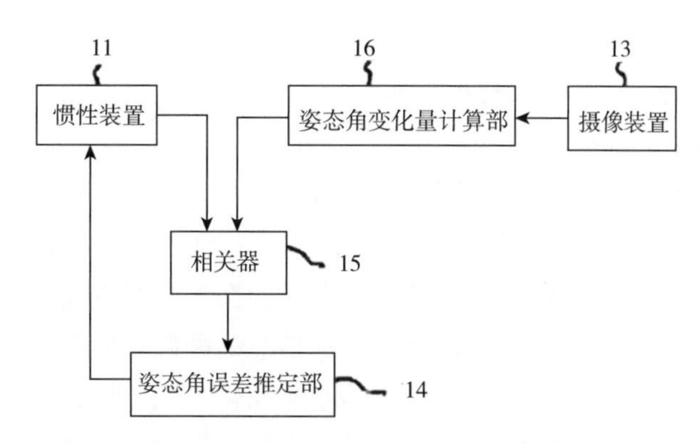

图 1-2-2-28　JP2000213953A 技术方案示意图

2. JP2021071457A 接收器和具有接收器的飞行物体　飞行物体接收从 GNSS（全球导航卫星系统）卫星发送的 GNSS 无线信号，求出自身的位置以及速度而用于飞行物体的控制。GNSS 卫星生成使用扩频码对导航消息信号直接进行扩频调制后的调制信号，并使用该调制信号对规定频率的载波进行调制，由此生成 GNSS 无线信号并进行广播。飞行物体在进行姿态控制时，有时会产生绕飞行物体的机体轴的旋转运动，导致飞行器的旋转周期比切换天线时捕捉 / 跟踪 GNSS 无线信号所需的时间短， GNSS 无线信号的捕捉 / 跟踪有可能断续。

对于上述技术问题，三菱集团提供了一种接收器和具有接收器的飞行物体（图 1-2-2-29）。接收装置，具有：N 个接收部，接收通过具有规定的重复周期的扩频码进行扩频调制后的无线信号，输出与无线信号的信号强度对应的接收信号，输入 N 个接收部分别输出的接收信号，以规定的切换周期依次输出接收信号，规定的切换周期为规定的重复周期除以 N 而得到的商的值以下，通过为了生成无线信号而使用的载波信号对切换部输出的接收信号进行解调的第一解调器以及使用扩频码对第一解调器输出的信号进行相关解调的第二解调器。飞行物体具备上述接收装置。

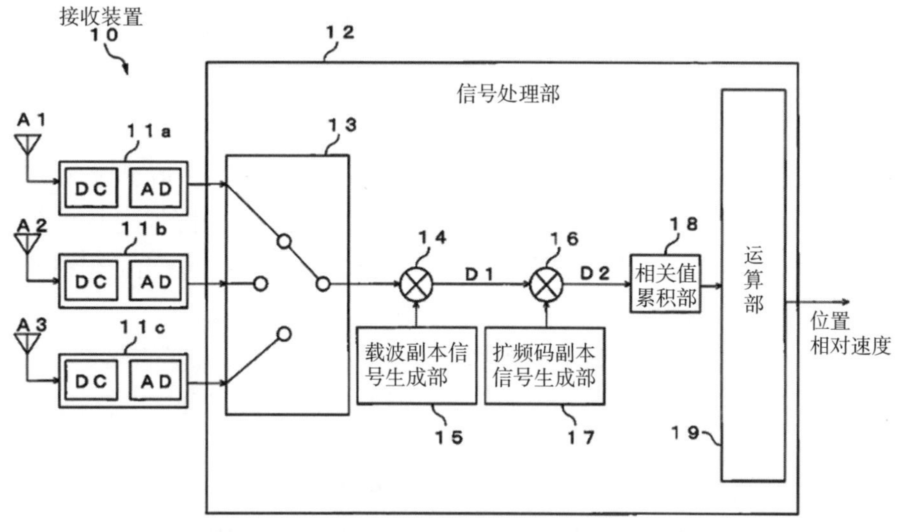

图 1-2-2-29　JP2021071457A 技术方案示意图

基于上述技术方案，即使无人飞行体旋转，也能够捕捉、追踪 GNSS 无线信号。由此，移动物体能够求出自身的位置以及速度，执行稳定的控制。

（二）制导技术

在检索过程中，研究发现三菱集团在制导方面申请了众多专利，包括导引律以及目标探测跟踪等。在导引律方面，除研究传统的比例导引、现代的最优制导，还研究了多模制导，将现代的最优制导与传统的比例导引相结合；在目标探测跟踪方面，三菱集团为了实现高精度的引导，重点研究了目标的精确识别、目标信息的准确获取等。下面根据技术领域、被引用文献数量、同族个数等分析以下重点专利的具体内容，如表 1-2-2-10 所示。

表 1-2-2-10　三菱集团制导技术重点专利列表

序号	公开号	申请日	公开日
1	JP2000065925A	19980824	20000303
2	JP2004218869A	20030110	20040805
3	JP2006242468A	20050303	20060914
4	JP2007255981A	20060322	20071004
5	JP2007192423A	20060117	20070802
6	JP2007271292A	20060330	20071018
7	JP2015197403A	20140403	20151109
8	US20200057456A1	20190329	20200220

1. JP2000065925A 导向装置　以往的引导装置中，存在无法区分同一距离且同一角度内的多个目标、感应噪声大、无法实现精确制导的问题。

对于上述技术问题，三菱集团提供了一种引导装置（图 1-2-2-30）。引导装置具备：相对于现有记载的引导装置，由新追加了脉冲压缩器和角度压缩器的结构构成，将接收器输出的 SUM 视频信号和 DIF 视频信号进行相关处理而得到的多目标及杂波；脉冲压缩器生成包含位置信息的时间序列的 SUM 窄脉冲信号和 DIF 窄脉冲信号；将从脉冲压缩器输出的 SUM 窄脉冲信号减去乘以预定系数的 DIF 窄脉冲信号而得到的多个目标和杂波；以及角度检测器，其对将从角度压缩器输出的时间序列的角度压缩 SUM 窄脉冲信号除以从脉冲压缩器输出的时间序列的 DIF 窄脉冲信号而得到的天线主轴与目标反射方向之间的角度差即第一角度误差进行单脉冲运算，根据该第一角度误差和从天线控制器输出的当前的天线振头角度对角度信号进行转换运算。

通过上述技术方案，引导装置通过距离、角度均高分辨率化来降低杂波功率并提高探测能力，提高了同一距离且同一角度内的多个目标的分类及杂波等的分类精度，另外，目标反射点的散射范围减少，由此近距离处的感应精度提高。

2. JP2004218869A 飞行物体导引系统、飞行物体及导引控制装置　飞翔体通过推进装置在飞翔初期加速，在中期至后期滑翔，因此使用比例导航的飞翔体产生由飞翔速度引起的、目标与飞翔体的相对速度的变化相对于加速度指令的误差。飞行体的推进装置产生的加速度越大，在以往的使用模糊推论的方式中，越需要具有与各种目标运动以及会合点分别对应的函数，结构变得复杂，因此需要实现简易的结构。

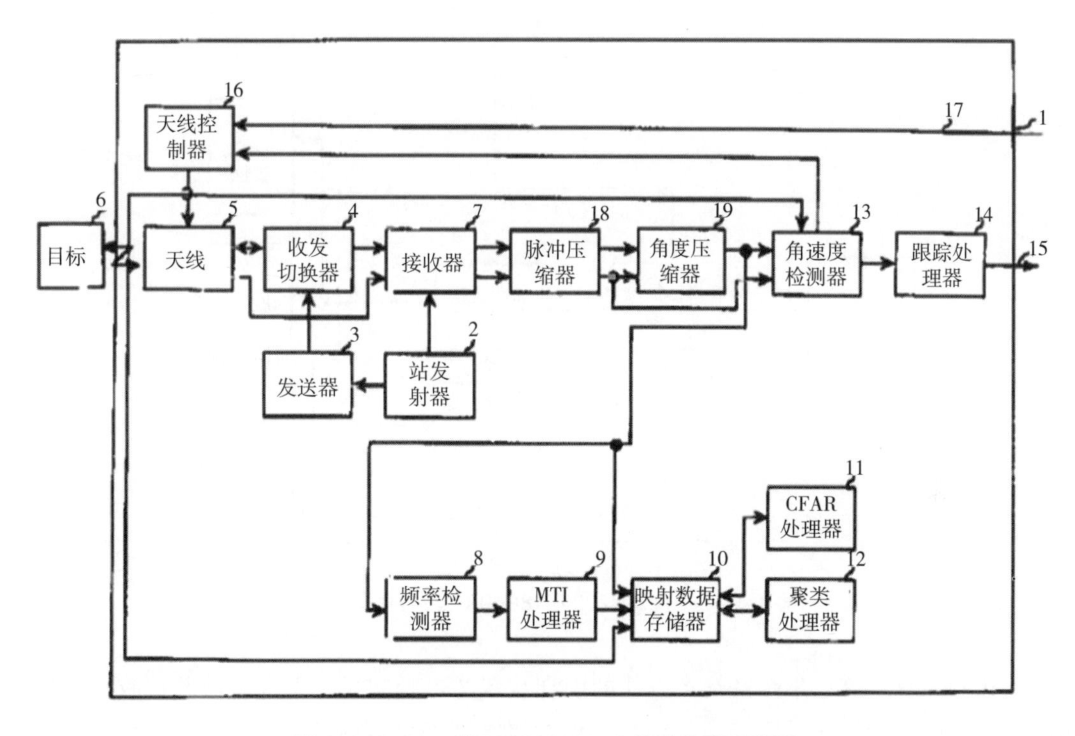

图 1-2-2-30　JP2000065925A 技术方案示意图

为了解决上述技术问题，三菱集团提出一种飞行物体导引系统（图 1-2-2-31）。飞行物体引导系统具备：跟踪装置，跟踪目标并获得信息；引导运算部，其对来自跟踪装置的信息及来自引导控制装置的会合点信息进行处理而计算用于朝向目标飞翔的加速度指令；惯性装置，其获得飞翔体的运动信息；自动驾驶仪，处理加速度指令来控制飞行体的运动；收发天线，其与搭载于地面、车辆、舰船、飞机等的引导控制装置之间收发信息；发送部，其从收发天线发送由引导运算部处理后的目标信息及由惯性装置处理后的飞翔体运动信息；以及引导控制装置，该引导控制装置具备利用收发天线接收从引导控制装置发送的会合点信息的接收部，该引导控制装置具备在与该引导控制装置之间收发信息的收发天线、利用上述收发天线接收从该引导控制装置发送的目标信息和该引导控制装置运动信息的接收部、基于来自该引导控制装置的信息计算会合点信息的引导控制运算部，以及从上述收发天线发送由引导运算部计算出的会合点信息的发送部，该引导控制装置具有引导运算部，该引导运算部根据来自追踪装置的信息、来自惯性装置的信息以及来自引导控制装置的信息，计算用于朝向目标飞行的加速度指令。

基于上述技术方案，飞行物体导引系统能够简易地修正由飞行体的飞行速度引起的对加速度指令的影响，降低引导误差，并与目标相关联。

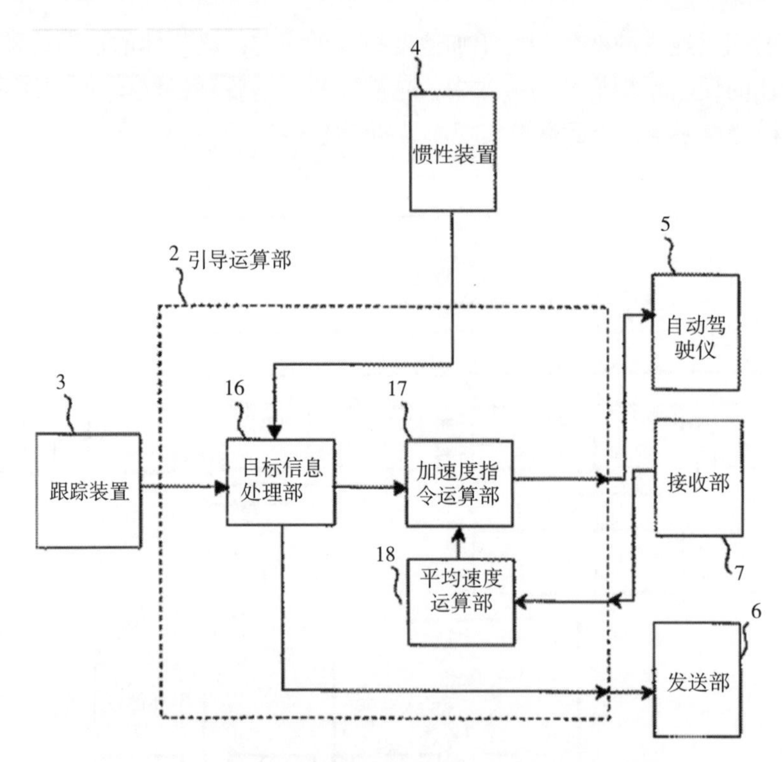

图 1-2-2-31　JP2004218869A 技术方案示意图

3. JP2006242468A 导向系统　以往的引导装置通过朝向目标发送电波并接收从目标直接反射来的信号来检测并跟踪目标信号，但在接收到来自目标的反射波经由海面或地表面等杂波的信号的情况下，识别为在与目标方向不同的方向上存在目标，并跟踪多路径而不是目标，存在如下问题：误锁定或者看不到目标信号时锁定断开。

为了解决上述技术问题，三菱集团提供了一种引导装置（图 1-2-2-32）。引导装置具备：振荡部，其输出发送频率信号和本地信号，对从该振荡部输入的发送频率信号进行放大；发送部，输出发送信号；收发切换部，其切换该发送信号和接收信号；具有水平偏振波、垂直偏振波这两种偏振波方式，具备将上述发送信号向空间发送并接收来自目标的反射信号的偏振波共用天线、利用本地信号对该来自目标的反射信号进行频率变换并放大而输出视频信号的接收部、将该视频信号变换为数字信号的 A/D 变换部、对该 A/D 变换后的数字信号的垂直偏振波信号和水平偏振波信号进行合成处理的偏振波信号处理部、根据该偏振波信号处理后的结果检测将目标信号和多路径分离并跟踪的目标信号的目标检测部，以及根据该检测出的目标信号计算距离、速度、角度等目标信息并输出朝向目标引导装置的引导信号的跟踪处理部。

基于上述技术方案，在引导装置跟踪目标时，不受杂波反射波（多路径）的影响，能够以目标的准确的角度进行跟踪，引导性能提高。进而，能够去除干扰引起的干扰波的影响而仅检测目标信号，耐干扰性能、目标识别性能以及感应性能提高。

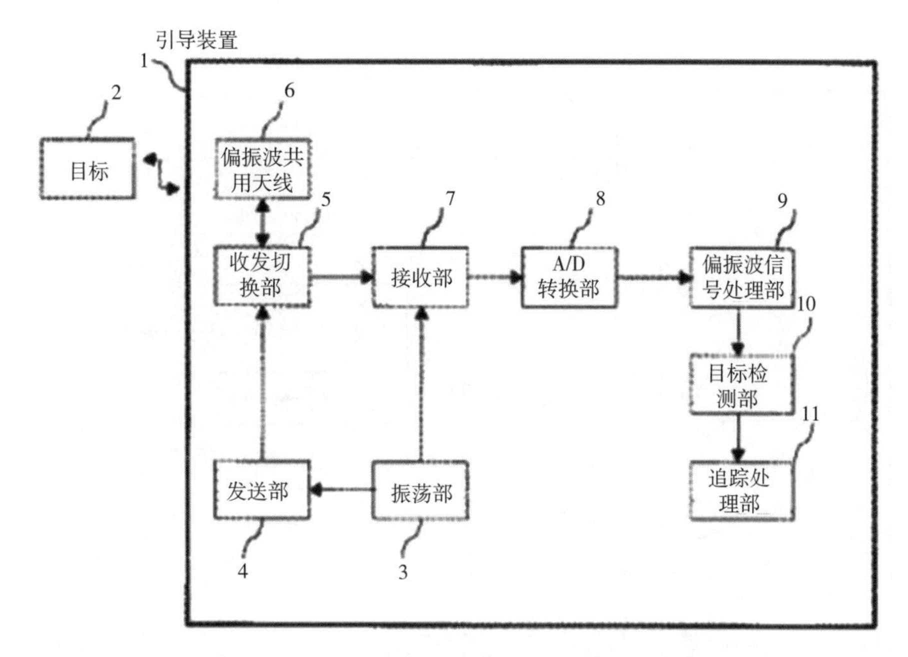

图 1-2-2-32 JP2006242468A 技术方案示意图

4. JP2007255981A 引导装置 在使用多普勒雷达观测目标的引导装置中，在目标反射波（目标信号）的多普勒频率与搭载于飞行体的引导装置所具备的天线的主瓣方向的地面或海面反射波（主瓣杂波）的多普勒频率重叠的区域（波束区域）中，目标反射波信号被主瓣杂波信号埋没，因此目标信号的检测变得困难，有可能误检测主瓣杂波信号。

为了减少在引导装置中通过上述待机处理无法检测目标信号的区域，更可靠地检测目标，三菱集团提出一种引导装置（图 1-2-2-33）。引导装置具备：使用多普勒雷达观测目标，所述引导装置相对于所述目标进行引导， 天线增益模式表，其将用于所述多普勒雷达的天线的相对于天线面基准的角度与所述天线的增益的关系表格化； 所述天线增益模式表的数据； 通过所述多普勒雷达得到的与所述目标的相对距离、相对角度以及相对角度等目标相对信息； 以及从惯性装置得到的姿态角、高度等惯性信息，主瓣杂波信号功率分布计算部，其按照相对于所述天线面基准的每个角度来计算作为来自地面等的反射信号的杂波信号的功率分布； 目标信号功率计算部，其使用所述目标相对信息来计算来自所述目标的反射信号即目标信号的功率；将所述杂波信号的功率分布的计算值与所述目标信号的功率的计算值进行比较，主瓣角度范围设定部，其计算无法检测所述目标的角度范围作为主瓣角度范围；使用所述主瓣角度范围求出多普勒频率的上限值和下限值，主瓣杂波频率范围设定部，其计算杂波频率范围；以及接收信号处理部，其在所述接收器接收到的接收信号中对所述跟踪门的范围内的接收信号进行处理来检测目标，主瓣杂波信号功率分布计算部按照相对于所述天线面基准的每个角度对杂波信号的功率分布的计算值和所述接收信号处理部输出的杂波信号的功率分布的观测值进行比较，由此对所述杂波信号的功率分布的计算值进行校正，并将校正后的杂波信号的功率分布的值输出到所述主瓣角度范围设定部。

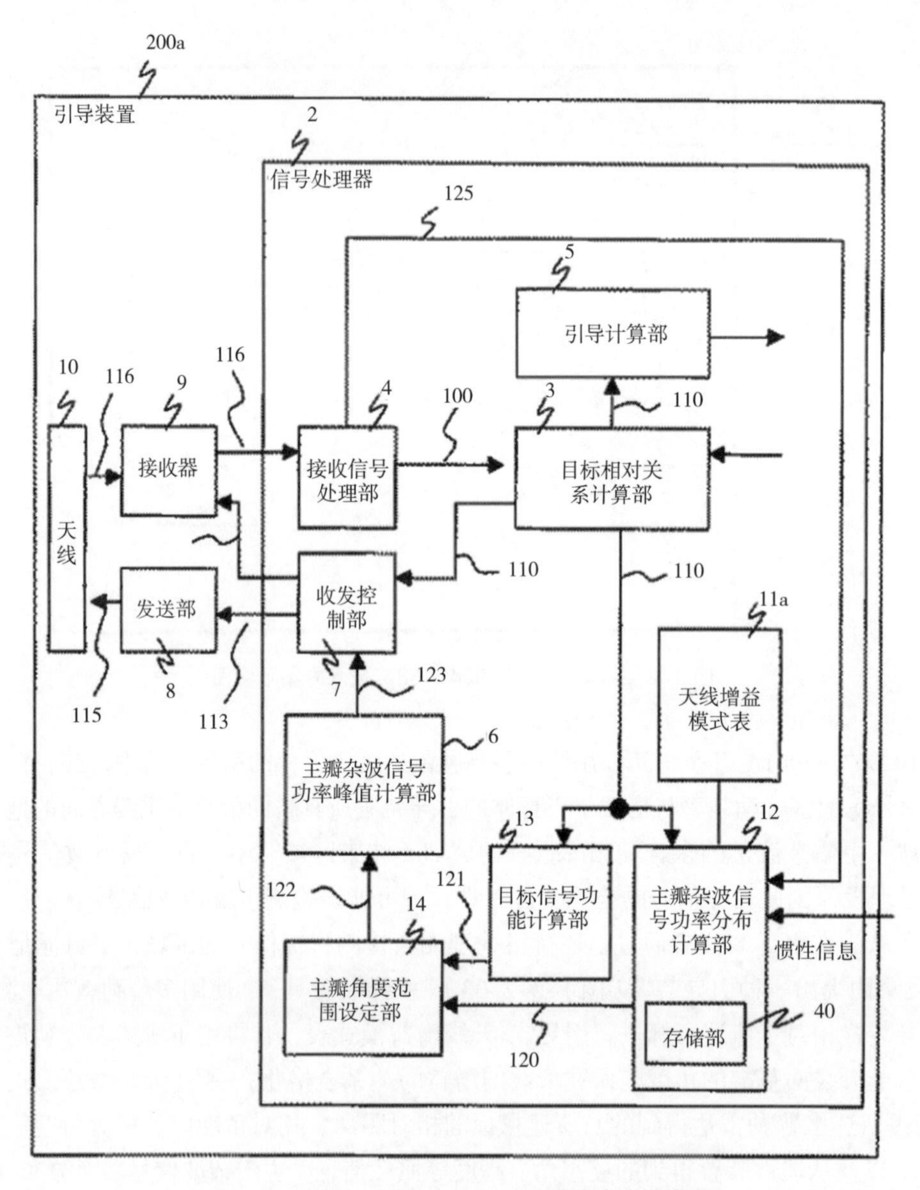

图 1-2-2-33　JP2007255981A 技术方案示意图

基于上述技术方案，引导装置能够减少通过待机处理无法检测目标信号的区域，能够更可靠地检测目标。

5. JP2007192423A 飞行目标指令制导系统　在系统内同时引导的飞行体的数量多的情况下，与该数量成比例地通信数据量增多。若通信数据量变多，则在无线通信的情况下，需要使用宽的电波频带，但从与现有无线通信的电波频带等的干扰的限制出发，使用电波频带越窄越优选。另外，若通信数据量变多，则在进行无线通信时，所需输出电力变大，因此对通信设备的负荷变大。

为了解决上述技术问题，三菱集团提出一种飞行体指令引导系统（图 1-2-2-34）。飞行体指令引导系统，从管控装置使用无线通信来进行多个飞行体的指令引导，具备：根据所述飞行体的引导状况，使所述无线通信的通信速率按照所述各飞行体而变化的机构，以及通过控制所述各飞行体的飞行路径和/或发射时机来控制所述飞行体的引导状况，从而减少在所述无线通信中同时以高通信速率进行所述无线通信的所述飞行体的数量的机构。在管控装置使用无线通信进行多个飞行体的指令引导的飞行体指令引导系统中，具备使所述无线通信的通信速率按所述各飞行体变化的单元、设置于所述各飞行体并经由所述无线通信断续地对管控装置进行图像发送的单元、在图像发送时将所述无线通信的通信速率设定得较高的单元，以及在所述各飞行体实施所述图像发送时通过检测其他所述飞行体的图像发送状况并调整图像发送定时来避免多个所述飞行体同时进行图像发送的单元。控制装置在使用无线通信来进行多个飞行体的指令引导的飞行体指令引导系统中，根据所述飞行体的引导状况，使所述无线通信的通信速率按照所述各飞行体而变化的单元，设置于所述飞行体并经由所述无线通信断续地对各个管控装置进行图像发送的单元，所述飞行体指令引导系统具备在图像发送时将所述无线通信的通信速率设定得较高的单元、在所述各飞行体实施所述图像发送时检测其他所述飞行体的图像发送状况并调整图像发送定时从而避免所述各飞行体同时进行图像发送的单元，以及通过控制所述各飞行体的飞行路径和/或发射定时来控制所述飞行体的引导状况从而减少需要同时进行图像发送的所述飞行体的数量，或者减少在所述无线通信中同时以较高的通信速率进行无线通信的所述飞行体的数量的单元。

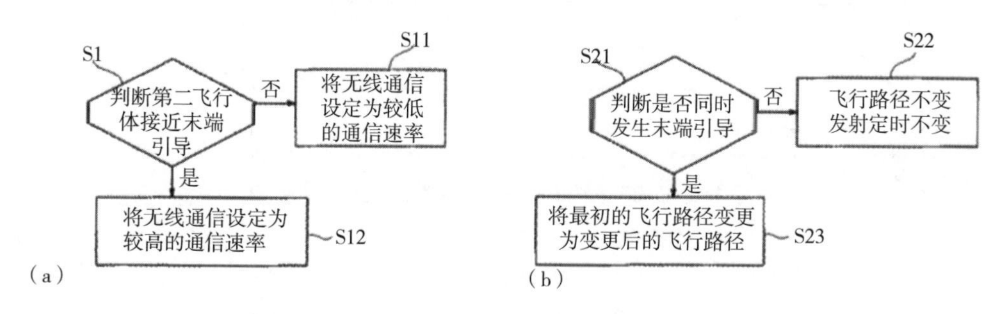

图 1-2-2-34　JP2007192423A 技术方案示意图

基于上述技术方案，飞行体指令引导系统能够减少系统整体的通信数据量。

6. JP2007271292A 飞行物体导引系统　在以往的引导装置中，当与目标相距某一定的距离时，通过发送器朝向目标照射电波而开始目标的搜索，通过接收器接收来自目标的反射波，基于该接收信号跟踪目标并进行引导，该引导装置在朝向目标照射电波而开始搜索时，考虑海面或地面的反射波的影响来控制与开始搜索的目标之间的距离，但由于将杂波功率设为恒定来计算与开始搜索的目标之间的距离，因此存在如下问题：由于杂波状况的变化，所计算的与开始搜索的目标之间的距离有时不同，开始搜索的时刻的与目标之间的距离不必要地变短。另外，由于使用了不适当的反射波功率，因此在开始搜索时杂波功率大的情况下，在海面等存在误跟踪这样的问题。

为解决上述技术问题，三菱集团提供了一种飞行体的引导装置（图 1-2-2-35），其搭载于飞行体，将所述飞行体朝向目标引导，发送部，向天线提供发送信号；获得所述发送

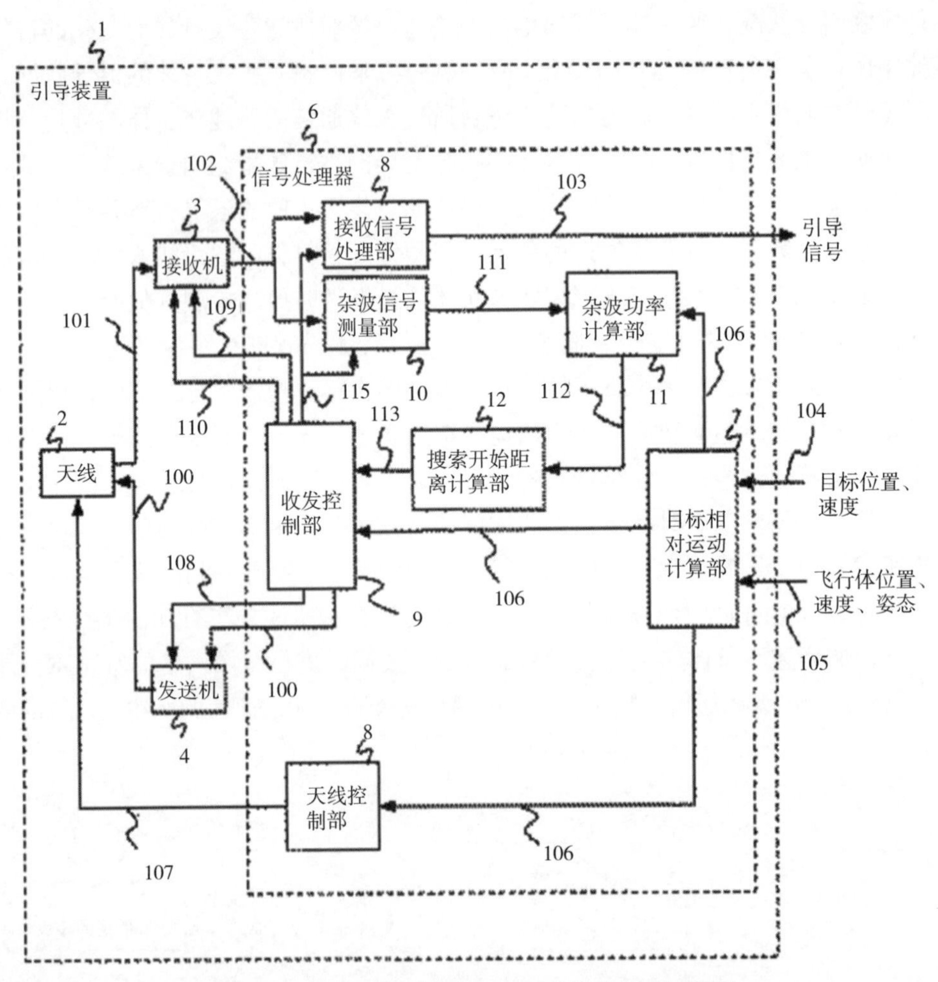

图 1-2-2-35　JP2007271292A 技术方案示意图

信号并朝向目标照射电波，并且天线，接收来自目标的反射信号；接收部，其将所述反射信号转换为视频信号并输出到接收信号处理部和杂波信号测量部；在所述视频信号中，杂波信号测定部，其提取杂波信号，所述杂波信号是在相对速度门的范围内观测到的海面、地面的反射波，所述相对速度门是目标与飞行体的相对速度且表示其目标搜索范围；目标信息，由从引导装置的外部输入的目标的位置、速度以及姿态角构成；飞行体信息，其包括从安装在飞行体上的位置/速度/姿态角测量装置输入的飞行体的位置、速度和姿态角，目标相对运动计算部，其计算由相对于目标的相对位置、相对速度以及相对角度构成的目标相对信息并输出到收发控制部、天线控制部以及杂波功率计算部；基于所述目标相对信息，天线控制部，控制所述天线的指向方向；与所述天线控制部连接，针对能够搜索所述目标的所述天线的指向方向整个区域，角度控制部，可变地设定所述天线的角度；将输入所述杂波信号并在所述相对速度门内对所述杂波信号的功率进行平均处理而得到的判定杂波功率计算为：针对所述角度控制部所设定的所述天线的每个角度进行计算，所述天线的角度；与所述天线的角度对应的判决杂波功率；杂波功率计算部，当输入所述目标相对信息时，从所述判定杂波功率表提取与所述目标相对信息对应的所述判定杂波功率并输出到搜索开始距离计算部，发送接收控制部，其根据所述目标相对信息生成设定所述相对速度门的控制信号并输出到所述接收部，并且对所述搜索开始距离和根据所述目标相对信息求出的与目标的距离进行比较，在比较的结果所述距离相等的时刻，将使所述接收信号处理部动作的动作信号输出到所述接收信号处理部，当输入所述动作信号时，从所述视频信号提取所述目标的反射信号，求出引导所述飞行体的引导信号并输出。

基于上述技术方案，飞行体的引导装置能够在能够捕捉目标的最大的距离开始搜索。

7. JP2015197403A 目标跟踪装置　目标的观测结果中包含的观测误差的大小可能根据移动体的运动状态而变化，因此，期望卡尔曼滤波器的观测噪声矩阵的值也根据移动体的运动状态而变化。然而，以往无论移动体的运动状态如何，观测噪声矩阵的值都是固定的，没有考虑观测误差的大小的变化。

为了解决上述技术问题，三菱集团提供了一种目标跟踪装置（图 1-2-2-36）。目标跟踪装置搭载于车辆、飞行体等移动体，由用于观测目标的方向、距离等的传感器，用于计测自身的速度、加速度等状态量的传感器，观测更新计算装置，时间外插计算装置，观测噪声矩阵计算装置构成。传感器通过向目标发送电波并接收其反射波，或者接收目标发射的红外线等，来观测目标的移动，传感器将观测到的目标的观测量输出至观测更新计算装置，传感器测量搭载自身的目标跟踪装置的移动体的运动状态量，并将通过测量得到的运动状态量输出至观测噪声矩阵计算装置，观测更新计算装置使用从传感器得到的观测量、从时间外插装置得到的状态量（－）和误差协方差矩阵（－），以及从观测噪声矩阵计算装置得到的观测噪声矩阵的值进行观测更新计算，计算得到的观测更新计算后的状态量（＋）和观测更新计算后的误差协方差矩阵（＋）输出到时间外插计算装置，时间外插计算装置使用来自观测更新计算装置输入的状态量（＋）和误差协方差矩阵（＋）进行时间外插计算。

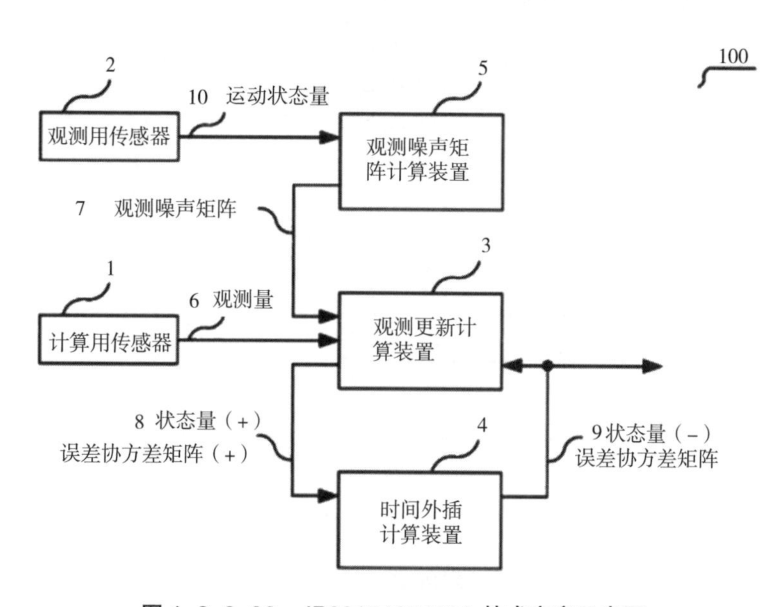

图 1-2-2-36　JP2015197403A 技术方案示意图

基于上述技术方案，目标跟踪装置能够根据状态适当地改变卡尔曼滤波器的滤波特性，即使在观测误差的大小根据移动体的运动状态而变化的状况下，也能够高精度地跟踪目标。

8. US20200057456A1 引导装置，飞行物体及引导方法　飞行物体的飞行路线被确定后，当目标改变移动航线时，飞行物体的飞行航线并没有变为最佳。

为解决上述技术问题，三菱集团提供了一种引导装置，飞行物及引导方法（图 1-2-2-37）。引导装置具有通信装置和处理单元，通信设备接收包含目标的检测数据的检测信号，处理单元基于检测数据确定飞行物体的前进方向，处理单元具有航线设定部分和引导部分，当飞行物体进行目标的放空飞行时，航线设定部基于检测数据来设定放空飞行的飞行航线，引导部分基于飞行路线确定前进方向，并输出包含示出前进方向的数据的引导信号，而且，航线设定部分将第一飞行航线设定为释放飞行物体时的飞行航线，航线设定部分在释放飞行物体之后根据检测数据将飞行航线从第一飞行航线改变为第二飞行航线。

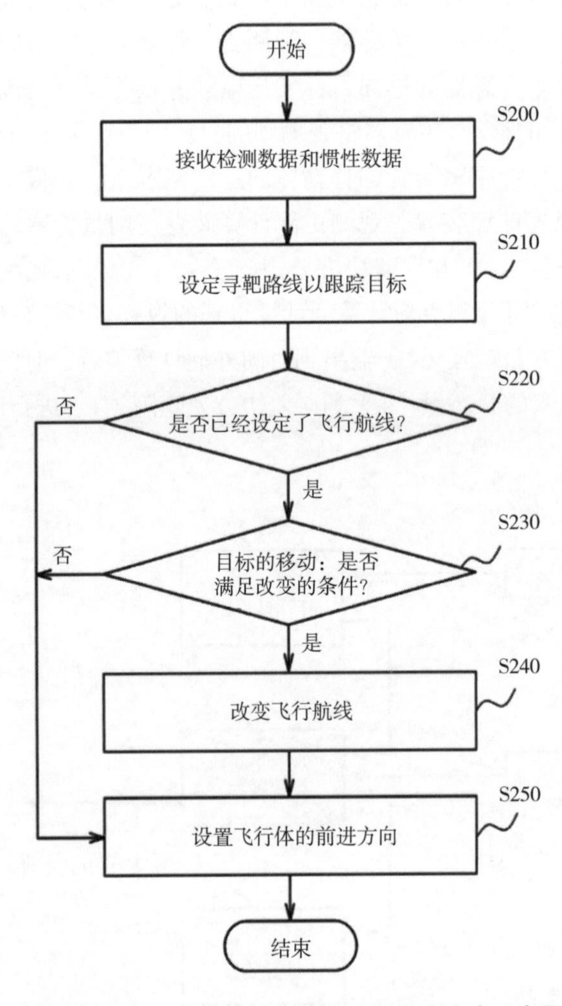

图 1-2-2-37　US20200057456A1 技术方案示意图

基于上述技术方案，引导装置，飞行物体及引导方法能够根据目标的状态将飞行航线改变为最佳航线。

六、技术发展脉络

基于上一小节挖掘出的重点申请人的重点专利，本小节对导航与制导领域的技术发展脉络进行了梳理。

由图 1-2-2-38 可见，惯性导航技术出现的年代较早，惯性导航与光学导航作为传统的导航技术，境外申请人一直在进行研究。随着技术的发展，卫星导航技术逐渐出现。对于多模导航技术，境外申请人则持续进行专利布局，近年来，境外申请人开始对视觉导航技术与其他导航技术的多模导航技术进行研究。

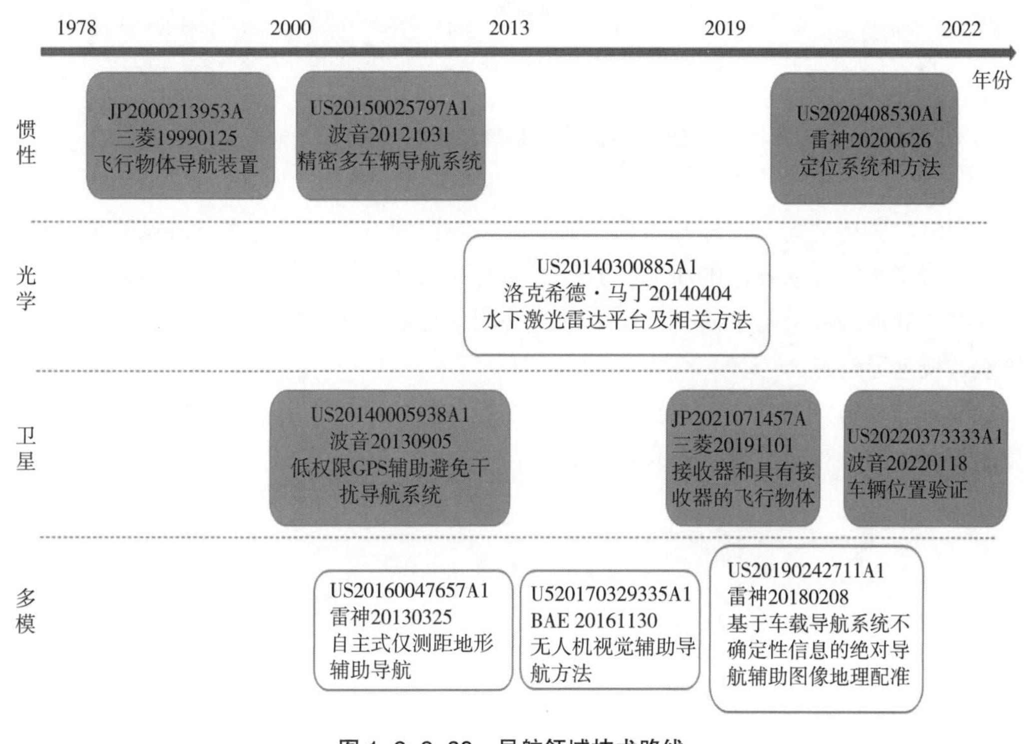

图 1-2-2-38 导航领域技术路线

由图 1-2-2-39 可见，制导律技术出现的年代较早。随着技术的发展，境外申请人开始重点关注航路规划与目标探测跟踪，尤其是对于目标探测跟踪，境外申请人持续进行研究与专利布局。

七、小结

基于前述申请人重点专利的分析，对各申请人的重点专利涉及领域进行了统计对比，结果如图 1-2-2-40 所示。可见，在导航技术方面，各申请人的技术研发侧重有所不同。雷神公司、波音公司、三菱公司重点进行了惯导、卫星导航的技术改进提升，以提高导航

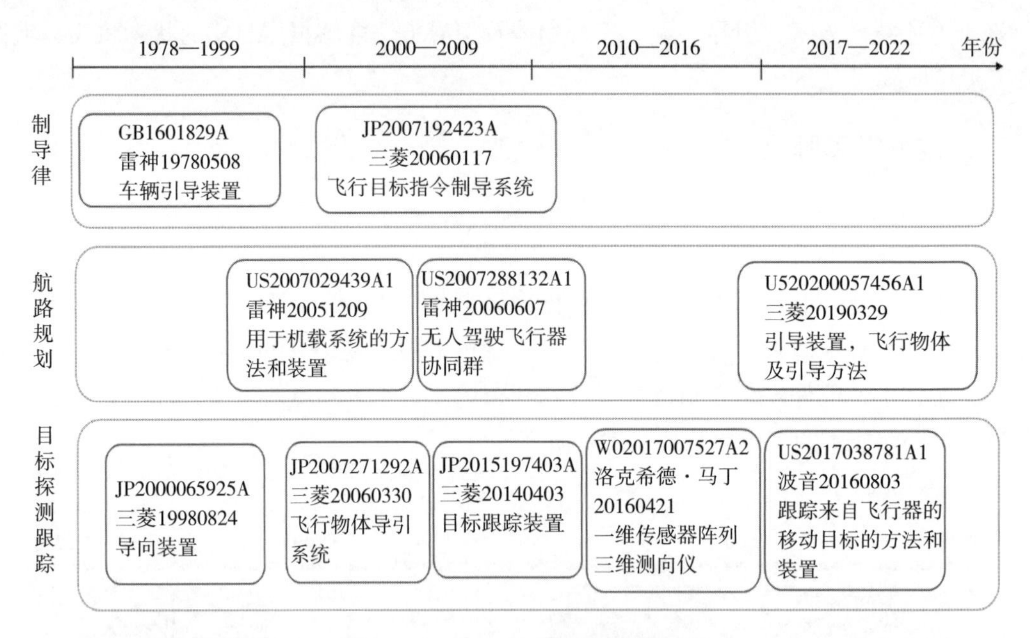

图 1-2-2-39　制导领域技术路线

精度；同时，雷神公司对惯导和光学导航的融合双模导航予以了关注；洛克希德·马丁公司主要进行了激光导航技术的研究，并针对激光导航技术和其他导航技术的融合，形成多模导航提高导航精度进行了研究；BAE 系统公司的导航技术研究比较分散，包括惯导、激光导航、视觉导航等。

在制导技术方面，各申请人还主要停留在经典制导律的应用，其中最主要的是比例制导律的应用，同时对多模制导技术进行了初步的探索。

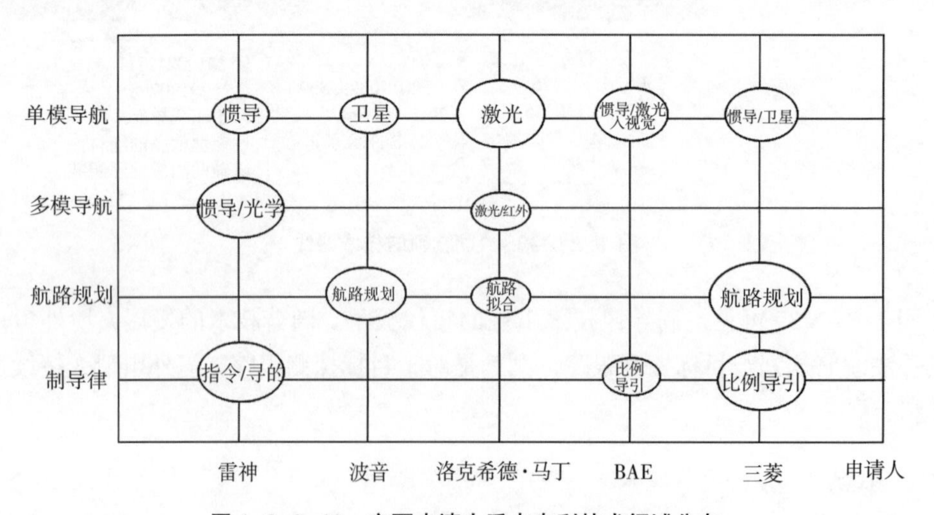

图 1-2-2-40　主要申请人重点专利技术领域分布

第三节　技术分支发展态势分析

一、主要申请人技术分支分布

由图 1-2-3-1 可见，在导航技术方面，雷神公司主要研究了惯性导航、卫星导航和视觉导航，洛克希德·马丁公司主要研究了光学导航，BAE 系统公司主要研究了惯性导航和光学导航，雷神公司主要研究了惯性导航、光学导航和多模导航，三菱公司主要研究了惯性导航。在制导技术方面，各申请人主要研究了航路规划和目标探测跟踪，其中，雷神公司和三菱公司在目标探测跟踪方面的专利布局较为突出。

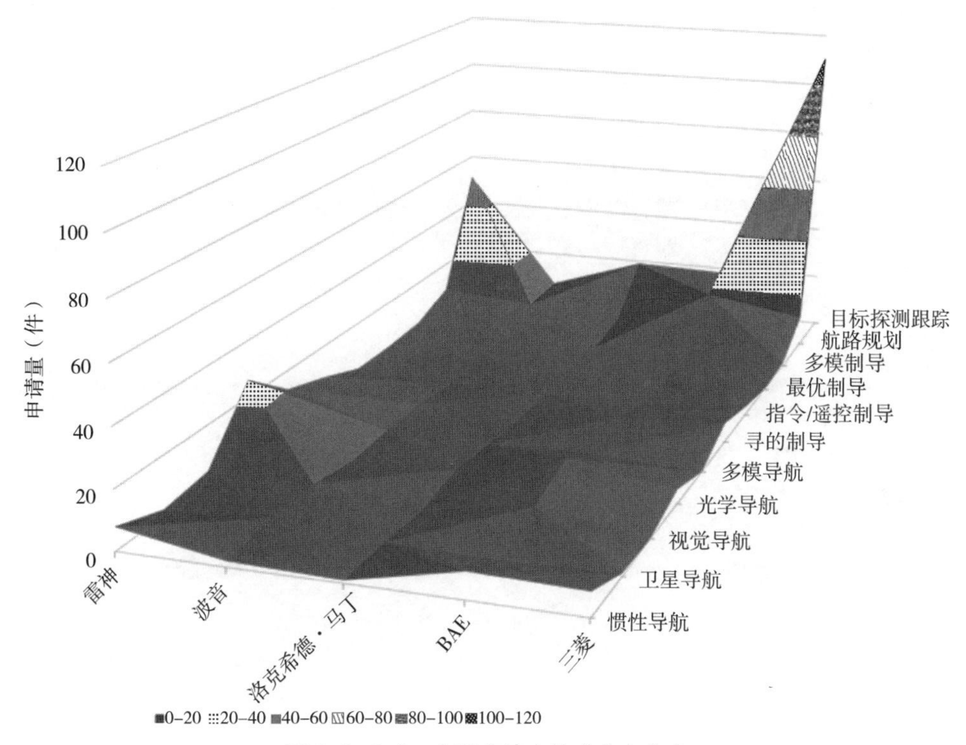

图 1-2-3-1　主要申请人技术分支分布

二、主要申请人技术分支申请态势

由图 1-2-3-2 可见，雷神公司在惯性导航、视觉导航、寻的制导方面一直进行研究，近十年来，对多种导航技术和制导技术均有专利布局。随着技术的发展，雷神公司在光学导航、多模导航、目标探测跟踪方面申请量逐渐增加，可能是未来研究的重点。

早期，波音公司在导航和制导技术方面申请量较少，但是，近十年来，波音公司在惯性导航、卫星导航、视觉导航、多模导航、寻的制导、多模导航、航路规划、目标探测跟踪方面申请量均上涨较多，未来可能会进行大量专利布局。

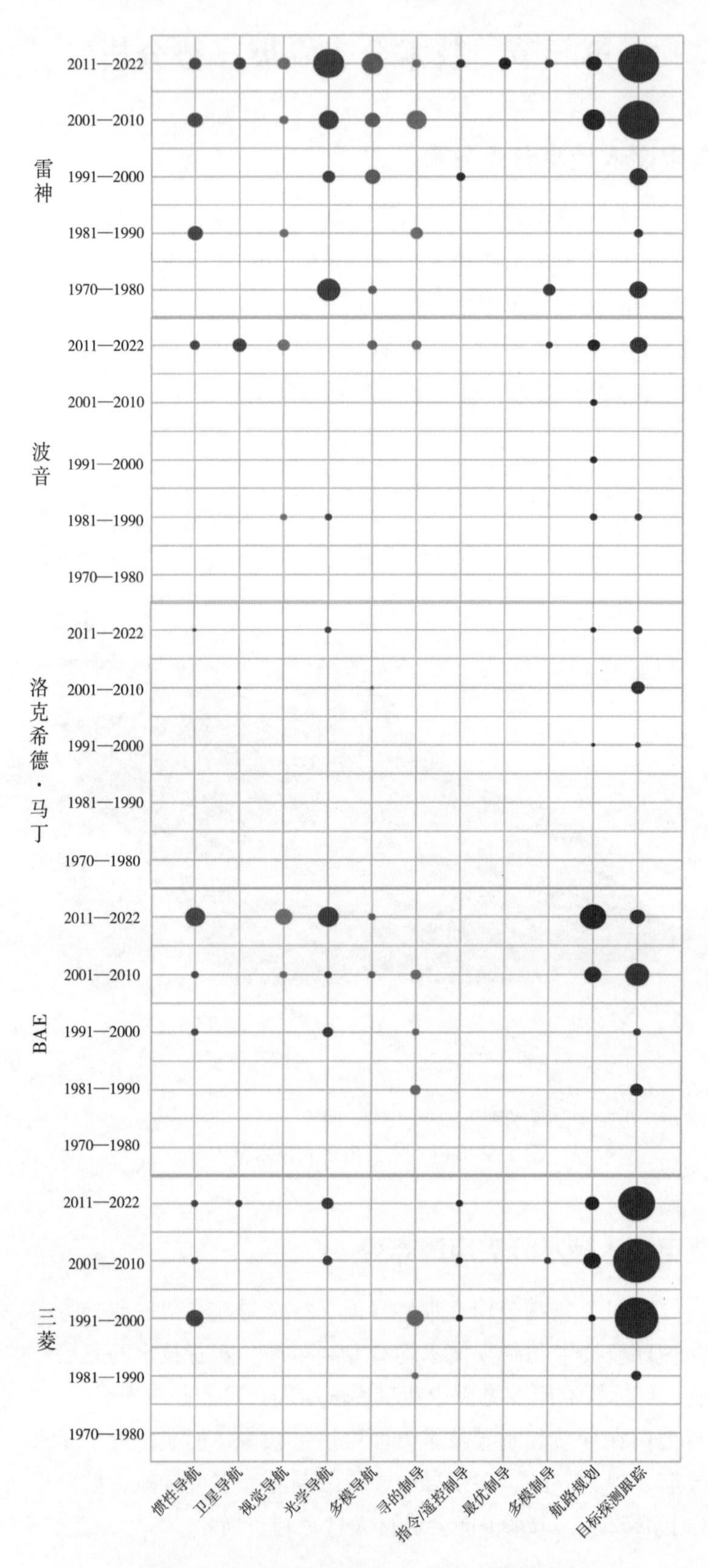

图 1-2-3-2　主要申请人技术分支申请态势

洛克希德·马丁公司主要在惯性导航、卫星导航、光学导航、多模导航、航路规划与目标探测跟踪方面进行了研究。

BAE 系统公司在多模导航、寻的制导、目标探测跟踪方面一直进行研究。近十年来，对惯性导航、视觉导航、光学导航、航路规划与目标探测跟踪申请量逐渐增加，可能是未来研究的重点。

三菱公司在多种导航技术与制导技术方面均有研究，但是，相比于其他技术，其研究重点在于目标探测跟踪，未来可能仍在目标探测跟踪方面进行大量专利布局。

三、 欧美与日本申请人对比

由图 1-2-3-3 可见，欧美申请人对各种导航与制导技术均有研究，随着技术的发展，在惯性导航、卫星导航、视觉导航、光学导航、多模导航、航路规划方面申请量持续增加，并且，近十年来，惯性导航、光学导航、航路规划与目标探测跟踪方面相比于其他方面技术申请量较大，预计未来，这些技术将会有更多的专利布局。欧美申请人与三菱公司在目标探测跟踪方面均有大量专利布局，相对而言，三菱公司在其他技术方面申请量则较少，可能目标探测跟踪技术未来仍是欧美与日本申请人研究的重点。

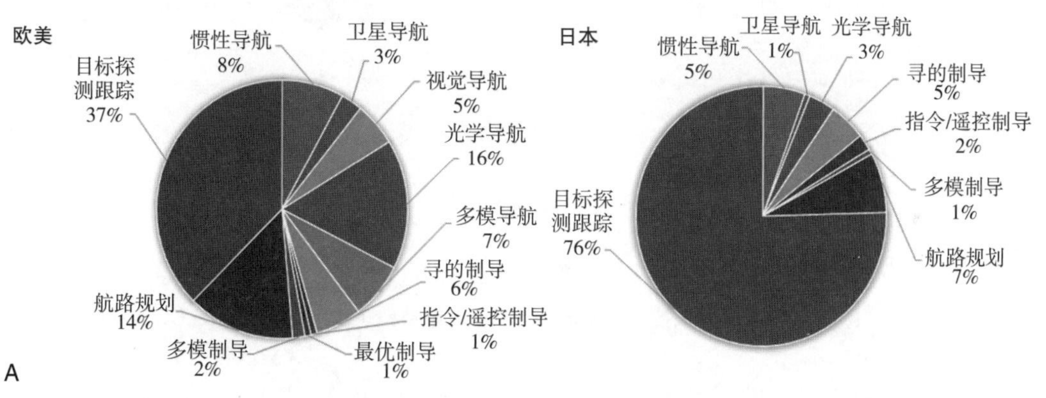

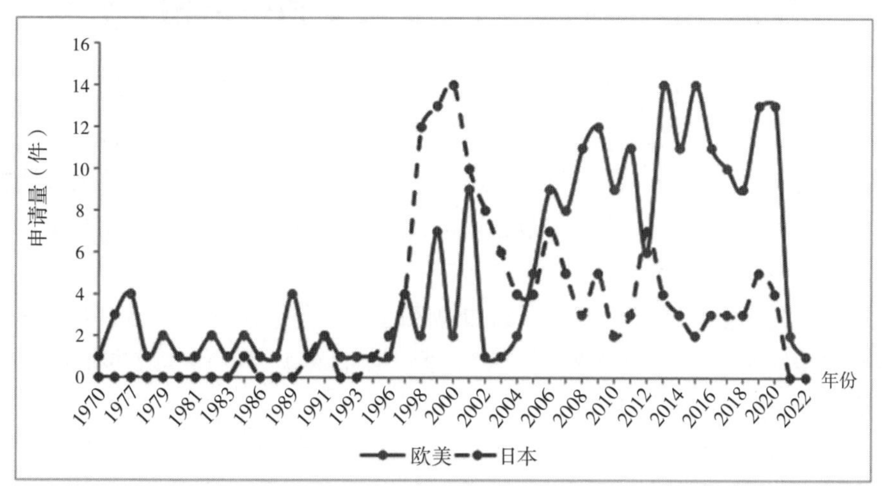

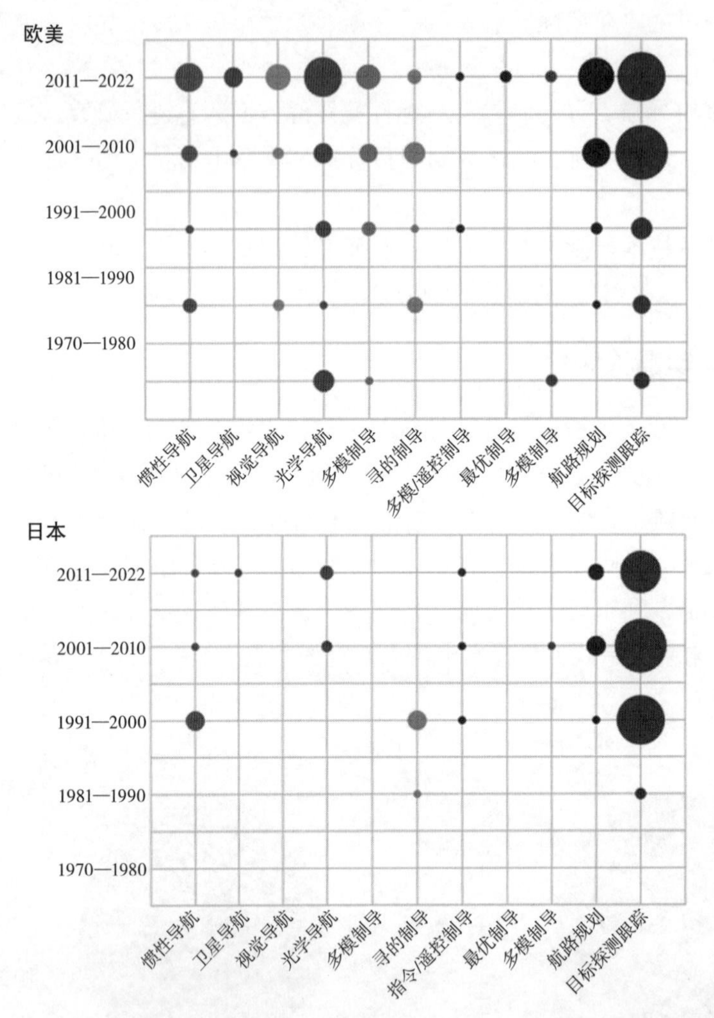

图 1-2-3-3　欧美与日本申请人技术分支分布（A）、申请量（B）及技术分支（C）发展态势

第四节　洛克希德·马丁公司专利申请相关分析

通过以上专利数据分析可知，洛克希德·马丁公司在无人飞行器导航制导领域的专利申请量排名接近于居中位置，该公司不仅以制造飞行器起家，而且相比其他在多个产业和板块全面扩张的申请人而言，洛克希德·马丁公司更加专注于飞行器以及飞行器相关光学及电子器件等的生产制造。因此，本节选取洛克希德·马丁公司作为研究对象，对其专利申请态势及技术构成等进行分析。

洛克希德·马丁公司在全球各个国家和地区的专利总量是 13 800 件，其中涉及全领域导航、制导及其相关技术（不仅限于无人飞行器导航制导）的专利申请共有 1850 件，这些专利的申请态势如图 1-2-4-1 所示。

由图 1-2-4-1 可知，全领域导航制导及其相关技术方面，洛克希德·马丁公司在 2004—2008 年的专利申请较为平稳，年均 800 件左右，2012 年申请量为 567 件，是一个短暂的谷底，之后 2016 年上涨到峰值 1024 件，2016 年至今专利申请量呈现出逐年下降的趋势。

图 1-2-4-1　洛克希德·马丁公司全领域导航制导及其相关技术专利申请态势

接下来对洛克希德·马丁公司全领域导航制导及其相关技术专利的全球技术构成进行分析，如图 1-2-4-2 所示。

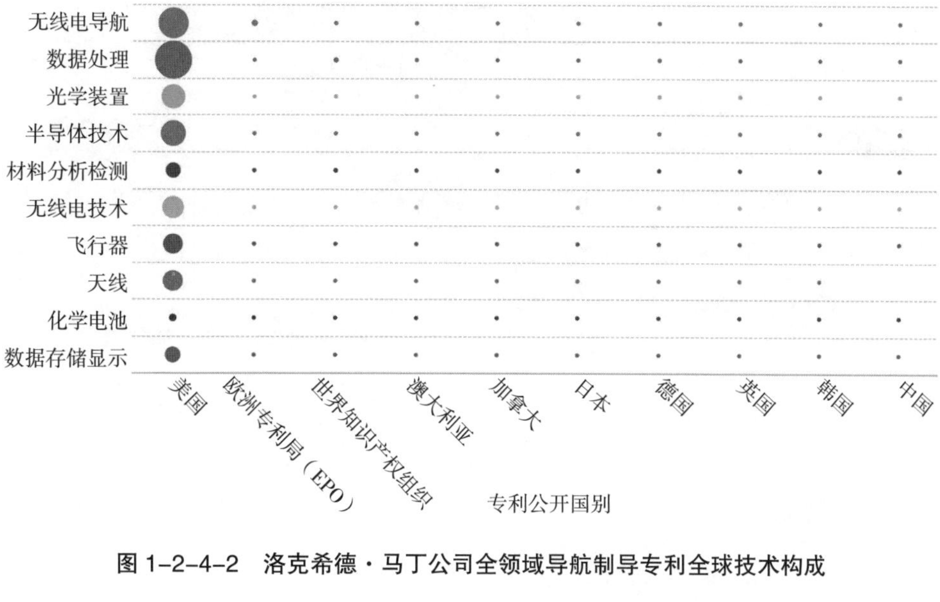

图 1-2-4-2　洛克希德·马丁公司全领域导航制导专利全球技术构成

全领域导航制导及其相关技术方面，洛克希德·马丁公司在全球的专利布局主要集中在美国，此外，欧洲专利局、澳大利亚、加拿大、日本、英国、中国等国家和地区也有相应布局，这体现了其专利布局倾向仍以本土为主。在技术领域的分布上，数据处理技术分支是其在全领域导航制导领域中最重要的布局方向，此外，无线电技术、半导体技术、光学装置、飞行器、天线、材料等技术分支也是其主要的专利布局领域，这说明洛克希德·马丁公司将信息技术、光学等相关细分领域作为其导航制导技术发展革新中的一个重要关注点。

第五节　三菱集团发明人分析

通过上述分析可知，三菱集团作为无人飞行器导航制导领域亚洲申请人的代表，从众多欧美国家和地区竞争对手中脱颖而出，本节以三菱集团作为研究对象，对其主要发明人进行分析。

图 1-2-5-1 中，环形代表申请年份，字体大小代表了发明人专利申请量的多少。从图中可以看出，三菱集团申请量排名靠前的发明人包括：野中亲房、广岛文哉、广川类、上田一博、芦原彻、世良义宏、柴田哲人、辰己薰、桥本健雄、村本浩一、大田龙介、古谷正二郎、黑田健、井上正、梶原尚幸、矾村仁以及内田惇一。其中，野中亲房的申请量最多，且是制导领域中目标探测跟踪技术分支的重要发明人，此外，其还涉及导航领域的光学导航技术分支。而广岛文哉主要涉及导航领域惯性导航技术分支，同时在制导领域目标探测跟踪技术分支也有专利申请。发明人上田一博主要涉及制导领域，尤其是寻的制导与指令/遥控制导。发明人内田惇一主要涉及制导领域的航路规划以及导航领域的光学导航。

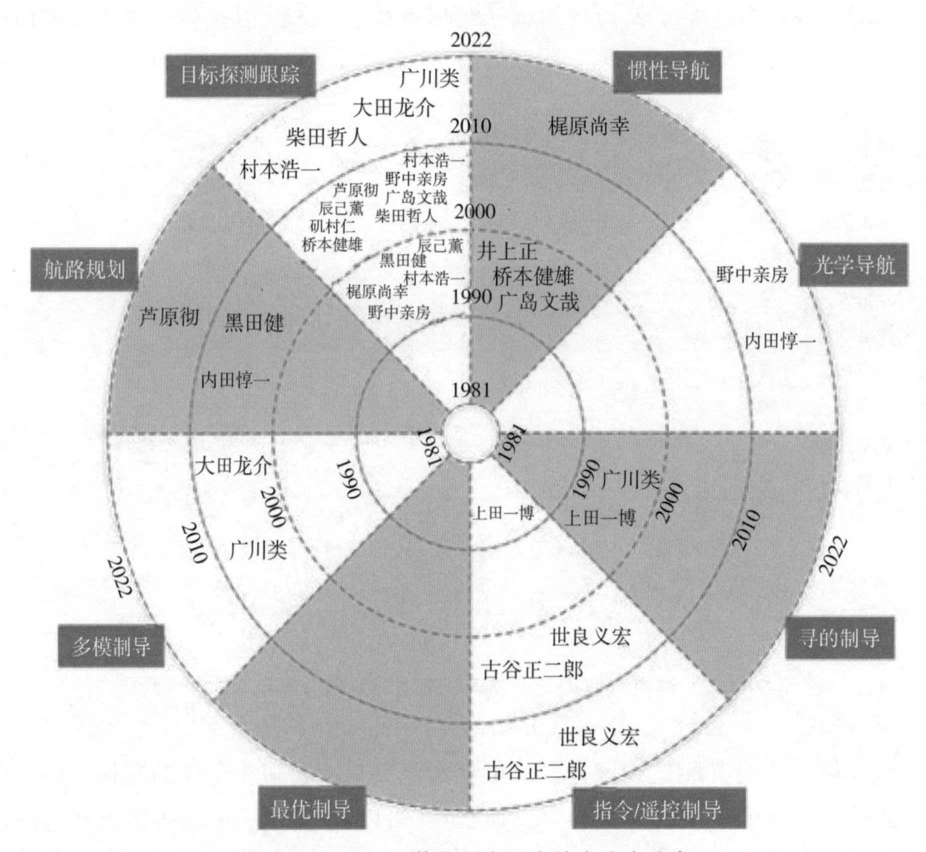

图 1-2-5-1　三菱集团发明人技术分支分布

同时，上述通过申请量排名挖掘出的发明人与前述重点专利的发明人具有较高的重合性，包括：野中亲房、广川类、芦原彻、村本浩一、大田龙介、井上正、梶原尚幸、矾村仁以及内田惇一，这些发明人不仅仅在专利申请方便表现活跃，同时也是重要关键技术的主要研发者，值得关注。

此外，从表1-2-5-1还可以看出，野中亲房、村本浩一、广川类从20世纪90年代开始直到现今持续进行着专利申请，可以认为这三人是三菱集团研发团队的中流砥柱。而大田龙介、柴田哲人、芦原彻、内田惇一、世良义宏以及古谷正二郎等，是近20年来出现的较为活跃的发明人，可以认为三菱集团的新生力量，他们的申请所涉及的技术领域或代表了三菱集团未来的研发方向，可以关注。

表1-2-5-1　三菱集团重要发明人重点专利列表

发明人	公开号	申请日	公开日	同族数量	被引证次数
野中亲房	JP2000065925A	19980824	20000303	2	18
	JP2002122398A	20001017	20020426	1	8
	JP2004286445A	20030319	20041014	1	1
	JP2006242468A	20050303	20060914	2	5
	JP2013019568A	20110708	20130131	1	0
广川类	JP2002081900A	20000907	20020322	2	2
	JP2002107098A	20001004	20020410	2	1
世良义宏	JP2007192423A	20060117	20070802	2	2
村本浩一	JP2003215239A	20020129	20030730	1	11
	JP2016109433A	20141202	20160620	2	1
井上正	JP2000213953A	19990125	20000804	1	16
梶原尚幸	JP2002195799A	20001225	20020710	1	1
	JP2018151083A	20170310	20180927	2	1
矾村仁	JP2014174072A	20130312	20140922	1	4

1. JP2002122398A　导向系统　以往的引导装置中，当目标为多个的情况下，一般会向RCS（Radar Cross Section，径向交叉区域）最大的目标进行引导。然而，RCS大的目标未必是威胁度高的目标，因此，以往的导引装置难以检测出威胁度高的目标。这种情况下，存在搭载引导装置的飞行体不能引导到威胁度高的目标的问题。

为了解决上述问题，野中亲房等发明人团队提出了一种在检测到多个目标的情况下，能够选择威胁度高的目标并将飞行体引导至该目标的引导装置（图1-2-5-2），该引导装置具备：频率设定器，设定预先决定的发送频率，使得从低频率变为高频率；本地发送器，根据所述设定输出发送频率信号和本地信号；将上述发送频率信号设为垂直或水平的极化波，辐射到空间中，以垂直和水平偏振面接收来自多个目标或杂波的反射波；针对水平极化波发送的垂直极化波接收信号和水平极化波接收信号；垂直极化波接收信号和水平极化波接收信号相对于垂直极化波发送的Σ（和），发送接收天线，输出Δ（差）信号；接收上述Σ和Δ信号并根据来自上述本地信号输出Σ和Δ视频信号的接收器、接收上述Σ

和 Δ 视频信号并实施相关处理的偏振波信号处理器、对上述偏振波信号处理器的输出信号实施各发送频率下的 Σ 和 Δ 视频信号的逆频率分析并输出高距离分解后的各目标的范围分布的合成频带器、将预先保持的多个目标的范围分布与各目标的范围分布进行对照来进行目标的识别判定并输出该目标的范围分布的目标选择器，以及根据针对跟踪目标的 Σ 视频信号和 Δ 视频信号实施跟踪计算的跟踪处理器。

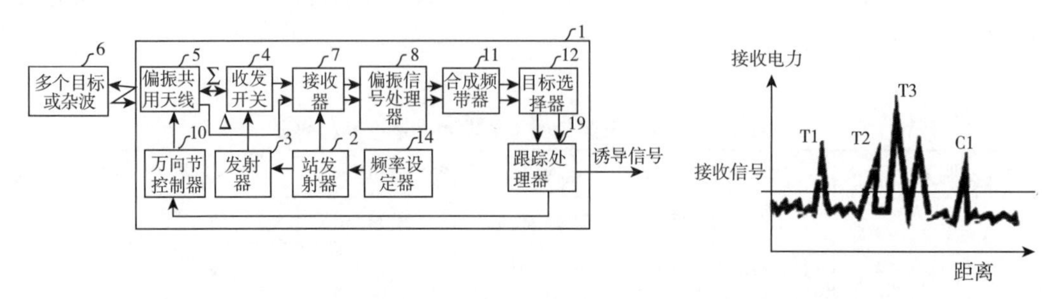

图 1-2-5-2　JP2002122398A 的技术方案示意图及频带处理相关信号

2.JP2013019568A　*激光制导系统*　在将飞行体向目标引导的引导装置中，为了应对复杂背景下存在的目标，希望将目标和目标以外的背景高精度地分离，将飞行体相对于目标精密地引导。为了高精度地分离目标和目标以外的背景，采用高度信息的目标识别处理，并且设定与到所希望的目标的距离对应的闸门时间，不检测来自位于目标的近前的树木等遮挡物等的反射光，所述高度信息是使用激光对包含目标的区域进行三维测量而得到的。然而，在不清楚到期望的目标的距离且没有与距离相关的预见信息的情况下，有可能无法设定对树木等遮挡物和隐藏在其背后的目标进行分离 / 检测的狭窄的门时间。

基于此，野中亲房等发明人团队提出了一种能够利用激光高精度地分离目标和背景并维持追踪的同时进行引导的引导装置（图 1-2-5-3），其朝向目标照射激光，基于由所述目标和所述目标的背景区域反射的反射光来识别目标，并朝向该目标引导飞行体，以所述背景区域中的平面区域为基准来设定与到目标的距离对应的选通时间，基于在所述选通时间的期间接收到的反射光来识别所述目标。将与到所述平面区域的距离相当的激光的往返时间设为所述选通时间的上限值，将与到通过对所述平面区域加上目标高度而得到的目标高度的距离相当的激光的往返时间设为所述选通时间的下限值，来设定所述选通时间。基于所述背景区域的规定范围内的高度的标准偏差与预定值的比较，判断所述规定范围是否为平面区域。其中，所述规定的范围由以扫描激光而得到的像素的任意像素为中心的 N × M 像素构成。

3. JP2002107098A　*感应控制装置*　在传统的引导控制装置中，当目标在达到可以检测到目标的相对距离 R1 时存在于传感器视野范围内时，可以检测到目标。然而，在飞行体出发后目标的移动方向发生变化的情况下，由于飞行体推定的目标位置与实际存在的目标位置不同，因此在达到能够检测目标的相对距离 R1 时目标位置的推定误差出现累积，目标有可能不存在于传感器视野范围内。

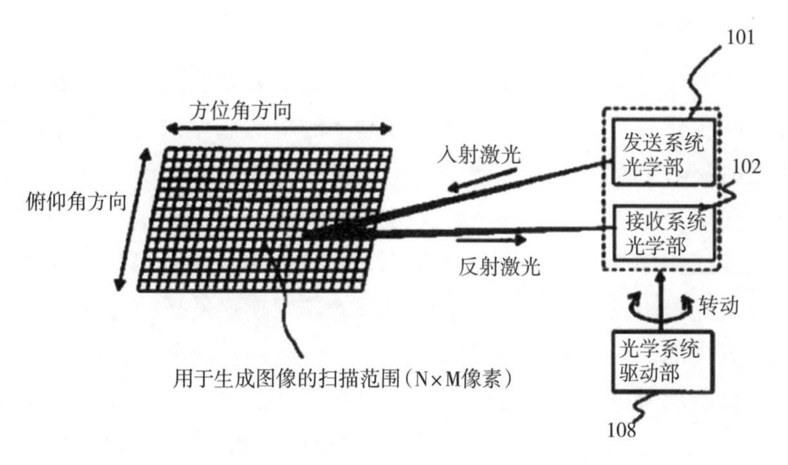

图 1-2-5-3　用于图像生成的扫描场和扫描方法

另外，在存在检测飞行体的姿态角、位置等的惯性装置的惯性计算误差的情况下，也可能发生同样的情况。因此，难以控制飞行体的飞行路径并准确地向目标引导，在飞行体达到能够检测目标的相对距离 R1 时，目标有可能不存在于传感器视野范围内。其结果是，无法在视野范围内找到目标，因此无法朝向与目标的会合点控制飞行体的飞行路径，存在感应性能可能劣化的问题。

为了解决上述技术问题，广川类发明人团队提出了一种具备检测目标方向的带式传感器（图 1-2-5-4）、检测所述引导飞行体的姿势角速度、姿势角的惯性装置、设定目标的搜索模式的搜索模式设定单元、基于所述搜索模式根据虚拟万向节方向与惯性系统的眼视线方向的角度生成俯仰系统、偏航系统的姿势角指令的姿势角指令计算单元以及根据所述姿势角指令输出操舵翼的操舵指令的操舵指令计算单元。另外，该引导控制装置还具备限制器，该限制器基于速度信息将姿态角指令限制在能够确保机体的稳定性的范围内。

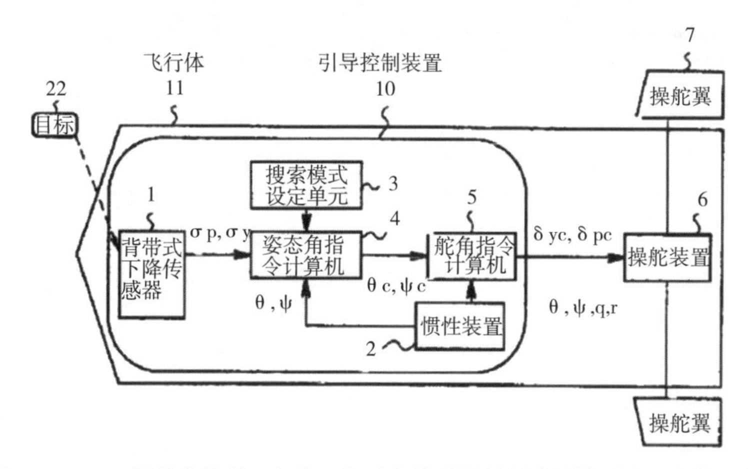

图 1-2-5-4　搭载有控制飞行体飞行路径的引导控制装置的引导飞行体示意图

该装置能够在使用背带式传感器来控制飞行体的飞翔路径的引导控制装置中，通过控制机体的姿势来构成假想的角度搜索系统，扩大能够搜索的视野，防止引导性能的劣化。

4. JP2003215239A 制导系统 常规引导装置中，在作为合成频带部的输出的范围轮廓的信号电平随时间变化的情况下，当选择信号电平的峰值点作为目标跟踪点时，跟踪点在距离方向上不时地变化，因此存在到指定的目标命中点的引导性能劣化的问题。

为了解决上述技术问题，村本浩一等发明人团队提出了一种引导装置具备（图 1-2-5-5）：通过内部的设定而发送频率信号；本地振荡部，其输出本地信号；发送部，其对发送频率信号进行放大并输出发送信号；收发切换部，其切换该发送信号和接收信号；向空间发送发送信号；天线部，接收来自目标的反射信号；利用从局部振荡部输出的局部振荡信号对来自目标的反射信号进行频率变换；接收单元，被配置为执行放大并输出视频信号；A/D转换部，其将该视频信号转换为数字信号；在由目标检测部、合成频带部、跟踪点判定部、角度检测部和引导信号计算部构成的飞行物体用引导装置中，所述目标检测部从数字信号检测要跟踪的目标，所述合成频带部对数字信号进行逆频率运算，并运算在距离方向上高度分解后的距离分布，所述跟踪点判定部从该高距离分解后的目标的距离分布选择跟踪点，所述角度检测部检测相对于所选择的目标的跟踪点的角度信息，所述引导信号计算部基于该角度信息输出用于将飞行物体向目标的跟踪点引导的引导信号，所述飞行物体用引导装置具有积分部，所述积分部对合成频带处理后的信号进行积分，通过将目标信号电平平均化，抑制跟踪点在距离方向上变动，提高向所指定的目标的命中点的引导性能。

该技术方案能够在高距离分解后的范围轮廓上选择跟踪点时，使目标的跟踪点在距离方向上不变动，能够提高向所指定的目标的命中点的引导性能。

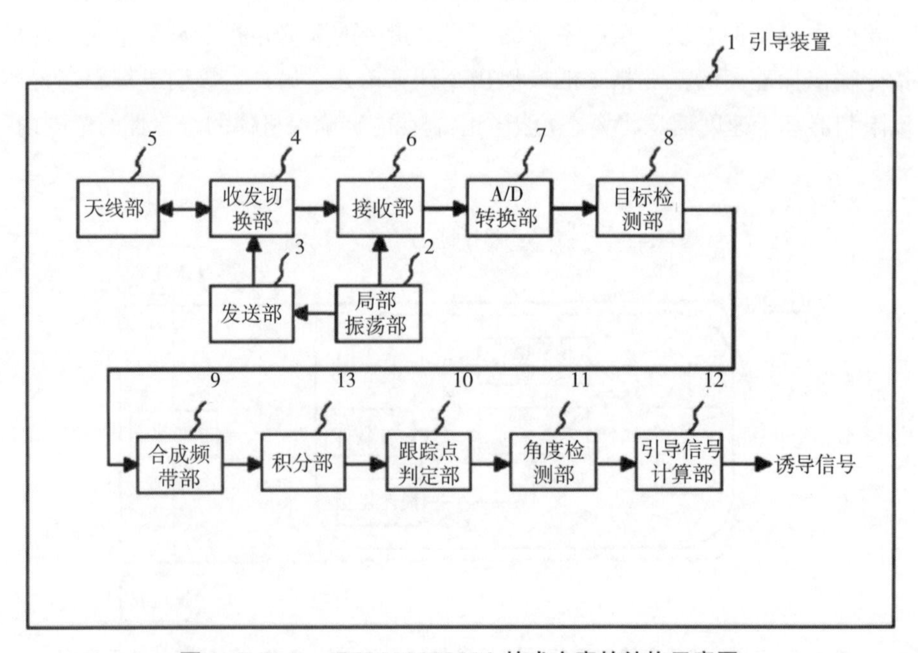

图 1-2-5-5 JP2003215239A 技术方案的结构示意图

5. JP2002195799A 机身导向装置 现有的飞行体的引导装置中，由于角度跟踪回路增益和一次噪声滤波器的时间常数分别独立地决定，因此存在无法将飞行体的引导装置的固有频率完全调整为适当的值的问题。

为了解决上述技术问题，梶原尚幸等发明人团队提出了一种导引装置（图 1-2-5-6），该导引装置将一次噪声滤波器的时间常数设为角度跟踪回路增益的倒数，使用二次卡尔曼滤波器的算法来决定角度跟踪回路增益，所述二次卡尔曼滤波器的算法将包含噪声的眼部视线角作为输入来输出去除了噪声的眼部视线角速度即引导信号，所述二次卡尔曼滤波器的算法是将所述一次噪声滤波器的时间常数设为角度跟踪回路增益的倒数。此外，使一次噪声滤波器作用于视线角速度来去除噪声，输出用于将飞行体引导至目标的引导信号，所述视线角速度是将由飞行体的雷达检测到的目标方向与雷达天线指向方向的角度误差乘以角度跟踪回路增益而得到的从飞行体预料到目标的角度的变化率，其中，将所述一次噪声滤波器的时间常数设为角度跟踪回路增益的倒数，使用飞行体与目标的相对距离来决定角度跟踪回路增益。

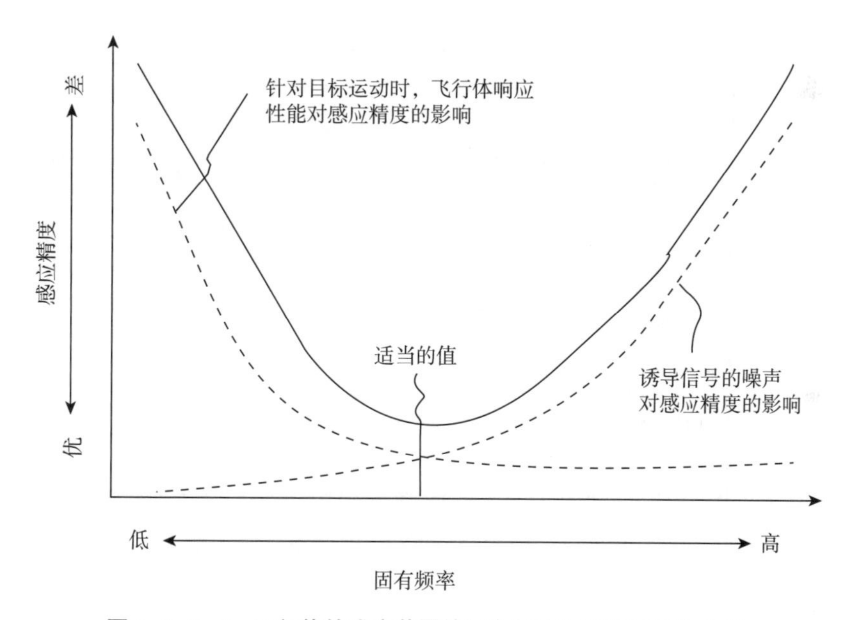

图 1-2-5-6　飞行体的感应装置的固有频率与感应精度的关系

上述引导装置的角度跟踪回路增益与一次噪声滤波器的时间常数以适当的值进行组合，通过将其应用于飞行体的引导装置而得到具有良好的引导精度的引导信号。

6. JP2014174072A　导引装置　使用常规合成频带方法的引导装置向目标发送无线电波，接收从目标直接反射的信号，并将合成频带处理应用于接收信号，以检测来自目标跟踪点的反射信号并跟踪目标。然而，由于向目标方向反复发送发送频率按每个脉冲按规定的频率间隔变化的多个脉冲，因此合成频带处理所需的处理时间变长。由于处理时间长，因此在该期间与目标的相对距离发生变化，由于该速度的影响，产生信噪比（S/N）的劣化以及距离精度的劣化，存在感应性能降低的问题。

为了解决上述技术问题，矶村仁等发明人团队提出了引导装置具备（图 1-2-5-7）：

向空间发送发送信号；天线部，接收来自目标的反射信号；根据收发频率设定信号，本地振荡单元，输出发送频率信号和本地信号；对来自所述局部振荡部的发送频率信号进行放大，发送部，将所述发送信号输出到所述天线部；基于来自所述局部振荡部的基准信号，针对被分割为多个的各个不同的频带的每一个，DDS直接数字合成器部，为了进行合成频带处理而使上述发送频率信号的频率变化；以及感应信号计算部，其根据由所述目标检测部检测到的目标信号计算距离、速度和角度信息，并输出用于向目标感应的感应信号，所述感应信号计算部根据从所述本地振荡部输出的本地信号对来自所述目标的反射信号进行频率转换和放大，并输出视频信号，所述接收部将来自所述接收部的视频信号转换为数字信号，所述合成频带处理部对与所述不同频带中的每个频带的发送频率信号对应的、由所述A/D转换部转换后的各个数字信号进行合成频带处理，所述目标检测部根据由所述合成频带处理部得到的合成频带处理结果进行目标的检测，所述感应信号计算部根据由所述目标检测部检测到的目标信号计算距离、速度和角度信息，并输出用于向目标感应的感应信号。

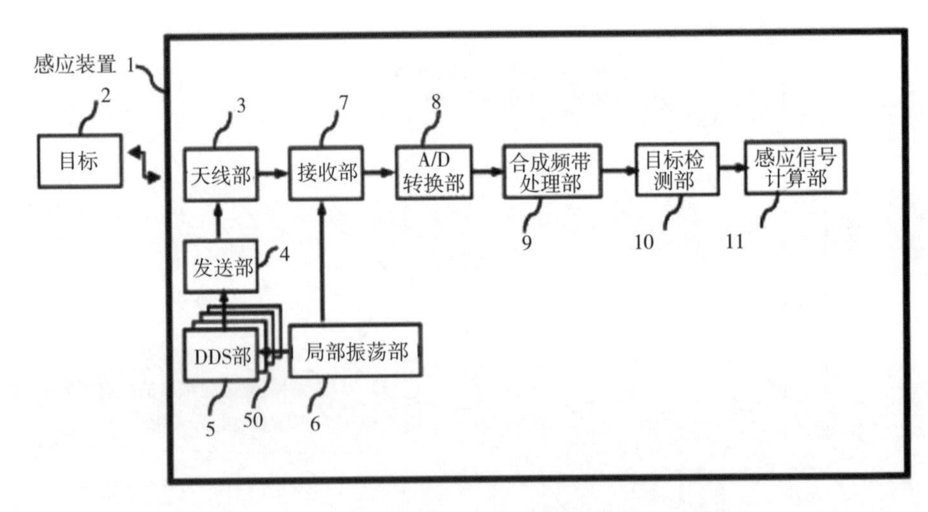

图 1-2-5-7 JP2014174072A 的导引装置示意图

该装置能够减少发送频率信号的频率转变时间，因此，能够进一步缩短合成频带处理时间。此外，由于合成频带处理时间变得更短，因此可以防止在由感应装置进行目标检测时的S/N劣化和距离精度的降低，并且可以提高感应装置的感应性能。

第三章

结　论

无人飞行器，即无人驾驶飞行器，是利用无线电遥控设备和自备的程序控制装置操纵的不载人飞行器，导航与制导是无人飞行器中的重点关键技术。本部分以境外无人飞行器导航与制导领域重点专利数据为抓手，对境外无人飞行器导航制导技术的发展沿革、重要申请人以及关键发明人团队等进行分析，其涵盖专利数据整体层面的分析，包括：境外无人飞行器导航及制导领域专利申请态势、申请人排名、原创国 / 地区、目标国 / 地区等相关分析。同时，在申请人排名分析结果的基础上，参考相关申请人的背景资料，选取数名主要申请人进行针对性分析，主要对其重点专利进行挖掘，并以重点专利作为基础，通过分析重点专利的技术内容梳理出导航、制导领域的技术发展脉络，并进一步对各主要申请人在技术研发方向上的不同侧重点进行分析。在上述研究结果的基础上，本章进一步对技术分支发展态势进行分析，包括：上述主要申请人的技术分支分布情况，主要申请人各个技术分支的申请态势。由于主要申请人大部分来自欧美地区，仅三菱集团隶属亚洲地区，为了研究欧美与亚洲申请人的特点，进一步对欧美申请人与三菱集团的专利申请技术分支分布、申请量及技术分支发展态势等进行分析。进一步地，以上述分析结果作为基础，选取欧美地区申请人中以飞行器研发生产起家的洛克希德・马丁公司和亚洲地区的三菱公司作为代表，研究前者在全领域导航、制导及其相关技术（不仅限于无人飞行器导航制导）的专利申请态势及全球技术分支分布，并对后者的发明人团队进行研究，包括发明人专利数量及其随年代变化情况、重点发明人的重点专利情况等。

希望本部分的研究结果能够对国内长航时无人飞行器在巡查 / 监视、农业生产、气象环境监测、勘探测绘、城市管理、观光旅游、灾情侦查、应急通信、灾后救援等诸多高价值领域的前沿动态、领域创新、技术研发、专利布局等提供思路、带来启发。同时，重要发明人团队的分析或能为国内无人飞行器导航与制导领域的合作研发、专家指导、人才引进等方面提供参考。

参考文献

[1] 黄爱凤，邓克绪．民用无人机发展现状及关键技术 [C]// 第九届长三角科技论坛——航空航天科技创新与长三角经济转型发展分论坛论文集，2012.

[2] 陈义，程言．天文导航的发展历史、现状及前景 [J]. 中国水运（理论版）,2006,4（6）:27-28.

[3] 刘健，曹冲．全球卫星导航系统发展现状与趋势 [J]. 导航定位学报 ,2020,8（1）:1-8.

[4] Yuan CL. Homing and Navigation Courses of Automatic Target-Seeking Devices[J]. Journal of Applied Physics, 1948, 19(2) : 1122 - 1128.

[5] Bryson AE, Ho YC. Applied Optimal Control[M]. Waltham, MA: Blaisdell, 1969.

[6] 佟向鹏．陀螺马达轴承预紧力分析 [J]. 测控技术，2013，32（1）：137-139.

第二篇

第三代半导体材料境外专利分析

第一章

绪　论

第一节　第三代半导体材料技术背景和技术现状

新材料一直是高技术和现代产业的基础和先导，近年来，随着以半导体集成电路（IC）为基础的互联网、5G 通信、大数据、人工智能（AI）为代表的信息技术产业的蓬勃发展，从全球相关“卡脖子”高新技术领域的竞争来看，先进电子材料产业已形成支撑经济社会发展的战略性、基础性和先导性产业，其中第三代半导体材料的基础地位和先导作用也愈发显得重要。

第三代半导体材料是相对于第一代半导体材料和第二代半导体材料而言的，其中第一代半导体主要是指硅（Si）、锗（Ge）元素半导体；第二代半导体材料是指化合物半导体材料，如砷化镓（GaAs）、锑化铟（InSb）、磷化铟（InP），以及三元化合物半导体材料，如铝砷化镓（GaAsAl）、磷砷化镓（GaAsP）等。第三代半导体通常也成称宽禁带半导体，从专业角度来解释，一般把室温下禁带宽度（也称为带隙）大于 2.3eV 的半导体材料归类于宽禁带半导体。所谓禁带宽度，就是这些材料的电子从价带激发到导带需要的能量，禁带宽度越大，工作频率也就越大，越能耐高压、耐高温。举例来说，硅所需能量为 1.12eV（电子伏特），碳化硅所需能量为 3.3eV，氮化镓所需能量为 3.4eV。第三代半导体材料主要包括碳化硅（SiC）、氮化镓（GaN）、氧化锌（ZnO）、金刚石、氮化铝（AlN）宽禁带的半导体材料，第三代半导体材料也正是因为宽禁带的显著特点，与第一代和第二代半导体材料相比具有更高的击穿电场、更高的热导率、更大的电子饱和速度以及更高的抗辐射能力，更适合制作高温、高频、抗辐射及大功率器件。

第三代半导体之所以用“代”这个词来划分半导体材料，主要是受到半导体材料的大规模应用所推动的第三次产业革命所影响，如图 2-1-1-1 所示，半导体产业发展至今经历了三个阶段，第一代半导体材料以硅（Si）为代表，兴起于 20 世纪 50 年代，第一代半导体材料引发了以集成电路为核心的微电子领域的迅速发展，技术发展相当成熟、应用也非常广泛，上至航空航天、高性能计算机等高精尖领域，下至手机、充电器的功率器件等生活领域，都能见到它的身影。第二代半导体材料砷化镓（GaAs）为代表，兴起于 20 世纪 90 年代，被广泛用于光通信、光显示、移动通信等领域，第二代半导体材料助力开拓了光纤和移动通信的新产业。

以氮化镓（GaN）和碳化硅（SiC）、氧化锌（ZnO）等宽禁带为代表的第三代半导体材料，相较前两代产品，“宽禁带”也是业内之所以重视第三代半导体材料的原因，高禁带宽度的好处是，具有高击穿电场、高饱和电子速度、高热导率、高电子密度、高迁移率、可承受大功率等特点，因此也被业内誉为固态光源、电力电子、微波射频器件的"核芯"以及光电子和微电子等产业的"新发动机"。虽然第三代半导体在高温、强辐射、大功率等特殊场景中有着非常显著的优势，但目前硅材料仍占据市场主导位置，因为硅材料在低成本、可靠性和整体性等上有着其他半导体材料无法比拟的优势。

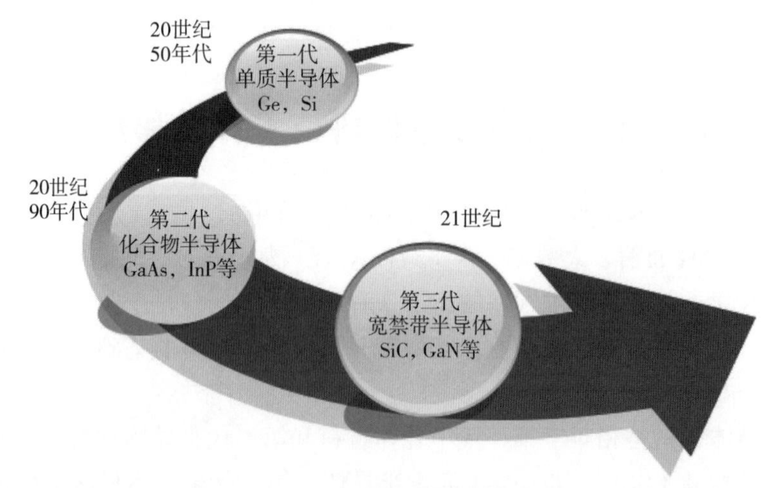

图 2-1-1-1　半导体材料的发展历程

如表 2-1-1-1 所示，第三代半导体与第一代、第二代半导体之间并不是相互替代的关系，它们适用于不同的领域，各具特点；应用范围有所交叉，但不完全等同。虽然当前超大规模半导体集成电路 99% 都是由硅材料制作的，但是窄禁带宽度、间接带隙的硅基半导体材料并不适合在高频、高功率领域使用，也不适合在高温、强辐射特殊环境下工作。SiC 和 GaN 已成为功率半导体行业的关键领域，据 Yole 咨询预测，SiC 和 GaN 正以不同的驱动因素继续其始于 2018—2019 年的快速增长，预计达到约 75% 市场，从而压缩硅基材料市场份额；到 2029 年，这两个领域的设备市场将超过 24.5 亿美元。

表 2-1-1-1　三代半导体材料主要特性

发展历程	典型代表材料	主要特性
第一代半导体材料	Ge、Si	Ge 材料，窄带隙，主要适用于低压、低频、低功率晶体管及光电探测器； Si 材料，间接带隙，主要用于大规模集成电路（IC），技术成熟、产业链完整，成本低；95% 以上半导体器件和 99% 以上超大规模集成电路由 Si 材料制作。
第二代半导体材料	GaAs、InP 等	直接带隙、光电性能优越； 主要适用于高频、高速、大功率微波射频器件及光电子器件，广泛应用于移动通信、光通信、导航等领域； 无法满足中短波光电子器件需求，价格昂贵、有毒性。

续表

发展历程	典型代表材料	主要特性
第三代半导体材料	SiC、GaN 等	宽禁带材料，击穿电场高、热导率高、电子饱和速率高、抗辐射能力强；主要适用于短波长光电子器件、高压、高频、抗辐射及大功率器件，广泛应用于半导体照明、电力电子器件、5G 通信等应用领域。

纵观半导体材料的发展历程，这种因导电性介于导体与绝缘体之间而得名的材料从发展应用与能带特性方面都能划分为三个时代。在发展应用方面，第三代半导体是 21 世纪以来高能效电子及光电子产业时代的开启标志与技术基石，第一只蓝光 LED 和宽禁带高温微电子器件的研发成功具有划时代的意义。从能带角度来说，半导体材料的禁带宽度拉开了不同材料之间的代际差距。与前两代材料相比，拥有更大禁带宽度等优势的第三代半导体更加适应高温工作环境、高电压和高频率状态，在节能减排、信息技术和信息安全等方面都具有重要的战略意义。综合全部四类第三代半导体材料的研发应用与产业发展程度来看，以氮化镓（GaN）为代表的Ⅲ族氮化物与碳化硅（SiC）的研发应用充分且产业发展水平领先，是具备实际产业与技术影响的新一代半导体材料。

与之相对，宽禁带氧化物与金刚石半导体材料虽然具有明显的性能与品质优势，但这两种材料的应用探索仍有广阔空间；相比当下，宽禁带氧化物与金刚石材料对于抢占未来半导体技术制高点更为重要。当前，第三代半导体材料主要应用于光电显示、大功率器件、微波射频技术领域，光电领域是到目前为止应用最成熟的领域，不仅有着高达数千亿美元的规模，更是一场成功的技术革命，目前应用范围包括显示、背光、照明等。功率器件领域，也就是电力电子，如今广泛应用于智能电网、新能源汽车、轨道交通、可再生能源开发、工业电机、数据中心、家用电器、移动电子设备等国家经济与国民生活的方方面面，是工业体系中不可或缺的核心半导体产品。微波射频领域，主要涵盖的是各个高科技领域，如汽车雷达、卫星通信、5G、预警探测等，由于 5G 的不断推进，这类拥有 SiC 的宽禁带材料性能优势的材料的重要程度更进一步。

如图 2-1-1-2 所示，第三代半导体 SiC 和 GaN 相比较与第一代半导体 Si 材料而言，正是因为前者独特的物理化学特性，契合了电力电子、光电子和微波射频等领域的节能需求。在电力电子领域，碳化硅功率器件相比硅器件可降低 50% 以上的能源损耗，减少 75% 以上的设备装置，有效提升能源转换率。在光电子领域，GaN 具有光电转换效率高、散热能力好的优势，适合制造低能耗、大功率的照明器件。在射频领域，GaN 射频器件具有效率高、功率密度高、带宽大的优势，带来高效、节能、更小体积的设备。

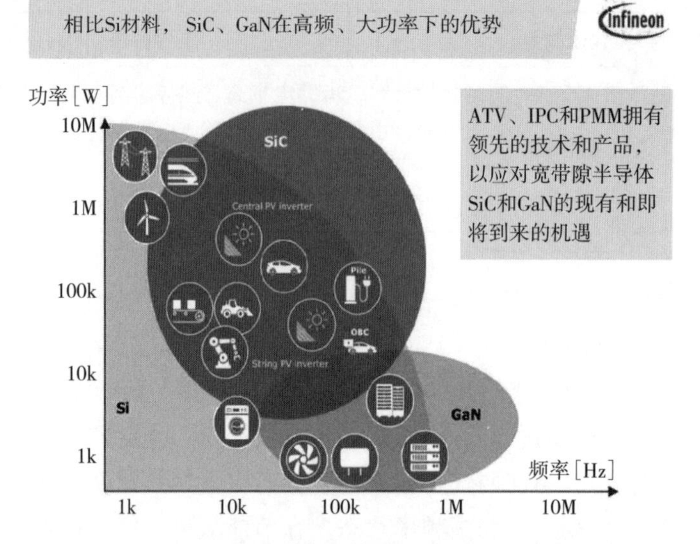

图 2-1-1-2　相比 Si 材料 SiC、GaN 在高频、大功率方面的优势

资料来源：英飞凌、国盛证券研究所

第二节　主要研究内容

采用定性与定量分析相结合的方法，收集各国专利数据库中第三代半导体技术领域的相关专利数据，通过对第三代半导体技术相关专利数据进行分析，分析该技术领域的专利申请相关数据，研究主要申请人及其申请概况，对第三代半导体领域各技术分支进行分析，从该行业和产业角度出发，分析相关企业及其技术的分布状况，了解境外同行业第三代半导体产业在科技经济领域的技术发展状况，提出第三代半导体产业的专利布局、专利风险防控、专利价值实现以及提高产业竞争力等相关方面的建议，对国内第三代半导体的发展提供借鉴和参考。数据来源主要包括世界知识产权组织（WIPO）、美国专利商标局（USPTO）、日本特许厅（JPO）、韩国知识产权局（KIPO）以及欧洲专利局（EPO）等。

专利一般从申请到公开需要最长达 30 个月（12 个月优先权期限 +18 个月公开期限）的时间（本章节专利数据为 2023 年 6 月之前），录入数据库还存在一定时间的延迟，因此检索日之后专利申请量会出现失真，低于实际申请量。

一、第三代半导体材料性能

相对于传统以 Si 为代表的第一代半导体材料和以 GaAs 为代表的第二代半导体材料，以 GaN 和 SiC 为代表的第三代半导体具有禁带宽度大、临界击穿电场高、电子饱和漂移速率大、耐高温以及抗辐射能力强的优点，在射频领域和大功率方面显示出卓越的优势。GaN 材料具有宽带隙、高临界击穿电场、高电子饱和漂移速率以及优异的化学稳定性特点，表 2-1-2-1 给出了 GaN 与 Si、SiC 的材料参数性能对比，与 Si 材料相比，GaN 材料具有更大的禁带宽度和更高的临界击穿电压，在相同耐压和功率下，GaN 芯片尺寸大大减少，从而增加功率密度并实现小型化。当前，由于第三代半导体材料主要围绕 GaN 和 SiC，且对二者的材料特性、器件应用、工艺研究也相对丰富和成熟，对于其他类型的宽禁带半导体材料，如金刚石、氧化锌（ZnO）、氧化镓（GaO_x）等多集中在学术研究阶段，产业应用还尚不成熟，故此本章节主要以 GaN 和 SiC 为代表的第三代半导体为研究对象。半导体材料特性对比见表 2-1-2-1 和图 2-1-2-1。

表 2-1-2-1　半导体材料特性比较

材料参数	Si	GaAs	4H-SiC	GaN
禁带宽度（eV）	1.12	1.42	3.26	3.4
电子迁移率（$cm^2/V\cdot s$）	1400	8500	1020	2000（AlGaN/GaN）
击穿电场（MV/cm）	0.3	0.4	3.0	3.3
热导率（W/cm・K）	1.5	0.46	4.9	2.1
电子饱和速率（$10^7 cm/s$）	1.0	2.0	2.0	2.7
相对介电常数	11.7	12.9	9.7	12
熔点（℃）	1415	1238	2830	2573
空穴迁移率（$cm^2/V\cdot s$）	450	400	20	～5
BFOM	1	16	600	1450

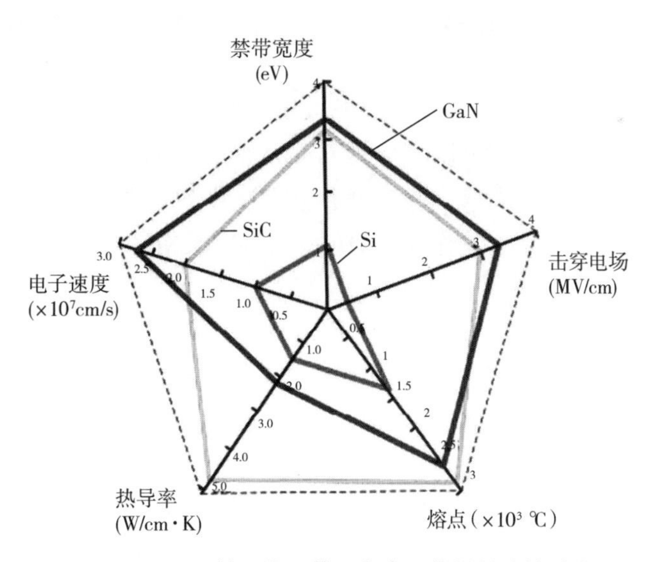

图 2-1-2-1　第一代、第三代半导体材料特性对比

GaN 是一种很稳定的化合物并且显示了很强的硬度，它的宽禁带、高饱和速度以及高的击穿电压有利于制造微波功率器件。正是这种在高温下的化学稳定性再结合其硬度特性，使 GaN 被制成了一种具有吸引力的防护涂层材料，有利于制造高温器件。

GaN 材料具有两种晶体结构，分别为六方对称的纤锌矿晶体结构（见图 2-1-2-2）和立方对称的闪锌矿晶体结构（见图 2-1-2-3）。通常条件下，GaN 以六方对称性的纤锌矿晶体结构存在，纤锌矿晶体结构是由两套六方密堆积结构沿 c 轴方向平移 5c/8 套构而成，它的一个原胞中有 4 个原子，原子体积大约为 GaAs 的一半。但在一定条件下也能以立方对称性的闪锌矿晶体结构存在。闪锌矿晶体结构则由两套面心立方密堆积结构沿对角线方向平移 1/4 对角线长度套构而成。这种现象在Ⅲ族氮化物材料中是普遍存在的，称为多型体现象（Polytypism）。

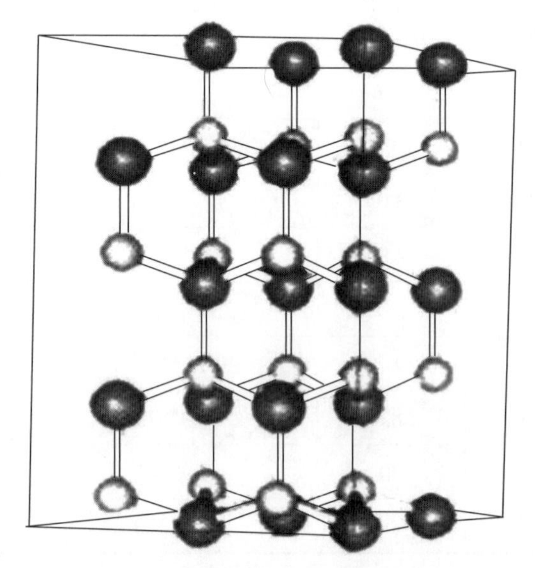

图 2-1-2-2　GaN 纤锌矿晶体结构

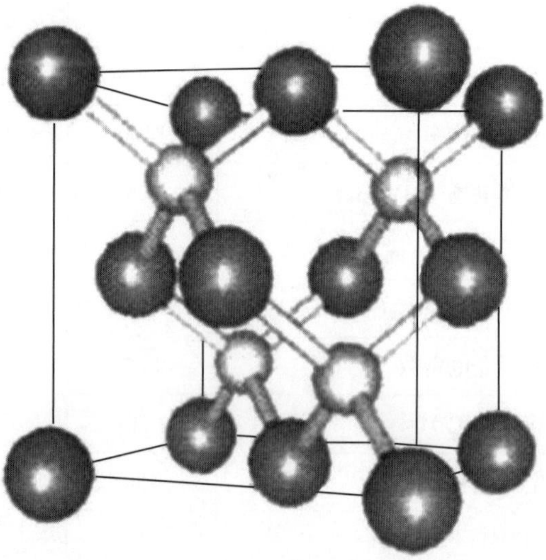

图 2-1-2-3　GaN 闪锌矿晶体结构

纤锌矿 GaN 材料的物理特性见表 2-1-2-2，其质地坚硬，熔点较高，且化学性质非常稳定，但是离子刻蚀（RIE）可以有效地对 GaN 进行刻蚀，从而促进了 GaN 器件的发展。GaN 材料具有较高的电子漂移饱和速度和电子迁移率，室温下其电子迁移率可以达到 $900cm^2/V\cdot s$，从而使其非常适于制作高速器件。另外，GaN 材料电击穿强度高、漏电流小，使其适于制作高压器件。

表 2-1-2-2　纤锌矿 GaN 的物理特性

参数	值
带隙能量	E_g（300K）=3.39eV
	E_g（1.6K）=3.50eV
带隙温度系数（T=300K）	$d E_g/dT= -6.0\times10^{-4}$ eV/K
带隙压力系数（T=300K）	$d E_g/dP= -4.2\times10^{-5}$ eV/Mpa
热膨胀系数（T=300K）	$\Delta a/a=5.59\times10^{-6}$ K
	$\Delta c/c=3.17\times10^{-6}$ K
热导率	k=1.3W/cm · K
折射率	n（1eV）=2.33
	n（3.38eV）=2.67

在理论上由于其能带结构的关系，其中载流子的有效质量较大，输运性质较差，则低电场迁移率低，高频性能差。

现在用异质外延（以蓝宝石和 SiC 作为衬底）技术生长出的 GaN 单晶，还不太令人满意，例如位错密度达 10^8 ～ 10^{10}/cm^2；未掺杂 GaN 的室温背景载流子（电子）浓度高达 10^{17}/cm^3，并呈现出 n 型导电；虽然容易实现 n 型掺杂，但 p 型掺杂水平太低（主要是掺 Mg），所得空穴浓度只有 10^{17} ～ 10^{18}/cm^3，迁移率＜ 10cm^2/V.s，掺杂效率只有 0.1% ～ 1%。

总之，从整体来看，GaN 的优点弥补了其缺点，而制作微波功率器件的效果还往往远优于现有的其他半导体材料。

SiC 是一种 IV–VI 族化合物半导体材料，具有多种同素异构类型。其典型结构可分为两类，一类是闪锌矿结构的立方 SiC 晶型，称为 3C 或 β–SiC，这里 3 指的是周期性次序中面的数目；另一类是六角型或菱形结构的大周期结构，其中典型的有 6H、4H、15R 等，统称为 α–SiC。研究人员采用拉曼光谱方法对改进 Lely 生长法制备的 SiC 单晶的结构进行了分析，结果表明：晶体的结构为 6H，样品的内部缺陷较多，其中存在 4H–SiC。

在半导体领域最常用的是 4H–SiC 和 6H–SiC 两种，SiC 与其他半导体材料具有相似的特性，4H–SiC 的饱和电子漂移速度是 Si 的 2 倍（见表 2–1–2–1），从而为 SiC 器件提供了较高的电流密度和较高的跨导。高击穿特性使 SiC 功率器件和开关器件具有较 Si 和 GaAs 器件高 3 ～ 4 倍的击穿电压。SiC 具有非常高的热稳定性和化学稳定性。在任何合理的温度下，其体内的杂质扩散都几乎不存在。室温下，它能抵抗任何已知的酸性蚀刻剂，这些性质使 SiC 器件可以在高温下保持可靠性，并且能在苛刻的或腐蚀性的环境中正常工作。

二、第三代半导体技术应用前景

首先，在光电子器件应用方面，GaN 基对于激光通信发展意义重大。作为世界上发展最快、应用最广、产值最大、最实用和最重要的一类激光器，GaN 基蓝绿光激光器自问世以来一直受到广泛关注与重视。除紫光激光器以外，蓝光激光器得益于海水对蓝光吸收远小于其他波长，在水下通信领域应用空间巨大；同时，绿光激光器也凭借光波段特性成为局域网（光纤）通信与水下通信的关键光源。6H 和 3C–SiC 的禁带宽度分别处于蓝、绿光等短波长发光波段，其中高亮度蓝光 LED 尤其重要，是实现全彩色大面积显示的关键，具有极大的市场，已实现 SiC 蓝、绿光 LED 的批量生产。业界已研制出可发蓝光的激光二极管，它将极大提高高密度数据存储的技术水平，并在未来生物化学战场的探测方面发挥不可缺少的作用。

其次，在光电子器件的另一重要应用方面，由于 GaN 基紫外光电探测器比 Si 基产品更加灵敏，并且可在高温、强辐射及背景太阳光干扰等环境下工作，相关产品已经在导弹飞行尾焰探测预警与区域紫外光高保密通信领域崭露头角。而且，考虑到铝镓氮（AlGaN）基紫外雪崩光电探测器已经具备单光子探测与计数能力，星间光子通信的技术基础大幅进步。

最后，在电子器件应用方面，GaN 基微波功率电子器件在信息安全领域的重大战略价值已被广泛认可并将持续凸显。面对 GaN 基器件在微波、毫米波频段射频领域的巨大优势，各国在产业初期规划的信息安全需求非常明确。如今，随着技术应用的发展，GaN 基微波功率器件已经在有源相控阵雷达、无线电通信以及卫星 / 微波中继通信领域展现出划时代的优势与意义。SiC 材料的宽禁带和高温稳定性使得它在高温半导体器件方面有无可比拟的优势。采用 SiC 材料已制成 MESFET、MOSFET、JFET、BJT 等多种器件，它们的工作温度可达 500℃以上，为工作于极端环境下的电子系统提供了可能，在航空航天、石油地质勘探等领域应用广泛。

在产业发展层面上，由于 GaN 基半导体自身的优势以及在微波、毫米波领域的广泛应用前景，氮化物已经成为全球微波半导体产业前沿和热点，全球主要国家初期的产业奠基发展规划都具备明显的信息安全倾向与应用需求。此外，由于 SiC 具有较高的迁移率、饱和漂移速度以及高临界击穿场强，是良好的微波和高频器件材料。已制成 f_{max} 达 42GHz 以上的 SiC MESFET。加之高工作温度和高热导率，在相控阵雷达、通信广播系统中有明显的优势。美国已将其应用于新研制的 HDTV 数字广播系统。美国 GE 公司采用 SiC 材料实现了可在各种发动机内部工作的紫外光敏二极管，用于监测汽车、飞机、火箭等发动机的燃烧工作状态，并与 SiC 高温集成电路一起构成闭环控制，显著提高发动机工作效率，节约能源，减少污染 。

从技术与产业成熟度来看，GaN 基微波半导体器件在安全防务产业配套上也已经基本成熟。在器件性能上，GaN 基微波器件已经实现相对于以前半导体的大跨越，特别是在 Ku、Ka 和 W 波段等当前卫星通信关键波段区间内的性能提升战略意义重大。在安全防务产业配套成熟度上，美国雷神公司已经达到美国制造成熟度评估（MRA）第 8 级，TriQuint 公司则达到最高的第 9 级（产品已经满足最佳性能、成本和容量的目标要求，并已具备全速率生产能力）；GaN 基微波功率器件的技术产业化已有成熟方案。发展国产第三代半导体材料与器件产业的战略紧迫性毋庸置疑。总体来看，随着近年来的产业应用发展，全球第三代半导体市场在快速成长的同时也展现出明确的格局特点，就市场规模而言，全球第三代半导体器件需求增长迅速。

三、第三代半导体市场现状

据市场机构统计，截至 2020 年，全球 GaN 器件市场规模达到 184 亿美元，同比增长 28.67%；相较 2018 年累计增长 67.27%，年均复合增长率接近 34%。在市场结构方面，基于技术应用特点的成本因素是决定当前市场结构的关键。机构数据显示，2020 年全球 GaN 器件市场中，光电器件（LED/LD）的占比超过 65%，射频器件与功率器件占比分别接近 30% 和 5%；市场结构表现与各类器件产业应用特征基本一致。综合全球半导体材料渗透率表现，氮化镓（GaN）正在跟随着碳化硅（SiC）一同崛起；第三代半导体材料之间的产业技术关联性大概率正在持续显现。根据市场机构数据，全球第三代半导体材料的 2020 年总体渗透率为 2.15%；其中，碳化硅（SiC）材料渗透率达 1.98%，氮化镓（GaN）材料仅有 0.17%。第三代半导体材料产业的提升空间极为可观。动态来看，2019 年后的

GaN 材料渗透率提升速率远超 SiC 的势头有望在之后五年内持续凸显；SiC 与 Si 的异质衬底技术与配套外延生长技术的发展大概率是造成这一趋势的主要原因。

我国的产业配套优势将成为国产氮化镓行业持续快速成长的重要保障。从细分市场结构来看，国内 GaN 微波射频领域受益于防务安全需求快速释放，行业产值强劲增长。根据机构数据，我国第三代半导体产值在 2020 年超过 7100 亿元；其中，SiC 和 GaN 电力电子器件的产值规模达到 44.7 亿元，同比增长 54%；GaN 微波射频器件的产值为 60.8 亿元，同比增速达到 80.3%。相比国际市场表现，我国在 SiC 产业领域（衬底）的快速发展对于 GaN 基器件压低成本的助力或更加明显。2024 年 4 月，西安电子科技大学联合广东致能科技首次展示了全球首片 8 英寸蓝宝石基 GaN HEMTs 晶圆器件，标志着国产氮化镓再次实现新的突破。据行业人士推测，该 8 英寸蓝宝石基 GaN HEMTs 晶圆器件具有标志性意义，目前 200V 以下以及 650V 左右的 GaN 功率 HEMT 已在 8 英寸晶圆线上实现量产，然而在 8 英寸线上实现 2000V 级别的 GaN 器件的展示尚属首次，8 英寸晶圆将是 GaN 成为主流电力电子器件的必由之路，其成本将极具竞争优势。

四、政策现状

（一）境外政策

近年来，随着材料、器件、工艺和应用方面的一系列技术创新和突破，SiC、GaN 器件的制备工艺逐步成熟，其生产成本也在不断降低，第三代半导体材料正以其优良的性能突破传统硅基材料的瓶颈，逐步进入硅基半导体市场。第三代半导体材料都拥有巨大的发展空间和良好的市场前景，催生着上万亿元的潜在市场，有望引领新一轮产业革命。可望成为支撑信息、能源、交通等重点产业发展的重点新材料，是全球半导体产业技术创新和产业发展的热点。因此，美国、日本等世界科技强国的政府、科技界和产业界对其未来发展寄予很高期望，纷纷开始制定战略规划，大力发展第三代半导体产业。我国也紧抓第三代半导体材料发展的机会，加快第三代半导体材料的应用开发。

美国、欧盟、英国、日本、韩国等国家或组织都有相应的政策支持，如表 2-1-2-3 所示，根据第三代半导体产业技术创新战略联盟（CASA）不完全统计，2020 年美国、英国、欧盟、德国等国家或组织启动了多个研发项目，2002—2019 年，美国共计出台 23 项第三代半导体相关的规划政策，总投入经费超过 22 亿美元。2002 年相关提案涉及的经费超过 480 亿美元。美国参议院议员提出的《为芯片生产创造有益的激励措施法案》旨在资助美国政府机构运行的芯片制造项目，涉及经费超 230 亿美元，具体措施包含对产业化项目的资助、对研发的资金支持等。《2020 美国晶圆代工法案》（AFA，The American Foundries Act Of 2020）提出了五项振兴美国本土芯片产业的措施，涉及经费 250 亿美元。欧盟 24 个国家中有 17 个国家联合发布了《欧洲处理器和半导体科技计划联合声明》，宣布未来 2 ～ 3 年内对半导体领域的投入将达到 1450 亿欧元。英国“脱欧”后也积极布局半导体技术和产业发展，英国学术界和工业界共同发布了《低损耗电子材料路线图》，为英国 SiC、GaN 等宽禁带半导体材料以及 Ga_2O_3、金刚石、AlN 等超宽禁带半导体材料的发展路径指明了方向。日韩半导体产业之争刺激了韩国政府大力培育本土产业链。韩国于 2020 年 6 月，抛出万亿韩元半导体振兴计划，2020—2029 年在系统级芯片（SoC）领域投资总计 1 万亿韩元（约 59 亿元人民币）。日本大力巩固第三代半导体领域技术优势，经济产业省准备资助日企和大学围绕 GaN 材料部署研发项目，预计未来 5 年斥资 8560 万美元。2021 年 6 月，日本政府对半导体、数字基础设施及数字产业做出综合部署，制定了以扩大国内半导体生产能力为目标的《半导体数字产业战略》。重点支持的半导体领域包括：中高端逻辑半导体、微处理器、存储器（DRAM、NAND）、功率半导体、传感器、模拟半导体、半导体生产制造“后期处理技术”（如 3D 封装）。包括围绕“碳中和”目标大力支持节能环保的功率半导体研发，提出加大创新型材料（如碳化硅、氮化镓、氧化钾）的应用，提高新一代功率半导体的性能。

以氮化镓（GaN）、碳化硅（SiC）为代表的第三代半导体材料及器件，已成为必不可少的战略物资，是各国竞相发展的战略制高点，正在向高能效、高功率、高耐压、高频率、耐高温、高集成度、小型化、多功能化等方向发展。以美国为代表的发达国家为了抢占第三代半导体技术和产业的战略制高点，通过设立国家级创新中心、产业联盟等形式，将企业、高校、研究机构及相关政府部门有机联合在一起，加速并抢占全球第三代半导体市场。美、日两国在硅基半导体领先优势基础上，积极布局第三代半导体，不断增强其在该领域的世界垄断地位。2018 年，美国能源部（DOE）、美国高级研究计划局（DARPA）、美国国家航空航天局（NASA）和电力美国（Power America）等机构纷纷制定第三代半导体相关的研究项目，支持总资金超过 4 亿美元，涉及光电子、射频和电力电子等方向，以期保持美国在第三代半导体领域全球领先的地位。美国通过“下一代电力电子技术国家制造业创新中心”，以第三代半导体产业作为重振美国能源经济的重要抓手。美国能源部推出了以建立健全 SiC 产业链为目标的电力美国 (Power America) 项目，建设基于成熟 CMOS（complementary metal-oxide-semicon-ductor）代工线的 SiC 生产线，资助高校和企业开展产业链各个技术节点的研发和人才培养，极大推动了 SiC 产业化进程。2019 年，美国科锐公司宣布投资 10 亿美元，在美国本土扩大 SiC 产能，到 2022 年增加 30 倍，建造一座采用最先进技术并满足车规级标准的 8 英寸功率和射频（RF）晶圆制造工厂。此外，欧盟先后启动了“硅基高效毫米波欧洲系统集成平台”（SERENA）项目和“5G GaN2”项目，以抢占 5G 发展先机。2023 年 5 月 19 日，英国科学、创新和技术部（DSIT）发布《国家半导体战略》，旨在通过聚焦英国优势领域，确保在未来半导体技术领域处于世界领先地位，实现发展国内半导体行业、降低半导体供应链中断的风险和保护国家安全三大战略目标，计划在 2023—2025 年投入 2 亿英镑并在未来十年投入 10 亿英镑，巩固其在设计和 IP 核、化合物半导体以及研发创新方面的优势，以保持和扩大英国在半导体行业的重要地位。2021 年 6 月 9 日，美国国会参议院通过《创新与竞争法案》，旨在提振美国高科技研究和制造能力以对抗其他竞争对手。在此基础上，2022 年 8 月 9 日，美国正式颁布《2022 年芯片与科学法案》，针对美国芯片产业制定了更大资金规模和更广覆盖范围的扶持政策，以维护其在半导体技术领域的世界领先地位并打压竞争对手。

2024 年 3 月 15 日，美国白宫科技政策办公室（OSTP）发布《国家微电子研究战略》，旨在确保美国在微电子领域继续保持全球领先地位，其中先进材料的关键研发要素包括“用于高能效电子产品和极端环境的宽带隙和超宽带隙材料”。

各国家和地区继续第三代半导体研发项目支持。据不完全统计，2022 年，美国、英国、意大利、新加坡、日本、法国政府及公共部门在第三代半导体上新布局 21 个公共研发项目，涉及材料、外延、器件、系统等各环节。支持方向上，突出 8 英寸 SiC 衬底和晶圆制造、车用 800V SiC 逆变器等；项目来源上，美国多来自于能源部（DOE）和美国高级研究计划局（DARPA）；英国则主要在研究与创新署（UKRI）支持下开展；日本通过新能源和工业技术开发组织（NEDO）部署；新加坡支持机构为科技研究局（A*STAR）。

表 2-1-2-3　主要国家 / 地区第三代半导体相关研发项目

国家 / 地区	资助机构	被支持单位	金额	项目内容
欧盟	欧盟	英国卡迪夫大学创新学院化合物半导体研究所（ICS）	1300 万英镑	支持 ICS 建设超净间、购买设备
英国	英国研究与创新署（UKRI）	—	253.7842 万英镑	P3EP 项目（GaN 器件预封装项目）
		—	247.3 万英镑	SCIENZE 项目（800V SiC 自动化项目）
		—	109.3 万英镑	ASSIST 项目（SiC 固态变压器项目）
		—	52.4 万英镑	PE2M 项目（快速成型的模块项目）
		谢菲尔德大学、剑桥大学和伦敦大学学院	1200 万英镑	外延设施项目
	英国研究合作投资基金（UKRPIF）、威尔士政府	英国卡迪夫大学创新学院化合物半导体研究所（ICS）	2930 万英镑	用于支持 ICS 基础设施建设
	英国研究合作投资基金（UKRPIF）、威尔士政府、威尔士欧洲资助办公室（WEFO）、威尔士高等教育资助委员会（HEFCW）	英国转化研究中心（TRH）[化合物半导体研究所（ICS）和卡迪夫催化研究所（CCI）]	4510 万英镑	—

续表

国家 / 地区	资助机构	被支持单位	金额	项目内容
美国	美国能源部高级能源研究计划局（ARPA–E）	Transphorm	—	供应基于 GaN 的四象限开关（FQS）
	高级研究计划局（DARPA）	Coherent	—	开发相干光收发器技术
	美国能源部（DOE）和美国国家科学基金（NSF）	阿肯色大学	1787 万美元	建立多用户碳化硅芯片研发制造中心（MUSiC）
	美国能源部（DOE）	Ricardo、Meritor、Silicon Power、北卡罗来纳州立大学 FREEDM 中心、Poly Charge America	—	基于 800V SiC 逆变器的 8 级电动卡车项目
		麻省理工学院	450 万美元	开发基于垂直 GaN 超结二极管和晶体管
		宾夕法尼亚州立大学	750 万美元	GaN 辐射效应研究
		Qorvo	—	GaN 射频计划（STARRY NITE）
		MACOM	—	大功率 GaN 45kW 射频（RF）发射机
		ComEd	20 万美元	提高电动汽车（EV）极速充电（XFC）的效率并降低成本
	联邦政府	Global Foundries	3000 万美元	推动佛蒙特州伯灵顿工厂的 8 英寸 GaN–on–Si 技术开发和生产
法国	法国政府	ZADIENT Technologies	—	SiC 项目
意大利	国家复兴和复原力计划（OPEN PNRR）	—	3.4 亿欧元	SiC 衬底
	意大利政府	STMicroelectronics	7.3 亿欧元	SiC 衬底
新加坡	新加坡科技研究局（A*STAR）微电子研究所（IME）	Toray	—	开发用于 SiC 功率半导体的高散热胶粘片的实际应用
日本	日本新能源和工业技术开发组织（NEDO）	Showa Denko	—	8 英寸 SiC 晶片开发

续表

国家 / 地区	资助机构	被支持单位	金额	项目内容
中国台湾地区	《2022 年化合物半导体科技研究发展项目计划》	—	—	8 英寸 SiC 长晶及磊晶设备自主、8 英寸 SiC 晶圆制造关键设备与材料自主；完善本地供应链

数据来源：CASA

（二）国内政策

2020 年 7 月 27 日，国务院发布《新时期促进集成电路产业和软件产业高质量发展若干政策的通知》（国发〔2020〕8 号），在财税、投融资、研究开发、进出口、人才、知识产权、市场应用、国际合作等八个方面出台鼓励引导性政策。为进一步优化我国集成电路产业和软件产业发展环境，深化产业国际合作，提升产业创新能力和发展质量。政策突出强调了关键核心技术攻关新型举国体制，同时也强调了构建全链条覆盖的关键核心技术研发布局。第三代半导体企业均可享受相关政策优惠。

2021 年 3 月，《中华人民共和国国民经济和社会发展第十四个五年规划》和 2035 年远景目标纲要》发布，其中明确指出推动集成电路领域要取得“集成电路设计工具、重点装备和高纯靶材等关键材料研发，集成电路先进工艺和绝缘栅双极型晶体管（IGBT）、微机电系统（MEMS）等特色工艺突破，先进储存技术升级，碳化硅（SiC）、氮化镓（GaN）等宽禁带半导体发展”。

第三代半导体支撑“双碳”目标实现。2021 年中共中央、国务院印发《关于完整准确全面贯彻新发展理念做好碳达峰碳中和工作的意见》，明确提出，二氧化碳排放力争于 2030 年前达到峰值，努力争取 2060 年前实现“碳中和”。第三代半导体器件相比硅器件可降低 50% 以上的能量损失，并减小 75% 以上的装备体积，可显著提升能源转换效率，是助力节能减排并实现“碳中和”目标的重要支撑。

各部委部署研发及产业化支持政策。科技部从研发项目到平台建设支持第三代半导体发展。全面部署“十四五”重点研发计划。2021 年，科技部“十四五”重点研发计划在 SiC 单晶等第三代半导体材料、Micro-LED、车用 SiC 功率器件、第三代半导体核心装备制造等方面进行了布局。工信部继“强基计划”后，再推电子元器件产业发展。在前期实施“强基计划”的基础上，2021 年 1 月，工信部印发《基础电子元器件产业发展行动计划（2021-2023 年）》，并指出要“重点发展高频率、高精度频率元器件，耐高温、耐高压、低损耗、高可靠半导体分立器件及模块等电路类元器件”“面向智能终端、5G、工业互联网等重要行业，推动基础电子元器件实现突破，增强关键材料设备仪器等供应链保障能力，提升产业链供应链现代化水平”。

我国近年发布的第三代半导体产业相关政策见表 2-1-2-4。

表 2-1-2-4　我国近年发布的第三代半导体产业相关政策

序号	政策名称	发布部门	发布时间
1	《中华人民共和国国民经济和社会发展第十四个五年规划和 2035 年远景目标纲要》	中共中央	2021 年 3 月
2	新时期促进集成电路产业和软件产业高质量发展若干政策	国务院	2020 年 7 月
3	关于扩大战略性新兴产业投资培育壮大新增长点增长极的指导意见	国家发展改革委、科技部、工业和信息化部、财政部	2020 年 9 月
4	《关于促进集成电路产业和软件产业高质量发展企业所得税政策的公告》	财政部、国家税务总局、国家发展改革委、工信部	2020 年 12 月
5	《长江三角洲区域一体化发展规划纲要》	中共中央、国务院	2019 年 12 月
6	《广东省加快半导体及集成电路产业发展若干意见》	广东省政府	2020 年 2 月
7	广东省培育前沿新材料战略性新兴产业集群行动计划（2021—2025 年）	广东省政府	2020 年 9 月

第三节　技术分解

第三代半导体产业链如图 2-1-3-1。

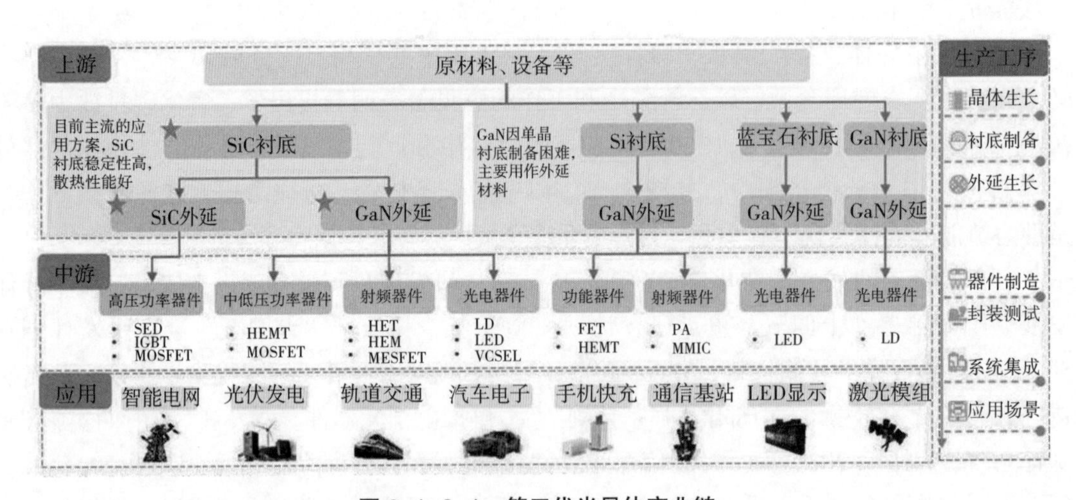

图 2-1-3-1　第三代半导体产业链

技术分解总体原则：根据该领域的技术特点，利于分类检索；所划分的各个技术分支总体上不重叠，对应到具体应用中，由于涉及的领域比较广，难以将具体的应用领域与 IPC 分类精确对应，但其应用主要由功能器件起主要作用。因此，在应用划分不突出具体的产业应用，而是突出所起作用的器件。如表 2-1-3-1 所示，第三代半导体最显著的特征就是材料的突破与发展，因此一级技术分支按照典型材料进行分类。目前产业化进度最快的是碳化硅和氮化镓材料的第三代半导体技术，其他宽禁带化合物材料半导体的产业化相对落后一些，基于产业发展需求和研究方确定目前的分类。

针对二级技术分支，根据应用功能和制作分为器件和工艺两部分。针对第三级和第四级技术分支，则是根据二级技术分支对应的具体技术再进行细分。

表 2-1-3-1　第三代半导体技术分解

	一级分支	二级分支	三级分支	四级分支
第三代半导体	GaN	器件	射频器件	高电子迁移率晶体管（HEMT）
				MMIC
				异质结双极晶体管（HBT）
				MESFET
			功率器件	肖特基二极管，SBD,JBD,TJBS
				PIN 二极管
				MOSFET
				JFET 结型场效应晶体管
				绝缘栅双极型晶体管
			光电器件	LD
				LED
				VCSEL
				光电探测器
		工艺	MOCVD 金属有机气象沉积	
			氢化物气相外延（HVPE）	
			分子束外延（MBE）	
	SiC	器件	射频器件	高电子迁移率晶体管（HEMT）
			功率器件	肖特基二极管，SBD,JBD,TJBS
				PIN 二极管
				MOSFET
				JFET 结型场效应晶体管
				绝缘栅双极型晶体管
			光电器件	激光二极管（LD）
				发光二极管（LED）
				垂直腔面发射（VCSEL）
				光电探测器（PD）
		工艺	物理气相传输（PVT）	
			液相外延（LPE）	

第二章

射频器件相关技术专利分析

对于 GaN 材料而言，除了更大的禁带宽度和更高的临界击穿电压等优势，特别的，在 GaN 材料上生长 AlGaN 后，AlGaN/GaN 界面处会由极化效应产生高浓度的二维电子气（2DEG），2DEG 被限制在二维平面运动而减少散射，因此具有高达 $2000cm^2/(V \cdot S)$ 的电子迁移率，从而能够被引用于射频器件中。

GaN 材料的应用也面临几个挑战：一是其热导率不如 SiC，GaN 器件通常在更小的尺寸下实现更高的功率密度，在大功率条件下使用时需要考虑电热可靠性问题；二是空穴迁移率低，这导致 P 沟道 GaN 器件的电流能力与同尺寸 N 沟道器件的电流不匹配，限制了 GaN CMOS 的发展。

第一节 高电子迁移率晶体管（HEMT）

以 GaN 为代表的宽禁带半导体材料是继以 Si 为代表的第一代半导体材料和以砷化镓（GaAs）为代表的第二代半导体之后，近年来迅速发展的第三代半导体材料，GaN 基半导体材料具有宽带隙、高电子迁移率、高热导率、耐高温耐高压、抗辐照等优点，适合制作高压、高频器件。GaN 可以和 AlGaN 形成异质结构，在两者界面处会产生高迁移率的二维电子气（2DEG），基于上述异质结构和二维电子气开发出高电子迁移率晶体管（High Electron Mobility Transistors, HEMT），具有更快的开关速度、更大的截止频率，在相同的工作频率下，GaN HEMT 可以承受更高的工作电压，从而可以提供更高的功率密度，同时，2DEG 的高浓度和高迁移率能够有效减少 GaN HEMT 的功耗，提高工作效率，正是由于 GaN 基 HEMT 器件的上述优点，其在微波射频领域展现出巨大优势，GaN 基 HEMT 器件在微波射频领域的应用包括卫星通信、雷达、通信基站等方面。

截至 2023 年 4 月 30 日，涉及 GaN HEMT 的外国专利申请量为 3408 项，下面将从专利申请趋势、主要国家 / 地区专利布局对比、主要申请人分析、技术发展路线以及技术生命周期等方面对 GaN HEMT 的申请状况进行详细说明。

一、全球专利分析

本节将以高电子迁移率晶体管（HEMT）领域在全球范围内的专利为数据源，从专利申请发展趋势、区域分布、申请人等方面，对高电子迁移率晶体管（HEMT）领域进行专利分析。本节涉及专利申请 15 638 件，截止日期为 2023 年 6 月 1 日。

（一）发展趋势分析

图 2-2-1-1 展示了高电子迁移率晶体管（HEMT）领域在全球范围内的发展趋势，可以看出，其专利申请呈现阶梯形增长。

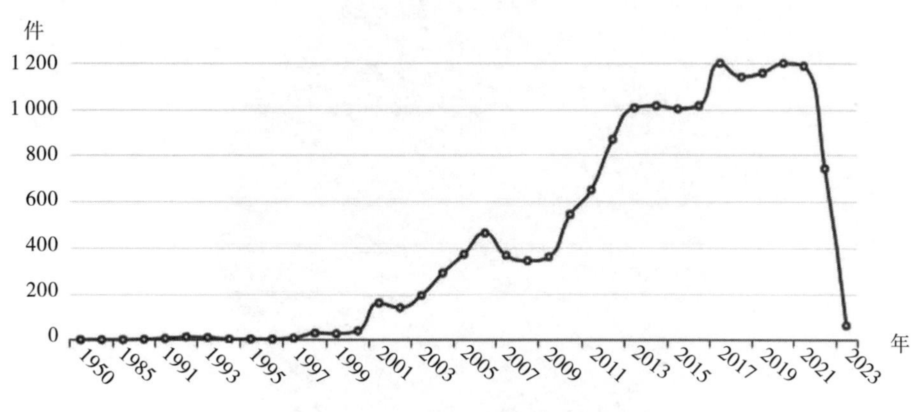

图 2-2-1-1　HEMT 全球专利发展趋势

1. 萌芽期（1950—2000 年）　从出现氮化镓材料的 1950 年开始，高电子迁移率晶体管（HEMT）也开始出现专利申请，持续到 2000 年均维持在 40 件以下，但一直持续有专利申请，这一时期属于技术发展初期，仅有极少数创新主体进行研发。

2. 第一快速增长期（2001—2006 年）　2000 年美国制定了有关 GaN 的开发项目，日本在 1998 年开展 GaN 半导体发光机理的基础研究，用于同质外延生长的大面积衬底等，并开始实施推动半导体照明技术发展及产业化的“21 世纪光计划”，有效刺激了 GaN 产业的发展，进而 HEMT 器件也得到了发展，进入第一快速增长期，申请量从 2000 年的 39 件增加到 2001 年的 160 件，并一直保持了这种发展势头，直到 2006 年，申请量为 464 件。

3. 第一调整期（2007—2009 年）　在这一时期，申请量分别为 367 件、344 件、361 件，受全球经济低迷的影响，HEMT 器件的申请量没有增长，但是维持在 350 件左右。

4. 第二快速增长期（2010—2013 年）　在这一时期，申请量又开始快速增长，从 2010 年的 544 件增加到 2013 年的 1006 件，在这几年，全球各个研发大国均出台了政策激励措施。

5. 第二调整期（2014—2016 年）　在这一时期，又进入了技术平台期，申请量在 1000 件徘徊，没有明显波动。

6. 第三增长期（2017 年至今）　2017 年申请量增长到 1199 件，并一直维持在 1140 ～ 1199 件之间波动，2022—2023 年申请量下降的原因在于部分专利申请尚未公开。

（二）专利申请国家 / 地区分布

图 2-2-1-2 显示在全球范围内，HEMT 领域专利申请的国家 / 地区分布，可见，美国、中国、日本位于前三位，占比分别为 32.32%、30.91%、12.79%，申请量分别为 4958 件、4743 件和 1962 件。第四位为欧专局，申请量为 1338 件，占比 8.72%。德国、法国的申请量分别为 320 件、162 件，与欧专局的数据汇总后，欧洲的总申请量为 1820 件，位列全球

第四位。中国台湾和韩国申请量分别为 856 件和 809 件，位列第五和第六位。

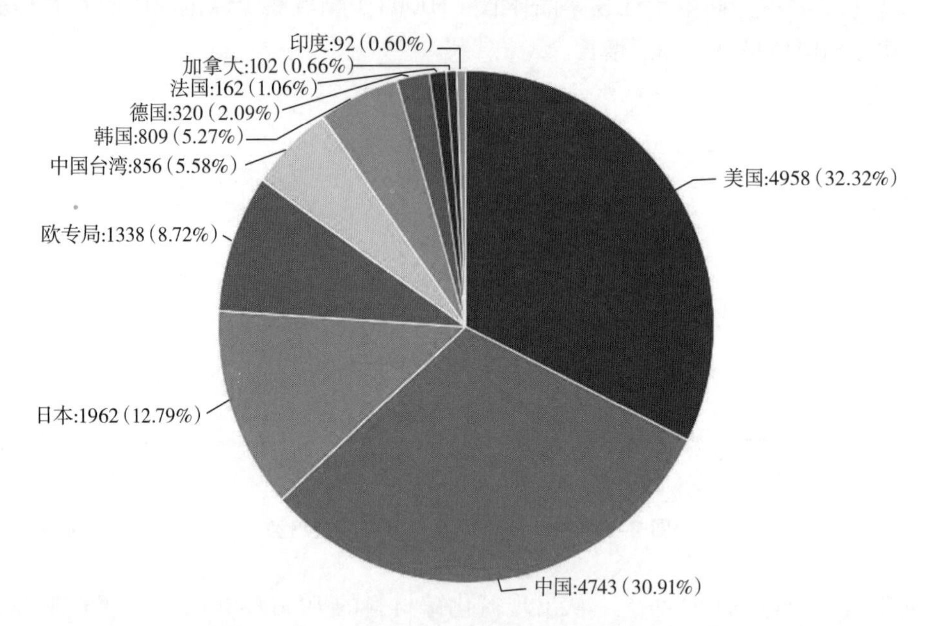

图 2-2-1-2　HEMT 全球专利申请国家 / 地区分布

（三）目标市场分析

图 2-2-1-3 示出高电子迁移率晶体管（HEMT）器件全球专利申请的公开情况，从一定程度上能够反映技术的流入情况。从图中可以看出，中国是最受重视的技术市场，份额为 30%；美国比中国略少，份额为 28.96%，排在第二位；日本紧随其后，排名第三位，份额 12.06%。这三个国家的申请量也排名前三位，反映出这三个国家的申请人很重视在本土的知识产权保护。排名第四位和第五位的分别是欧专局（EP）和世界知识产权组织（WIPO），这在一定程度上反映出高电子迁移率晶体管（HEMT）器件的国际布局程度高。

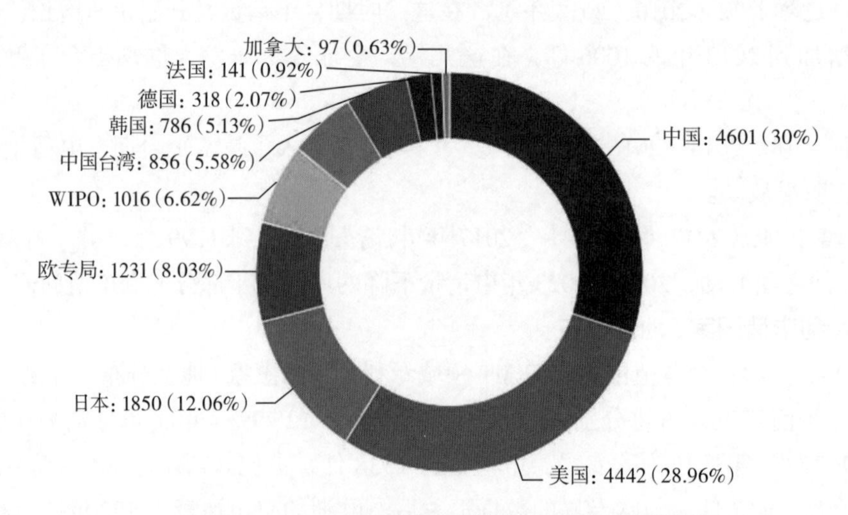

图 2-2-1-3　HEMT 器件全球专利申请的公开情况

（四）主要申请人

图 2-2-1-4 示申请量在 100 件以上的主要申请人，图 2-2-1-5 示申请量在 100 件以下的主要申请人。申请量第一位和第二位的申请人均来自美国，分别为克里公司和英飞凌公司，分别为 862 件和 574 件，可见美国在该领域具有统治地位。第三、第四位为中国台湾的台积电和日本的富士通，申请量分别为 447 件和 429 件，构成了第三集团，第 5 ～ 7 位分别为西安电子科技大学、国际整流器公司和三星电子，三者的申请量分别为 396 件、345 件、306 件，构成了第四集团。可以看出，中国的申请人在该领域表现较为优秀，除西安电子科技大学，电子科技大学、联华电子（中国台湾）、中国电子科技集团公司第五十五研究所、华南理工大学、中国科学院苏州纳米技术研究所、中国科学院微电子研究所、成都海威华芯科技有限公司、厦门市三安集成电路、中国科学院半导体研究所、杭州电子科技大学、英诺赛科（珠海）科技有限公司、中国电子科技集团公司第十三研究所等均有大量申请，说明我国在该领域的研发实力十分强劲。

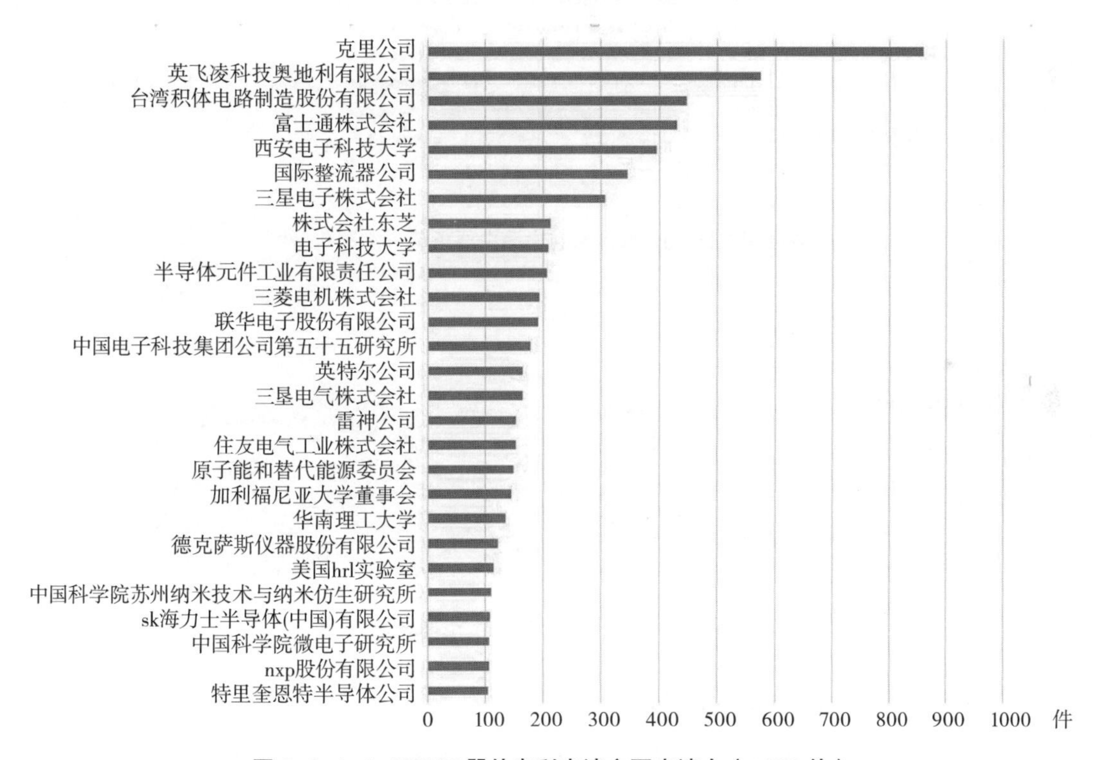

图 2-2-1-4　HEMT 器件专利申请主要申请人（>100 件）

二、境外专利分析

（一）专利申请趋势

如图 2-2-1-6 所示，GaN HEMT 总体上呈现出不断增长的态势。GaN HEMT 技术境外申请分为三个阶段。自 1950 年出现第一件专利申请开始，直到 2000 年均为缓慢发展期，虽然一直有专利申请，但数量不够，均未超过 40 件。自 2001 年申请量开始上升，2006 年出现了第一个申请量高峰，为 426 件，之后该技术分支的申请量经历了小幅下降。于 2009

年开始进入快速增长期，并于 2013 年达到 811 件，虽然 2013 年之后申请趋势出现了小幅振荡，但申请量一直处于 700 ～ 800 件。

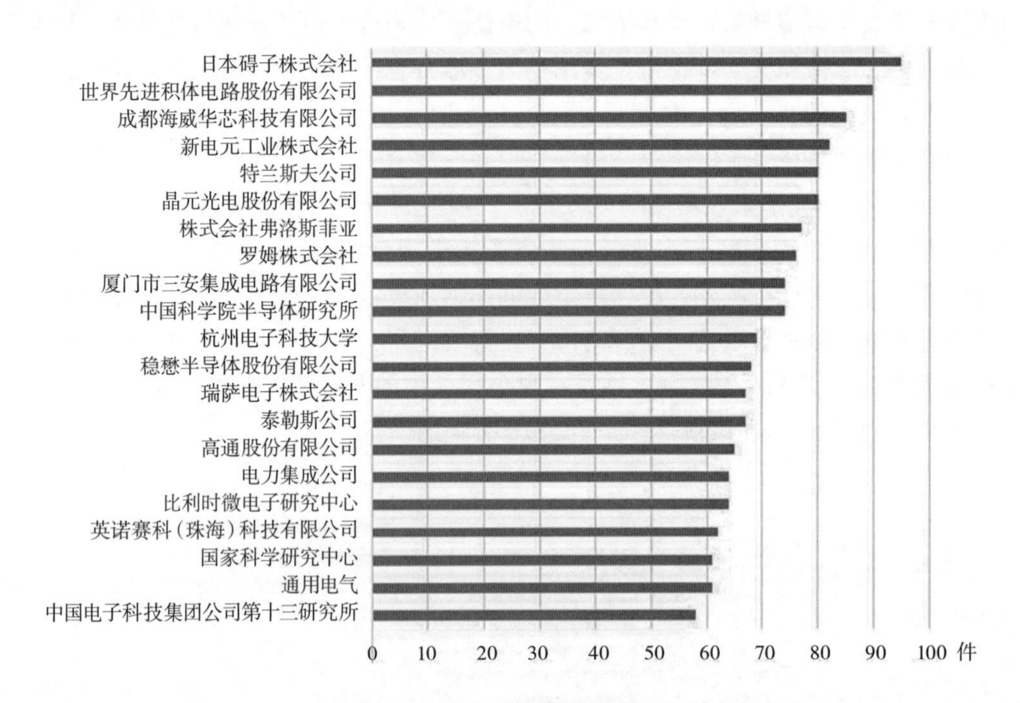

图 2-2-1-5　HEMT 器件专利申请主要申请人（<100 件）

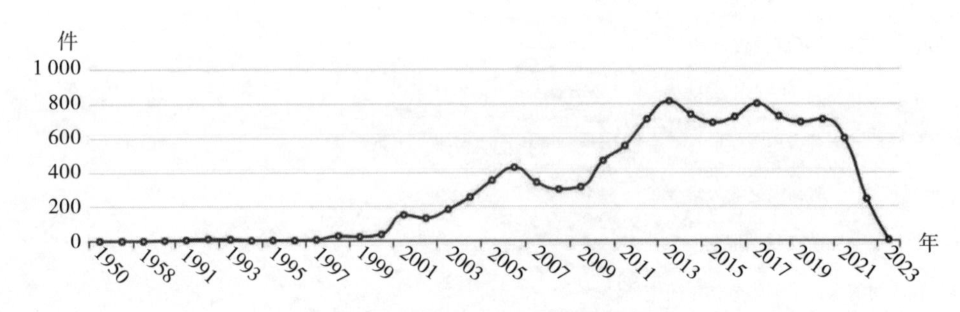

图 2-2-1-6　GaN HEMT 申请趋势

（二）主要国家 / 地区专利布局对比

图 2-2-1-7 示 GaN 基 HEMT 器件在主要国家 / 地区的专利分布情况。排名第一的为美国，申请量为 4958 件，占比 46.16%，可见克里公司和英飞凌公司具有绝对的研发实力和领先优势。日本位于第二位，申请量为 1962 件，占比 18.26%；第三位为欧专局（EPO），申请量为 1339，占比 12.46%。中国台湾和韩国作为传统的半导体领域优势研发国家 / 地区，申请量分别为 856 件和 809 件，占比为 7.97% 和 7.53%。

（三）主要申请人分析

图 2-2-1-8 示 GaN 基 HEMT 器件的主要申请人排名。排名前三位的申请人为美国的克里公司（845 件）处于绝对领先地位，德国英飞凌公司（496 件）处于第二位，第三至五

位的申请量较为接近，分别为中国台湾的台积电 380 件、富士通 369 件、国际整流器公司 339 件，这三位申请人的申请量距离第二位有一定距离，而又领先第六位的东芝 202 件，因此构成了第三集团，然而这三个申请人分属于不同的国家或地区，没有聚集优势。总体来说，该领域申请人的力量较为分散，未见明确的聚集效应。在该领域，我国没有优势申请人，想进入该领域有一定的困难，建议国内申请人寻求国际合作。

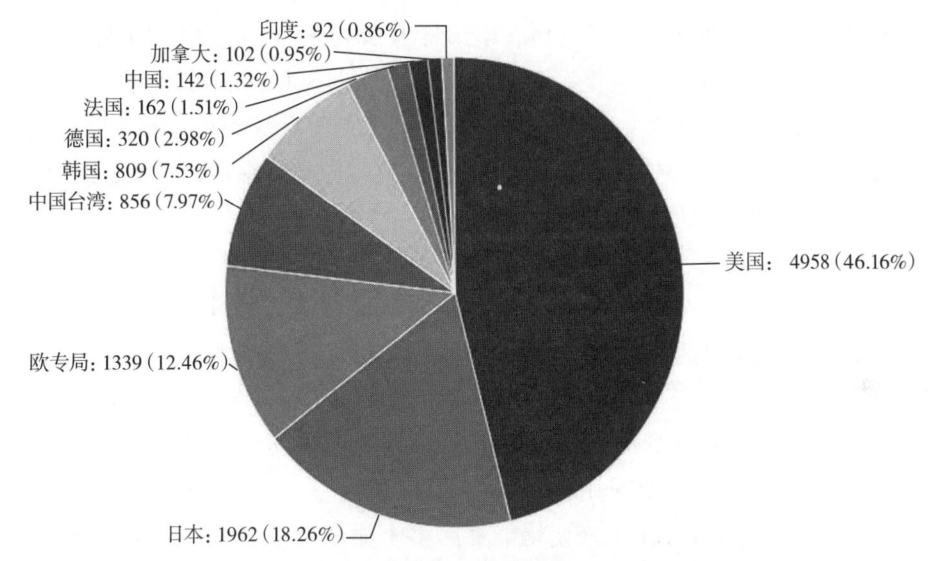

图 2-2-1-7 GaN 基 HEMT 器件主要国家 / 地区的专利分布

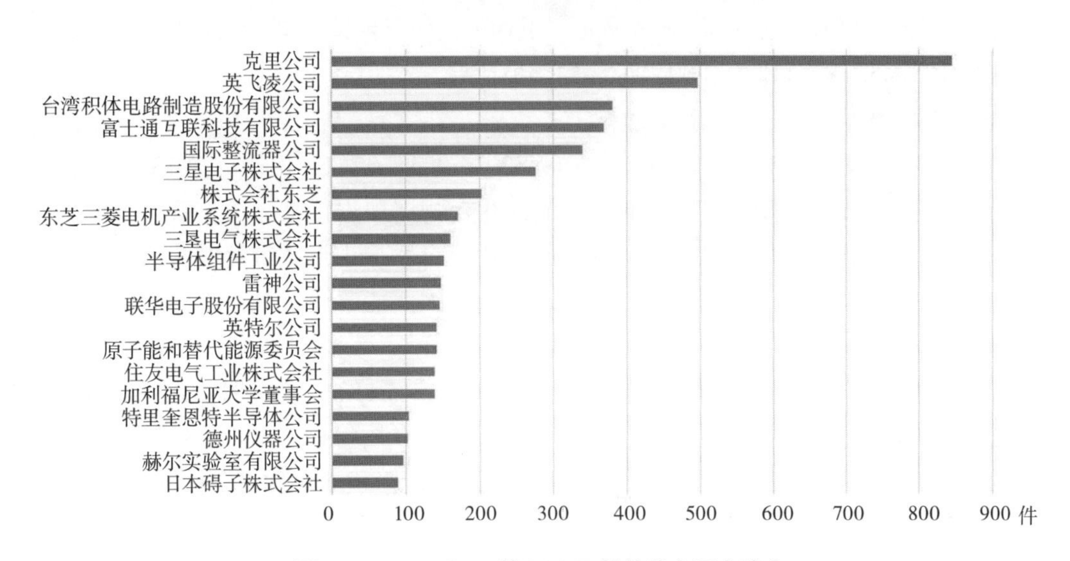

图 2-2-1-8 GaN 基 HEMT 器件的主要申请人

（四）GaN 基 HEMT 技术发展路线

GaN 基高电子迁移率晶体管（HEMT）具有高跨导、高饱和电流、高截止频率、高击穿电压等优良特性，已成为微波和毫米波范围内固态功率放大的极佳的候选器件之一，常规的 GaN 基 HEMT 器件由于极化效应，天然具有 2DEG 导电沟道，阈值电压为负值，因此又被称为耗尽型 HEMT。耗尽型 HEMT 具有栅极驱动电路复杂、功耗大、系统安全性低的不足，因此出于系统复杂度和安全性角度，需要研制沟道天然被关断、阈值电压为正值的常关型 HEMT，又称增强型 HEMT，涉及增强型 HEMT 器件的技术演进主要涉及 P 型栅技术、离子注入技术、凹槽栅技术和薄势垒技术。

1.P 型栅技术　P 型栅技术是通过在 AlGaN 势垒层和栅电极之间插入一层 p 型层以提高阈值电压，从而实现增强型 HEMT。

（1）英飞凌公司（US2015243775A1，申请日为 2015.5.11，公开日 2011.09.01）提出：在势垒层 p 之上布置 p 掺杂Ⅲ族氮化物栅极层部分，栅极层部分由 p 掺杂的 $Al_zGa_{1-z}N$ 制成，其中 $0 \leq z \leq 1$，栅极层部分减少了势垒层栅极区下方 2DEG（二维电子气）层的电子密度，导致阈值电压在正方向上约 3V 的偏移，由于 3V 大致对应与势垒层的带隙，所以在栅极区限制电子气的形成，使得器件常关。

（2）三菱电机株式会社（JP 特表 2019-522375A，申请日 2017.9.29，公开日 2019.08.08）提出了一种 InAlN/AlN/GaN 高电子迁移率晶体管，通过在 InAlN 势垒层上表面形成硼掺杂的纳米晶金刚石层，不仅能够提高阈值电压减少电流泄漏，还能够改善热性能，增强输出功率。

（3）印度科技研究院（US2019067440A1，申请日 2018.8.28，公开日 2019.02.28）提出一种改进的增强型 HEMT，其采用 P 型 $Al_xTi_{1-x}O$ 层替代 p-GaN 栅极，P 型 $Al_xTi_{1-x}O$ 的制作方法为使用原子层沉积（ALD）来使得能够跨多个循环沉积 Al_2O_3 和 TiO_2，以在 TiO_2 中引入 Al 原子，通过改变 p 掺杂成分来提供从负到正的阈值电压调谐，实现 E 模式器件在关断状态击穿时显示出 ON 电流 =400mA/mm，73mV/dec 的亚阈值斜率，Ron=8.9Ωmm，界面陷阱密度 $<10^{10}mm^{-2}eV^{-1}$ 和低于 200nA/mm 的栅极泄漏。

2. 离子注入技术

（1）台湾积体电路制造股份有限公司（US2014/0264365A1，申请日 2013.12.31，公开日 2014.09.18）提出了在 HEMT 器件的Ⅲ～Ⅴ族化合物层中进行氟掺杂，氟掺杂区域与栅极电极重叠，通过氟离子的掺杂，能够在Ⅲ～Ⅴ族化合物层中形成带负电荷的区域，从而具有从二维电子气沟道的下面部分排除电子的效果，因而能够调制 HEMT 的阈值电压，实现增强型 HEMT。

（2）英特尔公司（US2015/0318375A1，申请日 2015.11.5，公开日 2014.04.03）提出了在 HEMT 势垒中进行氟掺杂的同时，还进一步设置电介质衬垫，电介质衬垫设置在源极区和栅极堆叠体之间，通过限定电介质衬垫的形状和长度形成非对称 HEMT 结构。

3. 凹槽栅技术

（1）克里公司（US2006/0019435A1，申请日 2004.07.23，公开日 2006.01.26）提出了一种凹槽栅极的高电子迁移率晶体管，通过在沟道层上依次形成阻挡层和盖层，再在盖层中形成延伸到阻挡层的栅极凹槽，最后在经过退火处理的栅极凹槽中形成栅极接触，通过凹槽栅技术，既能实现具有正阈值电压的增强型器件，又可以获得高击穿电压、低 RF 散布和高跨导。

（2）克里公司（US2013/0252386A1，申请日 2013.05.13，公开日 2007.01.25）还提出

了改进的凹槽栅技术，在氮化物沟道层上形成蚀刻停止层和介电层，选择性蚀刻介电层直到蚀刻停止层，从而形成穿过介电层延伸到蚀刻停止层的栅极凹槽，并且在栅极凹槽中形成栅电极，通过蚀刻停止层进一步避免氮化物层在蚀刻工艺中被损坏。

第二节　微波单片集成电路（MMIC）

早期的微波单片集成电路（MMIC）一般是指微波混合集成电路，通常采用分立微波器件在微波印制板上制作的微波电路。随着半导体工艺的发展及对电路微型化需求的提升，结合各种有源和无源器件，制作在半绝缘衬底上的微波单片集成电路（MMIC）就应运而生，为了进一步提高 GaN 基器件的 RF 技术水平，需要将无源器件和有源器件集成在一起，成为单片微波集成电路。随着 GaAs 和 GaN 单片微波集成电路的出现且技术越来越成熟，T/R 组件常用功能器件均可用微波单片集成电路实现，而微波多功能 MMIC 可将多种单一功能芯片，如放大器、开关、数控衰减器、数控移相器等，按照系统的特殊功能和性能要求进行综合设计，并集成实现在同一半导体基片上，如 Si、GaAs 和 GaN 基片。GaN MMIC 具有高压、高效率、大功率输出的优势特性，用于雷达收发组件的发射通道，可有效增加相控阵雷达的作用范围。

截至 2023 年 4 月 30 日，涉及 GaN MMIC 的外国专利申请量 1787 项，下面将从专利申请趋势、主要国家 / 地区专利布局对比、主要申请人分析、技术发展路线以及技术生命周期等方面对 GaN MMIC 的申请状况进行详细说明。

一、全球专利分析

本节将以微波单片集成电路（MMIC）领域在全球范围内的专利为数据源，从专利申请发展趋势、区域分布、申请人等方面，对微波单片集成电路（MMIC）领域进行专利分析。本节涉及专利申请 1862 件，截止日期为 2023 年 6 月 1 日。

（一）发展趋势分析

图 2-2-2-1 示出了微波单片集成电路（MMIC）在全球专利申请的发展趋势，1984—2000 年，申请量一直处于个位数，持续有个别申请人进行试探性申请，属于技术发展初期，没有形成产业规模。2001 年开始申请量持波动性增长，虽然申请量一直在震荡，但是一直保持增长的势头，而是总体的申请量并不大，说明该技术领域比较冷门，创新主体没有对其进行大力地研发。受政策激励，2011 年、2014 年、2015 年呈现波峰，达到 100 件以上；2018 年后申请量稳定在 120 件以上；说明该技术得到了一定的突破，创新主体加大了该领域的研发力度。

（二）专利申请国家 / 地区分布

图 2-2-2-2 示出了全球范围内，微波单片集成电路（MMIC）领域在专利申请的国家 / 地区分布。可见，美国是该领域的研发主力，其次是中国和日本，第四位是欧专局（EPO），第五位和第六位是研发实力一直领先的中国台湾和韩国。虽然该技术总体的申请量并不大，但是各国仍保持对该领域的研发力度，力求保持专业技术布局的全面性。

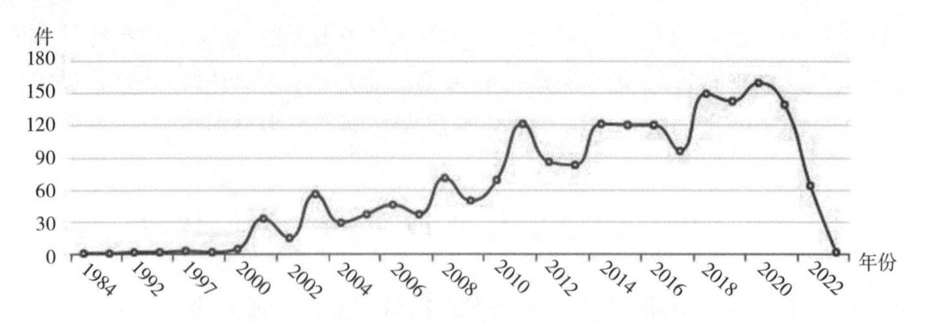

图 2-2-2-1 MMIC 全球专利申请发展趋势

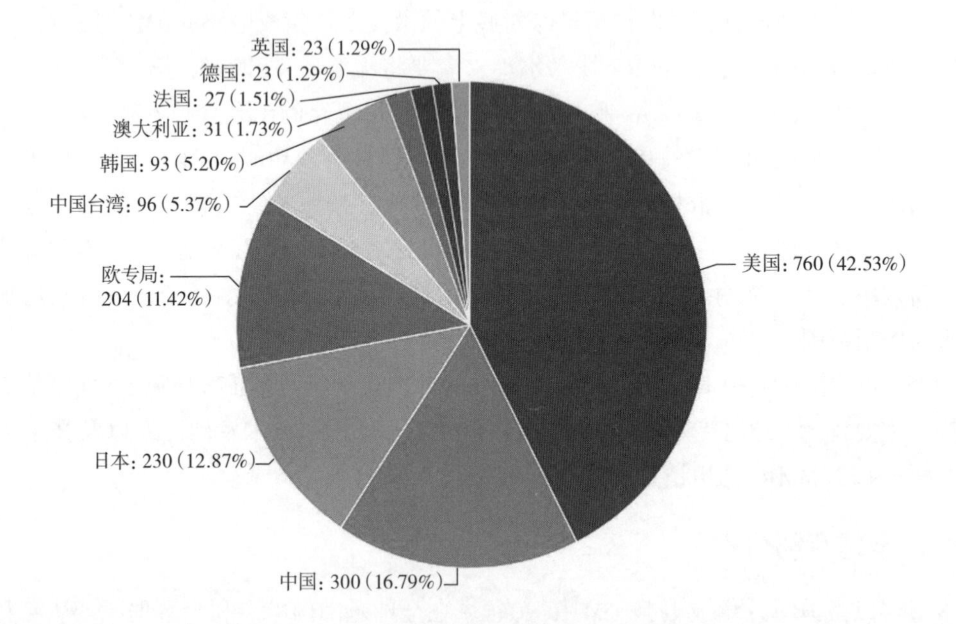

图 2-2-2-2 MMIC 领域专利申请国家 / 地区分布

（三）目标市场分析

图 2-2-2-3 示出了微波单片集成电路 MMIC 全球专利申请的公开情况，从一定程度上能够反映技术的流入情况。从图中可以看出，美国是最受重视的技术市场，份额为 36.44%。中国、日本、欧专局和世界知识产权组织，分列第二至四位。

（四）主要申请人

图 2-2-2-4 示出了微波单片集成电路（MMIC）全球范围内的主要申请人，位于第一位的是雷神公司，申请量位 252 件，其次是克里公司为 153 件，第三、第四位为日本公司株式会社东芝和三菱电机，第五至九位再次是美国公司，可见美国公司已经形成了国家聚集效应，进入美国市场有可能会受到这些公司的“围剿”。中国在该领域实力较强的申请人是两个来自中国电子科技集团公司的研究所，分别为第五十五研究所和第十三研究所，并没有企业，也就是说该领域产业转化程度较低，企业如果想在该领域占据一席之地，可与上述两个研究所合作，形成“产学研”联合。

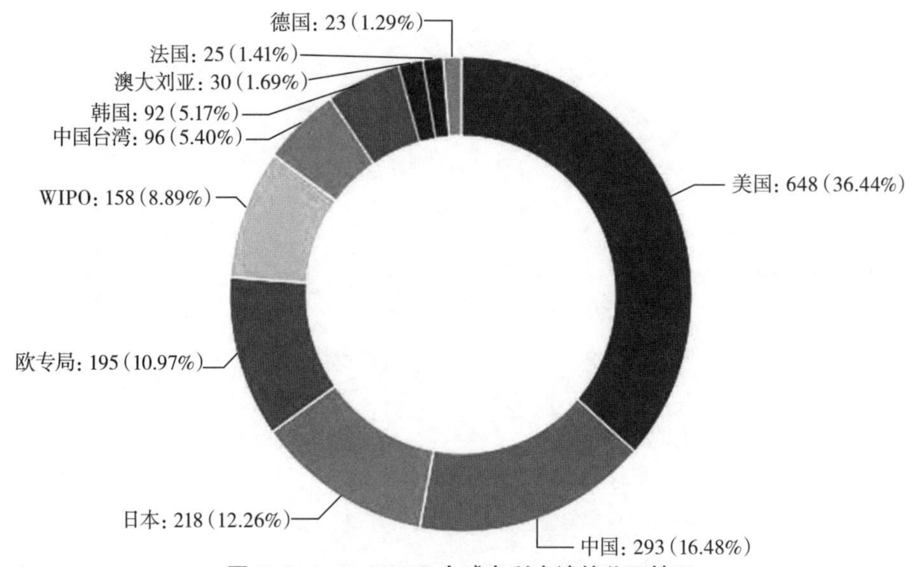

图 2-2-2-3　MMIC 全球专利申请的公开情况

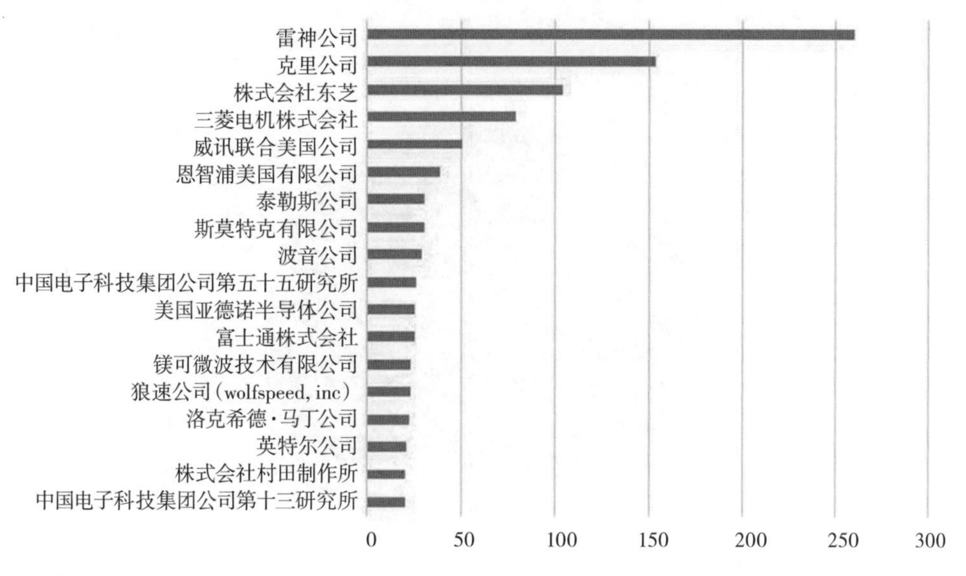

图 2-2-2-4　MMIC 全球专利主要申请人

二、境外专利分析

（一）专利申请趋势

图 2-2-2-5 示出了 GaN MMIC 申请趋势，总体上呈现出波动式上升的态势。GaN MMIC 技术申请分为三个阶段，2000 年之前为技术萌芽期，仅个别年份有专利申请，且数量均为个位数。2001 年开始申请量开始增长，一直呈现波动上升的态势，没有发生明显的快速增长，申请量一直为两位数。2011 年申请量增长到 121 件，但是 2012—2013 年申请量再次降低到 80 件左右，2014 年之后再次回到 121 件，除 2017 年降低到 96 件，申请量一直在 120 件以上，并在一直缓慢增长。可见在申请量较少的冷门领域，由于存在研发困难或应用范围较小等原因，创新主体的申请热情不高。

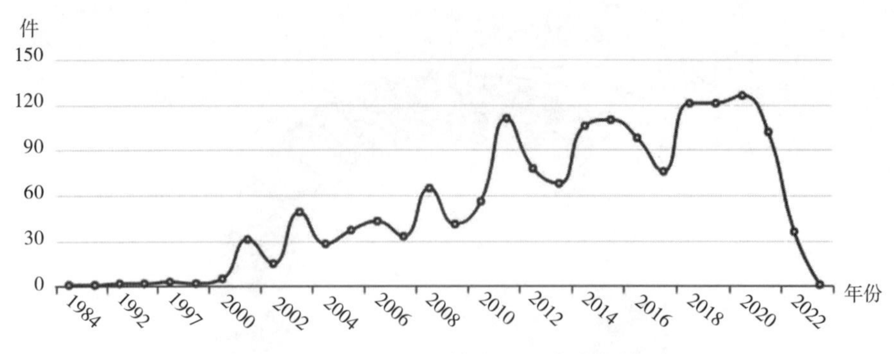

图 2-2-2-5 GaN 基 MMIC 申请趋势

（二）专利申请国家 / 地区分布

图 2-2-2-6 示出了 GaN MMIC 器件的专利分布情况。排名第一的为美国，申请量为 760 件，占比 50.43%，远远超出位居第二的日本申请量，可见美国在该领域具有统治地位。排名第三位的是欧专局，与日本申请量相当，为 204 件；紧随其后的是实力相当的中国台湾和韩国，均为 95 件左右。

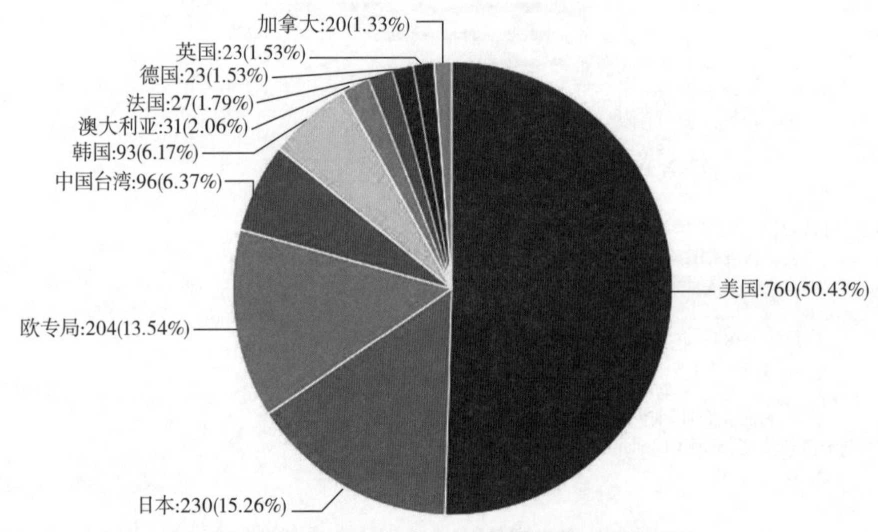

图 2-2-2-6 GaN 基 MMIC 器件专利分布情况

（三）主要申请人分析

图 2-2-2-7 示出了 GaN MMIC 器件的主要申请人排名。排名前五位的申请人依次为美国的雷神公司、美国的克里公司、日本的株式会社东芝、日本的东芝三菱电机产业系统株式会社、美国的威讯联合半导体公司，其中排名前五位的申请人三位为美国公司，可见美国在 MMIC 器件领域的优势。两个日本公司具有合作关系，可见日本是通过联合研发的方式来提高技术实力，获得技术优势。

（四）GaN 基 MMIC 技术发展路线

MMIC 功率放大器性能的优劣主要依据输出功率、带宽、效率、增益、稳定性和驻波比等指标来确定，基于 GaN MMIC 放大器电路制备的部分关键工艺与 GaN HEMT 器件的关键工艺基本相同，除此之外，MMIC 放大器电路中还包括电容、电感和电阻的制备以及有源、无源器件的连接，GaN MMIC 功率放大器的进展主要体现在频率提高，效率增加，带宽改善以及功率提升几个方面。

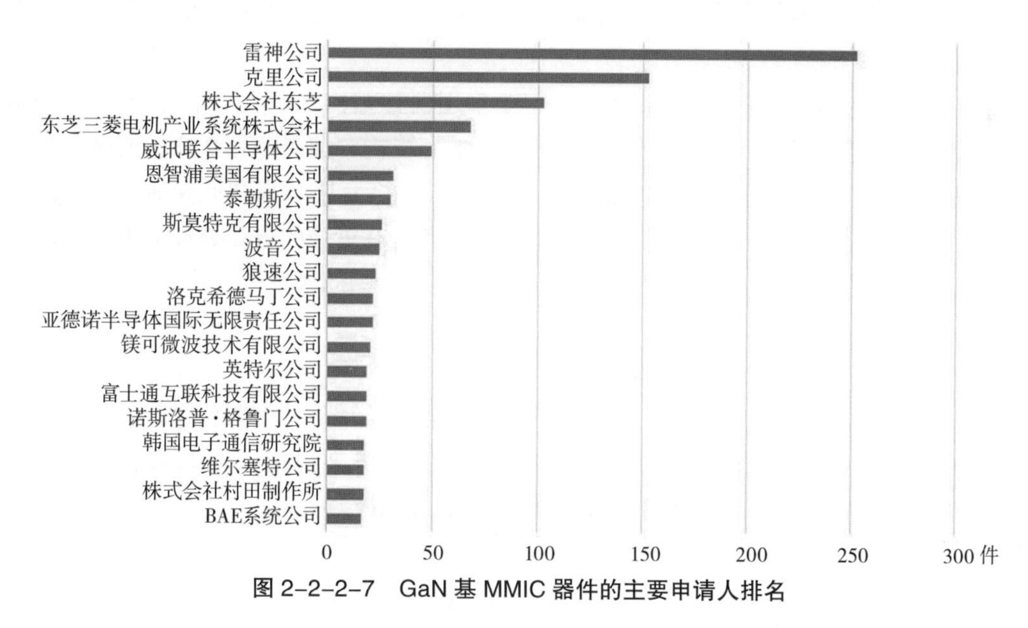

图 2-2-2-7 GaN 基 MMIC 器件的主要申请人排名

美国加州科技研究所（US2013/0229210A1，2012.08.27）提出了一种 MMIC 片上功率组合倍频器装置，在单个芯片上集成两个或更多个乘法结构，包括用于接收输入到芯片的毫米波、亚毫米波或太赫兹频率范围内的输入信号的天线，以平衡配置将输入天线电连接到两个或更多个肖特基二极管的基于带状线的匹配网络，其用作非线性半导体器件以从输入信号产生谐波并产生相乘的输出信号，从而实现能够应用于多种工作频率的倍频器。

BAE 系统公司（US2013/0260703A1，申请日 2013.03.15，公开日 2013.10.03）提出了一种基于 GaN MMIC 的超宽带大功率放大器结构，采用 GaN MMIC 作为驱动器和高功率放大器，获得了良好放大效率和超宽瞬时频率带宽性能的高射频功率。

为了解决现有技术中衬底前侧上的局部接地和芯片背侧上的信号接地平面形成支持平行板模式传播的电网络所产生的谐振，雷神公司（US2012/0327624A1，申请日 2012.12.27，公开日 2012.12.27）提出了一种 MMIC 的设计方法，将 MMIC 的放大器电路划分为匹配网络段，通过修改局部接地平面的形状以创建定义的输入端口和输出端口，对每个元件进行电磁仿真分析，通过将子电路的对应端口连接在一起，导体背衬局部接地平面组件中的电流的改进的建模精度进一步提高。

Nuvotronics 公司（US2018/0069287A1，申请日 2018.03.08，公开日 2018.03.08）提出了一种基于 GaN MMIC 的三维微波结构，该微波结构采用了 AlGaN/GaN HEMT 器件，同时将 N 个功率组合器 / 分配器网络组合为 H 树形架构、X 树结构、多层结构、平面架构等，在不同层和不同衬底上进行阻抗匹配。

第三节　肖特基势垒二极管（SBD）

基于 GaN 的 SBD 可以同时实现高击穿电压、高开关频率、大电流和低导通电阻，进而大幅降低微波、毫米波频率下的器件损耗，是实现微波、毫米波系统低功耗、高功率、高可靠性的关键。

工作在微波、毫米波频率的 GaN SBD 主要采用两种结构，基于二维电子气（2DEG）的横向 AlGaN 结构和基于 GaN 体材料的准垂直 / 垂直结构，前者利用 2DEG 的高导电性、高电子浓度和高迁移率、实现高开关速度、小结电容、高介质频率和低导通电阻，然而横向 GaN SBD 的动态电阻难以控制，可靠性较差，后者具有更强的电流处理能力、更高的击穿电压和更高的芯片面积利用率，但是存在反向漏电较高的问题。

一、全球专利分析

本节将以肖特基势垒二极管（SBD）领域在全球范围内的专利为数据源，从专利申请发展趋势、区域分布、申请人等方面，对肖特基势垒二极管（SBD）领域进行专利分析。本节涉及专利申请 3838 件，截止日期为 2023 年 6 月 1 日。

（一）发展趋势分析

如图 2-2-3-1 所示，从 1979 年出现第一件专利申请开始，GaN SBD 的申请量一直处于个位数，仅个别年份有个别申请出现，处于技术萌芽期。1998 年开始，申请量开始缓慢增长，直到 2008 年，申请量为 128 件；2009 年开始，由于政策激励和经济缓慢复苏，该领域呈现出快速增长的态势，处于快速增长期，直到 2012 年达到峰值 450 件；其后的 2013 年申请量为 442 件，继续保持了 2012 年的申请水平。而在 2012 年以后，申请量呈现波动下滑趋势，说明该领域的技术已经处于成熟期，各大研发主体将研发重心从 SBD 转移到其他方向。

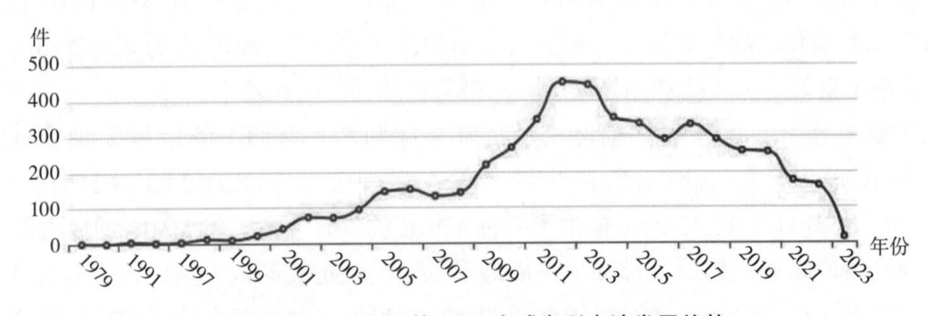

图 2-2-3-1　GaN 基 SBD 全球专利申请发展趋势

（二）专利申请国家 / 地区分布

图 2-2-3-2 示出了全球范围内，GaN SBD 领域专利申请的国家 / 地区分布。可见，美国、中国、日本呈现三足鼎立的形式，分别为 1464 件、占比 28.98%，1308 件、占比 25.90%，1165 件、占比 23.06%，在该领域处于强势位置。第四至六位分别为欧专局、中国台湾、韩国，也保持着半导体领域的优质研发能力。

（三）目标市场分析

图 2-2-3-3 展示了 GaN 肖特基势垒二极管的技术公开情况，从一定程度上能够反映出技术的流入情况。可以看出，美国、中国、日本占据前三位，这与美国和亚洲是半导体领域的传统强国是相符的。第四位和第五位分别为欧专局和世界知识产权组织，说明除了传统的三大强境外，国际申请也被申请人重视，申请人通过国际申请以获得国际保护。

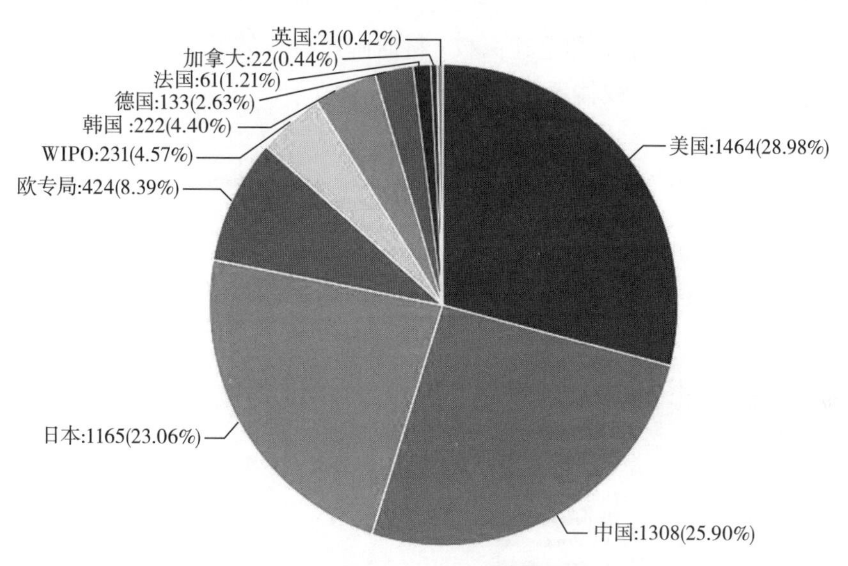

图 2-2-3-2　GaN 基 SBD 专利申请的国家 / 地区分布

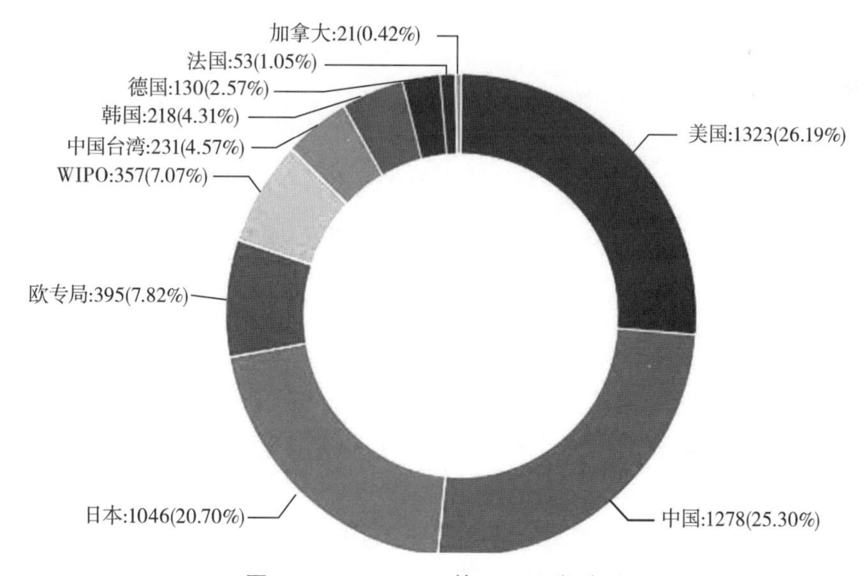

图 2-2-3-3　GaN 基 SBD 目标市场分析

（四）主要申请人

从图 2-2-3-4 可以看出，日本的住友电气以绝对领先的申请量位居第一位，达到了 293 件，德国的英飞凌为 178 件，日本的东芝和三菱电机申请量差别不大，分别为 153 件和 147 件，第五位为美国的克里公司，126 件。从前五位的申请量可以看出，日本在该领域依然占有绝对优势，形成聚集效应。他国申请人想要进入日本市场非常困难，可以采取寻求跨国合作或者引进专利技术的形式突破技术壁垒。前十名的申请人中，中国的西安电子科技大学以 109 件的申请量排在第八位，其他申请量较大的申请人分别为电子科技大学申请量为 54 件、中国电子科技集团公司第十三研究所的申请量为 37 件，可见，中国的研发主要集中在高校 / 科研院所，产业转化率低，没有企业申请人进入该领域的研发。因此对于中国的相关企业，可以采取和上述高校 / 科研院所合作的形式，提高申请量，提高产业转化率，构建自己的知识产权体系。

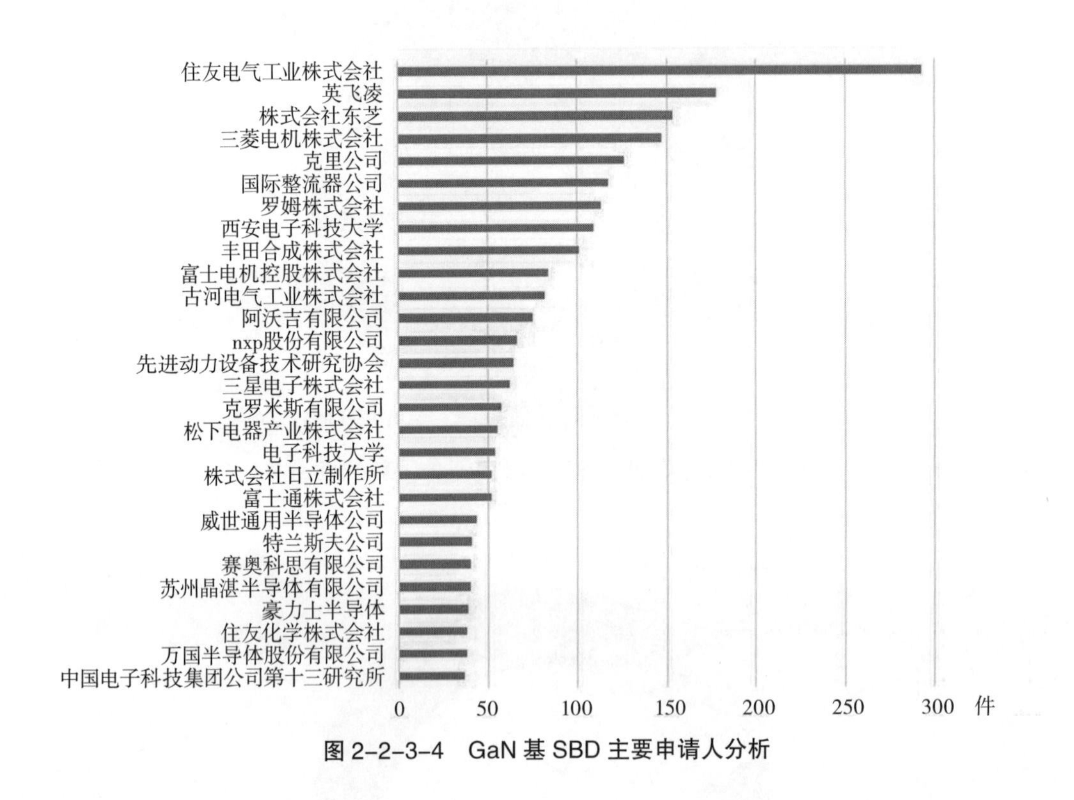

图 2-2-3-4　GaN 基 SBD 主要申请人分析

二、境外专利分析

（一）专利申请趋势

图 2-2-3-5 示出了 GaN SBD 的申请趋势，总体上呈现出先增长后下降的态势。GaN SBD 技术申请分为三个阶段：2009 年之前为缓慢发展期，每年申请量缓慢增长；2009—2013 年为快速增长期，于 2013 年申请量达到顶峰，达 393 件；2013 年之后申请量开始下降。

（二）主要国家 / 地区专利布局对比

图 2-2-3-6 示出了国家 / 地区的申请量，可见美国申请量为 1464 件（38.76%）、日本 1165 件（30.84%），欧专局 424 件（11.23%）排在前三位。紧随其后的是中国台湾和韩国，是传统的半导体领域优质技术产出国 / 地区。

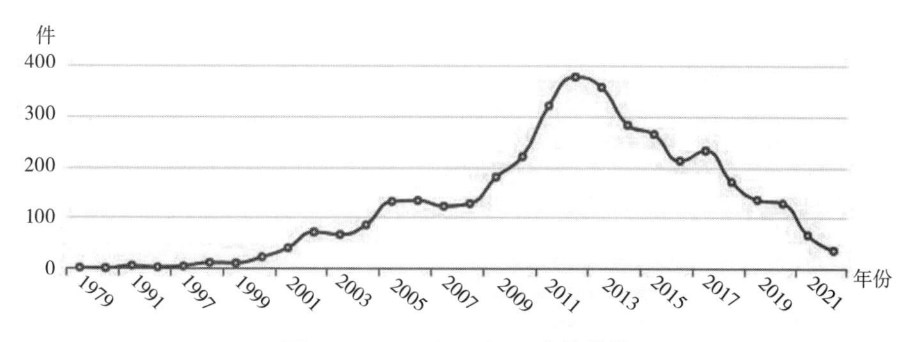

图 2-2-3-5　GaN SBD 申请趋势

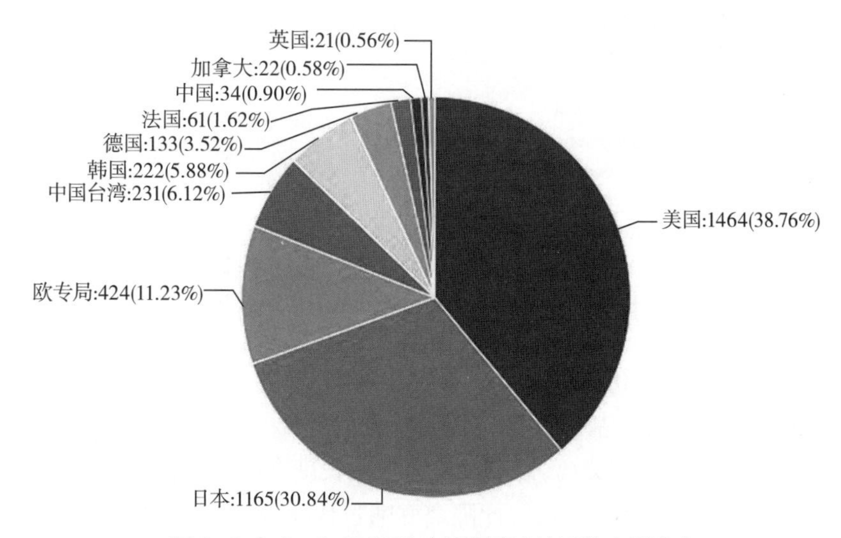

图 2-2-3-6　GaN SBD 主要国家 / 地区的专利分布

（三）主要申请人分析

图 2-2-3-7 示出了 GaN 基 SBD 主要申请人排名情况，排名第一的是日本的住友电气工业株式会社，其次依次是日本的株式会社东芝、美国的克里公司、日本的三菱电机产业系统株式会社、美国的国际整流器公司，从各公司的申请量来看，日本的住友电气工业株式会社的申请量远远超过排名第二的申请人，具有明显的优势。

（四）GaN 基 SBD 技术路线分析

不同于工作频率较低的功率 GaN SBD，较高的工作频率往往需要器件同时满足低开启电压、高击穿电压和低导通电阻等指标。对于开启电压，由于 GaN 材料的宽禁带特性，GaN SBD 会表现出不符合预期的高开启电压，较高的开启电压会导致过大的导通损耗，为了改善这一问题，当前的主要方法是在 GaN SBD 中引入结构性设计，搭配功函数合适的金属，在不过多牺牲击穿电压的情况下降低开启电压，对于击穿电压，GaN SBD 的结边电场拥挤和肖特基势垒宽度较低会导致器件的过早击穿，目前的主要方法是使用边缘中断技术和 p-GaN/p-AlGaN 层等；对于导通电阻，目前降低导通电阻可以提高 GaN SBD 的截止频率，对于提高整流器的射频 / 直流转换效率尤为重要，当前主要采用优化阳极结构和优化欧姆接触等方案实现较小的导通电阻。

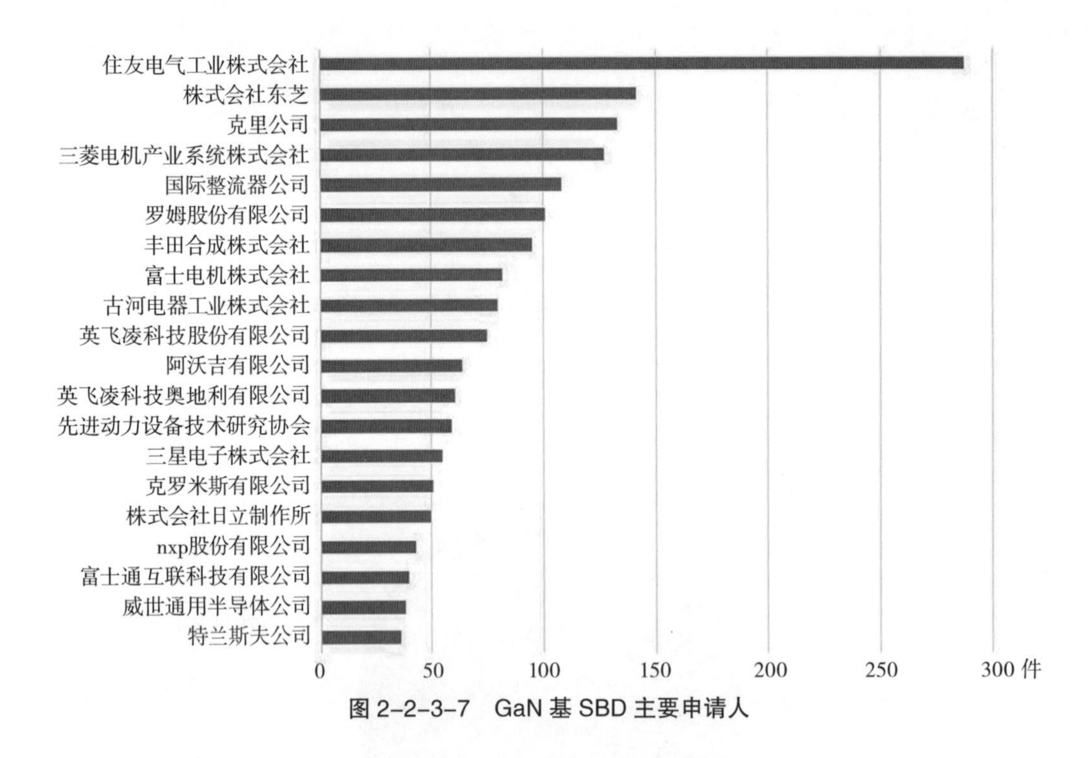

图 2-2-3-7　GaN 基 SBD 主要申请人

美国昂科公司（US2005/0179104A1，申请日 2005.08.18，公开日 2005.08.18）提出了一种基于 GaN 的横向导电肖特基二极管，其包括多个台面，多个台面区域上形成肖特基接触，且多个台面区域由欧姆接触分离，以减少电流通路长度并减少肖特基接触中的电流拥挤，从而减少正向电阻，并且多个台面可彼此隔离并通过优化形状和布局减少导通电阻，进一步减少电源损耗和热量。

松下电器株式会社（JP 特开 2006-147951A，申请日 2004.11.22，公开日 2006.06.08）提出了一种 GaN 基肖特基势垒二极管结构，通过对肖特基电极和欧姆电极进行布局，使肖特基电极和欧姆电极彼此间隔开并且在半导体层被高电阻区域包围的部分中形成的方式，防止耗尽层延伸到 SBD 结晶度较差的外围部分，从而实现 SBD 的紧凑布局和电绝缘。

奈创科技股份有限公司（US2006/0249750A1，申请日 2006.11.9，公开日 2005.06.23）提出了一种基于 GaN 的肖特基二极管结构，该肖特基二极管包括氮化镓材料区域和形成在氮化镓材料区域上的电极限定层，通过调整电极限定层的形状和角度，从而减少电极边缘所导致的电场拥挤，提高击穿电压。

美国的特兰斯夫公司（TRANSPHORM INC.）（US2012/0267640A1，申请日为 2012.06.26，公开日 2012.10.25）提出了一种具有凹槽阳极 GaN SBD 结构，为了改善开启电压，通过蚀刻阳极下方的势垒层形成凹槽结构，实现阳极金属侧壁与 2DEG 的直接接触，同时选择低功函数金属作为阳极金属，显著降低了 GaN SBD 的导通电压，同时还进一步设置了场极板，场极板点连接到阳极并从阳极部分延伸，调节横向 SBD 边缘电场分布，防止电场集中在电极边缘而导致的过早击穿问题，提高击穿电压。

第四节　异质结双极晶体管（HBT）

与场效应晶体管相比，双极晶体管应用垂直于晶面的电流输运机理，更有效地利用晶片面积，具有较高的电流密度。采用大功率的双极晶体管结构，可以在高功率电平下提供较好的线性度、较高的功率附加效率和较低的频率噪声。根据双极晶体管的工作机理，其导通电压同带隙相关，将获得比场效应晶体管更均匀的阈值电压。GaN/AlGaN HBT 的结构多种多样，包括单异质结双极晶体管（SHBT）具有多个异质结，采用 WGBS 材料作为发射极，可以获得高掺杂基区，减少基区电阻；若减少基区的轻掺杂浓度，可减少结电容，提高高频性能。还有双异质双极晶体管（DHBT），具有宽带隙集电极与发射极，不仅具有与 SHBT 相同的优点，还提高了击穿电压，减少了少数载流子从基区到集电极注入的饱和现象。

一、全球专利分析

本节将以异质结双极晶体管（HBT）领域在全球范围内的专利为数据源，从专利申请发展趋势、区域分布、申请人等方面，对异质结双极晶体管（HBT）领域进行专利分析。本节涉及专利申请 1111 件，截止日期为 2023 年 6 月 1 日。

（一）发展趋势分析

如图 2-2-4-1 所示，整体来看，GaN HBT 技术的生命周期呈现波动增长的态势，增长率十分不稳定。相对其他 GaN 器件，HBT 总体的申请量也较少，仅有 1111 件，可见该领域并非热门研发对象。自 1978 年开始出现专利申请以来，陆陆续续出现个位数的专利申请，直到 1999 年，受欧美政策激励，申请量开始上升到两位数，并持续增长到 2004 年，达到 40 件。2005 年开始，该技术领域的申请量呈现逐年上下波动的态势，说明创新主体对其投入的研发力量较少，没有形成持续的创新力。由于 HBT 工作时电流密度比较高，在自身发热和邻近器件的散热的作用下器件温度升高，温度对电流的正反馈效应导致器件性能变坏甚至失效，因此该领域并非热门研究领域。

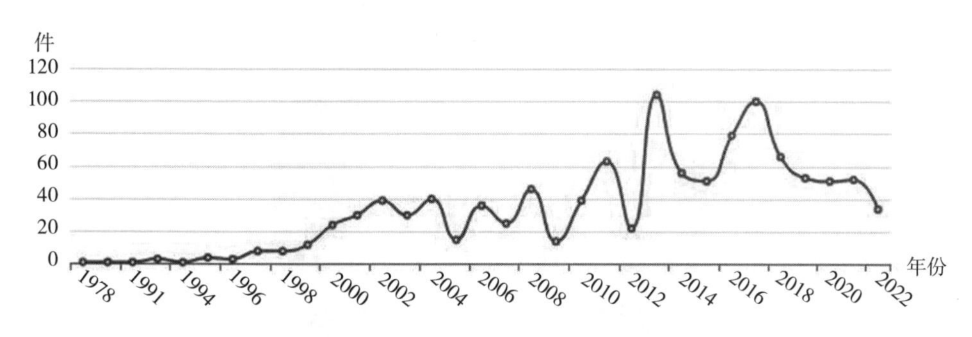

图 2-2-4-1　GaN HBT 专利申请发展趋势分析

（二）专利申请国家 / 地区分布

图 2-2-4-2 示出了 GaN HBT 领域的全球申请国家 / 地区分布情况，其中美国 513 件占

据第一位，其占比接近 50%，是绝对的研发主力国。日本和中国申请量相差不大，位于第二位和第三位。中国台湾在该领域的研发实力不容小觑，超过欧专局位列第四位。韩国以 48 件申请位列第六位。

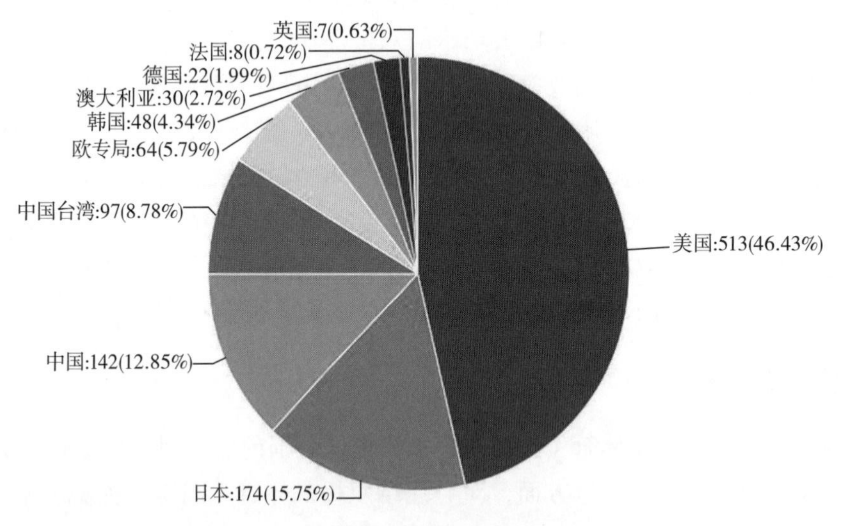

图 2-2-4-2　GaN HBT 全球申请国家 / 地区分布

（三）目标市场分析

图 2-2-4-3 为异质结双极晶体管（HBT）的技术公开情况，从一定程度上反映了技术的流入情况。可以看出，美国以 41.60% 的份额领跑全球，成为该领域最受重视的技术市场。日本和中国以 14.80% 和 12.44% 位列第二、第三位，是申请人次要考虑的技术市场。第四位是中国台湾地区，可见该领域，中国台湾的实力较强，世界知识产权组织和欧专局位于第五、第六位，可见国际申请是重要的国际申请布局手段。

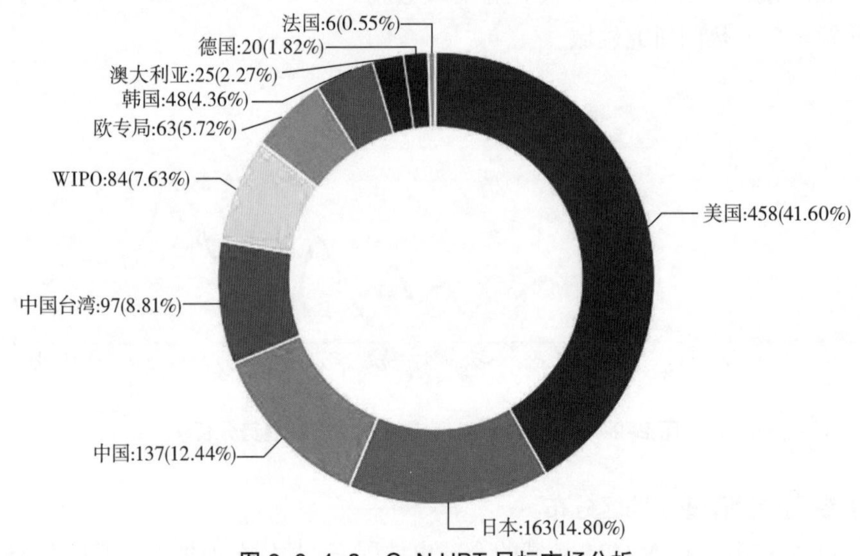

图 2-2-4-3　GaN HBT 目标市场分析

（四）主要申请人

图 2-2-4-4 示出了 GaN HBT 领域的主要申请人。其中株式会社村田制作所的申请量接近 140 件，排名第一。美国的天工方案公司和 IBM 位于第二和第三位，可见这两个公司已经形成集团优势。第四和第五位分别为东芝和住友化学株式会社，排名前五位的申请人中日本占据三席，美国占据两席，并未看到中国申请人的身影，如果中国申请人想要获得市场份额，建议寻求国际合作和技术引进。

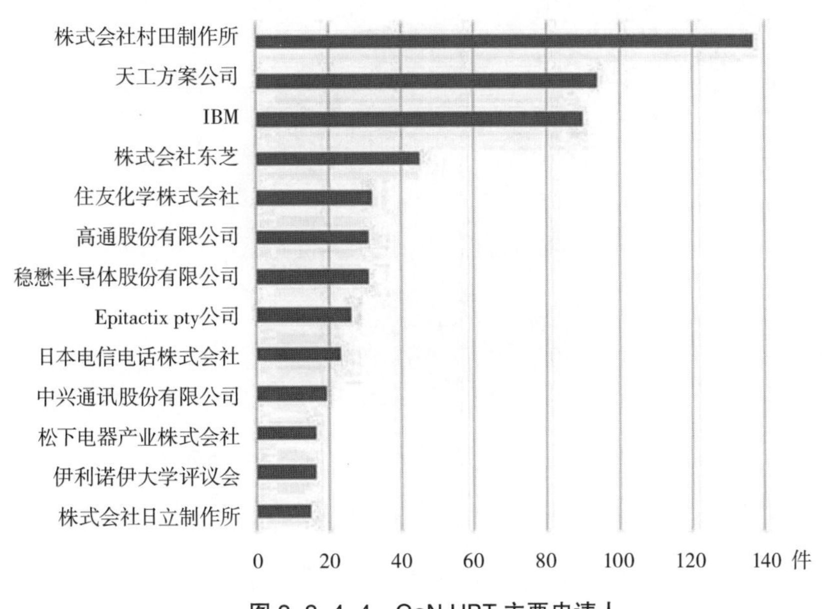

图 2-2-4-4 GaN HBT 主要申请人

二、境外专利分析

（一）专利申请趋势

图 2-2-4-5 示出了 GaN HBT 申请趋势，总体上呈现出先增长后下降波动式变化的态势。GaN HBT 技术申请分为两个阶段：2013 年之前，申请量波动式上升，于 2013 年达到顶峰，申请量为 99 件，此后申请量波动式下降。

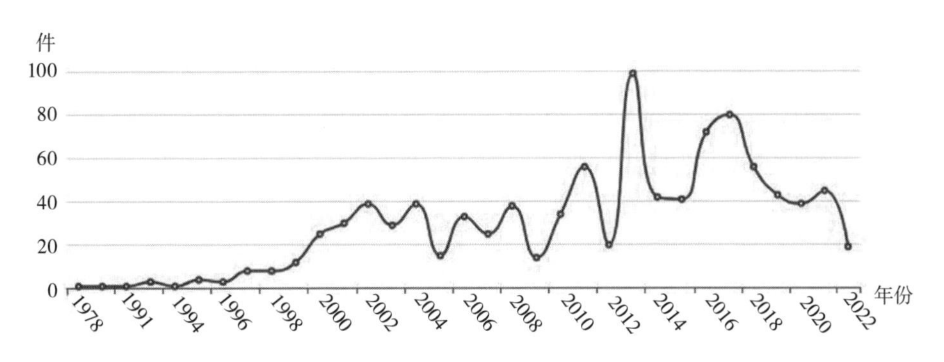

图 2-2-4-5 GaN HBT 申请趋势

（二）主要国家 / 地区专利布局对比

图 2-2-4-6 示出了 GaN HBT 领域国家 / 地区的申请量，从申请数量看，排名第一的美国申请量占比 52.94%，远远超过位居第二占比 18.06% 的日本。可见，在这一领域，美国已经形成规模效应，有大量的申请人投入研发和制造，是这一领域的主要研发力量，掌握这一领域的先进核心技术，这也与其经济实力、科技实力紧密相关。

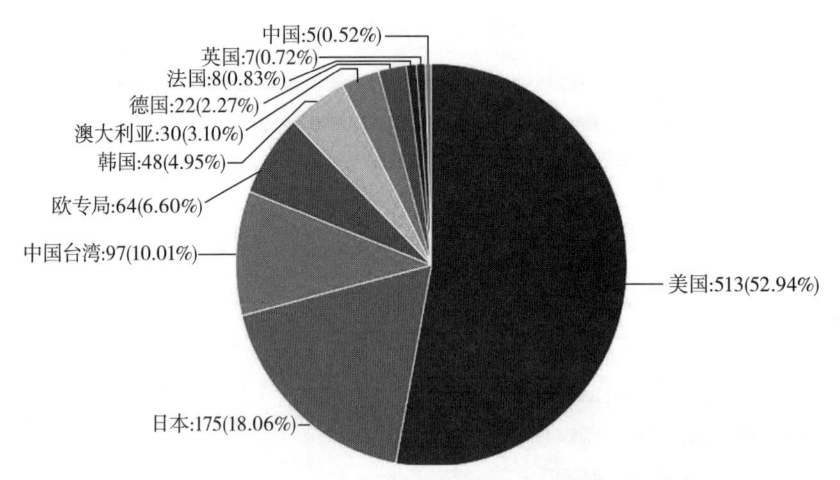

图 2-2-4-6　GaN HBT 主要国家 / 地区专利布局

（三）主要申请人分析

图 2-2-4-7 示出了 GaN 基 HBT 主要申请人排名情况，排名第一的是日本的株式会社村田制作所，申请量为 112 件；第二、第三、第五位是美国的天工方案公司、IBM 公司和高通公司，申请量为 91 件、90 件、28 件；第四位是日本的株式会社东芝，申请量为 41 件。

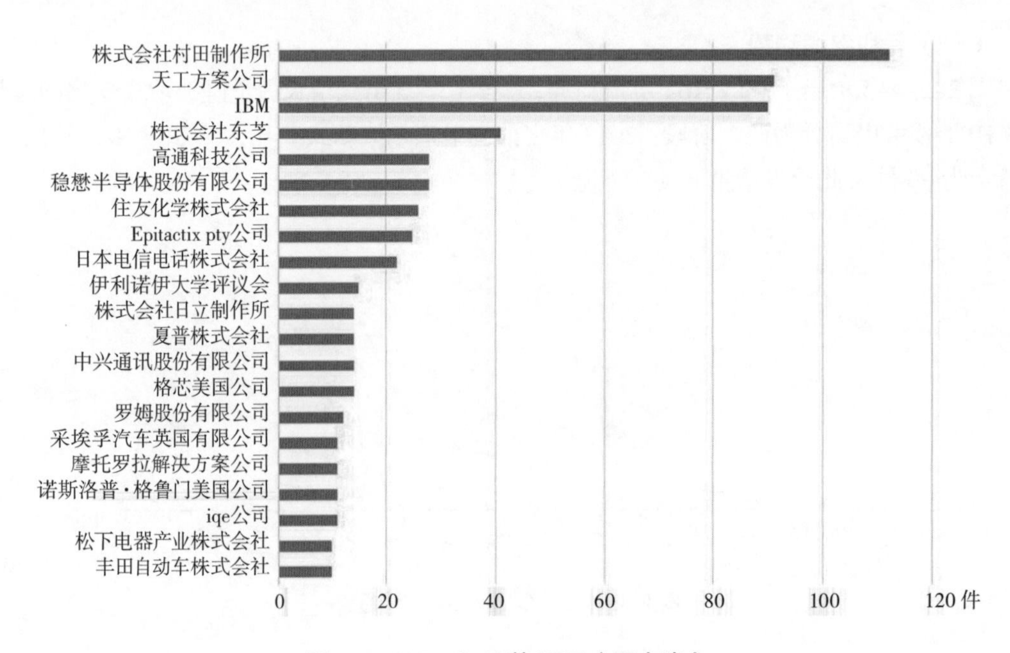

图 2-2-4-7　GaN 基 HBT 主要申请人

在前五位中，有三个申请人来自美国，可见美国公司的聚集效应已经形成，拥有多家优质创新主体。

（四）GaN 基 HBT 技术发展路线

1. 涉及 HBT 的制备　恩智浦美国有限公司（US20030017683A1，申请日 2001.7.8，公开日 2003.1.23）公开了一种利用顺应性衬底结构和方法来制造异质结双极晶体管和高电子迁移率晶体管，通过形成用于生长单晶层的顺应性衬底，可以在诸如大硅晶片的单晶衬底上生长高质量的单晶材料外延层。容纳缓冲层包括由非晶硅氧化物界面层与硅晶片间隔开的单晶氧化物层。非晶界面层消除了应变，并允许生长高质量的单晶氧化物容纳缓冲层。容纳缓冲层与下面的硅晶片和上面的单晶材料层晶格匹配。非晶态界面层可以解决容纳缓冲层和下面的硅衬底之间的任何晶格失配问题。一旦建立这样的结构，可以在该结构上构建高电子迁移率晶体管（HEMT）或异质结双极晶体管（HBT）。然后，可以将上述结构的 HEMT 或 HBT 用于开关或放大器中。

该专利申请还提出了一种制造先进的电子和光子结构的方法，所述结构包括异质结晶体管（HBT），晶体管激光器和太阳能电池及其相关结构。所述结构包括异质结晶体管（HBT）包括 GaAs 的发射极和包含 GaN 的集电极。GaAs 发射极和 GeSn 基极之间的价带偏移大，可以阻止空穴向发射极的反注入。这允许发射极的低 N 型掺杂和基极的高 P 型掺杂，从而降低了基极发射极电容，同时仍然实现了可观的电流增益。GeSn 与 GaAs（～ 5.65Å）接近晶格匹配，从而实现无位错生长。

2 涉及 HBT 的应用　天工方案公司（US20140002188A1，申请日 2013.06.13，公开日 2014.01.02）公开了一种功率放大器模块，包括相关的系统、设备和方法，功率放大器模块包括功率放大器，该功率放大器包括具有集电极的 GaAs 双极晶体管，邻接该集电极的基极和发射极，在与基极的连接处，集电极还具有至少一个第一级，功率放大器驱动的射频传输线，该射频传输线包括导电层和在该导电层上的表面镀层，该表面镀层包括金层，紧邻该金层的钯层，以及靠近该镀层的扩散阻挡层。钯层，扩散阻挡层包括镍，并且厚度小于在 0.9 GHz 时镍的趋肤深度。

第五节　氮化镓（GaN）在 Micro-LED 中的应用

与碳化硅相比，氮化镓适用于超高频功率器件领域，GaN 器件最高频率超过 106Hz，功率在 1000W 左右，开关速度是 SiC MOSFET 的 4 倍。SiC 的最高频率在 105Hz 左右，功率约是 GaN 器件的 1000 倍。GaN 定位在高功率、高电压领域，集中在 600V ～ 3300V，中低压集中在 100V ～ 600V，主要应用于 Micro-LED、功率放大器等。

GaN 是蓝绿光 LED 的基础材料，并且其他材料无法替代，是制造 Micro-LED 芯片的最优选择。GaN 基发光二极管具有高效、可靠、响应速度快、寿命长、功耗低等优点，被广泛应用于全彩显示的面板背光、交通信号灯、汽车照明、固态照明灯领域，也可以制造成微小尺寸的 LED 阵列，用于小型投影仪、微小显示器、医学研究等。近年来，各大厂商均对 GaN 基发光二极管开展了大量研究，尤其 GaN 基发光二极管制造微显示器具有非常广阔的应用前景。

GaN 基发光二极管的芯片结构主要分为两类：垂直芯片结构和倒装芯片结构，研究人员对 p 极和 n 极的总线进行设计，得到包括有源矩阵和无源矩阵的 Micro-LED 显示器。

一、专利申请国家 / 地区分布

图 2-2-5-1 示出了 Micro-LED 领域的全球专利申请国家 / 地区分布，可见，美国申请量排在第一位，具有绝对的技术实力并充分构建了技术壁垒，占据 41.20% 的份额。韩国和中国台湾是 Micro-LED 的重要技术输出国 / 地区，是传统的半导体技术强国 / 地区。紧随其后的是日本和欧专局，申请量为 904 件和 841 件。在该领域，中国以 646 件的申请量排在 EPO 之后，逐渐成为该领域的主要研发国之一。

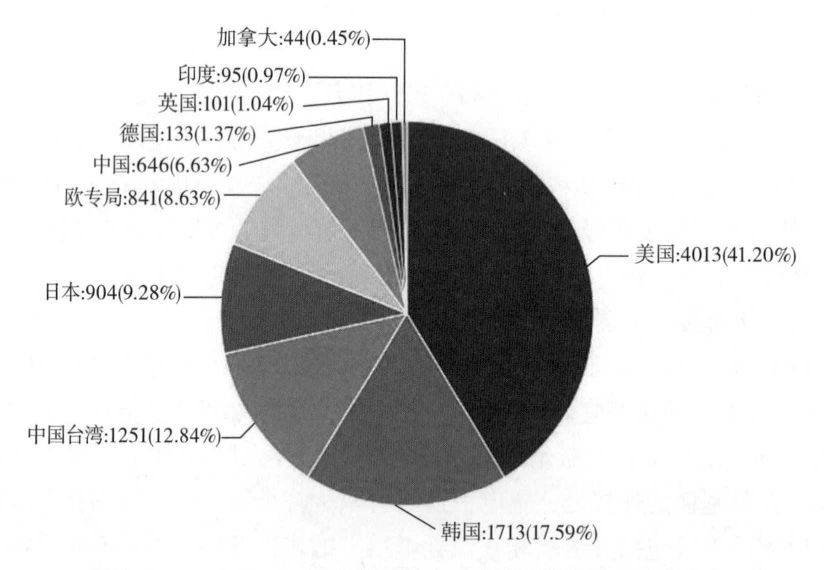

图 2-2-5-1　Micro-LED 领域的全球专利申请国家 / 地区分布

二、目标市场分析

专利申请的公开情况在一定程度上反映了技术的流入情况。如图 2-2-5-2 所示，美国是第一技术流入大国，为 3655 件，可见美国是全球最受重视的技术市场。第二大技术流入对象是世界知识产权组织，这在一定程度上反映出 Micro-LED 的国际布局程度高。排在第三位和第四位的分别为韩国和中国台湾，可以看出，主要的研发国家 / 地区也是重要的技术流入地，是非常重要的技术市场。排名第五位的是欧专局，反映了该技术的区域布局程度高。

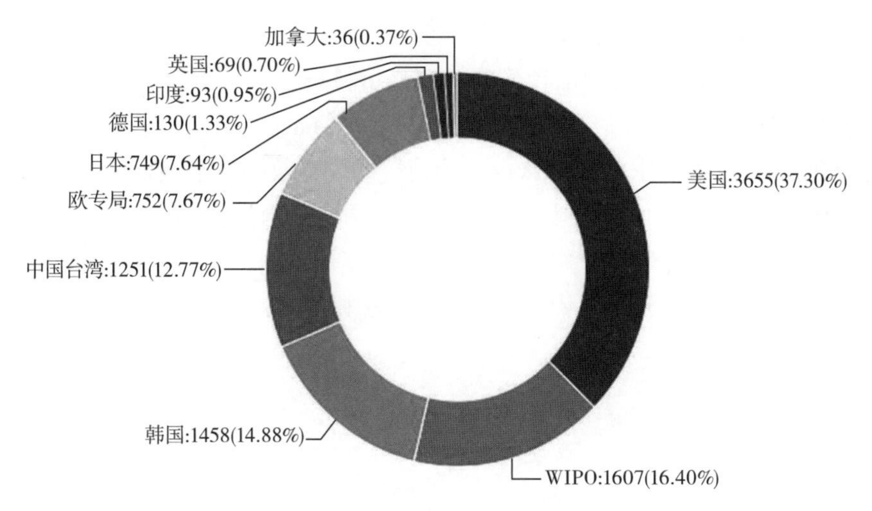

图 2-2-5-2　Micro-LED 目标市场分析

三、专利申请趋势

图 2-2-5-3 示出了专利申请的发展趋势。2012 年之前，Micro-LED 还处于"默默无闻"的发展阶段，并不是显示器领域的主流技术，而仅仅处于实验室研究阶段，这一阶段属于技术萌芽期。2013—2017 年开始缓慢增长，在 2018 年开年的 CES 2018 上，三星展出全球首个 146 英寸模块化 Micro LED 电视，成全场焦点，全球各大龙头厂商包括苹果、三安光电、京东方、LG 等，也都开始积极研发与布局 Micro LED，Micro-LED 的专利申请量开始井喷式增长，2021 年之后的申请量下降原因在于部分专利申请未公开。可见，Mico-LED 技术仍然处于飞速增长期，远远未到达技术成熟期，各大创新主体应把握机遇，在全球范围内快速布局，占据市场先机。

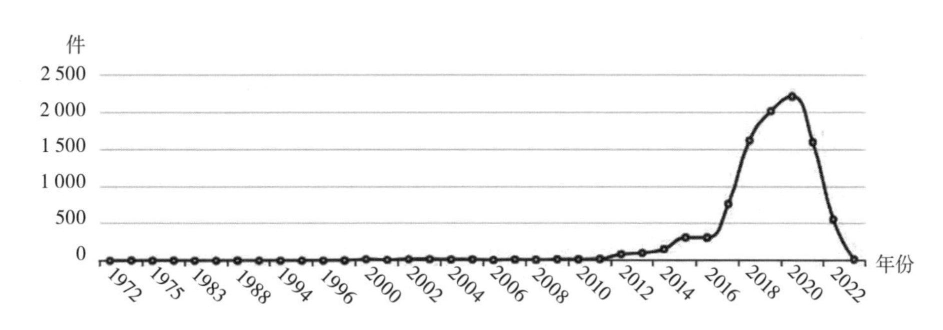

图 2-2-5-3　Micro-LED 专利申请发展趋势

四、申请人分析

图 2-2-5-4 示出了 Mico-LED 领域主要申请人的申请情况。可见，位列第一位的是中国的京东方公司，京东方是后起之秀，但是围绕 Micro-LED 领域进行了高达 662 项的专利申请。第二、第三位为韩国的三星电子和 LG 公司，作为显示器领域的传统强企，二者形成抱团效应，形成有力的技术壁垒。第四位为 TCL 华星光电，成立于 2009 年，是半导体

显示领域的创新型科技企业，虽然成立仅十多年，但其非常具有知识产权保护意识，申请量接近 400 件。排名第五位的是中国台湾的锌创显示科技公司，申请量为 346 件。第六位是美国梅塔平台（Meta platform）公司，其前身是脸书（Facebook）公司，第八位是苹果公司，该公司于 2014 年收购了乐福（LuxVue）公司，形成有效的技术组合优势。可以看出，Micro-LED 专利申请主要以中国、中国台湾地区、韩国、美国为主。

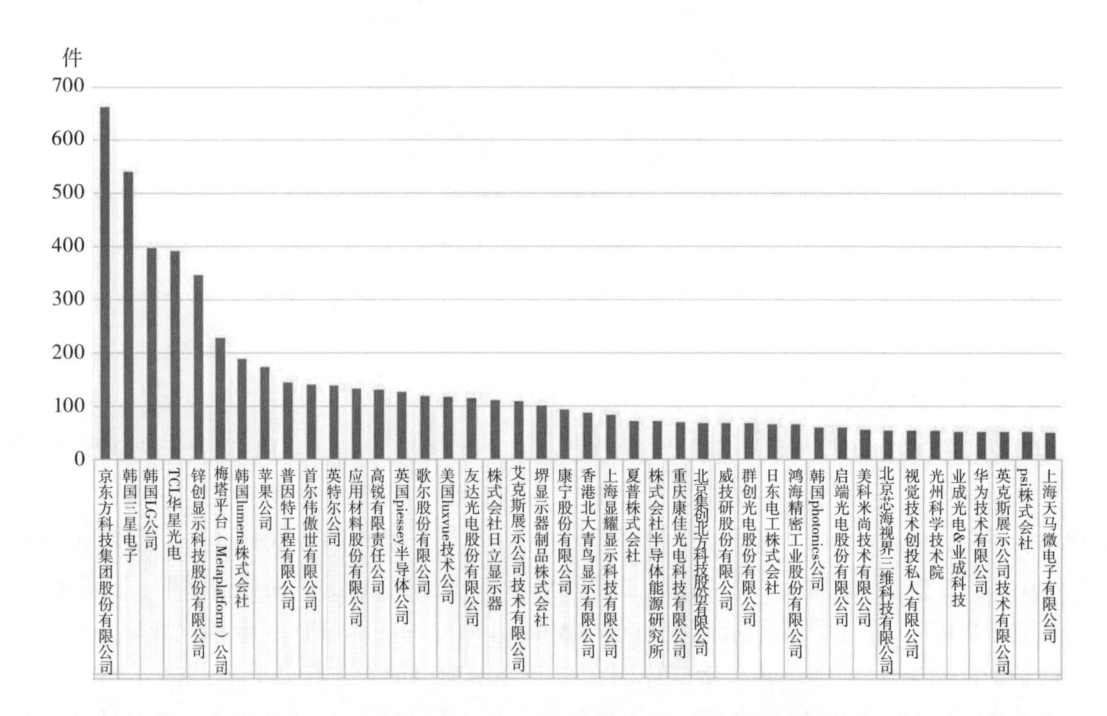

图 2-2-5-4　Mico-LED 领域主要申请人的申请情况

五、核心专利分析

1. PSI 公司（KR101436123B1，申请日 2013.07.09，公开日 2014.11.03）公开了一种包含超小型 LED 的显示器及其制造方法，并且更具体地，涉及一种包含超小型 LED 的显示器，其使得纳米级超小型 LED 器件能够连接至超小型电极而不会发生短路，因此，克服了将立式超小型 LED 器件与电极组合的现有挑战，以及将超小型 LED 器件与超小型电极一对一组合的挑战。另外，包含超小型 LED 的显示器具有优异的光提取效率，并且防止了由超小型 LED 装置的可能缺陷引起的缺陷像素的产生和整个显示器的缺陷。

该专利有 4 个同族，分别为 KR、WO、CN、US，同族引用文献为 20 篇，同族施引专利 216 次。该专利已经存续了 10 年［注：专利保护期 20 年］，并且仍然处在有效期内，该专利进行了国际申请，在一定程度上反映出其专利质量较高。该专利的施引频次很高，说明该专利技术具有一定的基础性，相对于引证专利具有较好的原创性，也体现了该技术属于本领域的可研究方向之一。

2. 乐福公司（US8791474B1，申请日 2013.03.15，公开日 2014.07.29）公开了一种具有

冗余方案的发光二极管显示器，显示基板包括像素区域和非像素区域。子像素阵列和底部电极的相应阵列在像素区域中。微型 LED 器件的阵列结合到底部电极的阵列，形成一个或多个顶部电极层与微型 LED 器件的阵列电接触。在一实施例中，一对冗余的微型 LED 器件被结合到底部电极的阵列。在一实施例中，微型 LED 器件的阵列被成像以检测不规则性。

该专利有 7 个同族，分别为 DE、TW、JP、KR、WO、CN、US，同族引用文献为 183 篇，同族施引专利 746 次。该专利已经存续了 10 年，并且仍然处在有效期内，发生了一次权利转让，转让原因为苹果公司将 LUXVUE 公司收购，目前的专利权人为苹果公司。该专利的施引频次很高，说明该专利技术具有一定的基础性，相对于引证专利具有较好的原创性，也体现了该技术属于本领域的可研究方向之一。

3. 歌尔股份有限公司（US20170338374A1，申请日 2015.05.21，公开日 2017.11.23）公开了一种 Micro-led 的转移方法，制造方法，装置及电子设备，用于转移微型 LED 的方法包括：将至少一个微型 LED 从原始基板转移到支撑体；以及将至少一个微型 LED 转移到支撑体。将至少一个微型 LED 从支撑体转移到备用基板；并将至少一个微型 LED 从备用基板转移到接收基板。

该专利具有 5 个同族，分别为 DE、JP、WO、CN、EP，其优先权国家为中国，同族引用文献 20 篇，同族施引专利 207 次。该专利目前为有效状态。该专利的施引频次很高，说明该专利技术具有一定的基础性，相对于引证专利具有较好的原创性，也体现了该技术属于本领域的可研究方向之一。

4. 群康科技公司（US20170133357A1，申请日 2016.11.02，公开日 2017.05.11）公开了一种显示装置，其包括阵列基板、相对基板、多个微发光二极管和多个堤结构。相对基板与阵列基板相对设置。微型发光二极管以阵列形式布置在阵列基板上，其中，微型发光二极管电连接到阵列基板。堤结构位于阵列基板和相对基板之间，其中堤结构形成多个容纳区域，并且微发光二极管之一位于容纳区域之一中。堤结构的高度大于或等于微发光二极管的高度。

该专利具有 2 个同族，分别为 CN、US，其优先权国家为中国（CN201610395404.4，申请日 2016.06.06），同族引用文献 61 篇，同族施引专利 251 次。该专利目前为有效状态。该专利的施引频次很高，说明该专利技术具有一定的基础性，相对于引证专利具有较好的原创性，也体现了该技术属于本领域的可研究方向之一。

第三章

功率器件相关技术专利分析

碳化硅（SiC）功率器件主要包括：SiC 二极管、SiC 开关管和 SiC 功率模块。SiC 二极管又分为 SBD 二极管和 PiN 二极管，SiC 开关管分为 SiC MOSFET、SiC JFET 和 SiC IGBT 等；SiC 功率模块分为全 SiC 功率模块和混合 SiC 功率模块。

随着我国科技事业的迅速发展，尤其是航空航天、高铁和高压输电等高精尖领域，非常需要性能更好的功率器件作为研究和发展的支撑。而 Si 功率器件由于材料本身的限制导致其不适合在某些严酷条件下工作，例如在高温、高压和高辐射等特殊环境下，Si 功率器件性能已经接近极限。而第三代宽带隙半导体材料由于其材料本身所具备的优势而被业界称为“极端电子学器件”的基础材料，特别适合工作于高频率、高速度、高温度的极端环境中。以碳化硅（SiC）为基础材料的器件如今得到了业界广泛而深入的研究，研究领域囊括多个方面，如功率器件、LED 二极管、微波低功耗器件、太空辐照和电子电力等。其中，碳化硅（SiC）功率器件的商业化进展最为迅速，目前已经投入市场的碳化硅功率器件有 SBD、MOSFET、JFET 和 BJT，SiC-IGBT 器件在近几年也有了很大突破。

第一节　肖特基势垒二极管

一、全球专利分析

本节将以肖特基势垒二极管领域在全球范围内的专利为数据源，从专利申请发展趋势、区域分布、申请人等方面，对肖特基势垒二极管领域进行专利分析。本节涉及专利申请 14 174 件，截止日期为 2023 年 6 月 1 日。

（一）发展趋势分析

图 2-3-1-1 示出了 SiC 肖特基势垒二极管在全球专利申请的发展趋势，可以看出，全球 SiC 肖特基势垒二极管领域专利申请总体可以分为以下六个阶段：

1. 萌芽期（1970—1995 年）　这一阶段申请量较少，一直处于个位数，但一直持续有专利申请，从最初的几件到 1995 年的几十件，这一时期属于技术发展初期，仅个别申请人进行研究，并进行试探性申请，还没有形成规模。

2. 技术成长期（1996—2006 年）　自 1996 年开始，申请量突破 100 件且发展迅速，并于 2006 年达到 408 件，这一阶段申请量的大幅增加，说明有越来越多的创新主体加入研发，促进了技术进步。在这一时期，中等创新能力的企业可以采用模仿创新的生产策略，而规模较小的企业可以采用跟随创新的策略；具有研发优势和实力的高新企业可以进行自主研发，以匹配市场需求，尝试摆脱对先进企业的依赖。

3. 第一快速发展期（2006—2013 年）　2006 年开始，SiC 肖特基势垒二极管器件进入一个快速的发展阶段，并于 2013 年达到峰值 914 件，在这一时期，肖特基势垒二极管器件赢得了市场认同并被部分厂商大量采用，市场规模日益扩大，进入的企业也日益增多，随着政策的鼓励，相关专利申请量和专利申请人激增。

4. 第一调整期（2014—2016 年）　在这一时期，随着全球经济不景气，申请量发生了明显的回落，从 2013 年的 914 件下滑到 2016 年的 752 件。

5. 第二快速发展期（2017—2018 年）　经历短时间的市场调整之后，2017-2018 年的申请量发生了较为飞速的增长，分别为 1008 件和 1065 件。

6. 第二调整期（2019 年至今）　在这一时期，可以看到申请量发生了明显的下滑，随着全球贸易摩擦持续和以美国为主导的逆全球化浪潮加剧，半导体作为信息产业的基石，自 2020 年以来一直是各国贸易战的焦点。由此，2020 年发达国家均不约而同地将半导体技术和产业上升到国家安全战略层面，考虑以国家级力量进行技术研发、产业链发展、原材料、生产制造等多维度、全方位地部署抢占制高点。可见，虽然在这一时期申请量发生了阶段性下滑，但是势必在上述这些手段之后，申请量会出现新的增长。因此，创新主体应抓住这一机遇，进行新技术布局，以抢占市场份额。

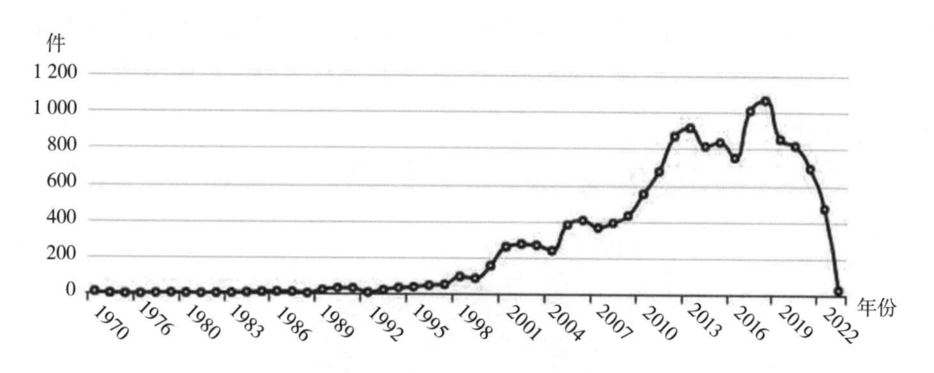

图 2-3-1-1　SiC 肖特基势垒二极管全球专利发展趋势

（二）专利申请国家 / 地区分布

图 2-3-1-2 示出了全球范围内，SiC 肖特基势垒二极管领域专利申请的国家 / 地区分布，可见，日本、美国、中国呈现三足鼎立的态势，约占全球份额的 78.84%，这与国家实力密不可分。日本优势最为明显，占 32.58%，为 4541 件；美国紧随其后，占 25.35%，为 3534 件；中国排在第三位，占 20.91%，为 2915 件。剩余份额中，欧专局、韩国、德国、中国台湾、法国、奥地利和英国占据了绝大多数，可见欧洲在该领域的研发实力也比较强劲，韩国和中国台湾也有不俗的实力。

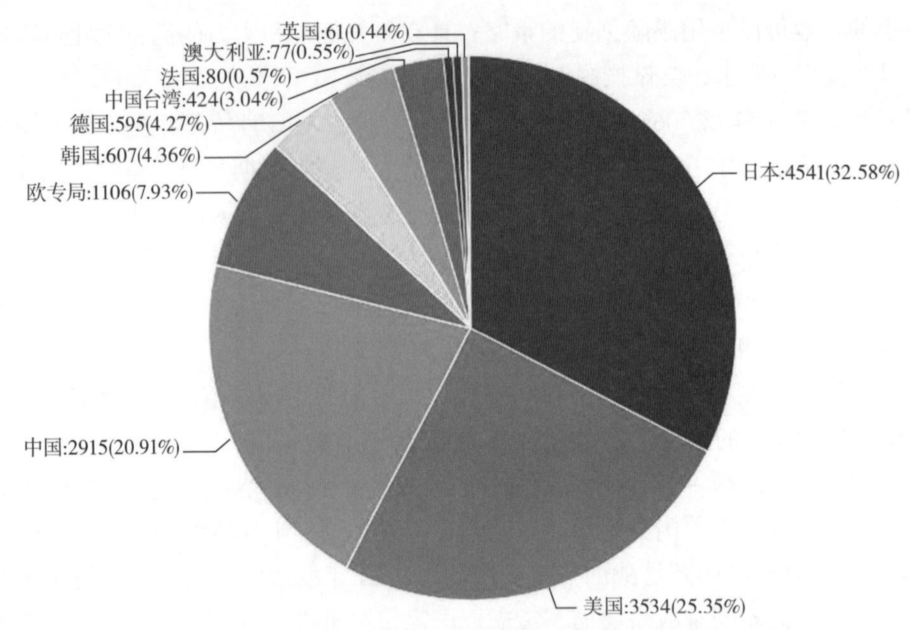

图 2-3-1-2 SiC 肖特基势垒二极管领域专利申请的国家 / 地区分布

（三）目标市场分析

图 2-3-1-3 示出了 SiC 肖特基势垒二极管全球专利申请的公开情况，从一定程度上能够反映技术的流入情况。从图中可以看出，日本、美国、中国为三大目标市场国，这三个国家是全球最受重视的技术市场，同时这三个国家也是排名前三位的申请国，反映出这三个国家的申请人很重视在本土的知识产权保护。排名第四位和第五位的分别是欧专局，世界知识产权组织，这在一定程度上反映出 SIC 肖特基势垒二极管的国际布局程度高。

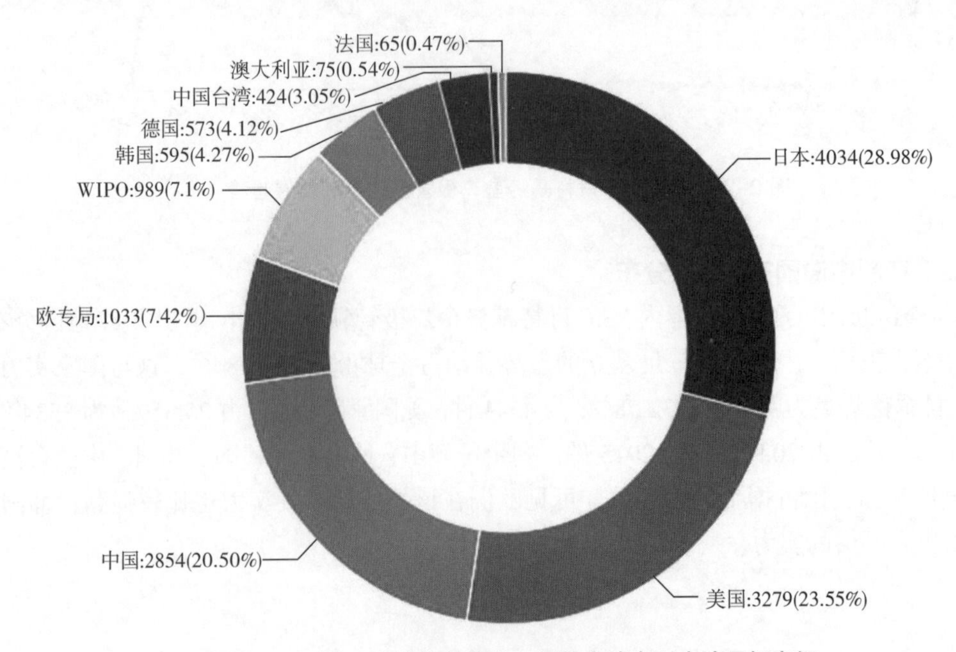

图 2-3-1-3 SiC 肖特基势垒二极管全球专利申请目标市场

（四）主要申请人

图 2-3-1-4 示出了 SiC 肖特基势垒二极管领域的主要申请人，可见排名前五位的申请人分别为三菱电机、东芝、英飞凌、富士电机、罗姆，其中有 4 席来自日本，可见日本在该领域的统治地位，也反映出日本企业善于使用专利来保护自己的技术。排名第六至十位分别为住友电气、克里、株式会社电装、丰田和由京都大学投资的弗洛斯非亚株式会社（Flosfia），可见日本依然位于绝对领先地位。在前 30 位中，中国的申请人分别是：西安电子科技大学和电子科技大学，中电科第十三研究所为第 32 位，说明中国的研发主力集中在高校和科研院所，虽然具有一定的申请量，但是仍然不够强大，并且缺少企业投入力量，产业化程度较低，因此企业可以与高校或者科研院所形成组合优势，进行相应的成果转化，并围绕转化成果申请专利，力争在该领域占有一席之地。

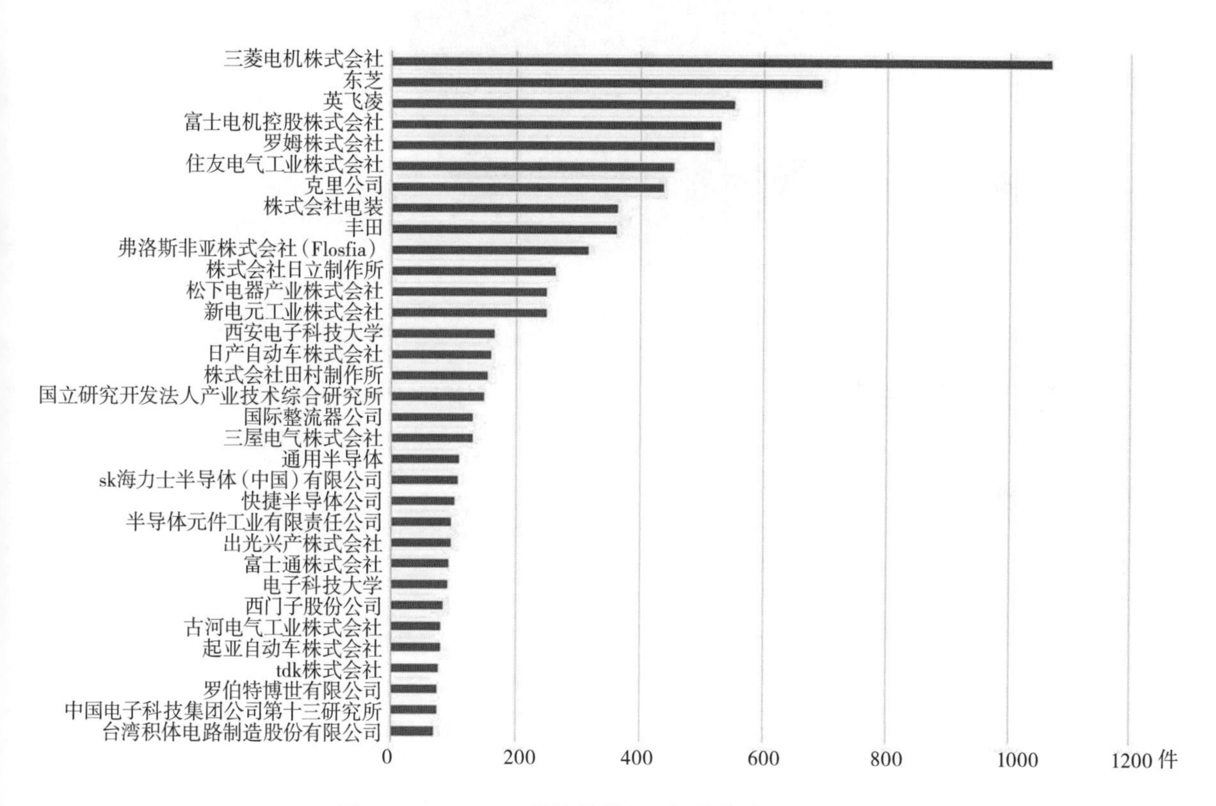

图 2-3-1-4 SiC 肖特基势垒二极管全球主要申请人

二、境外专利分析

（一）专利申请国家 / 地区分布

图 2-3-1-5 示出了第三代半导体主要分支肖特基势垒二极管专利申请国家 / 地区分布。第三代半导体肖特基势垒二极管的专利申请主要集中在：日本、美国、欧洲、韩国、中国台湾等国家 / 地区。

截至检索日，第三代半导体肖特基势垒二极管分支的总申请量为 3850 项。其中，日本的申请量最大，达到 1490 项，占总申请量的 39.16%；美国的申请量次之，占总申请量的

34.48%，申请量为 1312 件；世界知识产权组织、欧专局、德国、韩国、中国台湾分别占总申请量的 7.39%、6.78%、5.41%、3.34%、1.39%，申请量分别为：258、206、127、53 件。从整体比例可以看出，第三代半导体的主要分支肖特基势垒二极管的专利申请主要来自日本和美国，占总申请量的 73.46%，是其他国家 / 地区申请量总和的 2.77 倍，处于领先地位。

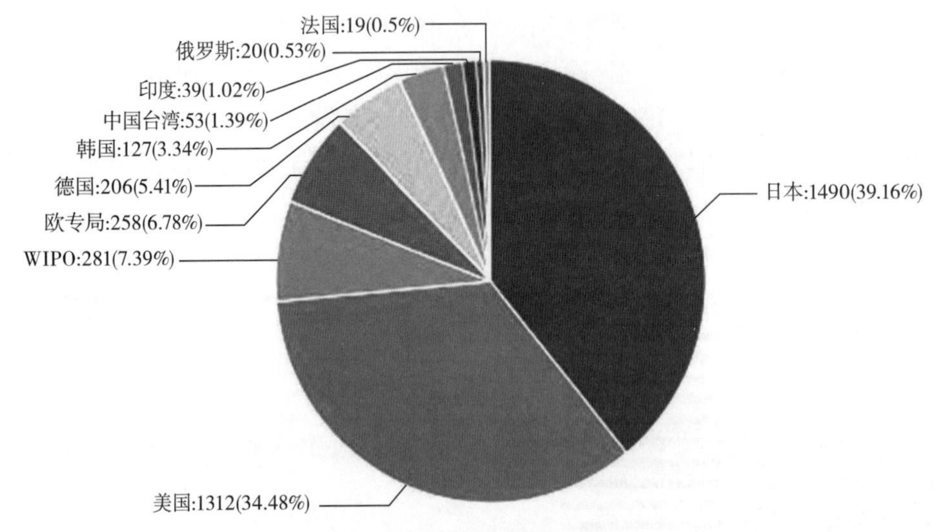

图 2-3-1-5　SiC 肖特基势垒二极外国家 / 地区分布

（二）专利申请趋势

图 2-3-1-6 示出了肖特基势垒二极管技术申请的发展趋势。可以看出，该技术分支的专利申请量总体呈现不断增长的态势。

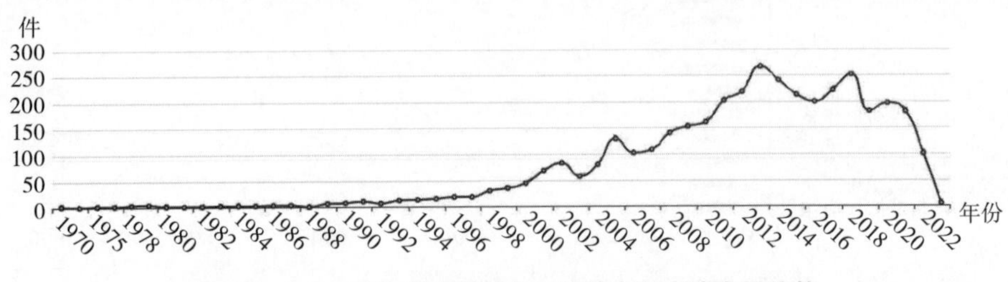

图 2-3-1-6　SiC 肖特基势垒二极管专利申请发展趋势

自 1970 年开始出现专利申请，直到 2000 年申请量的增长速度都非常缓慢，尤其 1992 年以前，年申请量都处在个位数左右，这一时期是肖特基势垒二极管技术的萌芽期。在技术发展初期，仅个别申请人进行研究，并进行试探性申请，还没有形成规模。从 1998 年增速开始缓慢爬坡，直到 2005 年，申请量增长到三位数，申请量呈振荡上升趋势。自 2006 年开始，申请量呈快速上升趋势，在这一时期，由于制造工艺的改进，研究进入了新的阶段，申请量也随之快速增长，2013 年达到顶峰，共有 267 件专利申请，说明该技术逐渐赢得市场认同并为部分厂商相继采用，进入了快速发展期。2013—2016 年出现了小幅回落，增速放缓，年申请量在 200 ～ 240 件，2016—2018 年继续上升，2018 年出现了申请量的第二个高峰，达到 252 件，2019—2021 年申请量有所下降，均处在 180 ～ 200 件区间内，说明该技术在经历萌芽期和快速发展期之后获得了社会的广泛认同，并进入了为广大用户采用的成熟期，该时期进入技术领域的企业数量趋于稳定，并且申请量增速放缓。2021 年申请量下降的原因在于部分专利申请尚未公开。

（三）主要申请人

图 2-3-1-7 示出了肖特基势垒二极管技术海外的主要申请人，可见，肖特基势垒二极管技术集中在日本，其中排名前十位的申请人有：三菱电机、富士电机、住友电气、东芝、罗姆、株式会社电装、英飞凌、丰田、日立、松下，日本企业占 9 席，德国企业占 1 席（英飞凌）。在申请量上，排名前三的申请人领先态势明显，申请量分别为：299 件、203 件、198 件。在这一领域，已经形成规模效应，有大量的申请人投入研发和制造，其中日本、美国、欧洲领跑全球，是这一领域的主要研发力量，掌握这一领域的先进核心技术，这也与其经济实力、科技实力紧密相关。

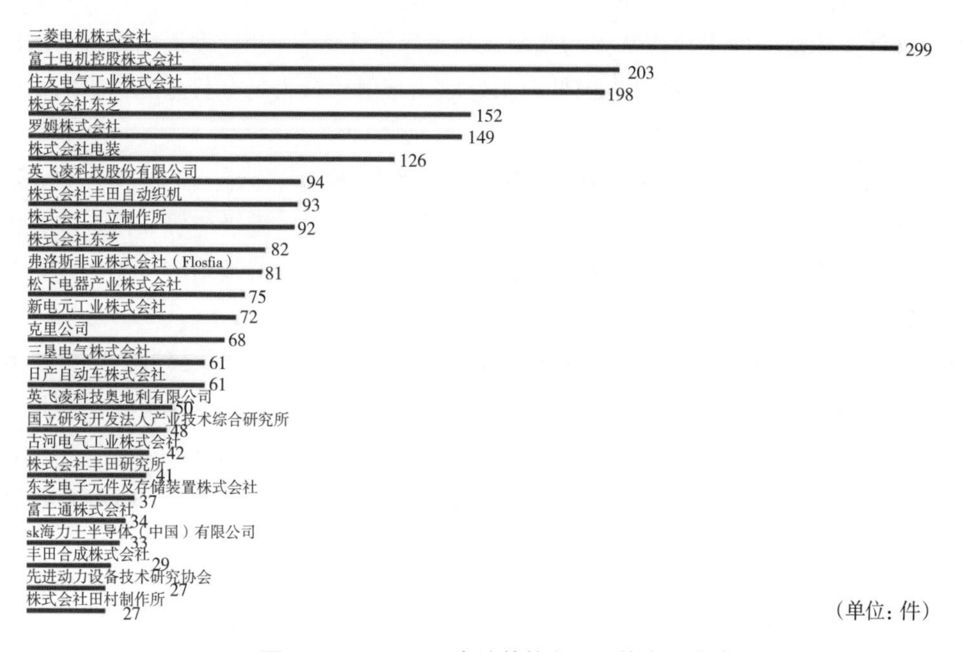

图 2-3-1-7　SiC 肖特基势垒二极管主要申请人

（四）肖特基势垒二极管技术发展路线

关于肖特基势垒二极管（SBD）的研究成果大量出现于 SiC 功率器件研究初期，并且在研究初期就被证明其具有用作 SiC 功率器件材料的可能性。2001 年得以实用化的耐压 300 ～ 600V、额定电流数 A 的 SiC SBD 由于其高速性，被用于服务器开关电源的功率因数校正电路，高频化及低损耗化使得受动部件及冷却部件小型化，小型电源也得以实现。之后，SiC 外延晶片的制造工艺改良进一步提高了电流，与中耐压（600 ～ 1700V）Si IGBT 组合而成的 Hybird-Pair 逆变器更加小型化、低损耗化。

在 SiC 肖特基势垒二极管（SBD）的基础上，新型结构的肖特基势垒二极管不断被研发出来，如结势垒肖特基势垒二极管（JBS）、沟槽型结势垒肖特基势垒二极管（TJBS）和混合 PiN 结肖特基势垒二极管（MPS）。

1985 年，第一支 SiC SBD 问世，其击穿电压只有 8V；1992 年，阻断电压 400V 的 6H–SiC SBDs 研制成功；1995 年，击穿电压达 1000V 的 4H–SiC 肖特基势垒二极管首次被披露；2001 年，英飞凌推出第一款商业化 SiCS BDs，该公司前四代 SiC 二极管以 600 V、650 V 产品为主，从第五代开始推出 1200 V 产品，第六代推出低开启电压的 SiC JBS 产品。

可见，肖特基势垒二极管的技术演进以提高耐压性为主导，主要涉及元胞结构、终端结构等方面。

日本日立公司于 1998 年 8 月 28 日提出了一件专利申请（JP 特开 2000–77682A），公开了一种高耐压的肖特基势垒二极管，在上下具有主表面的平行平板状的半导体基体由高杂质浓度且低电阻的 n+ 型层和杂质浓度比 n+ 型层低且高电阻的 n– 型层构成，在与 n+ 型层露出的一个主表面低电阻的欧姆接触的阴极电极、在 n– 型层露出的另一个主表面分别设置有成为阳极电极的肖特基金属，在 n– 型层与肖特基金属相接的部分形成有肖特基势垒。在肖特基金属终止的部分即半导体基体的端部，从另一个主表面向 n– 型层内设置有浓度比较高的 p+ 型层，在其表面与肖特基电极低电阻地欧姆接触。该肖特基势垒二极管的耐压电压约为 400V。

德国英飞凌公司（US2007/0023830A1，申请日 2007.02.01）公开了一种具有低导通电阻的半导体器件，涉及具有金属阳极的肖特基势垒二极管，金属阳极与轻 n 掺杂漂移区接触并与其形成肖特基结。重 n 掺杂连接区布置在漂移区的远离肖特基结的一侧，并且与阴极电极接触，具有 600V 的反向耐压特性。

日本罗姆半导体集团（JP 特开 2013–30618A，申请日 2011.07.28）公开了一种半导体器件，包括：由宽带隙半导体制成的第一导电类型半导体层，以及肖特基电极，所述肖特基电极被形成为与所述半导体层的表面接触，其中阈值电压 V_{th} 漏电流 J 为 0.3 ～ 0.7V，并且漏电流 J 为 0.3 ～ 0.7V。r 在额定电压 V 中 R 为 1×10^{-9} A/cm^2 ～ 1×10^{-4} A/cm^2，击穿电压 V_B 达到 700V 以上。

日本富士电机株式会社于 2012 年 4 月 18 日提出了一件有关半导体制造方法的发明专利（JP 特开 2013–222907A），在 SiC 基板的正面形成包含钛、钨、钼、铬中的任一种金属的层，通过加热在 SiC 基板上形成肖特基电极。利用铝或者含硅的铝，在肖特基电极的表面形成表面电极。在形成表面电极时，以 100℃以上 500℃以下的温度进行加热，因此表面电极对于肖特基电极的凹凸覆盖良好，表面电极还具有适合自动引线接合装置进行图像识别的反射率。如此一来，能够形成对肖特基接触的凹凸覆盖良好，并且具有最适于定位等图像识别的反射率的表面电极。能够被用在高电压例如 1000V 以上的高耐压肖特基势垒二极管，由于能够在抑制泄露的同时降低导通电阻，因此能够减小芯片面积，降低产品单价。

美国狼速公司于 2012 年 10 月 11 日提出了一项专利申请（US2012/0256192A1），公开了一种电子器件包括漂移区域、漂移区域的表面上的肖特基接触，以及漂移区域中与肖特基接触相邻的边缘终端。边缘终端包括从漂移区的表面凹陷距离 d 的凹陷区和凹陷区中的边缘终端结构。漂移区域可以包括具有 2H、4H、6H、3C 和 / 或 15R 的多型的碳化硅。电子器件还可以包括在漂移区的表面处并且与肖特基接触接触的多个掺杂区，漂移区具有第一导电类型，并且多个掺杂区具有与第一导电类型相反的第二导电类型。理论击穿电压为 2000V。

美国道康宁公司在 2015 年提出了一种 4H-SiC 沉底的高压半导体功率器件（US 2015333125，申请日 2015.11.19），包括面积为 0.02 ～ 1.5cm^2 的 4H-SiC 衬底。其中微管密度小于 1/cm^2，螺旋位错密度小于 2000/cm^2，基面位错密度小于 2000/cm^2，并且在该衬底上的若干 SiC 外延膜层具有在 1×10^{14}/cm^3 ～ 2×10^{16}/cm^3 的范围内的净载流子浓度，并且在外延层的顶部处测量的微管密度小于 1/cm^2，在外延层的顶部处测量的螺旋位错密度小于 2000/cm^2，并且在外延层的顶部处测量的基面位错密度小于 50/cm^2。该高压半导体功率器件能够承受 600V 高压。

美国 MACOM 公司在 2017 年提出了一种基于 GaN 材料的肖特基势垒二极管（US201701799A1，申请日 20160729，公开日 20171019），包括氮化镓导电层、与氮化镓导电层相邻形成的阻挡层、间隔开并形成为与导电层电接触的第一阴极和第二阴极、在第一阴极和第二阴极之间与阻挡层相邻形成的阳极，以及在阳极和阻挡层之间形成的氧化镓层。氧化镓层的厚度可以在大约 1 ～ 5nm 之间，上述肖特基势垒二极管能够承受高达 1200V，甚至 2000V 的反向偏置电压。肖特基势垒二极管可以在 2000V 的反向偏置下表现出在约 0.4 ～ 40μA/mm 之间的反向偏置电流。

第二节　PIN 二极管

一、全球专利分析

本节将以 PIN 二极管领域在全球范围内的专利为数据源，从专利申请发展趋势、区域分布、申请人等方面，对 PIN 二极管领域进行专利分析。本节涉及专利申请 4703 件，截止日期为 2023 年 6 月 1 日。

（一）发展趋势分析

图 2-3-2-1 示出了 PIN 二极管在全球专利申请的发展趋势，可以看出，全球 PIN 二极管领域专利申请总体可以分为以下几个阶段：

1. 萌芽期（1958—1997 年）　可以看出，PIN 二极管的出现时间较早，1958 年出现第一件专利申请，该申请来自美国的通用电气，申请号 US735411。在技术发展初期，申请量较少，除 1985 年外，其他年份均处于个位数，但一直持续有专利申请，局限在个别申请人进行试探性申请，尚未形成规模。

2. 技术调整期（1998—2008 年）　该时期申请量开始增长，但是增速不稳定，出现多次震荡。申请量从 1998 年的 11 件增长到 2003 年的 79 件后，出现明显回落，即 2004 年的 30 件，此后又平稳增长到 2007 年的 99 件，但 2008 年又出现小幅回落至 76 件，这是由于全球经济低迷所致。

3. 快速增长期（2009—2018 年）　这一时期，全球半导体产业开始进入快速发展期，全球各大企业进入研发的高峰期，从 2009 年的 94 件快速增长至 2018 年的 542 件。在这一时期，PIN 二极管器件取得了技术突破，并赢得了市场认同，被部分厂商大量采用，相关专利申请量和专利申请人飞速发展。

4. 成熟期（2019 年至今）　在这一时期，PIN 二极管的研发开始放缓脚步，可以看到申请量发生明显的下滑，可见各大研发主体的专利布局已经趋于完善，将研发重心转向其他领域。此时中小企业可以考虑进行二次创业，形成新的技术制高点，立足于如何在市场缝隙获得有限成长。

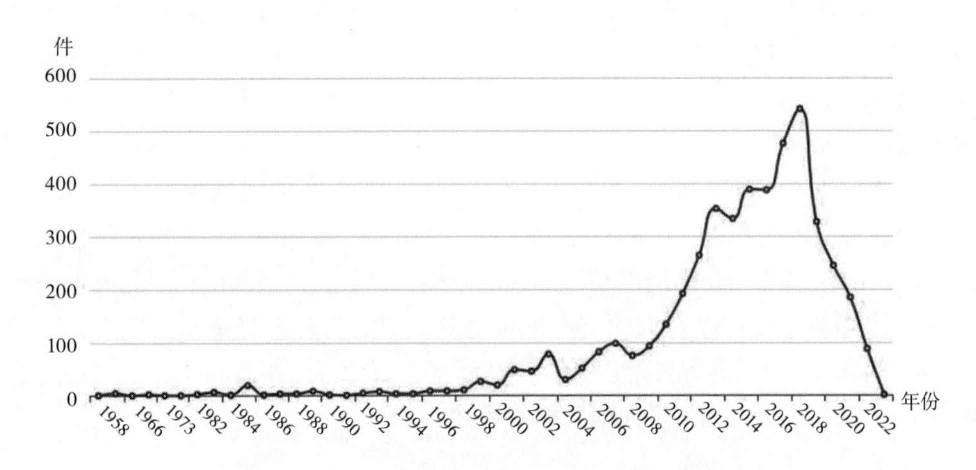

图 2-3-2-1　PIN 二极管全球专利申请的发展趋势

（二）专利申请国家 / 地区分布

如图 2-3-2-2 所示，在 PIN 二极管领域，日本依然处于龙头位置，占据全球申请量的 57.76%（2679 件），其次是美国，占据 14.70%（682 件），中国位于第三位 13.47%（625 件），其余的份额被欧专局、德国、韩国、中国台湾、奥地利、法国、加拿大瓜分。其中，欧专局、德国、奥地利、法国均位于欧洲，其申请量的加总值为 11% 左右，研发实力也不容小觑。而韩国和中国台湾依然具有不俗的表现。

（三）目标市场分析

图 2-3-2-3 示出了 PIN 二极管全球专利申请的公开情况，从一定程度上能够反映技术的流入情况。可以看出，日本占据超过 50% 的份额，是全球最受重视的技术市场，美国和中国的份额类似，均在 13% 多一点，处于第二集团，也属于申请人较为重视的技术市场。这三个国家也是排名前三位的申请国，反映出这三个国家的申请人很重视在本土的知识产权保护。排名第四位和第五位的分别是世界知识产权组织和欧专局，这在一定程度上反映出 PIN 二极管的国际布局程度高。申请人通过国际申请的方式，节省申请费的同时也能够缩短审查周期。

（四）主要申请人

图 2-3-2-4 示出了 PIN 二极管领域的主要申请人，可见排名前五位的申请人分别为富

士电机、三菱电机、东芝、丰田、英飞凌，其中有4席来自日本，其中前三位已经形成断层优势，分别为602件、548件、498件，并且日本在该领域稳居统治地位，也反映出日本企业善于使用专利来保护自己的技术。排名第六至十位的分别为克里公司、日立、罗姆、新电元工业和株式会社电装，分别为：199件、154件、146件、112件、101件；其中第七至十位仍然为日本企业。在前20位中，我国只有西安电子科技大学排名第17位，申请量为35件，具有一定的活跃度，然而仅有一家高校上榜，无法形成有效的技术壁垒，产业转化程度较低。

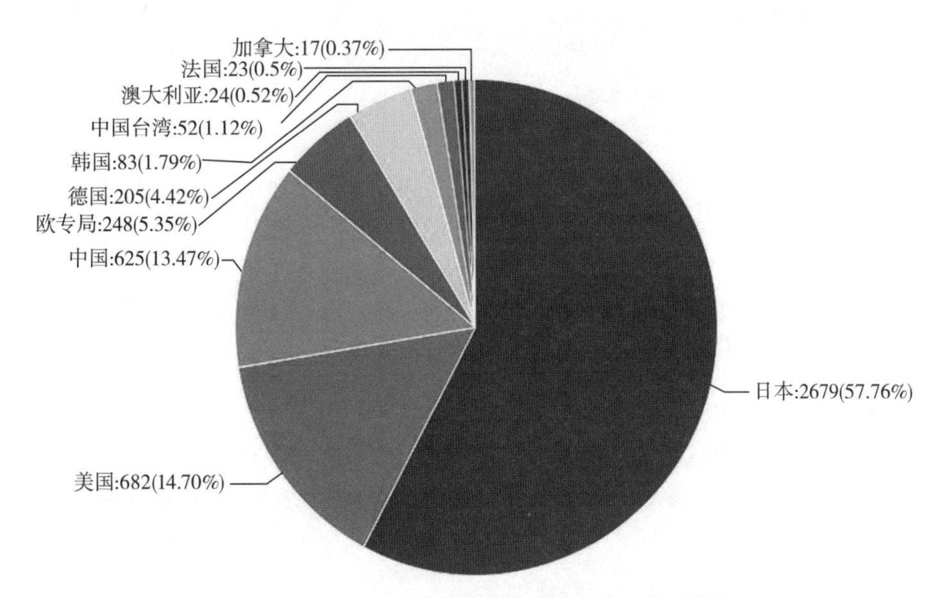

图 2-3-2-2　PIN 二极管专利申请国家 / 地区分布

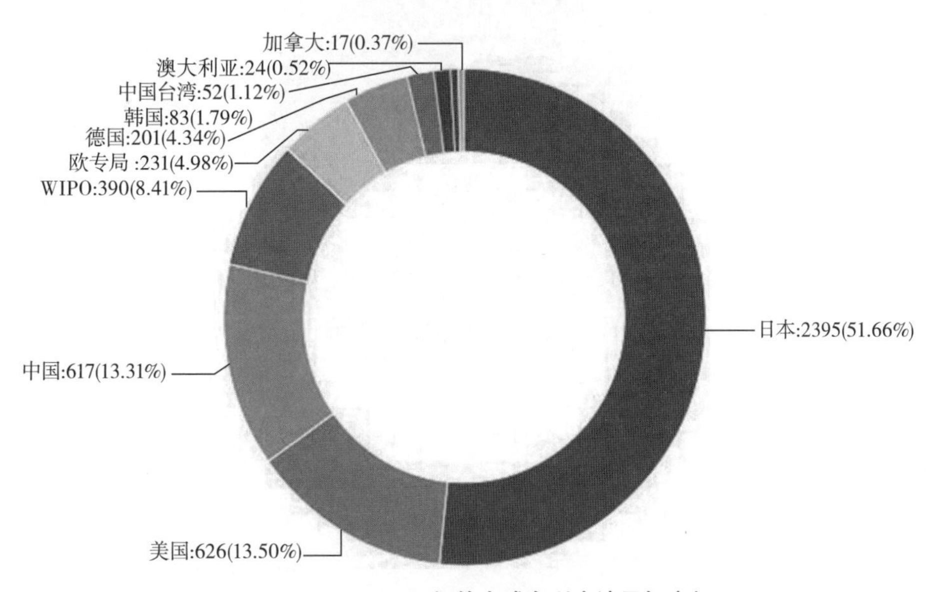

图 2-3-2-3　PIN 二极管全球专利申请目标市场

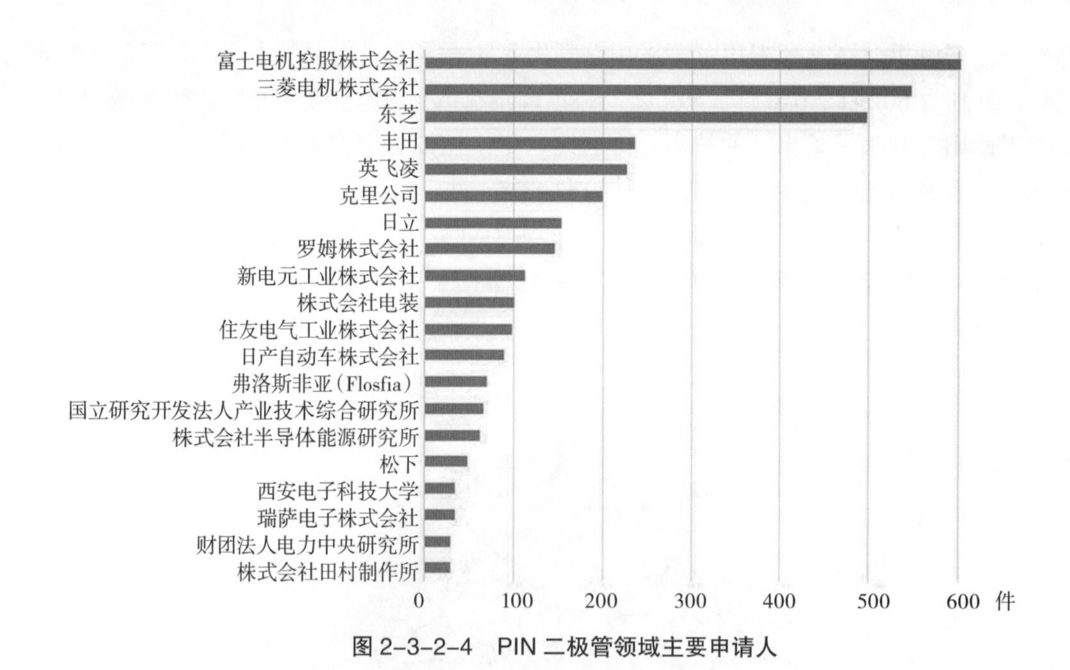

图 2-3-2-4　PIN 二极管领域主要申请人

二、境外专利分析

（一）申请国家 / 地区分布

图 2-3-2-5 示出了第三代半导体主要分支 PIN 二极管专利申请的国家 / 地区分布。第三代半导体 PIN 二极管专利申请主要集中在日本、美国、欧洲、韩国、中国台湾等国家 / 地区。

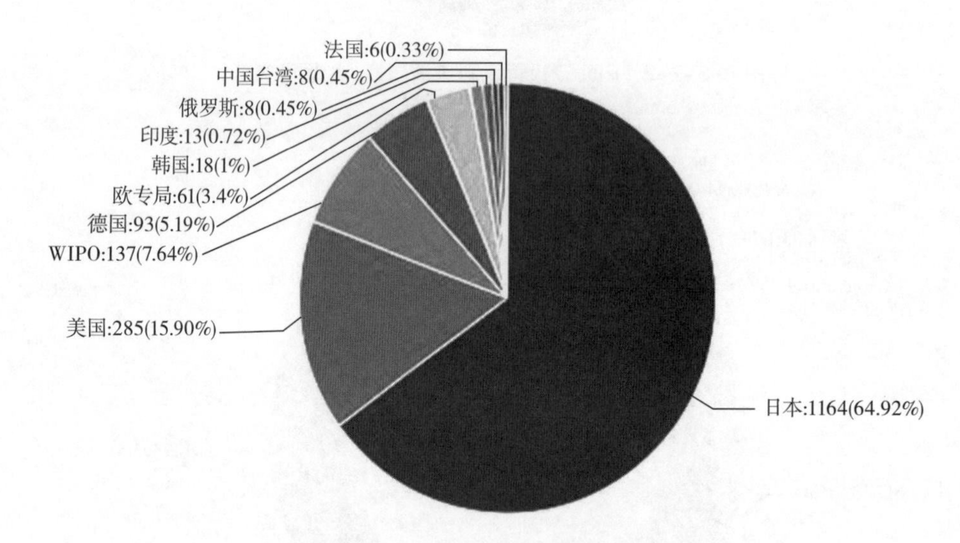

图 2-3-2-5　PIN 二极管境外国家 / 地区分布

截至检索日，第三代半导体 PIN 二极管分支的总申请量为 1808 项。其中，日本的申请量最大，达到 1164 项，占总申请量的 64.92%；美国的申请量次之，占总申请量的 15.9%，申请量为 285 件；德国、欧洲、韩国、中国台湾分别占总申请量的 5.19%、3.40%、1.00%、0.45%，申请量分别为：93 件、61 件、18 件、8 件。还有 7.64% 的国际申请，共有 137 件。

从整体比例可以看出，第三代半导体的主要分支 PIN 二极管的专利申请主要来自日本和美国，占总申请量的 80.82%，是其他国家 / 地区申请量总和的约 4 倍，尤其是日本的申请量占总数的 64.92%，处于绝对领先地位。

（二）专利申请趋势

图 2-3-2-6 示出了 PIN 二极管技术的国家 / 地区的专利申请发展趋势。可以看出，该技术分支的专利申请量总体呈现不断增长的态势。

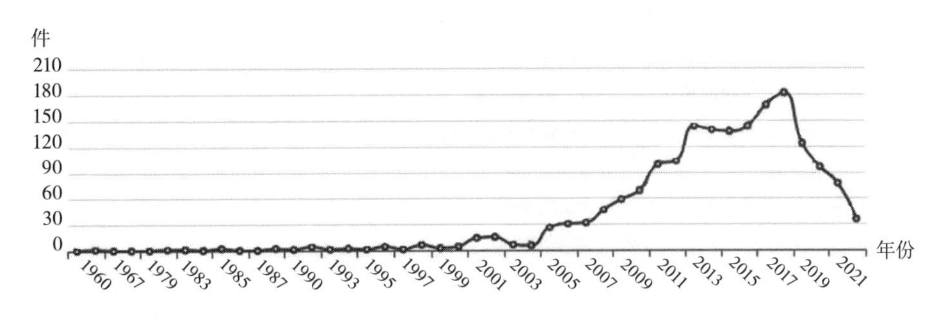

图 2-3-2-6 PIN 二极管专利申请发展趋势

自 20 世纪 60 年代开始出现专利申请，直到 2005 年申请量的增长速度都非常缓慢，尤其 2000 年以前，年申请量都处在个位数左右，这一时期是 PIN 二极管技术的萌芽期。在技术发展初期，仅个别申请人进行研究，并进行试探性申请，还没有形成规模。从 2005 年增速开始缓慢爬坡，申请量增长到两位数，申请量呈稳定上升趋势。2012 年申请量突破三位数，呈快速上升趋势，在这一时期，由于制造工艺的改进，研究进入新的阶段，申请量也随之快速增长，2014—2017 年申请量比较稳定，在 140 件左右，2017—2019 年又呈上升趋势，2018 年达到申请量的顶峰 181 件，说明该技术逐渐赢得市场认同并为部分厂商相继采用。2019—2021 年申请量开始下降，说明该技术在经历成长期和成熟期之后，技术的领先优势逐步趋于消失，该技术的发展已经濒临饱和，此时的技术被称为基础技术或者常规技术，当技术老化后，企业也因收益递减而纷纷退出市场，专利的申请量呈负增长趋势。2021 年申请量下降的原因在于部分专利申请尚未公开。

（三）主要申请人

图 2-3-2-7 示出了 PIN 二极管技术的主要申请人，可见，PiN 二极管技术集中在日本，其中排名前十位的申请人有：富士电机、东芝、三菱电机、英飞凌、罗姆、丰田、住友电气、日立、株式会社电装以及日产，其中日本企业占 9 席，德国企业占 1 席（英飞凌）。在申请量上，排名前三的申请人领先态势明显，申请量分别为：229 件、208 件、163 件。在这一领域，已经形成规模效应，有大量的申请人投入研发和制造，其中日本领跑全球，是这一领域的主要研发力量，掌握这一领域的先进核心技术，这也与其经济实力、科技实力紧密相关。

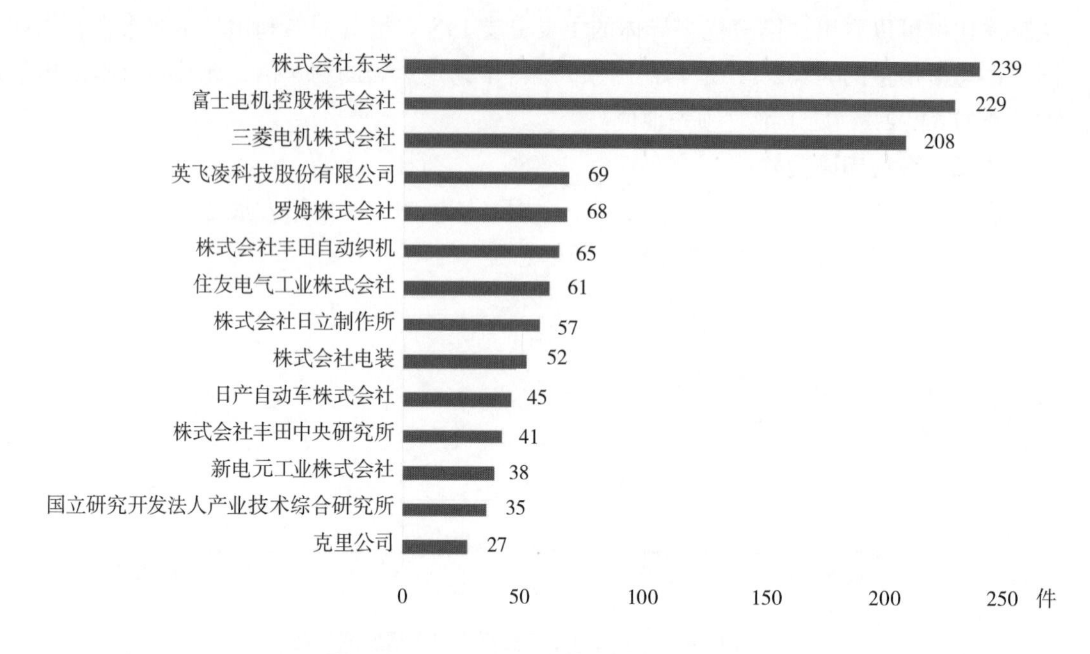

图 2-3-2-7 PIN 二极管主要申请人

（四）SiC PIN 二极管技术发展路线

SiC PIN 二极管在 20 世纪 60 年代被研发出来，直到 80 年代都被研究开发应用于高温工作及蓝色发光二极管中。90 年代以后，以功率二极管为目标的 pn 结二极管的研发不断推进，从 SiC 功率二极管的角度来看，在耐压几 kV 以下适合应用多数载流子器件的 SBD，如果有更高的耐压需求，则注入少数载流子的 pn 结二极管更为实用。并且，功率 MOSFET 等开关器件的关断状态是由 pn 结维持的，所有具有 1kV 以下耐压的 pn 结二极管的特性评估也很重要，在高电场中的基础物理性质评估也会使用 pn 结二极管。

关断电压大于 3 kV 时，SiC PIN 二极管具有优于 Si PIN 二极管的特点：高电流密度下导通压降低、开关速度快和高温稳定性好。目前报道的 SiC PIN 二极管中最高击穿电压达 26.9kV，最大容量 SiC PIN 二极管达 1000A /6.5kV。

热壁 CVD 方法解决了高纯、低缺陷密度和具有较高少子寿命 SiC 外延层的生长关键技术，优化 JTE 技术中硼的注入剂量；采用理论预计值的 75%，使器件击穿电压稳定提高。

克里公司（US2007/0200115A1，公开日 2007.08.30）公开了一种碳化硅（SiC）PiN 二极管，具有从约 3.0kV 至约 10.0kV 的反向阻断电压（VR）和小于约 4.3V 的正向电压（VF）。当在约 25℃的温度下操作时，SiC PIN 二极管可以具有约 10.0kV 的 VR、约 50A 的平均 IF、约 0.5mA 的反向泄漏电流（IR）、约 3.8V 的 VF、约 150nsec 的反向恢复时间（trr）和约 1.1μC 的反向恢复电荷（Qrr）。当在约 150℃的温度下操作时，SiC PIN 二极管可以具有约 10.0kV 的阻断电压（VR）、约 50A 的平均 IF、约 300nsec 的反向恢复时间（trr）和约 1.6μC 的反向恢复电荷（Qrr）。SiC PIN 二极管可以设置在单个芯片上，芯片为约 2.8mm × 2.8mm，并且多个 SiC PIN 二极管可以具有小于约 4.0V 的 VF。不少于约 70% 的所述多个 SiC PIN 二极管可以具有约 6kV 的阻断电压和不大于 $1.0mA/cm^2$ 的反向漏电流（IR），SiC PIN 二极管可以是 4H SiC PIN 二极管。SiC PIN 二极管还可以包括 n 型 SiC 衬底、n 型 SiC 衬底上的 n 型 SiC 漂移层和 n 型漂移层上的 p 型 SiC 阳极注入层。

在衬底上提供 n 型漂移层。n 型漂移层可以具有约 100μm 的厚度和约 $2\times10^{14}cm^3$ 的载流子浓度。p 型阳极注入层设置在漂移层上。p 型阳极注入层可以具有约 2.5μm 的厚度和约 $8\times10^{18}cm^3$ 的载流子浓度。p 型阳极注入层可以掺杂有铝（Al）。p 型阳极注入层可具有第一部分和第二部分。第一部分可以是具有约 $8\times10^{18}cm^3$ 的载流子浓度的 p^+ 层。第二层可以设置在第一层上。第二层可以是具有 $5\times10^{20}cm^3$ 的载流子浓度的 p^{++} 层。

关西电力株式会社（JP 特开 2011-109018A）公开了一种双极型半导体元件的 PIN 二极管，在由作为第一导电型的 n 型的 4H 型 SiC 制作的基板上形成以下说明的半导体层。在上述 n 型的 4H 型 SiC 基板上依次外延生长 n 型 4H-SiC、p 型（第二导电型）4H-SiC，如后所述，制作外延 PIN 二极管。n 型的 4H 型 SiC 基板是通过将利用改良瑞利法生长的锭以偏离角 θ 为 8° 进行切片并进行镜面研磨而制作的。通过霍尔效应测定法求出的 SiC 基板的载流子密度为 $8\times10^{18}cm^{-3}$，厚度为 400μm。在成为阴极的基板的 C 面（碳面），通过 CVD 法依次通过外延生长形成氮掺杂 n 型 SiC 层（n 型生长层）和铝掺杂 p 型 SiC 层（p 型生长层）。作为上述氮掺杂 n 型 SiC 层的 n 型生长层成为 n 型的少数载流子湮灭层、n 型的缓冲层和 n 型的漂移层。少数载流子湮灭层的施主密度为 $3\times10^{18}cm^{-3}$，膜厚为 8μm。另外，缓冲层的施主密度为 $7\times10^{17}cm^{-3}$，膜厚为 10μm。漂移层的施主密度约为 $5\times10^{15}cm^{-3}$，膜厚为 200μm。该 PIN 二极管的耐电压为 20kV，导通电压为 5.0 V。

克里公司（US2012-0292636A1，公开日 2012 年 11 月 22 日）公开了一种负斜角边缘终端的 SiC PIN 二极管，包括 N^+ 衬底、N^- 漂移层、P 型层以及 P^{++} 层。还可将 N^- 漂移层称为 N^+ 衬底与 P 型层之间的本征层，从而形成 PIN 二极管。还可将 P^{++} 层称为阳极台面。阳极接点在 P^{++} 层的与 P 型层相对的表面上。阴极接点在 N^+ 衬底的与 N^- 漂移层相对的表面上。在该实施例中，负斜角边缘终端是多台阶负斜角边缘终端。由于负斜角边缘终端，阻断电压，更具体地是 PIN 二极管的反向击穿电压，接近于理想平行平面器件的阻断电压。该发明的 SiC 半导体器件的阻断电压介于且包含 10 kV ～ 25 kV 范围。

富士电机（JP 特开 2021-19156A，公开日 2021 年 2 月 15 日）公开了一种碳化硅半导体装置，通过蚀刻在作为 n 型漂移区（I 层）的 n 型外延层上选择性地留下依次外延生长的 p 型外延层和 p^{++} 型外延层来形成 p 型阳极区和 p^{++} 型阳极接触区。p^{++} 型阳极接触区仅设置在有源端中，并且在有源端中与阳极电极接触。p 型外延层从有源端延伸到有源区和边缘端区之间的过渡区，并且在过渡区中与阳极电极接触。边缘端部区域设置有与 p 型外延层接触的 JTE 结构。该碳化硅半导体装置为 10kV 以上且 20kV 以下的耐压等级的情况下，n 型外延层的杂质浓度为 $1\times10^{14}/cm^3$ 以上且 $1\times10^{15}/cm^3$ 左右，n 型外延层的厚度 t0 为 100μm 以上且 200μm 以下。

第三节 SiC MOSFET

一、全球专利分析

本节将以 MOSFET 领域在全球范围内的专利为数据源，从专利申请发展趋势、区域分布、申请人等方面，对 MOSFET 领域进行专利分析。本节涉及专利申请 26 746 件，截止日期为 2023 年 6 月 1 日。

（一）发展趋势分析

图 2-3-3-1 示出了 MOSFET 功率器件在全球专利申请的发展趋势，可以看出，全球 MOSFET 领域专利申请总体可以分为以下几个阶段：

1. 萌芽期（1970—1986 年） 自 1970 年出现专利申请以来，申请量一直处于个位数，直到 1987 年增长到 20 件，这个阶段处于技术探索阶段，只有个别申请人进行试探性的申请。

2. 快速增长期（1987—2017 年） 自 1987 年申请量开始爬坡，直到 2006 年达到 771 件，虽然 2007—2009 年受全球经济低迷的影响，申请量出现小幅下滑，但由于政策的激励，自 2010 年开始，申请量又开始快速增长，直到 2017 年达到申请量顶峰 2116 件。

3. 技术成熟期（2018 年至今） 在这一时期，申请量开始稳定在 2000 件左右，说明技术进入成熟期，没有太大的突破。2020 年发达国家纷纷将半导体技术和产业上升到国家安全战略层面，考虑以国家级力量进行技术研发、产业链发展、原材料、生产制造等多维度、全方位地部署抢占制高点。另外，MOSFET 功率器件是光伏、电动汽车的重要器件，其应用类申请势必会出现持续性增长。

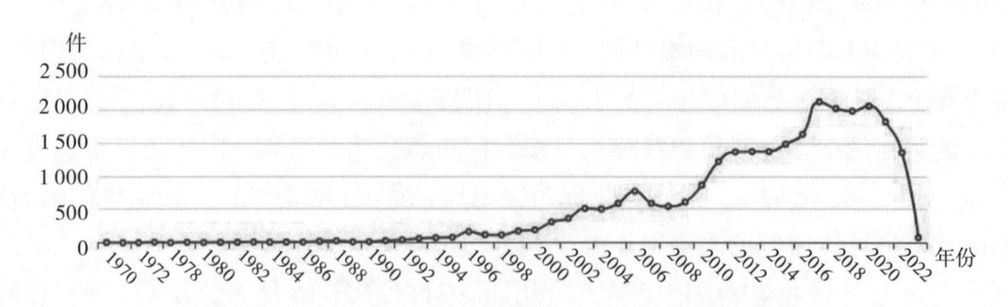

图 2-3-3-1 MOSFET 功率器件全球专利申请的发展趋势

（二）专利申请国家 / 地区分布

从图 2-3-3-2 可以看出，该领域美国占据最大的份额，为 32.27%，8406 件，其次是中国 6295 件，占比 24.16%，第三位是日本占比 18.74%，4881 件。在该领域，日本不再具有统治地位，而是美国和中国，说明每个国家在不同领域的研发侧重点不同。欧专局排在第四位，为 8.36%，2177 件，其后是德国（4.65%）、中国台湾（4.62%）、韩国（4.39%）、英国（1.25%）、印度（0.84%）、奥地利（0.72%）；可见欧洲依然是第四研发主体。

（三）目标市场分析

图 2-3-3-3 示出了 SiC MOSFET 全球专利申请的公开情况，从一定程度上能够反映技术的流入情况。可以看出，美国、中国、日本为三大目标市场国，这三个国家是全球最受重视的技术市场，同时这三个国家也是排名前三位的申请国，反映出这三个国家的申请人很重视在本土的知识产权保护。排名第四位和第五位的分别是世界知识产权组织和欧专局，这在一定程度上反映出 SiC MOSFET 的国际布局程度高，申请人具有较高的意愿通过国际申请的方式进入更多的目标市场国。

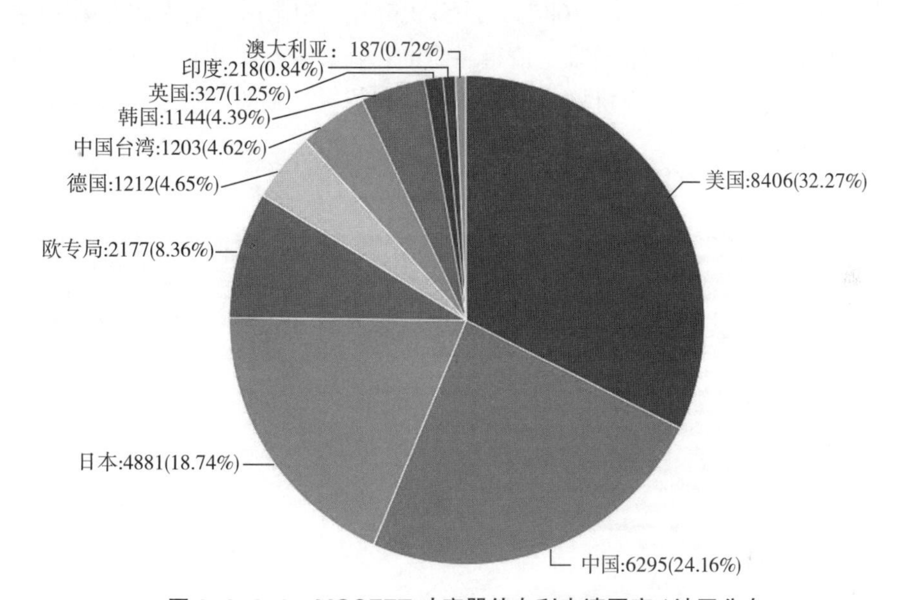

图 2-3-3-2　MOSFET 功率器件专利申请国家 / 地区分布

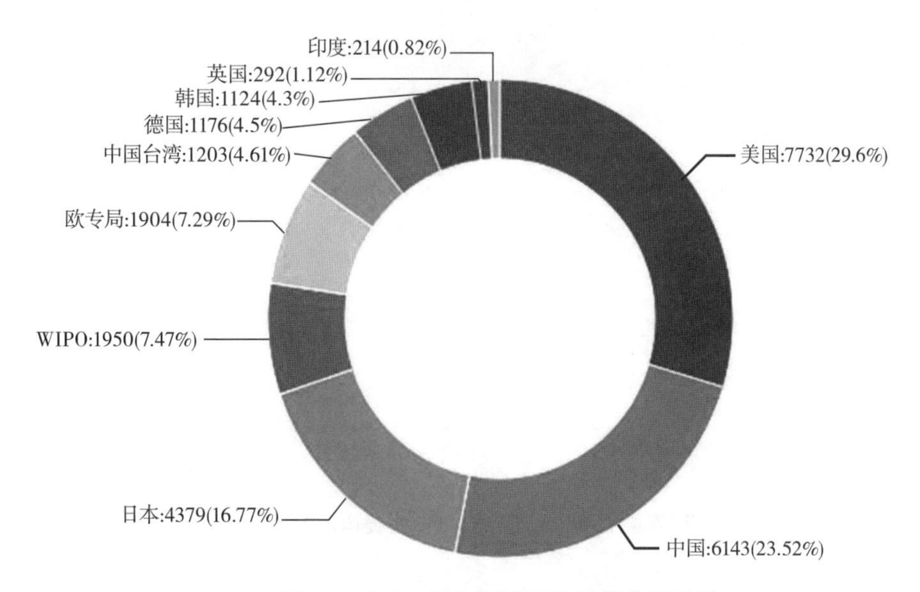

图 2-3-3-3　SiC MOSFET 目标市场分析

（四）主要申请人

图 2-3-3-4 示出了 MOSFET 领域的主要申请人，三菱电机位于领先位置，成为该技术领域的独角兽，申请量达到 1495 件，排名第二至四位的分别是美国的 IBM、英飞凌和日本的半导体能源研究所，申请量分别为 1084 件、1051 件和 1014 件，构成第二集团；台积电和通用电气构成第三集团，申请量在 800 件左右；紧随其后的是株式会社电装、富士电机和克里公司，申请量在 650 件左右。中国申请量较大的申请人分别为：台积电、电子科技大学、中国科学院微电子研究所、西安电子科技大学、中芯国际、西安交通大学、华为、国家电网公司、美的集团、华中科技大学，申请量分别为：208 件、199 件、127 件、99 件、83 件、83 件、81 件、77 件、69 件、68 件。除台积电外，中国的申请人均在第 19 名以后，可见想突破美日的技术壁垒非常困难。值得注意的，在该领域，中国企业显示出较高的研发热情，除了传统的高校和研究机构，有多家企业也投入了研发力量，表明专利申请具有较好的产业转化能力。

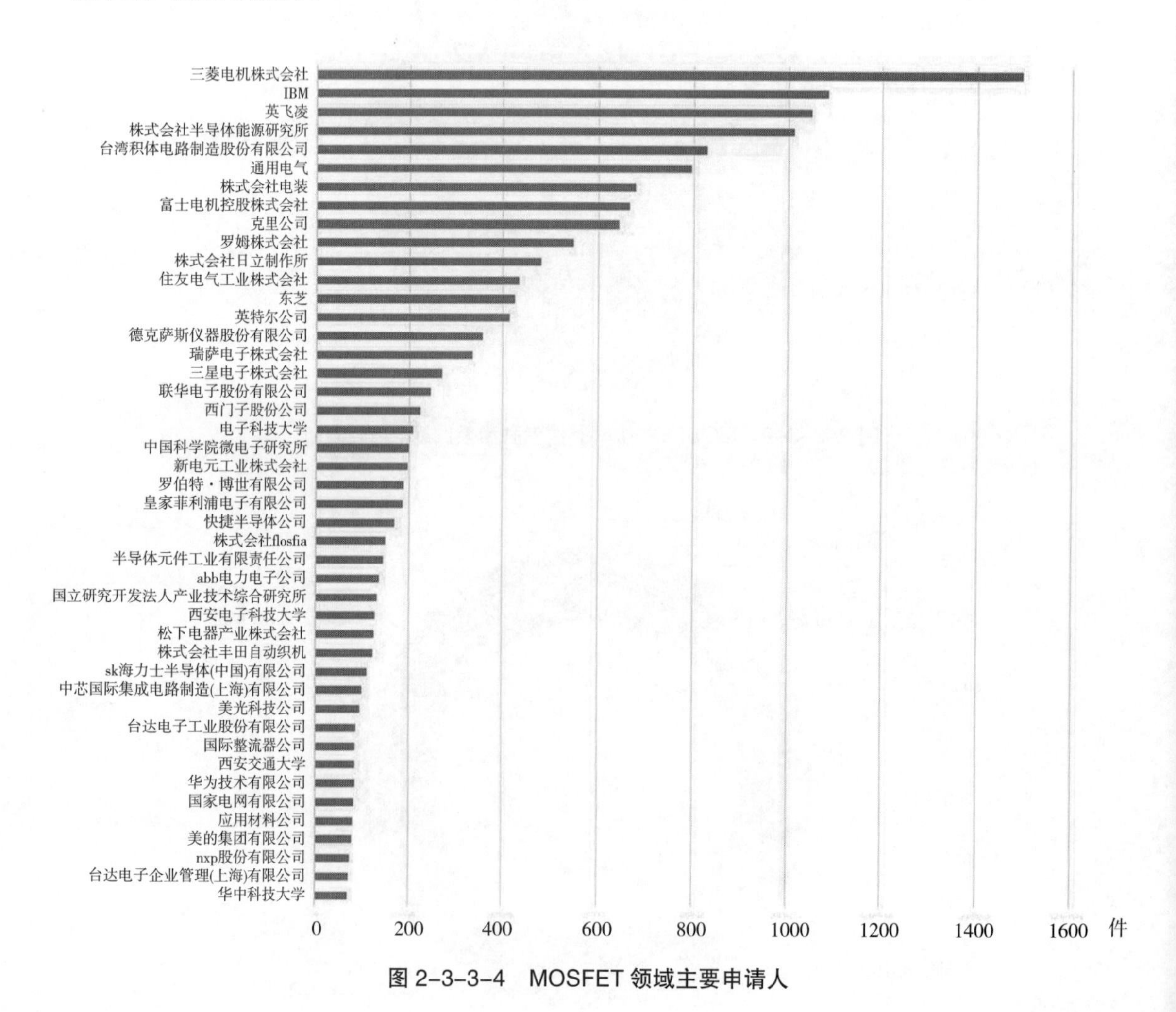

图 2-3-3-4　MOSFET 领域主要申请人

二、境外专利分析

（一）海外专利申请国家 / 地区分布

图 2-3-3-5 示出了第三代半导体主要分支 MOSFET 专利申请在境外的国家 / 地区分布。第三代半导体 MOSFET 的境外专利申请主要集中在美国、日本、欧洲、韩国、中国台湾等国家 / 地区。

截至检索日，海外第三代半导体 MOSFET 分支的总申请量为 6751 项。其中，美国的申请量最大，达到 3066 项，占总申请量的 45.77%；日本的申请量次之，占总申请量的 19.83%，申请量为 1328 件；欧洲、德国、韩国、中国台湾分别占总申请量的 8.17%、6.27%、3.28%、3.11%，申请量分别为：547 件、420 件、220 件、208 件，其中还有 9.78% 的国际申请，共 655 件。从整体比例可以看出，第三代半导体的主要分支 MOSFET 的专利申请主要来自美国和日本，占总申请量的 65.60%，处于领先地位。

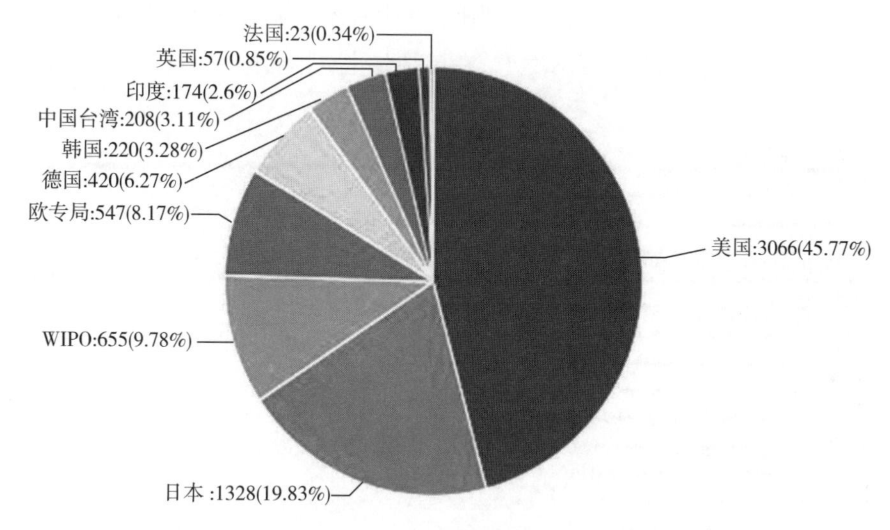

图 2-3-3-5　MOSFET 专利申请国家 / 地区分布

（二）专利申请趋势

图 2-3-3-6 示出了 MOSFET 技术境外专利申请发展趋势。可以看出，该技术分支的专利申请量总体呈现不断增长的态势。

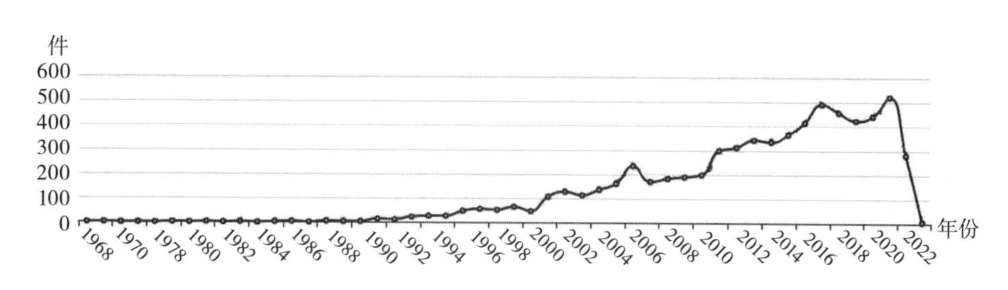

图 2-3-3-6　MOSFET 技术专利申请发展趋势

自20世纪60年代开始出现专利申请，直到1990年申请量的增长速度都非常缓慢，年申请量都处在个位数左右，这一时期是MOSFET技术的萌芽期。在技术发展初期，仅个别申请人进行研究，并进行试探性申请，还没有形成规模。

从1991年申请量开始缓慢增加，呈稳定上升趋势，直到2001年申请量突破三位数，呈快速上升趋势。在这一时期，由于制造工艺的改进，研究进入新的阶段，申请量也随之增长，2001—2018年申请量处于快速增长期， 2018年的申请量为490件。2019—2020年申请量有所下降，说明该技术在经历萌芽期和快速发展期之后获得了社会的广泛认同，2021年又达到新高的521件，进入为广大用户采用的成熟期，该时期进入技术领域的企业数量趋于稳定，并且申请量增速放缓。2022年申请量下降的原因在于部分专利申请尚未公开。

（三）主要申请人

图2-3-3-7示出了MOSFET技术的主要申请人，可见，MOSFET技术集中在日本，其中排名前十位的申请人有：三菱电机、半导体能源研究所、IBM、富士电机、台积电、株式会社电装、英飞凌、日立、通用电气、罗姆，其中日本企业占7席，美国企业占2席（IBM、通用电气），德国企业占1席（英飞凌）。在申请量上，排名第一的三菱电机领先态势明显，

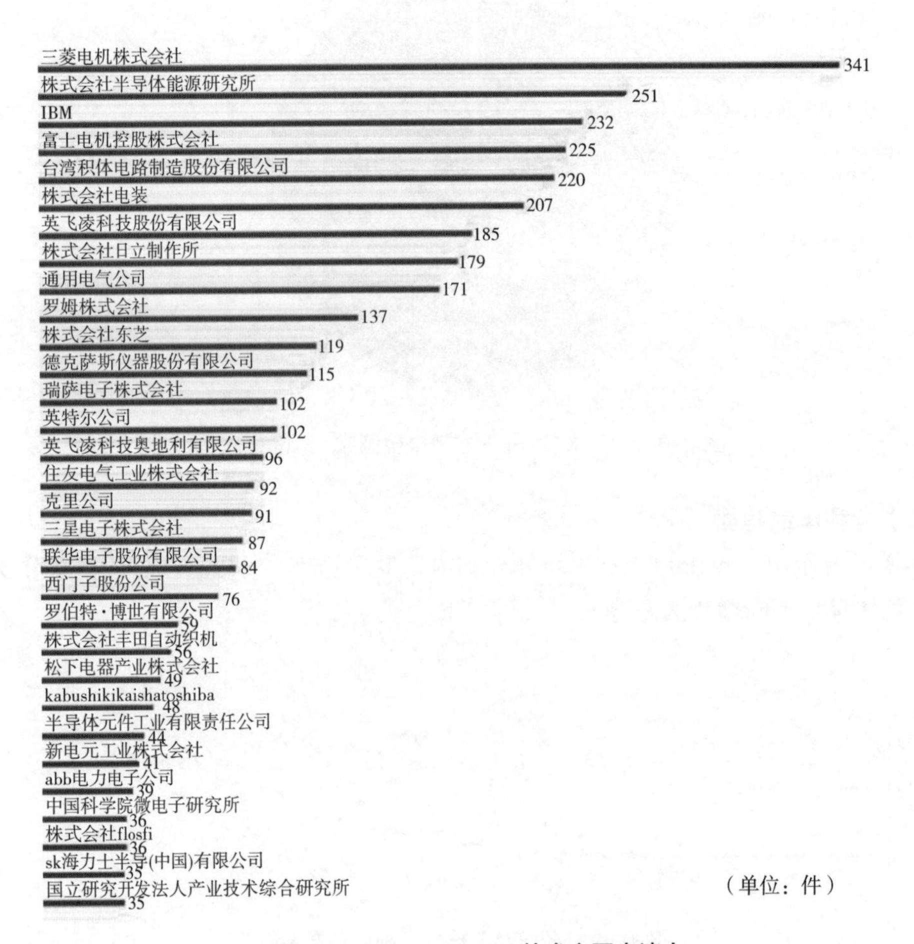

图2-3-3-7　MOSFET技术主要申请人

申请量 341 件。而第二至九位都保持 10 ～ 20 件左右的申请量差距，说明在这一领域已经形成规模效应，有大量的申请人投入研发和制造，其中日本和美国领跑全球，是这一领域的主要研发力量，掌握这一领域的先进核心技术，这也与其经济实力、科技实力成正相关。

（四）MOSFET 技术发展路线

SiC 功率 MOSFET 适合高电压开关工作，它和 Si 功率 MOSFET 相比具有较低的导通电阻、较快的开关速度和高温工作能力。

夏普公司（JPH0429368A，申请日 1990.05.24，公开日 1992.01.31）披露了一种碳化硅场效应晶体管，其包括半导体衬底、形成在衬底上方的碳化硅沟道形成层、设置成与沟道形成层接触的源极和漏极区、设置在源极和漏极区之间的栅极绝缘体，以及形成在栅极绝缘体上的栅电极，其中沟道形成层和漏极区之间的第一接触表现出与沟道形成层和源极区之间的第二接触的电特性不同的电特性。还提供了一种制造这种碳化硅场效应晶体管的方法。通过离子注入产生源极区以在沟道形成层和源极区之间提供 p–n 结，而通过化学气相沉积产生漏极层以在沟道形成层和漏极层之间提供 p–n 结。因此，源极区和漏极层之间的击穿电压为 500V，漏电流在 50V 的漏极电压（栅极电压为 0V）下为 3nA，并且当施加 5V 的栅极电压时，导通状态电阻为 300Ω。

通用电气（US5726463A，公开日 1998.3.10）公开了一种具有自对准栅极结构的 SiC MOSFET 被制造在单晶衬底层上，例如 p 型导电性 α6H 碳化硅（SiC）衬底（见图 2–3–3–8）。在衬底层上外延生长的 SiC n+ 型导电层包括蚀刻穿过 n+SiC 层并部分进入 p SiC 层的陡壁凹槽。凹槽衬有延伸到 n+ 型导电层上的二氧化硅薄层。二氧化硅层上的栅极金属的填充完全包含在凹槽中。二氧化硅层包括延伸到凹槽中的栅极金属的填充的第一窗口，以及分别延伸到凹槽的任一侧上的 n+ 型导电层的第二和第三窗口。栅极触点延伸穿过第一窗口以填充凹槽中的栅极金属，而漏极和源极触点分别延伸穿过第二和第三窗口，以与凹槽任一侧上的漏极和源极区中的 n+ 型导电层接触。

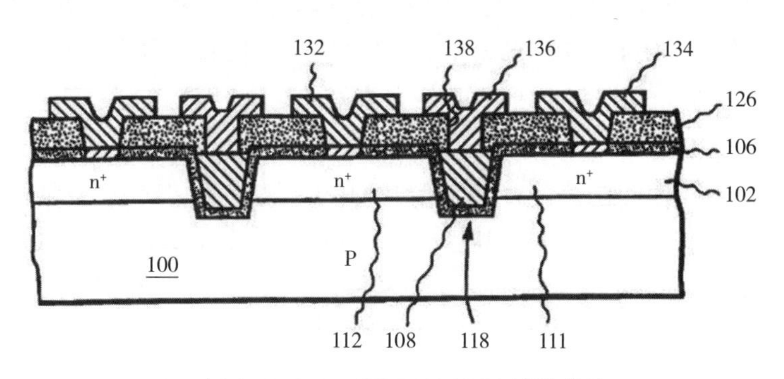

图 2–3–3–8　US5726463A 器件结构

西门子公司（DE19705519A1，公开日 1998.08.20）公开了一种新型碳化硅产品（见图 2–3–3–9），包括：（i）具有第一导电类型掺杂的 4H 多型结晶单晶衬底；和（ii）生长在主衬底表面上的具有第一导电类型掺杂的 6H 和 / 或 3C 多型结晶主层，主层的掺杂比衬底的掺杂轻。优选地，主表面平行于 4H 多晶型的（000–1）平面，在 15 度内，并且在主表面和主层之间生长第一导电类型掺杂的 4H 多晶型结晶中间层。还要求保护通过在衬底的主表面上外延生长主层来生产上述产品，优选通过分子束、气相或升华外延。

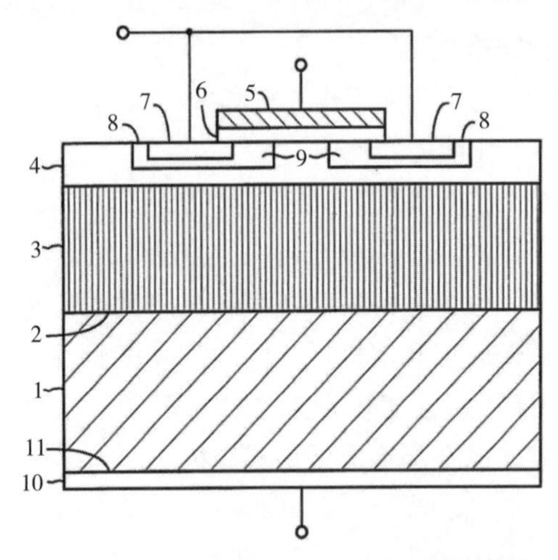

图 2-3-3-9　DE19705519A1 器件结构

株式会社电装（Denso）（JP2009094203A，公开日 20090430）公开了一种碳化硅半导体器件。碳化硅半导体器件包括衬底； 漂移层，所述漂移层具有第一导电类型并且位于所述衬底的第一表面上； 以及垂直型半导体元件。垂直型半导体元件包括：杂质层，其具有第二导电类型，并且位于漂移层的表面部分； 以及第一导电类型区域，位于漂移层中，与杂质层间隔开，比杂质层更靠近衬底，并且具有高于漂移层的杂质浓度。

住友电气（JP2009182240A，公开日 20090813）提供了一种制造半导体器件的方法和半导体器件，该方法确保足够的可靠性，同时通过实现由台阶聚束劣化的 SiC 层的表面状态的改善和残留杂质浓度的抑制来获得特性的改善，特别是载流子迁移率的改善。制造作为半导体器件的 MOSFET 的方法具有制备偏离角至多为 4° 的 4H-SiC 衬底的步骤（S10）、在 C/Si ≥ 1.2 的条件下在 SiC 衬底上进行 SiC 层的外延生长的步骤（S30）、在 SiC 层的主表面上形成刻面的步骤（S40）以及形成包括主表面的沟道区的步骤（S50）—（S60）。在形成沟道区的步骤（S50）—（S60）中，形成沟道区，使得刻面用作沟道区。

三菱电机（JP2011049267A，公开日 20110310）提供一种能够有效地降低 JFET 电阻的半导体器件及其制造方法（见图 2-3-3-10）。MOSFET 包括：形成在 SiC 衬底上的 n 型 SiC 漂移层； 在 SiC 漂移层上方形成的一对 p 型基极区；以及 n 型高浓度层，其形成在 SiC 漂移层上方的基极区的底部的深度处，并且具有比 SiC 漂移层高的杂质浓度。该对基极区域各自包括作为该对基极区域的内部部分的第一基极区域和在其外部形成得比第一基极区域更深的第二基极区域。

日立公司（JPWO2013/145023A，公开日 2013 年 10 月 3 日）公开了一种场效应碳化硅晶体管 SiC DiMOSFET，包括：碳化硅层；形成在所述碳化硅层的第一表面上的栅极绝缘膜；形成在所述栅极绝缘膜上的栅电极；形成在所述碳化硅层上的源电极； 以及漏极电极，所述漏极电极形成在作为所述碳化硅层的所述第一表面的后表面的第二表面上，其中，所述碳化硅层具有沟道注入结构，在所述沟道注入结构中，从所述栅极绝缘膜正下方的栅极绝缘膜侧依次设置与漏极区相同的充电的第一区和与所述第一区相反的充电的第二区，栅极绝缘膜包括电荷存储层、存在于碳化硅层和电荷存储层之间的底部阻挡膜，以及存在于栅电极和电荷存储层之间的顶部阻挡膜，并且电荷存储在电荷存储层中。

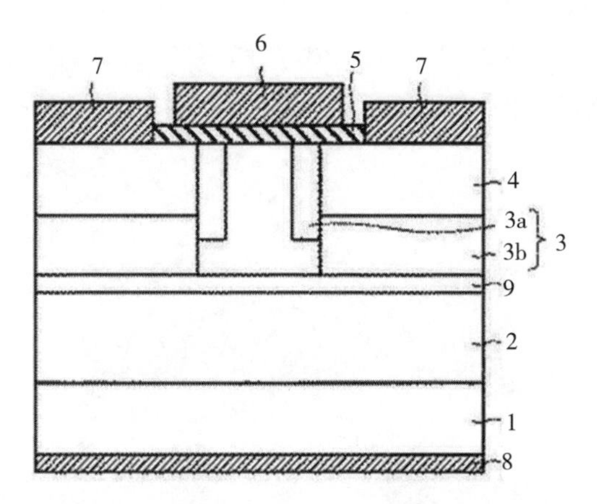

图 2-3-3-10　JP2011049267A 器件结构

罗姆公司（JP 特开 2013-239489A，公开日 2023 年 11 月 28 日）公开了一种半导体器件（见图 2-3-3-11），其中可以使布置在最外表面上的金属电极的表面平坦或光滑，以及提供一种用于制造所述半导体器件的方法。该半导体器件包括：SiC 外延层，其具有基于高度差（H1）形成在布置半导体元件（MOSFET）的最外表面上的不均匀形状；以及由金属材料制成并形成在 SiC 外延层上的源电极。在 SiC 外延层的表面和源电极之间提供具有比所述不均匀形状更光滑的表面的多晶硅层。

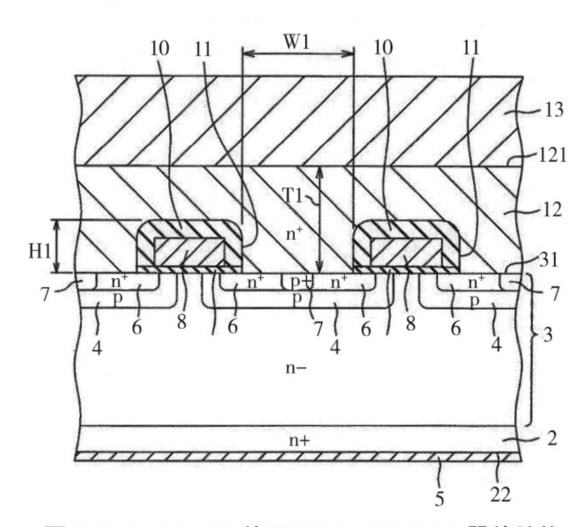

图 2-3-3-11　JP 特开 2013-239489A 器件结构

三菱电机（JP2017-135424A，公开日 2017.08.03）公开了一种能够缓和对施加高电压的栅极绝缘膜施加的电场，并抑制导通电阻的增大的绝缘栅型碳化硅半导体装置及其制造方法（见图 2-3-3-12），具备：与沟槽底部相接地设置了的保护扩散层以及将该保护扩散层与第 1 基区连接的第 2 基区，第 2 基区与对平行于 <0001> 方向的面朝向 <0001> 方向附加大于 0° 的沟槽偏离（off）角而得到的沟槽侧壁面相接地形成。本发明中的绝缘栅型碳化硅半导体装置在沟槽底部具备保护扩散层，所以能够缓和沟槽底部的栅极绝缘膜的电场，并且，在沟槽侧壁面中的、MOS 特性比与 <0001> 方向平行的面更差的、对与 <0001> 方向平行的面朝向 <0001> 方向附加大于 0° 的沟槽偏离角而得到的沟槽侧壁面形成用于固定保护扩散层的电位的第 2 基区，所以能够抑制导通电阻的增大。

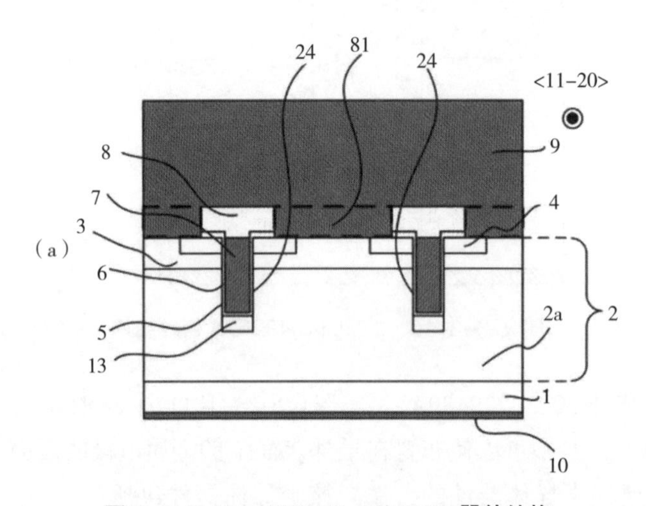

图 2-3-3-12　JP2017-135424A 器件结构

克里公司（US2020/0212908A1，公开日 2020.07.02）公开了一种具有高 DV/DT 能力的功率开关装置，功率开关装置包括具有有源区和非有源区的半导体层结构。有源区包括多个单位单元，并且非有源区包括在半导体层结构上的场绝缘层和与半导体层结构相对地在场绝缘层上的栅极焊盘。栅极绝缘图案设在有源区和场绝缘层之间的半导体层结构上，并且至少一个源极 / 漏极触件被设为通过栅极焊盘和场绝缘层到达半导体层结构的体阱延伸部。该功率开关装置的 dV/dt 位移电流能力可以为至少 90V/ns。在一些实施例中，MOSFET 的 dV/dt 位移电流能力可以在 100 ～ 140V/ns 之间，或者在 90 ～ 150V/ns 之间。这些功率 MOSFET 可以包括分流位移电流路径，该分流位移电流路径被配置为将 dV/dt 引起的位移电流通过碳化硅半导体层结构的非有源区分流到在硅化物半导体层结构的非有源区上的源极 / 漏极触件。

株式会社电装（JP 特开 2021-174835A，公开日 2021.11.01）公开了一种——第 1 导电型的漂移层；第 2 导电型的沟道层，配置在漂移层上；沟槽栅构造，具有配置在以将沟道层贯通而达到漂移层的方式形成的沟槽的壁面上的栅极绝缘膜和配置在栅极绝缘膜上的栅极电极；第 1 导电型的源极层，在沟道层的表层部中以与沟槽相接的方式形成，杂质浓度比漂移层高；以及第 1 导电型的漏极层，隔着漂移层而配置在与沟道层相反的一侧。并且，沟槽中的达到漂移层的部分的整个区域被第 2 导电型的阱层覆盖。阱层与沟道层相连。如图 2-3-3-13 所示。

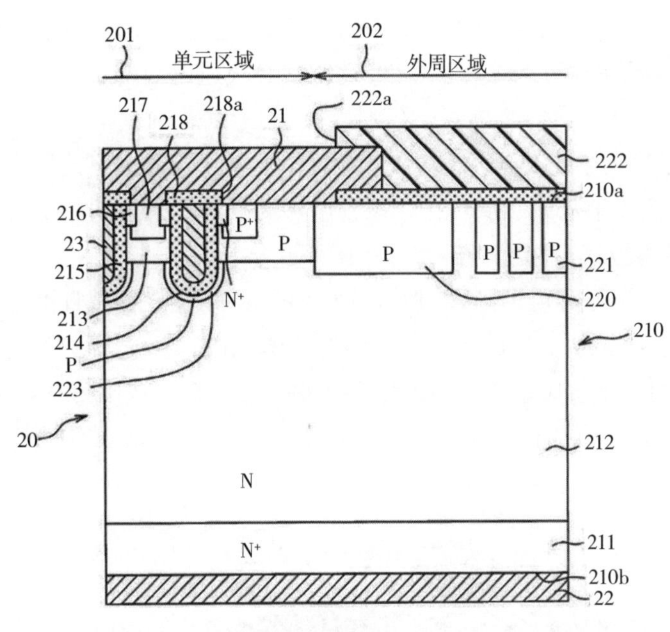

图 2-3-3-13　JP 特开 2021-174835A 器件结构

第四节　SiC MESFET

一、全球专利分析

本节将以 SiC MESFET 领域在全球范围内的专利为数据源，从专利申请发展趋势、区域分布、申请人等方面，对 SiC MESFET 领域进行专利分析。本节涉及专利申请 10 120 件，截止日期为 2023 年 6 月 1 日。

（一）发展趋势分析

图 2-3-4-1 示出了 SiC MESFET 功率器件在全球专利申请的发展趋势，可以看出，全球 MOSFET 领域专利申请总体可以分为以下几个阶段：

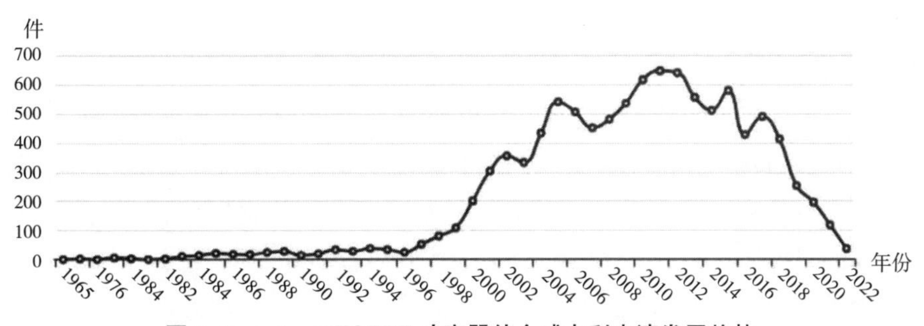

图 2-3-4-1　MESFET 功率器件全球专利申请发展趋势

1. 萌芽期（1965—1997 年）　自 1965 年开始有专利申请，一直到 1997 年，申请量一直处于低位，仅有个别申请人进行试探性申请。

2. 快速增长期（1998–2011 年） 自 1998 年申请量达到 81 件，该领域进入快速增长阶段，虽然有两次申请量的短暂下滑，但是经过调整又快速返回增长趋势，直到 2011 年达到 646 件。

3. 技术成熟期（2012 年至今） 在该时期，市场趋于饱和，申请量呈现震荡下降趋势，说明技术研发重点已逐渐从该领域转移，该领域将逐渐进入衰退期。

（二）专利申请国家 / 地区分布

图 2–3–4–2 展示了专利申请国家 / 地区分布，可以看出，该领域日本处于绝对领先地位，占 66.07%，其次为美国，占比 13.01%，中国位于第三位 6.76%，欧专局占比 5.80%，从图中还可以看出，位于欧洲的德国位 2.06%、奥地利为 0.77%、法国为 0.43%，欧洲的总占比超过中国，如果将欧洲看一个整体，其申请量处于全球的第三位。中国台湾和韩国依然占有一席之地。

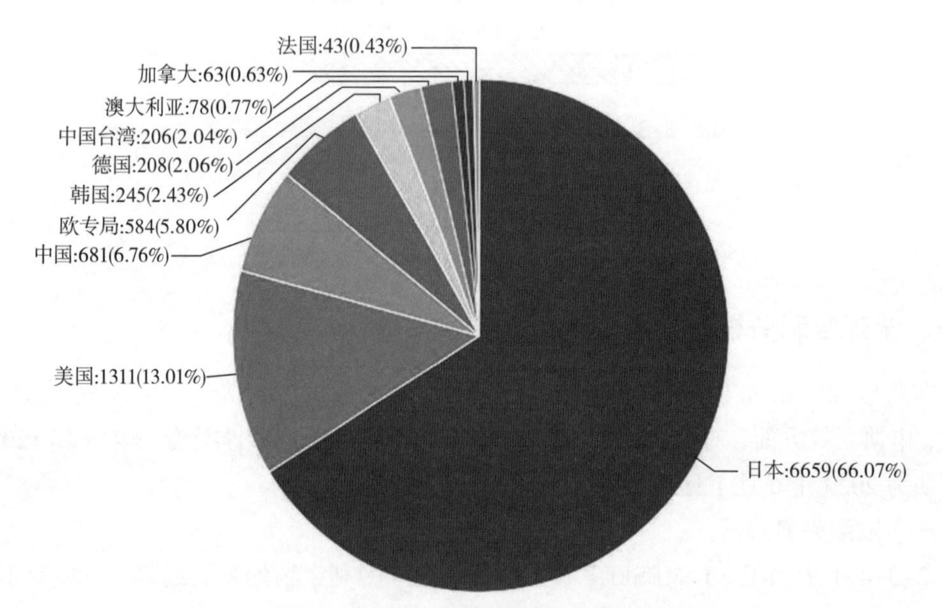

图 2–3–4–2 MESFET 功率器件专利申请国家 / 地区分布

（三）目标市场分析

图 2–3–4–3 示出了 SiC MESFET 全球专利申请的公开情况，从一定程度上能够反映技术的流入情况。可以看出，日本独占鳌头，以 60.85% 的份额呈现压倒性的绝对优势，是全球最受重视的技术市场。美国排名第二，占 11.44%。第三位为世界知识产权组织，这在一定程度上反映出 SiC MESFET 的国际布局程度高，申请人具有较大的意愿通过国际申请的方式进入更多的目标市场。第四位和第五位分别为中国和欧专局，分别占 6.74% 和 5.68%，是申请人较为重视的目标市场。

（四）主要申请人

如图 2–3–4–4 所示，在 SiC MESFET 领域，富士通位于第一位，处于绝对领先地位，达 916 件，第二集团为克里公司和住友电气，分别为 749 件和 746 件；第三集团为松下和东芝，均为 604 件；第六至八位分别为三菱电机、夏普、三垦电气，均为日本公司。在该领域，前20位申请人没有中国的申请人，全部为美国和日本公司，可见突破该领域的技术壁垒非常困难。

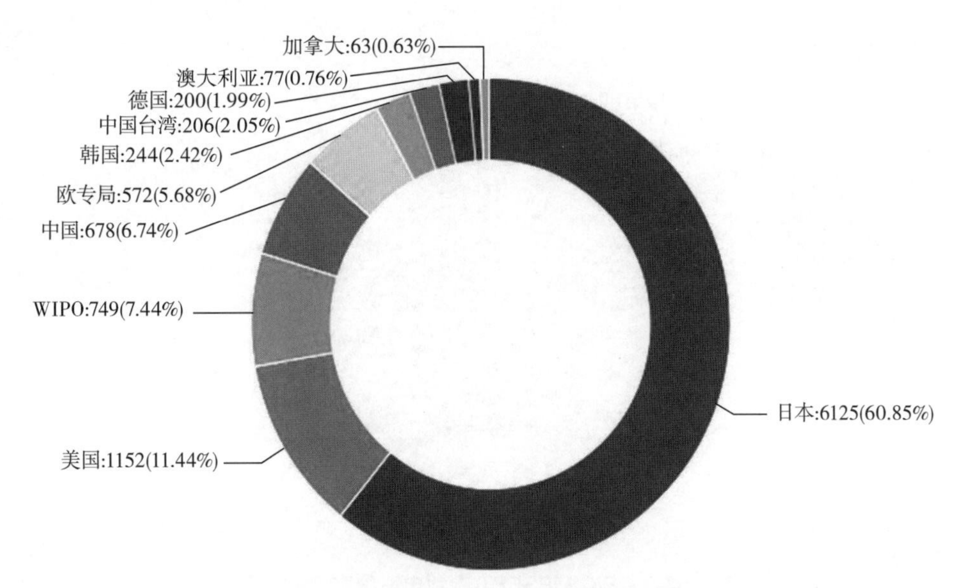

图 2-3-4-3 MESFET 功率器件目标市场分析

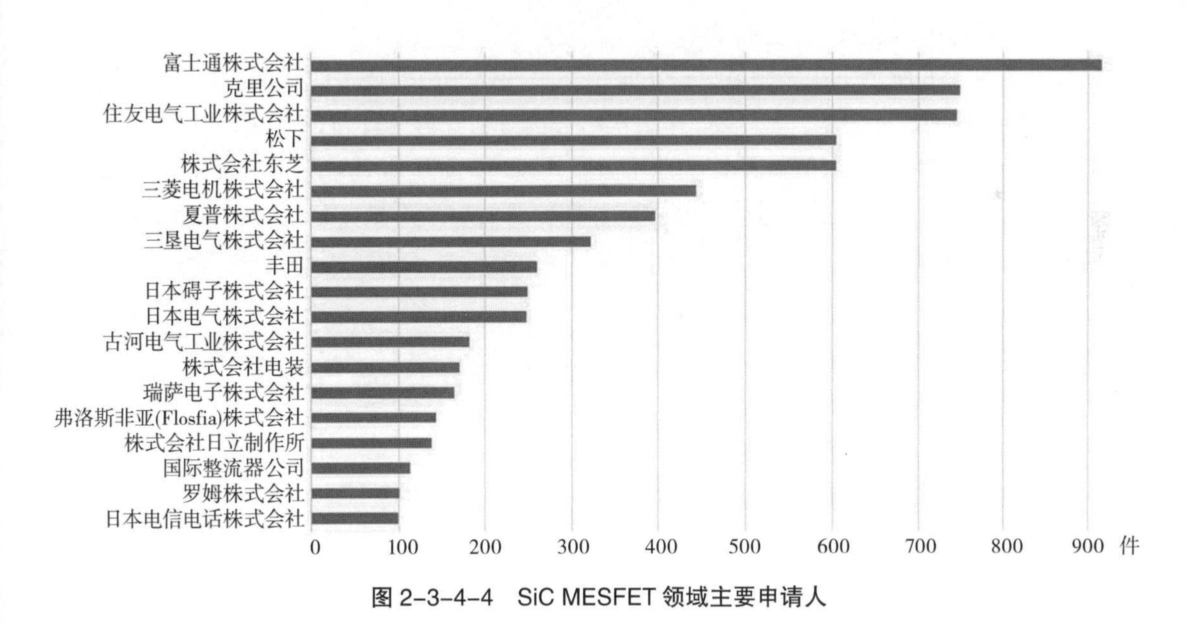

图 2-3-4-4 SiC MESFET 领域主要申请人

二、境外专利分析

（一）申请国家 / 地区分布

图 2-3-4-5 示出了第三代半导体主要分支 SiC MESFET 专利申请国家 / 地区分布，主要集中在日本、美国、欧洲。

截至检索日，SiC MESFET 分支的总申请量为 4195 项。其中，日本的申请量最大，达到3229项，占总申请量的77.25%，处于绝对领先地位。美国的申请量次之，占总申请量的11.25%，申请量为472件；还有4.95%的国际申请，共有207件。从整体比例可以看出，SiC MESFET的专利申请主要来自日本和美国，占总申请量的88.50%，可见日本和美国的半导体研发实力强劲。

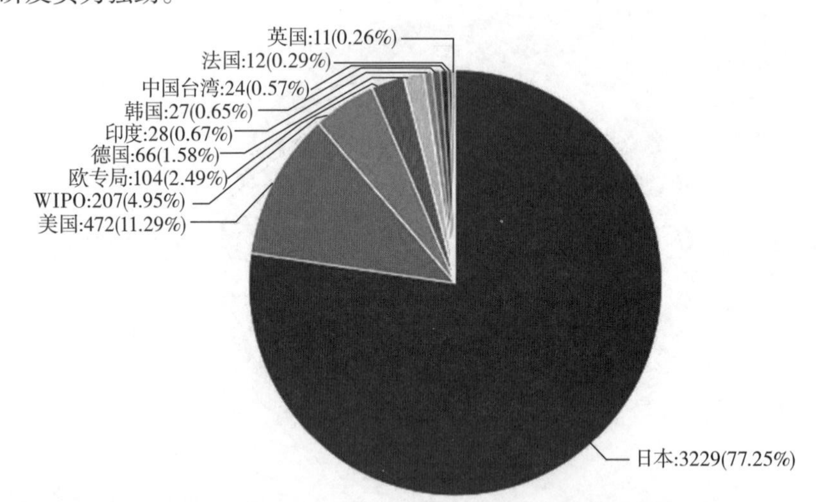

图2-3-4-5　SiC MESFET专利申请国家/地区分布

（二）专利申请趋势

如图2-3-4-6所示，在该领域，申请量依然呈现出典型的技术萌芽期、快速发展期、技术成熟期的典型发展态势。从1965年出现第一例专利申请一直到2000年50件，发展速度非常缓慢；从2001年申请量开始快速上升，由93件上升到2011年的305件，自2012年开始申请量开始下降，说明进入了技术成熟期，研发后劲不足，企业的研发重点已经从该领域转移到其他领域。

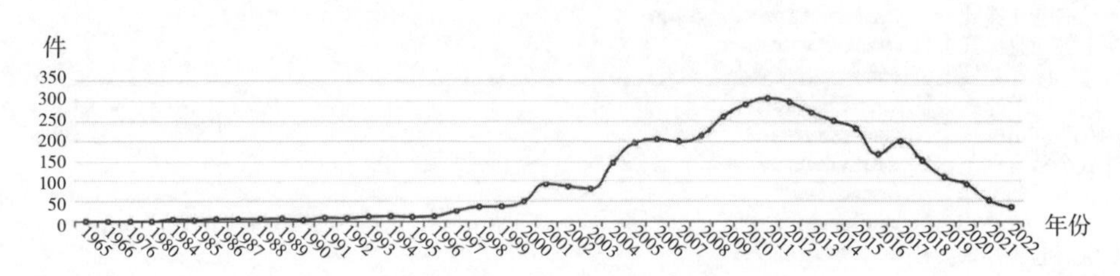

图2-3-4-6　SiC MESFET专利申请趋势

（三）主要申请人

图2-3-4-7示出了SiC MESFET技术的主要申请人，可见，SiC MESFET技术集中在日本，其中排名前十位的申请人有富士通、东芝、住友电气、三菱电机、松下电器、夏普、三垦电气、古河电气、瑞萨电子和克里公司，其中日本企业占9席，美国公司占1席（克里公司）。在申请量上，排名前三的申请人领先态势明显，且全部来自日本，申请量分别为：443件、346件、259件。可以看出，在SiC MESFET领域，已经形成产业规模效应，有大量的申请人投入研发和制造，其中日本领跑全球，是这一领域的主要研发力量，掌握这一领域的先

进核心技术，相关技术的引进可以考虑日本。

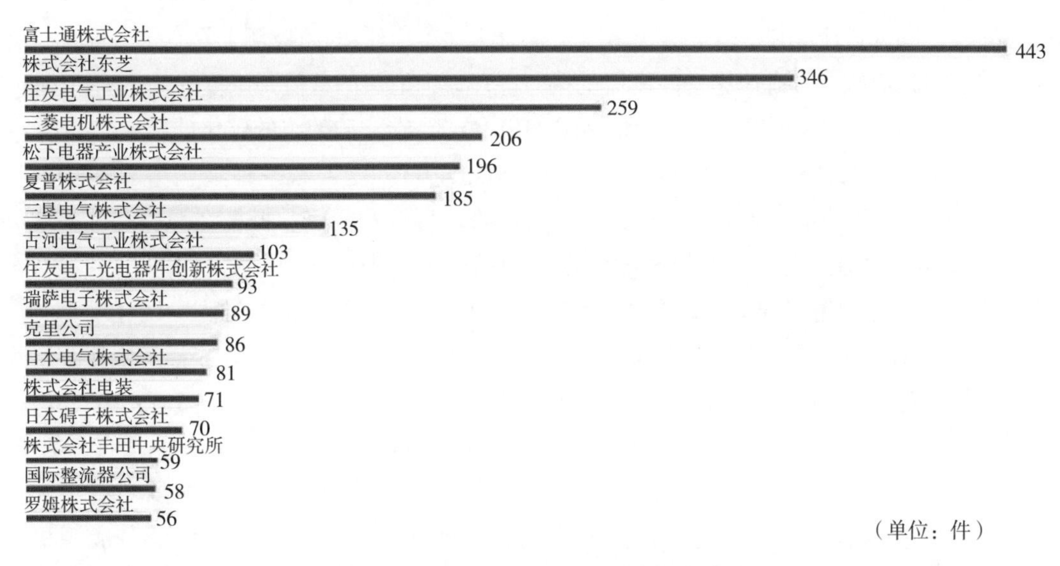

图 2-3-4-7 SiC MESFET 主要申请人

（四）SiC MESFET 技术发展路线

4H-SiC MESFET 在 L、X、S 波段应用最广泛，这是因为在高频应用领域，其结构优于其他器件结构，MESFET 的创新主要在栅结构、场板结构和沟道结构。

克里公司（US5686737A，公开日 1997.11.11）公开了一种金属半导体场效应晶体管（MESFET），其表现出降低的源电阻和更高的工作频率。MESFET 包括碳化硅外延层和外延层中的栅极沟槽，该栅极沟槽暴露两个相应沟槽边缘之间的碳化硅栅极表面。形成到栅极表面的栅极接触，且沟槽进一步界定晶体管的源极区和漏极区。各个欧姆金属层在外延层的源极和漏极区域上形成欧姆接触，并且沟槽处的金属层的边缘与沟槽处的外延层的边缘特定地对准。所述衬底、所述沟道层和所述帽盖层都由相同的碳化硅多型体形成。所述碳化硅多型体选自由碳化硅的 3C、2H、4H、6H 和 15R 多型体组成的组。

克里公司（US2004/0159865A1，公开日 2004 年 8 月 19 日）公开了一种利用基本上无深能级掺杂物的半绝缘 SiC 衬底的 SiC MESFET。半绝缘衬底的利用可以减少 MESFETs 中的背栅效应。还提供了具有两个凹槽的栅极结构的 SiC MESFETs。还提供了具有选择掺杂的 p 型缓冲层的 MESFETs。这种缓冲层的利用可以在具有常规的 p 型缓冲层的 SiC MESFETs 之上降低到其三分之一的输出电导并产生 3db 的功率增益。还可以提供到 p 型缓冲层的地接触，p 型缓冲层可以由两种 p 型层形成，其具有在衬底上形成的较高掺杂物浓度的层。根据本发明的实施例，SiC MESFETs 还可以利用铬作为肖特基栅极材料。此外，可以采用氧化物—氮化物—氧化物（ONO）钝化层以减少 SiC MESFETs 中的表面效应。同样，可以直接在 n 型沟道层上形成源和漏欧姆接触，因此，不需要制造 n+ 区域，有关这种制造的步骤可以从制造工艺中去除。还公开了制造这种 SiC MESFETs 和用于 SiC FETs 的栅极结构以及钝化层的方法。

克里公司（US2007/0120168A1，公开日 2007.05.31）披露了一种金属半导体场效应晶体管（MESFET）的单位单元。该单位单元包括具有源极、漏极和栅极的 MESFET。栅极位于源极和漏极之间并位于 MESFET 的沟道层上。沟道层在沟道层的源极侧上具有第一厚度，并且在沟道层的漏极侧上具有比第一厚度厚的第二厚度，沟道层的载流子浓度为约 $1.0 \times 10^{1} cm^{-3}$ 至约 $2.0 \times 10^{18} cm^{-3}$。衬底可以由选自 6H、4H、15R 或 3C 碳化硅的组的碳化硅形成。

克里公司（US2008/0079036A1，公开日 2008.04.03）提供了一种金属半导体场效应晶体管（MESFET）的单位单元。MESFET 具有源极、漏极和栅极。栅极在源极和漏极之间并且在 n 型导电沟道层上。在源极和漏极之间的栅极下方提供 p 型导电区。所述 p 型导电区与所述 n 型导电沟道层间隔开且电耦合到所述栅极。碳化硅（SiC）衬底，所述 p 型导电区设置在所述 SiC 衬底上，其中所述 n 型导电沟道层包括 n 型导电 SiC，并且其中所述 p 型导电区包括 p 型导电 SiC。p 型导电区的载流子浓度为约 $1.0 \times 10^{18} cm^{-3}$ 到约 $1.0 \times 10^{20} cm^{-3}$。

株式会社电装（JP 特开 2011-119512A，公开日 2011.06.16）公开了一种具有 JFET、MESFET 或 MOSFET 的宽带隙半导体器件，主要包括半导体衬底、第一导电类型半导体层和第一导电类型沟道层。半导体层形成在衬底的主表面上。以将半导体层分成源极区域和漏极区域的方式在半导体层中形成凹部。凹部具有由衬底的主表面限定的底部和由半导体层限定的侧壁。所述沟道层具有比所述半导体层的杂质浓度低的杂质浓度。沟道层通过外延生长形成在凹部的底部和侧壁上。SiC 衬底可以具有从约 $1 \times 10^{10} \Omega \cdot cm$ 至约 $1 \times 10^{11} \Omega \cdot cm$ 的电阻率和从约 50μm 至约 400μm 的厚度。

通用电气（US2017/0243970A1，公开日 2017.08.24）公开了一种碳化硅（SiC）器件，包括设置在 SiC 半导体层上方的栅电极，其中 SiC 半导体层包括：具有第一导电类型的漂移区； 阱区，所述阱区邻近所述漂移区设置，其中所述阱区具有第二导电类型； 以及具有所述第一导电类型的源极区，所述源极区邻近所述阱区设置，其中所述源极区包括源极接触区和箍缩区，其中所述箍缩区仅部分地设置在所述栅极电极下方，其中所述箍缩区中的薄层掺杂密度小于 $2.5 \times 10^{14} cm^{-2}$，并且其中所述箍缩区被配置为在大于所述 SiC 器件的标称电流密度的电流密度下耗尽，以增加所述源极区的电阻。

第五节　绝缘栅双极型晶体管 IGBT

一、全球专利分析

本节将以绝缘栅双极型晶体管（IGBT）领域在全球范围内的专利为数据源，从专利申请发展趋势、区域分布、申请人等方面，对绝缘栅双极型晶体管（IGBT）领域进行专利分析。本节涉及专利申请 3012 件，截止日期为 2023 年 6 月 1 日。

（一）发展趋势分析

如图 2-3-5-1，可以看出，IGBT 是一个新兴的技术分支，1994 年之前，IGBT 的申请量很少，这一时期申请人均为外国的公司；1995—2000 年，申请量开始缓慢增长，2000 年以后，申请量增速加快，直到 2012 年达到第一个峰值 186 件；虽然 2013 年经历了小幅滑落，

2014 年开始又重返快速增长的态势，2017 年达到峰值 287 件；2018 年之后进入技术成熟期，申请量均在 200 件以上。

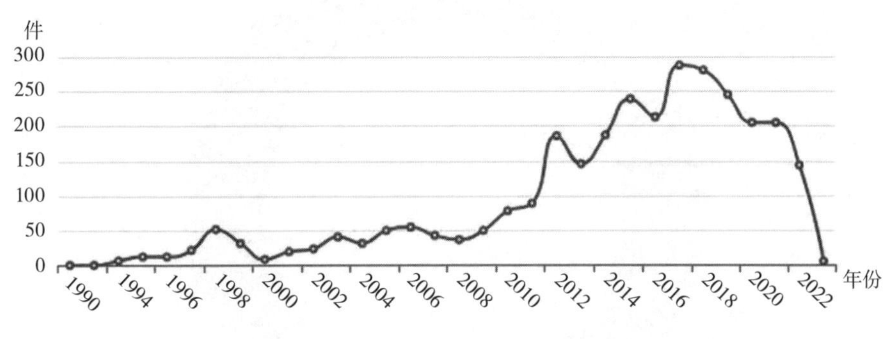

图 2-3-5-1　IGBT 专利申请发展趋势

（二）专利申请国家 / 地区分布

图 2-3-5-2 展示了 IGBT 的主要申请国家 / 地区，前三位为中国、日本、美国，分别为 28.48%、25.03%、24.15%，申请量差异不大，分别为 850 件、747 件、721 件，其次申请量较大的为德国占比 11.19%，欧专局 6.23%，分别为 334 件和 186 件；韩国和中国台湾依然占据一席之地，说明它们的研发能力非常全面，在各个技术分支均有涉及。

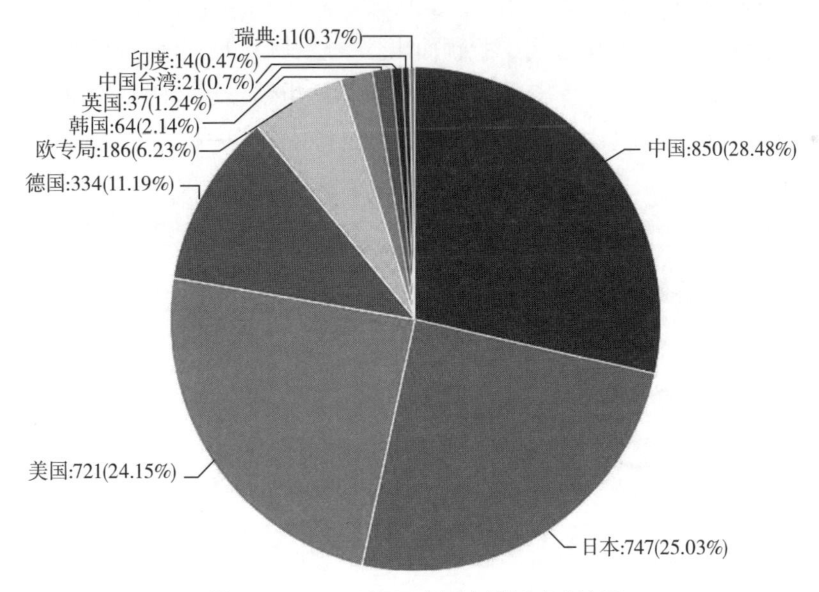

图 2-3-5-2　IGBT 主要申请国家 / 地区

（三）目标市场分析

如图 2-3-5-3 所示，在 IGBT 领域，中国以 28.06% 的份额处于第一位，其次是美国（22.88%）、日本（22.57%）的份额分别位于第二位和第三位，第四位是德国，同时这四个国家也是排名前四位的申请国，反映出这三个国家的申请人很重视在本土的知识产权保护。第五位和第六位为知识产权组织和欧专局，反映出该领域的国际申请也同样受到申请人重视。

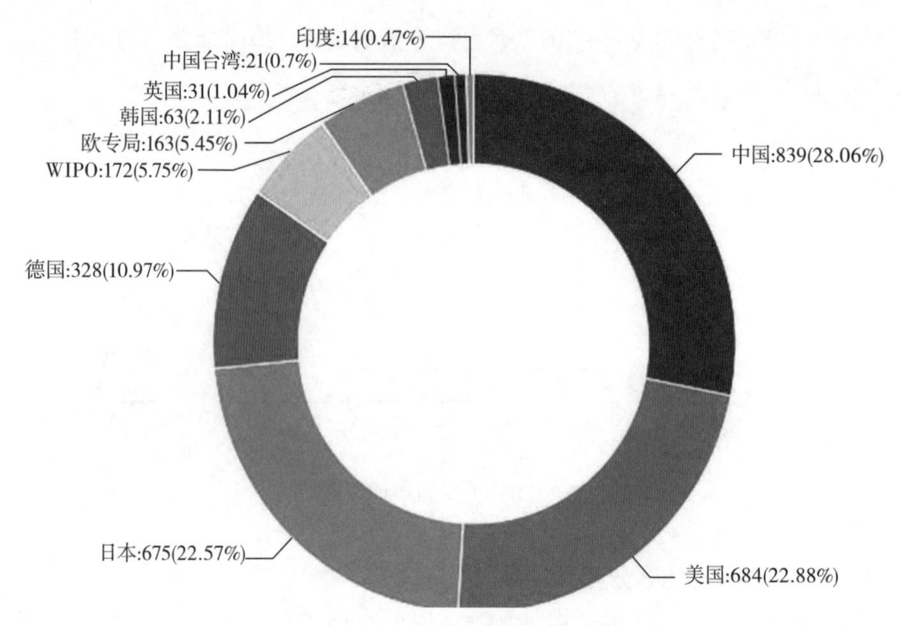

图 2-3-5-3　IGBT 目标市场分析

（四）主要申请人

从图 2-3-5-4 能够看出，德国的英飞凌处于绝对领先地位，为 559 件，其次是日本的三菱电机，为 344 件。值得注意的是，在 IGBT 领域，来自中国的电子科技大学位列第三位，达 197 件，在众多的日本和美国公司中脱颖而出。紧随其后的是申请量相似的丰田、克里公司和富士电机，为 150 件左右；东芝和罗姆株式会社的申请量也在 100 件以上。其余申请人的申请量均在 100 件以下，其中包括中国的西安电子科技大学、株洲中车时代和美的集团。

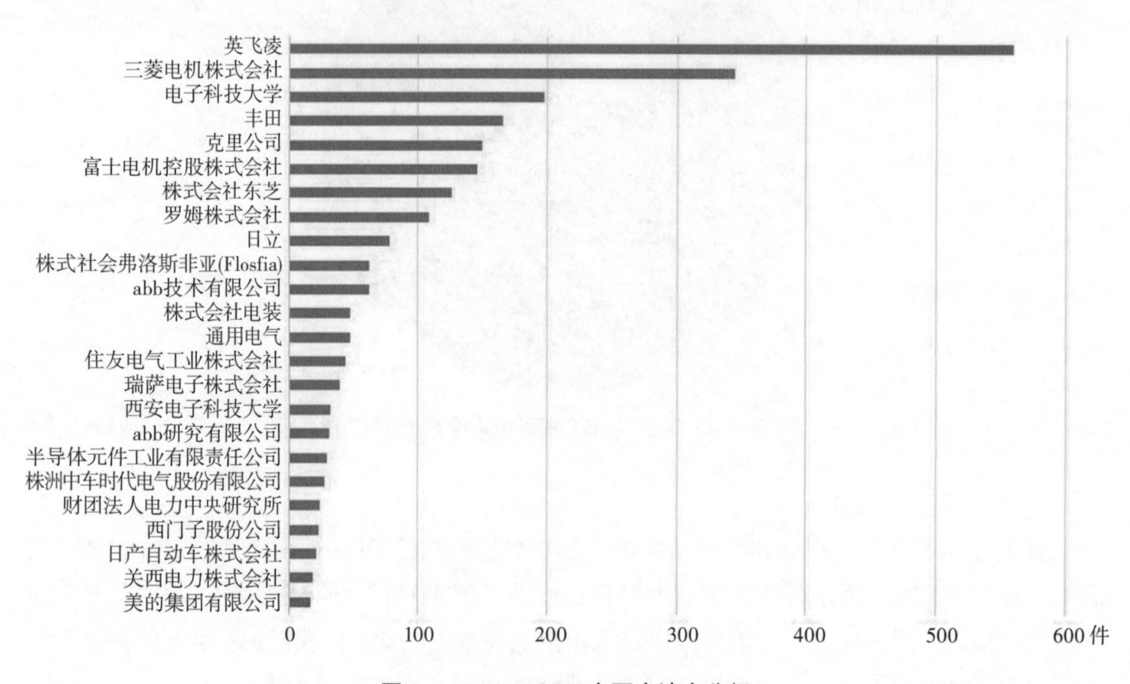

图 2-3-5-4　IGBT 主要申请人分析

二、境外专利分析

（一）申请国家 / 地区分布

图 2-3-5-5 示出了第三代半导体主要分支绝缘栅双极型晶体管（IGBT）专利申请的国家 / 地区分布。第三代半导体绝缘栅双极型晶体管（IGBT）的境外专利申请主要集中在日本、美国、欧洲、韩国、中国台湾等。

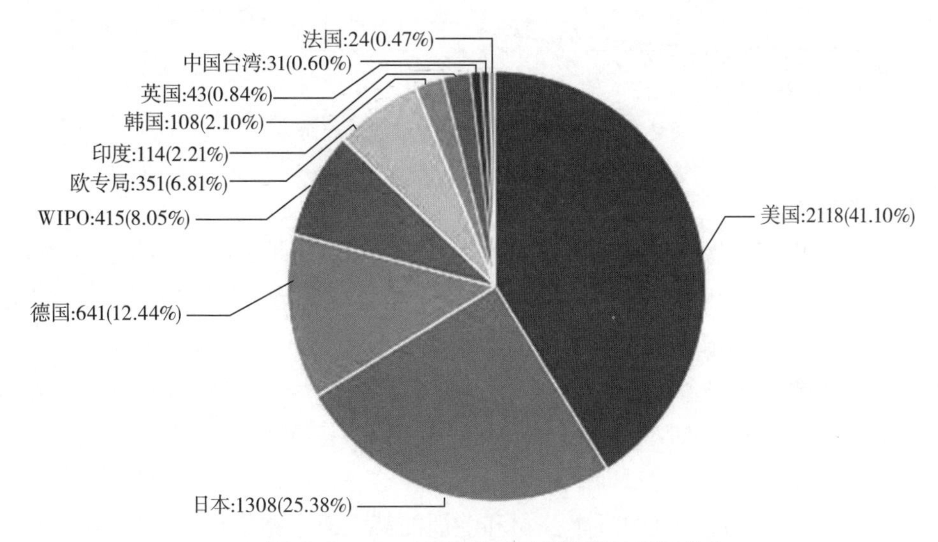

图 2-3-5-5 IGBT 专利申请国家 / 地区分布

截至检索日，海外第三代绝缘栅双极型晶体管（IGBT）分支的总申请量为 5153 项。其中，美国的申请量最大，达到 2118 项，占总申请量的 41.10%；日本的申请量次之，占总申请量的 25.38%，申请量为 1308 件；德国、WIPO、欧专局、印度、韩国分别占总申请量 12.44%、8.05%、6.81%、2.21%、2.19%，申请量分别为：614 件、415 件、351 件、114 件、108 件。从整体比例可以看出，第三代半导体的主要分支绝缘栅双极型晶体管（IGBT）的专利申请主要来自美国和日本，占总申请量的 66.48%，是其他国家 / 地区申请量总和的 2 倍，尤其是美国的申请量占总数的 41.10%，处于绝对领先地位。

（二）专利申请趋势

图 2-3-5-6 示出了绝缘栅双极型晶体管（IGBT）技术的专利申请发展趋势。可以看出，该技术分支的专利申请量总体呈现不断增长的态势。

与前述半导体器件相同，IGBT 技术也是自 20 世纪 60 年代开始出现专利申请，直到 1993 年年申请量都处在个位数左右，这一时期是绝缘栅双极型晶体管（IGBT）技术的萌芽期，即技术发展初期。在这一时期，仅个别申请人进行研究，并进行试探性申请，还没有形成规模。从 1994 年增速开始缓慢爬坡，申请量增长到两位数，呈稳定上升趋势。2007 年申请量突破三位数，开始快速上升，在这一时期，由于制造工艺的改进，研究进入了新的阶段，申请量也随之快速增长，进入技术的成长期。2015—2021 年申请量均在 400 件左右，并于 2019 年达到申请量的顶峰 482 件，说明该技术逐渐赢得市场认同并为部分厂商相继采用，获得了社会的广泛认同，进入技术的成熟期。该时期进入技术领域的企业数量趋于稳定，并且申请量增速放缓。2022—2023 年申请量下降的原因在于部分专利申请尚未公开。

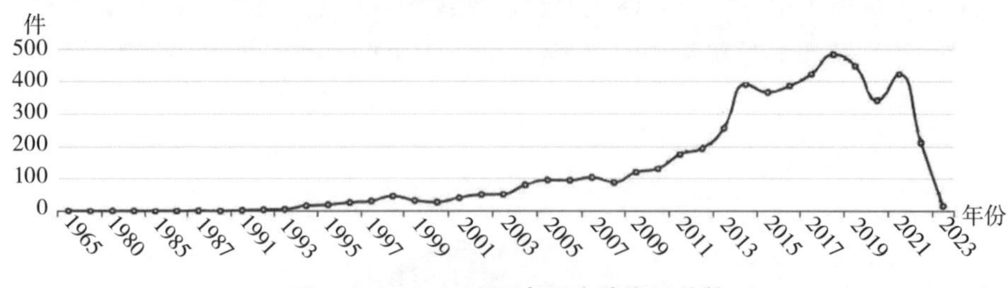

图 2-3-5-6　IGBT 专利申请发展趋势

（三）主要申请人

图 2-3-5-7 示出了绝缘栅双极型晶体管 IGBT 技术专利申请的主要申请人，可见，绝缘栅双极型晶体管IGBT技术集中在日本，其中排名前十位的申请人有：三菱电机、富士电机、英飞凌（德国）、东芝、丰田、株式会社电装、英飞凌（奥地利）、罗姆、日立、住友电气，其中日本企业占 8 席，欧洲企业占 2 席（英飞凌）。在申请量上，排名前三的申请人领先态势明显，申请量分别为：517 件、486 件、428 件。如果将英飞凌的德国和奥地利两家公司的申请量合并，英飞凌的申请量即跃居第一位。在这一领域，已经形成规模效应，有大量的申请人投入研发和制造，其中日本公司和欧洲的英飞凌领跑全球，是这一领域的主要研发力量，掌握这一领域的先进核心技术，这也与其经济实力、科技实力紧密相关。

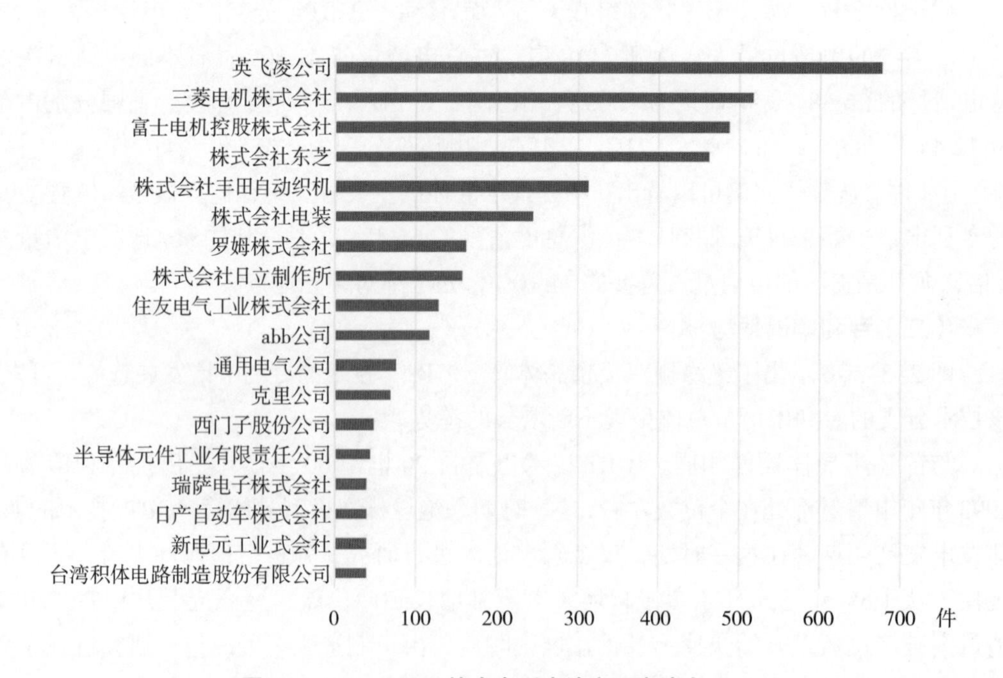

图 2-3-5-7　IGBT 技术专利申请主要申请人

（四）IGBT 技术发展路线

绝缘栅双极型晶体管（IGBT）是由大电流双极型三极管（BJT）和绝缘栅型场效应管（MOS）组成的复合全控型电压驱动式功率半导体器件，兼有 MOSFET 的高输入阻抗和功率晶体管（GTR）的低导通压降两方面的优点，能够克服电压控制型 MOSFET 伴随高耐压和高导通电阻产生的发热问题和 BPT 的转换速度慢的问题，驱动功率小且饱和压降低。而碳化硅功率元器件的开关特性优异，可处理大功率高速开关，开关损耗非常小。碳化硅 IGBT 器件的技术发展主要涉及元胞改进、终端改进、模块改进等方面。

1. 涉及元胞改进

（1）日本日立公司提出的功率半导体器件（JP 特开 2001-168327A）公开了一种功率半导体器件，当在第一端和第二端之间加电压时，通过形成延伸穿过一部分半导体芯片的空间电荷区,在所述的第一端和第二端之间阻止电流流动:半导体芯片的衬底主面位于面上，形成有电压保持区，包括电连接到所述第二端的第一导电类型的第一区和电连接到所述第一端的第二导电类型的第二区；所述的第一导电类型的第一区和所述的第二导电类型的第二区之间的边界具有沿轴方向延伸的形状；当在所述的第一端和所述的第二端之间的电流流动受阻时，在包括所述的第一导电类型的第一区和所述的第二导电类型的第二区的所述的电压保持区中，形成交替排列的正负空间电荷区。

（2）克里公司（US2008/0105949A1，公开日 2008.05.08）公开了一种绝缘栅双极晶体管（IGBT）（见图 2-3-5-8）包括具有第一导电类型的衬底，具有与第一导电类型相反的第二导电类型的漂移层，以及在漂移层中并具有第一导电类型的阱区。外延沟道调节层在漂移层上并且具有第二导电类型。发射极区域从外延沟道调节层的表面延伸通过外延沟道调节层并进入阱区。发射极区域具有第二导电类型并且至少部分定义了阱区中相邻于发射极区域的沟道区。栅极氧化物层在沟道区域上，并且栅极在栅极氧化物层上。沟道调节层可以具有大约是 0.25μm 或更厚的厚度。而且，从发射极区域的底部到阱区的底部大约是 0.45μm 或更长的距离。沟道调节层可以具有大约 0.1μm 到大约 0.5μm 的厚度，并具有大约 $1\times10\text{cm}^{-3}$ 到大约 $5\times10^{18}\text{cm}^{-3}$ 的净掺杂浓度；在 25℃约 -20V 的栅极偏压下达到约 $88\text{m}\Omega\times\text{cm}^2$

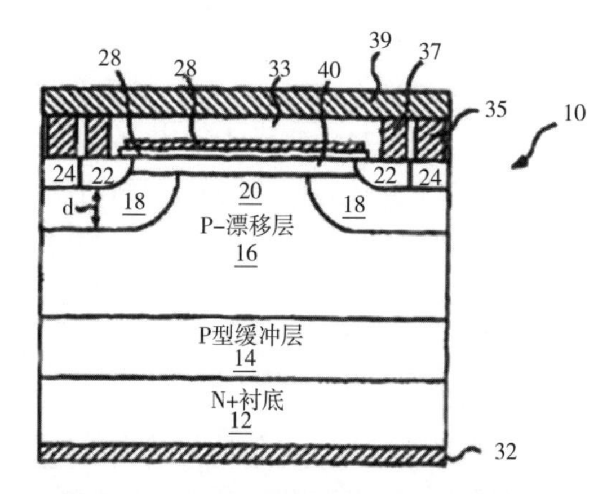

图 2-3-5-8　US2008/0105949A1 器件结构

的微分导通电阻，并且在200℃降低到约24.8mΩ × cm^2。根据本发明的实施例的器件可以展现具有约0.1mA/cm^2或更小的漏电流密度的约9kV的阻断电压。在室温下阈电压为−6.5V时达到约6.5cm^2/Vs的空穴沟道迁移率，导致增强的导电能力。

（3）克里公司（US2007/0145378A1，公开日2007.06.28）公开了一种双极结型晶体管（BJT），其包括：第一导电型的碳化硅（SiC）集电极层，在碳化硅集电极层上第二导电型的外延碳化硅基极层上的第一导电型的外延碳化硅发射极台。在碳化硅发射极台外部在外延碳化硅基极层的至少一部分上提供第一导电型的外延碳化硅钝化层。外延碳化硅钝化层可以设置以在零器件偏压时完全耗尽。还公开了相关的制造方法。

（4）住友电气（JP特开2012-209422A，公开日2012.10.25）公开了一种IGBT，包括：第一导电类型的碳化硅衬底；第二导电类型的碳化硅半导体层，其设置在碳化硅衬底主表面上；沟槽，其设置在碳化硅半导体层中；第一导电类型的体区，其设置在碳化硅半导体层中；和绝缘膜，其覆盖至少沟槽的侧壁表面，沟槽的侧壁表面是具有50°或更大且65°或更小的偏离角的表面，沟槽的侧壁表面包括体区的表面，绝缘膜与至少在沟槽的侧壁表面处的体区的表面接触，并且体区中的第一导电类型杂质浓度为$5 \times 10^{16} cm^{-3}$或更大。能够实现在设定阈值电压时增加灵活性，同时实现抑制沟道迁移率降低。

（5）通用电气（US2013/0075756A1，公开日2013.03.28）公开了一种半导体器件，其具有包含碳化硅的半导体衬底，在第一表面上、在该衬底的一部分上附设栅电极，在该衬底的第二表面上附设漏电极。在栅电极上附设有介电层以及在介电层上面、之内或之下附设有矫正层，其中该矫正层配置成缓解负偏压温度不稳定性，保持小于约1V的阈值电压的变化。在矫正层上附设源电极，其中源电极电耦合到半导体衬底的接触区域。

（6）克里公司（US2018/0204945A1，公开日2018.07.19）公开了一种垂直FET，包括碳化硅基底，其具有顶表面和与顶表面相对的底表面；漏极/集电极触点，处于碳化硅基底的底表面上；和外延结构，处于碳化硅基底的顶表面上，具有形成在其中的第一源极/发射极注入。栅极介电层设置于外延结构的一部分上。第一源极/发射极触点段在第一源极/发射极注入上彼此间隔。第一和第二细长栅极触点处于栅极介电层上并定位为使得第一源极/发射极注入在第一细长栅极触点和第二细长栅极触点下方和之间。栅极间板从第一细长栅极触点和第二细长栅极触点中的至少一个延伸进入形成于第一源极/发射极触点段之间的空隙中。

（7）富士电机（JP特开2010-102737A，公开日2019.06.24）公开了一种半导体器件，包括：第一导电类型的电流扩散区域，其设置在漂移层上并且具有比漂移层更高的杂质密度；第二导电类型的基极区域，所述第二导电类型的基极区域设置在所述电流扩散区域上；所述第二导电类型的基极接触区域，所述第二导电类型的基极接触区域设置在所述基极区域的顶部部分中并且具有比所述基极区域更高的杂质密度；以及所述第一导电类型的电极接触区域，其设置在所述基极区域的顶部部分中，所述第一导电类型的电极接触区域与所述基极接触区域横向接触，所述电极接触区域具有比所述漂移层更高的杂质密度，其中所述基极接触区域中的第二导电类型杂质元素的密度是所述电极接触区域中的第一导电类型杂质元素的密度的至少2倍。

2. 涉及终端改进

（1）克里公司（US2007/0018272A1，公开日 2007.01.25）公开了一种用于碳化硅中高电场半导体器件的改进的终止结构。该终止结构包括用于高电场工作的基于碳化硅的器件，器件中的有源区，有源区的边缘终止钝化，其中边缘终止钝化包括，位于器件的至少一些碳化硅部分上的用于满足表面状态和降低界面密度的氧化物层，位于氧化物层上用于避免氢的结合且用于减小寄生电容和最小化捕获的氮化硅的非化学计量层，以及位于非化学计量层上用于密封非化学计量层和氧化物层的氮化硅的化学计量层。

（2）丰田公司（JP 特开 2009-272482A，公开日 2009.11.19）公开了一种半导体装置（见图 2-3-5-9），具有：第一层叠体，其依次包括第一散热板、第一绝缘层、第一导电层以及第一半导体元件；第二层叠体，其依次包括第二散热板、第二绝缘层、第二导电层以及由不同于所述第一半导体的半导体材料形成的第二半导体元件；连接部，其对所述第一导电层和所述第二导电层进行电连接，其中，所述第一层叠体和所述第二层叠体之间处于热绝缘状态。

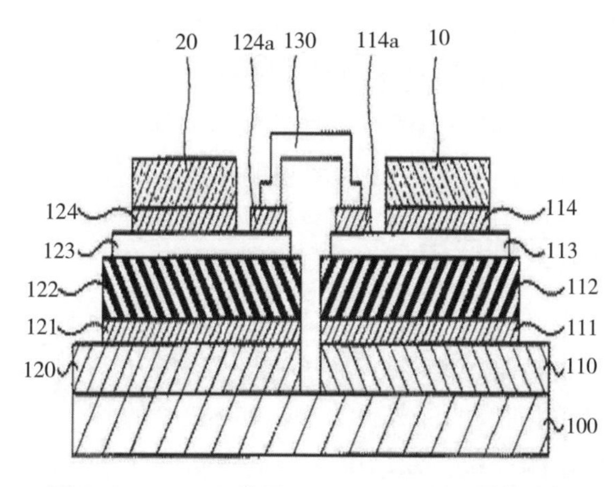

图 2-3-5-9 JP 特开 2009-272482A 器件结构

3. 涉及模块改进

（1）富士公司（JPWO2011/129443A）公开了一种半导体装置。复合开关装置由设置在 SiC 基板的 MOSFET 区域的 MOSFET 以及设置在 SiC 基板的 IGBT 区域的 IGBT 构成。MOSFET 以及 IGBT 的栅极电极彼此连接、源极电极和发射极电极连接、漏极电极和集电极电极连接。在 MOSFET 以及 IGBT 设置有共用的 n 缓冲层。在 SiC 基板的第一主面侧设置有 MOSFET 的表面元件构造、IGBT 的表面元件构造。在 SiC 基板的第二主面侧设置有凹部以及凸部。MOSFET 设置在 SiC 基板的与凸部对应的位置。IGBT 设置在 SiC 基板的与凹部对应的位置。

（2）三菱电机（JPWO2015/129430A，公开日 2015.09.03）公开了一种半导体装置，具有在碳化硅半导体区域中形成的 IGBT 以及 FWD，其中，IGBT 具备在碳化硅半导体区域的一个主面侧形成的发射极电极、基极区域、发射极区域、在碳化硅半导体区域的一个主面侧形成的集电极区域、集电极电极、与碳化硅半导体区域、发射极区域和基极区域相接的栅极绝缘膜以及与栅极绝缘膜对置的栅电极，FWD 具备：基极接触区域，与发射极区域邻接，与发射极电极电连接；以及阴极区域，配设于碳化硅半导体区域的另一个主面侧的上层部，与集电极区域邻接地设置，与集电极电极电连接，IGBT 还具备载流子陷阱减少区域，该载流子陷阱减少区域配设于集电极区域的上方的碳化硅半导体区域内的主电流的通电区域，载流子陷阱少于阴极区域的上方的碳化硅半导体区域内的载流子陷阱。

第六节　功率器件的应用

一、SiC 功率二极管的应用

SiC 功率二极管主要包括两大类：一类是多子器件，代表器件为 SBD 肖特基势垒二极管；另一类是双载流子器件，代表器件为 PIN 二极管和 JBS。SBD 关断时，无少子复合过程，关断时间短，但是金属 - 半导体势垒的击穿能力不如 PN 结，PIN 二极管的击穿电压较高。JBS 结合了 SBD 和 PIN 两种二极管的优点，快速关断能力能够承受较高的反向电压。

功率二极管主要是为功率开关管的过冲电压和过冲电流提供放电通路，起到保护功率开关管和电路的作用。4H-SiC 二极管比同耐压级别的 Si 二极管具有更低的导通电阻、更低的正向压降和更快的开关速度，能够有效降低电路的损耗。4H-SiC 二极管和 Si IGBT 可组成电力电子开关混合模块，其功耗、工作频率和可靠性等性能比全 Si 开关模块有大幅提高。

二、SiC MESFET 的应用

MESFET 属于场效应器件，不同于双极结型晶体管，其导电过程只有一种载流子参与导电。MESFET 避免了体材料与氧化层的界面问题，与 MOSFET 相比其载流子迁移率更高。对第三代宽禁带半导体材料研究的深入，为 SiC MESFET 的研究开拓了新的领域。20 世纪 90 年代末，应安防信息化的要求，发达国家相继把新一代半导体材料与器件研发作为信息安防技术中的重要组成部分，以期研制高性能的电子系统以装备现代化的部队。4H-SiC MESFET 是在 L、S、X 波段应用最广泛的器件类型，这是因为在高频应用领域 MESFET 结构优于其他结构。目前，最先进的固态微波通信系统和雷达都是用 GaAs 或 InP 半导体器件。但是，电子系统对固态微波器件在大功率、高温上的要求已经超过 GaAs 半导体器件的理论极限，而 SiC 微波功率 MESFET 器件则完全可以满足该领域的需求。

2010 年报道了使用克里公司的 CRF24060 SiC MESFET 设计制作了用于 L 波段相控阵雷达 T/R 模块功率放大器，在 1.2 ～ 1.4GHz 范围内输出功率均超过 100W。由于 SiC 材料在导热方面的优势，在 60 ～ 140℃的温度变化范围内，功率放大器输出功率降低不超过 0.5dB。

克里公司（US2006/0145761A1，公开日 2006.07.06）公开了一种开关模式功率放大器，包括能对超过 1.0GHz 的输入信号作出响应的晶体管，所述晶体管包括连接到地的一个端子和导电地连接到电源的另一个端子。谐振电路将第二端子连接到输出，该输出具有跨接在输出和地之间的电阻性负载。当该晶体管导通时，第二端子连接到地，当该晶体管截止时，从电源到第二端子的电流被引导至晶体管的内部电容中，使得第二端子上的电压升高到最大值并随后降低，第二端子处的电压通过谐振电路连接到输出端子。在优选实施例中，晶体管包括化合物半导体场效应晶体管，第一端子为源极端子，第二端子为漏极端子。场效应晶体管优选为化合物高电子迁移率晶体管（HEMT）或化合物MESFET；能够在大于1.0GHz的频率下实现大于39dBm的功率输出。

克里公司（US 2017033749A1，公开日20170202）公开了一种射频（RF）放大器包括具有栅极、偏置器件和反相电路的耗尽型半导体器件。耗尽模式半导体器件可以是HEMT和/或MESFET。偏置装置被配置为生成偏置电压。反相电路被配置为从偏置电压生成反相偏置电压，并将反相偏置电压施加到栅极。

三、SiC MOSFET的应用

SiC功率MOS以驱动结构简单，与目前Si同类器件所使用的大量驱动电路和芯片兼容，成为替代Si IGBT在电力电子应用中的最佳器件。SiC MOSFET围绕提高功率、降低功耗、解决较低的反型层沟道迁移率和SiO_2栅介质层可靠性较低等问题，不断优化设计MOSFET结构、终端结束和改善栅氧化层的生长工艺。

以SiC VDMOS为例，SiC VDMOS在1200V以上的高电压区域具有明显优势，主要应用于开关电源电路中的升压（Boost）、降压（Buck）、升降压（Boost-Buck）等电压转换模块以及包括各种电压转换模块的开关电路。

克里公司首次研制出SiC MOSFET产品，最大反向击穿电压/额定电流为1200V/20A，芯片面积和相同耐压级别的Si IGBT相比下降明显，效率提高约2%，向电力电子器件小型化和高效率发展，成为替代Si IGBT的一个选择。

US2014/0246681A1（公开日2014.09.04）公开了一种用于控制到负载的电力输送的电力模块。根据一个实施例，电源模块包括具有内部腔室的壳体和安装在壳体的内部腔室内的多个开关模块。开关模块互连并且被配置为便于将电力切换到负载。每个开关模块包括至少一个晶体管和至少一个二极管。开关模块能够阻挡1200V，传导300A，并且具有小于20mJ的开关损耗。通过在功率模块中包括开关模块，使得功率模块对1200V/300A额定值具有小于20mJ的开关损耗，与常规功率模块相比，功率模块的性能显著改善。

罗姆公司已经可以量产600～1200V的SiC DMOS产品。目前，SIC DMOS在1200V关断电压下，具有10A、20A和67A工作电流，在10kV关断电压下，具有50A工作电流。

US2017/025963A1（公开日2017.01.26）公开了一种电源装置，具有并联连接的三相谐振型DC-DC转换器，所述转换器分别具有彼此偏移120°的操作相。转换器分别包括开关电路、串联谐振电路和整流平滑电路。串联谐振电路分别包括第一变压器、第二变压器和谐振电容器。第一变压器的每个初级绕组线、第二变压器的每个初级绕组线以及相应的谐振电容器串联连接。第二变压器的次级绕组线中的每一个连接到整流平滑电路中的每一个。第一变压器分别设置有不同的芯，初级绕组线和次级绕组线通过分隔线轴彼此绝缘，并且各个相的次级绕组线并联连接。用作初级侧的开关元件是基于SiC的MOSFETs（具有1200V的耐受电压和40A的耐受电流），并且用作次级侧的整流二极管的是基于SiC的SBDs（肖特基势垒二极管）（具有1200V的耐受电压和10A的耐受电流）。

四、SiC IGBT 的应用

绝缘栅双极型晶体管（IGBT），是由 MOSFET 和 BJT 组成的达林顿结构，具备 MOSFET 电压驱动和 BJT 低导通电阻的双重优势，克服了 MOSFET 耐压与导通电阻的矛盾关系，适用于超高压大功率领域。SiC IGBT 的设计围绕提高击穿电压、控制少子注入效率以及少子寿命等，以缓解击穿电压、导通电阻和开关速度的矛盾关系。

SiC IGBT 主要应用于开关电源中的变流变压模块，如 AC-DC、DC-DC 和 DC-AC 等电路变换模块，IGBT 作为开关管使用，具有耐高压、大功率、耐高温及较好的开关特性等，是良好的开关器件，IGBT 在智能电网、电动汽车、逆变器、变频电机驱动等电力领域，有很大的应用场景。

日立公司（JP2012244747A，申请日 2011.05.19，公开日 2012.12.10）公开了一种功率转换装置，包括：串联连接在正侧 DC 电源和用于输出 AC 电力的母线之间的多个开关元件；多个开关元件，串联连接在负极侧 DC 电源和母线之间，用于输出 AC 电力； 连接在中性点 DC 电源和开关元件之间的二极管元件； 以及绝缘壁，用于防止由开关元件附近的导电气体引起的短路路径。绝缘壁设置在开关元件和熔断器之间、开关元件和二极管模块之间、开关元件和汇流条之间或多个开关元件之间。否则，绝缘壁覆盖开关元件的周围。

第七节　SiC 功率器件在电力电子器件中的应用

相对于 Si 半导体电力电子器件而言，SiC 半导体电力电子器件具有更高的工作频率、更高的阻断电压和温度承受能力，同时又具有更低的开关损耗和通态电阻比。因此，SiC 电力电子器件可以大大降低装置的功耗、缩小装置的体积。尤其在高温、高压和高频电力电子应用领域，SiC 半导体器件更具适用性，具有 Si 半导体器件无法相比的应用优势和潜力。

一、SiC 功率器件在 PFC 中的应用

开关电源是目前使用数量最多的一种电力电子设备，主要分为直流开关电源和交流开关电源两类。直流开关电源的前端一般由二极管或晶闸管构成整流电路，会产生大量的谐波和无功，降低开关电源的功率因素，同时谐波也会对电网造成干扰。因此，在开关电源中设置功率因素校正装置（Power Factor Corrector，PFC），将 SiC 肖特基二极管引入直流开关电源的 PFC 电路，在不改变电路拓扑和工作方式的情况下，有效解决 Si 二极管反向恢复电流给电路带来的问题，改善电路的工作品质，提高电能供给质量。

二、SiC 功率器件在 DC/DC 变换器中的应用

DC/DC 变换器是构成直流开关电源的核心，最基础的是 Buck（降压）型电路和 Boost（升压）型电路。Buck 型电路和 Boost 型电路一般采用 PWM 变换技术控制开关管（VT）按照一定规律通断，通过改变开关管的占空比调节输出到负载端的直流电压。Buck 型电路的直流输出电压低于电源的直流电压，Boost 型电路的直流输出电压高于电源的直流电压。

Buck 型电路的拓扑结构如图 2-3-7-1（a）所示，图中 S 是开关器件，可根据应用需要选取不同的电力电子器件，如 IGBT、MOSFET、GTR 等。*L*、*C* 为滤波电感和电容，组成低通滤波器，*R* 为负载，VD 为续流二极管。当 S 断开时，VD 为 i_L 提供续流通路。*E* 为输入直流电压，U0 为输出电压平均值。当选用 IGBT 为开关器件时，降压电路如图 2-3-7-1（b）所示。

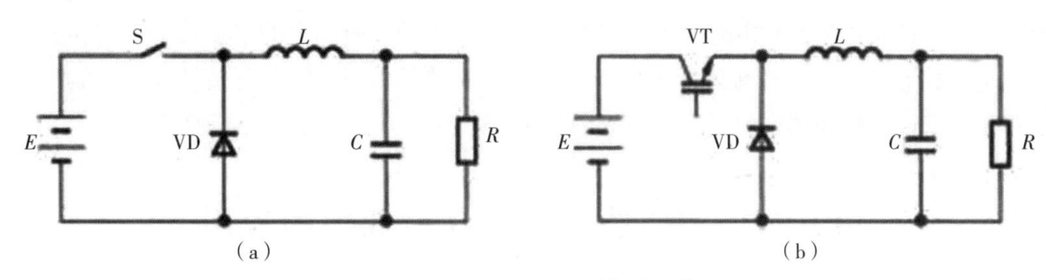

图 2-3-7-1　Buck 型电路拓扑

Boost 型电路的拓扑结构如图 2-3-7-2 所示，升压斩波电路通过控制开关 VT 的占空比来控制输出电压等于或者高于输入电压 *E*。该电路由直流电压源、全控型电力电子器件 T（如 IGBT）、续流二极管、电感、稳压电容和负载组成。

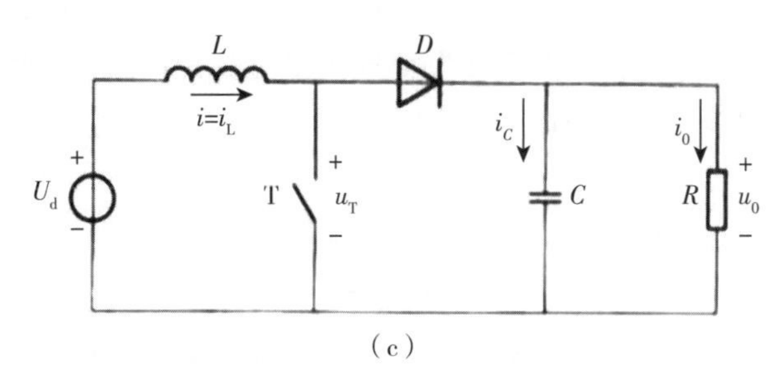

图 2-3-7-2　Boost 型电路拓扑结构

三、SiC 功率器件在 DC/AC 变换器中的应用

将直流电能转换为交流电能的变换称为 DC/AC 变换，简称逆变。早期的逆变电路采用简单的控制方式，输出方波形式的交流电，存在输出谐波含量高、无调压功能等缺点。脉冲宽度调制（PWM）技术的出现改变了这种状况，将 PWM 与频率控制技术结合起来形成的 PWM 逆变电路，兼具调压和变频功能，输出谐波含量较少，成为目前的主流逆变方式。

通过在逆变电路中使用 SiC 功率器件，降低逆变电路工作时的损耗，从而实现逆变器的小型化、高功率密度。逆变器的小型化是业界关注的方向，如能利用 SiC 器件实现小型化会对逆变器的进一步普及产生积极影响。但是，业界普遍认为价格应维持甚至低于传统的 Si 器件的价格水平。

逆变器的核心部件为包含整流电路、制动电路以及逆变电路在内的半导体模块。在逆变电路和制动电路上，如果可以实现对流向 SiC 器件的电流的密度进行高密度化处理，就可以缩小芯片安装面积。对模块内的整流电路，可能将 Si PiN 二极管更换为 SiC 二极管，以降低工作温度。

ABB 公司（US2014/0241016A1，申请日 2014.02.21，公开日 2014.08.28）公开了一种产生到三相输出的三相电流的方法和系统。开关转换器用于生成正电流、负电流和中间电流。该系统被配置为使得所产生的正电流在给定时间遵循正弦三相信号的最高相位的路径，所产生的负电流在给定时间遵循三相信号的最低相位的路径，并且所产生的中间电流在给定时间遵循三相信号的在最高相位和最低相位之间的相位的路径。所产生的电流被依次切换到三相输出的每个相导体，使得在输出导体中形成三相电流的相电流。第一开关转换器、第二开关转换器和第三开关转换器中的开关可以是例如 MOSFET、IGBT、JFETs 或 BJT。

第八节　SiC 功率器件在产业中的应用

一、新能源汽车

新能源汽车是指采用非常规的车用燃料（如汽油）作为动力，或采用新型动力系统，完全或主要依靠新型能源驱动的汽车。为解决能源短缺和环境污染等问题，世界各大汽车制造商都在积极开发新能源汽车，如电动汽车、太阳能汽车、氢能源汽车等。

目前，纯电动汽车和混合动力汽车的电力驱动部分主要有 Si 基功率器件组成。随着电动汽车的发展，对电力驱动的小型化和轻量化提出了更高的要求，然而 Si 基功率器件在许多方面已经达到了其材料的本征极限，因此，各大汽车厂商转向对新一代的 SiC 功率器件进行研发。

新能源汽车架构中设计功率半导体应用的组成包括：电机驱动系统、车载充电系统、电源转换系统和充电桩。目前，SiC 已经实现车规级应用，GaN 尚处于研发阶段。SiC 主要应用于 600V 以上的高压系统，如电动汽车的驱动电机逆变器。由于 Si 器件和 SiC 器件各具优势，SiC 器件尚未取代 Si IGBT。SiC 器件由于其高耐压性、耐温性和低功耗表现，越来越受到新能源汽车市场的青睐。

下面重点分析丰田公司在电动汽车领域的专利情况。

（一）发展趋势分析

图 2-3-8-1 为丰田汽车在电动汽车领域的专利申请量逐年变化图。可以看出，自 1974 年出现第一件电动汽车相关的专利以来，直到 1990 年一直处于技术发展初期，申请量变化不大。1991 年开始申请量开始缓慢增长，1997 年，丰田初代普锐斯和纯电动的 RAV4 EV 问世，相关申请量开始迅速增长。

RAV4 EV 和普锐斯是丰田十几年电气化研究的成果，尤其是镍氢电池组的量产。在 RAV4 EV 上，还具备电子空调、电动刹车泵和电动转向助力等前瞻性装备，至今仍在大量的纯电动车上应用。

随后，丰田把研发重点放在了技术更成熟、消费者接受程度更高的 HEV 混合动力车上，但这并不意味着丰田放弃了纯电动车，HEV 混动车给丰田带来了丰厚的电池、电机、电控这“三电”系统的研发基础。

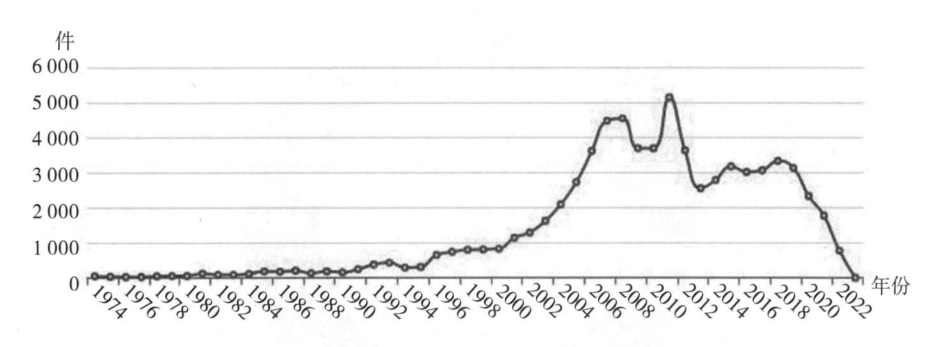

图 2-3-8-1　丰田在新能源汽车领域专利申请量变化趋势

1996—2008 年，丰田在新能源汽车领域经历了第一快速发展期；之后进入长达 5 年的调整期，2009—2014 年，申请量呈现大幅波动；2015 年开始申请量稳定在 3000 件，说明丰田公司在新能源汽车领域已经处于技术成熟期。

（二）专利申请国家 / 地区分布

图 2-3-8-2 示出了丰田在新能源汽车领域的申请区域分布情况，可见日本是丰田最主要的技术输出国，申请量为 37 702 件，达到 53.32%；其次是美国 11 718 件，占比 16.60%，第三位为中国 8692 件，占比 12.31%。欧专局和德国均占有一定的份额。这与国际汽车强国布局相类似。

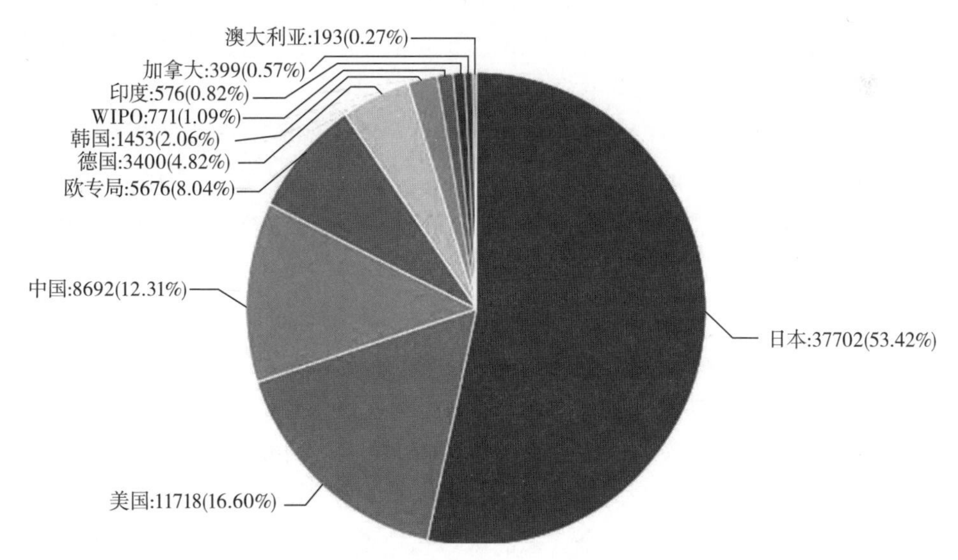

图 2-3-8-2　丰田在新能源汽车领域申请区域分布情况

（三）目标市场

从图 2-3-8-3 能够看出，日本是丰田最受重视的技术市场，占比 50.29%；其次为美国和中国，各占 16.56% 和 12.31%；能够看出，丰田在 WIPO 也有 4.30% 的申请被公开，可以看出大型跨国公司善于利用国际申请的手段来获得最大的保护。

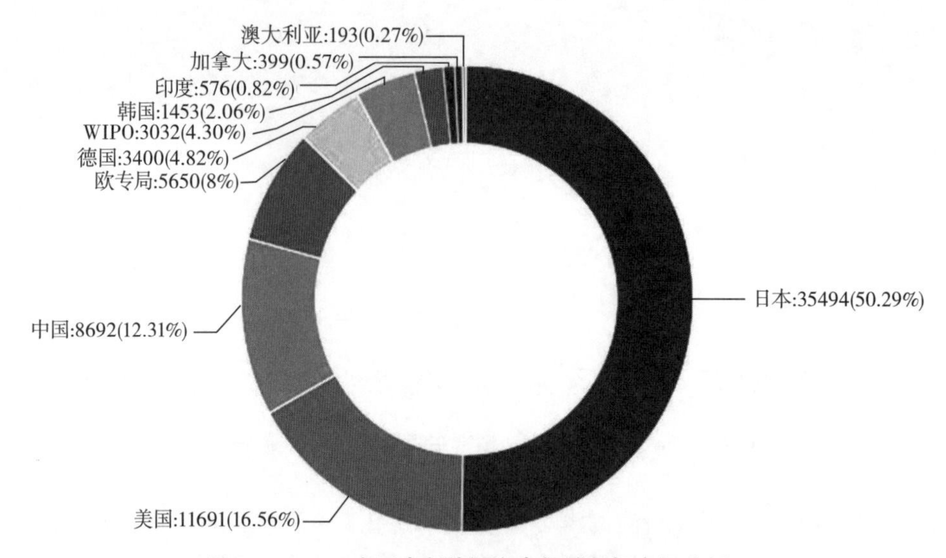

图 2-3-8-3 丰田在新能源汽车领域目标市场分析

二、光伏发电

随着光伏电池组件和逆变器成本的持续降低，太阳能光伏发电成为未来清洁能源利用的重要组成部分。到目前为止，光伏逆变器技术已经较为成熟，光伏逆变器的研发即将进入深层次阶段。由于 SiC 功率器件的耐高压性、耐温性和低功耗性，能够适应光伏逆变器要求的高效率、高功率密度、高可靠性和低成本目标，能够改进已经到达本征极限的 Si 基器件，因此采用 SiC 等第三代半导体器件成为必然的发展趋势。

光伏逆变器能够将太阳能电池板发出的直流电转换为交流电，供交流负载使用或者并入交流电网。光伏逆变器具有以下主要功能：

（1）最大功率跟踪（MPPT）。太阳能电池板的输出功率呈现非线性特征，受负载状态、环境温度、日照强度等因素的影响，输出的最大功率点一直在变化，因此，为了避免太阳能电池输出功率的降低，需要光伏逆变器进行最大功率点跟踪控制，以使负载的工作点位于最大功率点附近。

（2）自动电压调整（AGC）。光伏发电系统并网运行时，如果发生逆流，电能反向输送，将超出电网规定的运行范围，对太阳能电池板和电网均将造成损害。因此为了避免这种情况，光伏逆变器通过自动电压调整，稳定电压，提高光伏发电系统的可靠性。

（3）孤岛检测。当电网发生故障或者停电检修时，用户端的光伏发电系统将离网运行，由光伏发电系统和负载组成一个孤岛。由于孤岛效应可能对电网配电系统和负载端均造成不利影响，如危害检修人员生命安全、孤岛区域供电电压和频率不稳定，当供电恢复时由于相位不同步，造成对电网的冲击。因此，光伏逆变器应具有检测孤岛并使光伏供电配电系统与电网断开的能力。

（4）故障保护功能。当发生过温、雷击、输出异常等故障时，光伏逆变器应具有故障报警和保护功能。

（5）自动恢复功能。逆变器在发生故障保护性停机后，等故障消除后，应可以自动恢复运行。

在政策方面，各国相继推出储能相关政策，布局储能产业链发展。2021 年 7 月，国家发改委、国家能源局发布的《关于加快推动新型储能发展的指导意见》提出，“十四五”期间将聚焦高质量规模化发展，以 3000 万千瓦为基本规模目标，并在“十五五”期间实现市场化发展；2021 年 4 月，国家能源局发布《关于报送“十四五”电力源网荷储一体化和多能互补工作方案的通知》，重点支持每年不低于 20 亿千瓦时新能源电能消纳能力的多能互补项目以及每年不低于 2 亿千瓦时新能源电能消纳能力且新能源电能消纳占比不低于整体电量 50% 的源网荷储项目。

美国、澳大利亚、欧洲等地区也推出针对集中式与户用不同种类的推进政策，发展较快。美国政府对储能技术支持力度较大，已将储能技术定位为支撑新能源发展的战略性技术；日本出台的《面向 2030 年能源环境创新战略》提出能源保障、环境、经济效益和安全并举的方针，要求发展新储能技术。

（一）发展趋势分析

从图 2-3-8-4 能够看出，光伏逆变器领域在 1999 年之前处于技术萌芽期，自 1967 年出现第一件专利申请开始，一直只有个别申请人进行试探性申请，申请量极低，只有个位数。1999 年开始，呈现波动性上涨的趋势，直到 2013 年达到顶峰；之后申请量回落，从 2016 年开始申请量进入第二增长期，增长率较为稳定。可见，光伏技术在 2016 年之后成为市场热点技术。

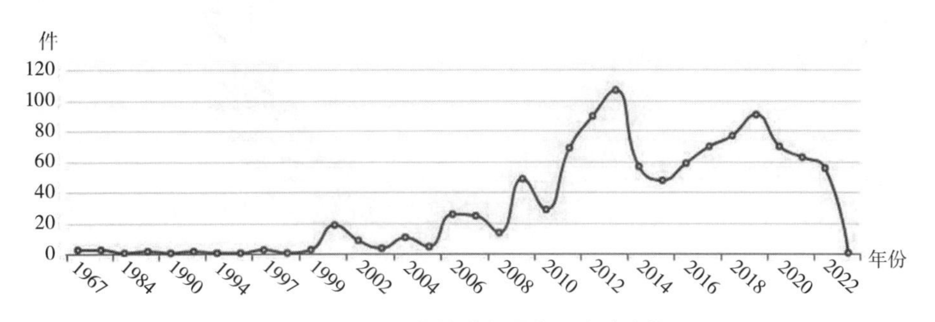

图 2-3-8-4 光伏逆变器专利申请趋势

（二）专利申请国家 / 地区分布

从图 2-3-8-5 可以看出，光伏逆变器的第一和第二大申请国为中国和美国，分别占 28.67% 和 24.98% 的份额，其次是欧洲和日本，各占 13.31% 份额，韩国位列第五。

（三）目标市场

如图 2-3-8-6 所示，中国、美国是专利申请的公开量位列第一和第二的国家，是申请人非常重视的技术市场。日本、EPO、WIPO 的占比接近，均为 12% 左右，这在一定程度上反映出该技术国际布局程度高。

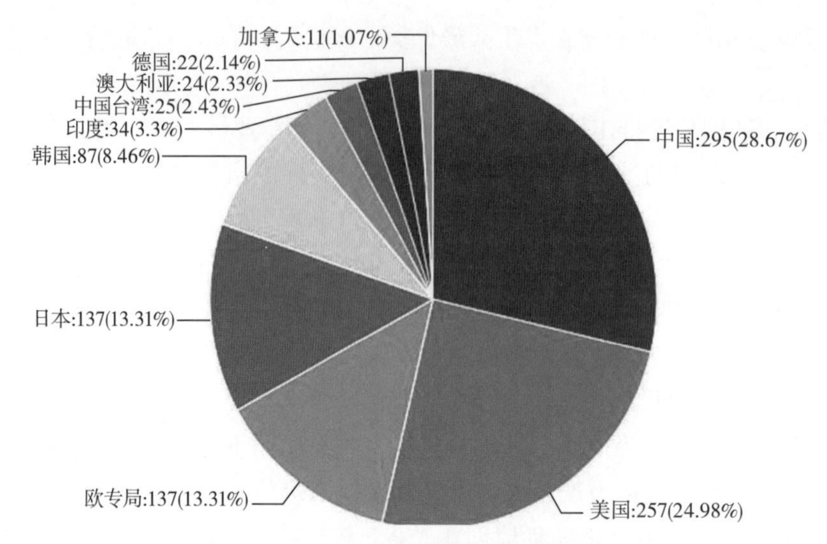

图 2-3-8-5　光伏逆变器主要申请国家 / 地区

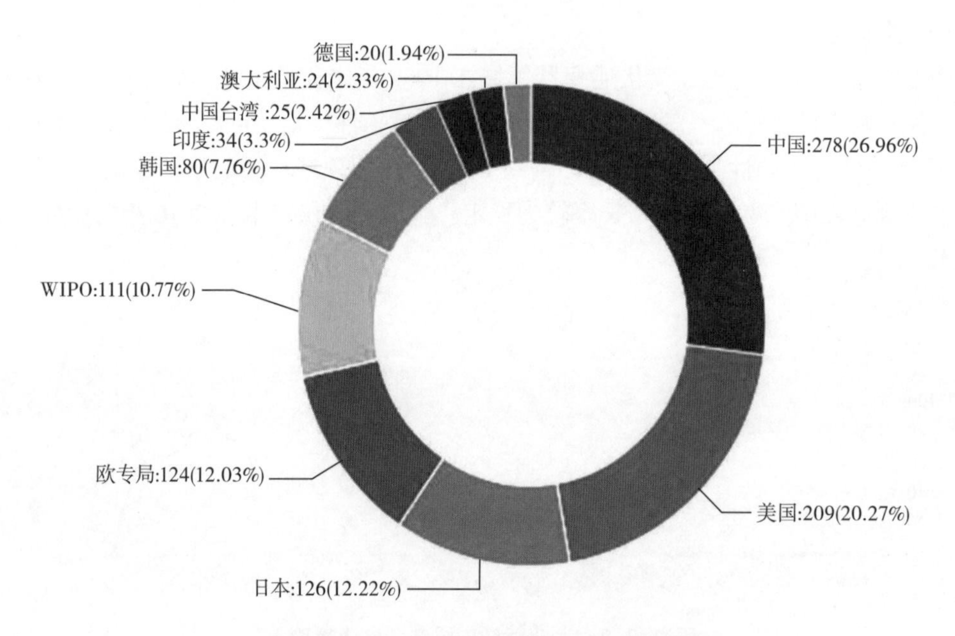

图 2-3-8-6　光伏逆变器技术目标市场分析

三、铁路

电力电子器件是列车牵引变流器的基础与核心，其性能决定了牵引变流器的性能。高速铁路和重型运输的发展要求牵引列车的电力电子器件具有大电流、耐高压、低损耗、耐高温、集成化等特性。由于 Si 基电力电子器件的本征性能已经到达极限，为了满足新一代的机车需求，以第三代半导体材料为基础的电力电子设备在牵引机车上的应用应运而生。碳化硅（SiC）是目前最具前景的宽禁带半导体材料。

变流装置用于实现电压和频率的变换，将某种电压、频率的交流电变换成另一种电压、频率的交流电，并对各种牵引电机起控制和调节作用，控制机车的运行。以 HXD3B 型电力机车为例，每台机车设有两台变流装置，每台变流装置内含三组牵引变流器和一组辅助变流器。牵引变流器（CI）为牵引电动机提供三相交流的变压变频（VVVF）电源。每组牵引变流器主要由四象限变流器、中间直流电路和 PWM 逆变单元、真空接触器等主电路部分和无接点控制单元等控制电路构成。根据车辆的速度，通过矢量控制，精确地控制牵引电机的转矩和转速。

（一）发展趋势分析

图 2-3-8-7 示出了牵引变流器领域的专利申请量发展趋势，该技术呈现波动增长的增长方式。该技术出现较早，1935 年即出现了第一件专利申请，可见电气化的牵引列车在 20 世纪初就已经有创新主体在进行试探性研究。直到 2009 年，除个别年份外，申请量一直处于低位，仅为个位数。2010—2012 年申请量迅速增长，呈现较高的增长率，2013—2016 年出现了调整期，申请量降低并由较大波动，2017 年开始申请量进入第二快速增长期，并维持至今，2022 年以后申请量下降是由于有大量专利申请尚未公开。

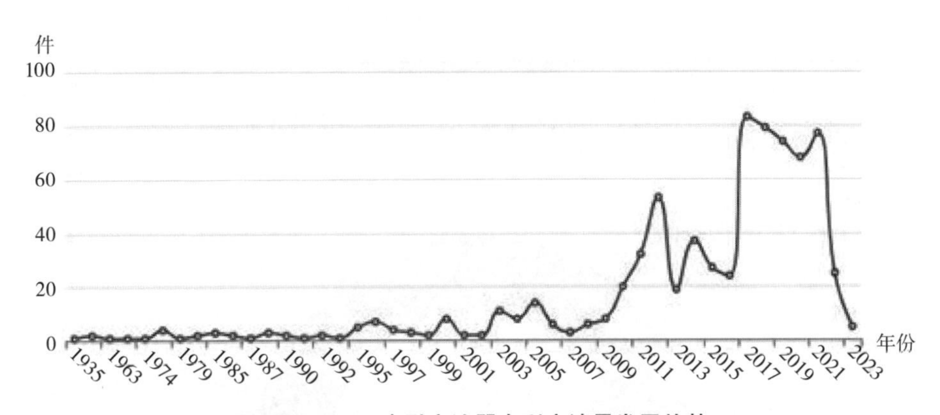

图 2-3-8-7　牵引变流器专利申请量发展趋势

（二）专利申请国家 / 地区分布

图 2-3-8-8 示出了牵引变流器技术的专利申请区域分布情况，可见美国、中国和欧专局分别位于前三位，且实力接近，申请量分别为 192 件、157 件、145 件；第四位为日本 54 件，第五位为德国 41 件。该领域，美国、中国、欧洲是研发主力。

（三）目标市场

从图 2-3-8-9 能够看出，美国、中国、欧洲是主要的目标市场，是申请人非常重视的技术市场。WIPO 公开了 85 件专利申请，排名第四位，可见该领域的国际化程度较高。

四、电力系统

电力电子器件在电力系统中也有诸多应用。高压直流输电（HVDC，High Voltage DC Connection）和背靠背（BTB，Back to Back）是以提高电力输送能力及系统稳定为目的，连接电压及电流相位不一致的系统的装置，串联到电力系统，变频器（FC，Frequency Convertion）是连接频率不同的系统的装置。静止无功补偿装置（SVC，Static Var Compensator）是通过控制无功功率来稳定系统的装置。有源滤波器（APF）是检测系统中高频电流，并向系统中注入与高频电流相位相反的补偿电流的装置。静止无功补偿装置和有源滤波器并联于电力系统。

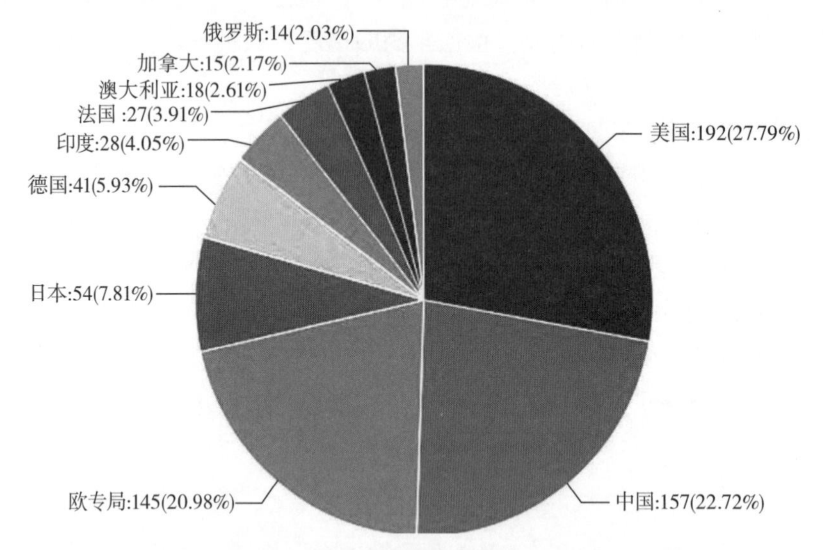

图 2-3-8-8　牵引变流器技术专利申请区域分布情况

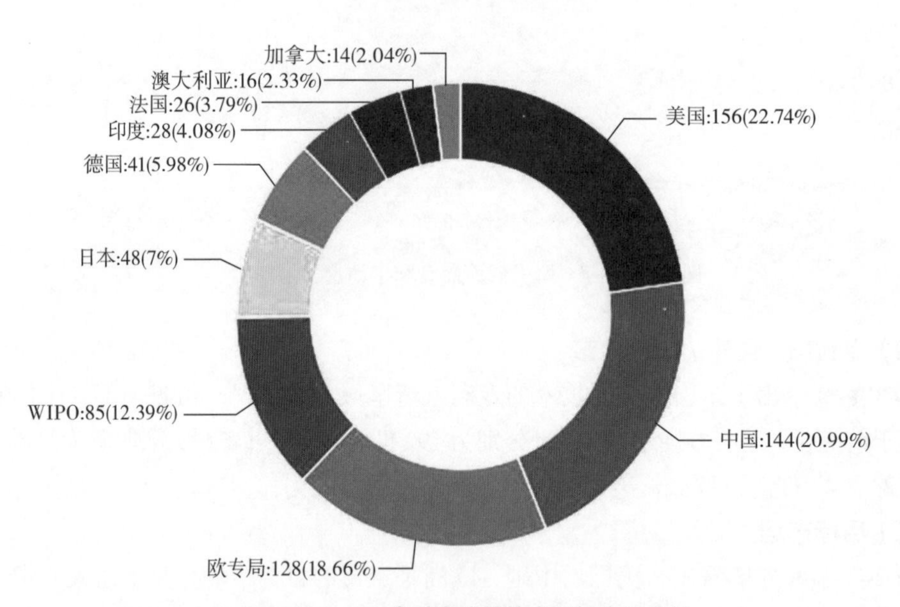

图 2-3-8-9　牵引变流器技术目标市场分析

上述设备均需要耐高压、大容量并且低损耗的电力电子器件，通过使用 Si 基 GTO（Gate turn-off thyristor，门极关断晶闸管）及 GCT（Gate Commutated Turn-off thyristor，门极换流晶闸管）、IGBT 等，但达到 Si 的物理性质上限后，这些电力电子器件的性能很难继续提升。由于 SiC 的物理性质优于 Si，能够显著降低设备损耗、减小设备体积，使电力电子器件的性能大幅提升。

ABB 公司（WO2011050832A1，申请日 2009.10.27，公开日 2011.05.05）公开了一种

高压直流断路器（见图 2-3-8-10），其包括至少两个串联连接的可单独控制的高压直流断路器部分，其中，高压直流断路器的布置方式使得高压直流断路器部分的数量在高压直流断路器跳闸时跳闸。该 HVDC 断路器可以有效地用于在正常操作期间以及在线路故障情况下中断 HVDC 电流。本发明还涉及一种用于控制 HVDC 断路器的控制装置，以及一种断开 HVDC线路的方法。该方法包括：接收指示需要断开 HVDC线路的操作事件的系统状态信号；以及确定断开所需的 HVDC 断路器部分的数量。

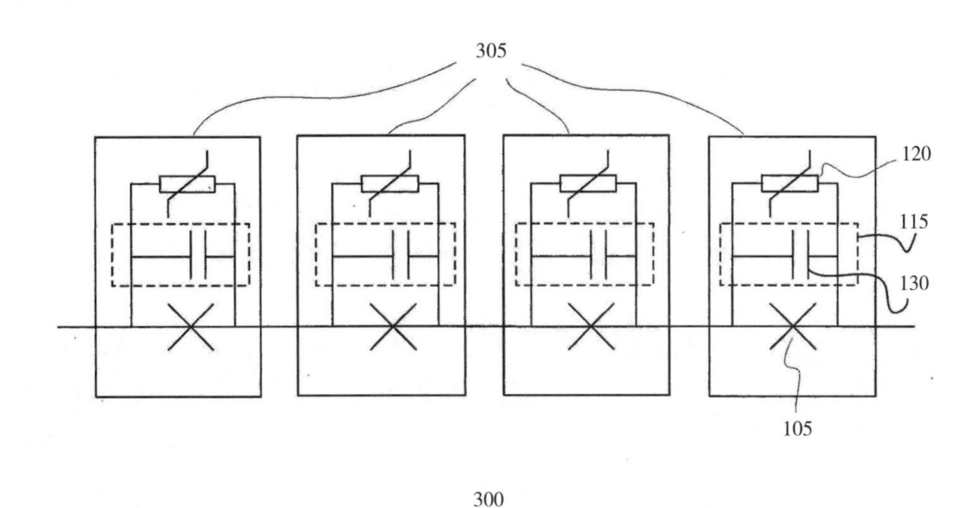

图 2-3-8-10　WO2011050832A1 断路器结构

西门子公司（US20140003099A1，申请日 2013.06.28，公开日 2014.01.02）公开了一种变频器，具有 AC-DC 转换器和通过 DC 链路互连的逆变器，该 DC 链路具有通过 DC 链路电容器和换向电容器互连的第一和第二电路分支。为了保护 AC-DC 转换器免受过电流损坏，第一电路分支包括一个扼流圈，在该扼流圈中，电容器侧的端子连接到 DC 链路电容器的端子，而开关侧的端子通过半导体开关连接到 AC-DC 转换器的 DC 链接端子，也通过续流二极管连接到第二电路分支。半导体开关被配置为根据控制信号控制从 AC-DC 转换器流入 DC 链路电容器的电流的大小。

施耐德电气（US20170338651A1，申请日 2017.04.04，公开日 2017.11.23）公开了一种电网的集成多模式大型电力支持系统，可以根据需要，通过并置的太阳能或风能可再生能源 DC 电源，或与之组合或从中获得至少 2500 kW 的低谐波失真的电网系统通过多个具有相移输出的 DC-AC 逆变器存储能量 DC 电源。功率支持系统还可以按需注入电网功率因数，以校正无功功率。另一种高压电源支持系统可以按需向电网提供至少 50MW 的电力。

第四章

雷神公司专利布局及产品分析

第一节　公司发展历程

雷神公司（Raytheon Company），1992 年成立于马萨诸塞州，是美国的大型信息安防合约商，总部设在马萨诸塞州的沃尔瑟姆，经过 80 多年的发展和创新，雷神公司已成为美国信息安防技术、政府与商业电子技术、公务飞机和特殊任务飞机等行业的龙头。

在微电子领域，雷神公司擅长砷化镓单片微波集成电路（MMIC）技术，并将该技术应用于全球卫星通信、直播卫星电视接收机、无线本地环绕网络和下一代数字蜂窝电话；在产品方面，其在雷达（包括 AESA）、光电感测器和其他安防设备使用的先进电子系统等领域是世界领先的研发和制造商；此外，该公司还研发卫星感测器，例如太空追踪和监视系统（STSS）的感测器。在半导体技术方面，从 2003 年起其半导体事业部门致力于研发供无线电通信用的砷化镓（GaAs）元件，目前已经在供雷达和无线电使用的第三代半导体氮化镓等元器件中取得了一定成绩。2021 年，雷神公司与世界第三大晶圆代工厂格芯签约，合作开发新型硅基氮化镓半导体，提高了 5G 和 6G 移动和无线基础设施的射频性能。

第二节　雷神公司关于第三代半导体技术专利布局

一、专利申请趋势

图 2-4-2-1 示出了雷神公司 1972—2022 年在第三代半导体材料领域的专利布局情况。在此 50 年间，其持有的碳化硅材料领域专利共计 2418 件，而持有氮化镓材料领域专利共计 502 件，相比较而言，在碳化硅材料领域的专利量更高，并且申请时间也要更早，说明雷神公司在碳化硅材料领域的起步更早，技术更成熟。

其申请趋势在 1982—1988 年整体呈现稳步增长，分别在 2006 年和 2014 年是两个快速增长期。在 2014—2018 年申请量快速增长，在 2016 年达到峰值，之后开始缓慢下降，在 2020 年出现一次陡降，随着全球疫情缓解，申请量趋于平稳。

雷神公司在氮化镓材料领域的专利申请起步较碳化硅材料领域稍晚。在 1982 年才开始出现该领域的申请，1996—2000 年开始缓慢增长，2004 年之后才开始快速增长，直至 2013 年申请量才达到峰值，在此之后申请量出现缓慢下降趋势，到 2020 年之后，又开始缓慢上升。

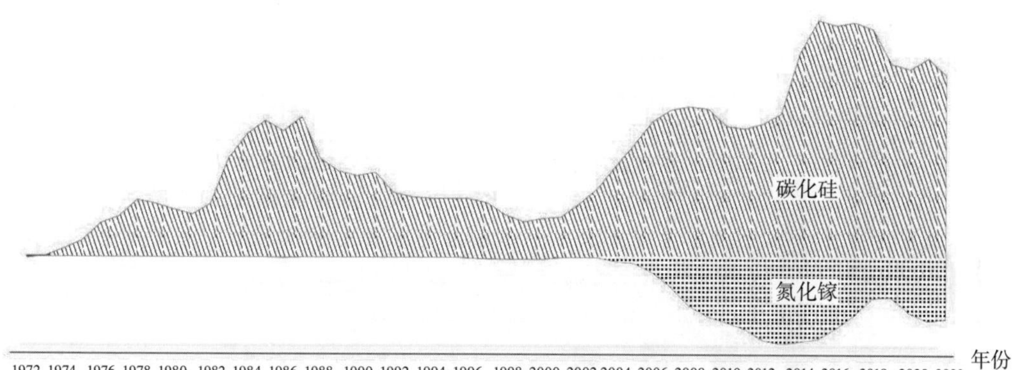

图 2-4-2-1　雷神公司第三代半导体材料领域专利申请趋势

二、专利区域布局

图 2-4-2-2 示出了雷神公司在第三代半导体氮化镓材料领域专利区域布局情况。其在该领域的申请主要集中在美国、欧洲、中国台湾、日本。其韩国和中国也有相当数量的申请。但是其在美国的申请量仍然远远超过在其他国家的申请量。

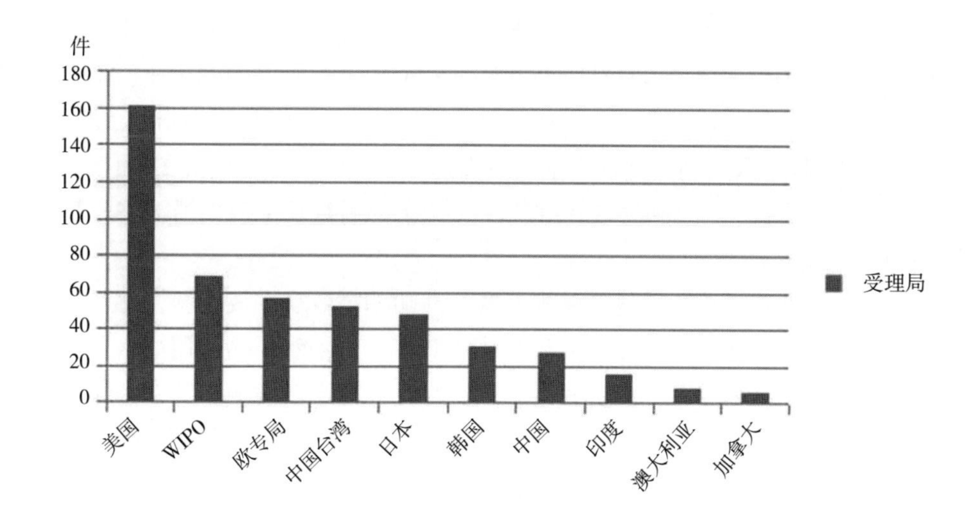

图 2-4-2-2　雷神公司氮化镓材料领域专利区域布局

图 2-4-2-3 示出了雷神公司在第三代半导体碳化硅材料领域专利区域布局情况。其在该领域的申请起步也比较早，相比于氮化镓材料的申请量也更多。其申请主要集中在美国、欧洲、日本、德国，而中国的申请量较少。

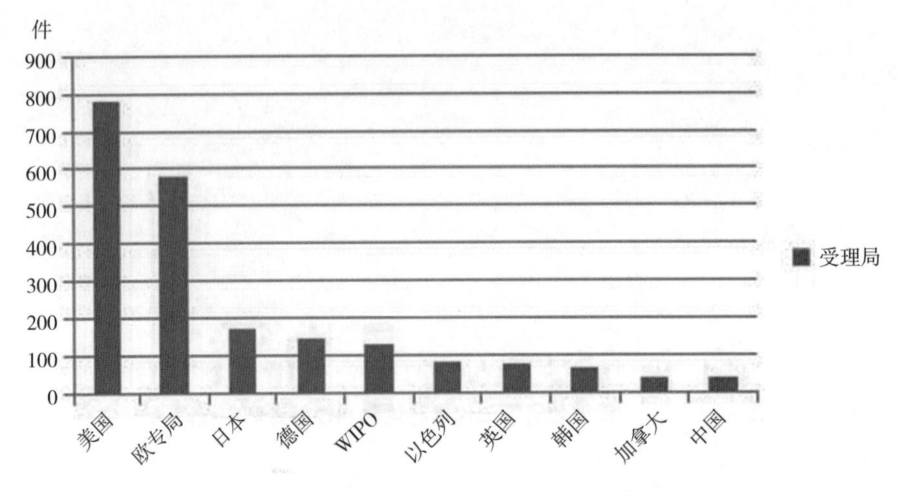

图 2-4-2-3 雷神公司碳化硅材料领域专利区域布局

第三节 重要专利分析

一、碳化硅领域重要专利

雷神公司于 2002 年 11 月 22 日在美国专利局申请一件申请号为 US10302482，公开号为 US20040100341A1，发明名称为“记忆调谐高功率，高效率，宽带功率放大器”的专利申请；IPC 分类号为 H03H7/38（阻抗匹配网络），CPC 分类号为 H03F3/191（调谐放大器）。其法律状态为 2006 年 1 月 11 日授权，权利维持 20 年，并且在 20 年保护期满后又延长 84 天，于 2023 年 2 月 14 日期限届满，其被引证次数高达 275 次。该专利包括 23 项权利要求，其中有 3 项独立权利要求。该专利将碳化硅应用于调谐的射频功率放大器，实现第三代半导体碳化硅材料在高功率放大器中的应用。

该发明总体上涉及调谐的射频功率放大器、高功率高效功率放大器，并且更具体地涉及可调谐的高功率高效功率放大器。在无线射频（RF）通信和雷达应用中，通常期望提供在宽频率范围内具有高功率的功率放大器。在宽瞬时带宽上以高输出功率工作的晶体管功率放大器通常需要权衡效率（RF 功率输出除以 DC 功率输入）以获得可接受的功率输出并在预定频率范围内获得性能。之所以需要这种权衡，是因为在工作范围内的每个频率下，没有向输出晶体管提供输出晶体管的最佳负载阻抗。取而代之的是，将负载阻抗（也称为宽带匹配）呈现给输出晶体管，以在整个预期频率范围内提供可接受的但并非最佳的性能。

在整个工作频率范围内，已知的 RF 系统在功率放大器效率方面的表现均低于期望的性能。在这些系统中，功率放大器的热容量旨在处理因放大器效率低下而产生的废热。在相对窄的带宽上运行的某些系统使用阻抗匹配技术来提高高输出功率下的功率放大器效率。

二、氮化镓领域重要专利

雷神公司于 2010 年 1 月 28 日在美国专利局申请一件申请号为 US12695518，公开号为 US20110180857A1，发明名称为“在常见基板上具有带有Ⅲ－Ⅴ列晶体管的硅 CMOS 晶体管的结构”的专利申请，发明人为：威廉·霍克；杰弗瑞·拉罗什。IPC 分类号为 H01L29/04（按其晶体结构区分的，例如多晶的、立方体的或晶面特殊取向的）。于 2012 年 6 月 13 日授权，目前仍在保护期内，权利已维持 10 年以上，法律状态仍为有效状态，其被引证次数高达 70 次。该专利包括 20 项权利要求，其中有 2 项独立权利要求。该专利将氮化镓应用于 CMOS 晶体管，实现第三代半导体氮化镓材料在半导体器件中的应用。

在本领域还已知可以在硅衬底上形成列Ⅲ－Ⅴ器件。由于优选地以〈111〉晶体学取向形成 GaN 器件以最小化晶体缺陷，因此通常在具有〈111〉晶体学取向的衬底（例如硅）上形成器件。

发明人已经认识到，通过使用具有〈111〉晶体学取向而不是〈100〉晶体学取向的硅基板来改变上述 SOI 结构是有利的，从而可以在同一列上形成Ⅲ－N 器件。作为 CMOS 器件的〈111〉晶体取向衬底，该衬底在晶体学上与列Ⅲ－N 器件的优选〈111〉晶体取向匹配。发明人认识到的另一个优点是在起始晶片中同时具有〈111〉硅取向和〈100〉硅取向，从而使生长最少的Ⅲ－As 列、Ⅲ－P 列和Ⅲ－Sb 列器件〈100〉方向的缺陷。

因此提出半导体结构，其具有：具有晶体学取向的硅衬底；以及具有晶体取向的硅衬底。绝缘层设置在基板上；硅层的晶体学取向与设置在绝缘层上的衬底的晶体学取向不同；其中衬底的晶体学取向是〈111〉，并且硅层的晶体学取向是〈100〉。硅衬底具有适合 GaN 生长或其他Ⅲ－N 列材料的晶体学取向。对于 GaN 功率放大器而言，将 GaN HEMT 直接置于硅表面而无中间层或晶圆键合界面，可以最大程度地降低热阻。此外，可以使用选择性蚀刻（硅和 GaN 在化学上是不同的材料）来制造从硅基板到 GaN HEMT 的热导通孔。此结构中没有锗，因此可以使用正常的 CMOS 热处理条件，消除了锗的交叉掺杂。由于高产量的硅生产，在所述实施例中使用的 SOI 晶片相对便宜，并且与需要两个晶片接合的结构相比，SOI 结构仅需要一个晶片接合。使用的 SOI 晶片的另一个好处是，顶部硅层具有适当的晶体学取向，用于制造 CMOS 和变质列Ⅲ－Ⅴ器件，例如变质列Ⅲ－As、Ⅲ－P 和Ⅲ－Sb。因此也可以生长其他变质柱Ⅲ－Ⅴ结构，例如变质 InP HBT、变质 HEMT（MHEMT）或变质光学装置。

第五章

狼速公司专利布局及产品分析

第一节　公司发展历程

狼速（Wolfspeed）是克里（Cree inc.）旗下的 Wolfspeed Power & RF（功率与射频）部门，后被克里分拆，单独成立公司，更名为 Wolfspeed 公司。克里公司是全球宽禁带化合物半导体龙头，公司成立于 1987 年，是集化合物半导体材料、功率器件、微波射频器件、LED 照明解决方案于一体的著名制造商，专业从事碳化硅、氮化镓等第三代半导体衬底与器件的技术研究与生产制造。克里公司的营业收入分为两个部分：Wolfspeed 和 LED 芯片。

Wolfspeed 部分的产品主要有碳化硅和氮化镓材料、电力设备以及射频设备。2018—2020 年，Wolfspeed 收入占总营业收入的比例分别为 36%、50%、52%，呈逐年上升的趋势。2020 年毛利率相较于 2019 年有所下降，主要原因是客户和产品结构的变化，工厂和技术转型导致成本上升。克里公司在碳化硅晶片制造产业中拥有尺寸的代际优势，已成功研制并投资建设 8 英寸晶片产线。公司已具备成熟的 6 英寸晶片制备技术并实现规模化。该公司是美国第三代半导体碳化硅（SiC）技术大厂，也是全球碳化硅（SiC）和氮化镓（GaN）技术的引领者，为高效能源节约和可持续未来提供业界领先的解决方案。Wolfspeed 产品家族包括 SiC 材料、功率开关器件、射频器件，针对电动汽车、快速充电、5G、可再生能源和储能以及航空航天等多种应用。

第二节　Wolfspeed 公司关于第三代半导体技术专利布局

一、专利申请趋势

图 2-5-2-1 示出了 Wolfspeed 公司 1988—2023 年在第三代半导体材料领域的专利布局情况。在此三十多年间，其持有的专利申请量共计 6412 件，而持有氮化镓材料领域专利共计 3332 件，碳化硅材料领域的专利量共计 4543 件，其中部分专利涉及两种材料。

其申请趋势在 1988—2001 年整体呈现缓慢增长，分别在 2002 年和 2011 年是两个快速增加期。2005 年申请量达到峰值，在此之后申请量出现缓慢下降趋势，直至 2016 年之后，又开始缓慢上升，2022—2023 年由于部分申请还未公开，因此数量较少。

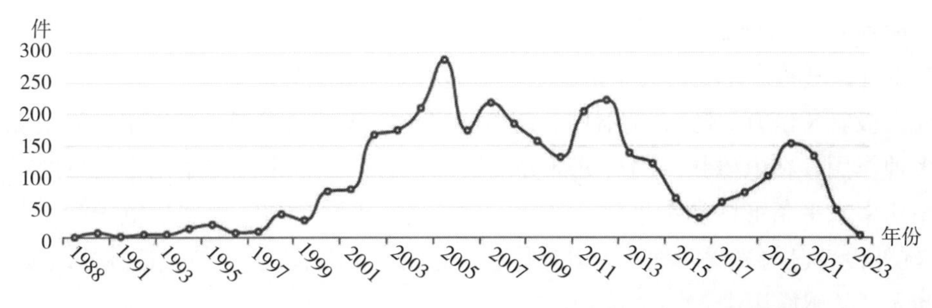

图 2-5-2-1 Wolfspeed 公司第三代半导体材料领域专利申请趋势

二、专利区域布局

图 2-5-2-2 示出了 Wolfspeed 公司在专利区域布局的情况。其申请主要集中在美国、欧洲、日本。其德国和加拿大也有相当数量的申请。但是其在美国、欧洲、日本的申请量远远超过在其他国家的申请量。

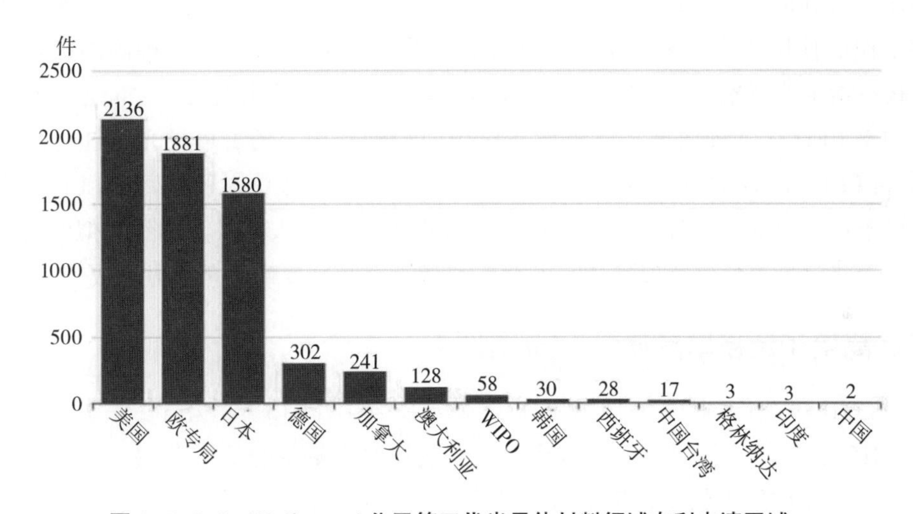

图 2-5-2-2 Wolfspeed 公司第三代半导体材料领域专利申请区域

第三节 重要专利分析

一、具有 III 族氮化物活性层和延长寿命的垂直几何发光二极管

Wolfspeed 公司于 1994 年 9 月 20 日在美国专利局申请一件申请号为 US08309251，公开号为 US5523589A，发明名称为“具有 III 族氮化物活性层和延长寿命的垂直几何发光二极管”的专利申请；申请人为：克里研究院；专利权人为狼速公司。其被引证次数高达 1013 次。其法律状态为 1995 年 1 月 9 日授权，权利维持 20 年，于 2014 年 9 月 20 日期限届满后失效，处于为公众可用状态。该专利包括 36 项权利要求，其中有 4 项独立权利要求。转让 2 次，克里公司从发明人处转让到该申请的专利权。

本发明涉及光电子器件，更具体地说，涉及由Ⅲ族氮化物（元素周期表的Ⅲ族）形成的发光二极管，其将产生电磁光谱的蓝色至紫外线部分的输出。

发光二极管（LED）是pn结器件，随着光电子学领域的发展，多年来已经发现它们可以发挥多种作用。在电磁频谱的可见部分发射的设备已在许多应用中用作简单的状态指示器、动态功率水平条形图和字母数字显示，例如音频系统、汽车、家用电子产品和计算机系统等。红外设备已与光谱匹配的光电晶体管一起用于光隔离器，手持式遥控器以及间断式、反射式和光纤传感应用中。

LED基于半导体中电子和空穴的复合而工作。当导带中的电子载流子与价带中的空穴结合时，它会以发射光子的形式失去与带隙相等的能量。平衡条件下的重组事件数量不足以用于实际应用，但可以通过增加少数载流子密度来增加。在LED中，通常通过正向偏置二极管来增加少数载流子密度。注入的少数载流子在结缘的几个扩散长度内与多数载流子进行辐射重组。每个重组事件都会产生电磁辐射，即光子。由于能量损失与半导体材料的带隙有关，所以掌握LED材料的带隙特性是重要的。

然而，与其他电子设备一样，存在对更高效的LED的需求和需求，尤其是，将以更高的强度工作而使用更少功率的LED。例如，较高强度的LED对于各种高周围环境中的显示器或状态指示器特别有用。LED的强度输出与驱动LED所需的功率之间也存在关系。例如，低功率LED在各种便携式电子设备应用中特别有用。随着可见光谱红色部分的LED的AlGaAs LED技术的发展，可以看到满足更高强度、更低功率和更高效LED需求的一个例子。对于在可见光谱的蓝色和紫外线区域发射的LED，人们一直感到类似的持续需求。例如，由于蓝色是原色，所以希望它的存在或者甚至必须要产生全色显示或纯白光。

二、高电子迁移率晶体管（HEMT）

1. US6316793B1（申请日1998.06.12，公开日2001.11.13） 公开了一种高电子迁移率晶体管（HEMT），其包括半绝缘碳化硅衬底、衬底上的氮化铝缓冲层、缓冲层上的绝缘氮化镓层、氮化镓层上的氮化铝镓有源结构、氮化铝镓有源结构上的钝化层，以及到氮化铝镓有源结构的相应源极、漏极和栅极触点。

2. US2003/0020092A1（申请日2002.07.23，公开日2003.01.30） 本发明所揭示的AlGaN/GaN HEMT（见图2-5-3-1）具有一很薄的AlGaN层，以降低陷阱捕捉，还具有额外层，以降低栅极漏电流并增加最大驱动电流。依据本发明的一HEMT包括一高电阻半导体层，其上具有一势迭半导体层。势迭层具有比高电阻层还宽的能隙，并在各层之间形成一二维电子气体。源极和漏极触点接触势迭层，势迭层的一部分表面未被触点覆盖。一绝缘层在势迭层的未覆盖表面上，而一栅极触点在绝缘层上。绝缘层对栅极漏电流形成阻障，并帮助增加HEMT的最大电流驱动力。本发明也包括本发明HEMT的制作方法。在其中一方法中，HEMT及其绝缘层是用金属有机气相沉积（MOCVD）法制作。在另一方法中，所述绝缘层是在一溅镀室内被溅镀到HEMT的上表面上。

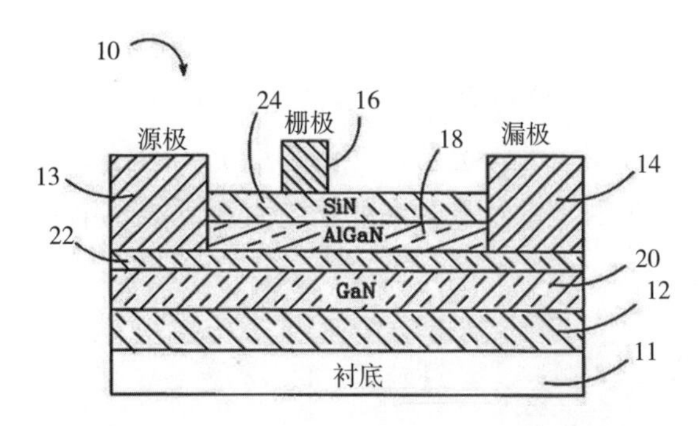

图 2-5-3-1　US2003/0020092A1 器件结构

3. US2003/0178633A1（申请日 2002.03.25 公开日 2003.09.25）　一种包括 δ 掺杂层和 / 或掺杂超晶格的Ⅲ－Ⅴ族氮化物微电子器件结构。描述了一种 δ 掺杂方法，其包括步骤：通过第一外延膜生长过程在基片上沉积半导体材料；终止在基片上沉积半导体材料以给出外延膜表面；在外延膜表面上对半导体材料进行 δ 掺杂，以在其上形成 δ 掺杂层；终止 δ 掺杂；在第二外延膜生长过程中，重新开始半导体材料的沉积以在 δ 掺杂层上沉积半导体材料；和继续半导体材料的第二外延膜生长过程到预先确定的程度，以形成掺杂的微电子器件结构，其中 δ 掺杂层内化在第一、第二外延膜生长过程中沉积的半导体材料中。

4. US2011/0228514A1（申请日 2011.02.16，公开日 2011.09.22）　LED 封装以及 LED 灯和灯泡，其被布置成最小化由转换材料发射和激发光谱的重叠引起的 CRI 和效率损失。在具有这种重叠的转换材料的不同器件中，本发明布置转换材料以降低来自第一转换材料的重新发射的光将遇到第二转换材料的可能性，以最小化重新吸收的风险。在一些实施例中，通过在两个磷光体之间存在分离的不同布置来最小化该风险。在一些实施方案中，这种分离导致小于 50% 的来自一种磷光体的重新发射的光进入磷光体，在磷光体中有重新吸收的风险。

5. US2012/0104426A1（申请日 2010.11.03，公开日 2012.05.03）　本发明涉及利用白色陶瓷外壳和薄 / 低轮廓封装的无引线 LED 封装和 LED 显示器，其具有改进的颜色混合和结构完整性。在一些实施例中，改善的颜色混合部分地由白色陶瓷封装壳体提供，其可以帮助在远离装置的许多方向上反射从每个 LED 发射的光。LEDs 的非线性布置也可以有助于改善颜色混合。改进的结构完整性可以通过接合焊盘中的各种特征来提供，这些特征与壳体协作以用于更强的封装结构。此外，在一些实施例中，每个封装的薄 / 低轮廓归因于其无引线结构，其中接合焊盘和电极经由通孔电连接。在一些实施例中，封装的结构完整性也可以归因于沿其侧面的凹痕，这不能使同样多的镀覆材料在侧面累积并且有助于制造期间的封装切割过程。凹痕还可以有助于具有更紧密和密集封装的 LED 阵列的显示器。

6. US2019/0191585A1（申请日 2019.02.14，公开日 2019.06.20）　本公开涉及一种功率模块，其包括至少一个功率衬底、设置在至少一个功率衬底上的壳体以及电连接到至少一个功率衬底的第一端子。第一端子包括以第一高度位于壳体上方的接触表面。功率模块包括：第二端子，包括以与第一高度不同的第二高度位于壳体上方的接触表面；第三端子，其电连接到至少一个功率衬底；以及多个功率装置，其电连接到至少一个功率衬底。

7. US2020/0395474A1（申请日 2019.06.13，公开日 2020.12.17）　一种高电子迁移率晶体管（HEMT），包括衬底，该衬底包括在衬底的相对侧上的第一表面和第二表面，在衬底的与衬底相对的第一表面上的沟道层，在沟道层上的阻挡层，包括在阻挡层的上表面上的第一欧姆接触的源极接触，以及从衬底的第二表面延伸到第一欧姆接触的通孔。

第六章

结　论

据Yole咨询数据显示，以第一代半导体Si为基础的半导体器件仍然是半导体材料主体，2023年市场占比95%，但是第三代半导体材料市场渗透率逐年上升，接近5%，其中SiC渗透率达到3.75%，GaN渗透率达到1.0%，而氮化铝、氧化锌和金刚石基本还处于实验室研究阶段，大规模应用较少，第三代半导体材料市场渗透率总计约4.75%。2024年4月9日，中国第三代半导体产业技术创新战略联盟（CSAS）发布《第三代半导体产业发展报告（2023）》，围绕形势政策、市场应用、生产供给、企业格局、技术进展等五大方面，对2023年度国内外第三代半导体产业的政策环境变化、产品技术进展、产业及市场竞争等方面的进展进行了详细总结分析，该报告由第三代半导体产业技术创新战略联盟调研编制而成。2023年，伴随半导体产业逐渐复苏，以及电动汽车、新能源、5G通信等应用市场的蓬勃发展，国内第三代半导体技术和产业取得显著进步。据统计，第三代半导体功率电子器件模块市场达到153.2亿元，同比增长45%；射频电子器件模块市场约102.9亿元，同比增长16.2%；LED器件市场782.2亿元，同比微增0.5%。《报告》称化合物半导体产业是我国在全球半导体产业竞争格局重构过程中一个重要的突破口。当前，第三代半导体技术处于产业爆发前的“抢跑”阶段，有望成为中国半导体产业的突围先锋。

在第三代半导体材料中，碳化硅是目前技术成熟度最高的材料，碳化硅已经有大量器件和产品应用，是目前主流应用的第三代半导体材料。氮化镓也具备一定的技术成熟度，是继碳化硅后被积极研究和应用的第三代半导体材料。

通过对碳化硅、氮化镓第三代半导体材料及器件应用的全球专利数据分析发现，与美国、日本和欧洲等发达国家/地区相比，影响第三代半导体产业关键因素主要包括：

1. *技术*　第三代半导体产业毫无疑问也是高度的技术密集型产业，技术水平的高低直接制约着企业的生存和发展，而附加值高的业务永远属于最先进的材料和器件制造。目前美国的克里公司和欧洲的意法半导体公司、英飞凌公司，以及日本的住友电气工业有限公司和罗姆公司是兼具雄厚经济和科技实力的大型研发机构。

2. *人才*　高端人才也是第三代半导体产业发展所必不可少的，美国的克里公司、IBM公司，日本的住友电气工业有限公司、三菱电机公司，以及韩国的三星电子公司、LG公司研究团队起到了至关重要的作用，这也被业界认为是上述公司引领第三代半导体行业发展的关键因素之一。从人才储备来看，第三代半导体专业人才缺乏也是制约原始创新能力提升的核心要素，根据《中国集成电路产业人才发展报告》，按2014—2023年复合增长率20%计算，到2024年，我国全行业人才需求将达到78.9万人左右，人才缺口21.83万人。

3. 资金　第三代半导体产业和 Si 基集成电路制造产业同样也是资金高度密集的产业，一条生产线动辄百亿元人民币，资本的投入是不可或缺的。针对第三代半导体关键材料、器件应用、工艺设备等门类如此众多的分支技术，政府和基金管理方也要有针对地协调好分工，把有限的科研及研发资源更有效地利用起来。

4. 政策　第三代半导体产业业涉及国家信息安全、国家利益，世界各国政府近年来都加强了对半导体技术或企业收购交易的审查力度，例如美国、德国都出台了针对敏感行业的审查条例，试图通过收购来获得技术、人才越来越难。2022 年美国出台的《芯片与科学法案》，制定了详细的半导体领域研发投资规划与人才培养计划，体现了政府支持的系统性和长远规划性。

参考文献

[1] 杨斌 . 先进电子材料领域“卡脖子”技术的研判与对策分析 [J]. 科技管理研究，2021（23）:115–123.

[2] 第三代半导体产业技术创新战略联盟（CASA）. 第三代半导体产业发展报告 2020[R], 2021.

[3] 第三代半导体产业技术创新战略联盟（CASA）. 第三代半导体功率器件产业及标准化蓝皮书 [R], 2023.

[4] 第三代半导体材料发展态势分析项目组 . 第三代半导体材料发展态势分析 [M]. 北京：电子工业出版社 , 2020.

[5] 黄伯云 . 中国战略性新兴产业——新材料（第三代半导体材料）[M]. 北京：中国铁道出版社 , 2017.

[6] 军用电子元器件领域科技发展报告 [M]. 北京：国防工业出版社，2017.

[7] 国家知识产权局学术委员会 . 产业专利分析报告（第 67 册）：第三代半导体 [M]. 北京：知识产权出版社，2019.

[8] 松波弘之，大谷昇，木本恒畅，等 . 碳化硅半导体技术与应用 [M]. 2 版 . 北京：机械工业出版社，2022.

[9] 吴玲，赵璐冰 . 第三代半导体产业发展与趋势展望 [J]. 科技导报，2021, 39（14）：20–29.

[10] 蔡蔚，孙东阳，周铭浩，等 . 第三代宽禁带功率半导体及应用发展现状 [J]. 科技导报，2021, 39（14）: 42–54.

[11] 程新华，李安丽 . 第三代半导体行业政策研究 [J]. 现代工业经济和信息化，2023（4）：22–23.

[12] 第三代半导体产业技术创新联盟（CASA）. 第三代半导体材料及应用产业发展报告（2016）[R/OL].（2017–02–16）[2018–11–02]. https://www.sohu.com/a/126431721–505848.

[13] 第三代半导体产业技术创新联盟（CASA）. 第三代半导体电力电子技术路线图（2018）[EB/OL].（2018–07–12）[2018–12–05].http://www.casa–china.cn/uploads/soft/200527 /61540065001.pdf.

[14] 孙云杰，胡月，袁立科 . 中国第三代半导体技术发展瓶颈与对策建议 [J]. 科技中国，2023（9）：66–69.

第三篇

智能穿戴设备境外专利分析

第一章

引　言

第一节　智能穿戴设备概述

近年来，随着移动互联网的发展、技术进步和高性能低功耗处理芯片的推出，很多智能穿戴设备已经从概念化走向商业化。从2012年谷歌推出谷歌眼镜后，苹果、三星、微软、索尼等科技公司也都开始在这一领域进行探索、研发各种智能穿戴设备；2017年11月，智能耳机出现在大众的视野中，苹果、谷歌、三星、科大讯飞等公司纷纷推出自己的产品。越来越多的厂商认为，智能穿戴设备将成为智能手机之后的又一波移动互联网浪潮的新宠。

智能穿戴设备泛指内嵌在服装中，或以饰品、随身佩戴物品形态存在的电子通信类设备。具体来说，智能穿戴设备把信息的采集、记录、存储、显示、传输、分析、解决方案等功能与我们的日常穿戴相结合，成为人们穿戴的一部分，如衣服、帽子、耳机、眼镜、手环、手表、鞋子等。智能穿戴设备具备两个特点：首先它是一种拥有计算、存储或传输功能的硬件终端；其次它创新性地将多媒体、传感器和无线通信等技术嵌入人们的衣着中，使其更便于携带，并创造出颠覆式的应用和交互体验。

目前的智能穿戴设备主要涉及四大领域：工业与军事、健身与运动、医疗与健康、信息娱乐。按照功能分，可分为：生活健康类、信息资讯类、体感控制类。生活健康类的设备有运动、体侧腕带和智能手环，信息资讯类的设备有智能耳机、智能眼镜和智能手表，体感控制类的设备有各类体感控制器。目前市场上销售最多的是智能耳机、智能眼镜、智能手表和智能手环。

因此，本篇将以目前最热点的智能穿戴设备，包括智能耳机、智能眼镜、智能手表和智能手环作为研究对象，对它们在境外的专利申请进行分析，来了解境外的研发热点、目标市场、重点申请人以及它们的技术路线，为我国的技术研发和企业发展提供技术借鉴及市场洞察。

第二节　智能穿戴设备的发展历程

全球智能穿戴设备经历了三个发展阶段：

1975—2006年互联网时代：1975年，汉米尔顿（Hamilton Watch）推出Pulsar手表；1979年，索尼推出Walkman卡带随身听；1984年，卡西欧推出能存储信息的Databank手表CD-40；1994年，史蒂夫·曼恩开发出可记录日常的可穿戴无线摄像头；2000年，全球首款蓝牙耳机发布。

2007—2011年移动互联网时代：2007年，FitBit成立，耐克与苹果联合推出Nike+ipod运动装备登陆中国，运动数字化产品首次进入中国普通消费者视野；2010年，Brother推出AirScounter虚拟视网膜显示器，咕咚网推出首款健康追踪器；2011年，Jawbone推出可防水的Up智能腕带。

2012年至今物联网时代：2012年，Google发布Project Glass计划，VR/AR眼镜开始普及，索尼发布SmartWatch 1代；2013年，中兴、腾讯、百度、小米宣布进军可穿戴设备领域，三星发布Galaxy Gear智能手表，奇虎360发布360儿童卫士手环；2014年，苹果公司发布苹果手表，小米手环销量超过100万；2015年，FitBit成为首家上市可穿戴公司；2016年，苹果公司发布的AirPods；2024年2月，苹果公司Vilion Pro在美国上市。

同时由2023年的市场销售额可知，智能穿戴产品主要有智能耳机、智能手表、智能腕带等，其中智能耳机占比最大，约为62%，智能手表占比约为32%，腕带类占比约6%。

由此可见智能耳机、智能手表、智能手环是主要的智能穿戴产品，此外智能眼镜也有很大的发展空间，因此本篇将对这四个技术点的境外专利进行检索分析。

第三节　主要智能穿戴产品技术概述

一、智能耳机技术概述

随着科技和音乐文化的发展，耳机已经成为现代人生活中不可或缺的一部分。耳机可以让我们享受音乐，随时随地感受到节奏，同时也可以给我们提供更好的沉浸式体验。

耳机的历史可以追溯到19世纪末，发明家纳瑟尔·鲍德温（Nathaniel Baldwin）为美国军队制造了一种可以跟随无线电通信使用的头戴式耳机。这种耳机使用了动圈（coil）技术，通过电磁感应来转化电流，产生声音，供电话接线员使用，但由于其重量和尺寸大，使用起来并不方便。1895年，手持式耳机的出现使得耳机变得更加便携，人们可以在家中使用耳机收听音乐。1910年，世界上第一款现代耳机在厨房中诞生，这款耳机被称为“双耳悬挂式”，相比之前的耳机设计更加轻盈便捷。

20世纪30年代，拜亚动力公司（Beyerdynamic）制造出了世界上第一款动圈式耳机DT-48，这款耳机在耳机发展史上具有重要意义。1950年，该公司推出了全球首个立体声耳机DT-48S，进一步推动了耳机技术的发展。

随着半导体技术的发展，20世纪60年代末期，第一代“合成器”（synthesizer）出现，耳机也随之得到快速发展。这些耳机采用“动圈”技术，依靠一组动铁（diaphragm）和永磁体（magnet）之间的相互作用来震动，产生声音。耳机在音乐文化中的地位也在这一时期得到了显著提高，60年代活跃在英国的摇滚乐队披头士乐队就是耳机的推广者之一，同时，这一时期也出现了一些伟大的耳机品牌，如Koss、Stax、Grado、Sennheiser等，它们的出现极大地促进了耳机的发展。

1979 年，随着索尼的第一代随身听 Walkman 问世，第一款耳塞式耳机诞生了。这款耳机名为 Earbud，小巧便捷，采用动圈技术，它可以更好地隔离环境噪音，让用户更好地聆听音乐，这一创新极大地影响了耳机市场。

20 世纪 90 年代，耳机开始利用数字信号处理技术，以远低于 CD 质量的比特率提供更高质量的音频。1993 年，世界上第一个数字红外线耳机 IS850 问世。1997 年，索尼推出第一款绕颈耳机，深受女性用户喜爱。1998 年，森海塞尔（Sennheiser）推出世界第一个入耳式无线耳机，耳机业开始使用头戴式耳机和入耳式耳机，使耳机更加舒适、易用和隔音性能更好，尽管无线传输在当时还是很笨重的。

1999 年蓝牙技术出现，2000 年，爱立信公司推出世界上第一部蓝牙耳机 Ericsson Bluetooth Headset，这是一款基于蓝牙 1.0 技术的无线耳机，采用单边设计，只有一个耳塞，可以与支持蓝牙的手机、电脑等设备进行连接，耳机上有一个按钮，可以用来控制通话和音乐播放等功能。这是一款具有里程碑意义的产品，它的推出开启了蓝牙耳机的时代，为人们带来了更加便捷的无线通话和音乐体验。

2001 年，苹果公司推出 IPod 设备和 iTunes 服务，这极大地推动了耳机产业的发展，其简约和便捷的造型，让它在接下来的 8 年里，在这个音乐数字化的窗口期，成为集时尚、前卫、年轻等多种风格于一体的介质。让耳机真正成为时尚潮品的是 2008 年的 Beat by Dre。

2015 年，安桥品牌在 IFA 展上发布了 W800BT，标志着世界上第一个真无线蓝牙耳机的面世。2016 年 9 月 8 日，苹果在 iPhone 7 发布会上首次推出无线耳机 Apple AirPods，耳机内置红外传感器能够自动识别耳机是否在耳朵中进行自动播放，通过双击可以控制 Siri；戴上耳机自动播放音乐，波束的麦克风效果更好，双击耳机开启 Siri，充电盒支持 24 小时续航，连接非常简单，只需要打开就可以让 iPhone 自动识别。随后，AirPods 真无线蓝牙耳机引领智能耳机开始进入无线化时代，各种 TWS 真无线耳机、颈挂蓝牙耳机、头戴蓝牙耳机、耳塞型耳机等各种形态，主动降噪、空间音频、佩戴检测、触控操作等各种功能的智能耳机还在不断地优化，并逐渐成为人手必备的产品，丰富了人们的日常生活。

二、智能手表技术概述

智能手表从结构上定义是一种全新形态的智能终端，由硬件加软件组成的腕上数码产品，硬件决定性能，所以更新换代快，软件可增减、可更新、可变动，带来无限可能。智能手表从功能上定义是将手表内置智能化系统，通过智能手机系统连接于网络而实现多功能。目前市面上的智能手表可大致分为两种：一不带通话功能，依托连接智能手机，实现多功能，能同步操作手机中的电话、短信、邮件、语音交互、照片、音乐等；二带通话功能，支持 SIM 卡，本质上是手表形态的智能手机。

早期的智能手表可以追溯到 1927 年，出现了第一款带有腕带的路线指示器，这款腕表虽然没有内置电池或 GPS，但它通过滚动地图盒记录路线，可以视为智能手表的早期原型之一。

1972 年，汉米尔顿（Hamilton）推出腕表 Pulsar，它率先利用红色 LED 晶片显示时间数字。作为太空时代的标志性发明之一，Pulsar 也成为世界上首款没有摆轮与机械装置、用 LED 数字显示的腕表。

1983—1984 年，精工（Seiko）先后推出了非常多的智能手表，如 Data-2000、UC-2000、RC-1000、Memo Diary 和 UC-3000 等多款。虽然这些原始的智能手表只有存储电话号码、日历提醒、计算器和日期显示功能，但它的出现引发了人们对智能手表潜力的探索和关注。

1995 年，精工推出了短信手表（MessageWatch），这款手表不仅可以显示来电（使用 FM 边带频率），还可以显示一些传输到手表的文字信息（如体育比分、股票价格和天气预报）。

以上都算是早期的智能手表，虽然功能简单，但它们是后来更先进的智能手表的重要起点。

1998 年，享有“可穿戴计算之父”盛名的史蒂夫·曼恩（Steve Mann）制造了第一款基于 Linux 的手表 Linux Wristwatch，两年后，由 IBM 推出了这款手表的原型产品。它对“智能手表”进行了全新的定义，并对未来的发展方向做了预测：智能手表旨在与个人电脑、手机和其他无线设备进行无线通信，它将能查看电子邮件的信息摘要，能够接收类似寻呼机的信息。未来智能手表的改进方向包括，高分辨率屏幕和应用程序；通过应用程序，智能手表可以响应各种基于互联网的服务，有关天气、交通状况、股票市场的最新信息，运动成绩，等等。

20 世纪 90 年代至 21 世纪初期，佳明（Garmin）在专业导航领域不断取得突破，2003 年，一名热爱跑步的工程师在某次测试中突发奇想，将掌上型工具 GPS eTrex 绑在手腕上，意外发现显示距离和速度的效果非常不错。这给了他灵感，把可携带式 GPS 做成跑步训练装置，于是催生了 Forerunner 201，也就是第一款智能穿戴式装备，可以记录和跟踪用户跑步、骑车和游泳中的运动路线、速度和距离等信息。

智能手表的复兴可以追溯到 2012 年，Pebble 公司推出了第一款智能手表，它可以通过连接到智能手机来接收通知、短信和电话等，还可以控制音乐播放和运动跟踪等。2014 年是真正意义上的智能手表元年，因为这一年，随着互联网、软件和硬件技术的发展，智能手表的概念开始成熟并进入市场。苹果公司推出了第一款 Apple Watch 智能手表，智能手表的市场正式初步形成。第一代苹果手表的内部硬件包括一个自研的 S1 系统芯片、512MB 的内存以及 8GB 的存储空间。它的电池续航时间约为 18 小时，满足了一般用户的全天使用需求。这款手表还配备了多种传感器，包括加速度计、陀螺仪、心率传感器和环境光传感器，能够提供如心率监测等一系列的健康和健身监测功能，并且可以下载各种应用程序，真正实现了由硬件和软件的结合，宣布开启了腕上智能新时代。

综上所述，智能手表的发展经历了从早期的非智能原型到现代独立运行的智能设备的转变，这一转变是由技术进步和市场需求共同推动的。未来智能手表还将继续发展和创新，可能进一步整合虚拟现实、增强现实等技术，提供更加丰富和优质的用户体验。

三、智能手环技术概述

其实一个手环，就和最原始的饰品一样，从形状上必须轻便小巧，它是利用手环内的感应芯片，通过对人体的信息进行采集，进行健康监测，有运动计步、睡眠监测、心率监测、跌倒判定、久坐提醒等功能，但它不能做一个独立的终端，只能通过蓝牙等方式链接手机，在手机上进行操作。

根据调查，1982 年，日本精工曾推出一款可编程手环，算是智能手环发展史上的首款产品，只是当时的产品研发受众群体和现今智能手环受众较大出入。直至 2011 年，美国卓棒（Jawbone）公司，推出健身手环 UP 一代，拉开了智能手环的序幕，初步定型了智能手环基础功能和方向，即为监测反馈用户的健康状况并帮助用户培养科学健康的运动习惯。UP 一代功能不多，只是简单记录运动情况，其最大的亮点是睡眠监测。2013 年，美国 FitBit 也发布了功能相近的智能手环 FitBit flex，其通过价格的低廉和数据的准确度，很快占领了大半市场，并快速风靡全球。FitBit 首创数据分享，打造全新运动社交圈，奠定了智能手环与社交圈的新玩法。Jawbone UP、FitBit flex 两款智能手环虽然各有不足，但无疑比精工的智能手环更适合被称为鼻祖产品。

2014 年，国内外众多科技企业争先发布智能手环产品，微软手环等不计其数的智能手环的面世，大大改变了全民运动习惯，智能手环进入高速发展的爆发期。智能手环开始集成心率传感器、陀螺仪、GPS 等更多传感器，可以实现实时用户心率、睡眠质量、运动轨迹等数据的监测。为了方便用户接收与查看相关信息，带有显示屏的智能手环开始问世，该产品屏幕较多地采用了 OLED 屏，其柔性优势使智能手表更加贴合手腕，增强了用户佩戴舒适性。

2019 年起至今，智能手环市场趋于稳定，各大品牌都在提升产品品质，以满足用户的多样化需求。FitBit、Garmin 等企业均发布了多款智能手环产品，这些产品在功能上更加丰富，涵盖健康、运动、通信等多个领域。在功能方面，智能手环产品新增了更多的健康监测功能，如血氧、压力监测等；部分产品还实现支持更精确的传感技术，如皮肤温度、呼吸等；部分产品开发形成智能语音助手，NFC、WiFi 连接等智能功能。

除功能的增加，智能手环的设计也在不断革新。最初的智能手环多采用硅胶的材质，外观简单单一；随着人们对于美观度的要求提高，厂商开始探索更时尚的设计。因此，金属、皮革材质的智能手环相继问世。同时，智能手环的屏幕尺寸也在不断变大，显示效果也更加清晰。这些设计变化，让智能手环成为一款既实用又时尚的配饰。

除外观设计，智能手环与智能手机的兼容性也在不断提高。厂商通过开发专门的手机应用，让用户可以随时随地查看自己的健康数据。同时，智能手环与其他智能设备的互联互通，也成为智能手环发展的一个趋势。例如，智能手环与智能家居设备的连接，可以通过手环控制家中的灯光、空调等，提供更加便捷的生活体验。

总的来说，智能手环经历了从简单步数监测到全面健康数据监测的演变过程，其功能越来越丰富，设计也越来越时尚。目前，智能手环的市场细分已成定势，主打老年健康管理、女性美容管理、生活服务，还有其他各式各样的生活场景，将逐渐成为人们更加关注健康的必备配件。

四、智能眼镜技术概述

智能眼镜是指像智能手机一样，具有独立的操作系统，可以由用户安装软件、游戏，可通过语音或动作操控完成添加日程、地图导航、与好友互动、拍摄照片和视频、与朋友展开视频通话等功能，并可以通过移动通信网络来实现无线网络接入的这样一类眼镜的总称。

智能眼镜技术的历史可以追溯到20世纪60年代，1960年，莫顿·海利格推出了第一款头戴式显示器Telesphere Mask。它具备立体3D图像和立体音效，实现计算机虚拟显示器的控制。紧接着，1961年，科姆（Corme）和拜恩（Byen）发明了VR头盔头视（"Headsight"），它可以跟踪头部运动，并为每只眼睛的屏幕投射图像，它具有磁感追踪系统和一个与头部运动相对应的远程摄像头，虽然没有计算机模拟，但该设备部分已经类似于现代VR眼镜。1984年，VPL公司的创始人杰伦·拉尼尔和汤玛斯·齐默曼创立了一家销售VR眼镜和手套的公司，他们给这一领域取了一个名字，即"虚拟现实"。1995年，日本的任天堂（Nintendo）公司生产了一款名为Virtual Boy的游戏机，它是第一款家用VR设备，在消费电子展上，任天堂公司声称他们的新设备将给玩家一个与虚拟现实互动的惊人体验。

2012年，谷歌推出首款智能眼镜Google Glass，引起广泛的关注。它将透镜与显示器、摄像头、传感器、麦克风等设备结合起来，具备显示屏、摄像头、扬声器等功能，并支持语音识别和云计算等技术。Google Glass利用的是光学反射投影原理（HUD），即微型投影仪，先是将光投到一块反射屏上，而后通过一块凸透镜折射到人体眼球，实现所谓的"一级放大"，在人眼前形成一个足够大的虚拟屏幕，可以显示简单的文本信息和各种数据。Google Glass实际上就是"微型投影仪+摄像头+传感器+存储传输+操控设备"的结合体，右眼的小镜片上包括一个微型投影仪和一个摄像头，投影仪用以显示数据，摄像头用来拍摄视频与图像，存储传输模块用于存储与输出数据，而操控设备可通过语音、触控和自动三种模式控制。

2015年，三星推出Gear VR眼镜。三星Gear VR是一款跟Facebook旗下Oculus合作、与其安卓手机Note 4配合使用的虚拟现实头盔，是光学设备和控制部件的结合体，用户只需将Galaxy Note 4通过数据口架在这款产品上，即可通过它来观看手机上的特殊视频或专有应用，因为一组透镜在眼前，手机上的内容会呈现一种3D虚拟现实的效果，用户可以通过头部运动控制屏幕上的光标，配合VR旁边的触控装置进行确定或退出操作。

2016年是虚拟现实前所未有地走在前列的一年，大约有230家公司（亚马逊、苹果、Facebook、谷歌、微软、索尼、三星等）开始致力于基于虚拟现实的项目。这一年第一代Oculus Rift设备发布，它是一款为电子游戏设计的头戴式显示器，具有两个目镜，每个目镜的分辨率为640×800，双眼的视觉合并之后拥有1280×800的分辨率，并且具有陀螺仪控制的视角，提供的是虚拟现实体验，戴上后几乎没有"屏幕"这个概念，用户看到的是整个世界，使得游戏的沉浸感大幅提升。同年由日本索尼公司研发的头戴式VR设备PlayStation VR（PS VR），也是一款虚拟现实游戏设备，其配备的感应器为六轴动态感应系统（包括三轴陀螺仪和三轴加速度传感器），定制OLED屏幕和流畅的120fps视觉效果和360度视角，让游戏体验更生动逼真。无独有偶，同年微软发布Hololens，这是一副混合现实的智能眼镜。这是首款在Windows 10操作系统下运行Windows混合现实平台的头戴式显示器。它的主要用途是增强现实，举个例子，当设计人员利用3D max或MAYA进行建模或动画制作时，如果佩戴此眼镜将能从第一视角更加立体地在眼镜中投射出三维效果，便于设计师、建筑师进行创作。2018 年，Facebook 推出 Oculus Go 一体机，该设备采用“快速切换”WQHD 液晶屏幕，具有立体声效果，可以提供数千款 VR 游戏和 360 度视频体验，包括来自 Hulu、Netflix 和 HBO 的应用。无须连接手机或电脑，它将与所有 Gear VR 应用兼容。2021 年全球生态合作伙伴大会上 Snap 发布旗下最新研制的、能够叠加使用 Snapchat 软件工具制作 AR 效果的眼镜终端——Spectacles。这款终端具有双波导显示器；具有四个内置麦克风，两个立体声扬声器和一个内置触摸屏；两个 RGB 前置摄像头可帮助眼镜检测用户正在看的物体和表面；Spectacles 视场只有 26.3 度，亮度达到 2000 尼特，端到端延迟不到 15 毫秒；支持 6DoF 和手势追踪；电池续航时间可达 30 分钟；重量为 134g。2021 年，Razer（雷蛇）全球玩家生活方式潮流品牌推出雷蛇天隼智能眼镜，它是一款颠覆性的智能眼镜，具有开放式听觉体验、内置麦克风和扬声器以及支持触控功能等特点，它的镜框中内置隐藏式扬声器和麦克风，能在保护眼睛的同时，为用户带来沉浸式音频享受。

从 Google Glass 到 Microsoft HoloLens 2，再到 Snap Spectacles 和 Razer Anzu，智能眼镜的发展历程充满了令人瞩目的突破，每个产品的诞生都标志着这一领域的重要进步。

第二章

智能耳机技术专利分析

第一节　智能耳机的技术分解及检索

随着移动信息技术的进步和居民生活需求的不间断增长，智能穿戴设备日益普及，智能耳机作为智能穿戴设备的重要分支，其操作简单、携带方便、交互性强，越来越受到市场和用户的青睐，相关技术呈现快速增长的态势，各大科技公司纷纷推出自家产品，如苹果公司的AirPods、谷歌公司的PixelBuds和三星公司的Gear IconX，其应用场景也不断拓展，由最初的音频传输，逐渐发展至智能驾驶、健康监测和智能语音等。

智能耳机技术的快速发展，促进了相关专利申请量的大幅增长，相应的专利纠纷也开始出现，如2020年One-E-Way公司起诉苹果公司的AirPods耳机侵犯了其两项蓝牙配对专利。因此，分析和梳理境外智能耳机相关专利申请的基本情况，研究其相关创新主体的专利布局策略，对促进我国相关企业技术研发，塑造核心竞争力，开拓海内外市场，规避知识产权风险，鼓励经济发展具有重大的战略意义和现实意义。

目前智能耳机主要包括AI耳机、TWS耳机、运动耳机、健康监测耳机。本章将以这几种智能耳机进行专利检索，并进行专利分析。

本章在专利检索平台检索了除在中国国家知识产权局以外的专利文献，检索文献的公开日期截止至2024年3月31日。

第二节　申请趋势

图3-2-2-1为智能耳机在中国国家知识产权局以外的专利申请趋势图，由图可见，智能耳机境外专利申请整体呈现波动式增长趋势。大致可分为三个阶段：

第一阶段从2005—2009年，为技术积累期。专利申请量较少，每年只有为数不多的一两件，这段时期是智能耳机技术的起步阶段。

第二阶段从2010—2013年，为波动发展期。每年的专利申请量开始增多，尤其是在2011年有19件专利，出现一次小高峰，而2012年、2013年申请量又有所回落。

第三阶段从2014年至今，为持续发展期。2014年第一款TWS（真正的无线蓝牙）耳机Dash pro诞生后，为了对TWS耳机进行保护，2015年申请量出现一次高峰期，年申请量达 50 件，之后 2016 年、2017 年申请量有所回落，但也保持每年 25 件左右，而市场上 2016 年苹果公司发布的 AirPods，让更多人开始认可智能耳机，使其迎来爆发期，也有更多的研发人员投入到智能耳机的技术改进中，并在每一次技术突破时进行了大量的专利申请，于是智能耳机的申请量在 2018 年、2021 年又分别出现两次高峰期。对比 2015 年、2018 年和 2021 年这三次高峰的峰值，可见申请数量一次比一次高，每次高峰过后，申请量有所回落，但后面的谷值也比前面的谷值高，说明大家对该项技术的热情仍在高涨。2023 年、2024 年的数值较低是因为发明专利要 10 个月后公布，新型、外观 6 个月后公开，所以这两年的申请有很多还没有公开，数据还不完整。

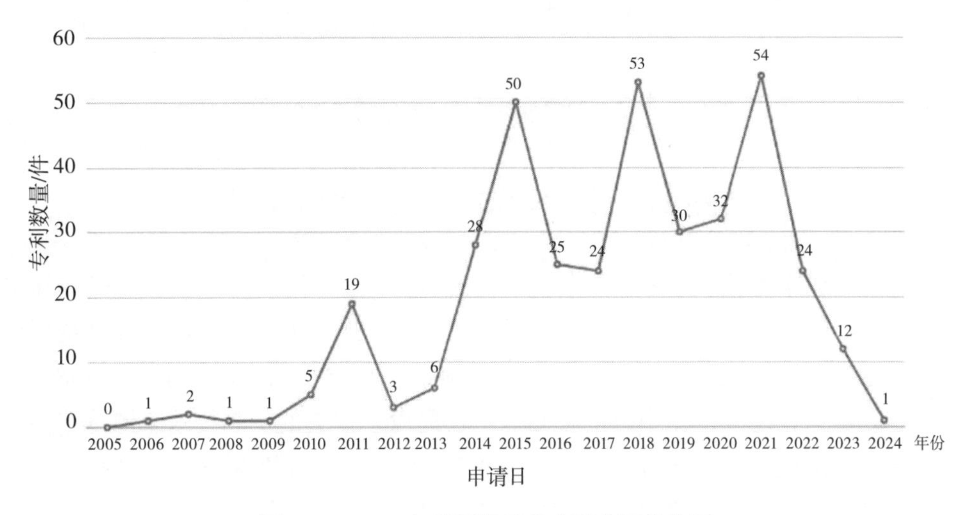

图 3-2-2-1　智能耳机境外专利申请趋势图

第三节　生命周期

图 3-2-3-1 为智能耳机境外专利申请的生命周期图，可见，从 2014 年开始受关注，有 10 多位申请人进入智能耳机的研发，且有近 30 件的申请；到 2015 年申请人已达 30 多位，比 2014 年增加 2 倍，申请量超过 50 件也比 2014 年增加近 1 倍；2016 年、2017 年申请量有所回落，但也在 25 件左右，且这一段时间申请人数量也保持在 20 多位，是 2014 年的 2 倍，说明虽然技术上的突破没有那么明显，但有越来越多的人加入智能耳机的研发行业。2018 年又一次迎来了新高度，申请人数量接近 2015 年，而申请数量超过 2015 年。2019 年、2020 年又一次热情回落，但研发热度依然高于 2016 年、2017 年。2021 年，研发热情又一次达到一个新高潮，申请人数量增至 60 位，研发数量也高达 54 件，这项技术也逐渐趋于成熟。

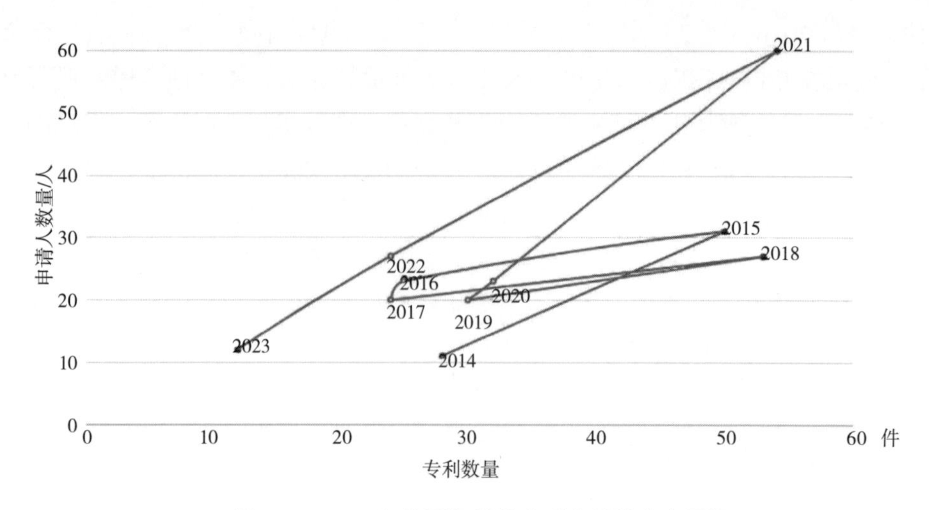

图 3-2-3-1 智能耳机境外专利申请的生命周期

第四节 技术来源国 / 地区分布

专利技术原创来源国 / 地区，即专利申请人所在国家 / 地区，该项分析以专利申请人所在国家 / 地区为主体。通过对检索到的专利文献进行来源地的专利申请数量统计分析，确定智能耳机主要由哪些国家 / 地区产出，并比较各主要来源国 / 地区的技术研发实力。

图 3-2-4-1 为智能耳机在中国国家知识产权局以外提交的专利技术来源分布图。从图可见，智能耳机的境外专利技术主要来源于中国和美国，均各占 39%，它们合在一起占总量的 78%。可见这项技术被美国和中国以绝对优势压倒其他国家，且美国和中国势均力敌，而且中国申请人也非常注重在境外进行专利申请保护。而剩下的国家中，韩国占 7%，主要是由于韩国有三星、乐金（LG）等大公司。

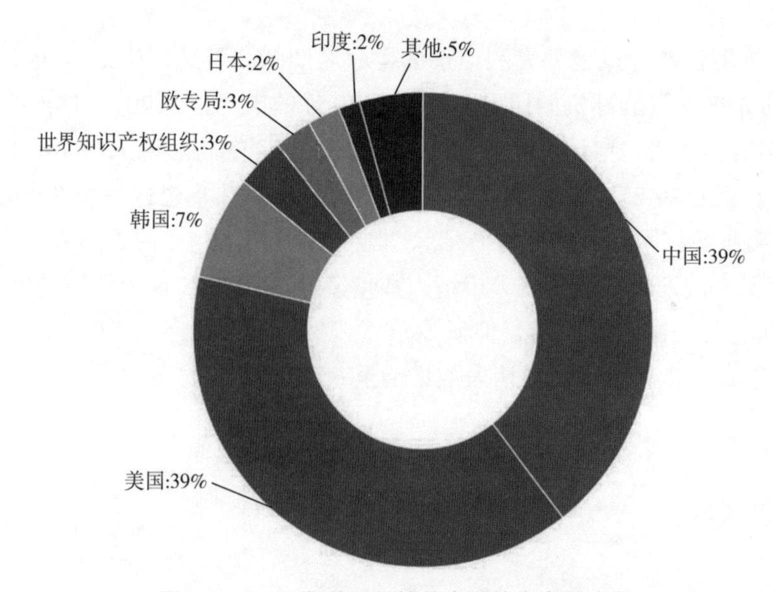

图 3-2-4-1 智能耳机境外专利技术来源分布

第五节 市场国布局分布

图 3-2-5-1 为智能耳机境外专利市场布局分布图。从图可见，智能耳机的境外专利的市场主要集中在美国，占所有国家或组织的 35%。其次是在世界知识产权组织进行的 PCT 申请，占所有国家或组织的 18%，而这些申请会根据产品的市场需要进驻不同的国家和地区，为产品提供知识产权保障。然后是欧专局，有 15% 的份额，同时还在英国有 3%，德国有 1% 的申请。亚洲市场主要关注日本和韩国，均有 10% 左右的份额；印度有 2%。此外，美洲国家巴西有 2%、加拿大有 2% 份额的申请。而其他国家的份额则比较少。

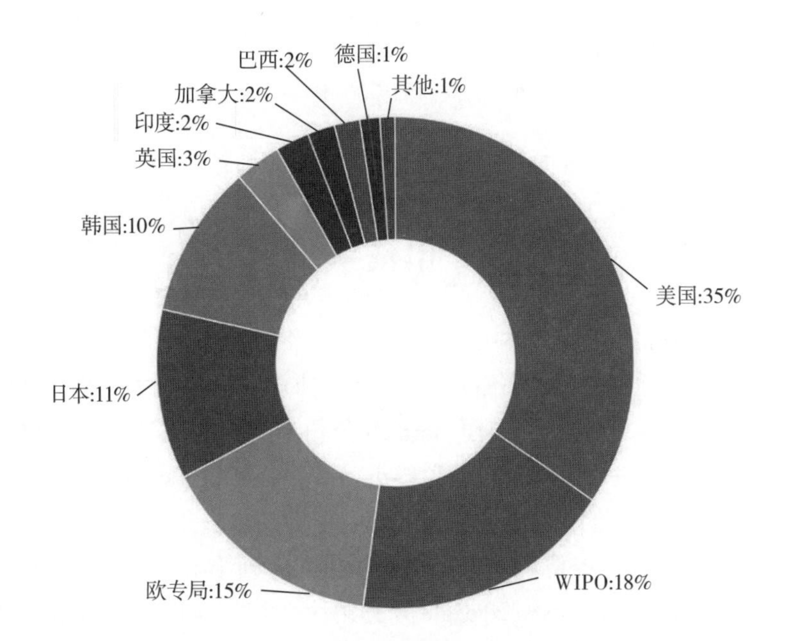

图 3-2-5-1 智能耳机境外专利市场布局分布

图 3-2-5-2 为智能耳机技术主要技术来源国 / 地区的专利流向分布图，由图可见，技术来源国 / 地区中创新量最多的美国的专利申请主要先在自己本国，然后流向了十几个境外国家和地区，其中主要进入了世界知识产权组织、欧专局、中国和韩国，还有少量进入了印度、日本、加拿大、越南、英国和德国。

中国专利申请除了主要在中国外，主要流向了美国、欧洲专利局、韩国和日本。

韩国的专利申请主要在韩国，然后流向了欧洲专利局、美国、世界知识产权组织和中国。

日本的专利申请主要在日本，然后流向了美国、世界知识产权组织、韩国、英国和德国，此外有少量进入了中国和欧洲专利局。

荷兰的专利流向比较集中，主要流向了美国和欧洲专利局。

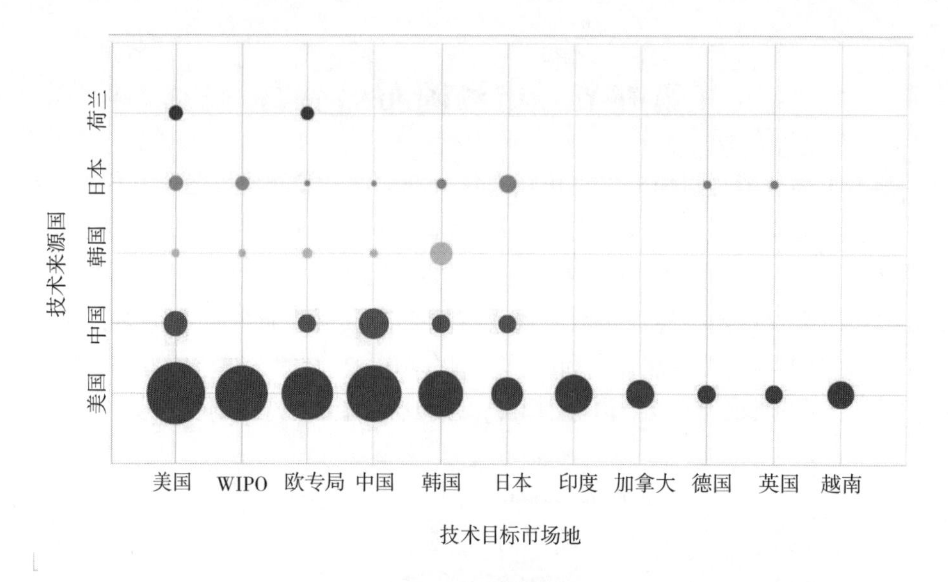

图 3-2-5-2 智能耳机技术主要技术来源国 / 地区的专利流向分布图

第六节 申请人排名

图 3-2-6-1 为智能耳机在境外专利申请的申请人排名。由图可见，高通公司排名第一，共有 25 件，主要是由于高通公司负责各种蓝牙、无线协议，而该技术是智能耳机必不可少的。第二名是 Harman 公司，有 19 件，而 Harman 公司本身在头戴耳机上都很有名，在智能耳机兴起后，其在原有耳机的基础上进行了改进。第三名是 Slapswitch，拥有 14 件申请。第四名是中国的华为，在境外的申请有 12 件。第五名为中国的歌尔泰克，在境外的申请有 10 件。第六名英特尔，有 9 件申请。三星和新泽西大学并列第七，有 6 件申请。Neural 排名第九，有 5 件申请。而桑尼奥司和 Ngoggle 并列第十，均有 4 件申请。综上可见智能耳机的境外专利主要集中在美国、韩国和中国申请人手中。

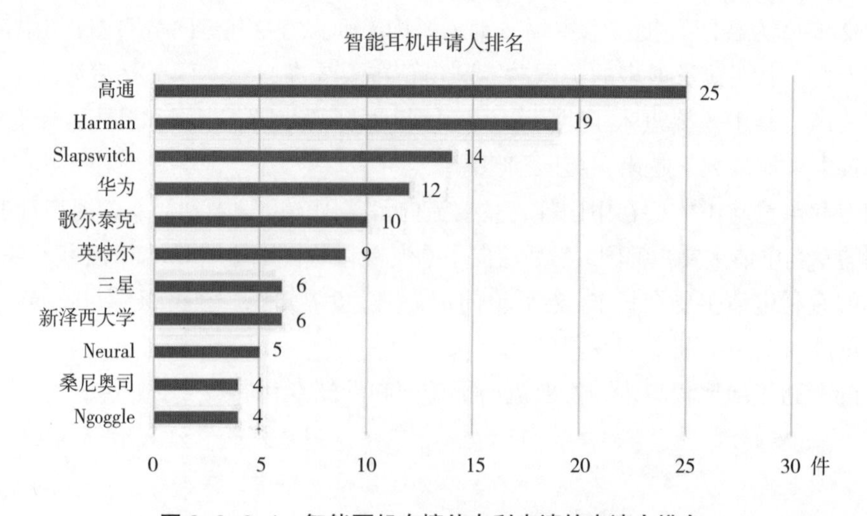

图 3-2-6-1 智能耳机在境外专利申请的申请人排名

第七节　技术构成

图 3-2-7-1 为智能耳机境外专利技术构成图，可见，智能耳机境外专利技术的主要技术方向包括耳机结构、通信技术、语音识别、能耗控制和智能降噪五个方向。其中耳机结构是其主要方向，共有 253 件专利，这是由于任何性能的实现都与耳机自身的结构密切相关，所以为研发的热点；其次是通信技术，包括无线、网络传输等技术，共有 120 件专利，快速配对、降低延时、高效通信、精确传输都是影响智能耳机智能水平的重要因素，所以也是研发的热点；再次是语音识别，有 86 件专利，现在的智能耳机都是人机交互，语音识别控制，所以语音识别也是研发的重点方向；然后医疗监测有 43 件，由于现在的智能耳机逐渐进入人们的生活健康，在生活运动娱乐的同时，可以一并对人体的各种健康指标进行监测，为用户提供较好的医疗监测，所以这些技术也越来越受到大家的青睐。而能耗控制和智能降噪的申请量相对较少。其中能耗控制，包括电量控制、充电等，以保证智能耳机的电力供应，实现长待机和低能耗，共有 21 件，可能是由于智能耳机的空间有限，能耗控制的技术突破的空间较小；而智能降噪 17 件，研发热度较低，主要是因为众所周知环境噪声会严重影响智能耳机的听音效果，所以智能降噪也会考虑这个素，但这项技术从有耳机以来都在进行研究，在普通耳机和智能耳机中都能沿用，近年来在技术上很难有更大的突破，所以研发热度也就不那么高了。

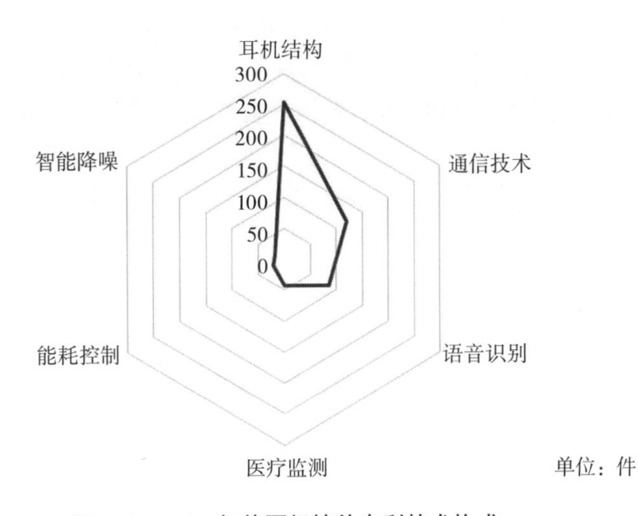

图 3-2-7-1　智能耳机境外专利技术构成

第八节　重点申请人的重点专利分析

本节以智能耳机境外专利排名靠前的几个专利申请人的重点专利进行分析，了解它们的技术侧重和研发热点。

一、高通公司

2020年6月18日公开了US2020194021A1为用于信号增强的声路径建模，用于智能耳机：提出了用于信号增强的方法、系统、计算机可读介质和装置。这种装置包括：接收器，其被配置为从由无线信号承载的信息产生远程语音信号；信号消除器，被配置为对本地语音信号执行信号消除操作以生成房间响应；以及滤波器，其被配置为根据房间响应对远程语音信号进行滤波以产生经滤波的语音信号。其中，信号消除操作基于远程语音信号作为参考信号。

2021年12月16日公开了US2021390941A1，为同步模式转换，用于智能耳机：给出了用于同步模式转变的方法、系统、计算机可读介质、设备和装置。被配置为佩戴在耳朵处的第一设备包括处理器，该处理器被配置为在第一上下文模式下基于音频数据产生音频信号。处理器还被配置为在第一上下文模式中与第二设备交换第一时间的时间指示。所述处理器还被配置为：在所述第一时间，基于所述时间指示从所述第一上下文模式转换到第二上下文模式。

2021年12月30日公开的US2021409860A1为用于透声的系统、装置和方法，该方法用于智能耳机：提出了用于音频信号处理的方法、系统、计算机可读介质和装置。该用于音频信号处理的装置包含经配置以存储指令的存储器及经配置以执行所述指令的处理器。当被执行时，指令使处理器从第一麦克风接收外部麦克风信号，并产生基于外部麦克风信号和听力补偿数据的透听分量，听力补偿数据基于特定用户的听力图，所述指令在被执行时还使得所述处理器扬声器基于所述透听分量来产生音频输出信号。

识别操作接收包括生物计量数据的信号或请求，诸如用户语音的样本（例如，基于外部麦克风信号、内部麦克风信号或两者的组合），并且将用户识别为一组N个登记用户中的用户i。在操作处，使用标识i的指示来从一组N个存储的听力补偿数据中选择对应的听力补偿数据。

二、Harman公司

2016年10月26日公开的EP3086569A1为一种运动头戴式耳机：具有第一构件和第二构件的前构件，以及可操作地连接到第一构件和第二构件中的每一个的远端的听筒，中心构件从前构件向外延伸并可枢转地连接到第一构件和第二构件，构件可在展开状态和折叠状态之间移动。

用于使用者在身体活动期间佩戴的运动耳机装置，用途包括但不限于跑步、游泳、骑自行车和徒步旅行。该耳机装置重量轻且不引人注目，可舒适和安全地佩戴。框架材料可容易地清洁，并且该材料是防水的，以允许在非干燥条件下使用，例如游泳。衬垫位于用户头部的基部，以在使用期间当中心构件抓住用户头部时为用户提供舒适性。开口允许耳机装置保持相对重量轻，同时仍保持耐用性。耳机装置易于扩展和折叠，同时保持低轮廓和纤薄的框架。由于用于将构件接合在一起的任何机构提供构件之间的平滑过渡，使得T形装置具有尽可能低的轮廓，因此用户长时间佩戴运动耳机的舒适表面。

2018 年 6 月 7 日公开的 US2018160211A1 为一种具有情境感知的运动耳机：为一种用于个人收听装置的音频处理系统，所述音频处理系统包括一组麦克风、降噪模块、音频闪避器和混合器。麦克风的集合被配置为从环境接收音频信号的第一集合。降噪模块被配置为检测感兴趣的信号何时存在于第一多个音频信号中，并且在检测到感兴趣的信号时，传输闪避控制信号。音频闪避器被配置为接收闪避控制信号，并且经由回放设备接收第二多个音频信号。所述音频闪避器进一步经配置以基于所述闪避控制信号相对于所述所关注信号减小第二多个音频信号的振幅。混合器组合第一多个音频信号和第二多个音频信号。

使用所公开的个人收听设备的收听者听到来自回放设备的高质量音频信号加上来自环境的某些感兴趣的音频声音，同时，来自环境的其他声音相对于感兴趣的声音被抑制。这改善了收听者仅听到期望音频信号的可能性，从而为收听者带来更好质量的音频体验。

2021 年 7 月 27 日公开的 US11075968B1 为蓝牙低功耗传输跨连接的等时组的同步，用于智能耳机：提供了用于改进多信道蓝牙 ® 低功耗（BLE）系统的无线音频传输和同步的机制和方法。在各种实施例中，机制和方法可以包括生成符合 BLE 的从属设备的具有多个协议数据单元（PDUs）的传输。多个 PDUs 可以存储在缓冲器中。当确定在发送 PDU 中的一个 PDU 时已经发生错误时，可以生成到从属设备的重传，其可以包括错误的 PDU 和多个 PDU 中的任何后续 PDU。该用于改进多信道 BLE 系统的无线音频传输和同步的机制和方法，动态大小的缓冲可以改善或解决与音频缺少相关的问题，并且可以支持诸如自动延迟调谐和多链路 BLE 同步的功能，或通过与使用多个连接的等时组（CIGs）有关的方法来解决上述问题。对于 BLE 组件，该方法可以建立相对于 BLE 同步间隔（ISO 间隔）信号的 CIG 参考点参数，然后建立相对于 ISO 间隔信号的 CIG 同步点参数。接下来，可以生成一组协议数据单元（PDUs）以用于传输到与 CIG 相对应的一组一个或多个符合 BLE 的从设备，并且该组 PDUs 的传输可以针对具有由 CIG 参考点参数设置的开始和由 CIG 同步点参数设置的结束的时间段。然后，这种 BLE 组件可以与类似操作的 BLE 组件结合使用。以这种方式，通过建立 CIG 参考点和 CIG 同步点参数，可以有力地促进交叉 CIG 同步。

2021 年 12 月 9 日公开了 WO2021243509A1，为用于 TWS 耳机的 2 弹簧针设计，提供一种 TWS 耳机，所述 TWS 耳机包括：充电盒，以及一个或两个耳塞式耳机。所述耳塞式耳机可通过 2 弹簧针连接器附接到所述充电盒中。所述耳塞式耳机可通过所述 2 弹簧针连接器检测所述充电盒中所述电池的不同状态，并且可在被取出或放入所述充电盒时相应地自动开机或关机。

三、Slapswitch 公司

US20170318145A1，公开日期为 2017 年 11 月 2 日，涉及蜂窝电话和其他电子设备的控制和操作，尤其涉及结合各种体育和娱乐活动使用的那些设备的功能的改进。

EP3402215A1，公开日期为 2018 年 11 月 14 日，公开了一种智能耳机装置个性化系统和使用该系统的方法。用户个性化的应用程序下载的头戴式耳机单元从服务器装置安装在移动设备，移动设备和智能耳机装置进行配对，用户进入相应的数据通过寄存器模块的移动设备，用户佩戴智能耳机装置，从而允许听力检查模块的移动装置左、右耳朵的听力检查所述用户生成巡检结果。自动补偿单元的智能耳机装置根据检查可自动进行补偿结果。然后，手动补偿模块的移动设备进一步进行补偿。最后，利用使用者调节音效模式偏好设置模块的移动设备完成个人化的智能耳机装置。

JP3217231U，公开日期为 2018 年 7 月 26 日，涉及一种为多功能智能耳机设备提供一种设定系统。在该系统中，用户从伺服装置下载耳机个性化应用单元，将其安装在便携式装置中，将便携式装置与智能耳机设备配对，并输入与注册模块对应的数据。随后，当用户佩戴智能耳机设备时，听力测试模块在用户的左耳和右耳两者上执行听力测试以创建测试结果。自动校正单元和手动校正模块校正检查结果，并且用户通过使用偏好设置模块根据个人的偏好来调整声学效果模式，以完成智能耳机设备的个性化。这允许用户选择和使用由个性化智能耳机设备提供的各种类型的功能。

JP6687675B2，公开日期为 2020 年 4 月 28 日，公开了一种具有定向通话功能的智能耳机设备个性化系统和使用该系统的方法。用户从服务器设备下载耳机个人化应用程序单元，用于安装在移动设备中，然后该移动设备与智能耳机设备配对。用户通过注册模块输入相应的数据。用户佩戴智能耳机设备以允许听力检查模块检查耳朵的听力能力并产生检查结果，自动补偿单元和手动补偿模块根据检查结果进行补偿。最后，用户通过偏好设置模块调整音效模式，以完成智能耳机设备的个性化。该智能耳机装置具有定向通话功能，以接收并放大来自前侧的声音，并且用户能够清楚地听到来自前侧的声音。

四、英特尔公司

2016 年 6 月 30 日公开了 US2016192073A1，为用于处理音频信号以启用警报的双耳记录技术：描述了一种用于双耳音频的可穿戴设备，可为智能耳机。可穿戴装置包含反馈机构、麦克风、常开双耳记录器（AOBR）及处理器。AOBR 用于经由麦克风捕获环境噪声并解释环境噪声。处理器基于经由麦克风在环境噪声中检测到的通知向反馈机构发出警报。

反馈机构可以是扬声器、振动源、平视显示器或其任何组合，警报可以是环境噪声的重放，可以使用卷积神经网络来解释环境噪声，还可以使用卷积算法来解释环境噪声，可以对捕获的环境噪声进行滤波，警报可以是声音、振动、显示的警报或其任何组合，可以使用声音定位来确定通知的位置和方向，声音定位可以是波束成形，可以通过将在环境噪声中检测到的通知与分类声音的目录进行比较来解释环境噪声。

2013 年 7 月 4 日公开的 WO2013100933A1 为多流多点插孔音频流：公开了一种用于将一个或多个音频源的输出流传输到一个或多个智能头戴式受话器的方法和设备，包括建立与智能头戴式受话器的安全连接，将一个或多个音频源的音频通道与智能头戴式受话器相关联，以及将相关联的音频通道流传输到智能头戴式受话器。音频流传输设备可以根据流传输策略选择性地将一个或多个音频信道从一个或多个音频源流传输到一个或多个智能头戴式受话器。

五、三星公司

KR1020210155165A，2021.12.22，一种可穿戴智能耳机包括：外部光收集器，诸如波导，被配置为收集外部光并将其传输到活体对象；传感器，包括辅助光源和光接收器，并且被配置为测量对象的生物信号；以及处理器，其被配置为确定所述外部光是否足以测量所述生物信号，并且基于所述确定来控制所述辅助光源的驱动。这种配置允许在传感器测量生物信号时最小化功耗。

第九节　市场上的典型智能耳机

一、智能耳机目前的主要卖点

1. 长续航　进入互联网时代，人们对网络、电力的依赖越来越大，电力不足，会让用户非常痛苦，为了改善这一情况，智能耳机的研发商也越来越追求长时间的续航。智能耳机通常采用配置电池或收纳两用盒来为智能耳机充电来解决这一问题。常规情况下，耳机自身续航会超过 4 小时，但配合充电盒使用，能达到 4 倍的续航，使智能耳机的使用时间大大延长，完全可以保证白天放心使用。而充电盒的充电速度也直接影响用户的使用舒适度体验，因此很多品牌通过充电盒支持快充的方法来解决该方面的问题，如索尼等品牌在这方面就表现很出色，其只需不到 20 分钟就让耳机维持一两个小时的续航，大大地提高了充电速度。

2. 低耗电　通过电池充电来补充电量来延长智能耳机的使用时间固然很好，但最根本的还是要从耳机本身着手，这就是降低耳机自身的能耗，因此低耗电也成为衡量一款智能耳机优劣的重要指标。考虑到耳机结构空间较小，电池容量也很有限，像高通 QCC5100 单芯片解决方案，就宣称比上代产品降低了 65% 的功耗。蓝牙 5.0 版本在提升传输距离的同时，较 4.2 版本在功耗上同样能大大降低。这些技术均降低了智能耳机的功耗，且进一步地提升了智能耳机的实际续航能力。

3. 高音质　高音质一直都是耳机用户的一贯追求，而智能耳机作为一种高端耳机在这方面更是精益求精，各品牌商也一直都在这个方面进行持续的研发，目前也有很大的突破。这其中包括高通 aptX HD（目前占主导地位）、索尼 LDAC（已开放给 Android 8.0 版本智能手机使用）和华为 HWA（获国内耳机制造商的支持，但兼容的手机较少），配合蓝牙 5.0，均提供了很好的高清音频解决方案。就实际调音来说，各品牌也各有侧重，尤其是传统 Hi-Fi 品牌推出的产品。相比之下，苹果公司产品只支持 SBC 和 AAC 的有损编码，是个先天性弱势。当然，影响音质的因素有很多，还包含主观的个人音色偏好。

4. 低延迟　延迟与数字音频的编码方式（aptX 是相对低延迟的编码方式）、手机芯片的编码能力、蓝牙传输的干扰以及耳机端的解码能力有关，因此是项系统工程。对消费者而言，只有通过实际聆听，甚至是较长时间使用后才能判断优劣。在该方面，高通针对游戏、视频场景推出的 aptX Adaptive 音频编解码，能将延迟控制在 50 ～ 80 毫秒之间，大大提升了用户体验。

5. 降噪　耳机降噪不是个新课题，但由于智能耳机的空间有限，功能很多，内部电子电路复杂，因此将耳机降噪功能也集成在其中的难度非常大。通常主动降噪的智能耳机都售价不菲，但作为高端系列通常都会采取主动降噪，如 Libratone TRACK Air+、Sony WF-1000X M3 和 BOSE Sports Free，不仅需要内置特定的芯片组，还需要有多个降噪麦克风、多路传感器的支持。当然，入耳式设计本身也能起到物理降噪作用。

6. 人工智能　人工智能对智能耳机来说，至关重要。一是操控，在个头迷你的耳机上进行播放 / 暂停、快进 / 快退、接听 / 挂断电话的操作，很不人性化；二是伴随智能音箱等语音操控产品的普及，消费者肯定更倾向于语音控制，甚至就此摆脱手机的“中介”。因此语音控制成为一种重要的解决方案，目前已有很多智能耳机中加入了语音助理的支持，如 Apple AirPods、三星 Galaxy Buds 等，依赖感应器侦测实时启动，比如通过语音加速感应器感知消费者何时开口说话，但很明显这种技术要求很高，且整个佩戴过程中必须实时在线，对电池续航等也有额外要求。而 Redmi AirDots 这样的入门产品，若需启动语音助理，必须手动操作，虽然目的同样达到，但智能化显得不足。当然，语音控制的另一个好处在于，它能让消费者以语音指令拨打 / 接听电话，彻底解放双手。此外，现在越来越多的智能耳机为无线耳机，在运动时通过搭载生物传感器实现健康数据监测和语音播报，使智能耳机的功能更丰富，使用起来更智能。

二、目前市场上比较典型的智能耳机

1. 森海塞尔 MOMENTUM　森海塞尔首款 TWS 耳机，包装盒内共有 4 款不同尺寸的耳塞，基本能满足不同用户的需求。IPX4 的防水等级可用来抵挡跑步运动时的汗水。

连接方面，只需将两只耳机戴上，同时按住、静置 5 秒，听到提示音后打开手机蓝牙，就可以完成连接配对。操控基本由耳机表面的银色金属触控面来完成，每一次触击，耳机都会发出提示音，某种程度上有利于降低误操作的概率。

在森海塞尔专门为 MOMENTUM 设计的 Smart Control App 上，选择是否打开“Transparent Hearing”功能，可以在听音乐的同时听到周边的环境音，或是用“均衡器”对高低音的音量进行增减，从而改变整体的音色和听感。MOMENTUM 使用的是高通 aptX 和蓝牙 5.0 技术，连接距离在 10m 左右，听歌观影基本都能做到无延迟。加上充电盒，续航时间可达到 12 小时。声音表现方面，MOMENTUM 对细节的呈现还是可圈可点的，低频的量感和弹性处于比较适中的状态，声场也有一定宽度。音色虽然算不上温暖醇厚或一击即中，但自有其自然耐听的优势。

2.B&O E8 2.0　B&O 曾是 Bang&Olufsen 旗下的子品牌，目前已与主品牌合并，是 1925 年成立于丹麦的声学品牌。其 TWS 耳机中的 E8 2.0 和它的前一代一样，皮质充电盒搭配铝制嵌边，环绕耳机的，是更加精致耐用的氧化拉丝铝，看起来高端，售价也不便宜，共有自然色、黑色、靛蓝色、石灰岩 4 种颜色和 4 种耳塞尺寸供用户选择，佩戴起来牢固性和舒适性都不错。

性能方面，E8 2.0 采用蓝牙 4.2 技术，支持 AAC 解码，配置 Qi 无线充电技术，只需将充电盒放在专用无线充电板上即可充电，E8 2.0 也因此成为真正意义上的全无线耳机。

E8 2.0 的配对连接必须先提前下载 Bang&Olufsen App，根据文字提示，按顺序完成指定步骤才可以。E8 2.0 的大部分功能也是通过 App 来完成，包括音量调整、模式切换、环绕声增减等。点击耳机表面的触控面也可以完成播放 / 暂停、音量调节、切换歌曲、接听电话等基本操作。

E8 2.0 在音质上整体表现中规中矩，自带的均衡器可以对音色进行调整。续航方面，E8 2.0 最长可拥有 16 小时的播放时长。

3.Bose Sound Sport Free　Bose Sound Sport Free 定位于无线运动耳机，符合 IPX4 防水标准，能够有效防止雨水、汗水的侵袭，采用分体式设计，由一个充电盒与两个耳塞式耳机组成，单只耳机高 2.8cm，深 3cm 左右，全重仅 10g。它采用了 Bose 专利的鲨鱼鳍耳套 StayHear+ 设计。这个特别设计的耳套可以帮助耳道较小的用户，也能拥有稳固的佩戴感。

Bose Sound Sport Free 以右侧耳机作为主耳机，上面有基础的音量 +/– 按键和多功能按键，并能呼出 Siri 语音助手；左侧耳机带有一个同步按键，在因信号干扰丢失与右侧耳机连接时，按一下按键就能恢复两只耳朵间的通信。可以通过 Bose Connect 手机 App 中开启“查找我的耳机”功能，耳机会发出声响，帮助用户定位耳机位置。它提供了单次长达 5 小时的续航时间，配合充电盒使用，可额外增加 10 小时的使用时间；不仅续航时间长，充电也非常迅速，充电 15 分钟即可使用 45 分钟，充电盒上还有剩余电量提示，贴心和人性化。功能方面，Bose SoundSport Free 内置音量优化均衡技术以及 Bose 数字信号处理技术，可以在任何音量下提供饱满的声效，具有清晰的穿透力和立体感，乐器人声层次分明细节丰富，细腻又震撼，能为用户的运动时间提供美妙音乐享受。

4. 飞利浦 SHB2515WT　飞利浦（PHILIPS）SHB2515WT 耳机本身不大，但充电盒内置 3350mAh 的锂电池容量，可以提供额外 70 小时续航；耳机盒背面有一个 USB 接口，可以应急用作充电宝，直接连接手机为手机充电。

外观上，SHB2515WT 与大部分 TWS 耳机差异不大，它增加了小小的鲨鱼鳍，可以将耳机牢牢挂在耳廓上，并且很舒服。它只有 5.3g 重量，使用时轻若无物，在奔跑跳跃时也能牢牢贴合。

SHB2515WT 搭载了名为霍尔磁控的功能，使它的连接流程异常流畅。从耳机盒取出左右耳机便能自动配对，并会发出提示音示意成功连接。即使用户取单只耳机佩戴，随后再与第二只重新配对也十分迅速。SHB2515WT 搭载蓝牙 5.1 版本，内置 6mm 驱动单元，且左右耳机都配备麦克风，支持通话功能。

这款耳机机身还保留了物理按键，单击一次可暂停 / 播放，双击两次可唤起语音助手。若想播放下一首 / 上一首歌曲，只需长按左耳耳机 / 右耳耳机 2 秒即可。声音表现，SHB2515WT 属于各方面都均衡的类型，三频均衡，声音饱满厚实，低频澎湃有力，高音柔美，人声清晰，低音有足够的能量感，对流行音乐和节奏感好的歌曲都有很好的表现。

5.Cambridge Audio MELOMANIA 1　MELOMANIA 1 是真无线技术入耳式监听耳机，一次充电可播放长达 9 小时，充电盒提供额外 36 小时电量，相当于 4 次完整的充电量；每只耳塞仅 4.6g，非常舒适轻巧；其采用最新的蓝牙 5.0 技术，无信号中断，石墨烯驱动器呈现深沉低音和清晰的高音，媲美 CD 的音质。MELOMANIA 1 的电极在耳机顶部，耳塞部分既能用来聆听也能充电。MELOMANIA 1 左右两个耳机顶部都有灯光设计，可以根据当前的灯光模式非常直观地了解耳机的状态。

此外，MELOMANIA 1 还是为数不多支持语音助手的 TWS 耳机，在暂停音乐时只要双击 MELOMANIA 1 左右任一耳机的按键，便能唤出手机中的语音助手，操作方便。当手机连接 MELOMANIA 1 时，顶部还会出现耳机电量图示，随时可以掌握耳机的电量剩余情况。

6.Libratone TRACK Air+　Libratone TRACK Air+ 为一款主动降噪的 TWS 耳机，采用先进数字主动降噪技术，结合被动降噪效果，总降噪量高达 30dB；智能检测环境噪音强弱和佩戴者的运动状态，即可智能识别跑步状态，并自动调整降噪体验至跑步模式，降低中低频噪音的同时感知周围环境，亦可关闭智能，始终保持跑步模式的降噪体验，也支持环境增强模式，开启后，无须摘掉耳机即可听清环境音。重量不足 29g，小巧轻盈，材质亲肤，佩戴舒适稳固无负担。耳机一次充满可工作 6 小时，充电盒额外提供 3 次充电，共计 24 小时。IPX4 级防水防泼溅设计，无惧汗水与雨水的侵袭。采用新一代旗舰蓝牙芯片，支持蓝牙 BT5.2 版本，传输更快，功耗更低，连接更稳定。音质方面采用高品质发声单元，采用高分子振膜及钕磁铁动圈，高音清亮，低音澎湃。其具有佩戴检测功能，当摘下耳机时会自动暂停音乐播放，戴上后又重新恢复。与 AirPods 不同，摘下一只耳机并不会影响音乐播放，只有两只耳机一齐摘下时佩戴检测功能才会发挥作用。TRACK Air+ 同样支持手势操作，默认情况下连敲两次耳机，就可实现音乐的暂停和播放，而在 Libratone 应用中，还能分别设置左右两耳机的手势控制功能。

7.SOUL ST-XX　SOUL ST-XX 外观设计最为朴实无华，藏青色的设计比起黄色、红色、白色款的 SOUL ST-XX 更显其貌不扬。

SOUL ST-XX 的身材颇为小巧，而且全身没有任何一个实体按键，全部依靠手势操作，就连复位这样的设置也通过手势实现，SOUL ST-XX 也是支持三连击召唤语音助手的，非常方便。

特色方面，耳机具有环境音功能，若打开会收录周围的环境音，影响聆听体验。音质方面，声底比较干净，还原女声时有一定通透感，而在关键的低频部分，SOUL ST-XX 的量感并不突出，但力度不错，也有一定的下潜，调音风格比较适合聆听流行音乐，无延迟问题。耳机本身很轻巧，上耳之后也很牢固不易掉落，整体佩戴感不错。

8. 微软 Surface Earbuds　Surface Earbuds 是微软首款 TWS 耳机，最大亮点是人机交互功能，佩戴后，可在 Word 和 Outlook 等 Office365 办公套件中使用听写功能，即用语言代替书写。响应式的耳机触控面板可以实现直观的收视操控，如双击可暂停音乐并拨打电话、向上向下滑动以调整音量、向前向后滑动以更改曲目。充一次电最长可连续播放 8 小时，充电盒还可以提供额外电量，充电 10 分钟，电池续航最长可达 1 小时。每只耳塞式耳机重 7.2g。IPX4 级防水，采用蓝牙 5.0 技术。

9. 铁三角 ATH-CKS5TW　ATH-CKS5TW 采用入耳设计，搭载高通 cVc 通话降噪方案，兼容 aptX、SBC 和 AAC，配备蓝牙 5.0 技术，此外还具有 IPX2 的防水功能。10mm 口径、软硬双层振膜，能拓展高频，同时带来更好的低频响应。单次续航达 15 小时，配合充电盒额外再提供 2 次电量供应，可连续使用约 45 小时。单只耳塞重约 8g。自动电源开关带来流畅的聆听体验，将耳机从电池盒去除即可立即聆听，收回电池盒中则随即关机。

第十节　小　结

智能耳机境外专利技术起步于21世纪初，发展趋势大体分为三个阶段。第一阶段为2005—2009年，为技术积累期。第二阶段为2010—2013年，为波动发展期。第三阶段从2014年至今，为持续发展期。从生命周期上看，智能耳机在境外专利中出现了反复的波动成长，2015年、2018年、2021年分别出现几次火热期，2021年达到成熟。

智能耳机境外专利申请的技术来源，主要来自美国、中国和韩国。市场国主要集中在美国、世界知识产权组织和欧专局。

智能耳机的境外专利主要集中在美国和韩国申请人手中，具体为高通公司、Harman公司、Slapswitch、英特尔、三星、新泽西大学、Neural、桑尼奥司和Ngoggle。

结构设计、通信技术和语音识别是智能耳机境外专利申请的主要方向，医疗检测使其更贴近生活，越来越受到大家的青睐。

目前智能耳机的低耗电、高续航性以及降噪性、良好的音质、轻量化、智能化是消费者十分关注的；对于市场上的典型智能耳机，对于以上性能也是各有突出，用户可以从自身使用需求和世界品牌信誉度等方面综合考虑进行选择。

第三章

智能手表技术专利分析

第一节　智能手表技术专利的检索

本章以专利检索平台检索了除在中国国家知识产权局以外的专利，检索文献的公开日期截止至 2024 年 3 月 31 日。本章的检索目标是各级技术分支直接相关且真实有效的专利文献，为了确保数据查全与查准，在制定检索策略时，充分扩展各技术分支涉及的分类号和关键词，对各技术分支分别检索，经简单合并同族、标准化申请人以及去重去噪，得到检索结果。

第二节　申请趋势

图 3-3-2-1 为智能手表在中国国家知识产权局以外的专利申请趋势图。由该图可见，智能手表技术的境外专利申请整体呈上升后迅速回落的趋势。大致分为三个阶段：

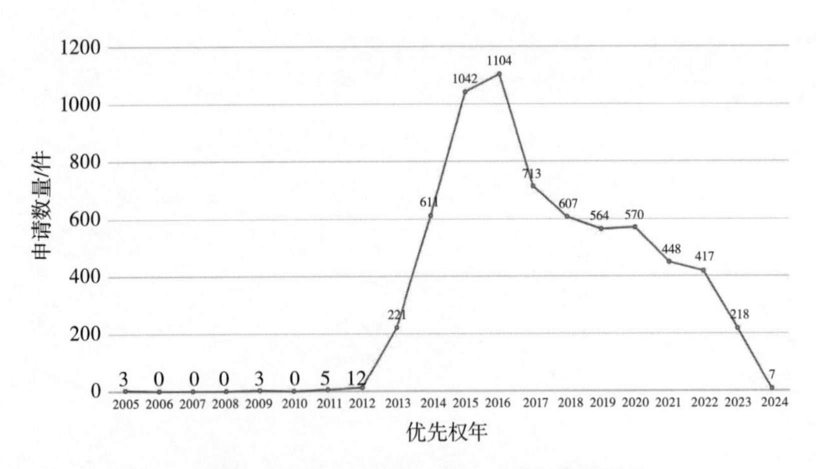

图 3-3-2-1　智能手表境外专利申请趋势

第一阶段从 2005—2012 年为技术萌芽期。专利申请量非常少，申请不是很连续，而且有申请的年份的申请量也仅是个位数。

第二阶段从 2012—2016 年为技术快速增长期。2013 年的申请量由 2012 年的 12 件上升到 221 件，2014 年又增加约 3 倍，到 2015 年和 2016 年申请量均超过了一千。

第三阶段从 2017 年至今为技术成熟期。2017 年申请量相对于前一年有一个较大幅度的回落；之后几年申请量依然在下降，但降幅较小，申请量依然在 400 ～ 600 件，可见这一时期技术快速发展到达成熟，申请热度开始回落。而 2023 年、2024 年由于很多申请还没有公开，所以这两年的数据还不完整导致申请量明显下降，这是由我国专利申请的公开方式直接影响的。

第三节　生命周期

图 3-3-3-1 为智能手表境外专利申请的生命周期图，由图可见，从 2014 年本领域已经有 200 多位申请人进军该领域，申请量达 600 多件；2015 年和 2016 年申请人都增加至接近 400 位，申请量均达到了 1000 多件，研发人数和申请量都增加近 2 倍，可见这一时期进入了高速发展阶段；2017 年后至 2022 年申请数量逐渐回落，但申请人数量基本维持在 300 位左右，可见该技术在这段时期已达到成熟。2023 年后数据减少，是由于很多专利未公开，数据不全导致的。

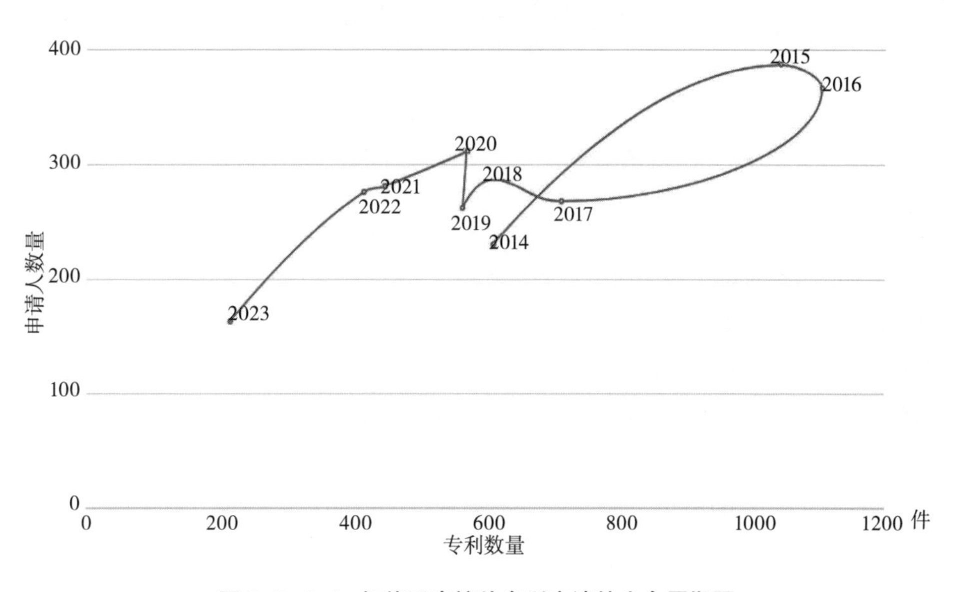

图 3-3-3-1　智能手表境外专利申请的生命周期图

第四节　技术来源国 / 地区分布

图 3-3-4-1 为智能手表在中国国家知识产权局以外的专利申请的技术来源国 / 地区分布图。该图示出了排名前十的境外国家及地区及它们各自的申请相对于这十个国家及地区总申请量的占比。由该图可见，来自韩国专利申请最多，共有 2219 件，占这些国家的 45%；其次是美国，有 1457 件申请，占比为 30%。韩国有三星、LG 等大公司，美国有 Snap、苹果、谷歌，这些公司都在智能手表技术上有很大投入，所以智能手表的专利技术

主要被这两个国家掌握。而其他国家的申请量相对较少，除日本占10%，其他的都占比较少，同时，美国、日本、韩国也是科技大国，在智能设备领域的技术遥遥领先。

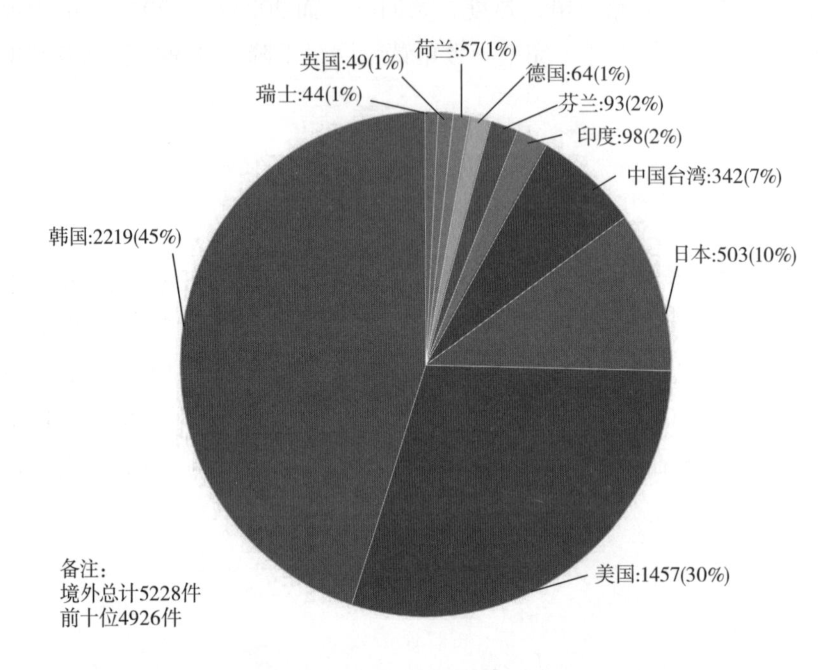

图 3-3-4-1　智能手表在境外专利申请的技术来源国 / 地区分布

第五节　市场国布局分布

图 3-3-5-1 为智能手表境外专利市场分布图。可见，智能耳机的境外专利的市场主要集中在美国，占所有国家或组织的 35%；其次是在韩国，占 17%；再次是在世界知识产权组织进行的 PCT 申请，占 16%，而这些申请会根据产品的市场需要进驻不同的国家和地区，为产品提供在该国和地区的知识产权保障。然后是欧洲专利局，有 13% 的份额，同时还在日本有 8%、印度有 4% 的申请。而其他国家和地区的份额则比较少。

图 3-3-5-2 为智能手表技术主要技术来源国 / 地区的专利流向，可见，各个技术来源国 / 地区都在自己本国和境外多个国家或地区进行了专利布局。

美国的专利申请主要在美国，然后流向了世界知识产权组织、欧洲专利局和中国，还有少量进入了韩国、印度、日本、德国、澳大利亚和加拿大。

韩国的专利申请主要先在自己本国，然后大部分进入了美国、世界知识产权组织、欧洲专利局和中国，还有少量进入了日本、印度、德国、澳大利亚和加拿大。

日本的专利申请主要在日本，然后流向了美国、世界知识产权组织、中国和欧洲专利局，少量进入了韩国、印度、德国和加拿大。

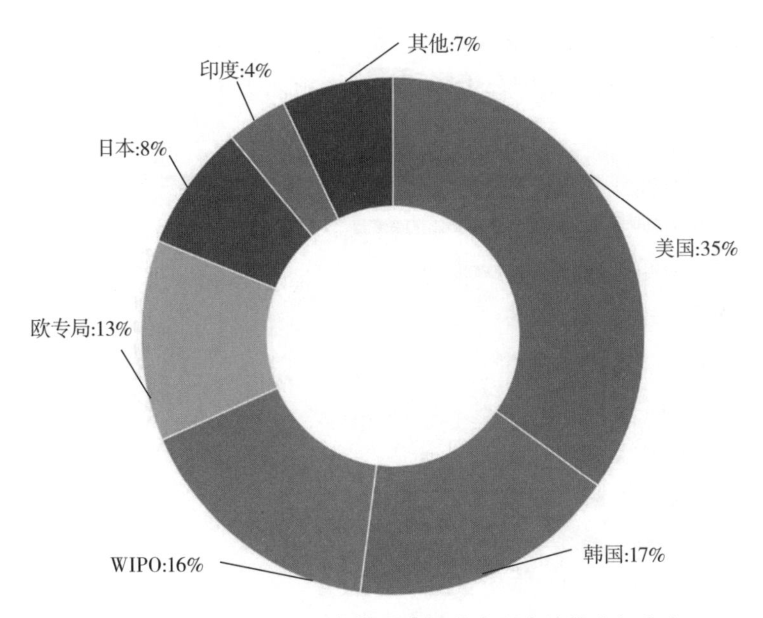

图 3-3-5-1　智能手表境外专利申请的市场分布

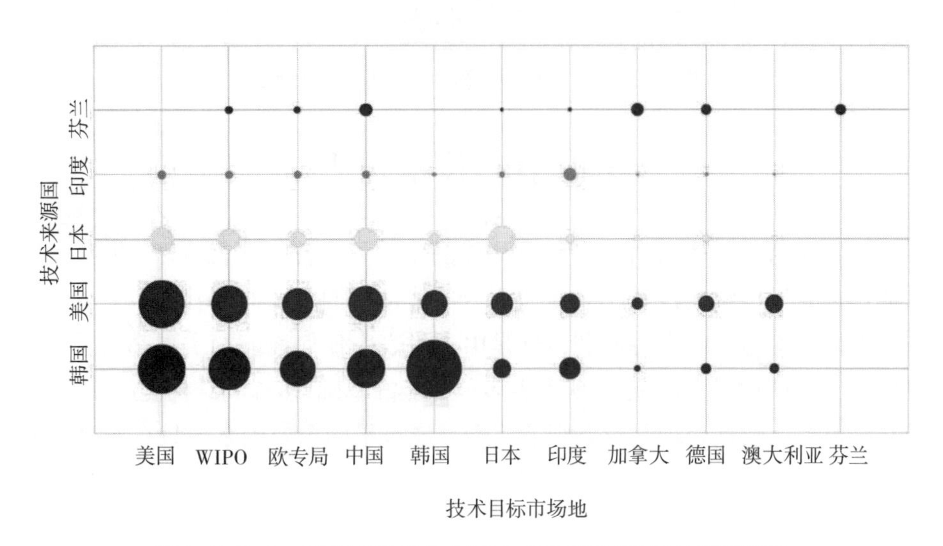

图 3-3-5-2　智能手表技术主要技术来源国 / 地区的专利流向

印度的专利申请除了本境外，主要流向了美国、世界知识产权组织、中国和欧洲专利局。芬兰的专利申请除了本境外，主要流向了德国、中国和加拿大，而没有进驻美国和韩国。

第六节　申请人排名

图 3-3-6-1 为智能手表境外专利申请人排名。从图可见，三星集团排名第一，共有 896 件，三星公司相对各种手机、手表、手环的企业，也是本领域的龙头企业。第二名是 LG 集团，有 510 件。第三名是苹果公司，拥有 305 件申请。第四名英特尔，有 100 件申请。谷歌第五名，有 90 件申请。卡西欧排名第六，有 67 件申请。其他的主要专利申请人还有

阿莫绿色技术有限公司、高通公司、微软公司、和硕联合公司，均有着几十件的申请量。综上可见智能手表的境外专利主要集中在美国和韩国申请人手中。

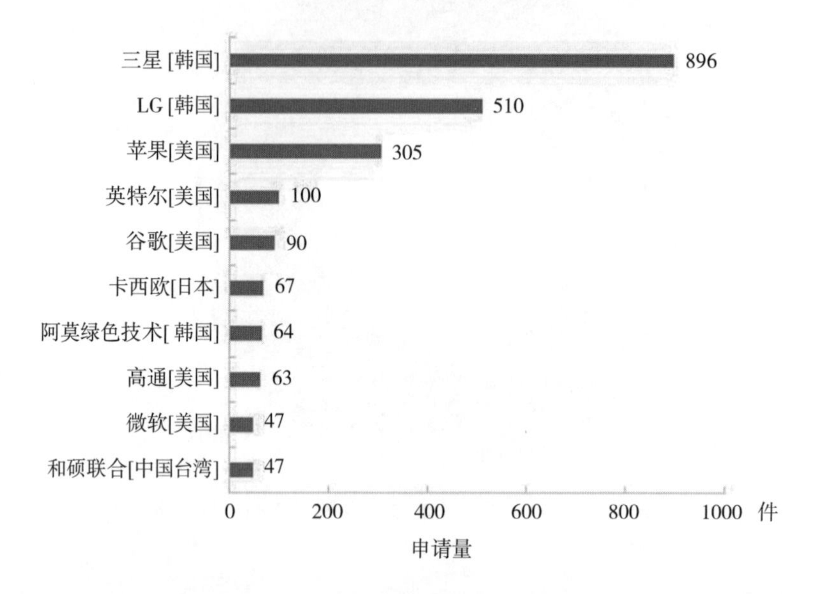

图 3-3-6-1　智能手表境外专利申请人排名

第七节　技术构成

图 3-3-7-1 为智能手表境外专利技术构成图。可见，智能手表境外专利技术的主要技术方向包括数据处理、结构设计、人体监测、通信传输四个方向。其中数据处理和结构设计是其主要方向，均为 700 余件专利，这是由于手表中任何性能的实现都与手表自身的结构都密切相关，手表的多种结构是实现手表多种性能的基础，多样的结构能够使手表多样化，所以为研发的热点；数据处理是影响智能手表智能水平的重要因素，只有通过精确的数据

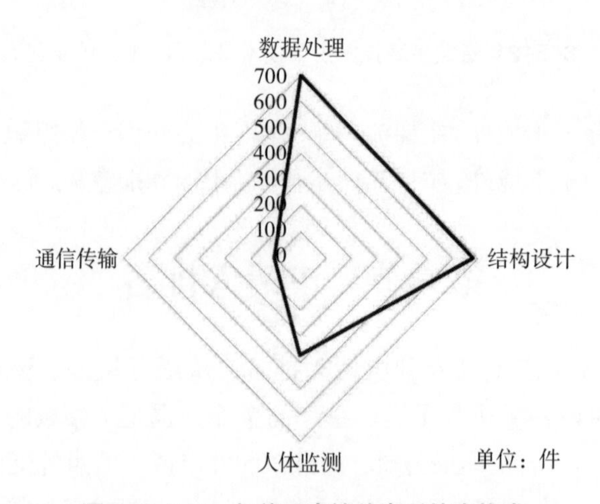

图 3-3-7-1　智能手表境外专利技术构成

处理才能够满足用户的各种应用需求，这些数据使得手表实现智能化的功能，为智能生活提供强有力的依据，给用户提供除时间以外的所需信息支持，这也是现代人生活中更注重的点，所以也是研发的热点；再次是人体监测，有近300件专利，随着人们对健康和生活方式的关注不断增加，现在的智能手表不仅可以显示时间，还可以提供多种功能，例如各种健康监测、通知提醒、运动跟踪等，所以这些技术也越来越受到用户的青睐；但在通信传输的申请量相对较少，这可能是数据处理的高速发展融入了多种通信传输，该通信传输的技术已发展较为成熟，本分析没有着重在这一方面进行检索。

第八节　重点申请人的重点专利分析

由前文智能手表的专利申请人排名可见，韩国的三星公司和LG公司各有专利申请896件和510件，可见它们的申请量都很多，所以本节以三星和LG的专利申请为例来研究其技术侧重和技术方向。

一、三星公司

（一）三星公司的智能手表技术国内外布局对比分析

由图3-3-8-1可见，三星公司的智能手表技术在本国的布局仅为2%，但在本国以外有着较为完善的布局，比例高达98%，可见，三星公司作为全球标杆企业，在本国以外具有广阔的市场，该公司专利布局眼光长远，在本国以外市场形成了完善的专利布局，以保护自己的科技成果。

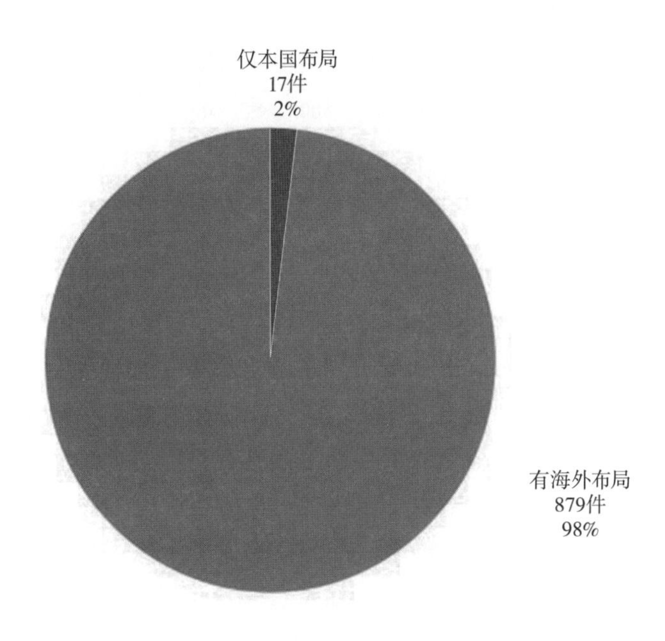

图3-3-8-1　三星公司智能手表技术国内外布局

（二）三星公司的智能手表技术在各个国家或地区的布局分析

图 3-3-8-2 为韩国三星公司涉及智能手表技术布局的国家或组织的申请量对比图。三星公司涉及智能手表技术的专利流入了韩国、美国、欧洲、中国、印度、日本、澳大利亚、西班牙、越南、印度尼西亚等国家。其中除了本土专利外，重点流入了美国，有 821 件，可见，美国是三星公司主要的市场国；其次是中国 488 件、欧洲 485 件；接下来是印度，204 件，可见印度也是三星公司注重的海外市场；此外三星在日本、西班牙、澳大利亚、越南，也有一定量的布局，而在印度尼西亚、俄罗斯、巴西和德国申请量相对较少。

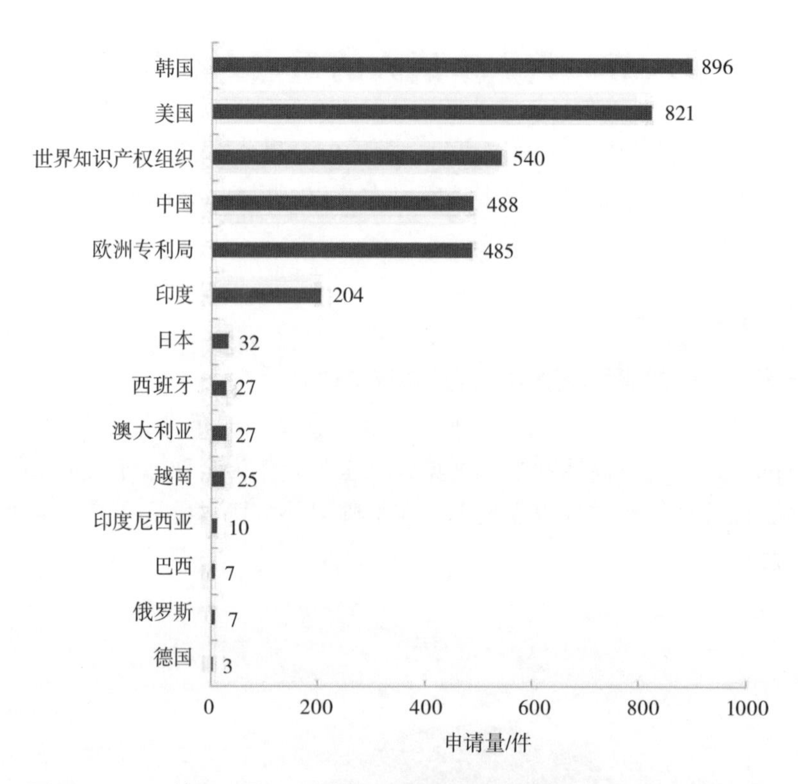

图 3-3-8-2　韩国三星公司智能手表技术布局的国家或组织的申请量对比

（三）三星公司的智能手表技术境外重点专利申请

1. KR20010010547A　公开日期 2001 年 2 月 15 日，手表式移动电话，该手表型蜂窝电话配置有多个小键盘，以使用户便捷输入，并且使蜂窝电话戴在手腕上，从而可以容易地携带蜂窝电话。本发明的特征在于，主体形成电路结构，以执行手表型移动电话的功能。在主体的适当位置相互具有预定间隔的第一小键盘具有用于向主体输入数字和字符数据的键。形成在主体一侧的第二小键盘输入用于执行与第一小键盘的功能不同的预定功能的数据。形成在主体的显示单元的下部上的第三小键盘输入用于执行与第一和第二小键盘的功能不同的预定功能的数据。带与主体的侧面连接，并被配置为表链类型，以戴在手腕上。

2. US2007042821A1　公开日期 2007 年 2 月 22 日，一种用于与便携式终端无线通信的手表型头戴式耳机组件。在手表型头戴式耳机组件中，预定形状的固定体包括佩戴在用户手腕周围的带子，并且具有蓝牙模块的头戴式耳机可拆卸地安装在固定体上，用于在呼叫期间与便携式终端无线通信，便携式终端从固定体拆卸。

3. US2008026791A1　公开日期 2008 年 1 月 31 日，手表型便携式终端包括第一外壳和从第一外壳的两端延伸的腕带。手表型便携式终端包括第二外壳，该第二外壳在面向第一外壳的同时在向下折叠或远离第一外壳的方向上与第一外壳可旋转地组合。显示设备安装在第二壳体的至少一个面上。

4. US2013261405A1　公开日期 2013 年 10 月 3 日，一种通过使用腕表型测量模块容易且精确地测量生物信号的装置和方法。在腕表型测量模块的带被收紧以佩戴在用户的手腕上之后，进一步收紧带以使腕表型测量模块紧密接触用户的手腕。密切接触用户手腕的腕表型测量模块的操作模式从正常模式切换到测量模式，并且在测量模式中通过腕表型测量模块从用户手腕测量用户的生物信号，然后通过腕表型测量模块显示用户的生物信号。

5. EP2733608A2　公开日期 2014 年 5 月 21 日，利用可穿戴电子设备控制远程电子设备，该可穿戴计算设备包括一个或多个处理器和存储器。存储器耦合到处理器并且包括可由处理器执行的指令，当执行指令时，处理器确定应用是否正在可穿戴计算设备上运行，应用控制远程计算设备的一个或多个功能。所述处理器确定委托与所述应用相关联的任务；委托所述任务以由本地计算设备处理；以及从本地计算设备接收来自处理委托任务的结果。

6. EP2733609A2　公开日期 2014 年 5 月 21 日，一种用于委托计算设备应用的任务的处理的装置，包括具有处理器的可穿戴计算设备，所述处理器用于执行指令以分析应用的任务和可穿戴计算设备的特性。

7. EP2733579A2　公开日期 2014 年 5 月 21 日，可穿戴电子设备，包括设备主体，设备主体包括触敏显示器和处理器。该设备还包括耦合到设备主体的带和带中或带上的光学传感器，光学传感器从带面向外并捕获图像，处理器与光学传感器通信以处理捕获的图像。

8. EP2733580A2　公开日期 2014 年 5 月 21 日，可穿戴设备包括主体，该主体包括触敏显示器。可穿戴设备包括耦合到主体的带和放置在带上或带中的光学传感器，使得在触敏显示器上显示的对象的图像是可见的，同时对象也是可见的，而可穿戴设备不会阻挡对象的视图。

9. KR20140089880A　公开日期 2014 年 7 月 16 日，一种包括变量变换装置的手表型移动终端。包括根据本发明实施例的变量变换装置的手表型移动终端包括：手表型移动终端的主体单元；变量变换单元；耦合单元；联接器固定单元；螺纹联接接合单元；联接器固定单元；螺钉联接单元；弹性空间；天线单元；百叶窗单元；位于所述主体上的百叶窗单元；可穿戴突出单元；窗单元；触摸屏；扬声器设备；麦克风设备；以及第一相机模块和第二相机模块。

10. US2014347289A1　公开日期 2014 年 11 月 27 日，一种在可穿戴附加设备上显示时间表的方法。该方法包括连接能够同步计划表的便携式电子设备，接收用于在可穿戴附加设备的显示屏上显示计划表的用户输入，以及响应于用户输入在可穿戴附加设备的显示屏上显示从便携式电子设备接收的计划表，其中，计划表以与多个计划表项相对应的扇区的形式显示，并且所述扇区区域中的每个扇区区域具有与能够被显示在所述可穿戴附加设备的所述显示屏上的计划表数据的总时间中的对应计划表项的时间成比例的区域。

11. US2014368424A1　公开日期 2014 年 12 月 18 日，呈现设备和操作呈现设备的方法可以通过调整肌电图（EMG）信号的水平来快速移动到地图上的期望区域，即使当使用可穿戴移动设备搜索地图时手臂的运动范围受到限制。呈现设备包括：第一传感器单元，其被配置为接触测量目标并且从测量目标获得肌电图（EMG）信号；以及显示控制器，其被配置为基于 EMG 信号来控制视场（FOV）窗口以用于显示地图区域。

12. US2015063075A1　公开日期 2015 年 3 月 5 日，一种可穿戴电子设备和使用方法，包括主体和固定到主体的至少一个条带，条带包括安装有至少一个电子部件的芯部构件、设置在芯部构件上的电连接器，以及包围芯部构件的设置有电连接器的至少一部分的带构件，其中至少一个电子部件通过电连接器电耦合到主体。

13. US2015130411A1　公开日期 2015 年 5 月 14 日，便携式终端可以包括：信息显示部分，其包括显示信息的显示屏和电池；以及固定到所述信息显示部的带部，其中，所述带部包括充电线圈，所述充电线圈无线地接收电力以将所述电力传输到所述电池。

14. US2015137733A1　公开日期 2015 年 5 月 21 日，一种电子装置，包括被配置为显示预设信息的用户界面、被配置为向用户界面供电的电池，以及配备有振动器的充电器，该振动器可在电子装置中移动并且被配置为将由振动器的移动引起的动能转换成电能以对电池充电。

15. KR20150069856A　公开日期 2015 年 6 月 24 日，一种控制智能手表的技术和佩戴智能手表的人体识别移动的运动，确定运动识别数据是否与预定义的运动识别参数匹配，然后如果确定该数据匹配，则在预定时间间隔内识别用户的面部。确定面部识别数据是否与预定义的面部识别参数匹配，然后如果确定数据匹配，则激活预定义的控制事件，例如打开智能手表的显示器。

16. US2015205994A1　公开日期 2015 年 7 月 23 日，一种智能手表及其控制方法，智能手表包括：显示器，其具有可改变的位置；基于估计的位置控制器，所述基于估计的位置控制器被配置为基于面部位置来确定初始目标位置，并且控制所述显示器移动到所确定的初始目标位置；面部位置确定器，所述面部位置确定器被配置为基于面部识别结果来确定位于所述初始目标位置处的所述显示器前面是否存在面部；以及基于面部识别的位置控制器，其被配置为响应于确定在所述显示器的前面不存在面部，确定修改的目标位置以使得所述显示器能够朝向面部定位并且控制所述显示器移动到所述修改的目标位置。

17. WO2015126121A1　公开日期 2015 年 8 月 27 日，一种设备操作方法和用于支持该设备操作方法的电子设备，该方法包括与外部设备建立通信信道，接收用于请求激活与执行外部设备的功能相关的电子设备的传感器的请求信息，以及响应于请求信息激活传感器。

18. KR20150099888A　公开日期 2015 年 9 月 2 日，一种用于控制显示器的电子设备和方法。根据本发明的实施例，用于控制电子设备的显示器的方法包括以下步骤：在屏幕上显示以串行顺序布置的多个轻击中的第一轻击；响应于输入到所述电子设备的第一手势，在所述屏幕上显示所述轻击中与所述第一轻击不同的第二轻击；通过同时使用所述第一手势在所述第一轻击和所述第二轻击上形成书签；以及响应于利用显示在屏幕上的第二轻击输入的第二手势，在屏幕上显示第一轻击。

19. US2015296963A1　公开日期 2015 年 10 月 22 日，可穿戴装置包括夹式磨损部件和主体，所述夹式磨损部件包括至少两个第一开口和第二开口，所述主体被配置成装配到所述夹式磨损部件并与所述夹式磨损部件分离。所述夹式可更换磨损部件包括安全安装部件，所述安全安装部件形成具有覆盖所述第一开口的圆周和底部的形状，并且所述主体装配到所述安全安装部件，并且所述第二开口的至少一部分在所述安全安装部件中打开。

20. WO2015167318A1　公开日期 2015 年 11 月 5 日，一种可穿戴设备，包括第一电子模块和第二电子模块、被配置为将第一电子模块电连接到第二电子模块的连接模块，以及长度可调节以使连接模块与用户接触的长度调节模块。长度调节模块包括第一紧固单元和第二紧固单元，第一紧固单元和第二紧固单元构造成组装和拆卸，并且构造成在组装时在紧固位置锁定在一起。当组装所述第一紧固单元和所述第二紧固单元时，所述第一紧固单元电连接到所述第二紧固单元，并且调节所述长度调节模块的长度。

21. US2015320128A1　公开日期 2015 年 11 月 12 日，一种可穿戴设备包括主体部分、与主体部分联接的条带部分，以及连接模块，条带部分设置成允许主体部分穿戴在人体上，连接模块设置在条带部分的一部分和主体的一部分中以将条带部分与主体部分连接。连接模块包括连接销部分和保持器部分，连接销部分设置在条带部分中以将条带部分与主体部分可拆卸地连接，保持器部分设置在条带部分的端部中，连接销部分插入保持器部分中。

22. US2015366050A1　公开日期 2015 年 12 月 17 日，一种半导体封装，包括：第一衬底；第二衬底，其安置于所述第一衬底上以与所述第一衬底间隔开，且包含有源区，半导体装置经配置以安装于所述有源区上；以及柔性互连构件，所述柔性互连构件将所述第一基板电连接到所述第二基板，所述柔性互连构件包括柔性膜和形成在所述柔性膜上的金属布线构件。

23. US2016062319A1　公开日期 2016 年 3 月 3 日，一种能够无线充电的智能手表，包括用作智能功能操作电路和可触摸显示器的边框以及连接到边框的腕带边框与功率接收线圈分离。

24. KR20160030832A　公开日期 2016 年 3 月 21 日，一种电子设备，该电子设备能够满足偏好指针式手表的用户的要求，诸如为佩戴指针式手表的用户提供的熟悉度或对其品牌的偏好，并且当用户同时佩戴智能手表时提供便利。根据本发明的实施例，一种可穿戴设备包括：模拟手表单元，其包括指示时间的时间指示单元和驱动时间指示单元的驱动单元；触摸屏，其检测用于调节所述驱动单元的输入；以及控制单元，其响应于检测到的输入来控制驱动单元。

25. US2017060092A1　公开日期 2017 年 3 月 2 日，一种智能手表和更换智能手表的组件的方法，智能手表包括显示面板，该显示面板包括具有多边形平面结构的主体部分和从主体部分的一侧延伸并且远离主体部分的表面并且在主体部分的侧面弯曲的拐角部分。所述智能手表还包括外壳，所述外壳设置在所述显示面板下方并且具有比所述主体部分和所述拐角部分的组合面积小的面积，拐角部分由主体部分的一侧和两个相邻侧限定。

26. US2017082982A1　公开日期 2017 年 3 月 23 日，显示装置及智能手表，显示设备包括前显示面板，该前显示面板被配置为在前方向上显示前图像并且在周界处具有弯曲的边缘。显示设备还包括侧显示面板，该侧显示面板弯曲并且被配置为在与前显示面板的边缘一致的侧方向上显示侧图像。显示设备还包括驱动器电路板，驱动器电路板连接到前显示面板和侧显示面板，并且被配置为分别将对应于图像数据的第一信号和第二信号施加到前显示面板和侧显示面板。

27. US2017153719A1　公开日期 2017 年 6 月 1 日，智能手表及其操作方法，智能手表包括：显示单元，其包括显示图像的显示面板和支撑显示面板的面板框架；旋转构件，其包括旋转板、旋转轴和驱动马达，所述旋转板在所述旋转板的外周表面上设置有凹部，所述旋转轴的一端连接到所述旋转板的中心以使所述旋转板旋转，所述驱动马达与所述旋转轴的另一端耦接；控制单元，用于控制所述显示单元和所述旋转构件；以及支撑框架，用于支撑所述显示单元并容纳所述旋转构件和所述控制单元。

28. US2017168462A1　公开日期 2017 年 6 月 15 日，包括在中心具有孔的印刷电路板的智能手表，所述手表包括表盘垫、邻近所述表盘垫设置的圆形移动件、具有内径和外径的圆形印刷电路板（PCB），所述 PCB 包括限定为所述内径的孔和设置在所述内径和所述外径之间的区域中的多个集成电路（ICs），其中直径小于所述内径的所述移动件的形状和尺寸被设置为装配到所述孔中，第一电池邻近所述 PCB 设置并且仅向所述 PCB 供应第一工作电压，以及壳体，所述壳体的尺寸和形状被设计成接收所述刻度盘垫、所述移动件、PCB 和所述第一电池。

29. WO2018052249A1　公开日期 2018 年 3 月 22 日，基于接近度的设备认证，可以使用包含基于时间的信息的调制可听信号以连续且安全的方式确定两个设备之间的准确距离。该计算的距离可以用于锁定和解锁两个设备中的一个，使得如果设备中的一个（如智能电话或智能手表）距另一个设备（如膝上型电脑或平板电脑）超出预先配置的距离，则另一个设备锁定并且可以向用户显示消息。调制消息包含可听信号发射和接收时间的时间差数据，每个设备使用该时间差数据来计算两个设备之间的距离的准确估计。

30. US2018348814A1　公开日期 2018 年 12 月 6 日，用于提供与智能手表相关的信息的电子设备及其操作方法，电子设备可包括：显示器、存储多个电子设备的识别信息的存储器，以及处理器，该处理器被配置为：获得包括表盘的图像，通过将所获得的图像中的表盘的一个或多个特征与多个电子设备进行比较，在多个电子设备中选择与表盘匹配的第一电子设备，以及在显示器上显示包括表盘和所选择的第一电子设备的图像。传感器模块可以测量如物理量，或者可以检测电子装置的操作状态并将测量或检测到的信息转换成电信号。传感器模块可以包括如手势传感器、陀螺仪传感器、气压传感器、磁传感器、加速度计、握持传感器、接近传感器、颜色传感器［例如，红色、绿色和蓝色（RGB）传感器］、生物计量传感器、温度 / 湿度传感器、照度传感器和紫外（UV）传感器中的至少一个。附加地或替代地，传感器模块可以包括例如电子鼻传感器、肌电图（EMG）传感器、脑电图（EEG）传感器、心电图（ECG）传感器、红外（IR）传感器、虹膜传感器和 / 或指纹传感器。传感器模块还可以包括控制电路，以控制属于其的至少一个或多个传感器。电子设备还可以包括处理器，该处理器被配置为作为处理器的一部分或与处理器分开，以控制传感器模块，从而在处理器处于睡眠状态时控制传感器模块。

31. IN201741033327A　公开日期 2019 年 3 月 22 日，一种具有边框环的可穿戴设备，以实现多个自由度的运动，所述可穿戴设备包括边框环，所述边框环具有多个孔，所述多个孔沿着所述边框环的圆周在均匀距离处用于放置多个磁体；可穿戴设备包括手表表盘，该手表表盘具有外周边和内周边，该外周边具有用于放置多个弹簧的均匀距离的多个孔，该内周边用于将惯性传感器容纳在预定位置处。可穿戴设备包括放置在边框环的内表面和手表表盘之间的柔性环，并且多个弹簧放置在手表表盘的外周边的多个孔内；边框环适于支撑在表盘上的倾斜、平移和旋转中的至少一个；由于边框可用于执行各种功能和/或动作，因此能够旋转边框以提供用户与可穿戴设备交互的额外水平的便利性，通过将两个磁力计放置在边框附近来提高检测准确度。

32. IN201947014662A　公开日期 2019 年 5 月 17 日，一种用于在显示器上同时显示多个视频源的视频数据的系统。该系统包括：视频输入，用于接收多个视频源的视频数据；显示处理器，其用于产生显示数据以在显示器上的相应视口中显示所述多个视频源的所述视频数据。所述显示处理器还被布置用于如果需要适配所述视口中的相应视口，则在空间上缩放所述多个视频源中的一个或多个视频源的视频数据以获得所述适配；以及生成视觉指示符，所述视觉指示符用于视觉地指示所述视口中的一个视口中的所述视频数据是否已经从其原始空间分辨率在空间上缩放。通过提供视觉指示符作为显示数据的一部分，系统可以警告用户视口中的一个视口中的视频数据可能包括可能阻碍视频数据的解释的不期望的伪像。

33. US10409454B2　公开日期 2019 年 9 月 10 日，智能手表设备包括被配置为佩戴在用户手腕周围的腕表外壳、包括在外壳中的计算设备，以及包括在外壳中并通信地耦合到计算设备的显示设备，计算设备被配置为向搜索系统发送搜索查询，并且响应于发送搜索查询而从搜索系统接收一个或多个搜索结果，每个搜索结果指示计算设备功能，计算设备还被配置为使用显示设备仅显示搜索结果中的一个搜索结果，检测对所显示的搜索结果的用户选择，以及将用户选择的指示发送到执行设备，执行设备被配置为响应于接收到指示而执行由显示的搜索结果指示的功能。

34. US10917509B2　公开日期 2021 年 2 月 9 日，智能手表可以包括：显示设备，其被配置为显示图像；边框，所述边框被布置在所述显示设备的所述周界上并且被配置成旋转；主体，所述主体被配置为支撑所述显示设备；以及带，所述带联接到所述主体。主体包括边框感测单元和控制单元，边框感测单元被配置为感测边框的移动，控制单元被配置为基于从边框感测单元接收的信息来认证用户，并且被配置为响应于控制单元认证用户而解锁智能手表。

二、LG 公司

1. WO2014181918A1　公开日 2014 年 11 月 13 日，智能手表和用于控制智能手表的方法，其基于智能手表的佩戴/未佩戴以及智能手表与外部数字设备之间的距离来确定提供事件通知的通知设备。智能手表包括被配置为显示内容的显示单元、被配置为检测输入信号并将检测到的输入信号发送到处理器的传感器单元、被配置为发送/接收数据的通信单元，并且处理器被配置为控制显示单元、传感器单元和通信单元，其中处理器被配置为检测智能手表的模式，其中智能手表的模式包括智能手表的佩戴模式和未佩戴模式。

2. US8983539B1　公开日 2015 年 3 月 17 日，智能手表、显示装置及其控制方法，更具体地，如果智能手表的显示单元和显示装置的显示单元面对相同的方向，则涉及将彼此相关的内容提供给每个显示单元的方法。所述智能手表包括：通信单元，用于将所述智能手表的连接信号和位置状态发送到显示设备并从所述显示设备接收第一内容的执行信号；显示单元，用于显示所述第一内容；传感器单元，用于检测所述智能手表的位置状态；照相机单元，用于感测正面方向上的图像；以及处理器，用于控制所述通信单元、所述显示单元、所述传感器单元和所述照相机单元并执行所接收的控制信号。

3. KR1020150029453A　公开日 2015 年 3 月 18 日，一种感测的环境状况从一种切换到另一运行模式响应所述可穿戴装置，涉及一种控制方法，可穿戴装置使用至少一个传感器与传感器感测位置由外周台阶的情况下，本体设置二极管，具有一端连接传感器被设置成显示视觉信息，传感单元和所述感测到的目标，所述环境中的当前操作模式对应于不同的运行模式切换，所述转换的不同操作模式显示的 GUI（图形用户接口）对应于所述显示单元包括控制单元。

4. US20150123894A1　公开日 2015 年 5 月 7 日，一种数字设备及其控制方法，该数字设备包括：通信单元，用于与外部设备发送 / 接收信号；手势传感器单元，用于感测相对于所述数字设备的手势；以及处理器，用于控制所述通信单元和所述手势传感器单元，并在检测到所述第一事件的发生时提供对应于所述第一事件的第一模式；当在提供所述第一模式期间检测到所述第二事件的发生时，向所述外部设备发送第一信号，所述第一信号命令提供对应于第二事件的第二模式；以及在传输第一信号之后，当检测到相对于数字设备的第一手势时，从第一模式切换到第二模式。

5. US9041675B2　公开日 2015 年 5 月 26 日，一种控制智能手表的方法，所述智能手表包括外壳和连接到外壳的带。方法包括：在设置在所述外壳的前表面上的显示单元上显示数字内容；检测所述显示单元上的所述数字内容的未显示部分的长度；以及在所述带的后表面上生成与所述显示单元上的所述数字内容的未显示部分的长度相对应的第一触觉反馈。

6. WO2015080342A1　公开日 2015 年 6 月 4 日，可穿戴装置及其控制方法。可穿戴装置，包括生物信号传感器单元，被配置为感测生物信号；存储单元配置成存储数据；和处理器，被配置为控制所述生物信号传感器单元和存储单元，所述处理器还被配置成：生成第一参考数据包括重量的第一参考对象和第一生物产生的信号，通过第一时保持第一参考对象的生物信号的检测，产生测量数据，包括第二生物产生的信号，通过放置测量对象，第二生物信号的检测时，和得到的重量通过比较测量对象的测量数据与第一参考数据。

7. KR101570354B1　公开日 2015 年 11 月 13 日，移动终端，所述移动终端包括被配置为执行与支付终端的通信的无线通信处理器；显示器；以及控制器，被配置为响应于用户输入在显示器上显示与要用于支付的第一卡相对应的第一卡图像，执行使用第一卡进行支付的用户认证，经由无线通信处理器将与第一卡相对应的卡信息发送到支付终端，并输出指示使用第一卡图像的支付是否完成的通知。

8. US9195219B2　公开日 2015 年 11 月 24 日，一种智能手表及其控制方法。所述智能手表包括旋转传感器单元，所述旋转传感器单元被配置为感测所述智能手表的旋转方向和旋转速度；显示单元，被配置为显示视觉信息；以及处理器，被配置为控制所述旋转传感器单元和所述显示单元并检测所述智能手表的第一卡合运动和第二卡合运动。当智能手表在智能手表的旋转轴上以第一阈值速度或更高的速度沿第一方向旋转时，检测第一卡合运动，并且当智能手表在旋转轴上以小于第一阈值速度的速度沿第一方向旋转，然后在预定时间内以第二阈值速度或更高的速度沿第二方向旋转时，检测第二卡合运动。

9. EP2863276A3　公开日 2016 年 1 月 6 日，智能手表，包括：无线通信单元，被配置为提供无线通信；电池，配置为对智能手表供电；底座包括显示器，配置为显示信息；第一和第二带连接到底座上，使得智能手表可附接到腕用户；以及处理器，被配置为接收用户的手掌触摸输入，和基于接收到的手掌触摸输入来改变智能手表的当前状态。

10. US9274507B2　公开日 2016 年 3 月 1 日，一种智能手表及其控制方法。所述智能手表包括：第一传感器单元，被配置为检测所述智能手表是否佩戴；显示单元，被配置为显示视觉信息；第二传感器单元，被配置为检测所述智能手表的移动；以及处理器，被配置为控制所述第一传感器单元、所述显示单元和所述第二传感器单元。如果在佩戴智能手表的同时在用户的手臂上检测到智能手表的第一运动，则处理器获得智能手表的第一运动的方向和距离。如果第一移动的方向是第一方向并且第一移动的距离等于或大于第一阈值距离，则处理器执行对应于第一方向的第一功能。

11. KR101643861B1　公开日 2016 年 7 月 29 日，智能手表能够互通的移动终端，外部声音信号，可以消除对接收到的多个麦克风；在规定的声音信号在进入识别模式的用户生成的事件，所述危险麦克风输入的音频信号通过预注册信号的声音信号时，所述可检测所接收的声音信号，直到经过一定方向测定仪数量与输出报警信号；所述重构信号和所述报警信息包括所述显示单元显示。

12. US9471043B2　公开日 2016 年 10 月 18 日，一种智能手表，当用户佩戴智能手表时，连接到手掌的用户手腕的一部分被构造成薄的。智能手表包括：显示部分，被配置为显示数字内容；第一连接部分，被连接到显示部分的一侧，第一连接部分包括相机单元；第二连接部分，被连接到显示部分的另一侧，第二连接部分包括电池单元；以及舒适部分，被配置为连接第一连接部分和第二连接部分，其中舒适部分的厚度小于显示部分、第一连接部分和第二连接部分的厚度。

13. US9477208B2　公开日 2016 年 10 月 25 日，一种智能手表及其控制方法，该智能手表提供指示事件的通知，如果智能手表被取下，则基于取下时间来调度所述事件稍后发生。智能手表包括显示内容的显示单元、执行数据发送 / 接收的通信单元，以及检测关于智能手表的输入信号并将该信号发送到用于控制上述单元的处理器的传感器单元。处理器在磨损模式下检测指示智能手表与用户分离的起飞信号，以响应于检测到的起飞信号将智能手表切换到未磨损模式，并且提供指示在未磨损模式下检测到起飞信号之后预定发生的至少一个事件的通知。

14. US9521245B2　公开日 2016 年 12 月 13 日，一种智能手表，包括：无线通信单元，被配置为提供无线通信；电池，被配置为向所述智能手表供电；基座，包括被配置为显示信息的显示器；第一和第二带，其连接到所述基座，使得所述智能手表可附接到用户的手腕；以及处理器，被配置为在显示器上接收用户的手掌触摸输入，并且基于接收到的手掌触摸输入来改变智能手表的当前状态。

15. DE202013012440U1　公开日 2016 年 11 月 7 日，一种智能手表及其控制方法，如果所述智能手表被取下，则该智能手表及其控制方法提供指示事件的通知。所述事件基于取下时间被安排为稍后发生。所述智能手表包括显示内容的显示单元，通信单元进行传输 / 接收数据，和传感器单元，用于检测输入信号相对于所述智能手表发送信号用于控制上述单元的处理器。处理器在配戴模式下检测指示智能手表与用户分离的起飞信号以响应于所检测的起飞信号，将智能手表切换到未佩戴模式，并提供通知，指示在未佩戴模式下，检测到起飞信号后预定发生的至少一个事件的通知。

16. KR1020170006761A　公开日 2017 年 1 月 18 日，采用物理的终端号码为智能手表的功能。包括壳体；所述壳体的内圆周部分和相邻设置，所述当前时间显示的至少一个；位于所述壳体，所述箱体设置为沿所述内周部的手的运动；所述盒定位，其中，所述壳体具有构造成用于显示各种信息，所述的手和所述显示单元的屏幕部分并发地向用户示出一种方法。

17. KR1020170014904A　公开日 2017 年 2 月 8 日，一种与智能微显示单元：压力传感器输出压力的触摸输入；所述显示单元所施加的压力的强度超过阈值时的触摸输入，所述部分通过激活预定的菜单显示的显示单元的周边区域数控制装置，不使用工具。

18. KR1020170083403A　公开日 2017 年 7 月 18 日，一种利用智能微处理器和肌电信号，将鉴别屏幕安装在台架上；智能微放大测量传感器，其安装到所述下侧肌；和根据接收到的认证请求的认证屏幕数量和肌电图信号，测量的肌电传感器通过比较登记的用户进行认证肌电信号的控制部；不使用工具。

19. KR1020170116485A　公开日 2017 年 10 月 19 日，一种可更换带的智能手表，附加带，不用更换工具，操作时只需带分离或耦合主体，所述主体具有一对固定孔的一端，压缩时夹在一对固定孔中，并可从一对固定孔中分离的固定销，所述销接合迫使所述固定销与所述一个方向受挤压变形的弹性件，所述弹性件在一个方向上施加力，所述滑块上，所述滑块安装座架，所述弹性件和所述主体上并与所述底架主体在皮条上，移动方向垂直于所述一个方向上所述条带的一侧。

20. WO2017188562A1　公开日 2017 年 11 月 2 日，一种智能手表，其包括，为了提高防水性能的输入 / 输出智能手表上的孔：电气单元构成的主体；输入 / 输出孔的主体中，从而形成连通外部和所述电气单元；拨盘构件，可旋转地设置在一个主体的外侧面区域相对应的输入 / 输出孔；和通孔，以及设置在拨盘构件，其中，所述输入 / 输出孔和通孔形成在第一角度的拨动件转动时偏心，与输入 / 输出孔和通孔形成的拨动件转动时的同心度在第二的角度。

21. US9939788B2　公开日 2018 年 4 月 10 日，一种智能手表及其控制方法，通过该智能手表提供物理手表功能和移动终端功能。包括壳体、位于壳体中的至少一只物理手、配置成显示当前时间的至少一只物理手、位于壳体中的手下方的显示单元、配置成显示各种信息的显示单元，以及配置成旋转手的运动，该运动通过壳体中的显示单元连接到手。

22. US9946229B2　公开日 2018 年 4 月 17 日，一种智能手表及其控制方法，其基于智能手表的佩戴 / 不佩戴以及智能手表与外部数字设备之间的距离来确定提供事件通知的通知设备。所述智能手表包括：显示单元， 传感器单元，被配置为检测输入信号并将检测到的输入信号发送到处理器，通信单元，被配置为发送 / 接收数据，以及处理器，被配置为控制显示单元,传感器单元,和通信股，其中所述处理器被配置为检测所述智能手表的模式，其中所述智能手表的模式包括所述智能手表的磨损模式和未磨损模式，检测与所述智能手表配对的外部数字设备，并且基于检测到的所述智能手表的磨损模式或未磨损模式确定通知设备，所述通知设备提供在所述智能手表和所述外部数字设备中的至少一个中发生的事件的通知，其中所述通知设备包括所述智能手表和所述外部数字设备中的至少一个。

23. WO2017171216A3　公开日 2018 年 8 月 2 日，一种智能手表，用于使更换而不需要单独的附加工具的带智能手表和一般手表具有可更换的带，包括：主体；一对固定孔，设置在所述主体的一端以彼此面对；固定销装在所述一对固定孔，一对伸展，脱离时压缩时的固定孔；一弹性构件，其耦接到所述固定销通过在一个方向上施加的力和变形，以压缩固定销；滑块施加力的弹性件在一个方向；一底座，该底座上，其中所述弹性件与所述滑块安装；和带，其与所述基架且可拆卸地安装到所述主体。

24. WO2019132122A1　公开日 2019 年 7 月 4 日，一种智能手表，包括壳体；窗口；显示单元，其安装在所述窗口内并包括中心孔；位于所述显示单元的后表面上并包括穿过所述中心孔的轴的机芯；手表指针，其位于显示单元和窗口之间，并通过连接到轴而旋转；以及主板，用于控制显示单元和移动，其中显示单元包括：液晶面板；位于液晶面板的后表面上的导光板；以及位于导光板一侧的第一光源和位于导光板另一侧的第二光源，其中中心孔位于第一和第二光源的中心。

25. KR1020190089606A　公开日 2019 年 7 月 31 日，使用智能手表管理儿童的方法的一种智能手表及其系统，以通过将智能手表的位置信息与从用户接收的时间信息和目标点信息进行比较来确定智能手表是否正在执行任务，以及当智能手表从用户终端接收到任务信息的完成输入并将任务信息发送到监护人终端时，在显示单元上显示与任务信息相关联的补偿信息，并在显示单元上显示任务信息。

26. KR101966134B1　公开日 2019 年 8 月 13 日，一种用于智能手表的终端，其通过在诸如智能手表的终端中的水中发生紧急情况时检测危险来检测危险，并且在诸如智能手表的终端中的水中发生紧急情况时通知外部。感测单元安装于第一本体上并感测耦接部的拆卸。当所述感测单元感测到所述耦合单元的断开时，所述控制器控制所述无线通信单元发送所述第二信号。

27. US10452224B2　公开日 2019 年 10 月 22 日，一种可操作地连接到移动终端的智能手表。该智能手表包括：显示单元，被配置为显示手表图像；以及控制器，被配置为当发生预设事件时，控制显示单元缩小手表图像，并且在通过缩小手表图像而形成的显示单元的空余空间中显示通知信息。

28. EP3028206B1　公开日 2020 年 3 月 18 日，一种能够使用智能手表执行认证的移动终端和方法，包括：检测用于执行应用的认证请求；当检测到对鉴别的请求时，通过安装在智能手表底部的传感器测量用户的心跳节律；以及将所测量的心跳节律与已经存储的心跳节律进行比较，从而在应用上执行认证。

29. KR102108062B1　公开日 2020 年 5 月 8 日，控制智能手表的方法包括：在位于显示单元的前表面上的显示单元上显示数字内容，并且响应于未在显示单元上显示的区域的长度，在带的后表面上产生触觉反馈。

30. KR102109407B1　公开日 2020 年 5 月 12 日，一种智能手表及其控制方法，所述智能化手表包括：旋转传感器单元，其感测所述智能手表的旋转方向和旋转速度；显示单元，期显示视觉信息；以及处理器，其控制旋转传感器单元和显示单元。处理器检测第一捕捉动作和第二捕捉动作作为智能手表的捕捉动作。第一咬合动作是智能手表在基于智能手表旋转轴的第一方向上等于或大于第一阈值速度的速度旋转的咬合动作。第二按扣动作是在智能手表以等于或小于第一阈值速度的速度在基于旋转轴的第一方向上旋转之后的预设时间内在与第一方向相反的第二方向上以等于或大于第二阈值速度的速度旋转的按扣动作。当检测到第一捕捉动作时，所提供的智能手表执行对应于第一方向的命令，并且检测到第二捕捉动作时，使智能手表执行对应于第二方向的第二命令。

31. KR102114616B1　公开日 2020 年 5 月 25 日，智能手表及其控制方法，用于基于智能手表的运动方向和运动距离来执行功能。智能手表包括：第二传感器单元，用于检测所述智能手表的运动；用于显示可视信息的显示单元； 以及被配置为检测智能手表的移动的处理器，当智能手表的方向和距离等于或大于 2 时， 智能手表执行与智能手表在第 11 方向上的方向和距离相对应的功能，并且智能手表的距离大于或等于第一阈值距离。

32. EP3091421B1　公开日 2020 年 6 月 3 日，一种智能手表及其控制方法，通过该智能手表提供物理手表功能和移动终端功能。智能手表包括表壳，至少一个位于壳体内的物理手，所述至少一个物理手被配置为显示当前时间，显示单元，位于所述壳体中的手的下方，所述显示单元被配置为显示各种信息；以及机芯，被配置为旋转所述手，所述机芯通过所述壳体中的所述显示单元连接到所述手。

33. KR102127927B1　公开日 2020 年 7 月 9 日，一种能够使用智能手表方便地执行用户注册和认证的移动终端。提供了一种智能手表和一种用于认证移动终端与智能手表之间的安全性的方法，以通过将所测量的心跳节律与预先存储的心跳节律进行比较来执行对智能手表或外部设备的应用的认证。

34. KR102138503B1　公开日 2020 年 7 月 28 日，一种智能手表，其被配置为减少佩戴该智能手表的用户的手腕的一部分。包括：显示部分，用于显示数字内容；与显示部的一侧连接的第一连接部；以及隔室部分，其连接到所述显示部分的另一侧，并且包括电池单元；以及比显示部，第一连接部和连接部的部分薄的电池单元。

35. US10761417B2　公开日 2020 年 9 月 1 日，一种智能手表及其控制方法，该智能手表包括：壳体；显示器，位于所述壳体内，并且被配置为显示包括当前时间的各种类型的信息；

连接到所述壳体并被构造成缠绕在用户手腕上的带；以及设置在所述带上以获得图像的照相机，其中所述照相机被配置为可移动以精确地朝向对象。

36. KR1020200108725A　公开日 2020 年 9 月 21 日，一种用于基于诸如智能手表的可佩戴装置中的角度感测紫外线来选择有效角度范围内的精确紫外线数据的可佩戴装置及其控制方法。

37. KR102169952B1　公开日 2020 年 10 月 26 日，一种用于控制智能手表的方法，该智能手表包括用于支持显示器的 1 个带和 2 个带，该方法包括以下步骤：检测通过显示器的触摸面板的用户手掌触摸输入；确定智能手表或显示器的当前状态；以及基于所检测的用户手掌触摸输入来改变所确定的当前状态。所述控制信号可以包括通过所述显示器的触摸面板的手掌输入，通过所述智能手表的至少一个触摸板的触摸或刷写输入，以及通过设置在所述智能手表上的至少一个传感器感测的值中的至少一个。

38. KR102171444B1　公开日 2020 年 10 月 29 日，一种当智能手表的佩戴者被释放时，在释放之后提供预定事件的通知的方法。智能手表包括：显示单元，用于显示内容；用于发送 / 接收数据的通信单元；以及用于检测所述智能手表的输入信号的处理器；以及控制显示单元，通信单元和传感器单元的处理器。

39. KR102362014B1　公开日 2022 年 2 月 11 日，一种智能手表及其控制方法，该智能手表同时提供物理时钟和移动终端的功能。至少一个物理手，其位于所述壳体中，并显示当前时间；在由显示各种信息的显示单元构成的智能手表中，执行使用智能手表中的物理指针提供模拟时钟功能的第一模式的步骤；在执行所述第一模式时，搜索需要所述时钟功能以外的功能的事件；当事件发生时，执行第二模式的步骤，该第二模式执行与智能手表中的模拟时钟功能不同的功能，第一和第二模式控制显示单元，并且控制第一和第二显示设置以及不同配置的手，并且提供包括第一和第二手设置的智能值的控制方法，第一和第二手设置各自不同配置。

40. KR102393508B1　公开日 2022 年 5 月 3 日，一种包括用于用户认证的指纹传感器的智能手表及其控制方法，包括：显示单元，位于所述壳体中，并且被配置为显示当前时间和各种其他信息；设置在所述壳体中并被构造成缠绕所述显示部分的边框；指纹传感器，设置在所述边框中，并且被配置为同时识别多个不同的指纹；以及由被配置为基于指纹传感器中识别的指纹来控制操作的控制装置。

41. KR102421849B1　公开日 2022 年 7 月 18 日，一种包括相机的智能手表及其控制方法，包括连接到所述壳体并缠绕在所述使用者手腕上的带；以及在包括照相机的智能手表中，所述照相机设置在所述表带中并被可移动地配置，检测所述照相机的移动；当相机被移动时，激活相机以获取图像；接收与所获得的图像相关的操作指令；提供了一种智能手表的控制方法，包括执行所指示的操作的步骤。

42. KR102447246B1　公开日 2022 年 9 月 26 日，智能手表具有：显示单元；旋转部件，其设置在所述显示单元的背面，并可相对于所述显示单元旋转地形成；至少一个时钟指针，其连接到旋转构件的外部，以与旋转构件一起旋转，并且形成暴露在显示单元的外部；以及控制单元，用于控制显示单元，使得使用时钟指针的位置输出指示时间的屏幕信息。

43. KR102520847B1　公开日 2023 年 4 月 11 日，智能手表包括显示单元、与所述显示单元连接的支撑单元、设置为与所述显示单元间隔开的表单元、设置在所述表单元上的多个辊、设置在所述表框单元中的控制器，或者围绕所述显示单元和所述显示单元的表框单元、显示单元、设置为与所述显示单元间隔开的时钟单元、设置在包括与所述表单元的每个顶点相邻的区域的位置上的多个辊，将多个辊中的位于同一平面内的列中的辊连接的多个固定部，包括设置在所述边框单元中并且设置在同一平面上的控制器，所述多个固定部彼此平行地布置，当所述控制器被用户移动时，所述显示单元被连接到所述显示单元的所述控制器移动，以观察所述显示单元和所述显示单元中的所述时钟部中的任一个。

44. KR102529718B1　公开日 2023 年 5 月 4 日，用于吸收外部冲击的智能手表的显示装置，驱动元件导向单元被提供以保护安装在显示元件和向智能手表供电的电池之间的柔性印刷电路（FPC）上的驱动元件，并且用于吸收来自外部的冲击的缓冲构件被提供在显示元件和电池之间。

第九节　市场上的典型智能手表

一、智能手表优点

1. 便携性　智能手表轻便易携带，用户可以随时随地使用手表上的功能和服务。

2. 多功能　智能手表提供多种功能，例如通知提醒、健康监测、运动跟踪、语音助手、支付等。

3. 个性化　智能手表的表盘和表带可以随时更换，用户可以根据自己的喜好和场合进行搭配。

4. 时尚性　智能手表不仅具有实用功能，还具有时尚感，可以成为时尚配饰。

二、智能手表局限性

1 电池寿命　智能手表的电池寿命往往较短，需要频繁充电。

2. 屏幕大小　智能手表的屏幕较小，有时不便于用户进行操作。

3. 价格高昂　智能手表的价格相对较高，可能不适合所有消费者。

4. 安全性问题　智能手表可以存储用户的个人信息，例如健康数据、支付信息等，因此存在安全性问题。

三、目前市场上比较典型的智能手表

（一）Apple Watch

Apple Watch 目前最新的是 Apple Watch Series 9 智能手表，它配备了迄今最强大的芯片 S9SIP，双核中央处理器搭载有 56 亿个晶体管，其数量比 Series 8 多出 60%，而且 GPU 性能快 30%。显示屏亮度最高可达 2000 尼特，在强烈日光下也更清晰易读；而亮度最低可降至 1 尼特，在电影院等低光环境中，同样看得舒服；四核神经网络引擎运行超快，处理机器学习任务的速度最高提升至 2 倍；还实现众多创新功能，具有手势功能，只要食指和拇指互点两下，就能接听电话、打开通知、播放或暂停音乐，各种操作都方便。通过语音与 Siri 交互，对 Siri 的种种请求都能在设备端直接处理，整个过程更快更安全，而 Siri 听写的准确度也提高达 25% 之多，用户还能与 Siri 交互查询自己的健康数据。

有了苹果手表全新操作系统 watchOS 10，手表屏幕更包罗万象。无论在哪个表盘，只需转动数码表冠，“智能叠放”中的小组件都会依次显示，及时给用户相关信息。Apple Watch 还能帮用户更深入了解自己的身心健康状况，而且用户的健康数据始终私密又安全。比如移动心电图房颤提示软件与 Apple Watch Series 9 配套使用，可记录、显示和储存与导联 I 心电图类似的单通道心电图。有了心律不齐提示功能，用户还会适时收到可能存在房颤的提示。Apple Watch Series 9 配备出色的传感器和 App，让用户能在需要时测量自己的血氧水平。也可开启后台测量，全天定时为用户读取睡眠 App，不仅能记录用户的睡眠时长，还能显示用户处于快速动眼睡眠、核心睡眠和深度睡眠的时间，以及在哪些时刻用户可能已经醒来。通过在材料、清洁能源和低碳物流上的不断创新，Apple Watch 推出了实现碳中和的表款与表带组合。

Apple Watch Series 9 配备一款创新的传感器，它能跟测睡眠时的体温，呈现长期的体温变化情况；经期跟踪会使用这项数据回推估算可能的排卵日期，为生育计划提供参考。

徒步山间接电话，长跑途中回信息，逛公园时查通知，没带手机也没问题。无论用户想做哪种体能训练，在手腕上轻点一下就能开始。用户还能在可定制的界面查看各项所需指标，让用户保持动力满满。深蹲、跨步、踩飞轮，从力量训练、高强度间歇训练，到普拉提和冥想，各种训练方式 Apple Watch 都能陪用户练，各项所需指标都到位。Apple Watch 配备坚实的表镜，采用稳固的几何结构以及平坦的底面设计，能有效抗裂，不止耐用，还耐造。Apple Watch 还具备 50m 防水性能。无论用户是摔倒、遭遇车祸，还是在紧急情况下需要帮助，Series 9 都能应用户所需，帮用户呼叫救援。

（二）Fire Boltt

Fire Boltt 是一个备受关注的印度智能手表品牌，其成立于 2018 年，致力于打造价格亲民、简约、实用、功能强大的智能手表，凭借其高性价比的产品、强大的营销能力以及合理的市场定位，迅速在印度市场崛起。目前，Fire Boltt 推出了多款智能手表产品，包括 Fire Boltt Beast、Fire Boltt SpO_2、Fire Boltt Ninja、Fire Boltt Ace 等系列。这些产品不仅具备基本的时间显示功能，还集成了多种健康功能，如心率监测、血氧饱和度检测、睡眠监测等。此外，这些手表还支持 IP68 级别的防水、蓝牙连接、遥控相机等实用功能。

2023 年 5 月，Fire Boltt 在印度推出了新的智能手表 Fire–Boltt King，这是该公司 LUXE 系列的一部分，该系列目前共有六款智能手表。Fire–Boltt King 采用金属机身和磁性钢网表带，拥有黑色、银色、金色和蓝色四种颜色，支持蓝牙通话等功能。Fire–Boltt King 智能手表配备 1.78 英寸 AOD AMOLED 显示屏，分辨率为 360×448，亮度为 500 尼特；一次充电可持续使用长达 7 天，如果启用蓝牙通话，续航时间为 2 天。它具有 100 种不同的运动模式，健康套件允许监测心率、睡眠、SpO_2 和月经周期，如果闲置时间过长或需要喝水，智能手表还会发送智能提醒。它还可通过蓝牙连接到智能手机，接听来自智能手表的电话，还具有用于智能命令的语音助手。还配备了更多功能，例如世界时钟、秒表、闹钟、天气更新和查找“我的手机”，还可以直接从智能手表访问拨号盘、通话记录和联系人列表等。

（三）三星

三星 Galaxy Watch 是三星公司研发的智能手表，配备分辨率较高的 AMOLED 触摸显示屏，并且采用“大猩猩 DX+”玻璃材质。

作为三星新一代智能手表产品，三星 Galaxy Watch 6 系列集时尚美学与智能科技于一身，通过出色的健康体验、升级的睡眠跟踪等多项功能，助力用户追求个性化健康目标，打造高品质智能新生活。

三星 Galaxy Watch 6 系列致力于忠实记录用户身体情况，力求为用户提供更有价值的多时段健康建议，并提供量身定制的锻炼指导和营养提示。其搭载的身体成分指数功能可以测量骨骼肌重量、基础代谢、体内水分和体脂率等关键身体数据，帮助用户针对性地设立更切实、合适且力所能及的健康与锻炼目标。

三星 Galaxy Watch 6 | Watch 6 Classic 支持心电图测量（ECG）功能，有助于用户深入了解自身的心脏健康状态。在测量完成后，心电图数据将记录、显示、存储于三星健康监测器的移动心电图房颤提示软件中，并同步保存至用户的三星 Galaxy 智能手机中，且支持导出生成 PDF 格式与医生或家人共享。

三星 Galaxy Watch 6 | Watch 6 Classic 同时支持血压（BP）测量功能，可帮助用户深入了解心脏健康情况。心率预警功能可帮助用户更好地了解心脏健康状况，检测运动后异常的高心率或低心率。

为了帮助用户达成健康目标，三星 Galaxy Watch 6 系列支持多达 100 多种锻炼项目的实时数据追踪。得益于新推出的个性化心率区间功能，三星 Galaxy Watch 6 系列将帮助用户了解自己的心率区间，掌握更适宜的运动强度：仅需根据个人体能状况，或手表显示的测量数据选择目标心率区间，就可以按照自己的节奏进行移动、跑步和锻炼。

运动时，三星 Galaxy Watch 6 系列的自动检测功能将主动识别包括健走、跑步、骑自行车、游泳、椭圆训练机、划船机和活力健身在内的状态，让运动更加投入、省心。新增加的操场跑步模式可选择跑道并记录跑步过程，为用户在体育场等场地进行跑步运动时提供帮助。配合 Keep 应用，用户可以轻松查看实时心率、热量消耗以及更多的运动数据。

不只限于日常的健康情况与运动监测，三星 Galaxy Watch 6 系列的睡眠监测体验也得到了进一步拓展，能通过了解用户的睡眠规律，助力养成良好睡眠习惯，并营造适宜入睡的环境。升级的睡眠因素评分功能可在入眠时分析睡眠情况，为用户提供睡眠总体时长、睡眠周期、清醒时间以及身心恢复情况等数据。在夜间睡眠期间，三星 Galaxy Watch 6 系列还支持检测皮肤温度。凭借第二天清晨推送的个性化睡眠报告，用户可详细了解前一夜的睡眠健康状况。

（四）FitBit Versa 3

FitBit 是美国旧金山的一家新兴公司，其记录器产品名扬世界。

FitBit Versa 3 很好地涵盖了健身基础功能，它可以跟踪 20 种不同的活动，包括室内和室外游泳，并在用户忘记开始锻炼时自动检测某些运动类型（例如跑步），可以满足用户基本的健身追踪需求，测量步数、距离、燃烧的卡路里和心率。它不仅是一款能提供健康功能的智能手表，它也是第一款内置 GPS 的智能手表。有了 Versa 3，把手机留在身后，仍然可以获得户外锻炼的距离和路线信息。Versa 3 还可以在锻炼期间向用户提供心率区通知。它们通过用户的心率来确定用户的努力水平，因此当用户进入不同的区域（例如脂肪燃烧、有氧运动或峰值）时，手表会发出蜂鸣声来通知用户。这可以帮助用户了解训练期间何时该加大力度，或何时放松一点。Versa 3 没有使用步数作为一天中运动量的唯一衡量标准，而是采用了一种名为"活跃区间分钟数"的指标，该指标使用心率数据来确定用户从事某种体育活动的时间，即使是那些不进行体育锻炼的活动不需要走太多路。因此，用户可以将目标定为 20 或更多活跃区间分钟数，而不是 10000 步，具体取决于用户的目标。Versa 3 以及其他 FitBit 设备，它可以设定每周的活动目标，而不是每天对用户进行评判。Versa 3 不仅是一款健身追踪器，它还监控用户健康的其他方面，包括 SpO_2（血氧水平）、呼吸频率和睡眠时皮肤温度的变化，这些共同帮助用户更全面地了解自身的整体健康状况。

FitBit 在睡眠追踪方面表现出色，与任何其他智能手表相比，Versa 3 提供了最全面的睡眠监测方式之一。它考虑了持续时间以及睡眠的不同阶段（深度睡眠、浅度睡眠和快速眼动睡眠），这是睡眠跟踪的标准。它还会分析用户睡眠时的呼吸频率、心率、血氧水平和皮肤温度变化，用户可以在早上在 FitBit 应用程序中查看所有这些统计数据。

Versa 3 具有内置麦克风和扬声器，因此如果用户有 Android 手机或 iPhone，用户可以在手腕上快速接听电话。用户还可以将 Versa 3 与蓝牙耳机配对。用户还可以通过 FitBit Pay 使用 Versa 3 进行非接触式付款，Versa 3 用户只需按一下按钮即可更换表带。Versa 3 可能不是最智能的手表，但它在电池寿命方面具有竞争优势，即使在常亮显示屏处于活动状态、进行几次 GPS 锻炼和睡眠跟踪的情况下全力以赴，手表仍保持有近三天的电量。用户可以通过适度使用并禁用常亮显示将其延长最多 6 天。Versa 3 的充电速度也比之前的 Versa 手表更快：FitBit 表示，使用专有磁性充电器充电 12 分钟即可充满 24 小时的电量，充电 30 分钟即可充满 100% 电量。

对于 Android 用户来说，Versa 3 是一个可靠的智能手表选择，而对于想要 FitBit 设备的 iPhone 用户来说，Charge 4 可能是更好的选择。尽管 Versa 3 变得更智能，但仍无法赶上 Apple Watch 或 Galaxy Watch。尽管在美观上有所改进，但触摸屏和 FitBit 界面的响应速度仍然不如同样配备 AMOLED 屏幕 的 Apple Watch 或 Galaxy Watch。Versa 3 在两次滑动之间有点滞后，需要一段时间才能加载应用程序和显示信息。

（五）FOSSIL

FOSSIL 始建于 1984 年，是一个来自美国的全球性生活时尚品牌，专注于腕表、珠宝等时尚配件，其品牌精神定位为"欢乐、真实、自然"，是第一个将手表的价值与款式完美结合的品牌，智能手表是转型之作，通过与阿玛尼、Diesel、DKNY 等多家时尚品牌合作，一年间就推出数百款智能手表。每一款智能手表都有多种不同纹路、颜色的表盘可供挑选，表带材质也不尽相同。每一款都设置了男、女版本，区别在于表圈和表带，女性手表的表盘尺寸和表带长度对比男性版本有所缩减，外形更为小巧。

2023 年 1 月，FOSSIL 正式上市第六代混合智能手表（Gen 6 Hybrid Smartwatch），它有 Machine 和 Stella 两款，可以理解为男、女款，表壳直径分别是 45mm 和 41mm，厚度为 11.4mm。这款手表的表耳（连接表带和表壳的关键部件）宽度为 20mm，同时它们有多种表壳和表带材质可选（Machine 和 Stella 的设计和配色也分别更靠近男性或女性）。因为是混合智能手表，它们整体都更像传统手表，表盘机械指针和时标都有，同时表盘中央加了一块圆形的 E-ink 电子墨水屏来显示信息（大小分别是 1.1in 和 0.94in，分辨率都是 240×240 像素），这块屏幕带有背光。

Fossil Gen 6 续航可以达到两个星期，只需充电 60 分钟，就能获得 80% 的电池续航。另外支持 30m 的防水性能。这款手表可以作为一款智能手表使用，能够接收短信、电话和其他应用程序的通知。用户还能拥有完整的媒体控制，并完成所有其他在智能手表上的任务。Fossil 增加了一些功能，如心率传感器、血氧水平、VO_2 Max 和锻炼检测，还有“健康仪表”的表盘设计。

（六）佳明（GARMIN）

佳明公司成立于 1989 年，是美国著名科技品牌，以航空 GPS 导航产品进入市场，产品遍布天上、陆地以及海洋，其航空面板、汽车导航、雷达声呐等设备随处可见。自称“从解码天空，到探索海洋，从征服陆地，到掌握健康”。

佳明是专业的运动手表，特别适合有长期运动计划的用户，或者已经有一定运动基础想进一步提升的消费者，如果用户只是普通的运动爱好者，更加看重智能性，那么与手机同品牌的智能手表可能更适合用户。

定位、数据和生态，是佳明能够获得运动用户认可的主要原因，当然，也可以说是硬件、算法和圈子。除了这三点，佳明在运动用户比较关心的续航和屏幕方面也有自己的优势。佳明运动手表大多数用的都是半透反射式屏幕，光线越强显示效果越清楚，避免了 AMOLED 屏幕阳光下看不清或者续航骤减的问题。在续航方面，佳明手表普遍能有十几天，太阳能版本能到一个月，而功能性手表强如 Apple watch，只能一天一充。

佳明手表虽然多，但每一款表定位都很清晰。抛去针对少数用户的航空表、高尔夫表、潜水表等不说，比较适合大众运动用户选择的有 4 个系列：

（1）主打跑步和铁三的 Forerunner 系列（165/255/955/265/965）；

（2）主打全能和越野的 instinct 系列（本能 2/ 本能 2 跨界 / 本能 2X）；

（3）主打户外商务的旗舰 Fenix 和 Epix 系列（Fenix7 Pro/Epix pro）；

（4）主打品牌担当的高端产品 MARQ 系列（MARQ2 领跑者）。

下面以佳明 Forerunner 255 为例，说明其主要配置：

配色非常丰富，有暗黑色、神秘灰、深海蓝、纯净白、晨雾灰和泡泡糖粉 6 种颜色可选，特别是泡泡糖粉色特别适合女性用户。

在尺寸方面，佳明 255 有两种表盘可选，分别是 45.6mm 版本的 255 和 41mm 版本的 255S，对应的屏幕尺寸是 1.3in 和 1.1in。在重量方面，佳明 255 加上表带重量只有 49g，轻若无物，符合跑表的定位。

佳明 255 引入多频多星定位，在大多数路况基本可以实现秒定位。除定位快，轨迹精准也是佳明的强项，精准的轨迹可以让用户在复杂的城市道路上更好地规划跑步路线，进而测算跑步时间，合理安排跑步体力分配。续航是运动手表另一需要关注的要素，一场全程马拉松下来，快的 3 个小时，慢的 6 个小时，Forerunner 255 在 GPS 模式下，续航可以达到 30 小时，而在智能模式下续航最多可以达到 14 天，续航能力足以让用户轻松应对一场长跑。日常使用的话，若每周跑步 4 次左右，每次打开 GPS 定位时间约 40 分钟，这样的使用频率 10 天充一次电足够了。佳明 Forerunner 255 全系采用了第四代心率传感器，可以大幅度提升在剧烈运动情况下心率监测精准度。在硬件上，佳明 255 还新增气压式高度计、陀螺仪、温度传感器这三个重要的传感器。气压高度计的工作原理是使用气压来确定海拔高度的变化，以及天气变化引起的气压变化。这一点对于对爱好徒步、攀登、越野的用户来说，户外运动安全感会大幅度提升。在运动模式上，佳明 Forerunner 255 新增铁人三项等 30 多种运动模式，这其中包括 7 种跑步模式（跑步、越野跑、跑步机、虚拟跑步、室内跑道、操场跑步、超马）、5 种骑行模式（骑行、室内骑行、越野自行车、eBike、电动山地车）、2 种游泳模式（泳池游泳、开放水域），还有有氧运动、力量训练等室内训练项目。佳明的运动模式不算多，但都非常专业，比如仅跑步，就细分 7 种。在力量训练方面，佳明 255 也升级了肌肉热力图功能，可以直接在手表记录重量、次数，查看举铁纪录，同时通过肌肉热力图了解自己在训练中主要锻炼肌群，自查是否练对及练到位，不盲从训练。当然，可以进入 Garmin Connect 软件查看更详细的训练成果。

在运动效果和身体恢复上，佳明 255 新增 HRV 功能，HRV 又称心率变异性分析，这一数值越大越好，比如用户的心率是 60 次 / 分，但不代表每秒跳动一次，有可能上一秒跳了 2 次，而接下来 2 秒才跳了 1 次，虽然综合数值是正常的，但每个人实际情况又不一样，如果心跳速度非常规律，说明用户的心脏一直处于高压的工作状态，反之，则说明用户的心脏是放松的。佳明 255 通过在睡眠状态下持续跟踪用户心率变异性，可以更加深入了解整体健康及训练表现。

在常规的课程训练、运动数据分析等方面，佳明可以说拥有目前最好的运动生态，结合佳速度 App，可以使用内置的多种专业课程，新手也能轻松 5km，因为手表会指导用户将慢跑、快走等相结合，提醒用户将心率保持在合理的区间，既能保证效果，又不会让用户太累而放弃。

戴上佳明 255 睡觉起来后，手表会有一个早安问候，用户可以快速了解自己昨晚的睡眠情况、恢复时间、训练状态和每日训练建议，帮助用户规划新一天的运动计划。除了上面提到的心率监测和 HRV 功能，佳明 255 还支持 PULSE OX 脉搏血氧、睡眠分数测量、身体电量、压力分数和女性健康追踪等健康监测功能。在睡眠监测上，Forerunner 255 可以追踪记录用户完整的睡眠周期：心率、压力、脉搏血氧和呼吸数据等，帮助用户更好地了解“闭眼期间”的情况，进而提出建议和改善睡眠。

PULSE OX 脉搏血氧功能则是依靠手表搭载脉搏血氧传感器来实现，可以随时监控血氧浓度，这个功能主要使用场景是高海拔环境，如果是登山爱好者，或者是计划高原地区旅游的用户，这些功能可以提前预警血氧含量，避免高反等身体不适等症状，以保证安全。

在生活应用场景上，佳明 255 全系支持 NFC、支付宝和微信双码支付功能，这是对大多数国内用户最常用的几个应用场景，地铁公交抬腕出行，不带手机运动路过便利店可以出示二维码直接支付。

（七）颂拓

颂拓诞生于1936年，作为世界领先的户外运动装备生产厂商，总部位于芬兰范塔市，是登山、徒步、定向、训练、潜水、滑雪、自行车、铁人三项、航海和高尔夫等运动领域装备设计制造商。颂拓手表的特点就像它的品牌口号：从高山之巅到深海之渊，这是“越野+极限运动”的手表。主要用在专业登山、潜水以及运动健身上，且在各细分领域都有广泛的客户基础，但是在国内受众较小，颂拓2022年初由东莞猎声公司收购。

颂拓手表包括跑表、户外腕表、智能腕表、潜水表等，主要产品包括：颂拓3、5、7、9、斯巴达、core、Vertical、潜水D系列。其产品的核心是数字系列的5、7、9，以及vertical和RACE这几款。

1. 颂拓3　颂拓3定位为入门款运动手表，支持常规的运动训练计划功能，可以检测疲劳值和恢复时间，但没有内置GPS，需要与手机连接辅助定位，独立性较差。若需要独立定位功能，可以选择颂拓5，内置GPS，支持五星定位，能通过自带App与Keep、悦跑圈等应用连接，实现运动数据同步。相较颂拓5，颂拓9 Baro在续航上做了很大提升，最长能维持14天，还采用GPS加动作传感器的定位方式，定位速度快且精准度高，更适合喜欢登山和越野的用户。颂拓7是品牌首款搭载谷歌Wear OS系统的手表，内置户外离线地图，支持独立音乐播放，可玩性大大增加。2021年底，颂拓发布了纤薄、小巧、耐用的运动腕表Suunto 9 Peak，主要是减少了baro的重量（从81g减到52g），并且与时俱进增加了血氧功能；2022年底，继续升级到Suunto 9 PEAK PRO，增加雪崩预警和天气预报功能。

2. Suunto Vertical　2023年，颂拓正式发布手表新品Suunto Vertical，一个全新系列型号，定位户外探险腕表。这款产品对标的是佳明的FENIX系列。

（1）外观：1.4in的彩色触摸MIP屏幕，显示清晰，触屏+按键操作。表盘面积大，地图显示丰富，适合户外导航使用。钛合金款74g、精钢款86g，表面为蓝宝石材质。

（2）GPS：五星双频，GPS定位更加精准。

（3）离线地图：可以在没有网络连接的情况下使用，下载后路径、等高线河流一目了然，目前也就只有颂拓7和RACE等有离线地图功能。

（4）超长续航：在关闭GPS和所有通知功能的日常模式下续航60～65天；在低精确度定位性能的探险模式下续航500小时；在普通精确度定位性能的超长模式下续航140～280小时；在单频全星座良好精确度定位性能的持久模式下续航90～140小时；在双频全星座最佳精确度定位性能的高性能模式下续航60～85小时。

（5）大面积太阳能电池：利用太阳能为手表供电，比普通版续航时间可再延长30%。

（6）健康功能：除心率、血氧、睡眠，与9peak pro一样也有HRV功能。

（7）运动辅助：Vertical新增训练区功能，用户可以跟踪他们的训练负荷、进度、恢复情况和睡眠分析，并获得AI教练的指导。Strava, Training Peaks和Komoot等App用户还能实现数据互联，一同分享探险、运动数据。

（8）防护性：表身采用一体成型工艺，以MIL-STD-810H作为测试标准，通过温度冲击、跌落、压力、冰盐测试，符合相关标准。

（9）智能应用：强势联动各大平台，keep、悦跑圈、咕咚等 App 都可以用。

Vertical 在续航、运动能力、运动数据上都属于中上水平，尤其是续航进行了较大的提升，传统的户外登山、滑雪功能强项依旧保持；地图功能非常详尽，可以在各种地图风格以及 2D 和 3D 地图之间切换，非常直观。

3. 颂拓 RACE　颂拓 RACE 可以理解为 Vertical 由专业运动手表向智能手表方向更近了一步，优化了一些智能应用，同时也牺牲了一些专业功能，可以理解为颂拓 7 的顶配版。

（1）外观：颂拓 RACE 是在智能手表外观上的一次变革，采用 AMOLED 屏幕，旋转表冠，1.43in 的屏幕，为颂拓目前最大的屏幕，像素密度也达到了 466×466，屏幕显示无压力，当然耗电也随之增加。

（2）续航：高精度 GPS 的模式下可使用 40 小时，而低精度 GPS 的模式下能够使用 50 小时，不开 GPS 可以使用 70 个小时，明显不如 Vertical。

（3）健康辅助：增加轻度睡眠、快速眼动监测，但是少了睡眠质量，也没有恢复时间功能；

（4）运动辅助：增加了训练准备，这个功能是和 HRV 一起用的，便于使用者更好地解读自己的 HRV 数值，以确定目前能否运动，能适应多大强度的运动；但是没有自适应训练指导功能，没有潜水功能。

RACE 和 Vertical 两者之间不同的风格，如果城市训练竞速多，喜欢 AMOLED 屏幕，旋转按钮，完全可以选择 RACE；如果户外爬山、越野等运动多，可以选择 Vertical，外观造型更加刚硬流畅，同时拥有更超长续航时间。

（八）Withings

Withings 成立于 2008 年，法国智能健康品牌，较早将设计摆在高优先级的可穿戴设备公司，专注于智能硬件产品创新的数字健康产品和服务开发商，主要从事智能手表、电子秤以及健康检测仪系列产品的生产销售。该公司在 2017 年被诺基亚收购，推出了一系列带有 Nokia 标识的产品，后来诺基亚在此方面经营不顺，最终割让了智能健康设备领域，将 Withings 公司归还给创始人。

ScanWatch Nova 是 Withings 此前 ScanWatch 2 手表的“豪华版本”，采用潜水风格制造，表带尺寸收窄到 18mm，外观上这款手表采用 42mm 不锈钢外壳，配有旋转陶瓷表圈、LumiNova 指针和防反光蓝宝石水晶玻璃，续航 30 天，支持 10m 防水。这款手表能够跟踪识别用户 40 多种日常活动，号称能够为用户提供医疗级别的 ECG 心电图，并能够检测包括房颤在内的潜在心脏异常，还能测量血氧、跟踪睡眠等。为了显示信息，ScanWatch Nova 配备了 16 位灰度、对角线为 0.63in、像素密度为 282 PPI 的小型 OLED 显示屏。

（九）诺尔登（NOERDEN）

诺尔登，一个年轻的法国智能手表品牌，旨在为全世界的都市人创造有设计感的智能产品，打造属于每个人的健康的生活方式。

NOERDEN MATE 2 是一款运动和时尚相结合的手表，佩戴其可以做户外、商务、通勤等多场景的使用。手表采用不锈钢金属外壳，蓝宝石镜面，防刮、耐磨；硅胶的表带材质，触感柔软细腻；内置瑞士原装机芯，50m 深度防水。

虽然外观上看起来很像传统手表，但是它的确是一智能手表，因为设计师更好地将某些智能功能实现了 App 与石英手表的分割，让手表更专注于手表本身，让 App 更专注于智能功能的体现，让 App 与智能手表各司其职，互为补充。智能手表常见的智能功能，例如日常计步、音乐控制、睡眠监测、遥控拍照、来电提醒等只需要下载 NOERDEN LIFE 这个 App 就可以实时跟手机连接，非常方便。NOERDEN MATE 2 还可以全天候自动计步，并且显示完成进度，记录各个时段的步数、消耗的卡路里及行走的距离，同时具有睡眠监测的功能，能自动记录睡眠状态。记录深度睡眠及浅度睡眠时间，让用户对自己的身体有一个更好的了解，以方便及时调整。最喜欢的功能遥控拍照，只需要打开 App，轻轻甩动手腕，或者按压 3H 键，就可以自动拍照。采用的是 CR2032 电池，具有长达半年至一年的续航力，完全不用担心没电的情况出现；HIIT 高强度间歇训练模式和多运动模式，可精准运动分析，专业指导健身训练。

NOERDEN MATE 2 的不足之处在于：

（1）表盘不能像其他智能手表一样，显示计步、卡路里消耗和运动的距离。

（2）腕带采用有机硅材质，虽然有些新潮，但如果是商务场合，则建议采用皮质腕带符合典范。

（3）App 对运动尚未区分有氧运动和无氧运动，也不能对睡眠质量进行评价。对运动和睡眠的监测没有更进一步的指导，这方面是不够的。运动和睡眠均不能统计周和月、年。

（4）App 没有考虑到社交需求。一般单独进行锻炼，容易半途而废，如果能跟其他小伙伴，通过 App 鼓励或者比较，可以增加干劲，让运动更有滋味。

第十节　小　结

1. 智能手表境外专利技术起步于 20 世纪 80 年代，发展趋势大体分为三个阶段：1987—2011 年为技术萌芽期；2012—2015 年为快速增长期；2016 年至今为技术成熟期。从生命周期上看，2014—2018 年进行了稳定的发展，2019—2021 年出现了技术飞跃，并达到成熟期。

2. 智能手表境外专利申请的技术来源，主要来自韩国、美国和日本。市场主要集中在美国、韩国、世界知识产权组织、欧洲专利局和日本。各个技术来源国 / 地区都在自己本国 / 地区和境外很多国家和地区进行专利布局。韩国、美国、日本、印度的专利申请除了主要先在自己本国布局，然后大部分进入了世界知识产权组织、欧洲知识产权局和中国；芬兰的专利申请主要流向了芬兰、德国、中国和加拿大。

3. 智能手表的境外专利主要集中在韩国和美国申请人手中，分别为三星、LG、苹果、英特尔、卡西欧、高通公司、微软公司与和硕联合公司。三星公司的智能手表技术在本国的布局仅为 2%，境外专利市场布局的比例高达 98%，可见其非常重视海外布局。

4. 数据处理和结构设计是智能手表的主要发展方向，人体监测越来越受到用户的青睐，通信传输已发展较为成熟。

5. 智能手表以其便携性、多功能、个性化和时尚性受到大众喜爱，但电池寿命、屏幕大小、安全性和价格也是其目前的不足；知名品牌厂商如 Apple、Fire-Boltt、FitBit、Samsung、FOSSIL、Garmin 等的最新系列智能手表产品是市场上的热销产品。

第四章

智能手环专利分析

第一节　智能手环专利的检索

本节在专利检索平台检索了除在中国国家知识产权局以外的专利文献，检索文献的公开日期截止至 2024 年 3 月 31 日。本章的检索目标是各级技术分支直接相关且真实有效的专利文献，为了确保数据查全与查准，在制定检索策略时，充分扩展各技术分支涉及的分类号和关键词，对各技术分支分别进行检索，经简单合并同族、标准化申请人以及去重去噪，得到检索结果。

第二节　申请趋势

图 3-4-2-1 为智能手环在中国国家知识产权局以外的专利申请趋势图。可见，智能手环技术的境外专利申请整体呈波动式上升和波动式回落的趋势。大致分为四个阶段：

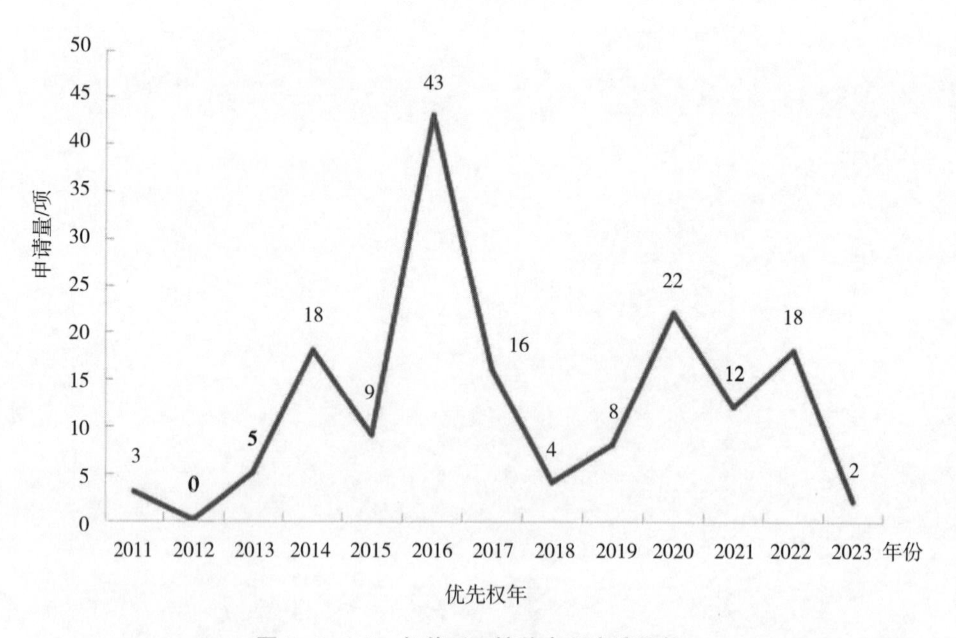

图 3-4-2-1　智能手环境外专利申请趋势

第一阶段从 2011—2012 年为技术萌芽期。专利申请量非常少，申请也不连续。

第二阶段从2013—2015年为波动增长期。2013年后申请量开始增长，到2014年达到一个小高峰，有18项申请，但2015年又降至2014年申请量的一半。

第三阶段从2016—2018年为高速发展期。2016年，年申请量跃至43项，到达历史最高峰，之后2017年、2018年又出现大幅回落。

第四阶段从2019年至今为波动反弹期。2019年开始反弹回升，又分别在2020年和2022年出现两个小高峰，虽然这两次的峰值没有2016年那么高，但可见智能手环技术的发展并没有完全衰退，而是还在波动前行。由于专利未公开完全，所以2023年的数据还不完整。

第三节　生命周期

图3-4-3-1为智能手环境外专利申请的生命周期图，由图可见，从2014年开始有10多位申请人进入智能手环的研发，申请量不足10件，说明该技术刚刚起步；然后到2015年申请人已40多位，比2014年增加了3倍，申请量也接近50件，也比2014年增加了4倍；2016年更是申请人增加到了近30位，申请量接近100件，可见这项技术发展迅猛，研发热度达到了顶峰。2017年申请量有所回落，但也接近50件，且这一段时间申请人数量也保持在接近20位，可见研发热度还是很高的。2018年、2019年逐渐降温，研发人数和申请量都大幅下降。但2020年、2021年又一次迎来了新热度，申请人数量又增至接近30位，申请数量不是特别大，但也有近40件，可见此时，这项技术已经逐渐趋于成熟。2022年人数还在增加已经超过30位，但申请数量却不如2020年、2021年，可见热度还在，只是技术进展比较慢。2023年的回落是由于很多专利还未公开，所以数据不完整，还不能说明这项技术已经衰落，从前面的势头可见，还有发展空间。

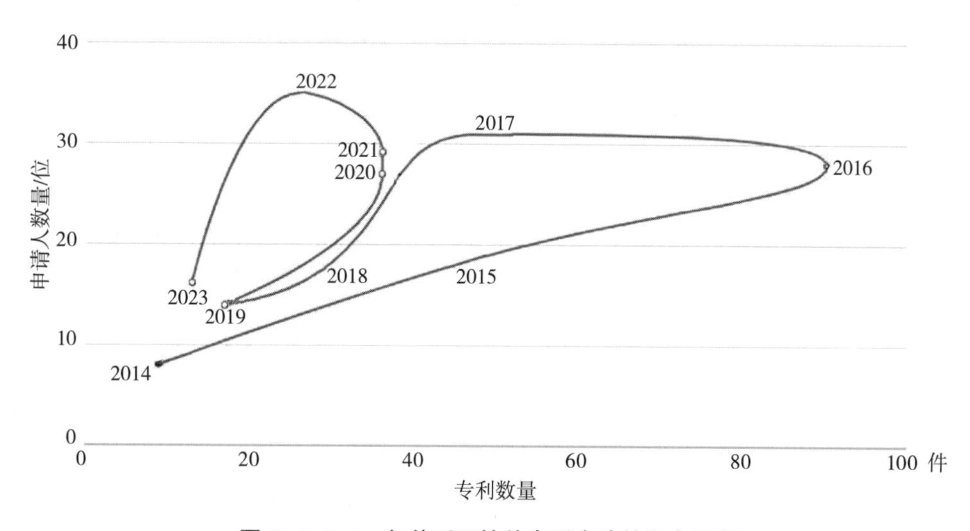

图3-4-3-1　智能手环境外专利申请的生命周期

第四节　技术来源国 / 地区分布

图 3-4-4-1 为智能手环境外专利申请的技术来源国 / 地区分布图。该图示出了排名前十的国家和地区及它们各自的申请相对于这十个国家与地区总申请量的占比。由该图可见，来自中国的专利申请最多，共有 56 件，占这些国家与地区的 38%，可见中国很重视智能手环这项技术的研发；其次是韩国，有 22 件申请，占比为 15%；排名第三的是土耳其，有 17 件申请，占 12%；法国和日本均有 11 件，占比 11%；印度、开曼群岛各有 9 件，占 6%，加拿大 8 件占 5%；而美国只有 6 件，占 4%，可见美国在智能手环上投入并不多。

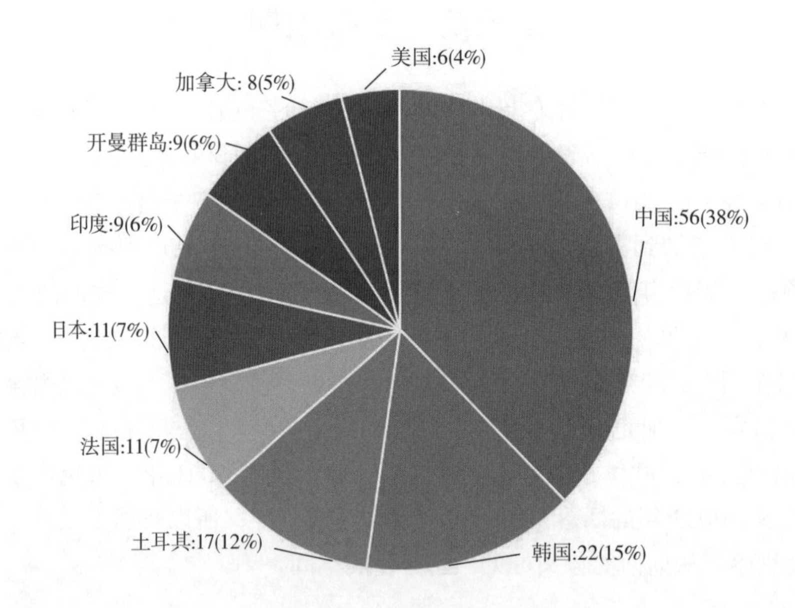

图 3-4-4-1　智能手环境外专利申请的技术来源国 / 地区分布

第五节　市场国布局分布

图 3-4-5-1 为智能手环境外专利市场分布图。从图中可见，智能手环的境外专利的市场主要集中在世界知识产权组织，占所有国家或组织的 32%，而这些申请会根据产品的市场需要进驻不同的国家和地区，为其产品提供知识产权保障。其次是在美国，占所有国家或组织的 22%。然后是欧洲专利局，有 14%，中国有 10% 的份额，同时在韩国有 7% 的申请，日本有 6% 的申请。而其他国家的份额则比较少。

图 3-4-5-2 为智能手环境外专利申请主要技术来源国 / 地区的专利申请流向。来自中国、韩国、日本的专利申请，会流向 5 个以上的国家或组织，其中中国申请人除了主要在中国进行申请外，还会主要流向美国和日本，然后在韩国、德国和法国也有一定量的布局；韩国除了在本国申请量稍大一些外，在美国、中国、欧洲专利局的布局比较接近，世界知识产权局的布局很少；日本在本国与在美国、韩国、中国、世界知识产权组织和欧洲专利

局的布局都非常接近；法国在欧洲专利局的布局最多，其本国与世界知识产权组织的一致，在中国没有布局；土耳其大部分专利布局在本国，只有少量在世界知识产权组织；美国主要在其本国布局，其次少量在世界知识产权组织和欧洲专利局；而印度只在自己本国进行布局。

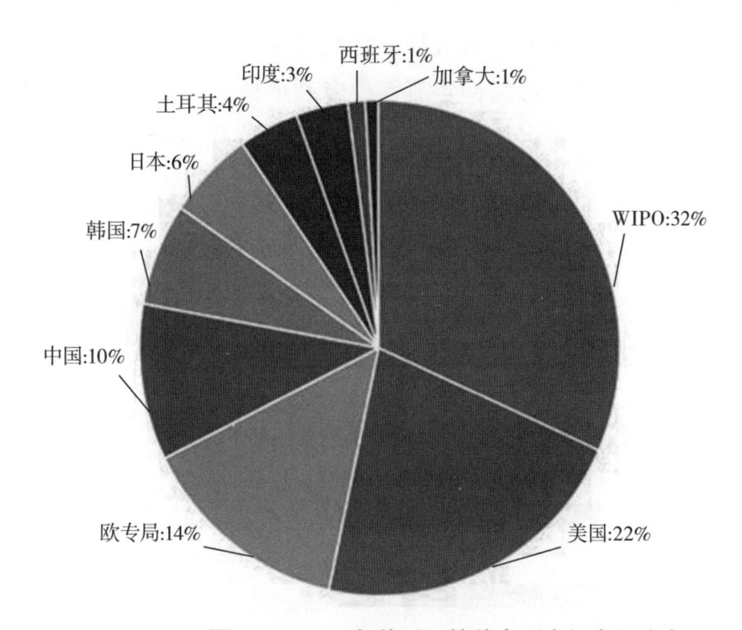

图 3-4-5-1 智能手环境外专利市场布局分布

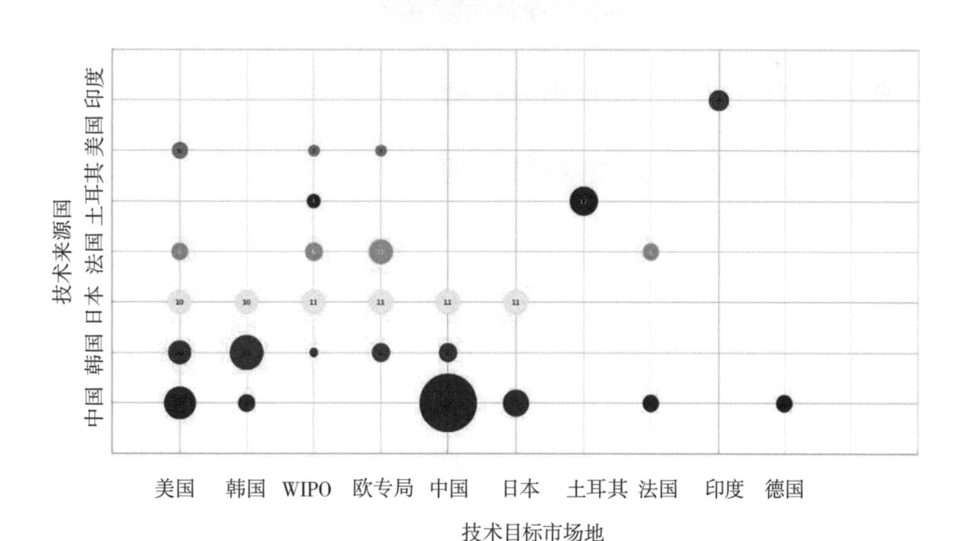

图 3-4-5-2 智能手环境外专利申请的主要技术来源国 / 地区的专利申请流向

第六节　申请人排名

图 3-4-6-1 为智能手环境外专利的申请人排名图。该图示出了排名前十的境外国家及地区的申请量。由该图可见，各公司的专利申请都比较零散，申请量最大的是来自韩国的三星、乐金和加拿大的 Access，也不过各有 6 件；然后排名第二的是法国的奥兰治公司、韩国的 D Triple 以及中国台湾的瀚宇彩晶，各有 5 件专利申请；排名第三的是法国太空和中国台湾的和硕联合，各有 4 件；排名第四的是中国台湾的英业达和原相科技，各有 3 件申请。

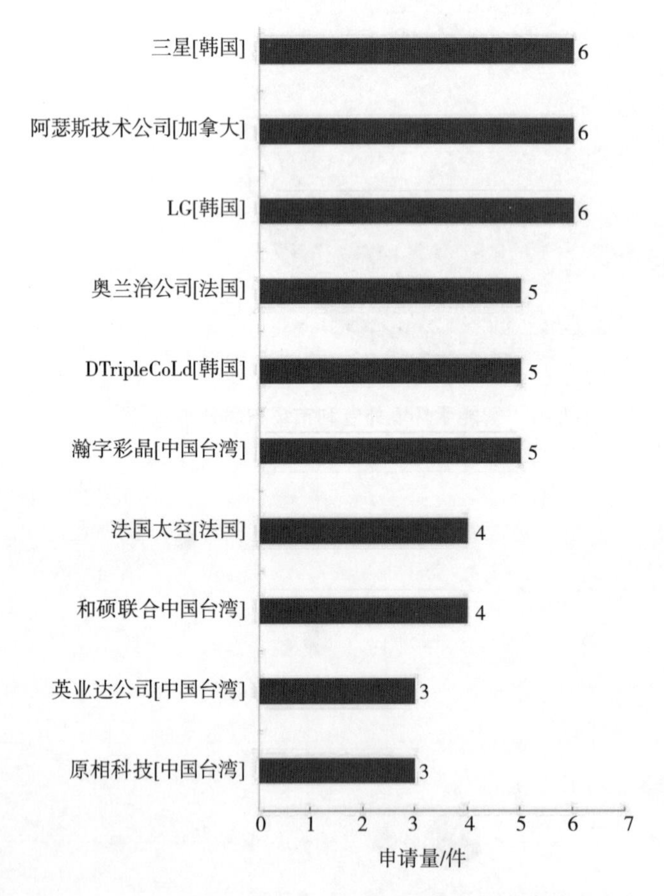

图 3-4-6-1　智能手环境外专利申请人排名

第七节　技术构成

图 3-4-7-1 为智能手环境外专利技术构成图。可见，智能手环境外专利技术的主要技术方向包括数据处理、人体监测、结构设计、通信技术和电路设计五个方向。其中数据是其主要方向，共有 158 件专利，这是由于智能手环获取的各种数据都需要进行处理后才能被利用，所以为研发的热点；其次是人体检测和结构设计，各有 63 件申请，对于人体监测

是指通过佩戴智能手环对人体的各种指数如心率、脉搏、温度、血压、血氧等进行运动、健康及医疗监测，是智能手环的主要用途，所以很多专利在这一方面进行研发申请，同时其任何功能的实现，以及手环的佩戴、调节都需要与手环本身的结构相适应，所以结构设计是其根本；再次是通信技术，由于智能手环采用的都是蓝牙或网络无线传输，所以通信技术也是支持其功能实现的重要技术。电路设计是其软件实现的介质载体，但由于智能手环的大小、空间有限，电路设计的变化空间比较小，技术突破也比较难，所以大家都依赖比较成熟的电路，在这方面的研发投入热情就不是那么高。

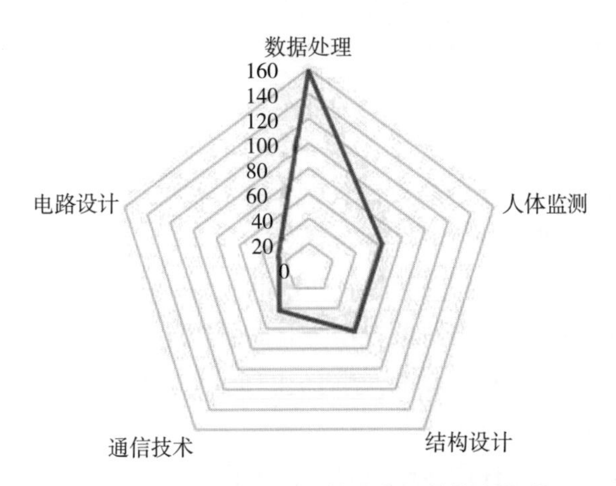

图 3-4-7-1　智能手环境外专利的技术构成

第八节　智能手环的重点专利分析

由于智能手环的专利在各个申请人名下比较分散，故这里就不再以比较典型的申请人的专利进行分析了，而是从技术的角度，分析整个领域重点的专利，了解它们的研发方向和特点，而人体监测是智能手环的一个重要研发热点。本节对这个技术的重点专利进行分析，为研发和科研人员开辟一些思路，提供一定的技术借鉴。

1.TR201512569U　公开日期 2016 年 1 月 21 日，涉及一种智能手环，使用户能够通过 GPS 将用户的位置信息在线传输到移动平台并在数字环境下即时监控，将十分钟的时间的即时位置和坐标共享给已记录在意外情况如意外危险情况下的人，通过 WI-FI 提供与设备的通信，兼容市场上所有可获得的操作系统，耐水和类似材料，对人体健康无害并且可以根据手腕结构采取自己的形式；开关、SOSIt 是一个智能手镯，由按钮、指纹传感器、能量输入、健康测量传感器、振动传感器和主电子电路组成。

2.WO2018231158A3　公开日期 2019 年 1 月 31 日公开的一种即时健康通知腕带，其中存储了患者的健康信息，在慢性疾病发作时，该智能腕带能够通过紧急按钮呼叫最近的医院或预定的父母。

3.EP3453419A1　公开日期 2019 年 3 月 13 日，涉及一种用于调节睡眠装置的温度的方法，包括至少一个传感器，所述方法包括以下步骤：定义（DEF）预定义的用户数据（DATA1），接收（RCV）动态用户数据（DATA2），所述动态用户数据包括从与睡眠设备的至少一个传感器的用户交互中收集的数据，使用动态用户数据（DATA2）和/或预定义用户数据（DATA1）的至少一部分计算（k）至少一个睡眠评估变量（VAR）以评估用户的睡眠质量，使用具有作为输入的所述至少一个睡眠评估变量（VAR）和所述用户数据（DATA1，DATA2）的至少一部分的简档模型（MODP）来生成（GEN）用户温度简档（PROF）；其中用户温度分布（PROF）包括多个关联，每个所述关联包括用户睡眠周期的温度和时间段；以及通过生成由用户温度分布（PROF）计算的温度指令来调节（REG）睡眠设备。本发明还涉及一种睡眠设备和包括所述睡眠设备的系统。

4.TR201920183A2　公开日期 2020 年 3 月 23 日，涉及一种用于开放区域中的儿童安全的警告系统，其检测声音和关键字并警告父母，以便确保儿童在诸如游乐场等开放区域中的安全，并且由于其上的软件，记录儿童和父母的身份、地址和联系信息，其包括至少一个智能手环，其在检测到预定的声音和关键字时激活并发送警告消息，以及至少一个移动设备，其使能够从所述智能手环接收警告消息。

5.EP3697295A1　公开日期 2020 年 8 月 26 日涉及一种用于分析对象的行为或活动的系统和方法，包括以下步骤：获得与对象在预定时间段内的运动相关联的运动数据；处理所述运动数据以获得与所述对象的运动相关联的生理参数；以及基于在预定时间段内所获得的生理参数来确定对象的行为或活动。

6.TR202022406A2　公开日期 2021 年 1 月 21 日，涉及一种智能腕带，其测量和发出来自动静脉瘘（AVF）和动静脉移植物（AVG）的血流速度的信号，所述动静脉瘘和动静脉移植物是血液透析患者透析所必需的血管通路之一；腕带尼龙搭扣带，该装置可固定在手臂或脚踝上，允许视觉的显示器，要共享的数字或文本信息，允许设备工作或失效的开关，测量臂或足中的血液流速的定制超声成像设备，解释来自定制超声成像设备的测量数据并将其转换为适当值的处理器；无线通信模块，通过实现与技术设备的远程通信来执行数据交换，具有至少一个位于屏幕的至少一侧上的 USB 端口，至少一个锂电池，其置于屏幕内以执行设备的供电，用作数据存储器的存储卡和基于来自处理器的信息发出可听警报的扬声器。

7.TR201922523A2　公开日期 2021 年 7 月 26 日，涉及一种通信系统和方法，用于在人工智能应用的背景下，通过智能腕带和移动设备的同步操作，通过从智能腕带获得的数据向用户传送疾病预测。

8.US20210275043A1　是 Access 技术公司于 2021 年 9 月 9 日公开的一种用于临床级多参数监测的人机工程学设计的智能腕带。智能腕带包括多个传感器，包括定制设计的反射动脉脉搏传感器，热电堆传感器和心电图（ECG）电极。当智能腕带佩戴在手腕上时，生物传感器接触皮肤。智能腕带可以无线地系结到移动或任何其他计算设备，以连续地获取动脉脉搏波形和温度数据之类的信息并使其流动。运行在计算设备或车载微处理器上的算法分析所采集的数据以报告诸如血压、体温、呼吸和血氧之类的参数。该装置还可以在完全独立的模式下操作，以完成连续的多参数生理监测，分析和报告。每当用户用另一只手的手指触摸设备上的电极时，附加地获取 ECG 信号，用于监视诸如心率和心率变异性之类的参数。

9.IN202011031260A　申请人 Amity International School，公开日期 2022 年 1 月 28 日涉及一种智能腕带消毒装置，由传感器全电脑控制。它可以安装在手臂上，接通电源后，它将一直处于准备状态。当它紧邻任何表面时，它将消毒液连续喷洒在表面上 5 秒，并发出紫外线，杀灭所有细菌和病毒，使表面接触健康。它还带有一个移动 App 接口，该接口能跟踪喷淋的次数，显示电池的寿命和罐中剩余的消毒液的液位，以便能及时地对其进行再充电和再充注。这就像用户的哨子上的一个始终的防护盾牌，杀死细菌和病毒，而不需要用户知道。我们可以将数据存储在云中，用于商业智能和分析目的。

10.TR2021020114A2　申请人 Elif Merve Helvaci 等，公开日期是 2022 年 3 月 21 日，涉及智能腕带和移动设备的同步操作，以及从智能腕带获得的数据用基于人工智能的系统处理并传输给身体分析测量的健康工作者和营养师。

11.WO2022066126A1　申请人 Kahramanmaraş S ü tç ü imam ü niiversitesi，公开日期是 2022 年 3 月 31 日，涉及一种体内血型鉴定装置及其使用方法，用于在体内和非侵入性地与 Rh 因子一起鉴定血型，其特征在于包括：光源，发射波长在 300 ～ 580nm 之间的可见光场射线；检测器模块，其接收由于血型差异而由光源透射的射线的吸收或散射量不同而导致的不同幅度和量的射线；识别模块，其利用到达检测器模块的射线的振幅差和透射量的差来识别血型；一种便携式设备，包括至少一个光源，检测器模块和识别模块，以及位于便携式设备上的数字显示器，其中血型信息被显示给用户。

12.IN202241054161A　申请人 Don Bosco Institute Of Technology，公开日期是 2022 年 12 月 30 日，涉及一种智能手环，在冠状病毒大流行的环境下，由于需要接近潜在的冠状病毒患者，所以基本人员和医护人员最容易受到冠状病毒感染。可穿戴技术可以潜在地通过提供实时远程监测、症状预测、接触追踪等来辅助这些方面。存在不同的现有可穿戴监测装置（呼吸率、心率、温度和氧饱和度）和呼吸支持系统（呼吸机、CPAP 装置和氧疗），其经常用于辅助受冠状病毒影响的人。基于它们提供的服务、它们的工作程序以及它们的优点和缺点与成本的比较分析来描述这些装置，还得出了与可能的未来趋势的比较讨论，以选择 COVID–19 感染患者的最佳技术。人们设想，可穿戴技术只能够提供减少这种大流行传播的初始治疗。已经实现了基于 IoT 的系统，其可以从由 NodeB 和脉搏传感器组成的硬件系统给出的输出监测心跳。此外，添加警报系统，如果心跳低于或高于在所设计的算法中给出的允许水平，则执行该警报系统。该警报信息由医生通过手机应用程序接收。样机采用 NodeMCU、脉搏传感器和 Thingspeak 实现。

13.KR1020230049144A　申请人 D Triple Co Ltd，公开日期是 2023 年 4 月 13 日，涉及一种用于住院病人监护的智能手环，壳体，在该壳体中形成有佩戴装置，使得该佩戴装置能够紧密地附接至患者的手腕，传感器单元，所述传感器单元形成在所述壳体中，并且能够测量生命体征中的任意一个或多个，下落状态，以及患者的位置，活体单元，其形成在所述壳体的内部，以通过电池存储电力并对所述电池进行无线充电，以及通信部，其形成将通过所述传感器部测定的信息向外部发送或从外部接收数据，其特征在于，包括传感器部、所述带电部，以及控制所述通信部的动作的控制部。

14.KR1020230049145A　申请人 D Triple Co Ltd，公开日期是 2023 年 4 月 13 日，涉及一种智能腕带，其能够根据患者的状况来检测跌倒和神经刺激，所述智能腕带包括壳体，所述壳体中形成有带，使得所述带能够紧贴于患者的手腕，所述智能腕带还包括传感器单元，所述传感器单元形成于所述壳体的背面，并且能够测量所述患者的健康状态、跌倒状态、区域外状态、活动状态、肌肉紧张状态和压力状态中的任意一个或多个，以及神经刺激单元，其形成在所述壳体的背面，并且当判断患者处于肌肉紧张状态或压力状态时刺激神经以缓解症状，通信单元，其形成通过所述传感器单元向外部发送测量信息或从外部接收数据，以及控制单元，其用于控制所述传感器单元、所述神经刺激单元以及所述通信单元的操作。

15.US20230240616A1　申请人 Mediatek Inc，公开日期是 2023 年 8 月 3 日，涉及一种移动设备包括连接器、音频发生器、生物信号处理器、开关元件和控制器。开关元件具有第一端及第二端。所述开关元件的所述第一端耦接至所述连接器，所述开关元件的所述第二端根据控制信号选择性地耦接至所述音频发生器或所述生物信号处理器。所述控制器耦合到所述音频发生器和所述生物信号处理器，并且被配置为产生所述控制信号。

16.WO2023163300A1　申请人 D Triple Co Ltd，公开日期是 2023 年 8 月 31 日，涉及一种包括用于无创神经刺激的电极的智能可穿戴腕带，所述腕带包括：主体部分，其与手腕紧密接触，使得可以实时测量和诊断用户的生物测定信号；刺激带，所述刺激带形成在所述主体部的一侧处，以便与所述主体部电连接并接收电力；固定带，所述固定带形成在所述主体部的另一侧处，并且联接到所述刺激带，以便将所述主体部和所述刺激带固定到手腕；以及刺激环，所述刺激环被形成可变地改变其在所述刺激带的外表面上的位置，并且所述刺激环从所述刺激带接收电力以刺激所述手腕区域中的神经。

17.WO2023199318A1　申请人 BG Negev Technologies And Applications Ltd At Ben Gurion University，公开日期是 2023 年 10 月 19 日，涉及一种用于对对象的神经、精神和生理状态执行测量和分析的系统，包括：一个或多个可穿戴的或携带的传感器，用于采集原始数据并将原始数据发送到中央处理单元，以及中央处理单元，该中央处理单元适于接收和收集发送的原始数据； 分析原始数据以识别指示对象的神经、精神和生理状态的典型模式；以及如果相关，则向受试者提供警报，并向相关护理人员提供关于需要响应的实际或即将发生的状态的报告。

18.WO2024049309A1　申请人 Bani Oraba Khlood，公开日期是 2024 年 3 月 7 日，涉及一种多功能医用手环，防水耐热，戴在上臂或手腕上。它测量糖的水平、血液中氧饱和度、血压以及体内水、维生素、矿物质和胆固醇的百分比，并根据人的需要每天进行心电图检查。该设备由若干刀片和传感器组成，用以制作心电图，测量糖的水平、血液中氧饱和度、血压以及体内水、维生素、矿物质和胆固醇的百分比。还由蓝牙、安全电池、防水耐热触摸屏、存储芯片组成。该设备通过心跳知道一个人是否正在睡眠或运动，并为该人显示每日报告，并显示在糖和血压水平发生任何变化时必须练习的运动和该人必须吃的食物的列表，以达到正常水平，而不需要吃药和去医院。手环的区别在于，在血液中的氧含量、水、维生素和矿物质的量降低、胆固醇升高或心电图出现任何变化的情况下，它向人发送通知，以避免血栓、中风和猝死。

第九节 市场上的典型智能手环

一、智能手环主要功能

智能手环是利用其内在感应芯片，对人体生理机能信息进行采集，通俗地说智能手环就是健康监测仪。目前市场上的智能手环主要具有如下功能：

1. 计步功能　利用三轴加速度传感器，测量移动方向和加速度，判断手环的移动方向是水平还是垂直，然后根据一定的原理排除错误的计数从而得到计步结果。

2. 心率监测　使用反射型光电传感器，光电传感器会发出一束光打在皮肤上，测量反射和透射的光；血液对特定波长的光有吸收作用，每次心脏泵血时，该波长的光会被大量吸收，光电传感器根据该波长的光能大小，输出脉冲信号，通过检测脉冲信号的频率，计算反映出人体心率的基本参数。

3. 体温检测　利用热敏电阻把温度的变化转换为阻值的变化，再用相应的测量电路把阻值转换成电压，然后把电压值转换为数字信号，再对数字信号进行相应的处理可得到温度值。

4. 能量消耗、睡眠监测　利用重力传感器检测睡眠状态。重力传感器从上下、左右、前后 6 个方位来检测人的动作，即使是微小的动作也可检出，且每隔一定的时间记录一次合计值，同时记录姿势数据，通过所检测出的数据，判断并记录使用者是否在睡觉和是否为深度睡眠。一般不同的产品的算法不同。

5. 同步方式　智能手环仍然无法摆脱对末端硬件和软件的依赖，毕竟在收集大量数据之后，我们还需要与手环相应的 App 进行数据同步，才能够实现永久的记录和分析功能。所以，智能手环与手机或者电脑的同步方式是否足够方便，也是影响用户使用体验的一大因素。

6. 网络功能　智能手环还具备社交网络分享功能，比如用户可以将睡眠质量、饮食情况和锻炼情况以及心情记录等通过绑定应用进行分享。对于老年人来说，它还是一位保护神。通过内置的 GPS 连接器，它可以随时将身体状况及位置知会相关医院或家人。

二、目前典型的智能手环

1.FitBit 系列手环　FitBit 是最早开发智能手环设备的公司之一，一度占据全球智能手环市场 50% 的份额，如今已被谷歌全盘收购。其优势更多体现在软件方面，围绕"Fit"做文章，除常规的活动、睡眠统计之外，还提供超过 30 万种食物的营养信息。有 Charge、Inspire 两个系列，分别主打高端、入门市场。Inspire 是最基础的入门款，采用 OLED 屏幕，支持运动和睡眠等记录，功能相对简单。Inspire HR 则比较有诚意，增加了 PurePulse 技术，能记录实时心率，还有睡眠阶段记录功能。Charge 则是旗舰款，以其精准的运动数据记录和专业的健康分析功能，受到了运动爱好者的青睐。采用轻量化设计，机身主体采用铝材，配上硅胶表带，重量不足 30g，同样搭载 PurePulse 技术和睡眠监测功能，续航时间更长。Charge 4 配备独立 GPS 功能，不依赖手机也可记录运动轨迹；Charge 5 再加入 ECG 心电图监测功能，升级为彩色 AMOLED 屏，支持 AOD 息屏显示，观感大大提升。

FitBit Luxe 是被谷歌收购后发布的第一款智能手环，采用可自动调节亮度的 OLED 彩屏，无按键设计，支持与安卓设备快速连接，提供血氧、压力监测和生理周期管理等众多功能。手环主体轻薄，还配有硅胶、编织、皮革等不同材质的表带。

2. 三星 Galaxy Fit X　三星 Galaxy Fit3 是三星旗下一款主打运动健康的智能穿戴产品。在三星 Galaxy Fit3 智能手环上，内置了丰富的智能追踪功能。其中就包括步数、活动时间、燃烧的卡路里等，并能通过设定每日步数目标，督促用户每天坚持锻炼。运动时，三星 Galaxy Fit3 支持 100 多种锻炼类型，覆盖了从室内到室外的多种运动场景。不论是户外骑行还是运动长跑，或者是在室内健身房使用各种专业器械，只要运动时戴上三星 Galaxy Fit3，可自动检测运动状态并记录运动数据，享受更惬意的健康监测守护，让锻炼更加无拘无束。

为了守护人们的健康睡眠，三星 Galaxy Fit3 带来了睡眠追踪功能，可以通过追踪睡眠了解用户状态：在追踪睡眠的同时，还能根据用户的不同睡眠阶段（清醒、浅层、深度、快速眼动睡眠）及睡眠时的血氧指数与打鼾情况，对睡眠质量进行评分。此外，手环还可以根据用户的生活习惯进行睡眠指导，提供更多改善睡眠质量的规划和建议，为人们的健康睡眠带来更科学、更健康的建议。

支持测量心率、监测血氧水平，为身体健康提供参照，还能通过对身体每小时压力指数的监测以及周期跟踪功能，更清楚地了解健康状态，协助调节日常工作学习与休息放松之间的平衡，督促用户培养更健康的生活状态，守护人们的健康生活，让自己的每一天都能元气满满。

三星 Galaxy Fit3 还支持 IP68 与 5ATM 级防水防尘，为人们在不同场景下的使用带来一份安心，让精彩时刻萦绕眼前。

3. Garmin 智能手环　佳明 Garmin 是全球知名 GPS 导航设备、智能穿戴设备品牌。

Garmin 佳明 vivosport 是一款功能强大的智能手环，旨在帮助跟踪和监控健身和活力水平。它配备了内置的 GPS 和心率监测功能，可提供准确的定位和健康评估。不论在户外跑步、骑行，还是进行室内运动，只需佩戴这款智能手环就能全方位监测运动数据。此外，vivosport 还具有内置的计步器、睡眠监测和应用通知等功能，使健康管理更为便捷。

4. Apple Watch Series X　苹果手环，又名 Apple Watch，是苹果公司打造的智能时尚之选。凭借其卓越的集成性、设计感与实用功能，迅速赢得大众的喜爱。Apple Watch Series X 凭借其强大的性能、丰富的应用生态和优雅的外观设计，一直是智能手环市场的领头羊。它支持多种运动模式，能够实时监测心率、血氧等健康数据，还具备通知提醒、音乐播放、车祸报警等便捷功能。

第十节　小　结

1. 智能手环境外专利技术起步较晚，整体呈波动式上升和波动式回落的趋势，发展趋势大体分为四个阶段，2011—2012 年为技术萌芽期；2013—2015 年为波动增长期；2016—2018 为高速发展期；2019 年至今为波动反弹期。从生命周期上看，2014—2016 年是该技术增长最快的时期，之后经历了一段时间的衰退，2019—2021 年又出现了新的生机。

2. 智能手环境外专利申请的技术来源，主要来自韩国、美国、日本和中国。市场国主要集中在世界知识产权组织、美国、欧洲专利局、中国、韩国和日本。而来自中国、韩国、日本的专利申请，还会流向 5 个以上的国家或组织，其中中国除了主要在中国进行申请外，还会主要流向美国和日本；韩国除了在本国申请量稍大一些外，在美国、中国、欧洲专利局的布局比较接近；日本在本国与在美国、韩国、中国、世界知识产权组织和欧洲专利局的布局都非常接近；美国主要在其本国布局，其次少量在世界知识产权组织和欧洲专利局布局。

3. 智能手环的境外专利申请都比较零散，每个申请人的申请量也不是很大，申请量最大的是来自韩国的三星、LG 和加拿大的 Access，其次是法国的奥兰治司、韩国的 D Triple、中国台湾的瀚宇彩晶、法国太空、中国台湾的和硕联合，以及中国台湾的英业达和原相科技，可见韩国和中国台湾的申请人比较多。

4. 智能手环境外专利技术的主要技术方向包括数据处理、人体检测、结构设计、通信技术和电路设计五个方向。其中数据处理是其主要方向，其次是人体检测和结构设计，然后是通信技术，而电路设计技术已比较成熟，所以已不再是技术热点。

5. 智能手环主要功能有计步、心率监测、体温检测和能量消耗、睡眠监测等；境外各知名品牌厂商如 FitBit、SAMSUNG、Garmin 和 APPLE 等的最新系列智能手环产品是市场上的热销产品。

第五章

智能眼镜专利分析

第一节　智能眼镜的检索

本节在专利检索平台检索了除在中国知识产权局以外的专利文献，检索文献的公开日期截止到2024年3月31日。本章的检索目标是各级技术分支直接相关且真实有效的专利文献，为了确保数据查全与查准，在制定检索策略时，充分扩展各技术分支涉及的分类号和关键词，对各技术分支分别进行检索，经简单合并同族、标准化申请人以及去重去噪，得到检索结果。

第二节　申请趋势

图3-5-2-1为智能眼镜在中国知识产权局以外的专利申请趋势图。由该图可见，智能眼镜技术的境外专利申请整体呈上升趋势。大致分为四个阶段：

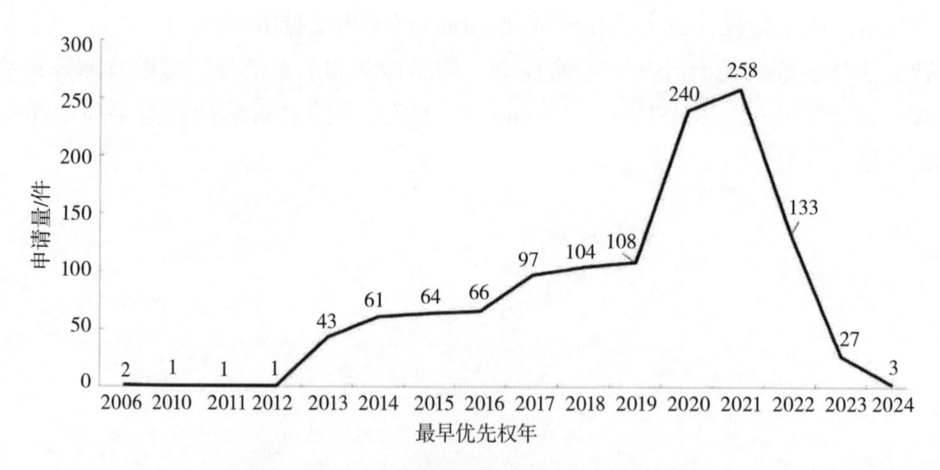

图3-5-2-1　智能眼镜境外专利申请趋势图

第一阶段从2006—2012年为技术萌芽期。专利申请量非常少，申请不是很连续，而且每年的申请量也只有寥寥的一两件。

第二阶段从2013—2016年为技术发展期。2013年由2012年的1件，一下上升到43件，专利申请量大幅增多，而且之后每年都有连续的申请，每年的申请量也都有所有增长，到2019年已经增至每年66件。

第三阶段从 2016—2019 年为技术快速增长期。2017 年的年申请量为 97 件，相对于 2016 年又是明显增高，2018 年、2019 年的年申请量已过百件。

第四阶段从 2020 年至今为技术成熟期。2020 年的年申请量又一下阶跃到 240 件，是 2019 的两倍多，2021 年到达历史最高峰为 258 件，2022 年申请量有所降低，降至 133 件，可见这一时期技术快速发展达到成熟，申请热度开始有些回落。而 2023 年、2024 年由于很多申请还没有公开，所以这两年的数据还不完整。

第三节 生命周期

图 3-5-3-1 为智能眼镜境外专利申请的生命周期图，由上图可见，2014 年已有 30 多位申请人进入智能眼镜的研发中，申请量已达 60 多件，说明该技术从起步，就很火热；然后到 2015—2017 年在震荡中发展，申请人在 40 ～ 60 位，申请量也在 60 ～ 90 件；然后到 2018 年快速增长，出现一次较大的飞跃，申请人已接近 90 位，申请量接近 150 件，2019 年虽然申请量有所下降，但申请人数基本保持，说明大家的研发热情还在保持；到 2020—2022 年相较于 2019 年，又出现了三级跳，2020 年、2021 年的申请人数量和申请量每年都以 2 倍的速度高速增长，2022 年增速变缓，但申请人数量和申请量都达到了历史峰值，申请人数量超过了 150 位，申请量超过了 300 件，可见此时，这项技术已经逐渐趋于成熟。2023 年的回落是由于很多专利还未公开，所以数据不完整，还不能说明这项技术已经衰落，从前面的势头可见，还有发展空间。

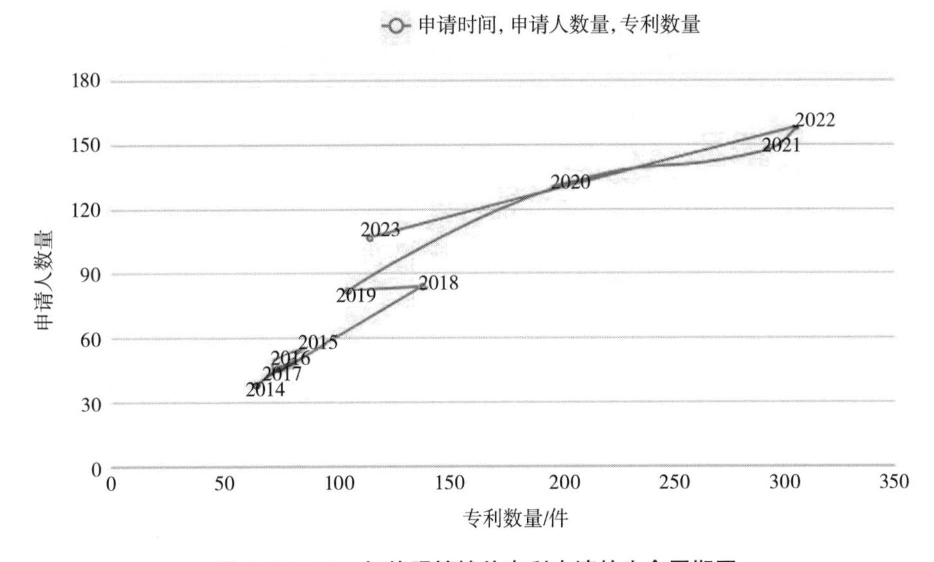

图 3-5-3-1 智能眼镜境外专利申请的生命周期图

第四节 技术来源国 / 地区分布

图 3-5-4-1 为智能眼镜在境外的专利申请的技术来源国 / 地区分布图。该图示出了排

名前十的国家及它们各自的申请相对于这十个国家总申请量的占比。由该图可见，来自美国专利申请最多，共有 454 件，占这些国家的 42%；其次是韩国，有 306 件申请，占比为 28%。由于美国有 Snap、苹果、谷歌，韩国有三星、LG 等大公司，而这些公司都在智能眼镜技术上有很大投入，所以智能眼镜的专利技术主被这两个国家掌握。而其他国家的申请量相对较少，除了德国占 11%，中国占 8% 外，其他国家都占比较少。

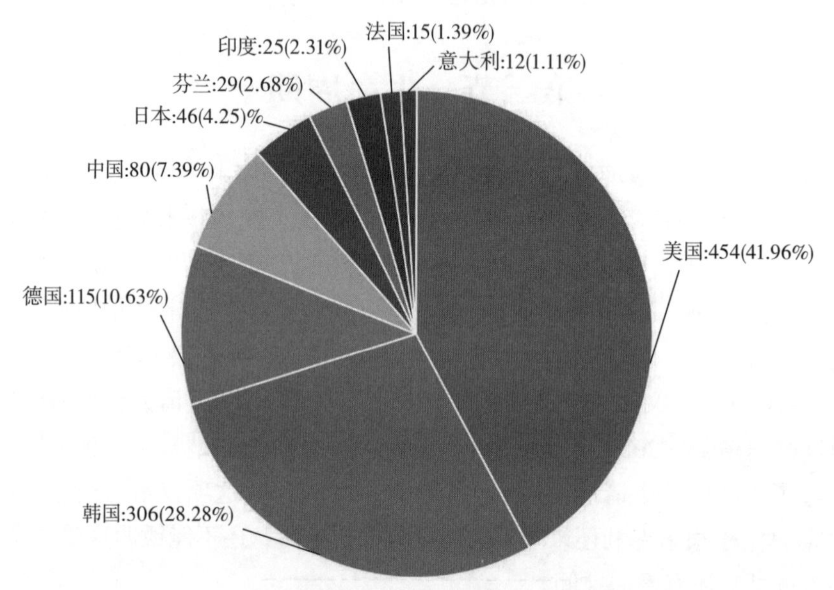

图 3-5-4-1　智能眼镜境外专利申请的技术来源国 / 地区分布图

第五节　市场国布局分布

图 3-5-5-1 为智能眼镜境外专利流入的市场国及组织分布图。从上图可见，智能眼镜的境外专利的市场主要集中在美国，占所有国家的 25%；其次是中国，占所有国家及组织的 20%；世界知识产权组织，占所有国家的 18%，而这些申请会根据产品的市场需要进驻不同的国家和地区，为产品提供知识产权保障；然后在韩国有 12% 的申请，欧洲专利局有 10% 的申请。而其他国家的份额则比较少。

图 3-5-5-2 为智能眼镜技术境外专利主要技术国家及地区的专利申请流向。由上图可见，从流向的国家数量上看，除了境外，其他技术来源国 / 地区的专利申请都流向了 7 个以上国家及组织，可见大家都比较重视对境外进行布局。从申请数量上看，除了芬兰的本国申请少于部分境外国家和地区外，大部分的技术来源国 / 地区都首先会将大量的申请布局在自己本国，然后各有侧重地在境外一些重点国家或地区进行布局。技术来源国 / 地区从下往上看，美国的境外布局主要在世界知识产权组织、韩国、欧洲专利局和中国；韩国、德国、日本和印度的境外布局都是主要在美国、世界知识产权组织、欧洲专利局和中国；中国除了在其本土进行布局，重点在美国进行申请，然后在欧洲专利局有少量申请；芬兰在美国、中国、世界知识产权组织、欧洲专利局、日本和加拿大的布局要多于其本国，韩国、印度的布局与在本国一致。

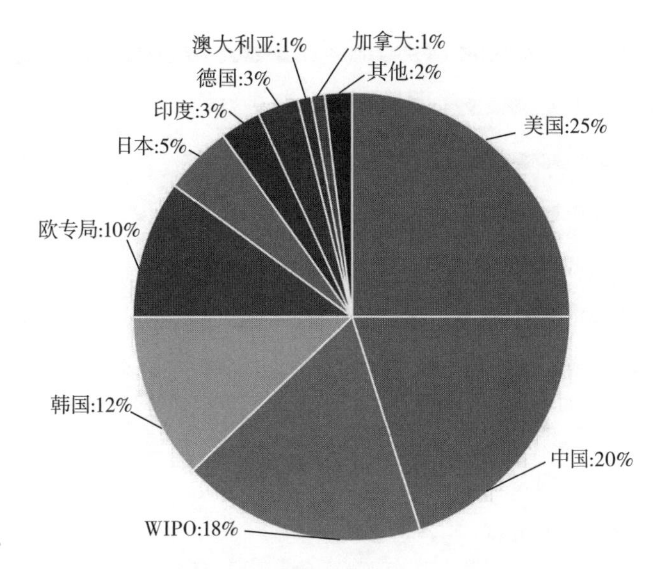

图 3-5-5-1　智能眼镜境外专利流入的市场国及组织分布图

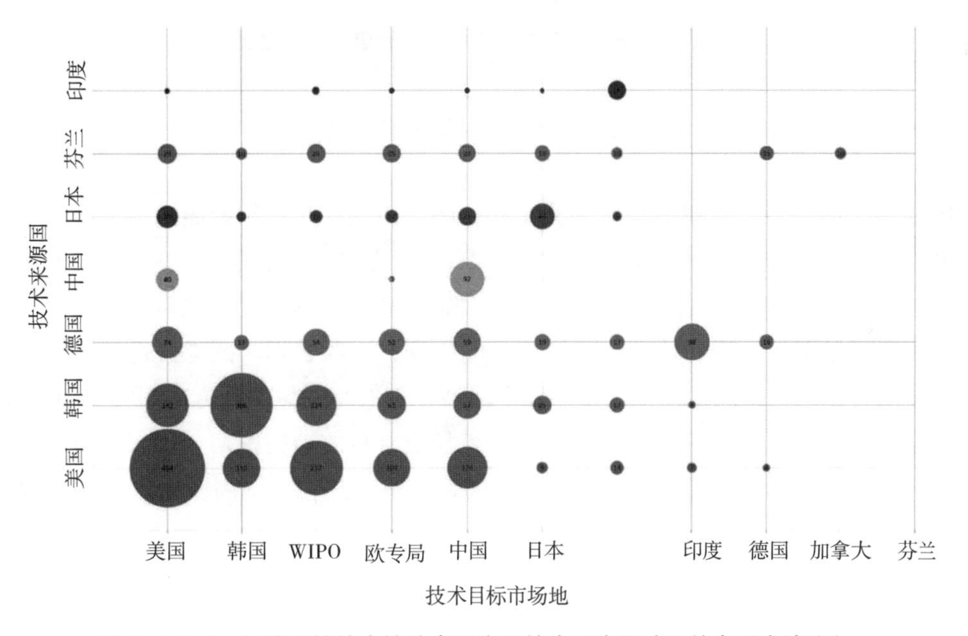

图 3-5-5-2　智能眼镜技术境外专利主要技术国家及地区的专利申请流向

第六节　申请人排名

图 3-5-6-1 为智能眼镜境外专利申请人排名图，该图显示了排名前十的申请人。由该图可见，排名第一的是美国的 Snap Inc 公司，共有 157 件申请，遥遥领先；第二名是韩国三星，共有 74 件；并列第三的是美国银行和 Meta 技术公司，均有 28 件；并列第四名为韩国乐金（LG）和美国谷歌，各有 24 件申请；第五名为韩国电研，有 22 件申请；第六名为日本佳能，17 件申请；并列第七名为芬兰的 Dispelix 和美国国际商业，各有 14 件申请。

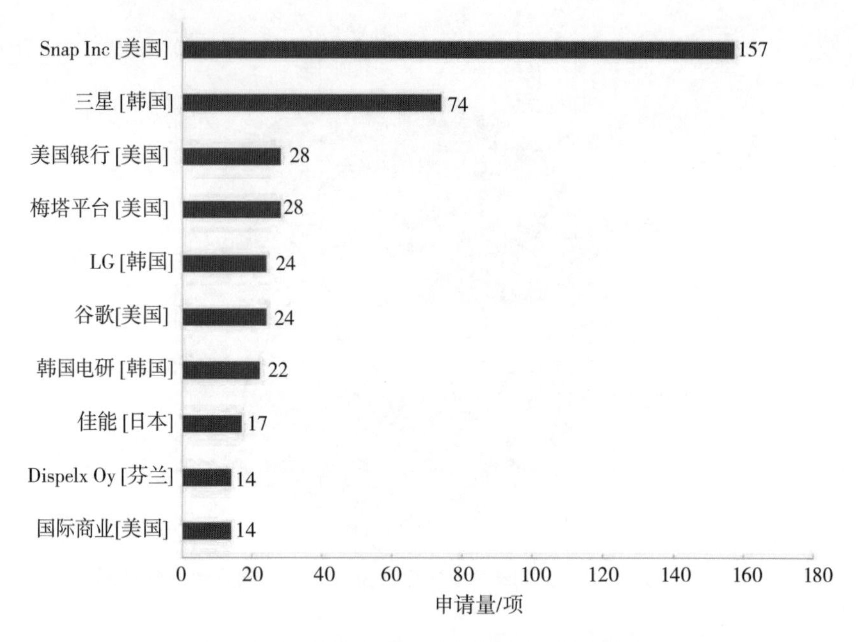

图 3-5-6-1　智能眼镜境外专利申请人排名图

第七节　技术构成

图 3-5-7-1 为智能眼镜境外专利技术构成图。由图可见，智能眼镜境外专利技术的主要技术方向包括图像处理、结构设计、人体监测三个方向。其中图像处理是其主要方向，共有 1200 余件专利，智能眼镜获取的各种图像都需要进行处理后才能被利用，所以为研发的热点；只有通过图像处理后才能够得到多样的数据，这些数据、图像使得手表实现智能化的功能，能够提供多维信息，也能使图像更清晰；其次是图像处理方向，共有 1000 多件专利，这是由于智能眼镜中任何性能的实现都与眼镜自身的结构密切相关，眼镜的多种结构是实现眼镜多种性能的基础，多样的结构能够使眼镜多样化、提高使用舒适度，所以为研

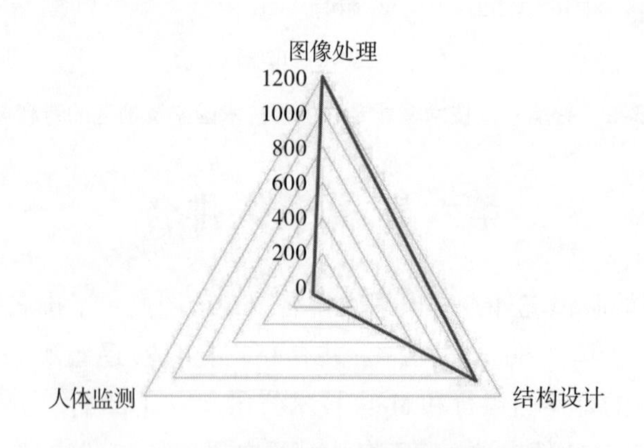

图 3-5-7-1　智能眼镜境外专利的技术构成图

发的热点；最后是人体监测，专利申请量较少，虽然现在的智能眼镜逐渐地进入人们的生活，在生活运动娱乐的同时，可以一并对人体的各种视觉指标进行监测，为用户提供较好的信息，但该项技术起步较晚，申请量不足百件。

第八节　重点申请人的重点专利分析

智能眼镜技术境外专利中，排名靠前的申请人中 Snap Inc 公司居第一位，且遥遥领先，故以其重点专利为例子来分析智能眼镜的主要技术热点。

一、Snap Inc 公司的智能手表技术境外布局对比分析

图 3-5-8-1 为美国 Snap Inc 公司智能眼镜技术国内外布局图，由该图可见，该公司的该项技术除了 10% 在本国以外进行布局，90% 的申请都仅在本国进行布局，可见它最重视的还是本国市场，对本国以外市场的布局还比较少。

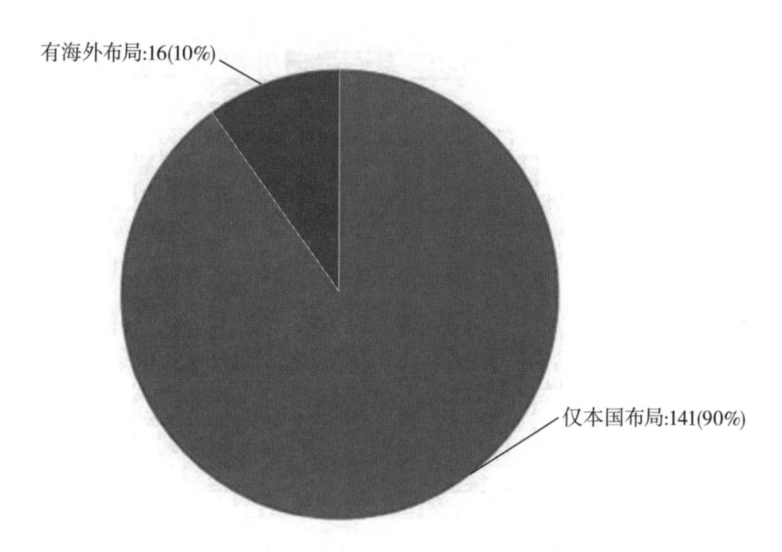

图 3-5-8-1　美国 Snap Inc 公司智能眼镜技术国内外布局图

二、Snap Inc 公司的智能手表技术在各个国家或地区的布局分析

图 3-5-8-2 为美国 Snap Inc 公司智能眼镜技术在不同国家或组织的专利布局图，由该图可见，该公司的该项技术在美国有 157 件专利，远远高于在其他国家的布局，其次是在中国，有 17 件申请；在世界知识产权组织与在中国接近，有 16 件，可见其很多专利申请了 PCT，且随时可以进驻更多的国家。第四位的是韩国，有 12 件；第五位是欧洲专利局，有 10 件。可见其专利布局主要集中在美国，美国以外布局主要在中国、世界知识产权组织、韩国和欧洲。

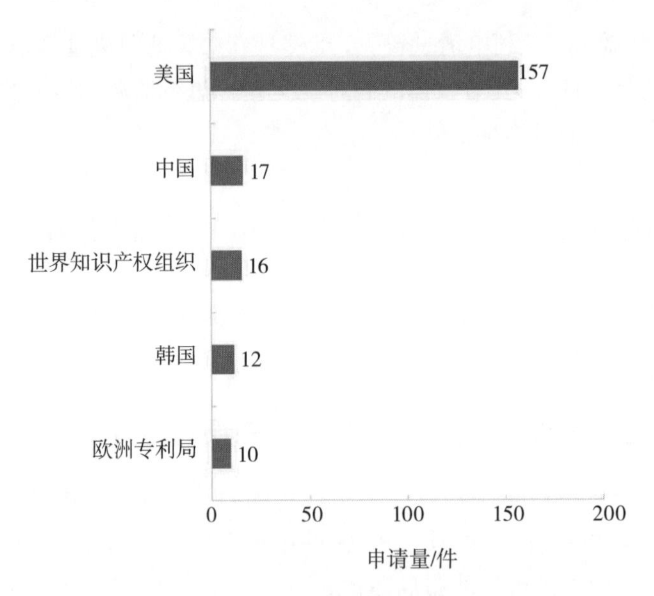

图 3-5-8-2　美国 Snap Inc 公司智能眼镜技术在不同国家或组织的专利布局图

三、美国 Snap Inc 公司的智能手表技术境外重点专利申请

（一）涉及充电技术的专利

1.US11219287B1　公开了一种用于具有电子功能的眼镜装置的携带盒，具有充电触点，所述充电触点可相对于其中可容纳眼镜装置的存储腔室移动，充电触点连接到由壳体承载的电池，用于通过充电触点与眼镜装置外部上的相应触点结构的接触耦合来对眼镜装置充电；在一些情况下，充电触点安装在限定储存室的相对端部的相应柔性壁上；在一些情况下，眼镜装置上的接触结构由铰链组件提供，该铰链组件将相应的镜腿连接到眼镜装置的框架上。

2.US10833514B1　公开了提供多电池能量存储装置的实施例。包括第一电池和第二电池，第一电路分支将第一电池的正侧耦合到第二电池的正侧，将第一电池的正侧耦合到第二电池的负侧的第二电路分支；第三电路分支，其将第一电池的负侧耦合到第二电池的负侧；以及多个可切换装置，其被配置为控制通过相应分支的电流的流动。其他实施例包括其他配置和操作。

3.WO2021061325A1　公开了相变材料（PCM）围绕眼镜装置的电池定位，使得当环境温度降低时 PCM 的势能传递到电池以保持电池温度，该势能保持电池的温度，直到 PCM 失去它的势能并转变成固相，在正常操作温度下，PCM 处于液相。

（二）涉及结构设计的专利

1.US20190285909A1　涉及为用于诸如智能眼镜的电子可佩戴设备的装置、系统。可佩戴装置可包括框架，细长边撑和铰接接头，所述框架可限定一个或多个光学元件保持器，所述一个或多个光学元件保持器经配置以保持相应的光学元件以供用户在观看方向上观看；镜腿可移动地连接到框架，用于在用户佩戴该装置时将框架保持在适当位置；铰接接头可连接边撑和框架，以允许边撑相对于框架在可佩戴位置和可佩戴位置之间移动，在可佩戴位置，边撑通常与观察方向对齐，以及折叠位置，在该折叠位置中，镜腿大体上横向于观察方向延伸。铰接接头可包括固定到框架并横向于观察方向定向的底脚。

2.US11388968B2 公开了一种具有用于收纳物品的内部空间的壳体。所述壳体包括结构支撑构件，所述结构支撑构件为所述壳体提供刚性并且由 RF 透明材料构成以允许无线信号通过所述壳体。所述结构支撑构件可以是用于在收起构型和展开构型之间移动所述壳体的铰链；RF 透明材料可以是例如由纤维增强树脂组成的柔性片材，还描述了一种包括所述壳体和电子启用的眼镜装置的组件。

3.EP4107573A1 涉及一种眼镜，其具有框架、铰链和可过度延伸的镜腿，所述镜腿具有包括服务环的柔性印刷电路（FPC）；延伸器联接到铰链和镜腿，并且延伸器相对于铰链延伸，从而允许镜腿相对于框架的过延伸；当镜腿围绕铰链旋转时，第一维护环允许 FPC 延伸，并且第二维护环允许镜腿径向延伸离开铰链。

4.US20210399405A1 为一种天线系统，包括环形天线和非环形天线的组合，环形天线和非环形天线共同连接到收发器机构或信号馈送机构，非环路天线由偶极子导体提供；一种眼戴装置，包括该天线系统，该天线系统的环路导体和偶极子导体被集成在该眼戴装置的主体中， 环路导体可以由透镜环提供，该透镜环围绕由主体保持的透镜延伸，透镜环既可用作环路导体又可用作透镜保持机构。

5.US20210325691A1 公开了一种可佩戴装置。可佩戴装置可包括眼镜主体，车载电子部件，热耦合器和传热装置。所述眼镜本体可被配置为由用户佩戴以将安装在所述眼镜本体上的一个或多个光学元件保持在所述用户的视野内，所述车载电子部件可由所述眼镜主体在所述眼镜主体的第一部分处携带，并且可包括热源，所述热源在所述眼镜主体的电力操作期间产生热量，所述热耦合器可在所述眼镜主体的第二部分处热耦合到所述传热装置；细长传热装置可以设置在眼镜主体内，并且可以热耦合到热源和热耦合器。传热装置可在热源和热耦合器之间纵向延伸，以将热量从热源传递到热耦合器。

6.US20220320878A1 涉及一种用于具有电子功能的眼镜装置的携带盒，其中结合有用于在存储眼镜装置的同时连接到眼镜装置的电子部件，所述壳体包括限定用于所述智能眼镜的可打开的容纳空间的刚性框架结构，以及在所述框架结构上的可压缩的抗冲击保护盖，壳体的外部可主要由抗冲击保护罩限定。

7.WO2022240724A1 涉及一种具有用于控制用户眼睛的透光性 / 色调的电致变色透镜的眼镜和照相机。电致变色透镜具有用于控制到用户眼睛的光透射的眼睛区域和用于控制到照相机的光透射的单独的照相机区域；提供两个或更多个电致变色透镜和两个或更多个照相机，以独立地控制用户眼睛的每一个色调；电致变色透镜包括形成单个叠层的多个透镜层，每一层具有开口，所述开口被构造成接纳填充材料，例如染料，使得所述填充材料可以具有不同的化学性质；显示器还可以具有不同的染料化学性质，以允许不同的色度范围（通过的光波长）。

8.US20220373401A1 涉及一种用于监视靠近处理器的眼镜的表面温度以理解作为计算机指令的函数的表面温度的方法和装置，例如，当在软件设计期间修改计算机指令时，使用一层或多层带将传感器耦合到靠近处理器的眼镜，例如在包括处理器的眼镜的镜腿处，服务器向处理器提供用于执行的指令，例如应用程序的指令，这些指令改变了处理器的利用率，诸如数字万用表之类的测试设备耦合到传感器以及服务器，并且显示作为处理器利用率的函数的表面温度。监视眼镜的表面温度以确保表面温度不超过温度阈值。

9.WO2023278163A1　涉及一种包括偶极天线的眼镜，该偶极天线具有第一腿和第二腿，其中第一腿包括电池的至少一部分，例如电池的导电壳体。天线馈电耦合到第二支腿和电池之间的偶极天线。第二支路可以包括柔性印刷电路（FPC），并且第二支路是有源支路，第二支腿具有第一部分和第二部分。第一部分和第二部分可以具有相同的物理长度，第一部分可以用高介电常数的被加载材料介电地加载，并且第二部分可以用低介电常数的被加载材料介电地加载。

10.US20230288734A1　涉及一种安装在电子设备的外壳上的铰链组件，该铰链组件包括延伸穿过外壳壁中的安装孔的金属铰链基座，该铰链基座以热传递关系连接到外壳壁内侧上的金属锚定板，所述锚定板另外用作所述壳体内部的发热电子器件的安装基座，所述发热电子器件与所述锚定板处于热传递关系，使得所述锚定板和所述铰链基座一起形成热传递路径的一部分，所述热传递路径将热量从所述壳体的内部传导到设置在所述壳体的外部散热器和外部设备部件。

11.WO2023239575A1　涉及一种在镜架中包括电压控制器的眼镜，该电压控制器产生动态模拟控制信号以控制镜腿中的电压调节器，电压调节器包括用于镜腿中的每个电子部件的电压轨。单独的模拟控制环路耦合到每个电压调节器并且接收相应的模拟控制信号，每个电压调节器在相应的电压轨上生成由相应的模拟控制信号控制的轨电压，所述模拟控制环路将所述相应电压调节器配置为电压跟随调节器，使得所述相应轨电压跟随所述模拟控制信号的电压，诸如电池的电源被包括在镜腿中，并且向每个电子部件提供工作功率，并且功率不通过铰链传送到镜腿电子部件。

12.US20240027788A1　涉及一种可穿戴装置包括眼镜主体、机载电子部件、热耦合和传热装置。眼镜本体可以被配置成用于由用户佩戴以将安装在眼镜本体上的一个或多个光学元件保持在用户的视场内。机载电子部件可以由眼镜本体在眼镜本体的第一部分处承载，并且可以包括在其电力操作期间产生热量的热源，热耦合可以在眼镜主体的第二部分处热耦合到传热装置，细长传热装置可以设置在眼镜本体内，并且可以与热源和热耦合器热耦合，传热装置可以在热源和热耦合器之间纵向延伸，以将热量从热源传递到热耦合器。

（三）涉及图像显示的专利

1.US11538499B1　涉及一种服务器，其被配置为从诸如眼镜的移动设备接收视频片段，所述服务器具有电子处理器，所述电子处理器被启用以执行计算机指令来处理所述视频片段以识别所述视频片段的所述帧中的一个或一个以上特性，所述处理器在所述帧中选择具有所识别的特性的视频剪辑，并且在所述帧中创建具有所识别的特性的一组所选择的视频剪辑，处理器基于具有所识别的特性的帧来自动地修剪视频剪辑以创建修剪的视频剪辑片段，然后将修剪的视频剪辑片段发送到移动设备。

2.US20200314326A1　涉及一种用于诸如智能眼镜的电子可佩戴设备的装置和系统。

可佩戴装置可包括壳体，图像捕获部件，锁定部件和控制部件，壳体限定成像孔径，所述图像捕获部件联接到所述壳体并与所述成像孔径对准，所述图像捕获组件被配置为捕获与所述成像孔径对准的视场的图像数据，锁定部件耦合到图像捕获部件，锁定部件修改图像捕获部件的捕获状态，以响应于释放锁定部件的选择而选择性地启用图像捕获，控制部件联接到锁定部件，与控制部件的交互包括释放锁定部件的选择和触发对图像捕获部件的捕获状态的修改。

3.US20210231953A1　涉及一种具有集成平视显示器的眼镜装置的系统和方法，在一个实施例中，一种眼镜装置提供了一种集成平视显示器，该显示器具有由眼镜透镜承载的部分反射元件，以向投影到其上的用户反射计算机生成的图像，同时允许光在用户的观察方向上通过反射表面。所述显示机构还包括协作投影仪组件，所述协作投影仪组件以相对于所述部分反射元件的架空配置由所述眼镜装置的框架容纳，投影仪组件由眼镜框架的顶杆容纳，反射表面完全容纳在透镜内。

4.US11461883B1　涉及一种用于校正图像的系统和方法，所述图像包括由于电子设备的脏相机镜头而引起的伪影。所述系统和方法校正图像包括：获得由第一照相机捕获的场景的第一原始像素图像；获得在摄像机基线方向上由与第一摄像机分开的第二摄像机捕获的场景的第二原始图像，对所述第一和第二原始像素图像进行整流，以创建相应的第一和第二整流像素图像；确定在相机基线方向上的第一和第二校正图像的对应图像像素对之间的视差对应关系，使用所确定的视差将第一和第二校正图像映射到同一域中，通过比较域映射图像的相应区域来检测每个域映射图像内的图像伪影区域，为每个检测到的图像伪影区域确定校正因子，以及通过应用所确定的校正因子来校正所校正的第一和第二图像。

5.US11598976B1　涉及一种可穿戴或移动设备包括相机以捕获具有未知对象的场景的图像。由处理器执行编程将设备配置为执行功能，包括经由相机捕获具有未知对象的场景的图像的功能。为了创建轻量级的人机用户交互，由处理器执行编程进一步配置设备以确定所识别的基于对象的调整；以及基于所识别的基于对象的调节，经由在所述设备的所述图像显示器上呈现的所述图形用户界面向所述用户产生可见输出，所识别的基于对象的调整的示例包括启动、隐藏或显示供用户交互或利用的应用；显示与所识别的用于执行的对象相关的应用的菜单；或启用或禁用系统级特征。

6.US20210218885A1　涉及一种包括图像捕获眼镜、处理器和存储器的系统。所述图像捕获眼镜包括支撑结构，连接到所述支撑结构的选择器，连接到所述支撑结构以清楚地显示可分配的接收者标记的显示系统（例如，LED 或显示器），以及连接到所述支撑结构以捕获场景的图像的相机。处理器在存储器中执行编程以将接收者分配给可分配的接收者标记，接收所述场景的捕获图像，接收与在捕获所述场景的图像时明显显示的可分配接收者标记相关联的指示符，以及将所述捕获图像发送给被分配给所述明显显示的可分配接收者标记的接收者。

7.EP4165459A1　涉及一种可穿戴装置包括框架和集成到框架中的一对光学元件，所述可穿戴设备还包括耦合到所述框架的面向内的显示部件，所述面向内的显示部件用于在经由所述一对光学元件可见的现实世界环境内呈现增强现实内容；所述可穿戴装置还包括耦合到所述框架的面向外的显示部件。所述面向外的显示部件呈现消息。

8.US20220103757A1　涉及一种具有图像信号处理器（ISP）的眼镜，该图像信号处理器可在用于增强现实（AR）和计算机视觉（CV）系统的相机流水线中动态操作；多用途照相机用于在可佩戴 AR 设备上同时进行图像捕获和 CV，摄像机耦合到框架并被配置为生成图像，其中相机和 ISP 被配置为在第一 AR 模式下操作，并且捕获具有适于在 AR 中使用的第一分辨率的图像，并且被配置为在第二 CV 模式下操作，以提供具有适于在 CV 中使用的第二分辨率的图像，AR 模式中的第一分辨率高于 CV 模式中的第二分辨率，并且相机和 ISP 在第二 CV 模式中比第一 AR 模式消耗更少的功率。通过在低功率模式 CV 模式下操作，相机和 ISP 节省了大量的系统功率。

9.US11506902B2　涉及一种眼镜装置，其根据用户的眼镜处方来调整显示对象的方面，检测器识别所显示的远端对象的对象边缘，校正图表存储作为眼镜处方的函数的亮度校正，对象边缘作为亮度校正的函数而变亮，以锐化显示给近视和 / 或远视用户的对象。

10.WO2022072205A1　涉及一种用于基于上下文选择准则（例如，位置、内容或质量中的一个或多个）将图像自动发送到指定接收者的系统、方法和指令。该系统包括照相机和用于触发照相机捕获图像的用户界面。该方法包括识别上下文选择准则，识别指定接收者，接收由相机捕获的图像，确定捕获图像的图像数据，将确定的图像数据与识别的上下文选择准则进行比较以识别匹配，以及响应于识别的匹配，将捕获的图像发送到指定接收者集合。

11.US20220103802A1　涉及一种包括集成到眼镜框架中的传感器的眼镜。传感器包括应变计，例如金属箔计，其被配置为通过测量弯曲时框架中的应变来感测和测量当由用户佩戴时框架在不同的力分布下的变形，通过应变计测量的应变由处理器感测，并且处理器基于测量的应变执行图像处理的动态校准，由应变计测量的失真被处理器用于校正相机和显示器的校准。

12.US20220060675A1　涉及一种用于眼镜的三维图像校准和呈现，所述眼镜包括一对图像捕获装置。校准和呈现包括：获得校准偏移以适应眼镜的支撑结构中的弯曲；通过所获得的校准偏移来调整三维呈现偏移；以及使用三维呈现偏移来呈现立体图像。

13.WO2022132344A1　涉及一种具有立体显示器的眼镜，所述立体显示器包括透镜系统和推拉透镜组，所述推拉透镜组包括棱镜以产生与容纳平面重合的两个图像的双目重叠，如用户的两只眼睛所看到的，由相应显示器产生的两个虚像的重叠提供了用户的舒适感；立体显示器可以具有单个容纳平面，其中两个虚像的双目重叠取决于容纳平面的位置和由两个图像中的视差形成的内容的深度；通过在虚拟图像至少基本重叠的位置处或其附近提供内容，改善了用户观看的舒适性；通过向内倾斜或操纵虚像来控制双目重叠，使得重叠发生在容纳平面处。

14.US20220244544A1　公开了可用于增强现实的各种装置和系统，包括：框架，其被配置为供用户穿戴；安装在框架上的一个或多个光学元件；具有耦合到所述一个或多个光学元件的多个发光二极管的阵列，其中当所述框架被所述用户佩戴时，所述一个或多个光学元件和所述阵列安装在所述用户的视野内；以及由所述框架承载的附加车载电子部件，所述附加车载电子部件包括至少一个电池，所述电池被配置为提供所述阵列的电力操作。

15.US20220368828A1　涉及一种包括图像捕获眼镜，处理器和存储器的系统。所述图像捕获眼镜包括支撑结构，连接到所述支撑结构的选择器，连接到所述支撑结构以清楚地显示可分配的接收者标记的显示系统（例如，LED 或显示器），以及连接到所述支撑结构以捕获场景的图像的相机，处理器在存储器中执行编程以将接收者分配给可分配的接收者标记，接收所述场景的捕获图像，接收与在捕获所述场景的图像时明显显示的可分配接收者标记相关联的指示符，以及将所述捕获图像发送给被分配给所述明显显示的可分配接收者标记的接收者。

16.US11719931B2　涉及一种利用包括虚拟眼镜光束的眼镜装置进行交互式增强现实体验，用户可以通过定向眼镜装置或用户的眼睛注视或两者来引导虚拟光束，眼镜装置可以检测对手的眼镜装置的方向或两者的眼睛注视，眼镜装置可以基于用户和对手的虚拟光束在诸如其他玩家的头部或面部的相应目标区域上的命中来计算分数。

17.US20220366639A1　涉及一种用于产生虚拟现实（VR）体验，用于测试模拟传感器配置以及用于训练机器学习算法的地面真实性数据集的系统和方法，具有一个或多个相机和一个或多个惯性测量单元的记录设备捕获沿着通过物理环境的实际路径的图像和运动数据，SLAM 应用使用捕获的数据来计算记录设备的轨迹，多项式插值模块使用切比雪夫多项式来生成连续时间轨迹（CTT）函数；该方法包括识别虚拟环境和组装模拟传感器配置，例如 VR 耳机。使用 CTT 函数，该方法包括生成地面真实性输出数据集，该地面真实性输出数据集表示沿着通过虚拟环境的虚拟路径运动的模拟传感器配置。所述虚拟路径与由所述记录装置捕获的沿着所述真实路径的运动密切相关。因此，输出数据集产生真实和逼真的 VR 体验，此外，所描述的方法可用于以各种采样率产生多个输出数据集，其可用于训练作为许多 VR 系统的一部分的机器学习算法。

18.US20230066318A1　涉及一种用于捕获和呈现用于生成手工 AR 体验的努力的增强现实（AR）系统、设备、介质和方法，在生成手工 AR 对象期间捕获 AR 对象生成数据，然后处理 AR 对象生成数据以生成努力证明数据，用于与手工制作的 AR 对象包括在一起，一种示例包括在 AR 对象的生成期间采取的步骤的时间推移视图以及诸如花费的总时间、考虑用于选择的图像或歌曲的数量、实现的动作的数量等的统计。

19.US20240070969A1　涉及一种接收指示用于呈现的体积内容的选择的输入，体积内容包括现实世界三维空间的一个或多个元素的体积表示，响应于所述输入，访问与所述体积内容相关联的装置状态数据，设备状态数据描述与现实世界三维空间相关联的一个或多个网络连接设备的状态，呈现体积内容，体积内容的呈现包括由显示设备呈现叠加在现实世界三维空间上的一个或多个元素的体积表示并且使用设备状态数据配置一个或多个网络连接设备。

20.US20240077936A1　涉及一种用于在增强现实（AR）设备上执行 AR 按钮选择操作的系统和方法。所述系统通过 AR 设备在显示区域上显示与第一现实世界对象重叠的多个 AR 对象，所述多个 AR 对象中的每一个与对象选择区域相关联。该系统基于多个 AR 对象中的第一 AR 对象相对于第二现实世界对象的位置来计算第一 AR 对象的第一空间关系因子，并且基于第一空间关系因子来调整第一 AR 对象的对象选择区域，响应于确定第二现实世界对象与第一 AR 对象的对象选择区域重叠，系统激活第一 AR 对象。

21.US11774764B2　涉及一种眼镜装置，其根据用户的眼镜处方来调整显示对象的各方面，检测器识别所显示的远对象的对象边缘，校正图表存储作为眼镜处方的函数的亮度校正，对象边缘作为亮度校正的函数被增亮，以锐化为具有近视和 / 或远视的用户显示的对象。

22.US11915453B2　涉及一种通过使用相应 6DOF 轨迹之间的对准，在本书中也称为自我运动对准，在两个眼镜装置之间提供交互式增强现实体验的眼镜，用户 A 的眼镜装置和用户 B 的眼镜装置跟踪另一用户的眼镜装置，或另一用户的对象，例如在用户的面部上，以提供协作 AR 体验，这使得能够在多个眼镜用户之间共享共同的三维内容，而不使用眼镜装置或将眼镜装置对准诸如标记的共同图像内容，这是一种更轻量级的解决方案，减少了处理器上的计算负担，惯性测量单元也可以用于对准眼镜装置。

23.US20230229003A1　涉及一种用于在虚拟现实、增强现实或混合现实系统中使用移位元件作为近眼显示系统的一部分来将图像的时间序列中的每一个投影为图像序列的系统和方法，图像的时间顺序由外周测序系统接收。该系统将每个图像划分成图像部分，并生成图像部分的序列以基于排列数据重新创建图像，该系统引起每个图像序列的高速显示，使得它们同时呈现给观看者，投影被传输到移位光学元件，诸如向用户传播显示的旋转微镜，系统进一步检测和校正图像和环境失真。

24.US20230367118A1　涉及一种利用包括虚拟眼镜束的眼镜装置的交互式增强现实体验，用户可以通过定向眼镜装置或用户的眼睛注视或两者来引导虚拟光束，眼镜装置可以检测对手的眼镜装置的方向或两者的眼睛注视，眼镜装置可以基于用户和对手的虚拟光束在诸如另一玩家的头部或面部的相应目标区域上的命中来计算得分。

25.WO2024049700A1　涉及一种接收指示用于呈现的体积内容的选择的输入。体积内容包括现实世界三维空间的一个或多个元素的体积表示，响应于所述输入，访问与所述体积内容相关联的装置状态数据。设备状态数据描述与现实世界三维空间相关联的一个或多个网络连接设备的状态，呈现体积内容，体积内容的呈现包括由显示设备呈现叠加在现实世界三维空间上的一个或多个元素的体积表示并且使用设备状态数据配置一个或多个网络连接设备。

26.WO2024054434A1　涉及一种用于在增强现实（AR）设备上执行 AR 按钮选择操作的系统和方法。所述系统通过 AR 设备在显示区域上显示与第一现实世界对象重叠的多个 AR 对象，所述多个 AR 对象中的每一个与对象选择区域相关联，该系统基于多个 AR 对象中的第一 AR 对象相对于第二现实世界对象的位置来计算第一 AR 对象的第一空间关系因子，并且基于第一空间关系因子来调整第一 AR 对象的对象选择区域，响应于确定第二现实世界对象与第一 AR 对象的对象选择区域重叠，系统激活第一 AR 对象。

（四）涉及人机交互的专利

1.US20200280673A1　涉及一种具有电子功能的眼镜装置，其提供用于在不系绳佩戴期间接收用户输入的主命令通道和辅助命令通道，命令通道之一提供由结合在眼镜装置的主体中的运动传感器检测到的敲击输入，可以将预定义的抽头序列或模式应用于设备的帧以作为设备功能来触发，设备帧的双抽头引起指示电池充电电平的充电电平显示。

2.WO2021188285A1　涉及一种具有传感器的眼镜，所述传感器被配置为感测由用户肌肉运动产生的电信号以确定用户面部表情，处理面部表情以向眼镜提供用户输入，采取诸如使用照相机拍摄图像的动作，以及诸如通过执行心电图（ECG 或 EKG）来确定用户生物统计，在一个示例中，用户可以升高眉毛以指示眼镜拍摄图像，并斜视眼睛以点亮 / 变暗光学元件的阴影。

3.WO2021242686A1　涉及一种眼镜设备，眼镜通过在会话过程中将说出的语言分割成不同的说话者并记住该说话者来执行二值化，每个演讲者的语音被翻译成文本，并且每个演讲者的文本被显示在眼镜显示器上，每个用户的文本具有不同的属性，使得眼镜用户能够区分不同说话者的文本，文本属性的例子可以是文本颜色，字体和字体大小，文本被显示在眼镜显示器上，使得它基本上不妨碍用户的视觉。

4.WO2022072097A1　涉及一种具有图像信号处理器（ISP）的眼镜，该图像信号处理器可在用于增强现实（AR）和计算机视觉（CV）系统的相机流水线中动态操作，多用途照相机用于在可佩戴 AR 设备上同时进行图像捕获和 CV，摄像机耦合到框架并被配置为生成图像，其中相机和 ISP 被配置为在第一 AR 模式下操作，并且捕获具有适于在 AR 中使用的第一分辨率的图像，并且被配置为在第二 CV 模式下操作，以提供具有适于在 CV 中使用的第二分辨率的图像，AR 模式中的第一分辨率高于 CV 模式中的第二分辨率，并且相机和 ISP 在第二 CV 模式中比第一 AR 模式消耗更少的功率，通过在低功率模式 CV 模式下操作，相机和 ISP 节省了大量的系统功率。

5.US11619809B2　涉及一种眼镜具有光波导，该光波导将红外光从眼镜中的远程红外发射器传送到光输出耦合器，该光输出耦合器均匀地照明眼睛以跟踪用户的眼睛运动。光输入耦合器将由远程红外发射器发射的光束耦合到波导中。远程红外发射器简化了工业设计并且是单个光源，远红外发射器不在用户眼睛的外围视觉中，并且改善了美容效果。

6.US20220417418A1　涉及一种电子使能的眼镜装置，其提供主命令信道和辅助命令信道，用于在无系绳佩戴期间接收用户输入，其中一个命令信道提供由结合在眼镜装置的主体中的（多个）运动传感器检测到的抽头输入，可以将预定义抽头序列或模式应用于设备的帧以作为设备功能来触发，设备的框架的双抽头引起指示电池电荷水平的电荷水平显示。

7.US20230026477A1　涉及一种具有电子功能的眼镜装置，包括模式指示器，该模式指示器包括布置在眼镜装置的前向表面上的一系列光发射器，例如，通过围绕眼镜框架的前表面中的照相机透镜开口外围布置的 LED 环来提供，模式指示器自动显示与眼镜装置的不同操作模式或状态相对应的不同视觉指示，一个视觉指示在眼镜装置进行视频采集期间提供循环 LED 的动画图案。

8.US20220366871A1　涉及一种眼镜装置，包括图像显示器和图像显示驱动器，所述图像显示驱动器耦合到所述图像显示器以控制呈现的图像并调整呈现的图像的亮度级设置，所述眼镜装置包括用户输入装置，所述用户输入装置包括框架，镜腿，侧边或其组合上的输入表面，以从佩戴者接收用户输入选择；眼镜装置包括接近传感器，用于跟踪佩戴者的手指到输入表面的手指距离，眼镜装置经由图像显示驱动器控制图像显示以将图像呈现给佩戴者，眼镜装置通过接近传感器跟踪佩戴者的手指到输入表面的手指距离，眼镜装置基于所跟踪的手指距离，经由图像显示驱动器调整图像显示器上所呈现的图像的亮度级设置。

9.US20230060838A1　涉及一种用于使用电子眼镜装置提供基于扫描的成像的系统和方法。所述方法包括使用所述电子眼镜装置扫描场景以捕获第一用户的环境中的至少一个图像并识别所扫描的场景中的至少一个物理标记，在识别所扫描的场景中的所述至少一个物理标记时，消息（例如，预选 AR 内容）被动地发送到直接发送到第二用户或发送到远程位置处的至少一个物理标记中的至少一个以呈现给第二用户。可以在不使用第一用户的手进行选择的情况下发送消息，物理标记可以与固定对象、人脸、宠物、车辆、人、标志等相关联。

10.US20240070950A1　涉及一种用于执行语音通信操作的系统和方法。该系统通过第一增强现实（AR）设备在多个用户之间建立语音通信会话，所述系统由所述多个用户中的第一用户的所述第一 AR 设备显示表示所述多个用户中的第二用户的化身，该系统由多个用户中的第一用户的第一 AR 设备从第一用户接收选择用于表示第一用户的现实世界环境内的第二用户的化身的显示位置的输入，所述系统基于从所述第二用户的第二 AR 设备接收的移动信息来使表示所述第二用户的所述化身动画化。

11.WO2023129295A1　涉及一种用于在电子眼镜装置之间选择性地共享音频和视频流的系统和方法。每个电子眼镜设备包括被布置成捕获佩戴者的环境中的视频流的相机、被布置成捕获佩戴者的环境中的音频流的麦克风，以及显示器。每个电子眼镜装置的处理器执行指令以建立与其他电子眼镜装置的永远在线会话，并选择性地与会话中的其他电子眼镜装置共享音频流、视频流或两者，每个电子眼镜设备还生成和接收来自会话中的其他用户的注释，以与选择性共享的视频流一起显示在提供选择性共享的视频流的电子眼镜设备的显示器上，注释可以包括对共享视频流中的对象或与共享视频流配准的覆盖图像的操纵。

12.US20230188837A1　涉及一种包括计算机可读存储介质的系统，所述计算机可读存储介质存储至少一个程序、方法和用户界面，以促进两个或更多个用户之间的相机共享会话，基于会话配置信息发起相机共享会话，所述会话配置信息包括被允许控制通信地耦合到第一设备的相机处的图像捕获的用户的用户标识符，从第二设备接收触发请求，并且作为响应，在相机处触发导致至少一个图像的图像捕获，并且将图像传输到第二设备。

13.US20230229000A1　涉及一种眼镜具有光波导，该光波导将红外光从眼镜中的远程红外发射器传送到光输出耦合器，该光输出耦合器均匀地照明眼睛以跟踪用户的眼睛运动，光输入耦合器将由远程红外发射器发射的光束耦合到波导中，远程红外发射器简化了工业设计并且是单个光源，远红外发射器不在用户眼睛的外围视觉中，并且改善了美容效果。

14.WO2023192437A1　涉及一种电子眼镜设备提供简化的音频源分离，也称为语音/声音解混，使用各个设备轨迹之间的对齐。环境中的电子眼镜装置的多个用户可以同时产生难以彼此区分的音频信号（例如，语音/声音）。电子眼镜设备跟踪其他用户的移动远程电子眼镜设备的位置，或者其他用户的对象，例如远程用户的面部，以使用声源的位置提供音频源分离，简化的语音解混使用电子眼镜设备的麦克风阵列和远程用户的电子眼镜设备相对于用户的电子眼镜设备的已知位置，以便于音频源分离。

15.WO2024049586A1　涉及一种对添加的虚拟内容的访问被选择性地使参与者 / 用户可用的协作会话，参与者（主持人）创建新的会话并邀请参与者加入，被邀请的参与者接收加入该会话的邀请，会话创建者（即主机）和其他经批准的参与者可以访问会话的内容，所述会话在他们加入所述会话时识别新的参与者，并且同时向所述会话中的其他参与者通知新的参与者正在等待访问所添加的虚拟内容的许可，主持人或经批准的参与者可以为新的参与者设置用于访问添加的虚拟内容的权限。

（五）涉及医用穿戴的专利

1.WO2021257280A1　涉及一种具有基于相机的补偿的眼镜，其改善了眼镜设备的用户体验，包括对于具有部分或完全失明的用户。基于相机的补偿使用眼镜相机和算法来检测诸如边缘之类的物理对象的几何特征。当检测到物理对象时产生警报，例如听觉警报，其可以指示物理对象的附近存在，对象距眼镜的距离以及对象的类型。这种类型的几何检测使用较少的处理功率，因此延长了电池寿命。

2.US11675217B2　涉及一种具有光阵列和振动传感器的眼镜，用于向用户指示物体相对于眼镜的方向和距离，以帮助用户理解和避开物体，为了补偿部分失明，眼镜架的前部可以包括光阵列，其中光阵列的一个或多个光被照亮以指示接近物体的相应方向，所述一个或多个灯的相对亮度指示对象有多接近，其中（一个或多个）较亮的光指示接近的对象，为了补偿更严重的部分失明或完全失明，眼镜具有触觉装置，例如在眼镜的前部上的多个振动装置，例如在鼻梁架中，其选择性地振动以指示物体的方向。振动越强，物体越接近。

3.US20220323286A1　涉及一种系统和方法向诸如视力受损的用户之类的用户提供反馈，以将用户引导到安装在佩戴在用户头部上的框架上的摄像机的视野中的对象，处理器识别相机视野中的用户的至少一个对象和身体部分，并且跟踪身体部分相对于所识别的对象的相对位置；所述处理器还产生至少一个控制信号并将其传送给佩戴在所述用户的身体部分上或其附近的用户反馈装置，所述至少一个控制信号用于将所述用户的身体部分引导到所述识别的对象。反馈装置接收控制信号，并将控制信号转换为声音或触觉反馈中的至少一个，该声音或触觉反馈将身体部分引导到所识别的对象。

4.US11783582B2　涉及一种具有基于相机的补偿的眼镜装置，其改善了具有部分失明或完全失明的用户的用户体验，基于相机的补偿确定对象，将确定的对象转换成文本，然后将文本转换成指示对象并且眼镜用户可感知的音频，基于相机的补偿可以使用基于区域的卷积神经网络（RCNN）来生成包括指示由相机捕获的图像中的对象的文本的特征映射，然后通过以自然语言处理器为特征的文本到语音算法来处理特征映射的相关文本，以生成指示经处理的图像中的对象的音频。

5.US11830494B2　涉及一种具有基于相机的补偿的眼镜装置，其改善了用户具有部分失明或完全失明的用户体验，基于相机的补偿确定特征，例如对象，然后将所确定的对象转换成指示对象并且眼镜使用者可感知的音频。所述基于相机的补偿可以使用基于区域的卷积神经网络（RCNN）来生成特征图，所述特征图包括指示由相机捕获的图像中的对象的文本，然后通过以自然语言处理器为特征的语音到音频算法来处理特征图，以生成指示经处理的图像中的对象的音频。

6.WO2024030269A1　涉及一种与增强现实（AR）眼镜装置一起使用的医学图像覆盖应用，图像覆盖应用使得眼镜装置的用户能够在眼镜装置检测到相机视场包括医学图像位置时激活显示器上的图像覆盖，相对于虚拟标记定义医学图像位置，图像覆盖包括根据可配置透明度值呈现的一个或多个医学图像。图像配准工具将每个医学图像的位置和尺度变换到物理环境，使得如在显示器上呈现的医学图像与真实对象的位置和尺寸紧密匹配。

第九节　市场上的典型智能眼镜

一、交互方式

目前市场上应用于智能眼镜比较广泛的交互方式有三种：语音控制、手势识别和眼动跟踪。

（一）语音控制

在人们的日常交流中，说话是最常用的方式，将语音交互引入可穿戴领域，人们将能够享受到更加自然和轻松的交互体验。语音控制即是让计算设备能听懂人说的话，还能根据人的说话内容去执行相应的指令。对于体积小、佩戴在身体上的智能眼镜来说，语音控制是行之有效的交互方式。

1. 语音控制原理　语音控制中最核心部分是语音的识别技术。骨传导技术是在每个镜腿内各放置一个发声变频器，变频器振动时产生的声音能够通过用户头部侧面的骨头传递到内耳，这样用户就能听到声音，完成对语音的高效识别和传输，多款智能眼镜均采用了此项技术。

2. 语音控制的缺陷　首先，对语音信号的提取有着不少的干扰因素，例如个体间的发声差异以及自身语调的变化、不同地区以及文化背景不同的人们说话方式的区别、环境的噪声对语音信号的干扰等，以上这些因素都会对语音信号的提取产生不利影响。其次，语音识别的效率和速度还有待提高，这两点直接影响着语音控制在智能眼镜中的应用价值，是应用价值的重要的衡量指标。另外，用户对语音控制的期望很高，但实际情况是语音控制还不能满足用户的需求，例如当用户使用谷歌眼镜发起语音控制命令时，用户必须严格地按照谷歌眼镜提供的标准方式发出，否则完全无效。

（二）手势识别

以手势作为输入，完成以智能眼镜的交互功能，优势在于采用了非接触式方式。手势识别技术从简单粗略到复杂精细可以分为三个种类：二维的手形识别、二维的手势识别、三维的手势识别。三维手势识别跟二维手势识别的区别在于三维手势识别的输入信息还包含着高度、宽度与深度信息，智能眼镜采用三维手势识别能实现更多更复杂的交互方式。

1. 手势识别原理及传感器　三维手势识别要用到高度、宽度与深度的三维信息，能够识别各种手势、手型和动作。要获取三维信息就要用到能识别立体手势的传感器，再配合上识别算法就能实现三维手势识别了。几款手势识别专用的传感器有：TMG399，该产品是非接触式光学 IR 手势识别传感器，配备有手势识别、环境光检测、接近感知和颜色感知的四合一传感器模块；MGC3130，微芯科技推出的 3D 手势识别芯片，在其电场的作用下，无须接触就能感应手势，能够在 15cm 的距离以内按 150dpi 的高精度确定坐标位置；MYO，初创公司 Thalmic Labs 的产品，它是一个戴在手臂上的臂环；16Lab，这是一款用于手势控制的智能戒指，内置有惯性传感器模块、处理器和低功耗蓝牙模块。

2. 手势识别缺陷　但手势识别在应用于智能眼镜的过程中也暴露出一些缺陷。首先，手势识别的精度偏低，定位还不够精准，由于每一个人的手结构都不尽相同，很难通过捕捉手的动作实现精准的定位。其次，手势识别的关键是对手指特征的提取，在繁杂的背景下要能够准确分辨出目标的特征，但对于手势遭到遮挡的情况或者对冗余信息的去除等方面，仍是难以攻克的难题。

（三）眼动跟踪

眼动跟踪即是对眼睛的注视点或者是眼镜相对于头部的运动状态进行测量的过程。谷歌眼镜能够通过眼动跟踪技术感知到用户的情绪，来判断用户对注视的广告的反应。

1. 眼动跟踪原理　用于智能眼镜的眼动跟踪测量技术主要是基于图像和视频测量法，该方法囊括了多种测量可区分眼动特征的技术，这些特征有巩膜和虹膜的异色边沿、角膜反射的光强以及瞳孔的外观形状等。基于图像、结合瞳孔形状变化以及角膜反射的方法在测量用户视线的关注点中应用很广泛。

2. 眼动跟踪缺陷　虽然眼睛是身体当中接收信息最广和最快的方式，但眼动跟踪离人性化的交互方式有很大差距。由于眼睛本身存在固有的眨动以及抖动等特点，会产生很多的干扰信号，可能会造成数据的中断，这样会导致从眼动信息中提取到准确数据的难度大大升高。

随着科技的飞速发展，AR 眼镜已经从科幻电影中走进了我们的日常生活。这种新型的交互设备，以其独特的功能和便利性，正在逐渐改变我们的生活方式，为我们带来了前所未有的体验。

二、目前市场上典型的智能眼镜产品

1. Microsoft HoloLens　2015 年 1 月，微软推出 HoloLens 一代全息眼镜，是增强现实眼镜，集成环境扫描、头部 6 自由度追踪和手势控制的 Win10 PC；2019 年微软推出 HoloLens 二代，提升镜片的可视角度和手势控制的精度。戴上它之后，会在现实的世界里混入虚拟物体或信息，从而进入一个混合空间中，它会将人的头部移动虚拟成指针，将手势用作动作开关，而将声音指令作为辅助，帮助切换不同的动作指令。主要不足是佩戴不便，视野有限，价格昂贵，受众面较小，续航时间短，人机交互方式需要改善。

2. Razer Anzu　Razer 雷蛇是全球玩家生活方式潮流品牌，Razer Anzu（国内名为天隼），仅拥有黑色配色可选，用户可选择滤蓝光镜片或是偏光太阳镜片，以针对不同场景选择不同镜片使用；眼镜的滤蓝光镜片，蓝光过滤效率达到了 35%，UV 偏光太阳镜片则可以阻隔 99% 的紫外线。

Razer Anzu 支持蓝牙 5.1，蓝牙无线传输最低延迟为 60ms，提供音画同步的传输体验；

眼镜还拥有触控区域，通过触碰即可实现切换音乐、接打电话、激活手机语音助手等多种便捷功能；Razer Anzu 拥有专属 APP，可通过 APP 让眼镜学习手势动作、选择预设的均衡器设置、开启 / 关闭低延迟模式等。Razer Anzu 单次充电可连续使用 5 小时，收纳折叠后眼镜将会自动关闭以节省重量；同时支持 IPX4 级防水，防止突发泼溅或是恶劣天气影响。

3. Bose Frames Tempo　Bose Frames Tempo 为 Bose 旗下的一款智能音频眼镜，镜框采用 TR90 尼龙结构，内置定制的弹簧铰链，确保眼镜的舒适度与稳定性；配备有黑色镜片，具有防刮擦和防碎裂功能，同时可以阻挡 99% 的紫外线；除了默认搭载的黑色镜片外，眼镜还配备了 20%VLT 的中光镜片、28%VLT 的低光镜片和 77%VLT 的极低光镜片，适合根据使用场景的不同挑选适合的镜片灵活使用。

Bose Frames Tempo 内置 22mm 驱动单元，采用 Bose 的 OpenAudio 设计，开放式听音带来良好的舒适度的同时，还拥有着不错的听音体验；眼镜还有着优异的抗风噪功能，能够使用户在 40km/h 的骑行速度下，依旧清晰地听见耳机播放的声音；耳机左右两侧拥有电容式触摸与集成运动感应器，通过沿着右太阳穴滑动手指这一简单动作，即可调节音量，或是通过双击这一区域实现访问手机语音助手。眼镜在连接处与开口处拥有专门的声学网防止水和碎屑进入，支持 IPX4 级防水；Bose Frames Tempo 同时还支持最多 8 小时的续航时长。

4. Ray-Ban Stories WayFarer　RayBan 雷朋是知名的太阳镜品牌，随着时代的发展，RayBan 也同样推出了与 Meta 联名的智能太阳眼镜——Ray-Ban Stories WayFarer，其外观与大部分太阳镜相似，采用了偏光镜片，能够阻挡 95% 的太阳光照射，以消除炫光、提升清晰度。

Ray-Ban Stories WayFarer 左右两侧各搭载了 500 万像素的摄像头用以拍摄照片或视频，同时还支持 1184 x 1184px@30fps 的视频录制格式，一副眼镜即可记录身边的事物；内部搭载有 3 个麦克风，提供全方位的拾音能力，大幅提高通话清晰度，还能够支持语音控制眼镜；拥有触控功能，通过点击或滑动两侧镜架，能够实现拍摄、录制视频、播放 / 暂停音乐等多种功能。Ray-Ban Stories WayFarer 还配备有充电眼镜盒，集收纳与充电功能为一体，能够为眼镜额外提供 3 天的续航时间，眼镜本体单次续航时间为 3 ～ 6 小时。

第十节　小　结

1. 智能眼镜境外专利技术起步于 21 世纪初，整体呈上升趋势，大体分为四个阶段，2006—2012 年为技术萌芽期；2013—2016 年为技术发展期；2016—2019 年为快速增长期；2020 年至今为技术成熟期。从生命周期上看，2014—2021 年，该项技术的研发热度一直都在高涨，且出现了多次技术飞跃，到 2022 年基本达到成熟。

2. 智能眼镜境外专利申请的技术来源，主要来自韩国、美国、德国和中国。且这些技术来源国 / 地区或地区，除了中国外，其他技术来源国 / 地区或地区的专利申请都流向了 7 个以上国家，可见大家都比较重视对境外进行布局。从申请数量上看，除了芬兰的本国申请少于部分境外国家和地区，大部分的技术来源或地区都首先会将大量的申请布局在自己本国，然后各有侧重地在境外一些重点国家或地区进行布局。

3. 智能眼镜的境外专利主要集中在美国、韩国、日本和芬兰的申请人手中，主要是美国的 Snap Inc 公司，然后是韩国三星，其次美国银行、Meta 技术公司、韩国乐金（LG）、美国谷歌、韩国电研、日本佳能、芬兰的 Dispelix 和美国国际商业。美国的 Snap Inc 公司的智能眼镜技术除了 10% 在境外进行布局，90% 的申请都仅在本国进行布局，可见它最重视的还是本国市场，对境外市场的布局还比较少。

4. 智能眼镜境外专利技术的主要技术方向包括图像处理、结构设计、人体监测三个方向。其中图像处理是其主要方向，其次是图像处理，而人体监测为新兴方向。

5. 目前市场上的智能眼镜比较广泛的交互方式有三种：语音控制、手势识别和眼动跟踪，但每种方式都有不少干扰因素，导致识别的精度偏低，定位还不够精准。目前市场上典型的智能眼镜产品有：Microsoft HoloLens、Razer、Bose Frames Tempo、Ray-Ban Stories WayFarer，其中 Bose Frames Tempo 是主打运动的智能音频眼镜，Ray-Ban Stories WayFarer 能拍摄视频和照片，镜片中没有显示功能，眼镜框两侧的扬声器可通过蓝牙播放手机的声音，便于接听电话；Razer Anzu 支持蓝牙 5.1，续航时间都在 10 个小时以内。

第六章

结 论

1. 从发展趋势上看：智能手表境外专利技术出现的相对较早，起步于 20 世纪 80 年代，智能耳机、智能眼镜境外专利技术起步于 21 世纪初，智能耳机、智能手表、智能眼镜都整体呈上升趋势；而智能手环境外专利技术起步较晚，且整体呈波动式上升和波动式回落的趋势。

2. 从生命周期上看：智能耳机在境外专利中出现了反复的波动成长，2015 年、2018 年、2021 年分别出现几次火热期，2021 年达到成熟；智能手表从 2014—2018 年进行了稳定的发展，2019—2021 年出现了技术飞跃，并达到成熟。智能眼镜从 2014—2021 年，该项技术的研发热度一直都在高涨，且出现了多次技术飞跃，到 2022 年基本达到成熟。智能手环 2014—2016 年是该技术增长最快的时期，之后经历了一段时间的衰退，2019—2021 年又出现了新的生机。

3. 从技术来源国 / 地区上看：智能耳机境外专利申请主要来自美国、中国和韩国；智能手表境外专利申请主要来自韩国、美国和日本；智能手环境外专利申请主要来自韩国、美国、日本和中国；智能眼镜境外专利申请主要来自韩国、美国、德国和中国。

4. 从技术市场国上看：智能耳机境外专利申请的市场主要集中在美国、世界知识产权组织和欧洲专利局；智能手表的市场主要集中在美国、韩国、世界知识产权组织、欧洲专利局和日本；智能手环的市场主要集中在世界知识产权组织、美国、欧洲专利局、中国、韩国和日本。智能眼镜的市场主要集中在美国、世界知识产权组织、中国、韩国和欧洲专利局。

5. 从申请人排名上看：智能耳机的境外专利主要集中在美国和韩国申请人手中，具体为高通公司、Harman 公司、Slapswitch、英特尔、三星、新泽西大学、Neural、桑尼奥司和 Ngoggle。智能手表的境外专利主要集中在韩国和美国申请人手中，分别为三星、乐金集团、苹果、英特尔、卡西欧、高通公司、微软公司与和硕联合公司。且三星公司的智能手表技术非常重视境外布局。智能手表的境外专利申请都比较零散，每个申请人的申请量也不是很大，相对而言，韩国和中国台湾的申请人比较多，主要是韩国的三星、乐金、D Triple，加拿大的 Access，法国的奥兰治司、法国太空、中国台湾的瀚宇彩晶、和硕联合以及英业达和原相科技。智能眼镜的境外专利主要集中在美国、韩国、日本和芬兰的申请人手中，主要是美国的 Snap Inc 公司、美国银行、Meta 技术公司、美国谷歌和美国国际商业，韩国三星、乐金（LG）、韩国电研，日本佳能和芬兰的 Dispelix。美国的 Snap Inc 公司的智能眼镜技术最重视的还是本国市场，对境外市场的布局还比较少。

6. 从技术构成上看：智能耳机的境外专利主要研发方向是结构设计、通信技术和语音识别，人体检测属于新兴技术，越来越受到大家的青睐。智能手表的境外专利主要研发方向是数据处理和结构设计，人体监测也是其新功能，而通信传输发展已较为成熟，不再是研发热点。智能手环境外专利技术的主要技术方向是数据处理、人体监测、结构设计和通信技术，而电路设计技术已比较成熟，所以也不再是技术热点。

7. 未来的智能耳机会越来越注重丰富耳机的功能，致力于降噪、音质、智能化等方面，在保持良好音质的前提下，更注重时尚化设计、环保性材料选择、多元化功能，也逐渐向人体健康方向发展，如向耳朵提供更好的保护，并通过生物感应技术来监测人体健康数据以提升健康保护功能等多个方面的发展和改进。目前智能手环和智能手表的功能越来越接近，很多型号的手环也配备了屏幕，可以显示部分短信、微信，可以作为蓝牙耳机进行通话。如果对于高性能要求不是太多，就是想简单记录和查看一些运动健康的数据，看看时间，而且喜欢轻便的设备，选择价格相对便宜的智能手环即可。如果想买一个手表替代品，对设备交互功能要求比较多，而且不嫌沉的话，智能手表是个不错的选择。智能眼镜类产品，设计复杂度高于智能耳机、智能手表和智能手环类产品，主要提供摄像、3D 显示、增强现实（AR）、虚拟现实（VR）或混合现实（MR）等功能，但普遍价格较高，其离真正的大规模应用还有一段距离。

参考文献

[1] 上海东滩投资管理顾问有限公司，朱跃军，肖璐 . 健康产业与健康地产：商机与实务 [M]. 北京：中国经济出版社 , 2016.

[2] 李耀新 . 2015 世界制造业重点行业发展动态 [M]. 上海：上海科学技术文献出版社 , 2015.

[3] 王德生 . 全球智能穿戴设备发展现状与趋势 [J]. 竞争情报 ,2015,11(5): 8.

[4] 徐瑞萍，向娟，戚潇 . 重塑：人工智能与智能生活 [M]. 北京：北京邮电大学出版社 , 2020.

[5] 编辑部 . 10 款 TWS 真无线耳机集体测评 [J]. 家庭影院技术，2019(11): 10.

[6] 陈华 . 音频技术及应用 [M]. 成都：西南交通大学出版社 , 2007.

[7] 高蕊 . 破局 : 中国服务经济 15 年崛起与突破之路 [M]. 北京：中国友谊出版公司 , 2021.

[8] 张明星 . Android 智能穿戴设备开发实战详解 [M]. 北京：中国铁道出版社 , 2023.

[9] 陈乙雄，汪成亮，尹云飞 . 移动设备新技术简明教程 [M]. 重庆：重庆大学出版社 , 2016.

[10] 黄璜，唐琳 . 智能家居概论 [M]. 长春：东北师范大学出版社 , 2021.

[11] 杨学成 . 蝶变：迈向数实共生的元宇宙 [M]. 北京：北京联合出版社 , 2022.

[12] 陈定方，卢全国 . 现代设计理论与方法 [M]. 2 版 . 武汉：华中科技大学出版社 , 2020.

[13] 吴亚东 . 人机交互技术及应用 [M]. 北京：机械工业出版社 , 2020.

[14] 杭孝平 . 新媒体 · 传播 · 文化：新闻与传播学科理论与实践论文集 [M]. 北京：中国国际广播出版社 , 2022.

[15] 刘跃军 . 虚拟现实设计概论 [M]. 北京：中国国际广播出版社 , 2020.

[16] 马修 · 鲍尔 . 元宇宙改变一切 [M]. 岑格蓝，赵奥博，王小桐译 . 杭州：浙江教育出版社 , 2022.

[17] 苹果官网，https://www.apple.com.cn

[18] 吕科，王晓冬，韩海花 . 传感器原理与应用 [M]. 成都：电子科学技术大学出版社 , 2021.

[19] 赵春林 . 物联网文化高端云坛 [M]. 北京：中国商业出版社 , 2017.

第四篇

特殊作业机器人境外专利分析

第一章

概　述

第一节　研究背景

移动作业机器人（Mobile Manipulator Robot）是一种能够获得自身状态、位置信息，感知周围环境信息，能够在未知环境中向目标区域移动并完成特定作业的机器人，是以完成预定的任务为目标，以智能化信息处理技术和通信技术为核心的智能化机器人。移动作业机器人按照控制方式的不同，可以分为自主式、半自主式或人工遥控式。21 世纪以来，世界无人系统技术高速发展，移动作业机器人普遍采用自主控制方式，现代移动作业机器人能够集自主感知、运动规划和执行控制等智能化技术于一体，普遍应用于工业生产、农业生产、生活服务、医疗器械等领域，其可以代替人工完成繁重、危险或重复性的工作，具有广泛的应用前景。

移动作业机器人按照用途可以分为：地面作业机器人、空中作业机器人、水下作业机器人、医疗机器人等。地面作业机器人主要是指智能或遥控的轮式和履带式车辆，它又可分为自主车辆和半自主车辆。自主车辆依靠自身的智能自主导航，躲避障碍物，独立完成各种移动和作业任务；半自主车辆可在人的监视下自主行使，在遇到困难时操作人员可以进行遥控干预。地面作业机器人在工业生产、仓储物流、灾害救援、家政服务等众多领域具有巨大的应用前景。空中作业机器人是一种有动力的飞行器，它不载有操作人员，由空气动力装置提供提升动力，采用自主飞行或遥控驾驶方式，可以一次性使用或重复使用，并能够携带各种任务载荷，其主要应用于高空作业，例如高空喷涂、空中摄像、农业植保、空中物流、高空清洁等方面，高空作业具有高危、低效和高成本的特点，使用高空作业机器人替代人来执行作业是一个必然的趋势。水下作业机器人主要包括水下航行器以及遥控水下机器人，除了集成有水下机器人载体的推进、控制、动力电源、导航等仪器、设备，还需根据应用目的的不同，配备声、光、电等不同类型的探测仪器，它可适于长时间、大范围地进行水下救生作业、海底资源考察以及水下环境探测等工作任务。医疗机器人是指用于医疗或辅助医疗的机器人，是柔性机器人的典型应用。医疗机器人主要包括手术机器人、康复机器人、辅助机器人以及医疗服务机器人，主要用于手术操作、康复治疗、诊断、配药、护理、消毒等方面。

从上述分类可以看出，地面作业机器人涵盖的范围非常广泛，涉及众多学科。随着地面作业机器人的不断发展，对于特殊用途和特殊环境的使用需求逐渐上升，地面特殊作业机器人成为各国发展的主要机器人类型，在美国、日本、欧洲等科技强国中具有重要的地位。地面特殊作业机器人是一种代替人类在地面特殊工况和高危环境中完成特定任务的移动机器人，本书所指的地面特殊作业机器人主要包括地面高危作业机器人、搜救机器人、灾难救援机器人等。在具有高温、高压、有毒、放射性等危险环境的工作场景以及针对具有危险性的工作任务，例如消防、灭火、救援、排爆、高空作业等特殊作业时，特殊作业机器人能够代替人类在自然灾害、火灾、危险品事故、狭窄空间等特殊环境中完成对灾情的侦查和快速处理，在特殊环境中能够完成人员搜索、灾情探测定位、定点运输、排除障碍、排除危险爆炸物、灭火和救援等任务。

本章的研究主题为上文所述的地面特殊作业机器人，主要通过收集特殊作业机器人的技术发展信息以及对于相关专利技术的检索，对有关信息、文献进行整理和分析，进而了解境外特殊作业机器人的专利申请情况、技术发展路线、热点技术方向、境外专利技术现状以及重点申请人的专利技术情况等。

一、技术发展概况

移动作业机器人的发展历程通常可分为三个阶段。第一阶段是可编程机器人。这类机器人一般可以根据操作员所编写的程序完成一些简单的重复性操作。这一阶段的机器人从20世纪60年代后半期开始投入使用，目前已经在工业界得到了广泛应用。第二阶段是感知机器人，即自适应机器人，它是在第一代机器人的基础上发展起来的，具有不同程度的“感知”能力。这类机器人在工业界已经普遍应用。第三阶段的机器人具有识别、推理、规划和学习等功能，它可以把感知和行动结合起来，因此又称为智能机器人。

对于特殊作业机器人技术，最早可以追溯到20世纪40年代后期，橡树岭和阿贡国家实验室开始研制遥控式机械手，用于代替人员搬运和清除放射性物质研究场所中的放射性材料。当时的机械手是“主从”型的，用于准确地“模仿”操作员的手和手臂的动作。随后的几十年中，特殊作业机器人主要用于搬运和清理危险物品。20世纪70年代，一些特殊场合应用的机器人应运而生，例如步行机器人、无人驾驶汽车、危险环境作业机器人、救灾机器人等。其中应急灾难搜索和救援机器人的研究热度不断增加，经过1995年的美国俄克拉何马州爆炸案以及日本神户大地震后，美国、日本等机器人技术强国开始大力研发救灾机器人。进入21世纪后，救灾机器人从实验室进入现场救援的实际应用中，主要用于在受灾环境中搜索受难者、探测受灾地区环境、转运受灾人员、清理障碍物以及运送救援物资等。例如，2001年，美国纽约世贸中心火灾中，美国投入了Packbot机器人、单人携带式机器人以及Talon机器人参与灾害探测工作；2004年日本新潟县大地震中，使用了国际救援系统研究院（IRS）涉及的履带式蛇形移动平台Soryu Ⅲ对受灾环境进行检查；2005年美国加州拉肯奇塔泥石流灾害和2005年美国卡特里娜飓风灾害中，都使用了单人背包式机器人探测受灾情况；2006年美国西弗吉尼亚州西米煤矿灾害中，使用了超长式地面无人车辆。一般来说，小型无人驾驶地面车辆（UGV）能够探测和搜索受难人员，大型的无人驾驶地面车辆能够清里障碍物和运送物资。

英国最知名的特殊作业机器人产品是用于危险爆炸物处理和危险品探查的危险环境机器人，例如Morfax公司生产的手推车（Wheetbarrow）危险爆炸物处理机器人、Allen公司研制的 Defender 危险环境机器人、哈里斯（Harris）公司研制的 T7 抢险救援机器人等。其中，履带式“手推车”MK7 危险环境机器人及“超级手推车”SuperM 危险环境机器人已经出售到 50 多个国家。目前英国特殊作业机器人的研究方向是将机器人由遥控机器人控制方式逐步走向自主机器人，重点研究技术包括危险物品的探测、识别和处置技术、机器人越障技术等。

法国最有名的特殊作业机器人产品同样是危险环境机器人，尤其是危险爆炸物处理机器人。法国知名的特殊作业机器人产品包括：Alsetex 公司的 SAE-MC800 危险品探测机器人、DM 开发公司的 RM55 机器人、法国 Cybernetics 公司的 TEODOR 危险环境机器人及 CASTOR 小型危险环境机器人、Cybemetix 公司的 TSR200 机器人及微型危险爆炸物处理机器人 Minirob 等。这些机器人产品都已在实践中得到了有效的应用。

1992 年，德国对“试验性机器人计划”中的试验车进行了自主越野能力的演示，可以自主地探测及躲避障碍物，如灌木、树林、壕沟等，这成为德国对于移动作业机器人自动控制技术的早期研究成果。德国在 20 世纪 80 年代中期提出要向智能型机器人转移的目标，并在之后的十几年间取得了较好的研究成果。目前，德国比较著名的特殊作业机器人产品包括：Telerob 公司研制的 Teodor 危险爆炸物处理机器人以及 TELEMAX 危险爆炸物处理机器人、Telerob 公司研制的用于探测危险物质的 Oscar NBC 机器人、Mak 系统公司研制的大型危险作业操作机器人等。目前，德国的重点研究方向包括危险环境机器人的机械结构、遥控机器人的控制技术，以及用于机器人的自主系统的图像分析技术及专家系统等。

日本一直都非常重视移动作业机器人技术的发展和应用。20 世纪 60 年代，日本就开始认识到机器人的发展和应用潜力。早在 1968 年，日本川崎重工业公司就从 Unimation 公司购买了机器人专利，并于 1970 年试制出第一台川崎机器人。1971 年 3 月，日本机器人协会成立，逐渐建立起从基础元件到辅机的日本机器人工业生产体系，逐步实现了具有专业分工机器人制造的系列化和标准化。尤其是微处理器出现后，机器人的控制系统向智能化方向大幅度迈进。2015 年，日本政府公布了《机器人新战略》，希望达成三大战略目标：即“世界机器人创新基地”、“世界第一的机器人应用国家”和“迈向世界领先的机器人新时代”。通过实现以上三个目标，使日本完成机器人革命。尤其是针对日本地震灾害频发的情况，日本开发了很多自动或半自动的搜救机器人、救灾机器人等特殊作业机器人。2017 年，日本人工智能技术战略委员会发布《人工智能技术战略》报告，阐述了日本政府为人工智能产业化发展所制定的路线图，包括三个阶段：在各领域发展数据驱动人工智能技术应用、在多领域开发人工智能技术的公共事业以及连通各领域建立人工智能生态系统。在这些政策的支持下，日本的特殊作业机器人产品在近 20 年中，在自主化、智能化方面都有较大的技术进步。

韩国对机器人技术的关注时间晚于美国、日本等机器人技术发达国家，但投入的支持力度使得韩国的移动作业机器人技术在近 10 年来取得了明显的进步。2016 年 3 月，韩国政府宣布人工智能“BRAIN”计划，以破译大脑的功能和机制，开发用于集成脑成像的新技术和工具，并宣布了在人工智能领域投资 30 亿美元的五年计划。2016 年，韩国政府确定九大国家战略项目，包括人工智能、无人驾驶技术等。其中，人工智能最引人关注，韩国政府的目标是在2026年前人工智能企业数量大幅度提升，并培养大量的专业人才，使得韩国人工智能技术水平赶超美国、日本等发达国家。2018年，韩国政府制定了《人工智能发展战略》，从人才、技术和基础设施三方面入手，在2020年前设立了多所人工智能专业的科研院所，推动人工智能技术发展，追赶人工智能世界强国。目前，韩国机器人融合研究所以及韩国国防发展局在移动作业机器人，尤其是特殊作业机器人领域都取得了较丰厚的研究成果。

20世纪60年代末，随着电子数字技术的日新月异，特殊作业机器人的主要发展方向为集成自主操作与遥控操作技术，将传统的遥控操作与特殊任务的选择性自主结合，提高遥控操作体系的工作效率。直至今日，遥控操作技术仍然是特殊作业机器人常用的操作方式。因为与制造业自动化生产不同，特种作业所面临的特殊工作环境和非结构性的工作任务，都需要人的参与来保证行为指令的准确性。遥控操作系统包括移动子系统、操作子系统、工具子系统以及感知子系统、人机交互子系统等多个子系统。

20世纪90年代开始，智能机器人成为机器人技术最主要的研究方向。智能机器人覆盖了先进传感与感知、任务推理与规划、操作与决策自主性、功能集成架构、智能人机接口、安全性与可靠性等技术方向，将传统机器人技术与机器智能技术紧密结合。与此同时，特殊作业机器人的智能化技术也快速发展。

二、境外技术现状

20世纪，以美国、日本、英国、法国、德国为主的发达国家陆续研制了大量的特殊作业机器人并投入实际使用，本章重点介绍境外主要特殊作业机器人产品。

（一）美国特殊作业机器人

美国是研制地面移动机器人最为全面的国家，随着实际应用逐渐趋向两类等级平台。第一类是以40kg左右的本体平台为基础，形成搭载机械臂和勘察监测设备的一体化机器人。该类机器人一方面便于运输、携带及快速部署，另一方面也具有较强的野外勘察能力和良好的平台机动性能。该类平台的典型产品是美国Foster-Miller公司的TALON系列机器人。第二类是以20kg左右的本体平台为基础，以勘察探测能力为主，可搭载部分操作设备的机器人。该类机器人方便携带，在追求良好机动性能的基础上，具有较好的勘察观测能力。该类平台的典型产品是美国IRobot公司的PACKBOT系列机器人。

1.“魔爪”（TALON）系列机器人　TALON系列机器人是美国Foster-Miller公司开发的著名的多功能地面移动系列机器人。TALON机器人的结构是轻型履带式车辆，便于携带，允许搭载多种传感器阵列，移动速度快，越障性能突出，可巡航任何地形，可靠性极高，从高处跌落后仍可继续执行任务。

Talon HazMat机器人是TALON系列机器人中的有害物质探测机器人。TALON HazMat机器人具有重量轻、坚固、快速、承载能力强等优点，具有处理危险物、检测核化危险物品等功能。

2.SOLEM系列机器人　SOLEM机器人也是由美国Foster-Miller公司开发的救援

机器人系统，该机器人与 Talon 机器人一起在纽约世贸大楼火灾的救援工作中使用。SOLEM 机器人建立在高机动性的操作平台上，具有两栖行动能力，可以执行监测、勘察等任务。

3.“背包”（PACKBOT）机器人　“背包”（PACKBOT）机器人是美国 IRobot 公司研制的轻型无人地面移动机器人,在美国纽约世贸火灾救援中得到较好的应用,被用于探查、搜索和处理简易障碍物，并且具有多个类型的产品系列。

4.“勇士”（Warrior）机器人　“勇士”（Warrior）机器人实际上属于 PACKBOT 机器人的派生机型。Warrior 机器人和 PACKBOT 机器人的基本设计是相同的，但体型在 PACKBOT 机器人的基础上被放大，重量可达 250lb*，可以搬运重达 90kg 的物体。

5. 安德罗斯（Andros）系列机器人　Andros 系列机器人是美国 REMOTEC 公司开发的小型危险品处理机器人。Andros 系列机器人具有多个型号，其中，Andros F6A 是其中较为经典的危险品处理机器人。Andros F6A 机器人具有两对可更换的轮胎，并且具有前后支臂形式的复合活节式履带结构，采用轮子行走，速度较快，采用履带行走，则通过能力强，能够用于上下楼梯或通过壕沟等各种障碍。Andros F6A 机身较窄，适合在狭窄的地方操作。Andros F6A 具有一支六自由度的机械手，其可配置 X 射线机组件用于实时 X 射线检查或静态图片，还可配置放射性 / 化学物品探测等：可用于危险爆炸物、核放射及生化场所的检查及清理，处理有毒有害物品及机场保安等。

6. 救援机器人 BEAR　BEAR（Battlefield Extraction Assist Robot）机器人是美国 Vecna 公司研制的救援机器人。该机器人采用类人的外形，有两个可活动的手臂，采用履带和轮子作为移动平台可使其快速灵活移动。该款机器人可以适应不同地形，在崎岖路面，它可以采用“跪姿”，通过履带平稳行进，到了平坦地面，则可转换成轮式快速前行。它还可以利用腿部的两个独立踏板完成各种特殊的动作，依靠膝盖、臀部或足部的运动来改变身体高度。该机器人的液压手臂可抬起 227 kg 的重物长达 1 小时，其机械手则可以完成精细的任务，如进行紧急止血等手术作业。目前对 BEAR 机器人的操作仍然采用远程控制，未来研究方向为通过多传感器技术使其具备感知和应对周围环境的能力。

7.BIG DOG 机器人　美国“BIG DOG”机器人是由波士顿动力学工程公司（Boston Dynamics）研究设计一种形似机械狗的四足机器人，其四条腿完全模仿动物的四肢设计。

8.Minitaur 四足机器人　Minitaur 四足机器人诞生于 2015 年，由幽灵机器人（GhostRobotics）公司研发制造，是一种和狗差不多大小的仿生机器人。Minitaur 四足机器人在四足跑跳模式下的前进速度可达 8km/h，能够穿越轮式机器人和履带机器人都难以应对的碎石地形，还能实现上台阶、爬铁丝网围栏等动作。Minitaur 四足机器人完全采用电动机控制，采用直接驱动方式，不设齿轮组，显示出弹性步态。

9.MATILDA 机器人　美国 MATILDA 机器人是由美国 Mesa Robotics 公司研制的一款小型履带式无人地面机器人，采用遥控机器人技术，能够用于执行各种遥控勘查、危险物品处置、物资输送、道路清障、监视和 CBRN 探测等任务。MATILDA 机器人的移动平台采

* lb：磅，1lb=0.4536kg。

用了三角形履带结构，可以携带光滑履带、多用途履带、冰雪用履带等不同的履带类型，主体部分前端较高后端较低，重量约为28kg，可根据不同的任务配备不同的上部荷载，包括一个小型四轮拖车、一个操作臂以及一套遥控可分离的破拆用装置，还可以配备危险爆炸物传感器、放射性探测仪和危险化学品探测仪、摄像机、红外照明系统和光线控制器等。该机器人可以携带大约56kg的有效上部荷载，并且可以拖动约为自身重量9倍的物体。MATILDA机器人的行进速度大约为1m/s，一次充电可持续工作4～6小时，如果机器人的履带被破坏，更换备用履带时间较短。

10.阿特拉斯（Atlas）机器人　阿特拉斯（Atlas）是波士顿动力公司（Boston Dynamics）开发的两足机器人，高约188cm，总重量约150kg，属于类人型机器人，全身装有28处液压驱动关节，可以在极度恶劣的地形条件下行进。

11.Recon Scout营救机器人　Recon Scout营救机器人是美国侦察机器人公司在2009年推出的一款侦察营救型机器人。Recon Scout营救机器人能够在紧急状况发生后进入危险环境进行可视侦察。Recon Scout营救机器人小巧机动，并且可投掷，装备有大功率电机、动力强大，轮子的越障碍能力较强。Recon Scout营救机器人能够将可视信息实时送到操控人员的手持式遥控器或者上位机。Recon Scout营救机器人重量轻，仅有大约0.59kg，长度约203mm，具有便于携带和部署的优点。

（二）日本特殊作业机器人

日本的特殊作业机器人产品主要涉及救援机器人和危险环境机器人。下面概括性的介绍日本知名的特殊作业机器人产品。

1.ACM蛇形机器人　1972年，日本东京工业大学Shiego Hirose教授研制了世界上最早的蛇形机器人，该蛇形机器人为主动和弦机构（active chord mechanisms，ACM），由20个关节段组成，用被动轮在机构与环境之间形成约束，每个关节段都能产生相对的运动，这些自由度的运动组合共同推动整个机器人向前行进。1975年，Hirose实验室陆续推出了一套尺寸较小的蛇形机器人型号，称为Souryu I和Souryu II，适用于灾害环境中的搜索和营救，Souryu可以沿着碎石爬上废墟。

2001年，Hirose实验室又陆续开发了ACM-R1至R5系列型号的蛇形救援机器人。这些机器人由多段刚体和被动轮组成，可以抬起身体并实现三维运动，每个部分的轮轴交错90度，适用于灾害环境中的搜索和救援。ACM-R5机器人能够穿越狭窄空间，在高低不平的废墟上前进，主要用于地震或矿难后在坍塌区域的探测和救援工作。目前，ACM系列蛇形机器人已经发展到最新的ACM-R8。ACM-R8的外形尺寸比较大，具有爬楼梯、够到门把手、防水等功能。

2.“T-53援龙”救援机器人　日本Tmsuk公司在2000年研制了救援机器人“T-51”。随后，日本Tmsuk公司又研发的新型的巨型救援机器人“T-52援龙”，高约3.45m、宽约2.4m，质量约5t，机器人双臂可以举起约1000kg的重物，每只手臂都有七个关节。可以通过人员操纵，也可以进行无人远程遥控。在2007年，Tmsuk公司推出了小型化后的T-53援龙机器人。T-53援龙机器人是一种履带式机器人，它体积小，重量约2.95t，每只机械臂长约3.77m，单臂负载能达到100kg，可通过远距离遥控。T-53援龙机器人在2007年新潟县地震的救援中投入使用。

3. Quince 机器人　Quince 机器人由日本千叶工业大学研制，是一种双节双履带底盘的救援机器人。Quince 机器人占地面积小并且运动快速，采用设置有两个前后副履带摆臂的底盘，副履带摆臂可以进行类似腿的动作，可以轻松越过各种复杂地形。福岛核事故发生后，日本投入了多部 Quince 机器人。改进的 Quince-2 和 Quince-3 机器人可使用中继通信、无线远程遥控，且 Quince 系列机器人能够在辐照环境下使用。Quince 机器人本体结构使用碳纤维和铝合金，本体重量低，主履带旁配合 4 个独立的副履带驱动，可以有效提高本体的稳定性和越障能力，机器人还携带 3D 摄像系统，可以实时测绘现场的三维图。Quince 机器人还安装有一个 2 自由度的机械臂，用于进入反应堆内部液体取样。

4.Robocue 机器人　Robocue 机器人是日本菊池制作所在 2009 年为日本东京消防厅开发的一款救援机器人，能够在灾害现场确定受伤者的位置并将伤者运输离开危险区域。Robocue 机器人采用电池驱动，利用前后独立的两组履带可完成前进、后退、左右转等动作，还可平行移动，爬坡能力最大为 30 度斜坡，还能实现爬楼梯等操作。最小回转半径为 1.5 m，适合在狭小的灾难现场活动。Robocue 机器人是具有还特殊设计的结构，能够通过机械臂将伤患者运送到一个类似雪橇的 Robocue 平台上，起到转运伤者的作用。Robocue 机器人通过超声波传感器和红外摄像机确定受伤人员的位置，即可以进行远端无线操作也可以采用有线控制。该机器人在 2011 年日本大地震的救援中得到应用。

5.Crawler 机器人　Crawler 机器人是日本横滨警察署开发的救援机器人。Crawler 机器人的承载力较高，具有一个“舱体”，用于将受伤人员转运到安全区域。Crawler 机器人类似于一部电子担架，还设有医疗设备，能够在转移受让人员的路程中监测受伤人员的生命体征等医疗参数。该机器人在 2011 年日本大地震的救援中得到应用。

（三）英国特殊作业机器人

英国的特殊作业机器人产品主要涉及危险环境机器人、救援机器人和监控机器人产品。下面概括性地介绍英国知名的特殊作业机器人产品。

1.T7 机器人　T7 机器人是由英国哈里斯（Harris）公司研制的一款移动作业机器人。T7 机器人可以适用于多种温度和湿度条件，可以在沙漠、暴风雨、潮湿、震动和电磁干扰等情况下进行应急抢险救援作业。T7 机器人的重量可达 322kg，属于较重的机器人，与之相匹配的是其同样具有大负载的作业能力，并且还具有超过 2m 的机械臂的臂展。T7 机器人具备触觉反馈能力，机械臂能够通过携带不同的作业工具完成对目标物体的探查、拆解和处置等任务。

2.“手推车”机器人　英国 Morfax 公司生产的“手推车”（Wheelbarrow）危险环境机器人是较早使用的危险环境机器人，主要用于危险爆炸物的清除，是英国危险环境机器人的典型代表，已销往全球 50 多个国家，发展到目前有多种型号：MK7、MK8、SuperM 等。“手推车”的升级型机器人 MPR-800 型多功能智能机器人又称为“超级手推车”。该机器人重约 204kg，长约 1.2m，完全展开后高度可达 1.32m，可以完成危险爆炸物探测与排险、灭火、监视、清除核放射性沾染物等工作。

（四）其他国家机器人

1. 加拿大 Micro VGTV 机器人　Micro VGTV 机器人是加拿大 Inuktun 公司研制的救援机器人。Micro VGTV 机器人使用 VGTV（可变形线控跟踪车辆）系统，主要包括 Delta Micro 以及升级后的 Delta Extreme 两款型号。Micro VGTV 机器人的主要特点是可以根据环境和任务的不同随机改变机身的形态，是一种可变履带移动结构。MicroVGTV 机器人采用钢化履带驱动，运动能力很强，可以进入废墟的复杂地形环境。Micro VGTV 机器人采用电缆控制，设有两个高清彩色摄像头，能将废墟深处的影像及时传回；还带有微型话筒和扬声器，可用于救援人员与压在废墟中的幸存者通话，适用于在狭小的隧道或坍塌的空间中执行任务。Micro VGTV 机器人的操作人员控制单元（OCUs）具有独立的显示屏， 人机界面良好。在 2001 年美国世贸中心火灾中，Micro VGTV 机器人被用于搜索、侦查和测绘建筑物内的受灾情况。在 2007 年美国 Barkman Plaza II 大楼倒塌事故中，也投入了 Micro VGTV 机器人进行受灾人员搜索和受灾环境检查。

2. 德国 TELEMAX 机器人　TELEMAX 机器人是由德国 TeleRob 公司研制的危险环境机器人，主要功能是处理危险爆炸物。TELEMAX 机器人在 2004 年问世，2006 年更新为新一代产品型号，其结构更加轻便、体积更小。TELEMAX 机器人由于体积小，因此可以在地铁车厢或者飞机客舱通道中进行操作，还可以直接处置一些在飞机头顶行李舱中的物品。该机器人装备了一个可伸展的上臂，伸展后可以达到 2m 多的垂直高度，机械臂的上臂设有钳子，可以吊起 5kg 左右的货物。TELEMAX 机器人还装备了化学制品、危险气体和 / 或放射性物质传感器，可以对危险爆炸物和其他有害物质进行操作处理。行走机构由 4 个独立的履带齿轮驱动，爬坡角度可以达到 45 度，且可以越过约 0.5m 高的障碍物。

3. 法国 TEODOR 危险环境机器人　TEODOR 危险环境机器人由法国 Cybernetics 公司研发制造，是一种具有摆臂的关节式履带移动机器人，主要用于处理危险爆炸物。TEODOR 危险环境机器人使用全履带式底盘，具有极好的越野能力，驱动机械臂的电动机采用四象限控制系统，可以在前进和后退过程中进行各种操作，例如实现翻越障碍和上下台阶的操作；该机器人还设置有具有内置望远镜的机械臂。

4. 西班牙 ALACRANE 机器人　西班牙的 ALACRANE 机器人是用于探索和救援任务的移动作业机器人。ALACRANE 机器人是履带式机器人，带有一个四自由度的铰接臂，其末端执行器是一对独立的三自由度操纵器，并能在主臂腕部进行共同旋转。所有的执行器都是液压控制。该机器人还配备有 CCD 和 IR 摄像机以及三维激光雷达，能够用于受害者检测和环境感知，而且该救援机器人还具有大负载的作业能力。

三、关键技术概况

特殊作业机器人所涉及的关键技术方向主要包括智能控制、环境感知、行走装置、动力系统、定位导航、互操作、集群与协同控制等技术。本章节中将对特殊作业机器人的重点技术的概况进行介绍。

1. 智能控制技术　特殊作业机器人按照控制方式可以分为远程遥控、主从跟随以及全自主模式等。目前遥控、主从跟随等半自主模式是特殊作业机器人的主要控制方式，但是全自主模式技术将是特殊作业机器人的发展方向。具体包括运动机构动作控制、机器人自主导航、定位测距、移动避障及自主控制等。

2. *移动装置* 特殊作业机器人的机动性的关键取决于机器人的移动系统，根据不同应用的要求，目前主要采用轮式、履带式、腿式、关节式及复合式等类型。

3. *多传感器融合技术* 多传感器数据融合的定义可概括为：充分利用不同时间与空间的多传感器数据资源，采用计算机技术对按时间序列获得的多传感器观测数据，在一定准则下进行分析、综合、支配和使用，获得对被测对象的一致性解释与描述，进而实现相应的决策和估计，使系统获得比它的各组成部分更充分的信息。因此，多传感器融合技术成为特殊作业机器人领域开始普遍研究的技术，广泛应用于C3I（command，control，communication and intelligence）系统、自动目标识别、惯性导航、遥感、图像处理、模式识别等技术方向。

4. *动力机构* 动力技术包含直流电池技术、燃料电池技术、内燃机技术、外燃机技术、混合动力技术等。对于中重型和大型的无人平台技术体系，目前普遍采用混合动力驱动型，不仅运行时间长，成本也较低，其动力系统主要由发动机、发电机、蓄电池组件、电驱动和电子控制系统组成，整个系统的工作主要靠电流和电压类电子化信号的控制来完成，更加适应基于遥控驾驶与自动驾驶的无人车辆系统的设计，因此是动力与能源技术发展的重点方向。电驱动是特殊作业机器人更为合适的长期动力类型。目前主要研究的几种解决受灾地区无人机动系统能源危机的方法包括：高压电池技术、再生制动回收技术、无线充电技术等。多途径能源补充技术也是无人机动平台的重要的动力相关技术，包括飞轮储能技术、燃料电池技术、光能聚焦补充技术、无线云充电技术、能量再生技术、自发电技术等，是提高机器人特殊环境下工作能力的重要技术方向。

5. *通信技术* 通信技术主要解决机器人与服务后台及遥控终端之间的通信问题。除计算机自主控制机机器人之外，操作人员需要通过遥控终端对机器人进行控制。因此通信系统的实时性、安全性、稳定性都需要满足较高要求。目前，通信技术包括有线通信和无线通信两种通信方式。有线通信的信息传输快速可靠，但易受环境约束，使用局限性较大。无线传输相对灵活，但信号易受到遮挡或干扰，通信的实时性和稳定性不可靠。综合有线与无线通信技术的上述局限性，搜救机器人更多采用多模态通信方式，对多种通信方式进行融合，实现不同环境条件下的稳定通信。

6. *定位导航技术* 机器人行动能力的基础是机器人的位姿信息、当前状态以及移动规划决策。定位导航技术通过定位、测距、地图构建、路径规划、运动控制等，为机器人行动提供依据。目前已知的智能移动机器人定位的方式主要有相对定位和绝对定位方式，主要用于使机器人实现对自身所在的位置和方向进行准确的定位。移动机器人的导航方式主要包括GPS导航、陀螺仪导航、惯性导航、光电编码导航、磁罗盘导航、激光导航、超声波导航等。

四、技术发展趋势

特殊作业机器人的发展过程与工业机器人的发展过程密切相关。20世纪80年代，随着包括视觉传感器、非视觉传感器（力觉传感器、触觉传感器、接近传感器）等传感技术的发展以及随着信息处理技术的发展，出现了自适应机器人，其具有多个角度的识别能力，能够获得作业环境和作业对象的相关数据信息，引导机器人行进和作业。20世纪90年代后，机器人技术发展为智能机器人的时代，能够自主理解指示命令、感知环境参数、识别操作对象，计划各种操作程序等。智能机器人具有更加完善的环境感知能力，并且具有一定的逻辑思维、判断和决策能力，可根据作业要求与环境信息选择合适的操作方式和路径等进行自主工作。同样，特殊作业机器人目前也在向智能化方向发展。未来，随着新型材料、控制芯片、通信技术、仿生技术、协同技术、传感器技术等方面技术的进一步提高，特殊作业机器人可能与工业机器人一样，朝着模块化、智能化、网络化、仿生化方面发展，将具备更高的自主性能和与人交互的能力。

具体来说，特殊作业机器人将向以下方向发展：

（一）采用先进人工智能，发展更高级的智能机器人

目前美国、加拿大、德国、法国等国在自主控制技术方面的优势比较明显，已经对移动作业机器人自主运动控制技术、目标探测与识别技术、人机协同与智能控制技术等进行了大量的研究，并取得了大量的研究成果。境外科学家认为，未来特殊作业机器人的发展，趋向于采用第五代计算机，突破模式识别关，即利用计算机对物体、环境，语言、字符等信息模式进行自动识别，能够更加准确地认清目标物体的性质、目标物体之间的相互关系、目标地理的精确位置，同时还能够提高操作人员和机器人之间的交互。通过发展各种专家系统、软件程序，使机器人获得更高的分析、判断和决策能力。面向复杂环境的应用需求，突破新的环境感知、自主规划。环境感知主要应用各种光学摄像机、激光和毫米波雷达、测量仪等获取周边环境及地理位置等信息，决策系统对传感器同步进行性能优化，提高机器人根据环境感知结果进行自主决策的能力。

（二）提高人机交互水平

现有技术中，地面无人移动机器人的控制方式大多采用“遥控自主+局部自主”的方式，在更高层次上实现人机交互将是提高机器人智能水平的手段之一。人机交互模式可以分为单通道交互系统和多通道交互系统两种。现有技术中常用的基于视觉、音频和传感器的人机交互系统构成了单通道交互系统的三大技术分支。近年来迅速发展的多通道交互系统，可以通过涵盖用户表达意图、执行动作或感知反馈信息的多种通信方法作为输入方式，例如语言、眼神、面部表情、动作、手势等方式，机器人可以对不同的交互模式进行独立分析，得到综合输出。目前多通道交互系统还面临着众多技术难题，但其在机器人领域正处于蓬勃发展的阶段。

（三）提高传感器的性能，进行多传感器融合控制

移动作业机器人在传感器领域的重点发展方向是外部传感器系统，如采用更加先进的光感受器、脑电波感受器、化学感受器、触觉感受器、听觉传感器等，使机器人能够做到进行多方位多角度的感知和监测，并能感觉到发生在周围的环境情况和事件，同时感知操作对象的性状和状态，从而进行综合判断和自适应操作，用于提高机器人的快速反应能力。

（四）仿生化

近年来，仿生机器人技术越来越受到世界各国的重视。地面移动的仿生机器人作为一

类新的地面特种作业无人装备，大量丰富了地面特殊作业机器人的类型，推动了地面仿生机器人技术的在特殊环境下的使用性能的提升，同时也极大地扩展了可操作的任务范围。目前，特种作业的仿生机器人结构大致可分为三类：一是机动性能和运输能力都很好的四足机器人；二是拥有人形外形和人类动作能力，能够执行躯干动作和上臂动作的人形机器人，例如日本的“ASMO”和美国的“ATLAS”均属于仿人形机器人；三是具有跳跃和攀爬功能的仿生微型机器人，主要包括蛇形机器人、蜘蛛形机器人等，例如日本的“ACM-R5”和美国卡耐基梅隆的仿生蛇形机器人，德国的“BionicKangaroo”属于仿生跳跃型机器人。其中，四足仿生机器人和人形仿生机器人是目前研究最多、应用最广的地面移动作业仿生机器人。在境外已经具有多种典型的四足仿生机器人和人形仿生机器人，展现出了这两种仿生机器人在复杂地形环境中的适应能力、稳定能力、平衡恢复能力以及动作完成能力。

第二节　研究方法

一、特殊作业机器人技术分解

特殊作业机器人的技术分解如表 4-1-2-1 所示。分解的主要依据为：（1）收集相关文献研究技术背景、技术发展现状和技术发展趋势；收集的文献主要包括行业报告、图书和论文等非专利文献；（2）咨询技术专家；（3）检索专利文献，进行评估和分析。

表 4-1-2-1　特殊作业机器人的技术分解

<table>
<tr><th>一级分支</th><th>二级分支</th><th>三级分支</th></tr>
<tr><td>整体结构</td><td></td><td></td></tr>
<tr><td rowspan="6">上部搭载系统</td><td>机械臂</td><td></td></tr>
<tr><td>排除危险爆炸物专用装置</td><td></td></tr>
<tr><td>运输专用装置</td><td></td></tr>
<tr><td>监查与搜索专用装置</td><td></td></tr>
<tr><td>防化与防辐射专用装置</td><td></td></tr>
<tr><td>救援专用装置</td><td></td></tr>
<tr><td rowspan="6">移动系统</td><td>轮式移动装置</td><td></td></tr>
<tr><td>履带式移动装置</td><td></td></tr>
<tr><td>腿式移动装置</td><td></td></tr>
<tr><td rowspan="3">复合式移动装置</td><td>轮 - 履复合</td></tr>
<tr><td>履 - 腿复合</td></tr>
<tr><td>轮 - 履 - 腿复合</td></tr>
</table>

续表

一级分支	二级分支	三级分支
动力系统	电动机	
	汽油机 / 柴油机	
	混合动力	
	电池	
	附属设备	
感测系统	内部传感器	
	环境感知（外部传感器，例如）	视觉传感器、相机
		触觉传感器
		滑觉传感器
		测距传感器
		力觉传感器
		激光雷达
		毫米波雷达
		其他
通信系统		
控制系统	运动机构控制	
	导航	路标导航
		地图创建
		味觉导航
		磁导航
		视觉导航
		惯性导航
		卫星定位系统
	定位	路标定位
		惯性定位
		声音定位
	多传感器信息融合控制	
	机器人智能控制	
	人机交互控制方式	遥控控制
		自主控制
		半自主控制

经过上述工作，本书研究的范围设定如下：（1）地域范围仅为境外特殊作业机器人的相关技术内容；（2）根据特殊作业机器人的定义确定技术分解表涵盖的机器人类型为地面特殊作业机器人，又可以称为无人车，包括在地面作业的搜救机器人、灾难救援机器人和高危环境作业机器人等；（3）关键技术内容包括智能控制、环境感知、行走控制、动力系统、定位导航、互操作、集群与协同控制等本领域认可的关键技术点。

二、文献检索和数据处理

本书对专利文献进行检索和分析，专利文献检索范围仅为境外申请人在境外申请的专利，检索公开日期截至 2023 年 12 月 31 日的相关专利文献，由于受公开时间的影响，2023 年申请的部分专利还未公开，故 2023 年的专利申请数量不完整。

第二章

申请态势分析

第一节　境外专利总体态势分析

一、境外专利申请趋势分析

从境外专利申请趋势的分析可以发现（图 4-2-1-1），境外特殊作业机器人的专利申请量发展趋势基本可以分为三个阶段。第一阶段为 1997 年之前，这一时期申请量较低，年专利申请量均不超过 10 件，属于特殊作业机器人技术的起步阶段。第二阶段为 1996—2002 年，这一时期，专利申请量呈现出高速发展的态势，境外特殊作业机器人相关技术专利年申请量逐年增加，从 1996 年的 10 件以下快速增长为 2002 年的 80 余件，反映出这一阶段境外创新主体特征作业机器人技术投入了较大的技术研发精力。第三阶段为 2003 年至今，这一阶段的申请量呈现出明显的波动式，且年申请量间的波动幅度较大，尤其是 2007—2010 年，年申请量的数据波动范围超过了 60 件，可以说明在这一阶段中，特殊作业机器人技术的发展过程较为曲折，在机器人行业中没有形成明显的技术热度和市场热度。虽然第三阶段时期的年申请量波动较为明显，但总体趋势仍然保持增长态势，到 2021 年达到峰值。2017—2021 年，专利年申请量的波动幅度明显减小，呈现出增速放缓但较为稳定的发展状态，从侧面说明特殊作业机器人技术进入到更为成熟的发展时期。2022 年和 2023 年的专利申请由于没有全部公开（专利从申请到公开需要 18 个月）因此申请量统计呈下降趋势。综上分析可知，特殊作业机器人相关专利技术的全球申请量总体呈阶段式增长趋势，且随着智能机器人技术的成熟和广泛应用，近几年该领域的专利申请也呈现出更加稳定的发展过程。

二、专利申请地域分布

特殊作业机器人相关技术的专利申请地域分析可以示出该专利的主要申请国家，体现专利申请人对相关国家作为目标市场的重视程度。图 4-2-1-2 示出了特殊作业机器人技术境外专利申请的主要国家和地区分布情况。由图可知，特殊作业机器人技术相关专利布局数量前三名的国家分别为日本、韩国、美国。境外专利申请总量的 33% 为日本专利，这与机器人技术在日本起步较早、重视程度较高、科研实力较强有直接关系。虽然日本的特殊作业机器人在市场上的成熟产品没有美国的成熟产品数量多、应用范围广，但日本长期以来针对人形机器人、服务机器人等机器人产品具有传统技术优势，这也给日本的特殊作业机器人提供了更大的技术支持和发展空间。专利申请量排名第二的国家是韩国，占境外特殊作业机器人相关技术专利申请总数的 30%。虽然韩国在机器人技术领域起步晚于美国和日本，但在近 10 年中发展迅速，一跃成为专利申请总量排名第二的国家，专利数量超过了美国。虽然市场上较为成熟的韩国特殊作业机器人产品相对较少，但这并未阻碍韩国申请人的研发投入以及相关专利技术的布局。排名第三的国家为美国，占境外特殊作业机器人相关技术专利申请总数的 20%。虽然专利申请量少于日本和韩国，但美国是传统的计算机科技强国，用于全球知名的机器人创新主体和研究支持项目，同时美国还拥有众多著名的、经过市场和应用实践检验的成熟产品，体现出特殊作业机器人技术在美国的发达程度以及美国作为机器人科技大国的重要地位。另外，俄罗斯和欧洲的专利申请量位列第四和第五位，但其申请量已远小于美国，说明俄罗斯和欧洲作为传统的工业发达地区，仍然在专利技术市场中不容忽视。

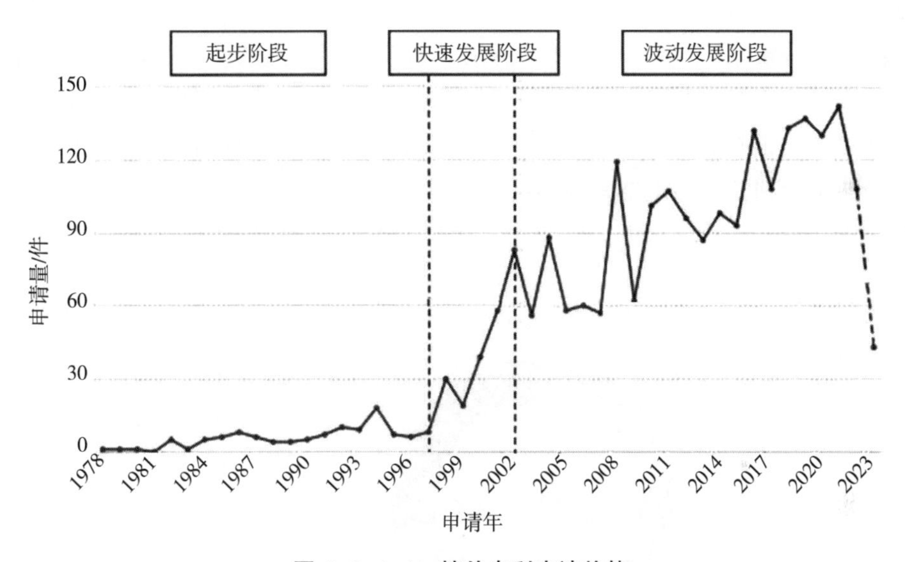

图 4-2-1-1　境外专利申请趋势

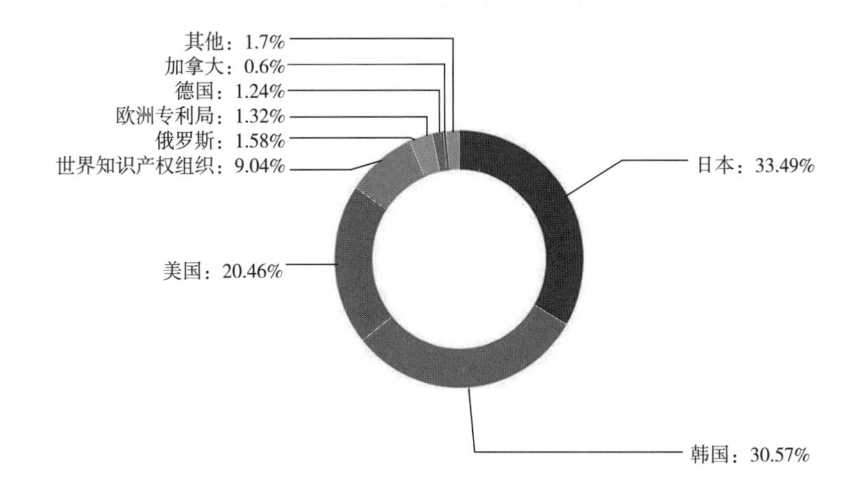

图 4-2-1-2　境外专利申请国家和地区分布

图 4-2-1-3 示出了特殊作业机器人技术境外专利申请的主要来源国。由图 4-2-1-3 可知，特殊作业机器人技术相关专利申请的主要来源国，排名前三位的国家分别为日本、韩国、美国。日本申请人申请了该技术领域数量最多的专利，这与日本长期重视专利布局和技术保护的政策相关。通过与图 4-2-1-2 的比较可以发现，韩国和美国在专利申请技术来源国中所占比例基本与其在专利申请布局国家中所占比例持平，而日本在专利申请技术来源国中所占比例略高于其在专利申请布局国家中所占比例，可以说明日本的申请人除了申请本国专利，还能够在其他国家进行专利布局。韩国在专利来源国数量统计中位列第二，占境外专利申请总数的 31%，体现出韩国在特种机器人技术领域具有较高的研究能力和技术水平。美国在专利来源国数量统计中位列第三，占境外专利申请总数的 19%，体现出美国在特种机器人技术领域仍然能保持传统技术优势。德国作为老牌工业国家，对于特殊作业机器人技术同样具有较高的技术实力，德国在专利来源国数量统计中位列第四，虽然数量与前三名的国家相差较大，但德国也具有数个在市场上比较成熟的产品系列。另外，俄罗斯、法国等国的申请人在特殊作业机器人领域的专利申请数量虽然没有排名前三位的国家的专利数量占比突出，但均拥有各自的优势产品。由此可知说明，欧洲作为传统的工业技术发达地区，仍然是专利技术的重要来源地区。

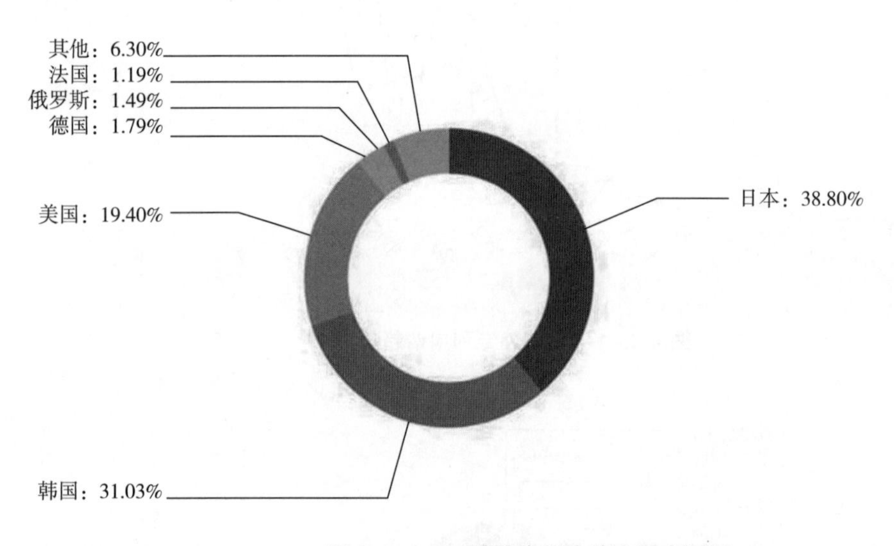

图 4-2-1-3　境外专利申请主要来源国

三、专利申请技术分布

根据 IPC 专利分类，可以看出主要的技术发展方向和主要的技术分支。图 4-2-1-4 示出了境外特殊作业机器人专利申请中排名前十位的技术分支，可以为科研人员和创新主体提供参考。特殊作业机器人的主要技术分支为 B25J（机械手；装有操纵装置的容器）、B62D（无轨陆用机动车或挂车）、G05D（非电变量的控制或调节系统）、G06F（电数字数据处理）、A62C（消防）、G05B（一般的控制或调节系统）、G08B（信号装置）、G06T（一般的图像数据处理或产生）、H04N（图像通信）。特殊作业机器人由于大多具有特殊作业的机械臂，用于实现特种作业操作任务，因此机械臂的相关技术是最主要的技术分支。而由于特殊作业机器人的任务环境都较为复杂，因此需要机器人具有卓越的越障能力，因此机体结构和移动机构的相关技术是特殊作业机器人的主要技术分支。从图 4-2-1-4 中可以看出，机械臂相关技术和机体移动机构相关技术是专利申请量最多的两个技术分支，且申请量明显高于其他技术分支，说明机械结构仍然是特殊作业机器人的主要技术方向。由于特殊作业机器人大多采用半自动或全自动控制，因此机器人的控制技术是特殊作业机器人专利的重要技术分支，在全部专利技术分支中排名第三，也是现阶段机器人技术的热点发展方向。专用于火灾救援和灭火的机器人在 IPC 中存在专门的位置，主要涉及的专利技术为灭火介质的输送和使用。除此之外，与特殊作业机器人移动控制和任务执行操作控制相关的自动控制、参数采集、传感技术、图像识别技术、通信技术等，也是特殊作业机器人专利技术的主要技术分支方向，虽然这些技术分支的专利申请量均不多，但仍然是特殊作业机器人技术不可忽视的重要组成学科。

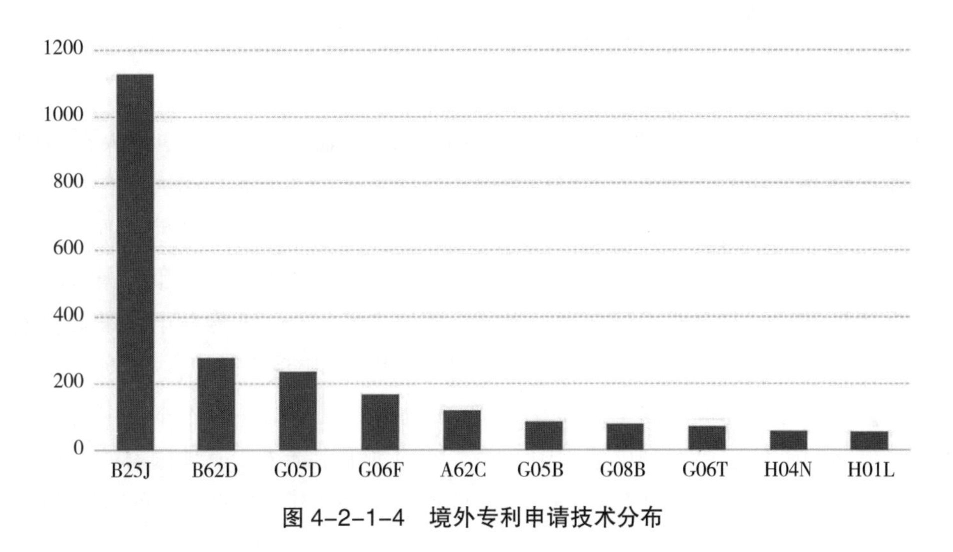

图 4-2-1-4　境外专利申请技术分布

四、主要申请人分析

图 4-2-1-5 示出了特殊作业机器人相关技术专利申请量最多的 20 位申请人。前 20 位中日本申请人占半数左右，可以看出日本在特殊作业机器人领域具有明显的技术优势和研发实力。尤其是索尼公司，对于人形机器人机体结构、四足机器人结构以及智能控制等技术方向申请了大量的专利。排名第二位的是韩国机器人融合研究所，该申请人对于特殊作业机器人技术的研究起步时间很晚，大量专利申请均在 2020 年前后提出，但申请数量较多，是近几年在特种机器人专利技术领域最活跃的申请人。美国著名的机器人技术公司波士顿动力公司、艾罗伯特、福斯特 - 米勒公司均是排名前 20 位的申请人，也是美国申请人中专利申请量最多的三家公司。这三家美国公司均存在技术成熟的产品，具有较高的研发水平和明显的技术优势，尤其是波士顿动力公司，在四足机器人和人形机器人方面都有较高的技术实力。另外，韩国国防发展局、日本的三菱重工都是境外比较著名的机器人研究机构，专利申请量排名分别为第四、第五，具有较强的科研实力。

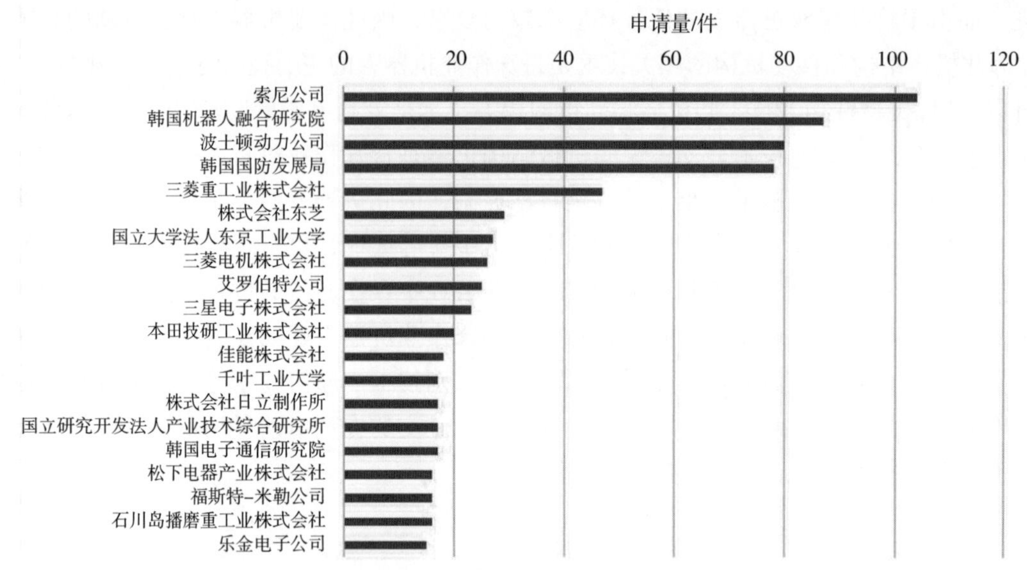

图 4-2-1-5 境外主要专利申请人排名

图 4-2-1-6 示出了特殊作业机器人技术专利申请量排名前十位的申请人在不同国家的主要专利布局情况。从图 4-2-1-6 中可以看出，排名前十位的专利申请人中有九位都在美国进行专利布局，说明美国是重要的技术目标国，不论是日本企业还是韩国企业，为了使其机器人产品和技术在国际市场占有有利竞争地位，美国是不可缺少的专利布局国家，也从侧面说明美国仍然是目前机器人技术综合实力强国。相比之下，日本的专利申请量虽然较高，但仅来源于日本申请人在本土的专利布局，美国申请人和韩国申请人较少在日本进行专利布局，可以说明日本并不是全球范围内主要的专利布局目标国，更多是由日本本土申请人占据专利技术市场。排名前十位主要专利申请人中，除了韩国本土申请人，其他国家的专利申请人并没有在韩国进行专利布局，可以看出韩国也并不是全球范围内主要的专利布局目标国。

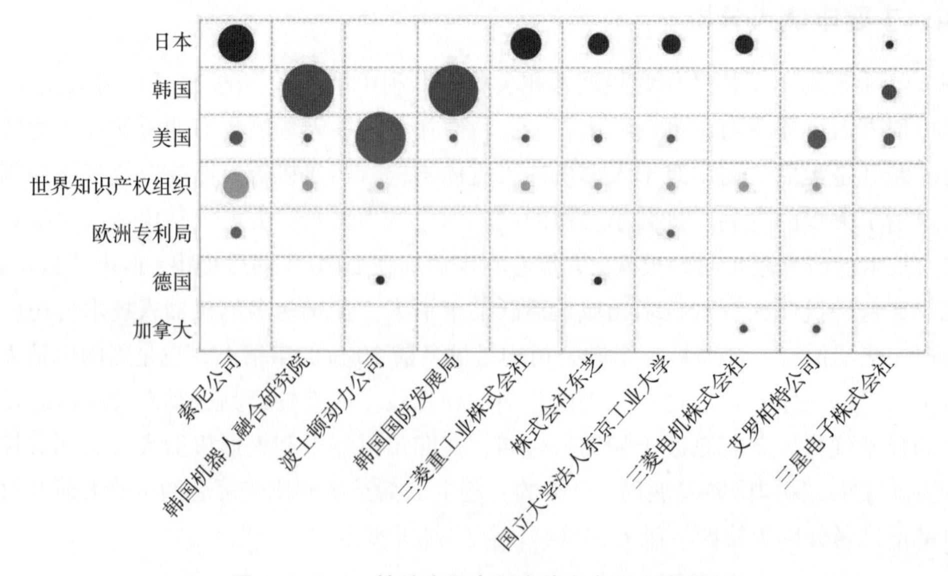

图 4-2-1-6 境外主要专利申请人专利申请分布

从图 4-2-1-6 中还可以看出，排名前十位的主要申请人均在本土之外进行了专利布局，说明这些申请人都比较注重在全球不同地区进行专利布局，具有较高的布局意识和市场意识。相比之下，韩国企业和美国企业更倾向于有选择性地在特定国家和地区进行专利布局，从而实现有目标有计划的全球技术布局。

图 4-2-1-7 示出了特殊作业机器人技术专利申请量前十位的主要申请人的 IPC 技术分布情况。从图中可以看出，内容为机械臂结构的分类号 B25J 和内容为控制技术的 G05D 是特种机器人技术领域的重点技术分支，申请量排名前十位的申请人在这两个技术分支均有专利申请，尤其是机械臂结构这一技术分支下，每个申请人的专利数量都多于其他技术分支。内容为电数字数据处理的分类号 G06F、内容为图像数据处理的分类号 G06T 以及内容为车体结构的分类号 B62D 也属于特种机器人技术领域比较重要的技术分支，多数申请人对这三个技术分支也均有涉及。日本的索尼公司和三菱重工业株式会社、韩国的韩国机器人融合研究所和三星公司，以及美国的波士顿动力公司都属于涉及技术分支比较多的申请人，具有较强的综合科研技术实力，能够从产品的机械结构、控制技术、智能化操作等各个技术方向进行研发和设计，能够生产成套机器人产品，综合实力较强。韩国的韩国机器人融合研究所将技术重点关注于机械臂和机器人机械结构方面，在这一技术分支的专利数量较为突出。与之相比，日本的东芝公司、东京工业大学、三菱电机株式会社和美国的艾罗伯特公司在不同技术分支中的专利申请量差别较小，体现出这几家公司对于多个技术分支的关注程度差别较小，技术实力更为均衡。

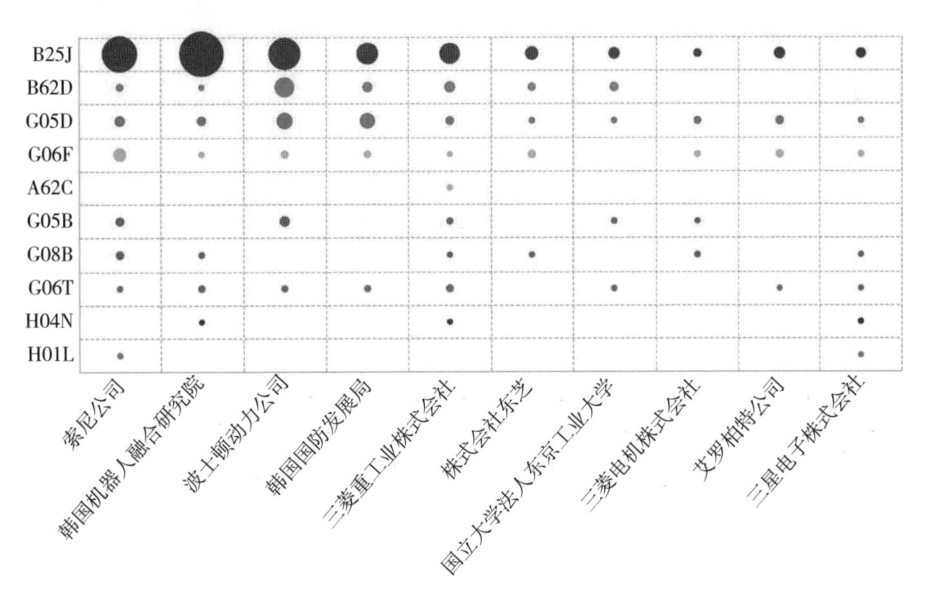

图 4-2-1-7　主要申请人 IPC 技术分布

第二节 日本专利态势分析

一、日本专利申请趋势

图 4-2-2-1 示出了日本特殊作业机器人相关专利申请量总体趋势。日本在特殊作业机器人相关技术的专利申请量排名第一，但是分析日本的专利申请趋势可以发现，该趋势与外国特殊作业机器人相关技术的专利申请量总体趋势差别较大。日本的专利申请趋势可以分为三个阶段。第一阶段为 1980—1997 年，这一时期专利申请量较低，年专利申请量总体不超过 10 件，属于日本特殊作业机器人技术的起步阶段。第二阶段为 1997—2004 年，这一时期，专利申请量呈现快速、持续增长趋势，从 1997 年的 5 件快速增加至 2004 年的 56 件，体现出日本在这一时期出现了特殊作业机器人技术的研发的热潮，带来技术的快速更新和发展。第三阶段为 2004 年至今，这一时期，日本特殊作业机器人相关技术专利申请量出现了波动式的下滑，尤其是在 2004—2007 年之间下降速度非常快，之后在 2008 年有所回升，但也仅为 38 件，之后的 10 多年间，申请量出现了波动式的缓慢下降，最终达到 2021 年的 10 件左右。总体来说，日本在 2004 年前后出现过特殊作业机器人技术的发展高峰，但之后的时间内，尤其是在最近的 10 年间，日本对特殊作业机器人技术的研究热度有所消退，专利技术研究热度逐步回落，与外国特殊作业机器人相关技术的专利申请量总体趋势呈现相反的发展轨迹。

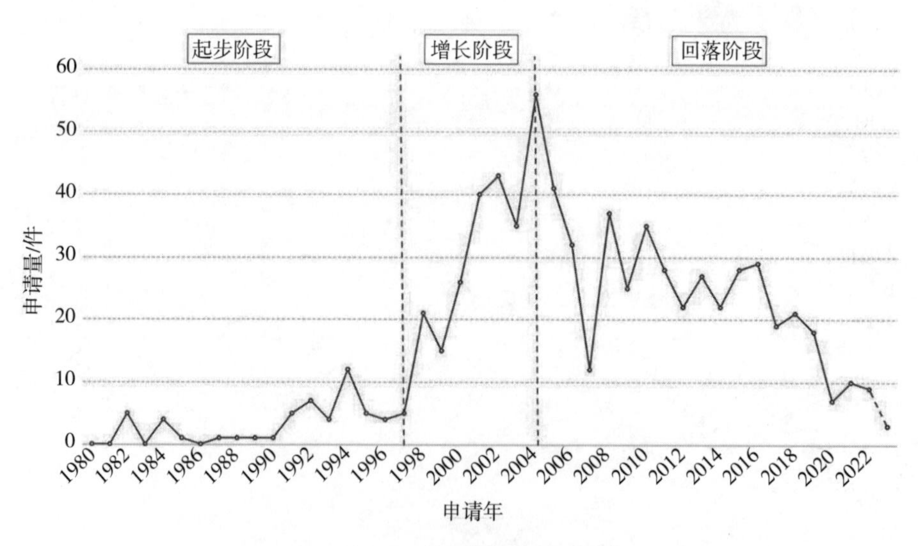

图 4-2-2-1 日本专利申请趋势

二、日本专利申请主要技术来源国

图 4-2-2-2 示出了日本专利文献的来源国情况。可以看出，日本专利申请主要来源于日本本土申请人。日本本土申请人贡献了几乎 95% 的日本专利申请量，由此说明日本专利

申请量虽然位列第一，但境外申请人在日本的专利布局较少。美国申请人在日本申请了部分专利，成为日本专利技术来源国中排名第二的国家。除美国申请人外，在日本申请特殊作业机器人相关专利的主要申请人还来自法国、韩国、德国等机器人技术发达国家。

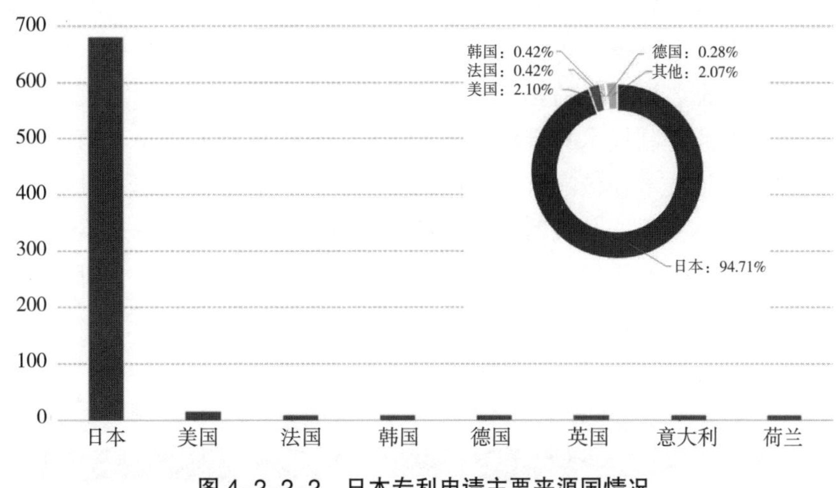

图 4-2-2-2　日本专利申请主要来源国情况

三、日本专利技术分布

图 4-2-2-3 示出了日本特殊作业机器人专利申请中排名前十位的技术分支。从图 4-2-2-3 可见，在特殊作业机器人相关技术领域，日本的技术优势在于 B25J（机械手；装有操纵装置的容器），B62D（无轨陆用机动车或挂车），G05D（非电变量的控制或调节系统）、G05B（一般的控制或调节系统）、H01L（不包括在大类 H10 中的半导体器件）、G06F（电数字数据处理）、G08B（信号装置）、A62C（消防）、H04N（图像通信）等领域，技术分布情况与境外特殊作业机器人领域专利技术分布整体情况大致相同，尤其排名前三位的三个技术分支与境外总体情况一致，其中机械手相关技术分支申请量最为突出，远超其他技术分支。

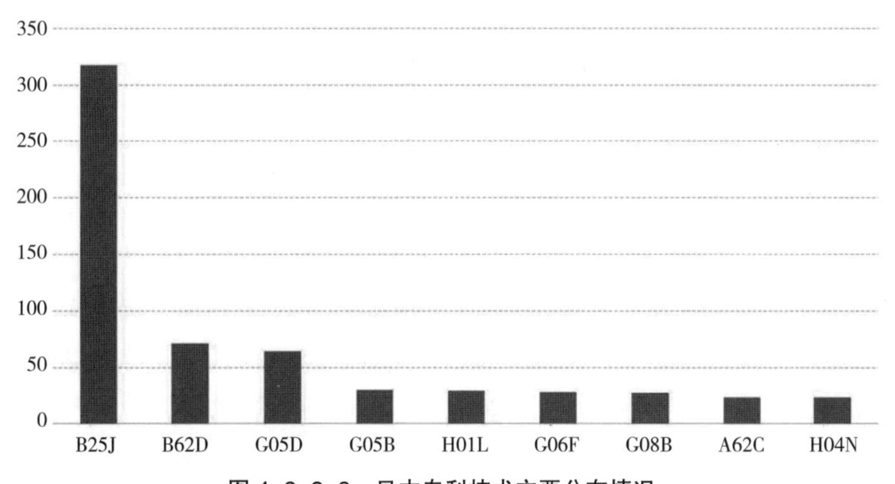

图 4-2-2-3　日本专利技术主要分布情况

四、日本主要申请人

图 4-2-2-4 示出了日本重要申请人的申请量排名情况。由图可见，排名第一的申请人为索尼公司，这与其在境外整体专利申请量排名情况一致。索尼公司针对人形机器人以及四足机器人申请有较多专利，具体涉及多个技术方向，且其专利申请时间较早，在索尼公司最知名的图像处理、电子技术等传统优势技术的支持下，其机器人技术具有较高的技术优势。日本申请人中排名第二位的是三菱重工业株式会社，该企业针对较大型的搬运、破拆等特殊作业机器人的控制技术具有传统技术优势。日本申请人中排名第三位的是东芝公司，该公司同样在电子技术领域具有较丰厚的技术积累，对于特殊作业机器人的控制技术也有较多的专利申请，主要涉及机器人自动控制等技术方向。另外，东京工业大学以及千叶工业大学作为全球著名的机器人技术研究机构具有诸多科研成果，针对特殊作业机器人的专利申请量也位于日本前十位的排名中。

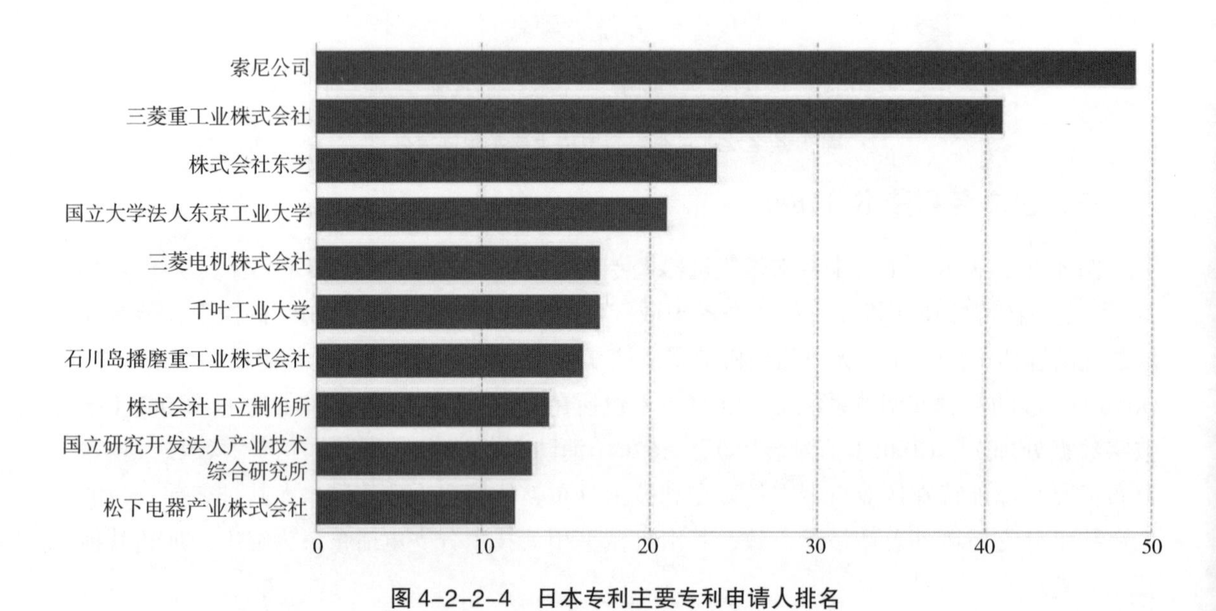

图 4-2-2-4　日本专利主要专利申请人排名

第三节　韩国专利态势分析

一、韩国专利申请趋势

韩国特殊作业机器人相关专利申请量总体趋势如图 4-2-3-1 所示。韩国的专利申请趋势同样可以分为三个阶段。第一阶段为 1995—2005 年，这十年间专利申请量较低，年专利申请量总体不超过 10 件，属于韩国特殊作业机器人技术的起步阶段。相比日本，韩国的特殊作业机器人技术起步较晚，但整体呈现出波动性的增长趋势。第二阶段为 2005—2011 年，这一时期，专利申请量呈现出较快的持续增长趋势，从 2005 年的 5 件快速增加至 2011 年的 40 余件，处于快速增长阶段，说明特殊作业机器人技术在韩国这一时期从技术起步较快走向技术成熟。第三阶段为 2011 年至今，这一时期，韩国特殊作业机器人相关技术专利申请量出现了波动式的增长，波动幅度较小，增长速度较缓，并在 2021 年达到峰值，这一阶段总体呈现出稳步增长的趋势。总体来说，韩国的特种机器人技术专利申请量呈现出波动式的持续增长，体现出韩国对该技术领域长期保持关注且稳定的投入了研究力量。尤其是在 2010 年前后，日本从对该技术的高度关注阶段开始回落，而韩国对于该技术领域则持续稳定的增加关注度，专利申请量开始反超日本并持续增长，成为近 10 年中该技术领域专利申请量增长最多的国家，成为境外特殊作业机器人的专利技术发展中的重要组成部分。

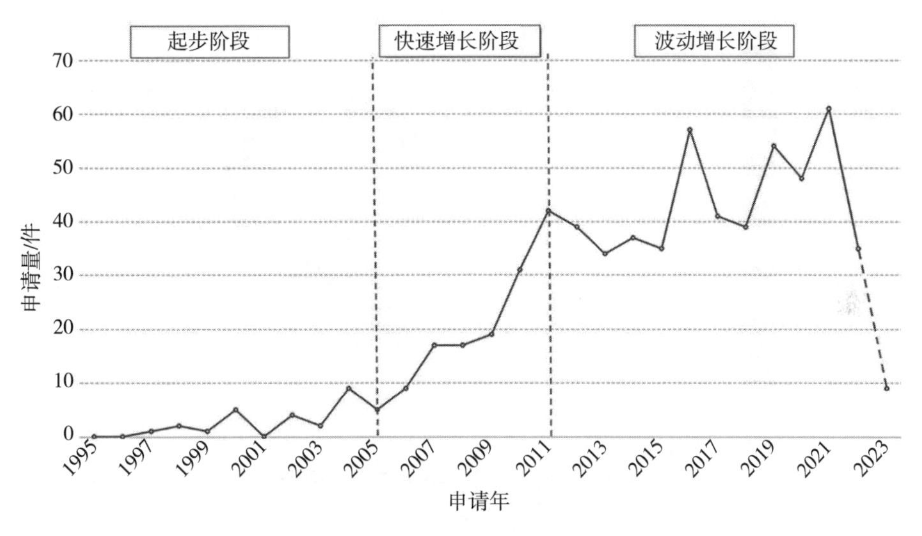

图 4-2-3-1 韩国专利申请趋势

二、韩国申请主要技术来源国

图 4-2-3-2 示出了韩国专利申请的主要来源国情况。与日本的情况类似，韩国专利申请最主要的来源为韩国本土申请人，约占韩国特殊作业机器人专利申请总量的 94%，可以说明境外申请人并未将韩国作为主要的技术竞争市场，专利技术市场主要在韩国本土申请人之间竞争。除韩国本土申请人之外，日本申请人在韩国申请特殊作业机器人相关专利最多，约占总申请量的 1.2%；其次是美国，约占总申请量的 0.5%。

三、韩国专利技术分布

图 4-2-3-3 示出了韩国特殊作业机器人专利申请中排名前十位的技术分支。从图 4-2-3-3 可以看出，韩国特殊作业机器人相关专利所属的技术分支排名前三位的是：分类为 B25J 的机械手和机器人结构相关技术、分类为 G05D 的机器人控制系统和控制方法相关技术以及分类为 B62D 的轮式或履带式机器人的车体结构相关技术。其中，涉及机器人或机械臂的机械结构和操控结构这一技术分支的专利申请量明显多于其他技术分支，这与境外特殊作业机器人专利申请技术分支分布趋势一致，说明韩国专利申请中同样以机械结构作为重点研究对象。涉及 G05D（非电变量的控制或调节系统）技术分支的专利申请量与涉及

B62D（无轨陆用机动车或挂车）技术分支的专利申请量位列第二、第三，且申请量基本持平。可以看出，机器人控制以及车体结构也属于韩国的技术重点方向。除此之外，分类为 G06F 的电数字数据处理技术、分类为 G06T 的图像数据处理技术、分类为 A62C 的消防灭火机器人、分类为 B60W 的不同类型或不同功能的车辆子系统的联合控制技术、分类为 H01L 的半导体相关技术、分类为 G01S 的无线电定向和导航技术、分类为 G08B 的信号装置等技术分支也是韩国的重点发展方向。

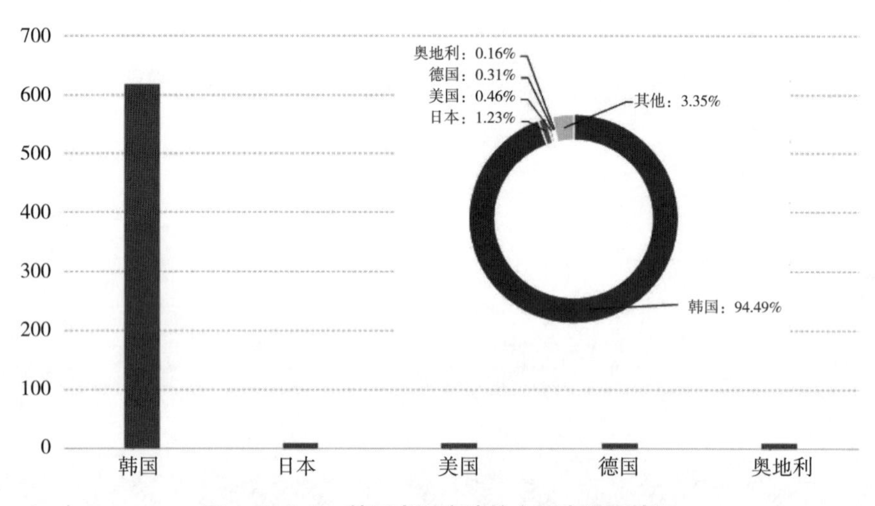

图 4-2-3-2　韩国专利申请的主要来源国情况

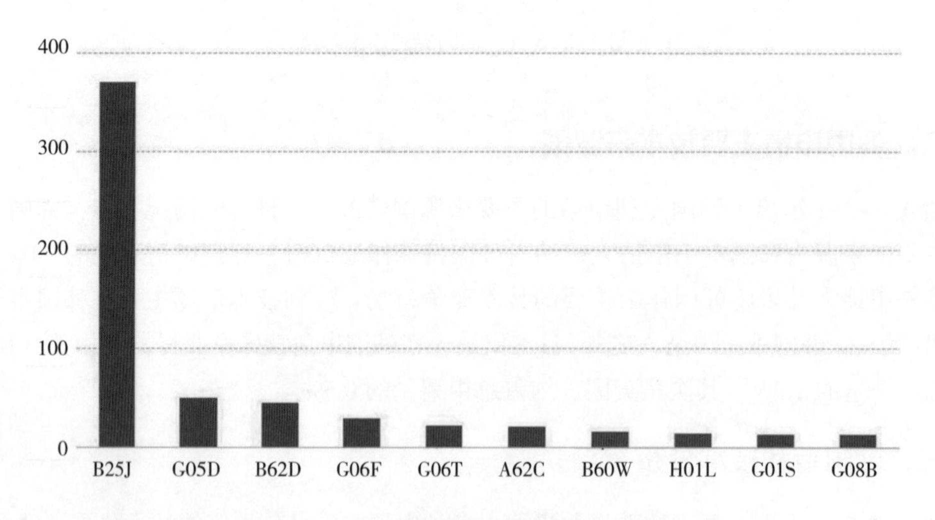

图 4-2-3-3　韩国专利技术主要分布情况

四、韩国主要申请人

图 4-2-3-4 示出了韩国重要申请人的申请量排名情况。图 4-2-3-4 中可以看出，在韩国申请量排名前三位的申请人分别为：韩国国防发展局、韩国机器人融合研究院以及三星公司。从境外主要专利申请人专利申请分布情况（见图 4-2-1-6）可以看出，韩国机器人

融合研究院除了具有大量韩国本土申请以及部分美国申请，还申请了多件 PCT 国际申请，而韩国国防发展局的相关技术专利则主要集中在韩国本土，这导致了在韩国本土范围内，申请量最多的并不是在境外特殊作业机器人专利申请量排名中位列第二的韩国机器人融合研究院，而是韩国国防发展局。韩国国防发展局的重点专利技术包括能够运输受伤人员的救援机器人和轮式勘察机器人的相关技术，还有诸多专利涉及自主控制技术。韩国机器人融合研究院则重点关注机器人结构，主要的专利技术包括蛇形救灾机器人、带有两个机械臂的轮式救援机器人以及机器人的控制装置等技术方向。三星公司的专利技术重点并不十分突出，而是在控制技术以及其他智能化操作相关技术中均有涉及。从图 4–2–3–4 中还可以看出，韩国科学技术院、大邱庆北科学技术院、高丽大学、韩国生产技术研究院等科学研究型申请人在韩国专利申请人排名中比较突出，可以看出韩国的科研院所相比企业在救援机器人专利技术开发中投入了更多的关注度。

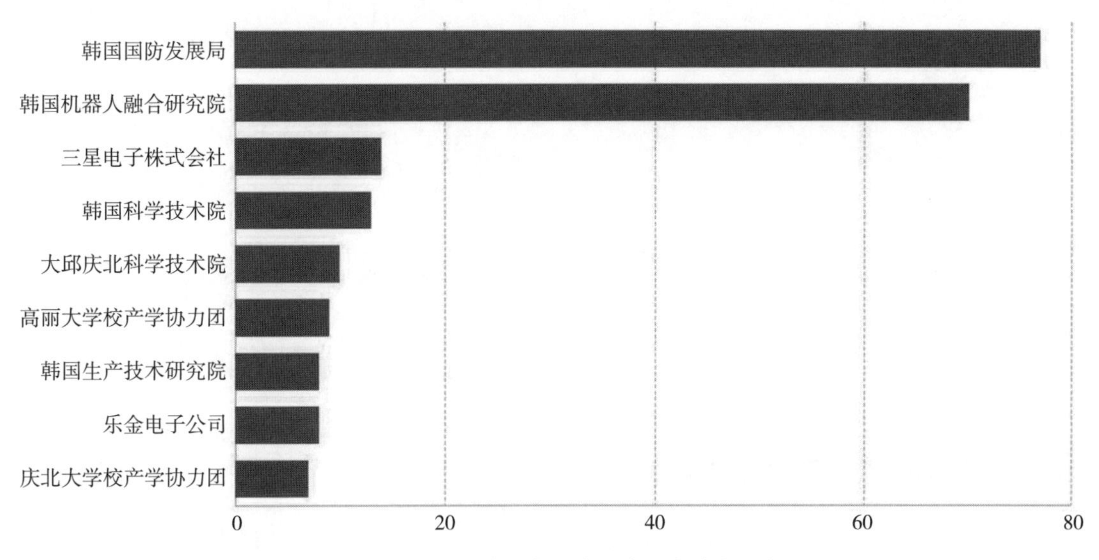

图 4–2–3–4　韩国专利主要专利申请人排名

第四节　美国专利态势分析

一、美国专利申请趋势

美国特殊作业机器人相关专利申请量总体趋势如图 4–2–4–1 所示。由图 4–2–4–1 可见，美国专利申请趋势基本可以分为量个阶段。第一阶段为 1976—2001 年，这十年间专利申请量较低，年专利申请量总体不超过 10 件，属于美国特殊作业机器人技术的起步阶段。美国特殊作业机器人技术起步较早，但早期技术发展较为缓慢，一直持续较低的申请量，直到 2001 年才开始出现较为明显的改变。第二阶段为 2002 年至今，这一时期，专利申请量呈现出波动式的增长变化，波动幅度较大，但总体趋势为缓慢平稳增长，属于波动增长阶段。值得注意的是，2008 年美国专利申请量出现了一个突然增加的峰值，这一年中，美国艾罗伯特公司申请量多件涉及 Packbot 机器人相关技术的专利，福斯特－米勒公司申请了多件涉及 TALON 机器人相关技术的专利，雷神萨克斯公司申请了若干涉及蛇形机器人相关技术的专利，还包括多件由日本申请人和韩国申请人进入美国进行的专利布局，总体使得 2008 年出现了较明显的申请量突然增加。对比日本和韩国的申请量变化趋势（见图 4-2-2-1 和图 4-2-3-1）可以发现，美国的专利申请增长一直处于较为稳定的发展状态，申请量总体变化幅度不大，能够看出美国专利申请量的增幅并没有日本、韩国明显，一直处于较为平稳且缓和的发展趋势中。

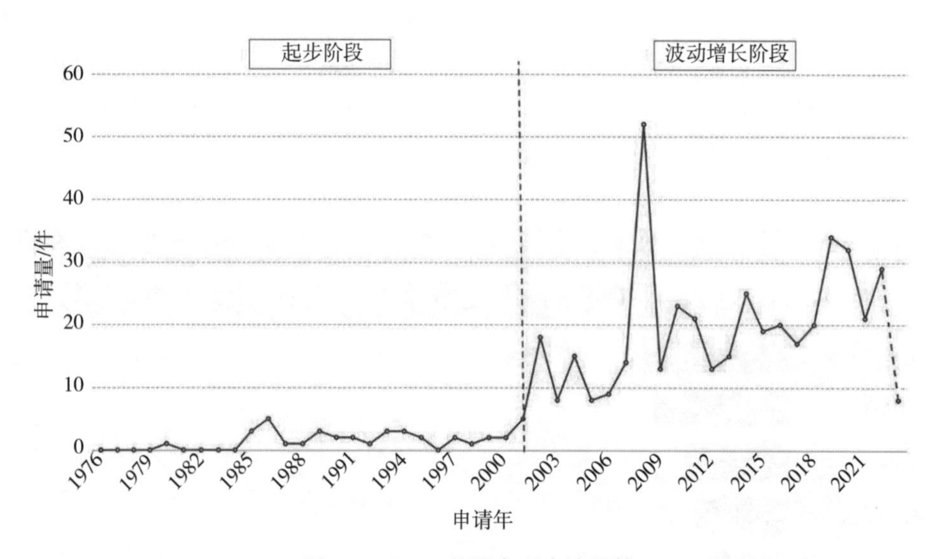

图 4-2-4-1　美国专利申请趋势

二、美国申请主要技术来源国

图 4-2-4-2 示出了美国专利申请的主要来源国情况。美国本土申请人在美国专利申请量所占比例约为 74%，占比较高，但超过 1/3 的美国专利来源于境外申请人，这一比例远高于日本和韩国的情况。对比日本和韩国的专利申请主要来源国情况（见图 4-2-2-2 和图 4-2-3-2），可以看出美国本土申请人在美国所占的比例远没有日本和韩国在本土专利申请量中所占比例高，说明美国更加吸引境外申请人进行专利布局。在美国进行专利申请的外国申请人中，日本申请人占比最多，达到美国专利申请总量的 10%，其次是韩国申请人，占比达到美国专利申请总量的 5%。日本和韩国在机器人技术中的技术优势不但体现在本土专利申请量多，还体现在日本和韩国申请人更加注重在美国布局，并参与美国的技术竞争和市场竞争，也从侧面说明美国具有更加激烈的专利竞争环境。

三、美国专利技术分布

图 4-2-4-3 示出了美国特殊作业机器人专利申请中排名前十位的技术分支。从图 4-2-4-3 可以看出，美国特殊作业机器人相关专利所属的技术分支排名前三位的是：分类为 B25J 的机械手和机器人结构相关技术、分类为 B62D 的轮式或履带式机器人的车体结构相

关技术以及分类为 G05D 的机器人控制系统和控制方法相关技术，这与境外特殊作业机器人专利申请技术分支总体分布趋势一致。其中，涉及机器人或机械臂的机械结构和操控结构这一技术分支的专利申请量明显多于其他技术分支，但这一数量差距并没有日本和韩国的情况突出，说明美国在特殊作业机器人的各个技术分支下的专利申请量更为平衡，对于重点技术分支的偏重也更加缓和。除此之外，分类为 G06F 的电数字数据处理技术、分类为 G05B 的一般控制技术、分类为 G01C 的测量距离、水准或者方位装置和方法、分类为 G06K 的图形数据读取技术、分类为 G06T 的图像数据处理技术、分类为 A62C 的消防灭火机器人、分类为 G06N 的计算机系统等技术分支也是美国的重点发展方向。

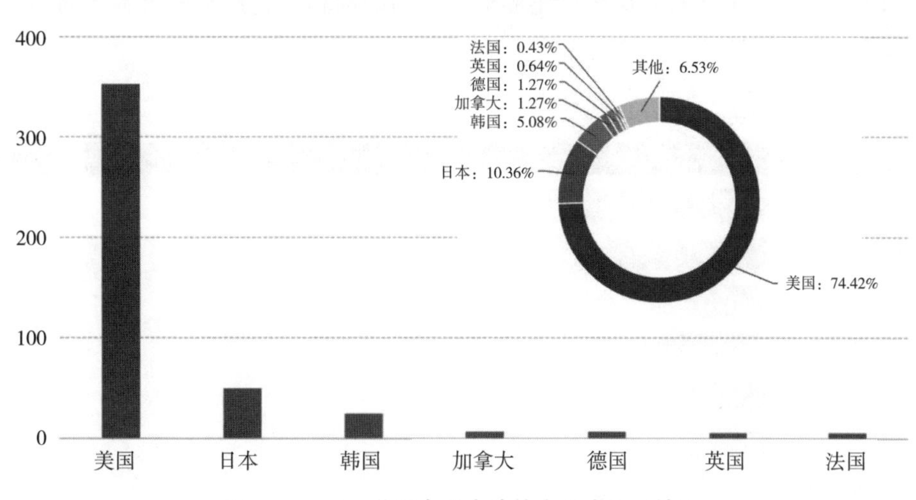

图 4-2-4-2 美国专利申请的主要来源国情况

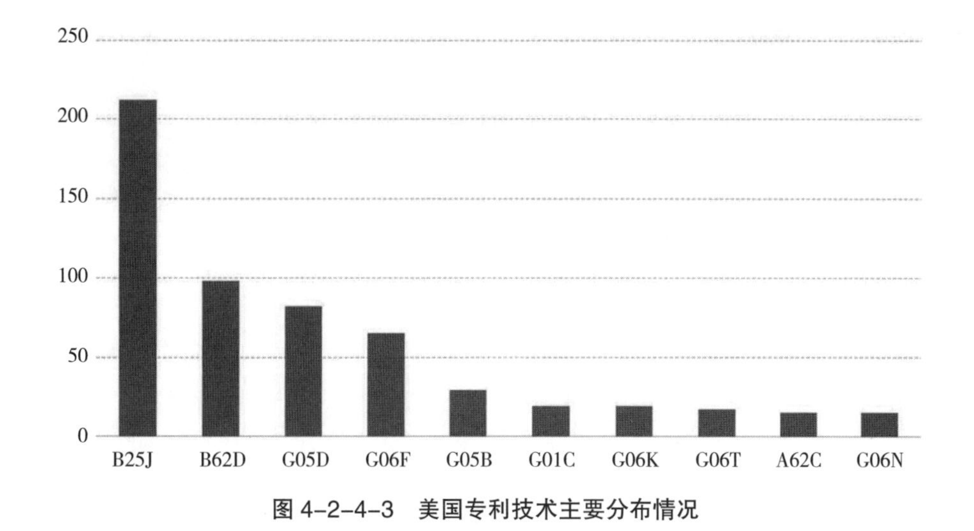

图 4-2-4-3 美国专利技术主要分布情况

四、美国主要申请人

图 4-2-4-4 示出了美国重要申请人的申请量排名情况。从图 4-2-4-4 中可以看出，在美国申请量排名前三位的申请人分别为：波士顿动力公司、艾罗伯特公司以及福斯特－米

勒公司，这三家公司也是美国著名的特殊作业机器人产品的研发企业。波士顿动力公司具有较高的专利申请量，其专利技术主要涉及四足腿式及机器人的结构和控制技术等技术方向。艾罗伯特公司的专利数量排名第二，其专利技术主要涉及履带式特殊作业机器人的结构和控制技术等技术方向。福斯特－米勒公司的专利数量排名第三，其专利技术同样主要涉及履带式特殊作业机器人的结构和控制技术等技术方向。美国专利申请量排名第四的申请人为加拿大的 COBALT ROBOTICS 公司，该公司的专利技术主要涉及自动巡检机器人的自动控制和路径规划等技术方向。另外，日本的索尼公司、本田公司以及韩国的三星公司、韩国电子通信研究院等都在美国布局了较多专利，成为美国专利申请的重要境外申请人。萨科斯公司主要的专利技术主要涉及蛇形机器人的结构和控制技术等技术方向，是美国排名第八位的重要申请人。

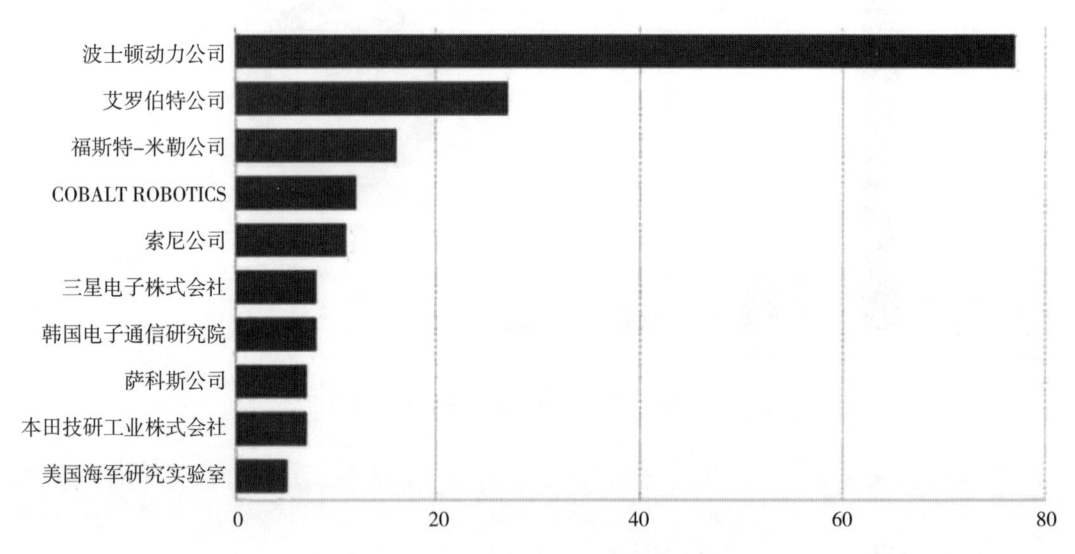

图 4-2-4-4　美国专利主要申请人排名

第三章

关键技术分析

第一节　机体结构和上部荷载

地面特殊作业机器人实质上是一种自动、半自动或遥控的地面平台，按照设计功能进行划分，特殊作业机器人包括侦察与探险、排除危险爆炸物、巡检与保安、破拆与维修、救援与输送、防化与防辐射等多种类型。针对不同功能的地面特殊作业机器人，其机体结构和承载能力均有各自的特性，结构组成与功能直接相关，平台的上部荷载主要根据机器人的功能和平台承载能力进行设计。以美国为例，有代表性的平台包括重型平台为基础的机体和轻型平台为基础的平台，重型平台形成搭载较强的机械臂装置和勘察装备，在便于运输与携带及快速部署的基础上，也具有较强的复杂环境行进和作业能力和良好的平台机动性能，重型平台的典型产品是美国福斯特 - 米勒（Foster-Miller）公司的 TALON 系列机器人。轻型平台以探查检测为主，可搭载部分机械操作装置，具有方便人员携带，代替人员涉险的优点，具有良好机动性能和较好的侦查观测能力，轻型平台的典型产品是美国艾罗伯特（IRobot）公司的 PACKBOT 系列机器人。

一、技术概要

早期的特殊作业机器人主要包括危险环境机器人，用于在放射性环境中承担侦查、危险物质操作以及在危险环境中承担危险爆炸物的处置任务，因此上部荷载主要涉及侦查设备、机械手设备以及危险爆炸物操作设备。后期的特殊作业机器人主要包括救援机器人和搜救机器人，更多将机器人用于受灾地区、坍塌地区的人员搜救和现场情况的侦查。另外，救火机器人也是后期常用的特种机器人类型，能够用于在火灾现场输送和喷洒灭火剂以及监控火情状态信息。美国的地面无人车则更加小型化，多用于侦查、处理危险爆炸物、运送物资等功能，具有操作灵活、机动性能更好的优点。

通过专利技术分析可以发现，特殊作业机器人的主体结构包括以俄罗斯、英国申请人为主的危险爆炸物处理机器人和灭火机器人。以日本、德国申请人为主的危险环境监测机器人和救援机器人。以美国申请人为主的探查检测机器人、危险爆炸物处理机器人和救援运输机器人。作业机器人主要是设置有多功能机械臂的地面移动机器人，能够实现抬升、抓取、维修等多种操作，其技术改进主要与机械臂的结构功能和操作控制相关，专利技术的主要申请国家为日本、韩国和美国。从图 4-3-1-1 中可以看出，通过设置各式各样的机械臂来实现不同的操作任务，机械臂具有多自由度的机械结构，多数机械臂可以更换不同的夹取工具，通过遥控或自主控制实现复杂动作。救援运输机器人主要是指运输救灾物资和运输受伤人员的机器人，用于输送受伤人员的运输机器人出现得较晚，且专利申请总体数量也不多。运输受伤人员的相关专利技术主要集中在美国和韩国，目前的主流技术是通过移动机器人牵引或携带所配套的担架车或移动机器人一体设有担架来完成伤员的运送。探查检测机器人相关专利技术各国均有涉及，主要的专利申请国家为日本、韩国和美国，以各种危险环境以及受灾地区的安全探查和具体情况探查为主，主要技术改进集中在各种传感器或视觉装置的设置。相比较之下，用于处理危险爆炸物的危险环境机器人属于最早出现的特殊作业机器人类型，其专利技术出现的较早，在 2000 年之前以及 2000—2010 年之间专利文献较多。仿生机器人中，人形机器人、四足机器人以及蛇形机器人都有较多专利，其中又数人形机器人和四足机器人的专利数量最多，但仿生机器人在救灾工作中的实际使用目前较少，还有待实践来验证。

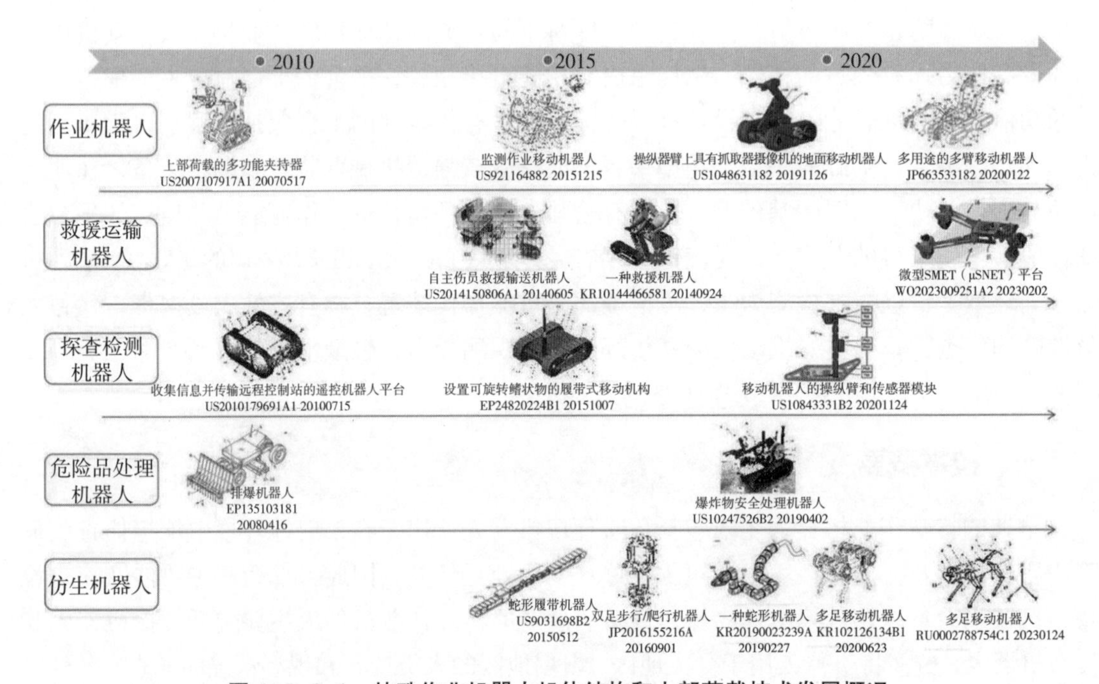

图 4-3-1-1　特殊作业机器人机体结构和上部荷载技术发展概况

二、重点专利解析

（一）作业机器人

特殊作业机器人为了救援需要，大部分上部荷载会设置机械臂或操作臂，用于实现抓取、搬运、移动、处置等操作。下面列举部分重点专利进行详细介绍。

1.US2007107917A1　本专利技术涉及一种多功能机器人工具，包括被配置为夹持器的一对从动指状物。刀片从每个指状物悬垂，并且当通过指状物闭合在一起时，刀片被配置为挖掘铲状物。刀与至少一个用于切割线的刀片相关联。在一个示例中，多功能机器人工具还包括封闭的齿轮箱，该齿轮箱包括向上延伸的驱动轴，每个驱动轴接收在每个指状物中的后向夹具中。每个刀片可以包括向后延伸的框架构件，该框架构件能够可移除地固定到手指的一侧。刀通常包括从第一刀片向外延伸的凹形切割器和从第二刀片向内延伸的用于接收切割器的插座。切割器可以固定到 C 形通道构件，该 C 形通道构件固定在第一刀片的内边缘上。在一个示例中，第一刀片的内边缘包括用于接收 C 形通道构件的切口，并且插座包括固定在第二刀片中的切口上方的第一板，以及固定在第二刀片中的切口后面的第二板。第二板可包括凹形切割器。每个指状物可以包括凹形部分和远侧抓握板（见图 4-3-1-2）。

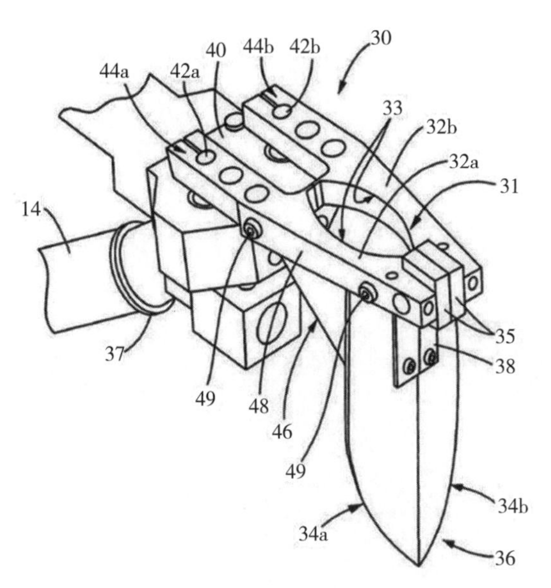

图 4-3-1-2　US2007107917A1 专利技术方案示意图

2.JP6635331B2　本专利技术是一种多臂移动机器人，包含能够在规定范围内动作的多个臂部的车身、一边与地面接触一边进行动作以使该车身移动的行进体，以及根据操作者的操作来控制各所述臂部和所述行进体的动作的控制装置。臂部构成为在地面为规定的不平整地面状态时，能够一边在前端侧与该地面接触一边辅助车身的移动。臂部构成为能将其前端侧按压于地面，以使车身稳定。控制装置具备自动地进行所述臂部与所述行走体的动作控制的自动控制单元，在所述自动控制单元中，以通过使所述臂部及所述行走体协调动作来辅助所述车身的移动的方式进行所述臂部及所述行走体的动作控制。自动控制单元中，进行基于在仅通过所述行走体的动作无法行走的不平整地面状态的地面上行走的不平整地面行走模式的控制，在所述不平整地面行走模式下，一边利用所述臂部按压所述地面一边使所述行走体动作，由此进行所述臂部和所述行走体的动作控制，以使所述车身移动（见图 4-3-1-3）。

3.EP3072641B1　本专利技术是一种远程控制的机器人车辆，属于被提供有行走装置和终止于夹具的铰接臂的机器人车辆的类型，并且其被远程控制以通过控制装备进行排除爆炸物等各种危险操作。该机器人车辆包括第一液压铰接臂，通过双接头装置安装在沿中心轴的 360 度旋转转台上；第二电动铰接臂，相对于竖直安装的轴旋转。机器人车辆由以下装备远程控制：控制装备，集成在盒子中。第一铰接臂由三个分段限定，第三

分段被提供有 ±90° 的侧向旋转并且第一夹具被提供有无尽的旋转。第二铰接臂由三个分段限定，第三分段被提供有相对于纵轴的 360° 旋转，并且第二夹具被提供有无尽的旋转。第一液压铰接臂的第一夹具被提供有与流量和压力的供应相关联的压力传感器，能够调节并获知施加在要处理的对象上的精确的力。第二铰接臂的第二夹具施加的力或压力通过控制致动第二夹具的电动机的电流来控制。第一铰接臂的第一夹具在其端部处被提供有具有短范围的机械接头，机械接头应当用于承受施加在要处理的对象上的压力（见图 4-3-1-4）。

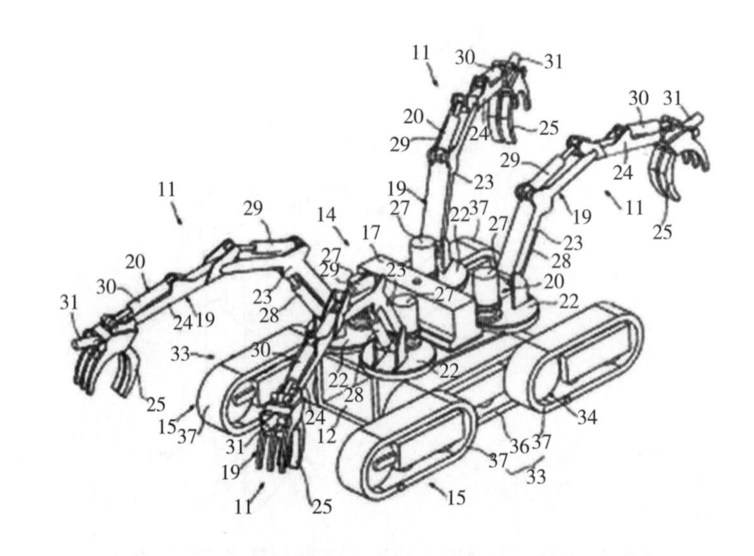

图 4-3-1-3　JP6635331B2 专利技术方案示意图

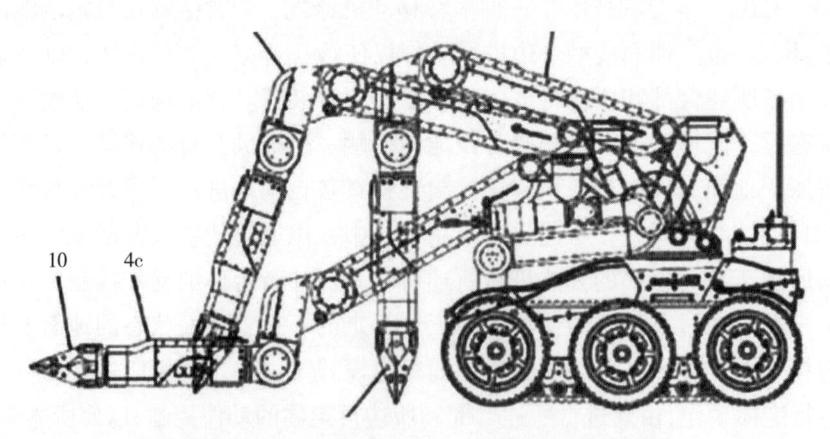

图 4-3-1-4　EP3072641B1 专利技术方案示意图

4.KR102277074B1　本专利技术是一种具有机器人臂的救援操作车辆。该救援操作车辆被设计成通过具有可以使用各种工具在灾难现场执行必要任务的机器人臂来有效地执行救援活动。机器臂通过设置于搭乘空间的操作装置进行操作，或者通过连接于管制服务器的操作装置进行远程控制，从而在灾难现场执行作业。为此，救援作业车辆的机器人臂设置成能够更换各种工具，并且设置有用于确保机器人臂在高温环境下的驱动的冷却装置（见图 4-3-1-5）。

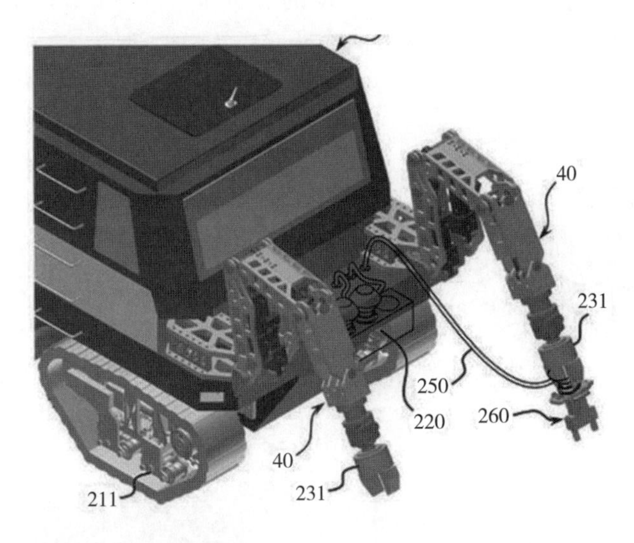

图 4-3-1-5　KR102277074B1 专利技术方案示意图

（二）救援运输机器人

为了将受灾人员从受灾地区救出并运送到安全区域，救援机器人也是特殊作业机器人中的特定类型。由于救援机器人需要搬运受伤人员，因此其上部结构需要设计为更有利于人员搬动的功能需求，同时还需要具有能进行简单的医疗救护、生命维持等相关功能的结构，这使得救援机器人的发展较缓，结构类型较少，目前也很少投入实际应用。下面列举部分重点专利进行详细介绍。

1. US2014150806A1　该专利是一种受伤人员输送和护理机器人，包括第一响应者 102，该机器人第一响应者 102 向受伤患者提供第一响应医疗护理，并且从危险或偏远区域救出受伤患者 104。其中机器人第一响应者 102 采用人形机器人，且具有救出受伤人员的操作部件，例如用于在复杂环境中容易操纵的完整驱动系统、用于人机交互的直观界面以及具有足够强度以提升和移动患者的至少一个双手形式的操纵器，还包括人形上躯干、具有稳定性增强装置的驱动轨道、具有 3D 感测和感知能力的导航控制系统以及用于人机交互的界面。机器人第一响应者 102 可以将患者抬起并放置达到提取运载工具 130 上。提取运载工具 130 包括机动医疗担架，机动医疗担架被设计用于在危险场景中保护受伤人员，监测患者的生命信号，以及有效地从危险地区运送患者（见图 4-3-1-6）。

2. KR101444665B1　本专利技术是一种救援机器人，包括主体、臂、支撑装置。支撑装置包括用于放置物体的支撑板和用于响应于臂的驱动而驱动支撑板的显影模块。臂联接到主体以围绕所述对象的下端；支撑装置以能够折叠及展开的方式安装于上述主体的前部面，并通过辅助上述手臂来支撑对象体。支撑装置包括支撑板，用于放置对象体，还包括展开模块，其响应于所述臂的驱动而驱动所述支撑板。展开模块包括：旋转轴，所述旋转轴联接到所述支撑板的下端；及马达，其连接于所述旋转轴，使所述旋转轴旋转，对应于所述臂的动作而驱动。展开模块还包括：在所述主体沿上下方向延长地形成的导轨、在所述支撑板的上部形成且与所述导轨啮合而滑动的滑动部件、一端铰链结合于所述导轨的下端且另一端连接于所述支撑板且沿长度方向弹性变形的弹性部件。

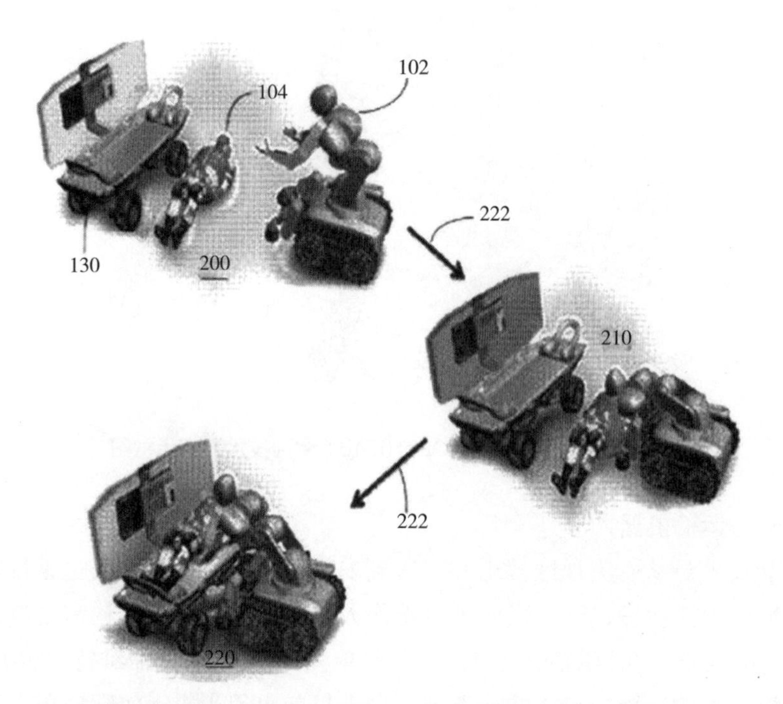

图 4-3-1-6　US2014150806A1 专利技术方案示意图

（三）探查检测机器人

为了便于特殊作业机器人的作业、探查受灾地区环境、检测受灾地区危险情况以及搜救受困人员，上部荷载均会设置摄像机等视频传感器，以便于实时反映受灾状况，同时特殊作业机器人的上部荷载还经常被设置为携带各类危险气体传感器、红外传感器等根据特殊救灾需求而定制的特殊检测设备，以便于救灾人员对受灾环境的全方位掌握。下面列举部分重点专利进行详细介绍。

1.US8884763B2　本专利技术是一种用于车辆的传感器套件，所述传感器套件包括 3D 成像系统、摄像机和一个或多个环境传感器。来自传感器套件的数据被组合以在结构清除或检查操作期间检测和识别威胁。另外，一种用于在结构清除或检查操作期间检测和识别威胁的方法。该方法包括：收集包括对象范围、体积和几何形状的 3D 图像数据； 收集 3D 图像的相同物理几何形状中的视频数据；采集非视觉环境特性数据； 以及组合和分析所收集的数据以检测和识别威胁（见图 4-3-1-7）。

2.EP2482024B1　本专利技术是一种履带式移动机器人。履带式移动机器人被配置为包括至少三种操作模式。履带式移动机器人还包括操作员控制单元，其被配置为与移动机器人通信。操作员控制单元包括：壳体、天线、显示器以及输入设备，天线由壳体支撑并且被配置为向移动机器人发送信号和从移动机器人接收信号；显示器被配置成提供关于移动机器人的操作的信息；输入设备耦合到显示器并且被配置为接收操作者输入。移动机器人可以包括密封麦克风和密封扬声器。传感器可以包括相机、悬崖传感器和墙壁跟随传感器（见图 4-3-1-8）。

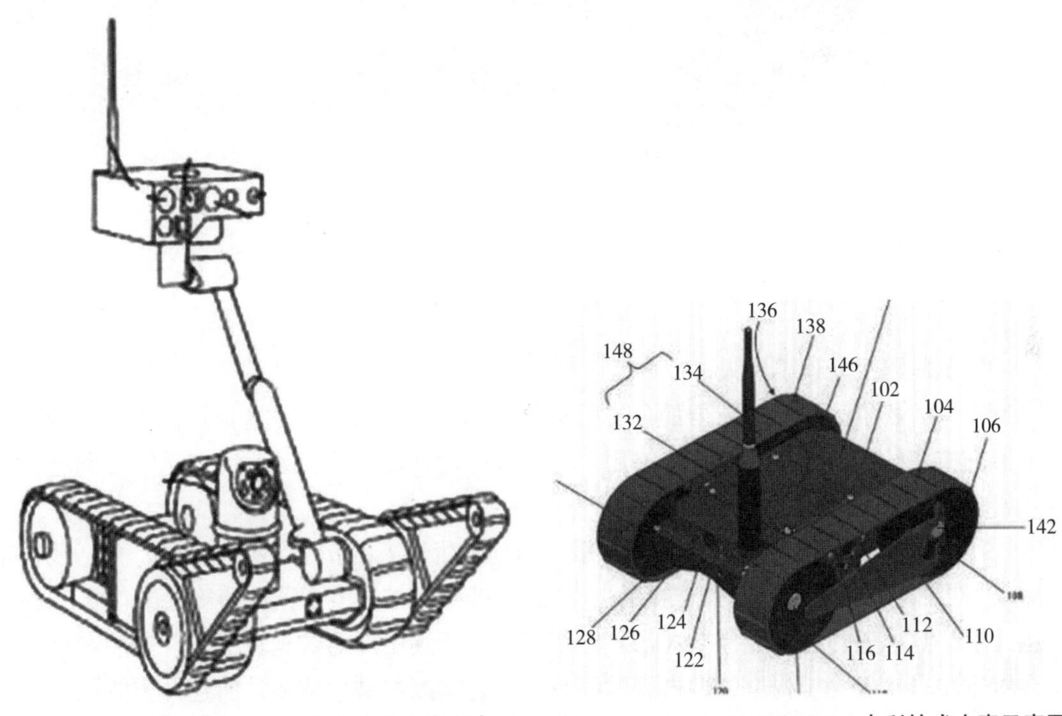

图 4-3-1-7　US8884763B2 专利技术方案示意图　　图 4-3-1-8　EP2482024B1 专利技术方案示意图

3.US10000188B2　本专利技术是一种无人驾驶地面车辆（UGV），包括：UGV 主体，UGV 主体包括刚性底盘；驱动系统，所述驱动系统被布置成便于所述 UGV 主体在地面上行进；桅杆，所述桅杆在基端处附接到所述 UGV 主体，所述桅杆延伸到桅杆头预定距离，所述桅杆头上安装有至少一个桅杆头装置，所述至少一个桅杆头装置被配置用于执行预定功能。桅杆头上安装有至少一个桅杆头装置，例如成像装置。弹性构件布置成弹性地偏置桅杆，以便促使桅杆围绕枢转轴线旋转。弹性构件促使桅杆从收起位置旋转到展开位置，在收起位置，桅杆头设置在距 UGV 主体第一距离处，在展开位置，桅杆头设置在距 UGV 主体第二距离处。翻板臂具有支承表面，该支承表面布置成在桅杆围绕枢转轴线旋转期间接合桅杆的联接器部分（见图 4-3-1-9）。

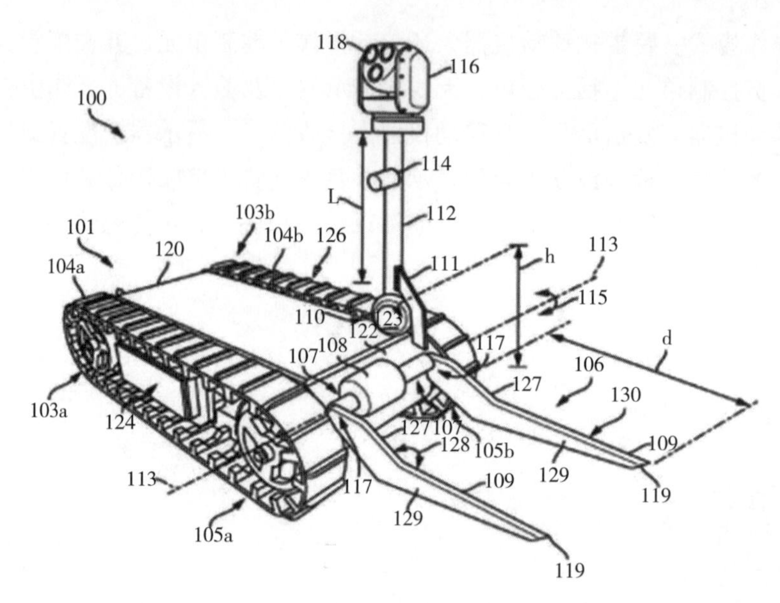

图 4-3-1-9　US10000188B2 专利技术方案示意图

（四）危险品处理机器人

特殊作业机器人中一个重要的分支为危险爆炸物处理机器人，这类机器人具有特殊的传感器机构和特殊的作业机构，能够用于处理危险爆炸物。下面列举部分重点专利进行详细介绍。

US10247526B2　本专利技术是一种爆炸物处理机器人的安全与处理系统，包括线轴基部框架。线轴基部框架具有与其连接的启动器、中断器、控制电子器件和接近传感器，其中，所述线轴基部框架被构造成保持冲击管卷绕机构，所述中断器被构造成允许安装和卷绕设置在所述冲击管卷绕机构上的冲击管的线轴，所述中断器被构造成从所述冲击管的线轴切割卷绕的冲击管，所述控制电子器件被构造成发送信号，所述信号引导所述中断器从所述线轴切割卷绕的冲击管， 所述中断器被配置成将所述切割的激波管物理地重定向并拼接到连接到所述引爆器的第二激波管，并且所述中断器被配置成在所述激波管被激发和用完之后使所述切割的激波管放电。

（五）仿生机器人

仿生机器人的主体结构与常规的特殊作业机器人机体结构不同。常规的特殊作业机器人结构更像是传统意义上的无人驾驶车辆平台，在车辆平台的基础上设置了具有特殊功能的上部荷载和移动机构；而仿生机器人的主体结构则完全根据仿生生物的形态得到，例如目前最广泛使用的仿生机器人为四足腿式机器人、双足人形机器人以及蛇形机器人。下面列举部分重点专利进行详细介绍。

1.US8126592B2　本专利技术是一种机器人或仿生联动装置的致动器子系统。两个机器人或仿生构件之间的关节包括至少第一致动器和第二致动器，诸如连接在构件之间的活塞－缸组件。液压回路包括用于感测活塞－缸组件和/或构件上的负载的大小的传感器子系统。一种流体供应系统包括可致动控制阀，所述可致动控制阀可操作以将流体供应到一个或两个活塞－缸组件。控制电路响应于传感器，并且被配置成电子地控制流体子系统，以在传感器子系统感测到低于预定量值的负载时将流体供应到第一活塞－缸组件，并且在传感器子系统感测到高于预定量值的负载时将流体供应到两个活塞－缸组件（参见图 4-3-1-10）。

2.KR102148941B1　本专利技术是一种具有管状外壳的蛇形机器人及其控制方法。蛇形机器人包括：中空主体单元，其通过万向接头方法将具有驱动轴的多个模块彼此成直角地连接而制成；供应单元，所述供应单元连接到所述主体单元的一端；以及机械手，其连接到供应单元的至少一部分，以通过抓取或释放物体来执行任务。供应单元包括插入主体单元的另一端上的中空部分中的管，以将与待救援人员的存活相关的第一材料通过该一端移动到外部。本蛇形机器人能够缩短或延长多个模块之间的距离，减小或延长主体单元的总长度，通过使用主体单元的总长度的变化来移动，以及将可收缩/可膨胀管放置在主体单元的表面的至少一部分上。本发明的目的是提供一种具有管形外壳的蛇形机器人及其控制方法，能够提高确保被救援人员安全的能力（参见图 4-3-1-11）。

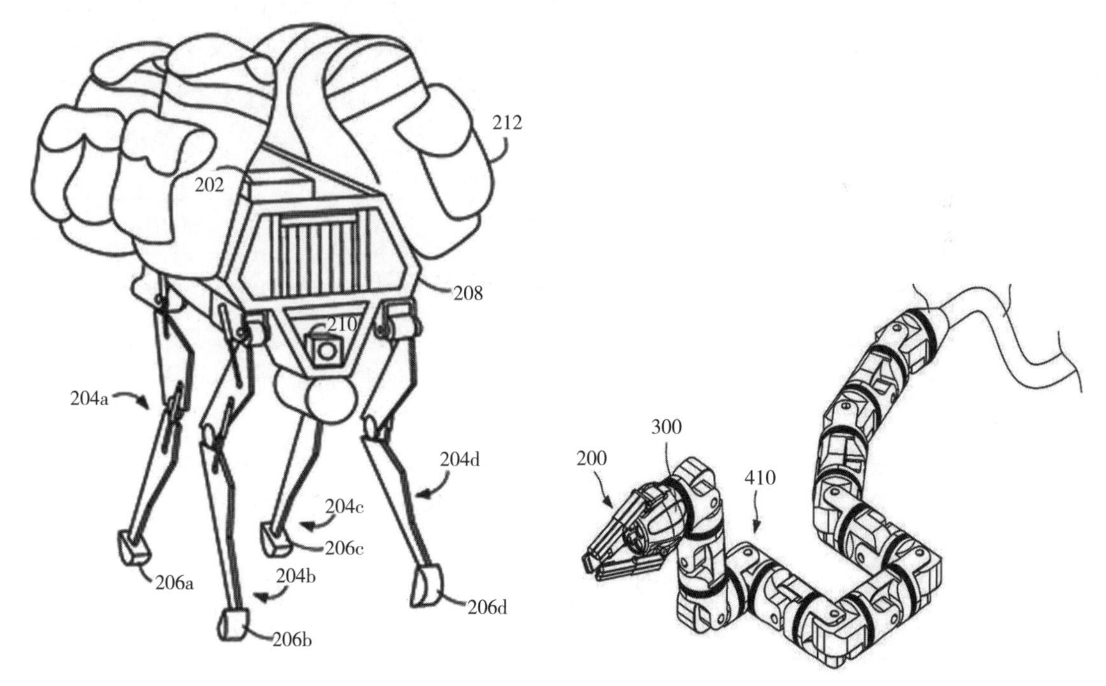

图 4-3-1-10　US10000188B2 专利技术方案示意图

图 4-3-1-11　KR102148941B1 专利技术方案示意图

第二节　移动机构

一、技术概要

移动系统的形式主要分为：轮式、履带式、腿式、关节式及复合式等类型。轮式移动机构是最基础的移动机构形式，具有机械结构简单、运动速度快和控制系统更加成熟的优点，但轮式移动机构对复杂地貌的适应能力较差，不适应跨越具有一定高度的障碍，更适于在具有一定硬度和较高平顺性的路面工作，而在沙土等环境中可能会打滑或沉陷。履带式移动系统具有良好的越障性能及较宽的适应范围，是复杂地面条件下首选的移动机构。但传统的整体履带移动机构的机械结构重量较重、体积较大、机械零件和连接较为复杂。传统的履带移动机构一般采用两条履带，在履带机构的限制下跨越障碍物的高度与履带轮的直径以及履带与地面的接触长度有关，灵活性欠佳。腿式步行移动机构是模仿两足或四足的腿式机构形态制成。腿式步行移动机构具有更好的地面适应能力和越野能力，一度得到本领域的广泛重视。腿式步行移动机构的结构和控制系统能够完成更为复杂的动作，例如跳跃或分腿迈步等动作，但控制机构比较复杂，行走速度相对较慢，而且相关技术仍然不大成熟。为了综合考虑轮式、履带式、腿式移动机构的优点和缺点，机器人多采用复合式的移动机构。复合式移动系统包括腿轮复合式、轮履复合式及轮腿履带复合式等多种复合形式，这些复合结构需要根据地形变化，控制移动系统中各个组成部件的位置及姿态，实现特定动作。不同的移动装置之间对比如表 4-3-2-1 所示。

表 4-3-2-1　不同移动方式对比

移动方式	典型结构	优点	缺点
轮式	四轮 六轮	速度快、运动灵活性高，结构简单，控制系统简单	地形适应能力差， 越障能力差
履带式	履带 摆臂履带	能够较好地适应复杂地形，负载能力强	结构复杂，移动速度慢，重量大
腿式	关节腿 弧形腿	能够较好地适应复杂地形， 运动灵活性高，越障能力较强	结构复杂、驱动较多关节， 控制难度大
复合式	轮 – 腿复合 履 – 腿复合 轮 – 腿 – 履带复合	能够较好地适应复杂地形，运动灵活性高，越障能力强	结构复杂、 控制难度大

1. 轮式移动机构　轮式移动机构具有运动速度快、能量利用率高、结构和控制技术简单成熟等优点，但是越野性能弱、复杂地形条件的适应能力也较弱。轮式移动机构的行走结构为轮子，按照轮子的数量分可分为四轮机构、六轮机构以及多轮机构。四轮机构的运动更加平稳。轮式移动机构为了避免机器人在颠簸和操作过程中受到冲击，还应具有缓冲减震功能。例如采用气囊、液压阻尼器、利用材料和结构的变形缓冲等实现减震

器的保护功能。另外，为了应对特殊作业机器人的复杂使用环境、轮子需要进一步具有防爆设计。一般特殊作业机器人体积较小，多采用免充气轮胎设计，目前较为领先的新型轮胎技术包括美国的免充气仿蜂巢轮胎、美国米其林与通用公司联合研制的 Uptis 免充气轮胎等。

2. *履带式移动机构*　履带式移动机构根据履带形式可以分为几何形状不可变的履带结构和几何形状可变的履带结构两种形式。履带几何形状不可变的普通履带式移动机器人具有越野性能好，爬坡、越障、跨沟等能力较强，对非结构环境具有较强的适应性等优点，从而在现有技术中得到了广泛的应用；但履带结构的驾驶灵活性较差、能耗较大，这也是本领域公知的缺点。作为传统履带机构的改进结构，履带可变形的移动机器人和一些复合型的履带移动机器人不仅具有普通履带式移动机器人所具有的优点，而且还能根据越障动作的变化而改变机器人的运动姿态和运动模式，从而在一定程度上增强机器人对环境的适应性和运动的灵活性。复合履带结构的最典型结构为摆臂式履带，摆臂式履带的典型代表为美国的 Talon 机器人以及 Packbot 机器人。其中 Talon 机器人采用单节双履带式行走机构，移动速度较快且具有较好的越障能力，其所搭载的机械臂可以用来清除危险爆炸物等危险装置；Packbot 机器人在单节双履带行走机构上增加了一对摆臂履带，能够提高机器人的越障性能，机器人搭载有机械臂和摄像头以及各类其他传感器，能够根据各类传感器返回的环境信息展开探查和搜救活动。

另外，可变履带结构的典型代表为加拿大 Inuktun 公司的侦测搜救机器人 VGTV。VGTV 机器人的履带结构能够根据越障动作的改变从普通状态变形为三角形，提高了机器人越障能力。

履带行走机构根据履带布置方式的不同和履带数量的不同设置为多种底盘类型，目前常见的履带式结构包括普通单节双履带式、几何单节双履带式、摆臂双节四履带式和摆臂多节多履带式等。其具体结构如表 4-3-2-2 所示。

表 4-3-2-2　履带式行走结构类型

履带底盘构型	特点
普通单节双履带式	
几何单节双履带式	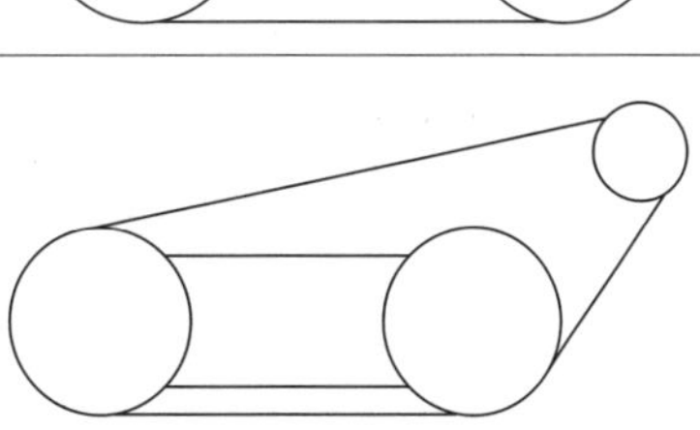

续表

履带底盘构型	特点
摆臂双节四履带式	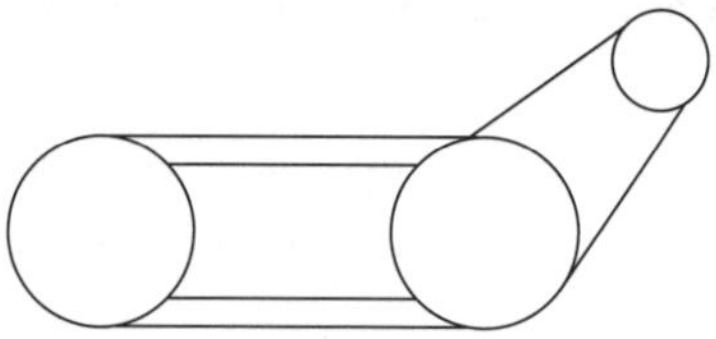
摆臂双节多履带式	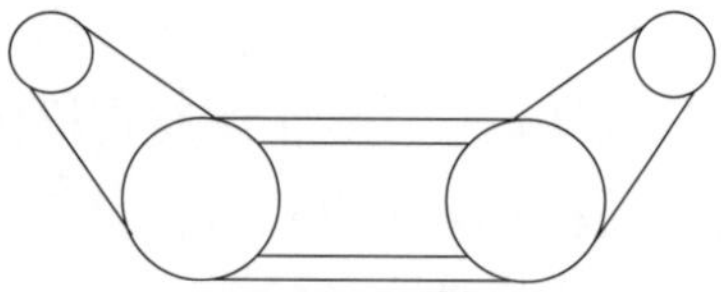

3. *腿式步行移动机构* 腿式机器人具有离散的地面支撑结构和非连续性的足端运动轨迹，因此能够在复杂的地形中具有良好的越障能力和地形适应能力。目前通常使用的腿式步行移动机构包括关节腿式和弧形腿式。腿式步行移动机器人的典型产品包括：美国波士顿动力公司的 Big Dog 四足机器人和 SpotMini 四足机器人、美国麻省理工学院的 Cheetah3 四足机器人、美国宇航局研发的六足机器人 LEMUR 等。其中最知名的产品为 Big Dog 四足机器人，该机器人模仿狗的四足结构，通过液压机构驱动，移动速度较快具有较好的越障能力，如果受到外力也能够自主恢复平衡状态。

4. *复合式移动机构* 复合式移动机器人设置有多种行走机构，通过可操控地在不同行走机构之间进行切换，使机器人同时具备了多种运动姿态，从而提高机器人在复杂地形中的适应能力。本领域通常采用的复合式移动机构包括：轮腿复合式、履腿复合式及轮腿履带复合式。

轮腿复合式可变结构移动底盘主要集成了轮式和腿式两种移动结构，通过机械装置可完成两种运动模式的切换。机器人在移动过程中需要切换至多腿运行模式时，能够将腿式装置接触到地面，然后通过多腿之间的运动配合，实现例如行走、上楼以及抬高取物等多腿机构的特殊动作；轮式运动模式时机器人可以采用驱动轮与地面直接接触，切换成轮式移动模式。

通过专利数据的分析可以发现，早期的特殊作业机器人主要为轮式和履带式，其中以履带式最为常用，主要原因是履带式具有能够适应复杂地面环境的优点，在很长一段时间乃至目前广泛使用的现有产品中都是主要的移动结构。虽然腿式（或称足式）移动机构在仿生机器人领域具有更多的专利申请，但对于特殊作业机器人并非主要技术方向。图 4-3-2-1 示出了近 20 年间机器人移动机构的专利技术发展概况，从近 20 年的专利技术概况可以看出，履带移动机构主要向可变履带结构方向发展，而作为特殊作业机器人的移动机构则普遍采用复合移动机构。可变履带主要是指通过带轮的布置使得履带形状可变，从而适应不同的地形、翻越不同的障碍物。复合机构主要包括轮式复合移动机构以及履带复合移动机构。其中轮式复合移动机构主要包括多关节可转动的轮支架结构，还包括其他移动机构与轮机构的复合结构；而履带复合结构则包括多履带结构通过支架改变相对位置进而翻越障碍的复合机构，还包括设置臂与履带配合翻越障碍的复合结构。例如 IRobot 公司的知名产品 PACKBOT 就是采用多履带复合结构。

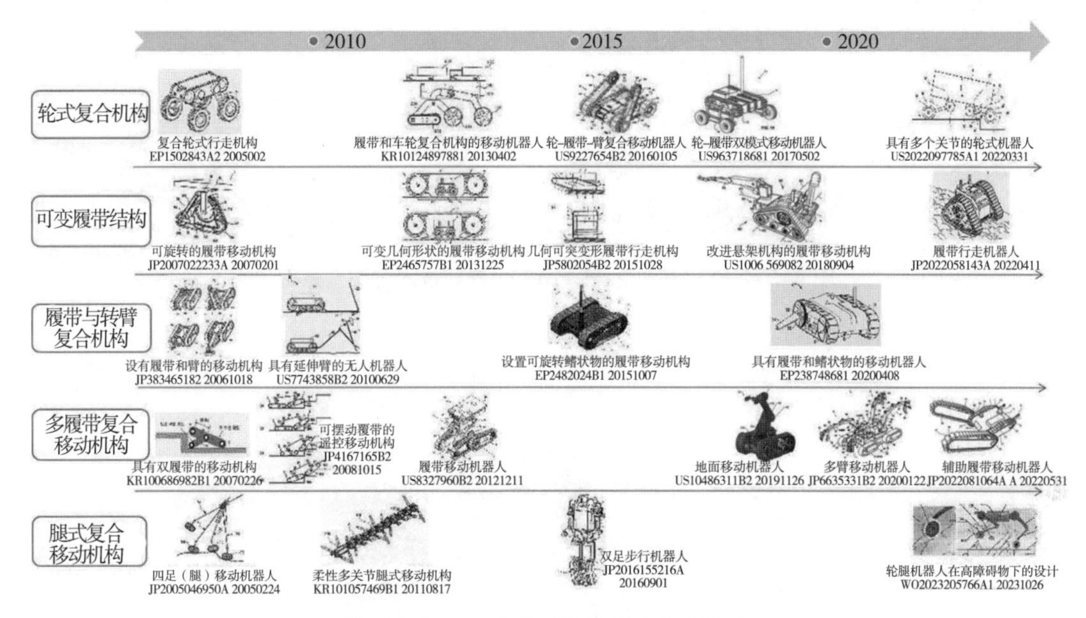

图 4-3-2-1　移动机构专利技术发展概况

二、重点专利解析

通过对专利文献的分析可以发现，为了满足特殊环境作业的基本要求，使机器人能够具有更好的越障能力和复杂动作能力，特殊作业机器人的移动机构更趋向于采用复合移动机构，本节将重点对轮式复合机构、可变履带移动机构、履带与转臂复合移动机构、多履带复合移动机构以及腿式复合移动机构的专利文献进行简要介绍。

（一）轮式复合移动机构

1.US2022097785A1　本专利技术涉及一种机器人，包括：支撑件，其设置在主体的下部中以与后关节和前关节间隔开，并且具有比后关节的长度和前关节的长度短的长度；还包括处理器，处理器被配置为当主体的移动距离在设定距离内或者所述主体在前驱动马达的驱动期间静止时执行后接头升高模式，并且后接头升高模式是后接头马达升高后接头使得连接到后接头的后轮与地面间隔开的模式（见图 4-3-2-2）。

2.WO2019069323A1　本专利技术是一种可扩展多功能无底盘车辆。包括：至少两对轮，每对轮通过弹性接合装置可移动地联接到另一对轮，每对轮具有中空轴，中空轴具有第一端和第二端，第一端具有附接到其上的第一轮，第二端具有附接到其上的第二轮，第一轮和第二轮具有马达、驱动单元、多个电源装置、至少一个微控制器，至少一个微控制器被配置在所述中空轴的轮毂内以形成轮；至少一个鳍状物，至少一个鳍状物被配置在第一端部和所述第二端部处，至少一个鳍状物可操作地联接到微控制器以用于提升和拖动所述车轮；连通装置，连通装置配置在中空轴上在第一端和所述第二端之间。每个车轮覆盖有弹性材料（见图 4-3-2-3）。

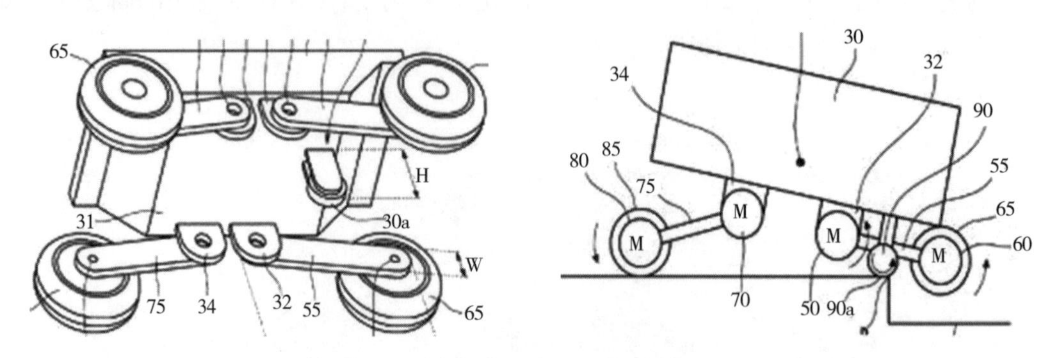

图 4-3-2-2 US2022097785A1 专利技术方案示意图

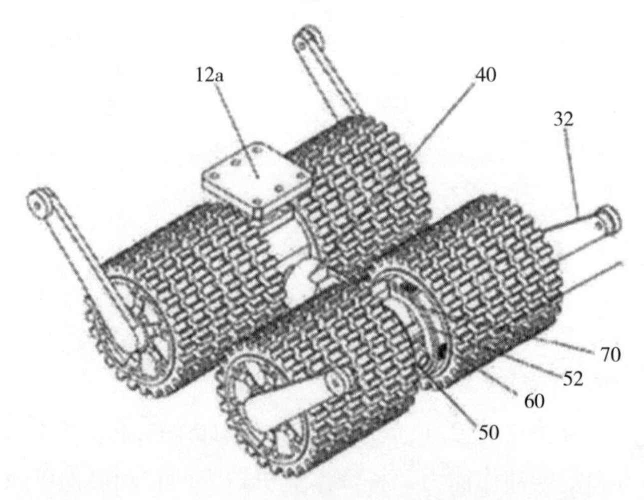

图 4-3-2-3 WO2019069323A1 专利技术方案示意图

（二）可变履带移动机构

1.JP5802054B2　本专利技术涉及一种即使翻倒也能继续行驶的无限轨道行驶装置。该无限轨道行驶装置，通过卷绕于旋转自如的多个转轮的环状的轨道体使车体行驶，无限轨道行驶装置包括连杆机构和驱动部，所述连杆机构设置于所述轨道体的内侧，分别支承各所述转轮，所述驱动部驱动所述连杆机构，经由各所述转轮使所述轨道体的外形变形；上述连杆机构包括将相邻的上述转轮连结的框架和将上述框架和上述转轮支承为转动自如的轨道轴；转轮设有四个以上，车架设有四个以上；连杆机构包括连结位于对角的所述转轮的框架和转动自如地连结各所述框架的轨道轴。当通过驱动部的工作使各框架相互转动时，连杆机构扩缩而变形，由此轨道体的循环路径的形状（外形）在大致菱形与大致矩形之间变化。转轮在与轨道轴同轴上被支承为能够旋转。即使各框架相互转动而连杆机构扩缩变形，循环路径的周长（轨道体的某一点跨各转轮绕一周时的距离）也不会大幅变化（见图 4-3-2-4）。

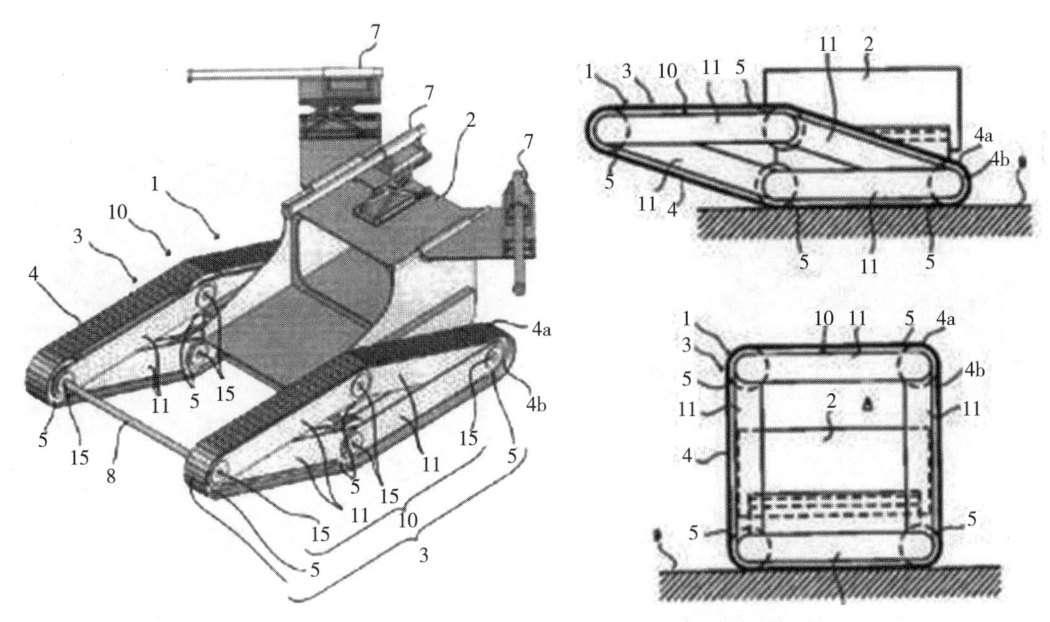

图 4-3-2-4　JP5802054B2 专利技术方案示意图

2.US7600592B2　本专利技术是一种可变构型的铰接式履带式车辆的移动系统。该铰接式履带式车辆包括底盘、一对左右驱动带轮、左右行星轮、左右履带、左右滑道以及用于左右履带带的驱动装置。右驱动滑轮和左驱动滑轮分别可旋转地附接到底盘的右侧和左侧，并且每对驱动滑轮处于同一平面中。右轨道和左轨道各自在相应侧上围绕一对驱动滑轮和行星轮延伸。右行星轮臂和左行星轮臂将相应的行星轮连接到底盘。每个臂通过凸轮可旋转地附接到底盘。凸轮限定臂的一端的运动路径，由此行星轮的运动提供椭圆形路径；右行星轮和左行星轮可相对于底盘移动，使得每个行星轮与其相应的驱动带轮处于同一平面中。每个履带驱动系统包括一对驱动滑轮、履带或皮带、滑块和行星轮。驱动滑轮定位在底盘的任一端处并且在同一平面中。驱动滑轮中的一个由马达驱动，并且另一个是从动件驱动滑轮。每个履带驱动系统被独立地控制。行星轮臂与臂主轴连接在一起，臂主轴的运动有效地使右行星轮和左行星轮一致地运动（见图 4-3-2-5）。

3.US8333256B2　本专利技术是一种在危险的情况下采用远程操作的机器人操作的多形履带式车辆。多形履带式车辆其包含：a）底盘，底盘包括具有左侧和右侧的主体；b）在车辆的左侧上的左臂对，左臂对包括前臂和后臂，每个臂围绕横向轴线可旋转地附接到所述底盘，从而允许所述臂围绕所述横向轴线旋转；c）在车辆右侧的右臂对，包括前臂和后臂，每个臂围绕横向轴线可旋转地附接到所述底盘，允许所述臂围绕所述横向轴线旋转；d）对于每对臂，包括传动装置、致动器和连杆的致动系统，其使得所述对的前臂和后臂能够以同步运动旋转；e）至少两个轮或履带链轮可旋转地附接到每个这样的臂，至少一个这样的轮或履带链轮位于所述臂的每个端部附近；f）两个独立的驱动系统；以及相关联的传动装置和连杆，以使所述车辆的每一侧上的所述轮或履带链轮中的至少一个旋转。还包括右履带带和左履带带，右履带带和左履带带分别围绕安装在所述右臂对和所述左臂对上的所述轮或履带链轮延伸、由所述轮或履带链轮支撑并与所述轮或履带链轮可操作地接合，使轮或履带链轮旋转将驱动所述轮或履带链轮与之接合的履带（见图 4-3-2-6）。

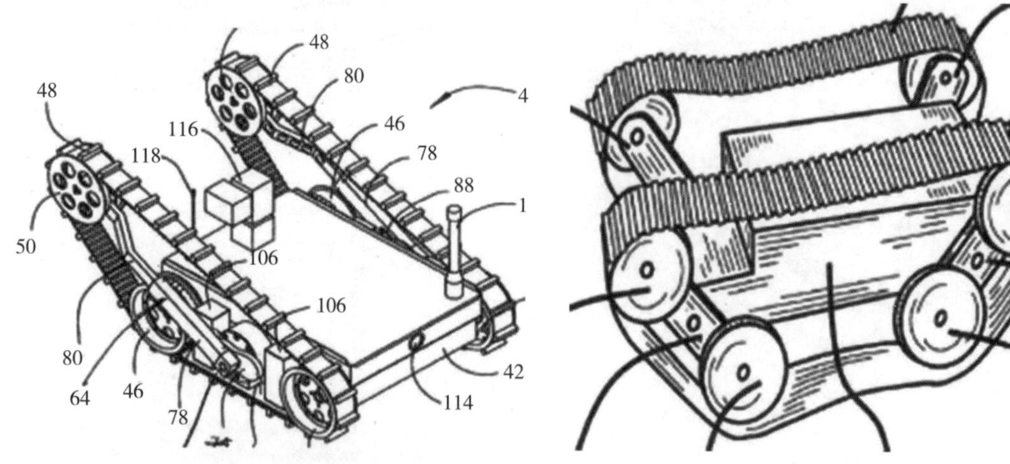

图 4-3-2-5　US7600592B2 专利技术方案示意图　　图 4-3-2-6　US8333256B2 专利技术方案示意图

（三）履带转臂复合移动机构

1.US9248875B2　本专利技术是一种具有一个或多个障碍物爬升鳍状物移动机构的机器人平台，包括：主框架；安装在主框架上的至少一个障碍物攀爬鳍状物，至少一个障碍物攀爬鳍状物具有移动机构并且具有安装在至少一个障碍物攀爬鳍状物上的机器人臂，机器人臂具有近端和远端；以及安装在远侧端部上的端部执行器；其中机器人臂具有折叠模式和操作模式，其中当处于所述折叠模式时，机器人臂基本上平行于所述障碍物爬升鳍状物的纵向轴线，并且当处于所述操作模式时，机器人臂以与所述纵向轴线成至少45 度的角度远离所述纵向轴线突出。处于折叠模式的机器人臂被移动机构环绕。移动机构是在折叠模式下环绕机器人臂的连续轨道。机器人臂通过多个关节连接到所述障碍物攀爬鳍状物，以允许机器人臂的操纵具有多个自由度。在机器人平台上安装有右障碍物攀爬鳍状物和左障碍物攀爬鳍状物，右端部执行器连接到右机器人臂，左端部执行器连接到左机器人臂，并且右机器人臂替换左端部执行器，并且左机器人臂替换右端部执行器（见图 4-3-2-7）。

2.US7743858B2　本专利技术是一种无人驾驶机器人车辆，其包括设置有用于在地上行驶的主运动机构的主体。该装置设置有至少一个用于增强支撑和可操作性的臂，该臂可枢转地附接到主体。臂是可控的并且能够旋转到臂或臂的至少大部分被放置成与地形或障碍物接触的位置，以便为主体提供支撑或杠杆作用（见图 4-3-2-8）。

3.US9346499B2　本专利技术是一种用于远程车辆的车轮组件，包括车轮结构，该车轮结构包括将轮辋和轮毂互连的多个辐条。辐条包括从轮辋径向向内延伸穿过辐条到轮毂的至少一个狭缝。轮组件还包括鳍状物结构，鳍状物结构包括臂、多个支腿和附接基部。所述多个支腿和所述附接基部包括四连杆机构。所述轮组件还包括插入件，所述插入件包括具有平坦表面的孔，所述平坦表面从所述插入件的顶部部分向所述插入件的底部部分向外渐缩。插入件可以被配置为经由远程车辆上的轴将鳍状物结构联接到车轮结构，并且防止轴和鳍状物结构之间的齿隙。鳍状物结构可以构造成将轴向力传递到轮结构。轮结构被配置为吸收径向力和轴向力（如图 4-3-2-9）。

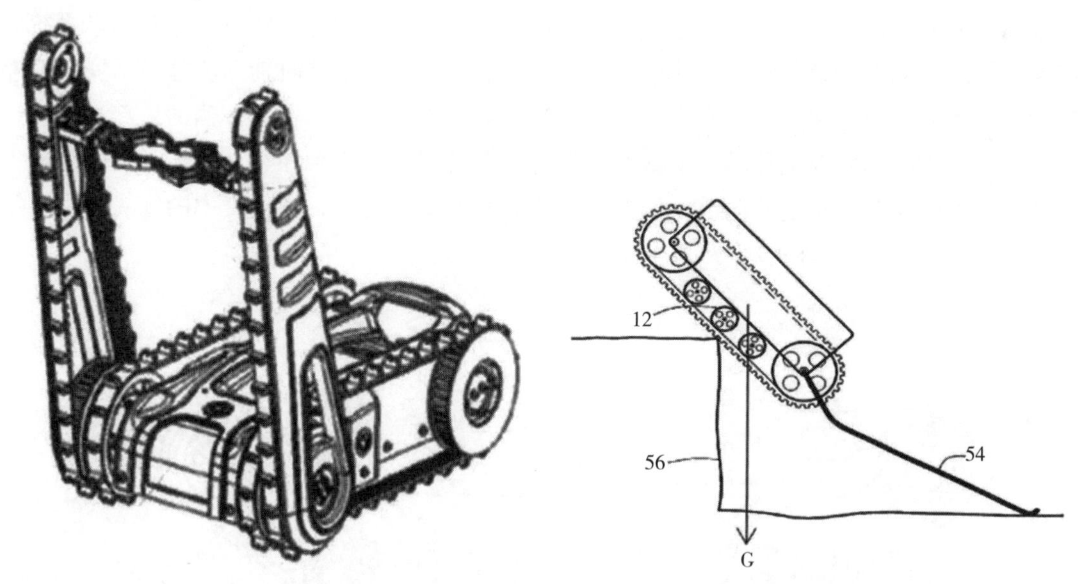

图 4-3-2-7 US9248875B2 专利技术方案示意图　　图 4-3-2-8 US7743858B2 专利技术方案示意图

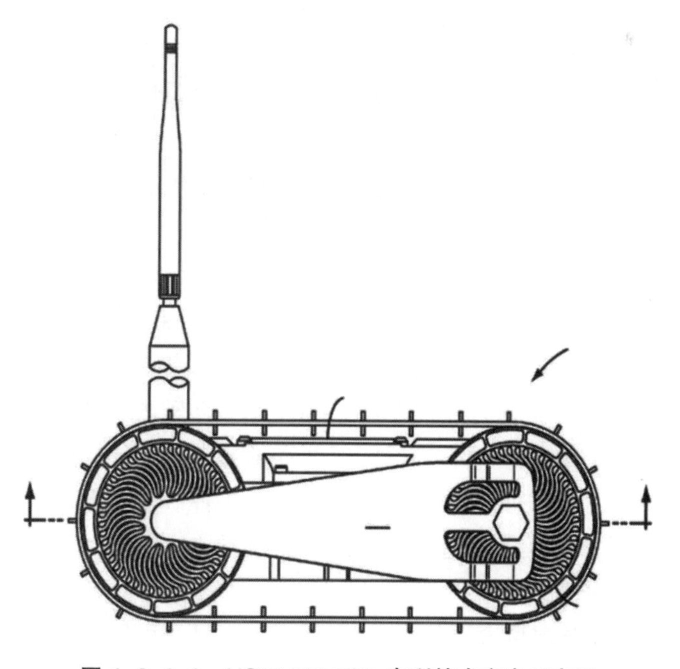

图 4-3-2-9 US9346499B2 专利技术方案示意图

（四）多履带复合移动机构

1.US8833493B2　本专利技术是一种在车辆应用中操作铰接式延伸部的操纵系统，特别设计用于克服台阶或楼梯坡道。履带式车辆具有第一对主履带和多个操纵系统，第一对主履带分别定位在车辆本身的左侧和右侧，多个操纵系统各自包括至少一个副履带。车辆包括分别如下布置的第二对副履带和第三对副履带：第二对辅助轨道位于车辆的前部，其中第二对辅助轨道包括安装在左侧的一个轨道和安装在右侧的一个轨道；一对操纵系统装配在车辆的前部上；第三对辅助轨道位于车辆的后部，其中第三对辅助轨道包括安装在左侧的一个轨道和安装在右侧的一个轨道；因此一对操纵系统也存在于车辆的后部。次轨道在与主轨道相同的方向上移动。支撑臂中的每一个可以相对于轴在与其轴线正交的方向上滑动，即可以相对于车辆的向前运动方向向左和向右侧向滑动，支撑臂中的每一个具有第一操作构型和第二操作构型（见图 4-3-2-10）。

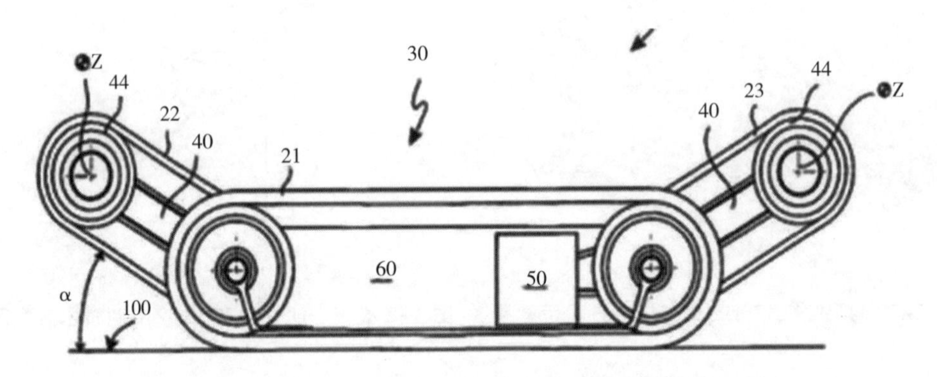

图 4-3-2-10　US8833493B2 专利技术方案示意图

2.JP4167165B2　本专利技术是一种通过远程操作移动且能够采集可疑物（粉状物、液状物、固形物或气体）的远程操作机器人，设置有行驶台车主体及四个履带组成的无轨道行驶机构、用于收发远程操作的信号的收发装置、检测空气状态的检测装置、用于采集可疑物的采集装置，以及监视摄像机。在无轨道行驶机构中，支承行驶台车的履带与履带摆动机构一起设置。该履带由前方右侧履带、后方右侧履带、前方左侧履带以及后方左侧履带构成。四个履带分别由驱动轮、从动轮和环形轮构成。四个履带被独立地驱动，能够独立地对行驶台车赋予推进力。履带摆动机构构成前方侧摆动结构主体和后方侧摆动结构主体。前方侧摆动构造主体经由前方侧摆动中心轴以能够摆动的方式与行驶台车连结。后方侧摆动构造主体经由后方侧摆动中心轴以能够摆动的方式连结于行驶台车。前方侧驱动轮和前方侧从动轮旋转自如地支承于其前方侧摆动结构主体。后方侧驱动轮和后方侧从动轮旋转自如地支承于其后方侧摆动构造主体。前方侧摆动中心轴和后方侧摆动中心轴以不能旋转或能够旋转的方式分别固定于行驶台车（见图 4-3-2-11）。

3.US9050888B2　本专利技术涉及一种小型远程控制的机器人系统，包括：底盘；第一履带驱动系统，第一履带驱动系统附接到所述底盘，第一履带驱动系统包括履带和驱动滑轮。机器人车辆系统具有主体、附接到主体的第一移动辅助装置和附接到主体的第二移动辅助装置。第一移动辅助装置可具有就绪位置的第一配置（例如，远离身体展开或加长）和存储位置的第二配置（例如，朝向身体收缩或缩短）。第二移动辅助装置可具有就绪位置的第一配置（例如，远离身体展开或加长）和存储位置的第二配置（例如，朝向身体收缩或缩短）。机器人车辆系统还具有附接到主体的第三移动辅助装置和第四移动辅助装置。收缩长度可以是当第一移动辅助装置、第二移动辅助装置、第三移动辅助装置和第四移动辅助装置处于第二配置时（见图 4-3-2-12）。

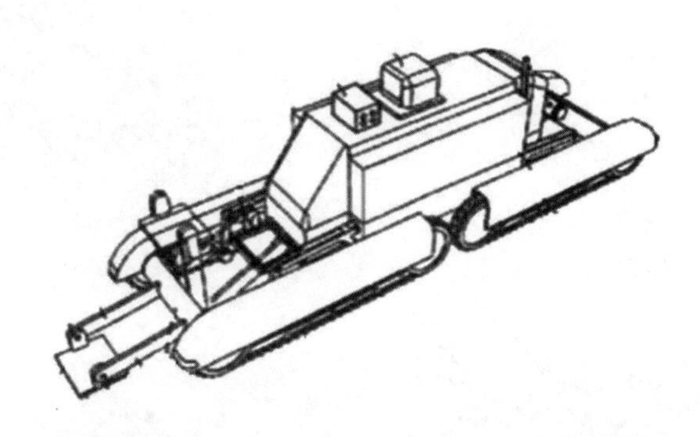

图 4-3-2-11　JP4167165B2 专利技术方案示意图

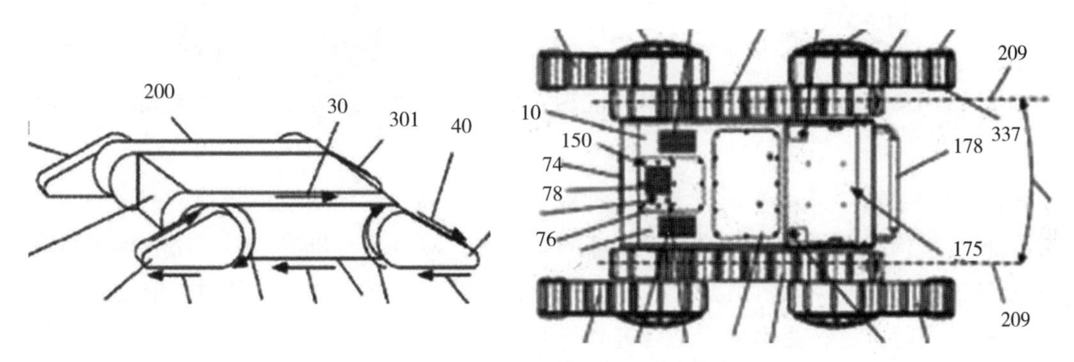

图 4-3-2-12　US9050888B2 专利技术方案示意图

4.US8413752B2　本专利技术是一种机器人车辆，包括：底盘，底盘具有前端部和后端部并且被支撑在右从动履带和左从动履带上，每个履带可围绕前轮轴线旋转的对应前轮行进；设置在所述底盘的对应侧上并且可操作以围绕所述底盘的所述前轮轴线枢转的右细长鳍状物和左细长鳍状物，每个鳍状物具有围绕其周边的从动轨道（见图 4-3-2-13）。

（五）腿式复合移动机构

腿式复合移动机构包括轮腿复合机构、履带腿式复合机构、关节腿式复合机构等多种形式，目前轮腿复合结构是本领域中较为常用的腿式复合结构类型。下面列举部分重点专利进行详细介绍。

1.WO2023205766A1　本专利技术是一种轮腿机器人在高障碍物下的设计与控制，用于使用根据二次规划（QP）的姿势优化和力控制来控制轮腿四足机器人。机器人系统利用全身运动和轮致动来在高障碍物上滚动，同时保持轮扭矩以导航地形。机器人本体采用车轮牵引和平衡。采用带轮的线性刚体动力学方法对轮腿机器人进行实时平衡控制。在此基础上，提出了一种有效的姿态优化方法，用于在陡峭坡道和楼梯地形上的运动。位姿优化求解最佳位姿以增强稳定性并强制执行在楼梯地形上的滚动运动的碰撞费用约束（见图4-3-2-14）。

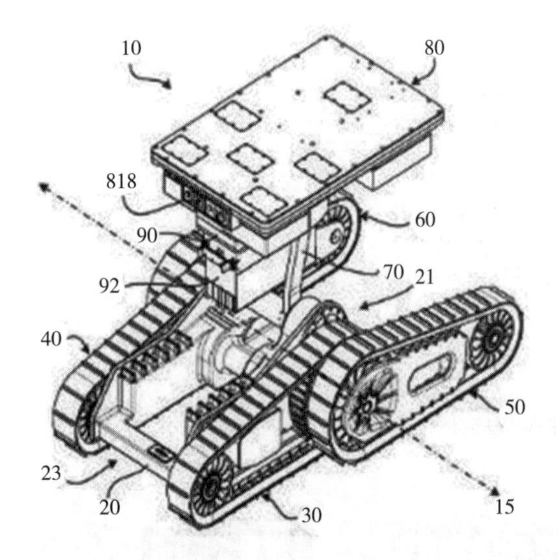

图 4-3-2-13　US8413752B2 专利技术方案示意图

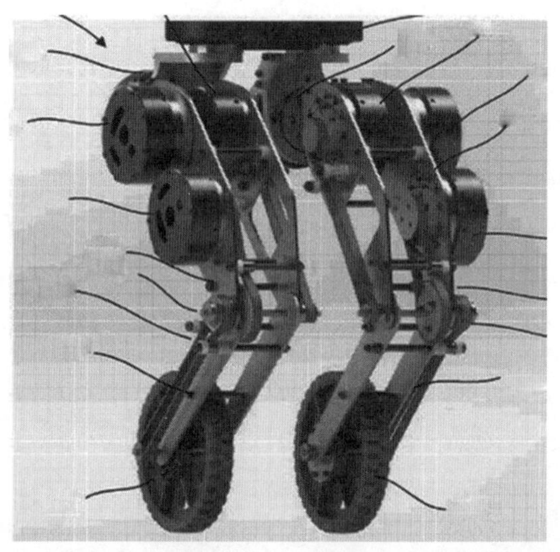

图 4-3-2-14　EP3450271A1 专利技术方案示意图

2.JP2016155216A　本专利技术是一种双足步行机器人用无限轨道装置，通过安装无限轨道或履带来构成双足步行机器人下肢部的小腿部，双足步行机器人用无限轨道装置在直立步行时，能够在使无限轨道竖立的状态下步行，并且在必须快速移动时，能够使所述无限轨道旋转而行进，在瓦砾或差路行进时，通过以人的动作为例在端坐的状态下使无限轨道旋转，从而能够比直立步行更稳定且高速地移动，在楼梯或梯子升降的情况下，所述双足步行机器人用无限轨道装置能够使用一边从无限轨道的驱动轮的中心旋转一边改变角度的脚部进行升降。在下肢部的脚部构成双足步行机器人用无限轨道，在楼梯或梯子升降的情况下，通过构成直径比梯子的横档的间隔小的无限轨道轮。双足步行机器人的无限轨道的脚后跟侧驱动轮的中心具备旋转轴，在从该轴延伸的脚框架具备能够旋转的脚尖辊，由此使作为足部的脚尖部的脚框架可动（见图4-3-2-15）。

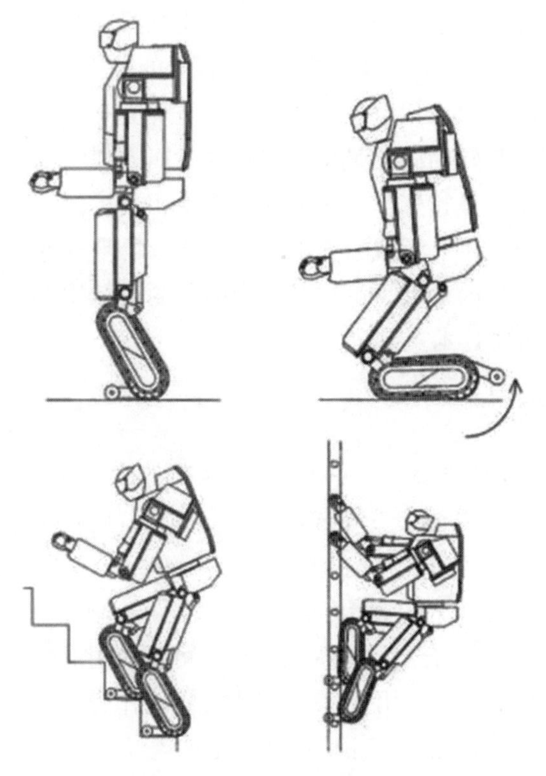

图 4-3-2-15　EP3450271A1 专利技术方案示意图

第三节　动力机构

一、技术概要

特殊作业机器人中的动力技术包含直流电池技术、燃料电池技术、内燃机技术、外燃机技术、混合动力技术等。对于中型和大型的无人机器人技术体系，目前普遍采用混合动力驱动型，具有运行时间长，成本较低的优点。混合动力驱动动力系统主要由发动机、发电机、蓄电池组件、电驱动和电子控制系统组成。而对于小型的无人机器人技术体系，则主要采用电传动系统。机器人系统主要靠电流和电压类电子化信号的控制来完成，更加适应基于遥控驾驶与自动驾驶的无人控制系统的设计，能够更适于满足无人化要求，因此是特殊作业机器人动力与能源技术发展的重点方向。

特殊作业机器人的电传动系统一般配有电操作系统、电防护系统和电子综合系统，向全电化发展是信息化条件下特殊作业机器人的重要发展方向。特殊作业机器人全电化之后，可以采用发电机—电动机推进模式，缩小体积和质量，并降低噪声。电动机能够在短时间内提供较大功率，从而提高车辆越障能力。特殊作业机器人的车载电子设备越来越庞大，机器人的耗电量也越来越大，为了满足特殊作业机器人的电传动需求，对能源的存储、后备、补充变得尤为关键。风电以及光伏电池技术的发展是解决充电问题的一个有效方法，而目前电动汽车多采用的制动与转向的能量再生与高效率回收利用也是电能利用的一种有效手段。多途径能源补充技术也是特殊作业机器人的重要相关技术，包括飞轮储能技术、燃料电池技术、光能聚焦补充技术、无线云充电技术、能量再生技术、自发电技术，都是特殊作业机器人在受灾地区或危险环境下解决其动力问题的最新技术方向，也是提高特殊作业机器人自主作业能力的重要技术支撑。

二、 重点专利解析

1.US9403566B2　本专利技术是一种移动机器人低轮廓运输车辆（见图 4-3-3-1），用于运输重型装备、供应品、受伤人员等有效载荷。该装置的推进系统包括动力装置 / 能量转换器［例如，内燃（IC）发动机和发电机、IC 发动机和变速器、燃料电池等］、履带驱动致动器、传动系、能量源和 / 或能量存储装置，以及这些的任何组合。薄型运输车辆可以由 IC 发动机或这些的混合组合电动地提供动力。可以使用混合动力电动车辆架构来实现功率转换和轨道致动，其中可以使用 IC 发动机和烃燃料作为能量转换器和能量存储器来提供扩展的操作范围，并且可以通过使用由电池供电的电动机驱动轨道来提供或实现间歇性短程操作。

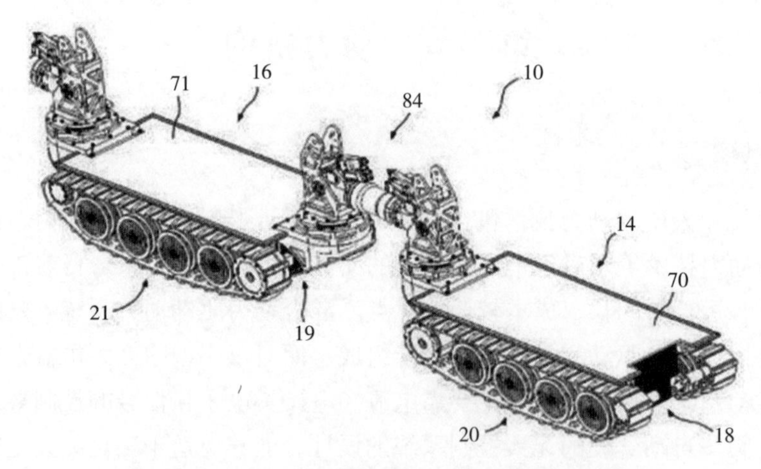

图 4-3-3-1　US9403566B2 专利技术方案示意图

2.US9522595B2　该专利技术是一种移动机器人，包括壳体，从动轨道，从动轨道设置在壳体上；右鳍状物和左鳍状物，右鳍状物和左鳍状物设置在壳体对应的右侧和左侧上，每个鳍状物可相对于壳体旋转，鳍状物和轨道被布置成允许机器人爬楼梯；以及天线，天线设置在所述外壳上。移动机器人具有底盘体积。容纳在底盘内的电池包括电池体积，电池被配置为支持移动机器人的预期任务至少 6 小时，预期任务至少包括驱动移动机器人和为其上的无线电供电（见图 4-3-3-2）。

3.US9052165B1　本专利技术是一种远程操作机器人平台，包括基础模块，基础模块机械地联接到第一组轮和第二组轮，第一马达电联接到第一马达控制器并且机械地联接到所述第一组车轮；第二马达，所述第二马达电联接至第二马达控制器并且机械地联接至所述第二组车轮，以便在紧凑装置中提供零半径转弯；基础模块还包括基础模块前部，所述基础模块前部还包括向内成角度的左基础模块三角形板，所述左基础模块三角形板附接到向上成角度的基础模块梯形板，基础模块梯形板进一步附接到向内成角度的基础模块直角三角形板；其中所述基础模块被配置为产生允许压力破坏门、墙壁或路障的表面区域；一种快速释放电池模块，包括手柄和快速释放电连接器其中所述快速释放电连接器电联接到电池阵列，并且所述手柄机械地联接到所述电池阵列，从而允许快速且容易地更换电池；其中所述电池阵列电耦合到配电棒并且还电耦合到电机控制器，以便以隐蔽安静的方式向电机提供电力（见图 4-3-3-3）。

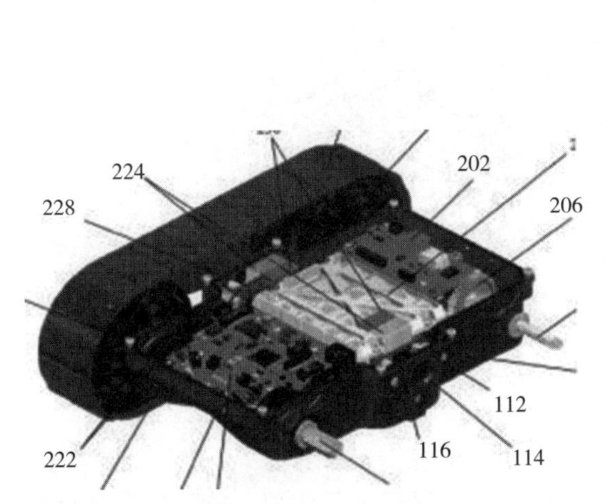

图 4-3-3-2　US9522595B2 专利技术方案示意图

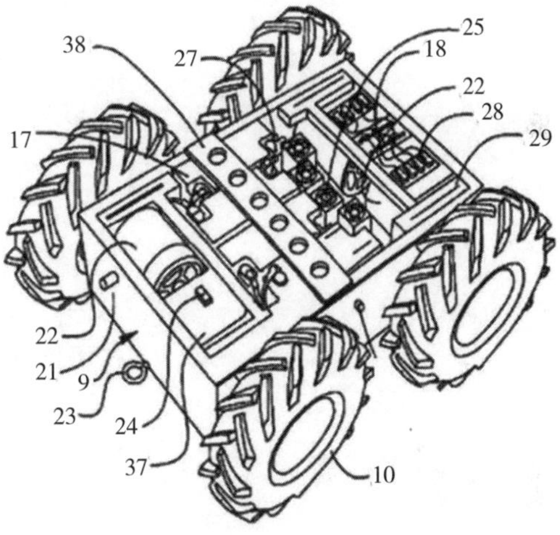

图 4-3-3-3　US9052165B1 专利技术方案示意图

4.US8413752B2　本专利技术是一种机器人车辆，包括电池单元保持器，所述电池单元保持器设置在所述底盘上，用于可移除地接收重量至少为 50lb 的电池单元，所述电池单元保持器包括：引导件，所述引导件用于接收所述电池单元并将所述电池单元引导至连接位置。电池单元保持器还包括用于将所述电池单元固定在其连接位置的闩锁。电池单元保持器引导件包括右电池单元引导件和左电池单元引导件，所述右电池单元引导件和所述左电池单元引导件构造成接收所述电池单元的对应引导特征。电池单元固持器包括：具有对应的右电池单元引导件和左电池单元引导件的右侧板和左侧板；以及前板，所述前板连接到所述右侧板和所述左侧板，所述电池单元保持器的所述连接器安装件设置在所述前板上；其中，所述电池单元沿着所述电池单元引导件滑动，以使所述电池单元的连接器与所述电池单元保持器的所述连接器安装件基本上对准（见图 4-3-3-4）。

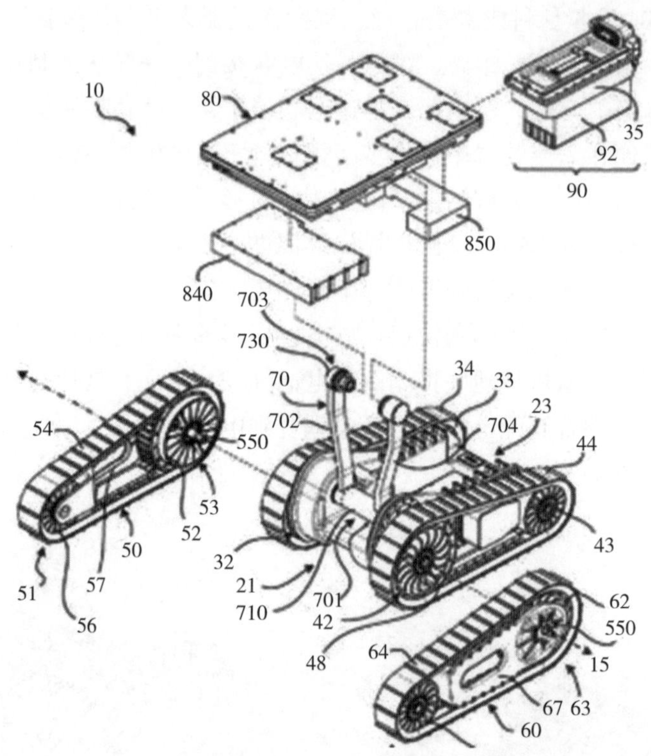

图 4-3-3-4 US8413752B2 专利技术方案示意图

第四节 感测系统

一、技术概要

传感器（sensor）是一种检测装置，通常由敏感元件和转换元件组成，能够感受到被测量的信息，并按一定的精确度把被测量转换为与之有确定对应关系的、便于应用的某种物理量输出，以满足信息的传输、处理、存储、显示、记录和控制等要求。传感器技术是关于传感器设计、指导及应用的综合技术，是信息技术的支柱性分支技术之一。传感器技术同时还是实现自动检测和自动控制的首要环节。传感器技术的发展，让机器人具有了视觉、触觉、嗅觉等多角度的信息采集方式，逐渐让机器人的信息接收更加综合和智能。机器人的自主地运动或者工作，必须依赖于对外界环境的感知和判断。机器人的传感系统一般包括各种用于感知外界位置信息、距离信息、温度、湿度、光线、声音、颜色、图像、形状等的传感器，以及处理这些信息的电路。常用的传感器类型包括：超声波测距传感器、红外传感器、摄像头、力传感器、触觉传感器、图像传感器、雷达传感器、激光传感器、毫米波传感器等。

二、重点专利解析

（一）内部传感器

机器人内部传感器用于检测机器人自身状态，包括检测温度、角度、位移、速度、姿态等相关传感识别设备。

1.US2010152947A1　本专利涉及一种用于识别车辆环境的传感器的方法，接收通过功能和 / 或位置区分并且预期位于所述车辆环境中的传感器的列表，所述传感器的列表包括由每个列出的传感器提供的信息的至少一个特性；检测所述车辆环境中的多个传感器，其中所述传感器中的至少一些是相同的；从所述多个传感器中的每一个接收信息； 以及基于以下中的一个或多个，将每个检测到的相同传感器识别为对应于所述传感器列表中的相应传感器：每个检测到的相同传感器相对于至少一个无线接收器的接近度；将从检测到的相同传感器接收的信息的至少一个特征与列出的特征进行比较，所述至少一个特征是由车辆环境的主动引起的变化引起的；以及从检测到的相同传感器接收的信息的至少一个特性，其由车辆环境的被动变化引起。

2.KR101274249B1　本专利是一种具有轮辐式光学扭矩传感器的机器人，包括凸台单元、轮缘单元、光中断器、轮辐和阻挡单元。光中断件形成在轮辋单元的内周边中，并且包括通过面向轮辋单元的厚度方向而分开形成的光发射单元和光接收单元。辐条连接到轮毂单元和轮辋单元，并且通过轮毂单元和轮辋单元的相对位移差在旋转方向上弹性变形。阻挡单元固定到凸台单元并且形成面向轮辋单元。根据由辐条的变形引起的凸台单元的位移而布置在发光单元和光接收单元之间的阻挡单元阻挡由发光单元发射的光，从而控制从光接收单元接收的光的量。能够获得薄且抗噪声强的扭矩传感器，从而能够应用于小型机器人（见图 4-3-4-1）。

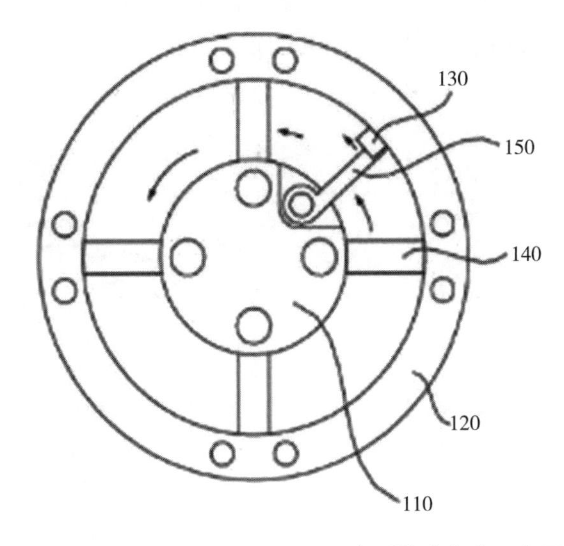

图 4-3-4-1　KR101274249B1 专利技术方案示意图

（二）力觉传感器

力觉传感器是用于检测设备内部力或与外界环境相互作用力的装置，在机器人和机电一体化设备中具有广泛的应用。这里对其进行简单介绍。力不是直接可测量的物理量，而是通过其他物理量间接测量出的。因此，力觉传感器根据力的检测方式不同，可分为应变片式、利用压电元件式及电容位移计式等传感器。在机器人学中，力觉传感器的主要性能要求是分辨率、灵敏度和线性度高，可靠性好，抗干扰能力强。应变片式力觉传感器应用最为普遍，主要使用的元件是电阻应变片。电阻应变片利用了金属丝拉伸时电阻变大的现象，它被贴在力变化的方向上。电阻应变片用导线接到外部电路上，可测定输出电压，得出电阻值的变化。

1.JP4074840B2　本专利是一种力传感器。在操作轴的内部构成有根据作用于操作轴的力的方向以及大小而变化的静电电容，通过操作轴受到力而挠曲，能够检测该力的方向以及大小。本发明可以不像以往的力传感器那样利用静电电容的变化，在与操作轴的轴向正交的面上配置静电电容检测用的所需数量的电极，相应地能够大幅减小与操作轴的轴向正交的方向上的大小，能够得到极其小型的力传感器。即使在将操作轴配置于设备的侧面的情况下，也不需要设备的厚度，能够实现设备的小型化，另外，也不需要以往的力传感器那样的与设备的侧面平行的专用基板，因此能够简单地进行安装，并且能够廉价地构成。其中操作轴 21 由结合的多个柱状体 22 构成，使得它们彼此滑动。在柱状体的相对表面上设置电极 23，通过彼此面对分别构成静态电容，从而通过纵向滑动改变电容。操作轴 21 的一端固定，另一端是自由端。当柱状体 22 通过自由端上的力的作用而弯曲时，柱状体 22 彼此滑动，并且电容变化。根据电容的变化，可以检测力的方向和大小（见图 4-3-4-2）。

2.JP4929256B2　本专利是一种力传感器，其通过适当地削弱施加到力传感器芯片上的轴向力而响应于安装位置、安装空间等以最佳形状或附接条件安装防止施加过大的力时，芯片被损坏。该力传感器设置有缓冲装置，缓冲装置用于减弱待施加的施加力。在力传感器芯片中，缓冲装置具有施加力的作用部分、用于支撑作用部分的支撑部分以及用于检测作用部分与支撑部分之间的力的力检测部分（见图 4-3-4-3）。

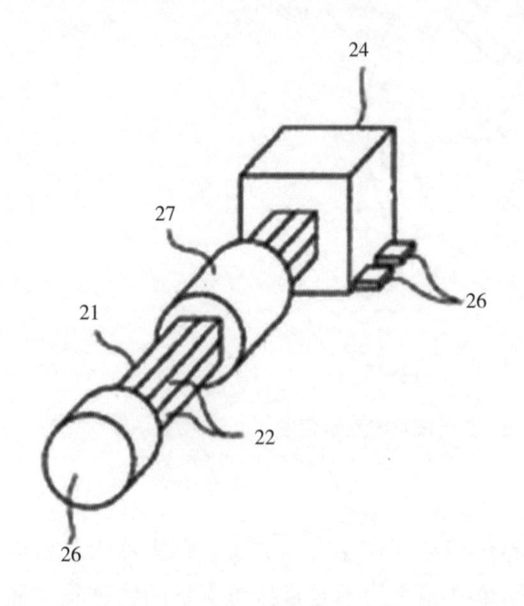

图 4-3-4-2　JP4074840B2 专利技术方案示意图

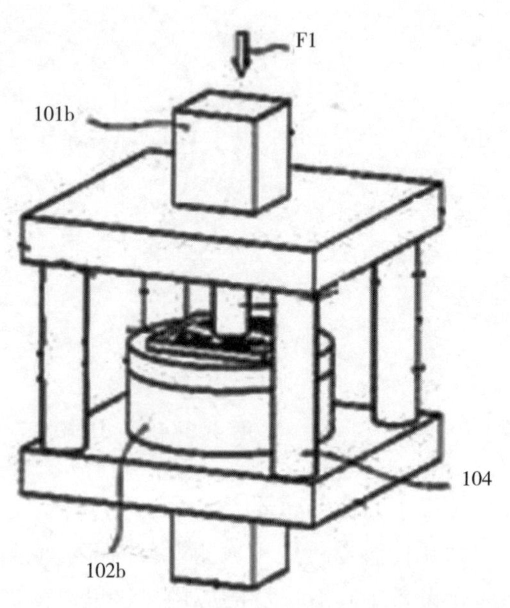

图 4-3-4-3　JP4929256B2 专利技术方案示意图

（三）视觉传感器

视觉传感器是指通过对摄像机拍摄到的图像进行图像处理，来计算对象物的特征量（面积、重心、长度、位置等），并输出数据和判断结果的传感器。视觉传感器是整个机器视觉系统信息的直接来源，一般主要由一个或者两个图像传感器组成，有时还要配以光投射器及其他辅助设备。视觉传感器的主要功能是获取足够的机器视觉系统要处理的最原始图像。图像传感器可将光学图像转换成电信号，是一种利用镜片等光学设备让事物在二维的感光部件上成像，并将其转化为电子信号的硬件设备。感光部件上有光敏二极管，因此可以测量光的强度，并根据 RGB 色彩模型合成彩色图像。图像传感器主要包括两种类型：CCD（Charge Coupled Devices，电荷耦合器件）和 CMOS（complementary metal-oxide semiconductor，互补金属氧化物半导体）。CMOS 具有功耗低、成本低、速度快等优点，而 CCD 技术成熟，图像噪声小，成像质量高。

图像传感器主要获取足够多的环境细节，帮助机器人进行环境认知，并且可以描绘物体的外观和形状、读取标志等。图像传感器的成本比较低，但是受环境因素以及外部因素影响较大。随着成像获取数据手段的日益增多，从最初的单一可见光传感器发展到现在的多光谱、前视红外（FLIR）、毫米波（MMW）雷达、合成孔径雷达（SAR）、高光谱等多种传感器。红外成像传感器工作波段为中波 3 ～ 5μm，长波 8 ～ 12μm，它只敏感于目标场景的辐射（主要由目标场景的辐射率差及温差决定），而对场景的亮度变化不敏感。可见光成像传感器只敏感于目标场景的反射，与目标场景的热对比度无关。毫米波（MMW）雷达有较高的抗衰减能力，SAR 可全天候获得图像。

1.EP3518529A1　本专利是一种处理来自基于事件的传感器的信号的方法和装置，包括基于事件的异步视觉传感器 10，其面向场景放置并通过包括一个或多个透镜的用于获取的光学器件 15 接收场景的光流。传感器 10 放置在用于采集的光学器件 15 的图像平面中。它包括被组织成像素矩阵的感测元件（诸如光敏元件）的阵列。对应于像素的每个感测元件根据场景中的光的变化产生连续事件。处理器 12 处理源自传感器 10 的信息，即从各种像素异步接收的事件序列，以便从中提取包括在场景中的信息。它可以通过使用合适的编程语言进行编程来实现。使用专用逻辑电路（ASIC、FPGA……）的处理器 12 的硬件实现也是可能的。对于每个感测元件，传感器 10 根据由感测元件从出现在传感器的视野中的场景接收的光的变化来生成基于事件的信号序列（见图 4-3-4-4）。

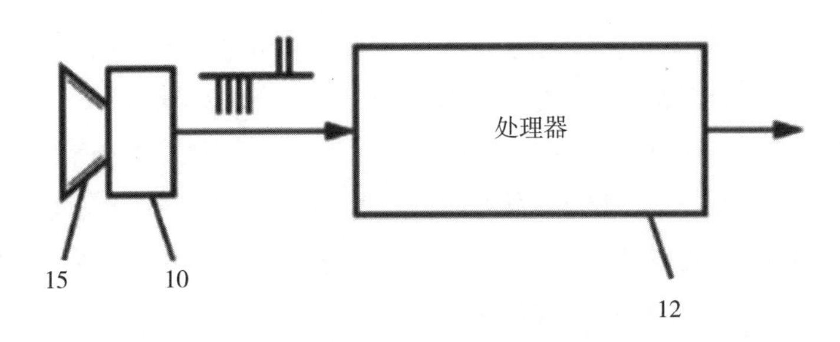

图 4-3-4-4　EP3518529A1 专利技术方案示意图

2.JP2001094857A　本专利是一种用于补偿多相机系统中的视差的方法和系统，多个摄像机安装在刚性基板上，使得每个摄像机的视场与其相邻摄像机的视场重叠。使用数字扭曲来对准所得到的图像，并且使用视差减少技术来匹配对象以形成大的合成图像。结果是跨越所有相机的视场的无缝高分辨率视频图像。如果相机相对于彼此安装在固定位置，则不同相机之间的图像配准也是固定的，并且相同的合成函数可以用于每个帧。因此，内插参数仅需要计算一次，并且即使在视频速率下，也可以快速有效地完成实际图像合成和视差减小。

3.US2012001058A1　本专利是一种用于检测对象的运动和边缘的多孔无源光传感器和方法。传感器可以包括安装在球形表面上的至少两个聚焦透镜，用于将来自物体的光聚焦到光纤的端部，每个透镜的光轴与相邻透镜的光轴以一定角度发散，这取决于预期的应用。每个透镜被定位成比透镜的自然焦平面更靠近其相关联的光纤的端部，该端部被设置成与透镜的光轴同轴，从而模糊从物体接收的光。离开光纤的光由位于每个光纤的相对端的光电传感器检测，并且响应于照射在光电传感器上的光强度而产生的电压之间的电压差用于检测物体的运动和边缘（见图 4-3-4-5）。

4.EP0283222A2　本专利是一种能够实时产生高分辨率图像的三维光学扫描视觉系统，包括用于产生源光束的光源（100）。源光束被引导到分束器（104），分束器（104）将源光束分成本机振荡器光束和信号光束。本机振荡器光束被导向光电检测器（106），而信号光束被导向目标（112）。从目标（112）反射的光由分束器（104）接收并被引导朝向后向反射器（118），后向反射器（118）将光束返回到分束器（104）界面。四分之一波片（110，116）和后向反射器（118）确保返回光束和本机振荡器光束被准直并具有相同的偏振态。在分束器（104）界面处发生本地振荡器光束和返回光束的混合，从而通过光电检测器（106）提供相干光学检测。因此，光电检测器提供输出信号，该输出信号提供关于目标的高度信息。该系统还包括扫描器光学器件（2），以使信号光束扫描穿过目标。还包括处理器（20），用于输出目标的三维图像，并用于控制扫描器光学器件（2）（见图 4-3-4-6）。

（四）激光雷达

激光雷达传感器在特殊作业机器人领域主要实现测距、确定目标方位和高度等功能。激光雷达（Light Detection and Ranging，LiDAR）也被称为光探测与测距、飞行时间（TOF）或激光扫描仪，是一种利用激光的发射、传播、反射、接收过程进行环境探测与测距的系统，激光雷达传感器输出其扫描平面或其扫描的三维空间内传感器与周围激光反射物体的距离信息，该信息是一系列的一定空间的距离数据。基于激光雷达的测量信息，可以实现运动载体对周围环境空间信息距离信息的探测和所处环境内的相对导航。

目前常用的激光雷达传感器包括快闪激光雷达、微机电系统（MEMS）和光学相控阵。快闪激光雷达的操作类似于使用光学闪光的数码相机，一个单个的大面积激光脉冲照亮了之前的环境，一组光电探测器捕捉反射光。探测器能够确定图像的距离、位置和反射强度。由于该方法将整个场景作为单个图像处理，因此数据速率要快得多。此外，由于整个图像是在单一的闪光下捕捉，该方法对振动更免疫，可以防止扭曲图片。缺先是障碍物上可能会存在反射器。它们将大部分的光反射回来，而不是将部分光散射回去，这样会使传感器

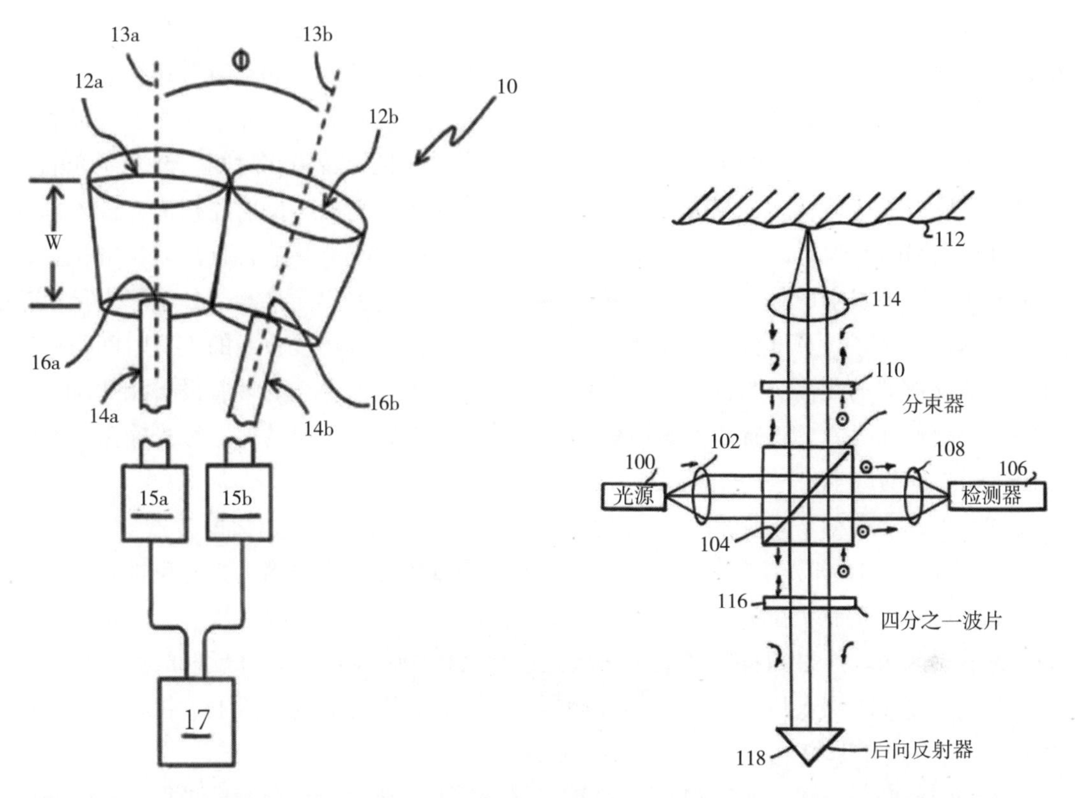

图 4-3-4-5　US2012001058A1 专利技术方案示意图　　图 4-3-4-6　EP0283222A2 专利技术方案示意图

过载；另一个缺点是需要高激光功率将场景照亮到合适的距离。快闪激光雷达中最常见的窄脉冲飞行时间（TOF）激光雷达方法。微机电系统（MEMS）激光雷达系统使用非常小的镜。这些镜的角度可以通过施加电压来改变。机械扫描硬件被固态等价物代替。

1.FR2716978A1　本专利是一种移动机器人三维激光成像仪，移动机器人车辆（1）具有安装在其底盘前部的 3-D 成像器（3）。车辆在起伏的地面（2）上行驶。成像器具有利用大气吸收带中的单色调制辐射操作的激光发射器。激光扫过覆盖区（4），并且光学检流计测量方位角和仰角位置。接收器具有光电检测器，其测量来自反射物体（Ta、Tb、Tc）的返回的幅度和相位，并产生用于标准监视器的视频信号。范围受到大气吸收到外部覆盖区（dB）的限制（见图 4-3-4-7）。

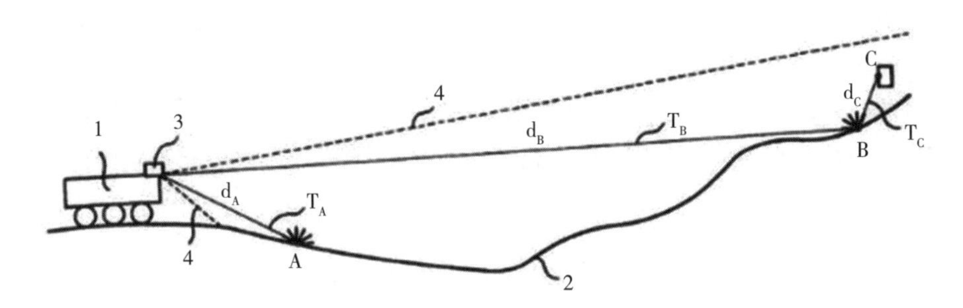

图 4-3-4-7　FR2716978A1 专利技术方案示意图

2.KR20160112876A　本专利是一种能够通过在视角内的每个方向上以扫描模式发射激光束，然后在每个方向上分别获得反射光来计算到反射器的距离。lidar 装置包括光源、旋转镜、接收镜、光检测部和计算部。光源产生源光。旋转镜安装在源光的光路上，以能够在双轴方向上旋转，以在时间上改变其反射表面方向，并且旋转镜在时间上改变源光的方向，以将光反射到前侧作为扫描光。接收镜安装在旋转镜的前面，反射在扫描光被外部反射器反射时返回的接收光，并且包括光穿透部分，该光穿透部分形成在面向旋转镜的位置，以不阻挡从旋转镜发射的扫描光和发射到旋转镜的源光的光路。光检测部分检测由接收镜反射的接收光。所述计算部分基于从产生所述源光到检测到所述接收光的飞行时间来计算到所述外部反射器的距离。与同时在视角内的每个方向上发射激光的现有设备相比，本发明能够实现高速和有效的扫描以及具有紧凑的尺寸，显著减少了所消耗的激光输出，并降低了制造和管理的成本。

3.US2017264069A1　本专利是一种包括脉冲激光发生器 111、光学偏转器 113、目标 114、光接收透镜 116 和光学检测器 117。从脉冲激光发生器 111 输出的激光束被输出到光偏转器 113。输出激光束可以随着时间通过光偏转器 113 照射到期望区域上，即相对于目标 114 的不同区域。照射到特定区域上的激光束从目标 114 反射，并且反射的激光束可以通过光接收透镜 116 会聚以输入到光学检测器 117。根据从光学检测器 117 获取的激光束能够检测目标 114 的尺寸和距离（见图 4-3-4-8）。

4.WO2018194229A1　本专利是一种具有目标指向功能、跟踪功能和光学装置调整功能的激光雷达系统。具有在扫描区域处发射的引导光，使得用户可以用肉眼确认扫描区域，通过准确地指向由激光雷达系统扫描的特定物体的位置并根据物体的位置变化跟踪特定物体来提供由激光雷达系统检测到的目标的准确位置信息。并且即使在 LIDAR 系统正在操作的状态下，也能够通过调节感测光的发射角来精确地调节扫描区域，并且在光学设备内部具有滤光器，从而在仅接收反射光的同时具有简单的结构，以便能够批量生产。

5.WO2019022548A1　本专利是一种非旋转式全向激光雷达装置，被配置为根据扫描方法通过旋转镜将由光源产生的源光发射到 lidar 装置外部，并且通过光导单元在光检测单元的方向上引导通过被外部反射器反射而返回的接收光。光检测单元以提高的效率接收所接收的光，并且因此可以更准确地执行距离测量（见图 4-3-4-9）。

（五）接触传感器

触觉是机器人知觉系统的一个重要组成部分，对于某些特殊用途的特殊作业机器人，例如接触爆炸物的机器人，不但需要控制接触力的大小，有时还要识别压觉或滑觉，以及被接触物的性质等。器人的触觉广义上可获取的信息有：①接触信息；②狭小区域上的压力信息；③分布压力信息；④力和力矩信息；⑤滑觉信息。这些信息分别用于触觉识别和触觉控制。从检测信息及等级考虑，触觉识别可分为点信息识别、平面信息识别和空间信息识别三种。

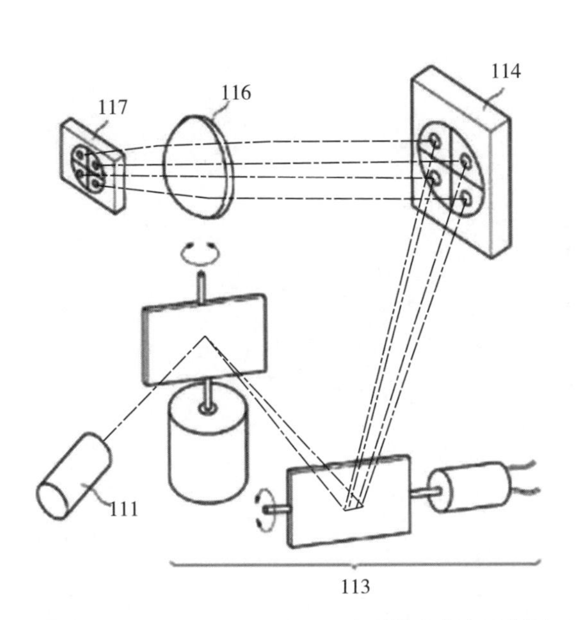

图 4-3-4-8　US2017264069A1 专利技术方案示意图

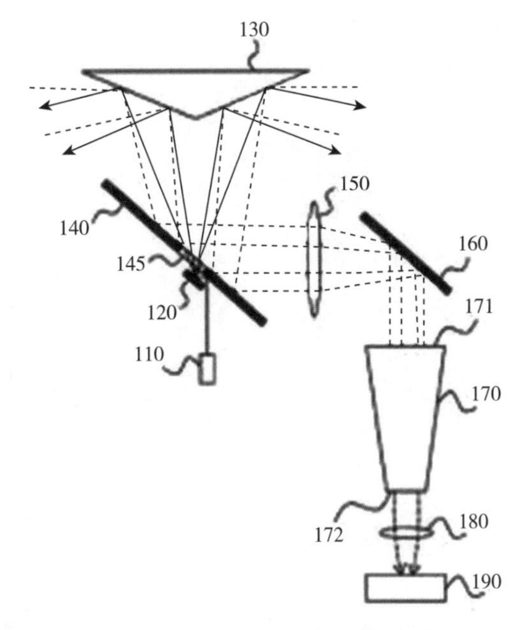

图 4-3-4-9　WO2019022548A1 专利技术方案示意图

常用的触觉传感器包括：（1）单向微动开关；当规定的位移或力作用到可动部分（称为执行器）时，开关的触点断开或接通而发出相应的信号。（2）接近开关；非接触式接近传感器有高频振荡式、电容感应式、超声波式、气动式光电式、光纤式等多种接近开关。（3）光电开关；光电开关是由 LED 光源和光电二极管或光电晶体管等光电元件相隔定距离构成的透光式开关。当充当基准位置的遮光片通过光源和光电元件间的缝隙时，光射不到光电元件上，从而起到开关的作用。光电开关的特点是非接触检测，精度可达 0.5mm 左右。（4）光纤机器人触觉传感器；光纤机器人触觉传感器有功能型和非功能型之分：功能型光纤机器人触觉传感器如利用光纤微弯损耗机理研制的机器人触须式光纤触觉传感器。非功能型光纤触觉传感器如用于敏感机器人手抓触觉，主要有两种类型：一种是位移式（反射式）光强调制型机器人触觉传感器；另一种是受抑全内反射式光强调制型光纤机器人触觉传感器。机器人在使用中几乎都要求手爪开环运行机械系统能高精度定位，这就要求手爪对接近被抓物体的距离进行感知，即所谓接近觉。特别是对于防爆机器人，所抓物体一般是易燃、易碎物，需要尽量减小抓握时的冲击力，以便缓慢、对称地定位，因而在手爪上需要配置感知接近被抓物体距离的接近觉传感器。

KR20210117628A　本专利是一种用于机器人的感测装置，包括：安装部件；探针杆，所述探针杆从所述安装部分长时间突出以接触障碍物；多个弯曲部分，所述多个弯曲部分形成在所述探针杆的多个区段中，以使所述探针杆能够在不同的特定方向上弯曲；以及设置在每个弯曲部分中的裂缝传感器，其中弯曲部分形成探针杆的厚度局部减小并且宽度加宽的形状。本发明提供了一种用于机器人的感测装置，其可以以相对简单的结构和低成本制造，具有优异的耐久性，可以识别障碍物而不干扰机器人的运行，并且可以测量多个轴的弯曲（见图 4-3-4-10）。

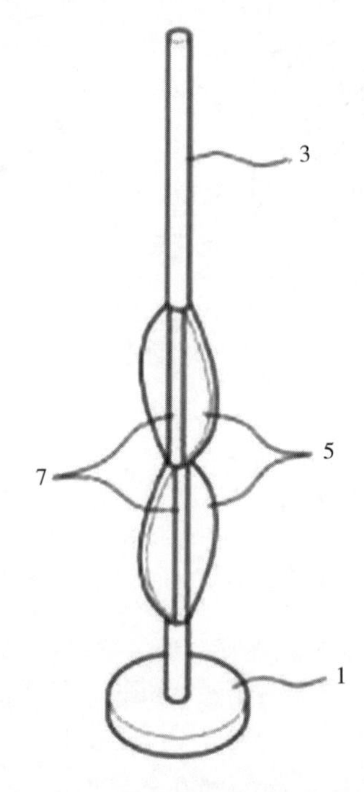

图 4-3-4-10　KR20210117628A 专利技术方案示意图

（六）超声波传感器

超声波传感器是根据超声波的一些特性制造出来的，用于完成对超声波的发射和接收，内部的换能晶片受到电压的激励而发生振动产生超声波，超声波的频率高、波长短、方向性好，可以线性传播，对液体或者固体有不错的穿透效果，比如一些不透明的物体，超声波可以穿透几十米，而且它在遇到杂质等物体时会发生反射现象，从而产生回波。由于超声波的波长相对较短，具有良好的方向性和穿透能力，能量消耗得比较慢，在介质中传播距离较远。而且超声测距的原理简单，比其他的测距方式都方便容易操作，计算也比较简便，测量精度也能满足要求，因此在移动式机器人中有广泛的应用。

KR20090089599A　本专利是一种利用波束宽度重叠的超声波传感器来检测位置的障碍物处理单元和障碍物方法，以通过确定有效波束宽度域来检测障碍物到最小超声波传感器的位置。一种利用波束宽度重叠的超声波传感器的障碍物处理单元，包括传感器布置单元（110）和控制器（120）。传感器布置包括超声传感器。形成多个有效波束宽度域。控制器根据每个超声波传感器检测到的信号来确定有效波束宽度域中是否存在障碍物（见图 4-3-4-11）。

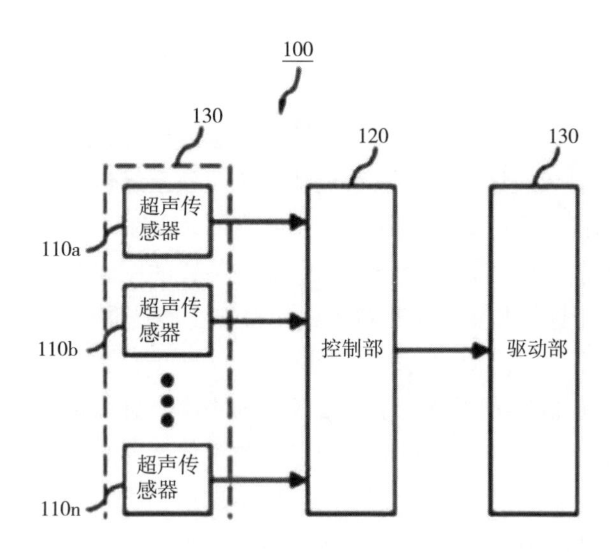

图 4-3-4-11　KR20090089599A 专利技术方案示意图

（七）脉冲识别

1.US2012308076A1　本专利是一种用于时间上接近对象识别的装置和方法，图像处理装置 100 包括被配置为接收输入信号 102 的编码器 104。输入信号表示图像的元素，并且所提取的信息被编码成脉冲图案。脉冲模式经由传输通道被引导到多个检测器节点，所述多个检测器节点被配置为在检测到感兴趣对象时生成输出脉冲。在检测到特定对象时，给定检测器节点在处理后续输入时提升其对该特定对象的灵敏度。在一个实施方案中，检测器节点中的一或多者还经配置以防止邻近检测器节点响应于相同对象表示而产生检测信号。配备有基于脉冲定时可塑性的长期信道调制的物体检测装置提供了竞争机制，其使得一些检测器能够专注于某些感兴趣的物体。在这种情况下，专用检测器与非专用检测器相比更快地响应于感兴趣的输入模式，通过使用抑制机制使其他检测器不活动。

2.US2012308136A1　本专利是一种用于脉冲码不变对象识别的装置和方法，输入信号表示图像的元素，并且提取的信息被编码在脉冲输出信号中。信息被编码为相对于时间事件的发生的脉冲延迟的模式；例如，新视觉帧的出现或图像的移动。脉冲图案有利地对诸如尺寸、位置和取向的图像参数基本上不敏感，因此可以容易地解码图像身份。大小、位置和旋转影响模式相对于事件的发生定时；因此，改变图像尺寸或位置将不会改变相对脉冲延迟的模式，而是将其及时移位，例如，将提前或延迟其发生。

（八）射线探测传感器

1.US2005029458A1　本专利是一种辐射监视传感器系统包括辐射响应传感器、用于选择性地调节到传感器的入射辐射路径的轻质辐射反射构件，以及用于控制反射构件的位置以实现摇摄、倾斜或变焦功能以获得传感器的预定可选观察位置的功率装置。类似地，一种用于通过产生 360 度全景视场来选择性地控制来自待监测场的辐射的偏转的方法包括以下步骤：固定地定位用于接收来自待观察场的辐射的辐射传感器，可移动地定位用于选择性地将来自待观察场的辐射朝向传感器反射的镜状表面，以及可旋转地驱动反射镜以选择性地将来自反射镜的辐射反射到固定安装的传感器，以实现高达 360 度全景视图。

2.US2012221144A1　本专利是一种基于散射成像的干扰物引导系统和方法，一种用于在爆炸装置的破坏中引导破坏机器人的系统和方法。该系统包括穿透辐射源，其在机器人上具有相对于耦合到机器人的干扰器的协调位置，以及至少一个检测器，用于检测由辐射源产生并由爆炸装置散射的辐射。分析器产生爆炸装置的图像并且便于识别爆炸装置的破坏目标。控制器相对于爆炸装置定位干扰器，使得干扰器瞄准干扰目标。

（九）测距传感器

测距传感器一般在机器人领域用于测量较长的距离，可以用于探测障碍物和绘制物体表面的形状，并且用于向系统提供测量的信息。测距传感器一般是基于光（可见光、红外光或激光）和超声波。常用的测量方法是三角法和测量传输时间法。

超声测距传感器的工作方式为：发射器发出人耳听不到的超声波后，等待发射波的回波，如果没有接收到回波，则表示机器人前方没有障碍物。如果接收到回波，则会在接收器上产生一个脉冲，利用脉冲信号可以计算出声波由传感器到达障碍物又返回传感器的时间，进而计算得到障碍物的距离。超声测距传感器用于非接触性测距、物体探测、接近感应和机器人领域测绘等。

基于光（包括红外光和激光）的测距传感的原理是使用一束反射的光来检测传感器与反射目标之间的距离。除了三角法和测量传输时间法，还可以采用间接幅值调制法。在间接幅值调制法中要利用时间 - 振幅转换器，它用低频正弦波调制宽的光脉冲，并通过测量发射光和反射光之间的调制相位差来获得时延。在效果上，用低速调制代替光速可使波速降低到可测的程度，但仍保留了激光传输距离远的优点。还有一种采用光源测距的方法是立体成像法。该方法是将激光指示器和单摄像机一起使用，使用时测量激光光斑在摄像机图像中相对于图像中心的位置。由于激光束和摄像机的轴线不平行，激光光斑在图像中的位置是物体和摄像机之间距离的函数。激光测距传感器是最常见的一种基于光的测距传感器，它也是采用测量传输时间法。常用的传感器的测量距离范围可在零至数百米，全程精度误差 1.5mm 左右，连续使用寿命超过 5 万小时。该传感器一般都具备标准的 RS232、RS422 等通信接口，同时具备数字信号和 4 ～ 20mA 的模拟信号输出。

US2018067195A1　多层基于光的测距系统和方法，包括：确定第一操作环境；基于所述第一操作环境从多组激光发射器中选择第一组激光发射器，所述第一组激光发射器具有第一角度 FOV 和第一有效范围；基于检测到的反射激光来检测所述第一角度 FOV 内的一个或多个物体；确定与所述第一操作环境不同的第二操作环境；基于所述第二操作环境从所述多组激光发射器中选择第二组激光发射器，所述第二组激光发射器具有比所述第一角度 FOV 窄的第二角度 FOV 和大于所述第一有效范围的第二有效范围；以及基于检测到的反射激光来检测第二角度 FOV 内的一个或多个物体。

（十）毫米波雷达传感器

毫米波，是工作在毫米波波段，波长在 1 ～ 10mm 的电磁波。毫米波雷达既有测速的功能，又有测距的功能。与激光雷达不同，毫米波雷达发射出去的电磁波是一个锥状的波束。毫米波雷达按工作原理的不同可以分为脉冲式毫米波雷达与调频式连续毫米波雷达两类，脉冲式毫米波雷达通过发射脉冲信号与接收脉冲信号之间的时间差来计算目标距离；调频式连续毫米波雷达是利用多普勒效应测量得出不同距离的目标的速度。脉冲式毫米波雷达测量原理简单，但由于受技术、元器件等方面的影响，实际应用中很难实现；目前，大多数车载毫米波雷达都采用调频式连续毫米波雷达。毫米波雷达按探测距离又可分为短程（SRR）、中程（MRR）和远程（LRR）毫米波雷达。短程毫米波雷达一般探测距离小于 60m；中程毫米波雷达一般探测距离为 100m 左右；远程毫米波雷达探测距离一般大于 200m。毫米波雷达按采用的毫米波频段不同，可分为 24GHz、60GHz、77GHz 和 79GHz 毫米波雷达。主流可用频段为 24GHz 和 77GHz，其中 24GHz 适合近距离探测，77GHz 适合远距离探测，79GHz 有可能是未来发展趋势。毫米波雷达具有以下优点：（1）毫米波雷达探测距离远，可达 200m 以上。（2）毫米波波长较短，前方目标如果由金属构成则会形成很强的电磁反射。（3）毫米波的传播速度与光速一样，并且其调制简单，配合高速信号处理系统，可以快速地测量出目标的距离、速度、角度等信息。（4）通常，自然界雨点的直径在 0.5 ～ 4mm 范围内，灰尘的直径在 1 ～ 100μm，毫米波的波长大于雨点和灰尘的直径，可以穿透这些障碍物，在雨、雪、大雾等恶劣天气依然可以正常工作，而且不受颜色和温度的影响。（5）毫米波雷达一般工作在高频段，而周围的噪声和干扰处于中低频区，基本上不会影响毫米波雷达的正常运行，因此具有更好的抗低频干扰的特性。

US2021278526A1　使用直接转换接收器和 / 或调制技术的毫米波成像系统和方法，系统 100 包括照明系统 102、载波源 104、调制器 106、天线 108、天线 110、接收器 112、成像处理器 114、场景 116 和图像数据 118。系统 100 可以是毫米波扫描仪，其可以用于对场景 116 进行成像。载波源 104 可以是毫米波射频（RF）源。调制器耦合到所述载波源并且被配置为使用数字符号调制所述射频信号以提供照明信号；多个天线耦合到至少一个调制器中的相应调制器并且被配置为用所述照明信号照明场景；直接转换接收器，其经配置以从经散射照明信号接收能量，所述经散射照明信号部分地由来自所述场景的所述照明信号的散射产生；成像处理器耦合到所述直接转换接收器且经配置以基于来自所述散射照明信号的所述能量提供与所述场景相关联的图像数据（见图 4-3-4-12）。

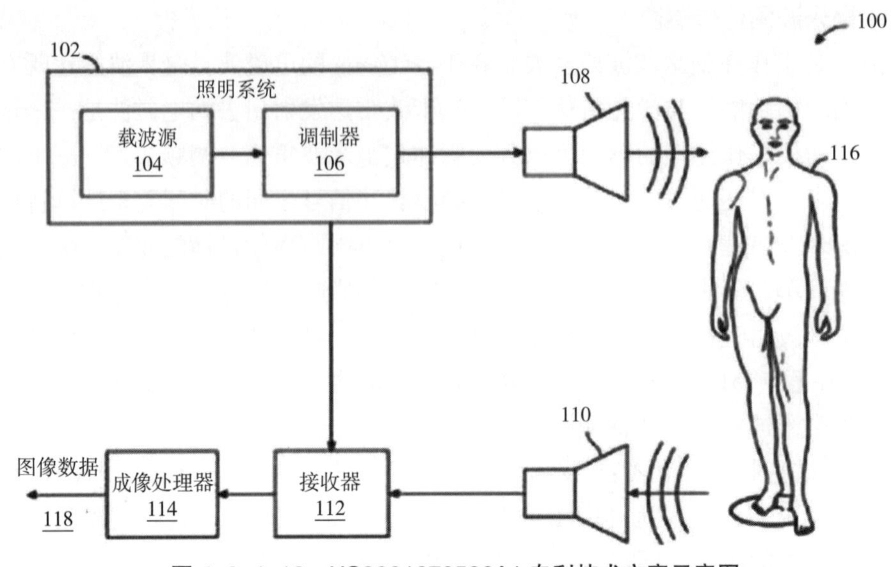

图 4-3-4-12　US2021278526A1 专利技术方案示意图

第五节　控制系统

一、技术概要

机器人控制系统是指在无人参与的条件下让智能化机器人实现自动控制的相关技术，智能控制将人工智能、信息通信以及计算机技术等多学科有效结合起来，构成高度集成的控制系统，根据机器人相关感知识别系统对外界信息进行采集、识别、记忆的基础上，进行和分析和处理，并控制机器人进行具体动作，提高了数据信息应用的有效性。智能控制技术能够让智能机器人在无人干预的条件下实现自动控制。具体的包括运动机构动作控制、机器人自主导航、定位测距、避障，以及自主控制等。

无人系统自主技术正在由传统的基于概率统计、运筹学和自动控制理论的感知、规划与决策向基于人工智能理论的认知与决策、在线学习与演进发展。人工智能已经表现出明显提高机器人与自主系统在执行任务时独立工作的能力，如越野驾驶、分析和管理大量数据以简化人类决策。人工智能正在越来越多地考虑诸如任务参数、作业规则和详细地形分析等因素。随着人机协作的成熟以及大量机器学习模型成功应用，无人系统在环境感知和目标识别方面将得到跨越式发展。无人行走与控制系统技术正在由传统有人车辆无人化改造阶段向专用新概念、新构型阶段发展，并呈现轻量化、模块化、高适应、高机动的发展趋势，大量新材料、新部件被广泛应用。运动控制技术直接影响机器人的运动性能，是机器人的关键技术之一。

二、重点专利解析

（一）运动机构控制

1.WO2020215213A1　本发明公开了一种多轴运动控制器、多轴运动控制方法和系统。

多轴运动控制器包括：运动控制模块，其适于接收包括第一受控对象的关节数量和第一受控对象的配置参数的配置命令，确定与第一受控对象的关节数量相对应的第一受控对象的运动算法库，并将第一受控对象的配置参数输入到第一受控对象的运动算法库中；数据交互接口，其适于根据所述第一受控对象的关节的数量以预定消息格式激活所述第一受控对象的控制字段；以及映射模块，其适于在所述第一受控对象的所述激活的控制字段与所述第一受控对象的驱动物理信道之间建立第一映射关系。多轴运动控制器、多轴运动控制方法和系统涉及与具有可配置数量的关节的机器人相关联的控制机构。

2.KR102334727B1　机器人可包括用于使机器人向至少一个方向移动的旋转体和可内置或外置机器人的动作所需的至少一个部件的至少一个本体。旋转体为了向多种方向旋转移动，可以具有大致球或椭圆球的形状，由此，机器人整体上可以形成球形状。旋转体的大小可以根据设计者的选择任意决定，也可以根据主体的大小决定，或者也可以与主体的大小无关地决定。旋转体在内侧形成有空的空间，从而能够在空的空间内置主体，为了内置主体，在旋转体的内侧可以形成有至少一个外壳结合部。至少一个外壳，例如，连接到编码器的编码器外壳或与姿势保持驱动单元联接的姿势保持外壳，可以插入并安装在至少一个外壳联接单元和中的每一个中。主体可以直接联接到至少一个壳体联接部分和中的每一个。在形成有两个壳体结合部的情况下，两个壳体结合部也可以在旋转体内侧以大致中心为基准彼此相向地对称地形成。在外壳结合部的内侧可形成有槽，槽可具有与要安装于各个外壳结合部的编码器外壳及姿势维持外壳的各个外形相对应的形状。换言之，各个外壳结合部的内侧也可以形成为彼此不同的形状。在此情况下，外壳结合部的槽在内侧面可包括阶梯结构、突起或插入槽等，以使编码器外壳及姿势维持外壳能够以不脱离的方式稳定地结合。

（二）导航与定位

机器人系统中，导航技术是机器人感知和行动能力的关键技术，机器人的定位导航技术主要的研究方向包括同时定位与地图构建、路径规划、运动控制等，而感知环境信息是移动机器人定位导航的基础。在机器人定位导航过程中，定位是首先要解决的问题，需要知道机器人的位姿信息和当前状态。目前已知的智能移动机器人定位的方式主要有相对定位和绝对定位方式，绝对定位是通过移动机器人自身所携带的传感器直接获取机器人的姿态信息和位置信息；而相对定位则是需要确定一个初始位姿点，通过移动机器人自身所携带的传感器来获取移动机器人当前所处的具体位姿点的距离以及方向信息，通过相对于当前点所移动的距离和转动的方向角来确定下一时刻移动机器人的位姿和方向信息，以此来使机器人实现对自身所在的位置和方向进行准确的定位。绝对定位方法有磁罗盘、全球定位系统、GPS 定位等。相对定位主要分为两种，即基于惯性传感器的航迹推算方法和基于里程计的航迹推算方法。根据感知环境所用传感器种类的不同，移动机器人的导航主要有 GPS 导航、陀螺仪导航、惯性导航、光电编码导航、磁罗盘导航、激光导航、超声波导航等方式。

1.WO2017153896A1　一种用于具有障碍物规避的自主机器人的引导方法，包括以下步骤：建立用于机器人前进的设定点；确定（51）所述机器人的有效预期距离；在所述速度设定点已经被应用于所述有效预期距离内的障碍物之后，在所述机器人可能撞击所述有效预期距离内的障碍物的情况下，接收（52）关于所述初始路径上的所述预期距离内的可能障碍物的数据；以及确定（54）多个避让路径，对避让路径进行分级并选择具有最佳等级的路径，机器人的有效预期距离对应于车辆前方的最小观察距离，以避让障碍物（见图4-3-5-1）。

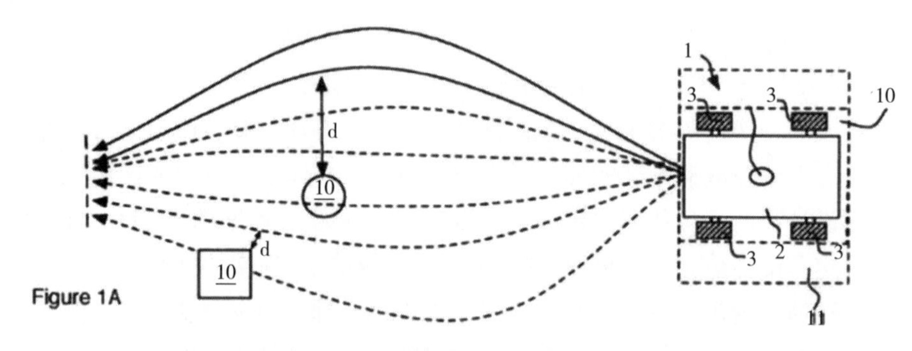

图 4-3-5-1 WO2017153896A1 专利技术方案示意图

2.US2020174480A1 一种用于导航规划的系统和方法。导航规划可以包括识别具有起点和目的地的物理环境中的多个动态对象。物理环境被划分为多个平面图。然后可以计算每个平面图的质心的位置。从起点到目的地形成与质心相交的区段网络。使用一组区段确定从起点到目的地的至少一个信道。沿着所述至少一个沟道识别一组栅极。基于动态物体的移动选择性地确定门的状态。然后可以在通道内识别路径，以使移动可编程代理基于门的状态从起点穿越到目的地。

3.KR20170048947A 一种用于提高位置估计系统中目标节点的位置估计精度的可移动参考节点位置确定方法，所述位置估计系统包括多个可移动参考节点（RN）和目标节点（TN），所述多个可移动参考节点（RN）和目标节点（TN）具有能够彼此传送其位置信息的通信装置，所述可移动参考节点位置确定方法包括：（a）测量所述多个可移动参考节点之间以及所述多个可移动参考节点和所述目标节点之间的信号传输时间；（b）通过将所述信号传输时间转换为距离来生成所述多个可移动参考节点之间的多个测量距离以及所述多个可移动参考节点与目标节点之间的多个估计距离；以及（c）利用所述多个测量距离和多个推定距离算出所述目标节点的位置的步骤，其中，所述（c）步骤包括：连接所述多个测量距离而生成第一多边形的步骤。

4.KR20160146374A 路径规划的方法和装置。使用与第一地形信息相关的第一数据库来设置 ROI；通过使用与不同于第一地形信息的第二地形信息相关的第二数据库来计算设置的感兴趣区域的第二运行成本；以及基于第一和第二运行成本生成感兴趣区域中的路线图，其中第一地形信息由分类为至少一层的 GIS 数字地形信息形成，并且第二地理信息与地面的属性相关。

5.RU2675671C1 无线电电子干扰对卫星导航信号源定位的系统及方法。通过比较一个坐标系中的两个或更多个找到的方向而用于使用无线电波的移动物体位置确定系统中。

为此，该系统和方法基于仅使用自推进机器人自己的坐标以及它们相对于电子干扰源的方位，以较低的操作复杂性提供电子干扰源对卫星导航信号的位置（坐标）确定。技术结果是功能能力的扩展。

（三）机器人智能控制

1.EP1566245A1　用于通过远程控制设备控制机器人的处理方法和装置，所述远程控制设备通过电信网络连接到服务器。该方法涉及将控制和/或控制参数与标签和标签值相关联。标签和值属于预设标签组，并且遥控设备的已知标签值属于一组遥控设备。控制和/或参数被翻译成可由机器人(180)解释的语言的可执行控制。可执行控制被传送到机器人。还包括以下独立权利要求：（a）远程监控服务器，用于处理由远程控制设备执行的机器人命令；（b）计算机程序，存储在数据介质上，包括允许实现用于处理机器人控制的过程的指令。

2.KR20160081048A　一种远程机器人协作控制装置及远程机器人协作控制方法。包括情况展示装置100、图像展示装置200和控制器300。所述情况展示器100显示机器人10的位置。即，情况显示装置100可以显示由控制器300控制的机器人10的位置或由控制器300协同控制的机器人20的位置。情形显示装置100可以在地图上显示机器人10的位置信息和方位角信息，并且可以显示请求（2）、取消（3）、接受（4）或拒绝（5）协同控制的信息。即，情形显示装置100可以显示由控制器300直接控制的机器人10的位置信息和方位角信息以及由控制器300协同控制的机器人20的位置信息和方位角信息。此外，情形展示装置100可以显示协同控制请求信息2和协同控制取消信息3，协同控制请求信息2用于请求协同控制以协同控制由控制器300控制的机器人10，协同控制取消信息3用于取消针对由控制器300控制的机器人10的协同控制请求2。此外，情形展示装置100可以显示用于接受用于协同控制由另一控制器301控制的机器人20的协同控制请求的协同控制接受信息4和用于拒绝用于协同控制由另一控制器301控制的机器人20的协同控制请求的协同控制拒绝信息5。图像显示装置200显示从机器人10发送的信息6。从机器人10发送的信息6可以是机器人的信息7或安装在机器人上的任务设备的信息8。任务装备30是如影像拍摄装置、高精密摄影装置等的监视装置40。

3.RU2013140943A　用于经由无线电链路自动控制机器人装置的方法。本发明涉及地面机器人装置，其将负载运输到空间中的给定点，以及将机器人装置递送到给定点以在没有人存在的情况下执行不同的功能。在所公开的方法中，操作者在图片上表示地标，并且还指示机器人装置朝向所选地标移动一定距离并指定移动轨迹。此外，使用车载控制设备，转动机器人装置以便在给定轨迹上移动，其中在来自车载摄像机的数字图像上监测地标的图像的移动。此外，机器人装置在给定轨迹上移动，同时不断地计算到地标的距离，以及地标在摄像机的视场中的位置及其在正确轨迹上的比例，其中在机器人装置的移动期间，控制设备用于最小化地标中心或其端点的预期位置与地标中心或其端点的实际观察位置之间的差异。

第四章

境外重点申请人分析

根据第二章和第三章的分析，日本、韩国、美国是目前机器人技术最为发达的国家，因此本章将对日本、韩国、美国的多个申请人进行重点研究，尤其是针对具有成熟产品的美国申请人进行重点分析。结合主要申请人的典型产品、专利数量和专利价值度，本章选取了一个日本重要申请人、两个韩国重要申请人、三个美国重要申请人对其重点产品和重点专利情况进行分析；具体为日本的索尼（SONY）公司、韩国机器人融合研究院（KOREA INST ROBOT & CONVERGENCE）、韩国国防发展局（AGENCY DEFENSE DEV.）、美国的波士顿动力(Boston Dynamics)公司、艾罗伯特(IRobot)公司以及福斯特－米勒(Foster–Miller)公司/奎奈蒂克（QinetiQ）公司。

第一节　索尼公司

一、申请人概况

索尼公司于1946年5月在日本创立，经营电子类产品。主要业务涵盖电视、数字影像、视听设备、个人计算机和其他网络产品、半导体器件、电子元器件和医疗设备等。索尼公司在视听设备、电子产品等多个技术领域拥有全球领先的技术，在机器人技术领域同样具有较高的技术实力。

索尼公司最著名的机器人产品是1999年推出的机器狗AIBO，这款机器狗上市初期，就在日本和美国创下了良好的销售业绩。在随后的时间里，AIBO发展了5代更新产品，外形越来越优异，功能也越来越强大。AIBO机器狗长度约为27.3cm、体重约为1.6kg，可以独自四足行走，发出特定声音、识别颜色以及对其他对象的动作做出相应的反应。AIBO机器狗可以进行情绪表达，通过头部的传感器来获取外界信息，经过处理后形成信息库保存起来，并且还能够通过学习来增进机器人的反应动作和情绪表达。

2000年，索尼公司推出了小型双足机器人SDR–4X。该款机器人安装了多种传感器系统，具有灵活动作的机械结构和自主学习能力。每个关节的小型致动器和自适应的控制系统能够对各个关节进行实时控制，采用双CCD彩色摄像头进行图像识别，使机器人能够自动确定行进路线。该款机器人还能够与人进行交流，能够接受复杂指令且做出多种动作。

2003年，索尼公司推出了小型双足机器人QRIO。该款机器人采用了索尼公司的运动综合控制系统作为核心控制器，高约58cm、重约7kg，能够实现跑、跳、投等较为复杂的动作。

索尼公司的机器人产品以服务型机器人和娱乐型机器人为主，但同样拥有适用于特殊作业机器人的大量专利技术。

二、专利技术概况

通过分析可以发现，索尼公司的机器人相关专利基本上集中在传感器技术、人工智能、机器人控制系统等技术领域，而机械机构的专利数量较少，这与索尼公司在电子科技领域的技术优势相匹配。

索尼公司大约申请了 90 项能够用于救灾机器人等特殊作业机器人的专利技术，主要涉及传感器技术、人形机器人的控制系统、人机交互、人工智能等技术方向。

1999—2010 年，索尼公司申请了多件涉及人形腿式机器人的专利，具体如表 4-4-1-1 所示。

表 4-4-1-1　索尼公司人型腿式机器人控制技术主要专利列表

公开号	公开日	公开号	公开日
JP2001129775A	2001.05.15	US6438454B1	2002.08.20
JP2001138271A	2001.05.22	US2002120361A1	2002.08.29
JP2001138272A	2001.05.22	US6463356B1	2002.10.08
JP2001138273A	2001.05.22	US6580969B1	2003.06.17
JP2010115780A	2010.05.27	JP2003266347A	2003.09.24
JP2001150375A	2001.06.05	JP2003266348A	2003.09.24
JP2001157972A	2001.06.12	JP2003266352A	2003.09.24
JP2001287177A	2001.10.16	JP2004174644A	2004.06.24
JP2001287181A	2001.10.16	JP2004295766A	2004.10.21
US2001047226A1	2001.11.29	JP2004299006A	2004.10.28
JP2002144260A	2002.05.21	JP2006095648A	2006.04.13
JP2002144261A	2002.05.21	JP2006095661A	2006.04.13
JP2002210680A	2002.07.30		

1999—2003 年申请的专利中，基本上涉及腿式机器人的操控技术，如图 4-4-1-1 所示。具体来说，1999 年，索尼公司申请了关于重心控制和机器人摔倒后的自动翻转起身控制技术的数件专利，该技术也是索尼公司的重点技术内容，通过特殊结构和控制系统使得人型机器人在摔倒后能够翻转起身，能够应对更加复杂的动作环境。之后的 3 年间，索尼公司又对故障诊断和排除技术、自动控制技术、缺乏通信条件时的机器人命令控制技术、辅助

驱动控制和关节致动器控制、运动指令以及电源控制等技术内容申请了多件专利，使人型腿式机器人的智能化得到了技术提升。2004 年申请的少量专利涉及腿式机器人与轮式机器人的结合，在腿式机器人的基础上增加了滚轮结构，使机器人能够适用于更多移动行进方式。在 2010 年，索尼公司对人型腿式机器人跳跃落地后的缓冲控制技术进行了改进，并申请了相关专利。

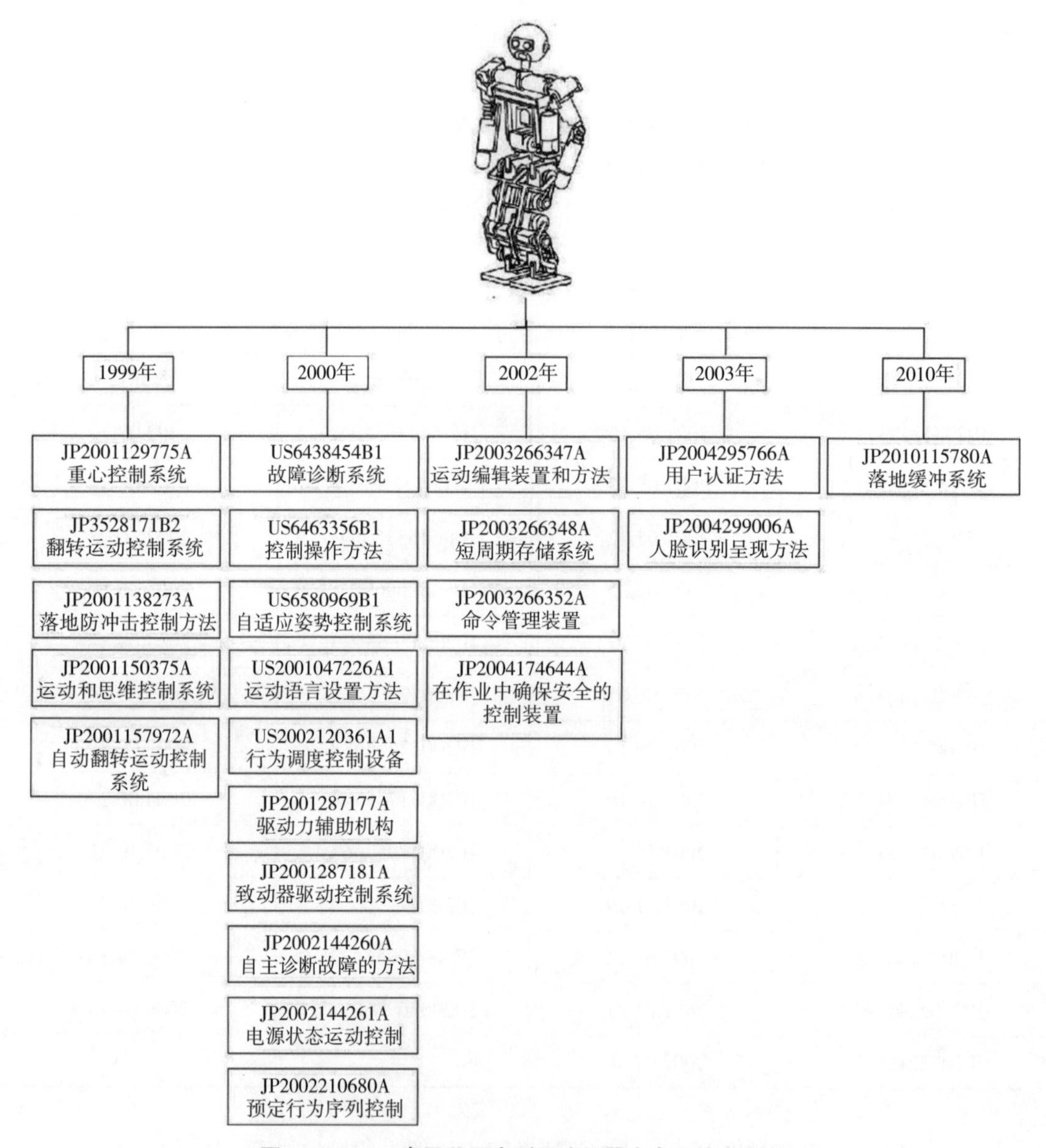

图 4-4-1-1　索尼公司人型腿式机器人专利技术分布

在 2018 年之后，索尼公司对于机器人技术的专利申请不再以人型腿式机器人为基础，而是更加侧重于人机交互、自动避障、路线规划等智能化相关技术，使得机器人均具有更高的智能化程度。在 2018 年之后的申请中，索尼公司还注重多个智能化设备的协同控制，以实现在危险情况和特殊情况下的自动应急操作和系统协同控制。

三、重点专利技术分析

1. JP4770990B2　该专利技术是一种机器人操作系统。当机器人降落到地板上时，尽可能地减轻从地板表面接收的机器人的冲击。解决方案：腿型移动机器人至少由小腿和设置在小腿上方的上身组成，并且通过小腿的运动执行各种运动模式。移动机器人包括用于检测离地时段的检测装置和用于在离地时段期间降低关节致动器的阻抗并响应于着陆的检测将关节致动器的阻抗返回到初始值的控制装置。在离地期间，关节致动器的阻抗降低，并且在关节致动器用作缓冲器的状态下建立着陆待机（参见图 4-4-1-2）。

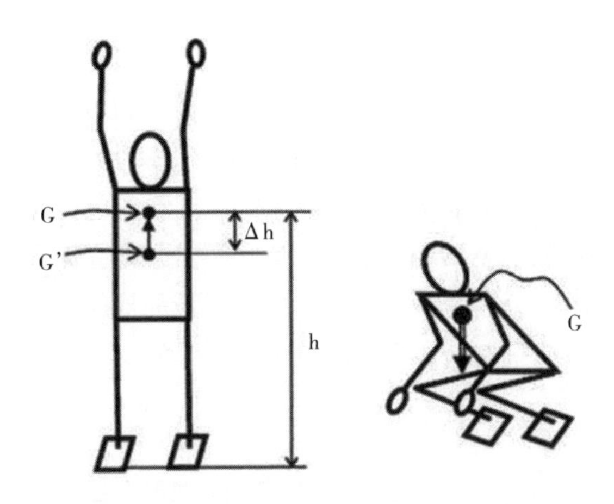

图 4-4-1-2　JP4770990B2 专利技术方案示意图

2. JP4707290B2　该专利技术是一种利用由各转动关节的时间序列运动构成的基本运动单元和基本运动的组合构成的复合运动单元来表示预定行为序列的方法。解决方案：包括机器人行走的运动模式被分类为作为运动单元的运动单元，并且通过组合多于一个运动单元来实现复杂和各种运动。基于动态基本姿态来定义动态运动单元，并且通过使用动态运动单元来形成期望行为序列。在机器人自主地执行连续运动、执行一系列连续运动、在基于命令改变运动的同时执行运动的情况下，该控制方法能够起到有益的效果。

3. US6493606B2　该专利技术是一种腿式移动机器人通过致动器角度的时间序列变化或使用四肢和躯干的运动模式来实现运动语言。使用包括例如作为字符的轮廓 / 形状的近似的运动模式的运动语言，使得即使不具有相同运动语言数据库的机器人或人类也可以确定由每个运动模式指示的含义和字符，作为视觉识别和解释由每个运动模式指示的轮廓 / 形式的结果。例如，已经进入危险工作区域的机器人可以在不使用任何数据通信装置的情况下向远程位置处的观察者给出关于例如工作区域的状况的消息。腿式移动机器人通过移动肢体和 / 或躯干来通信。

4. US11592829B2　该专利技术是一种控制装置、控制方法、程序和移动体，利用该控制装置、控制方法、程序和移动体，即使当局部位置未知时，也可以再次快速估计局部位置。在存储由激光雷达或轮式编码器检测到的时间序列中提供的信息并通过使用存储的时间序列信息估计自身位置的情况下，当检测到预先不可预测的位置变化（例如绑架状态）时，重置存储的时间序列信息，然后再次估计自身位置。本公开可以应用于根据安装的计算机器自主移动的多腿机器人、飞行物体和车载系统。

第二节　韩国机器人融合研究院

一、申请人概况

韩国机器人融合研究院在 2020 年前后，申请了大量涉及特殊作业机器人的专利。

二、专利技术概况

韩国机器人融合研究院共申请了 80 余件涉及特殊作业机器人的专利。其中包括救援机器人、危险气体探测机器人、搜救机器人、侦查机器人等多种专用功能的特殊作业机器人。从结构形式来说，韩国机器人融合研究院的特殊作业机器人包括蛇形机器人结构、履带式机器人结构、轮式机器人结构以及操作臂结构等形式。这些特殊作业机器人的申请时间均在 2018—2022 年，体现了该公司在特殊作业机器人领域的最新技术成果。

2019—2023 年，韩国机器人融合研究院申请了多件涉及蛇形机器人的专利，主要专利申请具体如表 4-4-2-1 所示。

表 4-4-2-1　韩国机器人融合研究院蛇形机器人主要专利列表

公开号	分类号	公开日	公开号	分类号	公开日
KR102148941B1	B25J9/08	2020.08.28	KR20200104651A	B25J9/08	2020.09.04
KR102190695B1	B25J9/08	2020.12.15	KR20200104652A	B25J9/06	2020.09.04
KR102225068B1	B25J9/06	2021.03.10	KR20200104653A	B25J9/06	2020.09.04
KR102240269B1	B25J9/06	2021.04.14	KR20210071114A	B25J9/08	2021.06.16
KR102252700B1	B25J9/08	2021.05.17	KR20220027315A	B25J9/06	2022.03.08
KR102275149B1	B25J9/06	2021.07.08	KR20230031700A	B25J9/06	2023.03.07
KR102373349B1	B25J9/06	2022.03.11	KR20230122329A	H04W84/18	2023.08.22
KR102407861B1	B25J1/06	2022.06.10	KR20230122330A	B25J9/08	2023.08.22
KR102489668B1	B25J9/06	2023.01.17	KR20230122778A	B25J9/08	2023.08.22
KR102555775B1	B25J15/02	2023.07.13	KR20230122780A	B25J9/08	2023.08.22
US2022001552A	A62C99/00	2022.01.06			

蛇形救灾机器人能够在狭小的空间内移动，关节灵活使其能够呈现多种复杂形状，实现多种复杂动作，特别适合于在坍塌的废墟中行进，具有寻找受灾人员、探测危险环境，输送救灾物资或生命维持物资等多种功能。韩国机器人融合研究院的蛇形救灾机器人主要包括两种类型，第一种为关节型机器人结构，第二种为履带与关节复合型机器人结构。另外，

韩国机器人融合研究院还将蛇形机器人结构作为机械臂或机械手设置在履带式机器人上，蛇形关节结构能够更加灵活地深入抓取位置或更加灵活地完成抓取动作，更适于实现复杂空间中的复杂任务。

根据公开的专利显示，韩国机器人融合研究院在2020—2023年间，申请了多件涉及蛇形救援机器人相关技术的专利（见图4-4-2-1）。2020年，韩国机器人融合研究院的专利技术主要包括蛇形机器人的基本结构和运动控制方法、蛇形机器人的头部夹具结构以及控制方法、蛇形机器人的传感器系统以及布置方式、通过驱动装置来改变不同关机处摩擦力的驱动系统和控制方法。随后的三年间，韩国机器人融合研究院又对救援机器人的救助物资的输送系统和输送结构、移动机构、运动控制方法以及传感器系统进行了进一步改进和细化，并申请了多件专利。

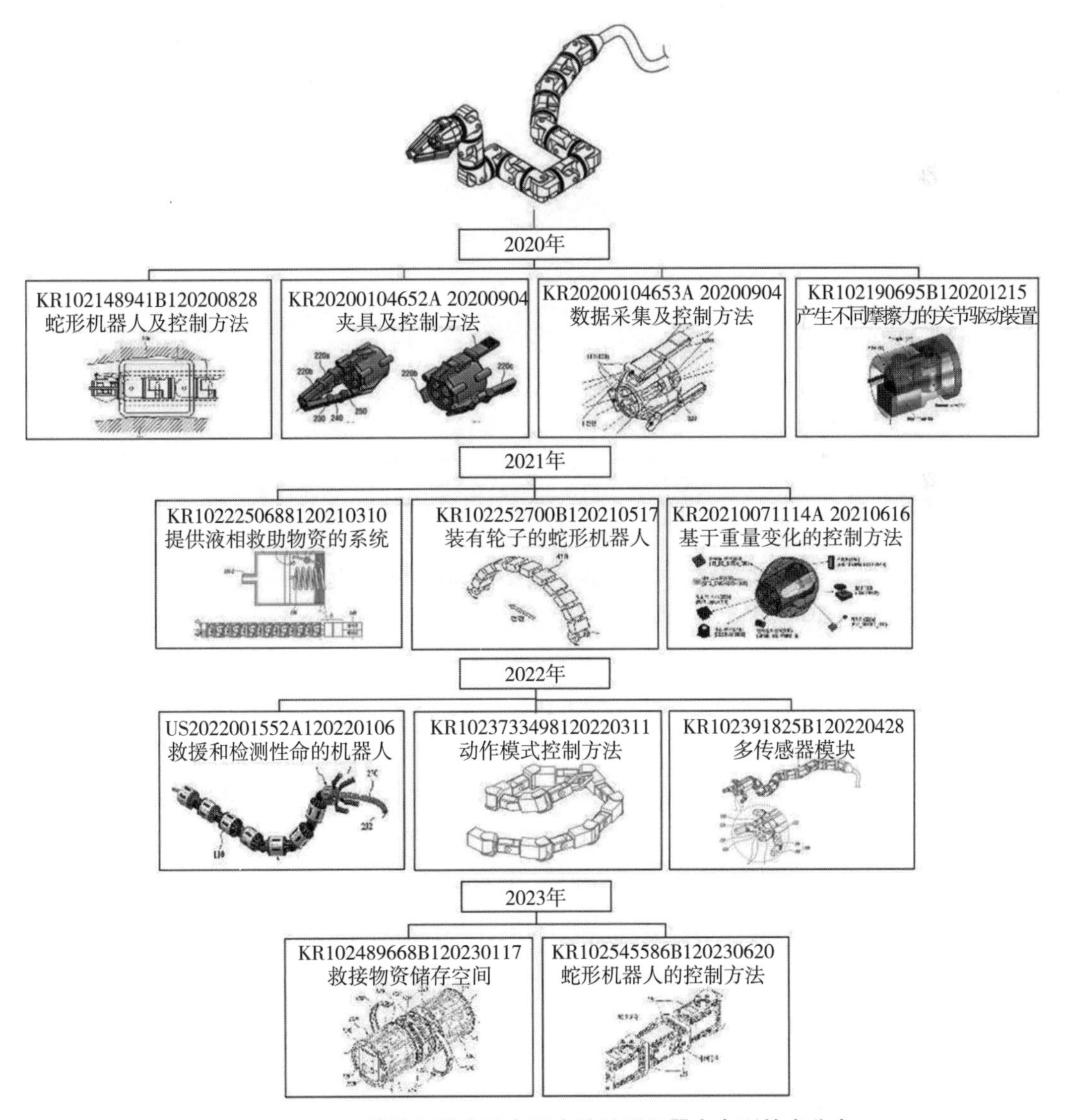

图4-4-2-1　韩国机器人融合研究院蛇形机器人专利技术分布

除了对蛇形机器人的结构进行改进，韩国机器人融合研究院在 2023 年又提出了一种模块化的蛇形救援机器人（见图 4-4-2-2）。模块化机器人可以根据需要将基本模块进行组合安装，从而根据功能需要来设置不同的组合方式，基本模块之间能够通过连接模块可转动的连接，从而实现整个机器人的蛇形运动，仍然能够满足在废墟等狭小空间内灵活移动和灵活作业的需要。具体的专利技术包括模块化机器人的基本结构、组合连接结构和连接方式以及中继装置的布置方法。

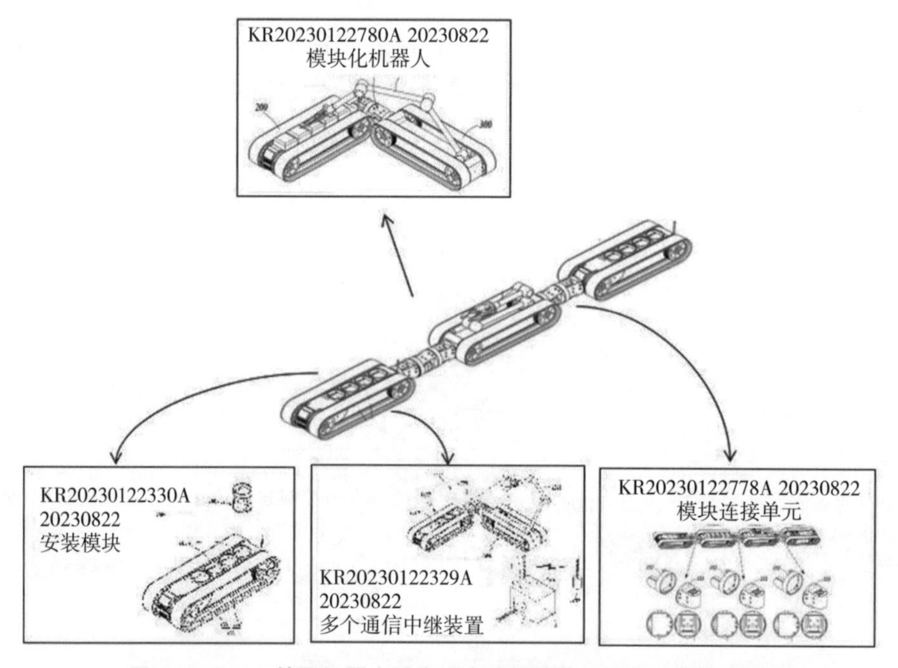

图 4-4-2-2　韩国机器人融合研究院模块化机器人专利技术分布

除了蛇形机器人，韩国机器人融合研究院在 2020—2023 年还申请了关于双臂式救援机器人的多件专利，主要专利申请具体如表 4-4-2-2 所示。该双臂式救援机器人包括多个轮式移动机构或履带式移动机构，还包括两个机械臂安装在机器人车体结构的前端，机械臂可根据任务需要进行多种操纵，尤其适于进行障碍物搬运，建筑物破拆等工作任务。

表 4-4-2-2　韩国机器人融合研究院双臂机器人主要专利列表

公开号	分类号	公开日	公开号	分类号	公开日
KR102295659B1	B25J9/16	2021.09.01	KR20210019175A	B25J15/04	2021.02.22
KR102359997B1	B25J9/16	2022.02.07	KR20220028324A	B25J11/00	2022.03.08
KR20210019173A	B25J15/04	2021.02.22	KR20230053088A	B25J9/16	2023.04.21
KR20210019174A	B25J11/00	2021.02.22			

韩国机器人融合研究院双臂式救援机器人专利技术分布如图 4-4-2-3 所示。2011 年，双臂式救援机器人的专利主要涉及机械臂和车体结构、机械臂的冷却系统和冷却方法、机

器人控制系统和控制方法、可以根据需要更换机械臂操作工具的工具托盘等相关结构、无线通信信号断开后的机器人自动驾驶控制方法、机械臂的破拆力度控制系统和控制方法等技术内容，形成一组系列申请。之后的两年，韩国机器人融合研究院对该机器人进行了继续开发，将机械臂的结构和驱动机构进行了改进并申请专利，之后又对机器人的性能测试方法申请了专利。

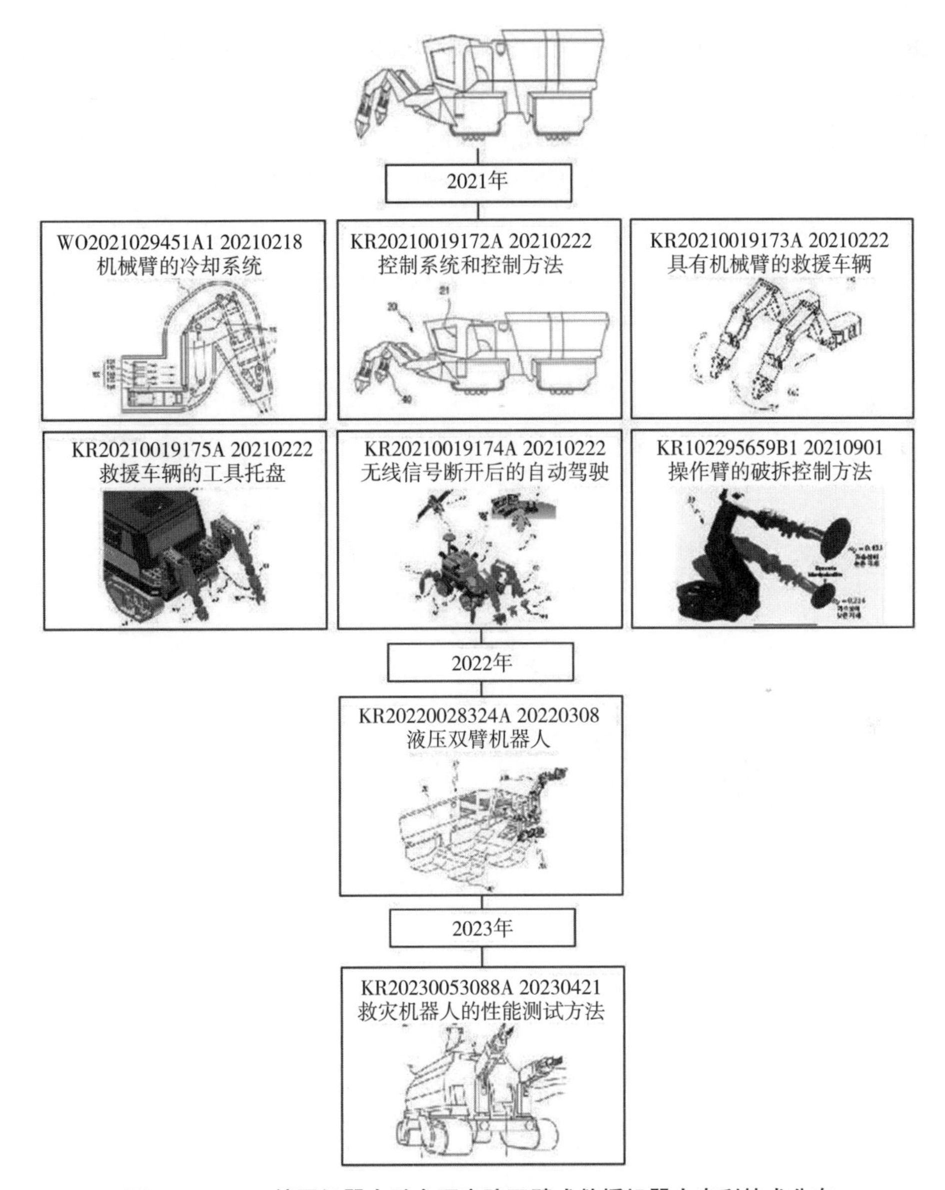

图 4-4-2-3　韩国机器人融合研究院双臂式救援机器人专利技术分布

韩国机器人融合研究院的特殊作业机器人还包括运送受伤人员的救援机器人、气体检测机器人等特殊作业机器人类型。除了涉及机械结构的专利技术，韩国机器人融合研究院对于信息采集、自动控制等智能化控制技术也申请了多件专利，包括机器人自主操作系统、动态显示装置、声音识别和路径规划、机器人的集成操作系统、使用地图数据库操作的控制系统、能够进行灾害现场地图更新的救援机器人控制系统、位置搜索系统、救灾机器人的响应控制方法等自主化和智能化技术，能够说明该申请人在特殊作业机器人领域多个技术方向均有研究实力和专利技术优势。

三、重点专利技术分析

1.KR102545586B1　该专利技术是一种蛇形机器人的控制方法，通过使多个关节转动成螺旋形态，从而能够在狭窄空间的内周面有效地移动。以 Y 轴方向的转动轴为中心转动的关节和以 Z 轴方向的转动轴为中心转动的关节以之字形连接多个，其特征在于，控制各关节的转动角度，以使所述蛇形机器人形成螺旋形态并向 X 轴方向前进。所述蛇形机器人可通过连接多个模块而构成，所述多个模块由关节支架和相对于所述关节支架转动的关节主体构成。根据所述蛇形机器人的控制方法，通过转动多个关节以形成螺旋形态，从而能够在狭窄空间的内周面有效地移动（见图 4-4-2-4）。

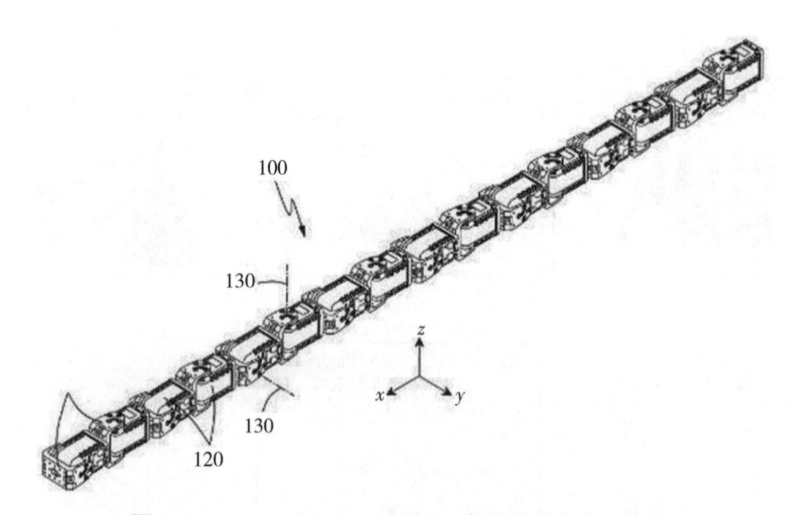

图 4-4-2-4　KR102545586B1 专利技术方案示意图

2.KR102493472B1　该专利技术是一种动态显示设备，其生成能够有效地响应频繁变化的视频内容的运动数据。根据本发明的实施例，动态显示装置包括：运动控制器，其为形成输入视频内容的每个图像帧生成分割图像深度图表，并基于所生成的分割图像深度图表生成运动数据 EtherCAT 主机，其接收由运动控制器产生的运动数据，并根据接收到的运动数据产生控制信号以驱动和控制构成从机的多个电机；以及从机，其包括电机和用于驱动电机的电机驱动器，从 EtherCAT 主机接收控制信号，并根据接收到的控制信号驱动电机。

3.KR20180070766A　该专利技术是一种用于机器人的集成操作系统，其可以通过能够执行模拟的集成操作软件和对应于实际机器人的虚拟机器人模块来验证性能，并且可以将性能反映到机器人的发展方向。为了实现这一点，用于机器人的集成操作系统包括：集成操作软件；以及与集成操作软件通信的多个虚拟机器人模块。此外，正在开发每个虚拟机器人模块，并且集成操作软件在预定场景中重复模拟每个虚拟机器人模块。因此，可以验证生成的问题或错误，并且将问题或错误反映到虚拟机器人模块的发展方向上。

4.KR102165158B1　该专利技术是一种灾难响应机器人，包括：早期响应控制模块，用于在接收到灾难报告时，根据控制设备的控制，驱动和控制立即移动到灾难现场，以对相应的灾难现场进行早期侦察；早期侦察信息收集模块，所述早期侦察信息收集模块用于在所述灾害响应团队到达所述灾害现场之前收集所述灾害响应团队在所述灾害现场的早期响应的早期侦察信息；早期侦察信息传输模块，用于在所述救灾队到达所述灾害现场之前，将所述早期侦察信息收集模块实时收集的早期侦察信息传输到所述控制设备；以及随动响应控制模块，用于从所述控制装置接收现场随动响应命令，并根据所述现场随动响应命令执行驱动控制。

5.KR20200135889A　该专利技术是一种考虑人是否存在于不可见区域中的自主机器人系统以及一种用于确定人是否存在的方法。更具体地，考虑人是否存在于不可见区域中的自主机器人系统包括：自主机器人平台，包括拍摄图像信息的图像拍摄装置；以及人物存在确定系统，包括：获得图像信息的图像信息获得部分；从由图像信息获得部分获得的图像信息中提取可能人物存在区域的可能人物存在区域提取部分；人存在判断部分，用于判断在所述可能的人存在区域中是否存在人；以及工作计划改变通知部分，如果人存在判定部分判定人存在，则将工作改变和通知信息发送到自主机器人平台。

6.KR102545585B1　该专利技术是一种气体检测机器人操作方法，其能够在人们难以接近的诸如火灾、有害气体泄漏、坍塌、爆炸风险等的恐怖和灾害场所中实现紧急响应并使生命损失最小化。此外，根据本发明，气体检测机器人操作方法包括：整体搜索步骤，通过气体检测机器人在预定时间内测量预定区域中的气体，并将作为测量气体的浓度值的 d_t 和作为在预定区域中 d_t 测量之前的预定时间内测量的气体浓度值的 d_t-1 彼此进行比较；以及终止步骤，当在所述整体搜索步骤中所述 d_t-1 的值大于所述 d_t 时，终止所述整体搜索步骤（见图 4-4-2-5）。

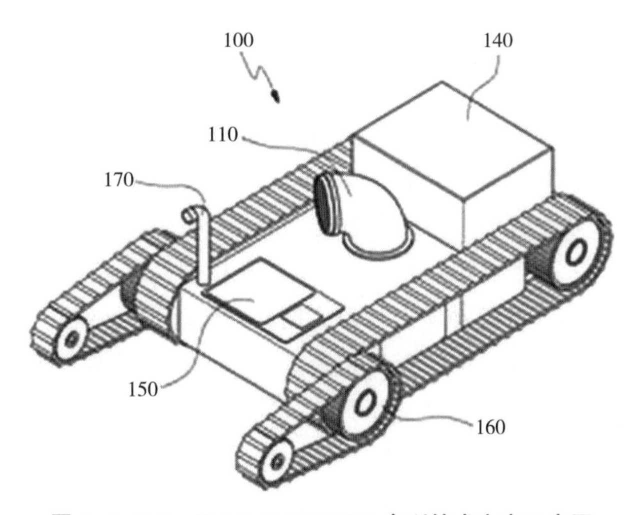

图 4-4-2-5　KR102545585B1 专利技术方案示意图

第三节　波士顿动力公司

一、 申请人概况

波士顿动力公司由马克·雷波特在1992年成立，旗下拥有的机器人产品如机器大狗（BigDog）、机器豹子（Cheetah）等。2013年12月，谷歌母公司Alphabet收购波士顿动力公司。2017年6月9日，日本软银集团收购波士顿动力公司。波士顿动力公司的著名产品主要涉及四足机器人和人形机器人。2016年3月2日，在四足机器人BigDog的基础上，波士顿动力公司推出了Spot机器狗。2018年2月，波士顿动力公司发布了新型四足机器人Spot Mini，之后于2018年5月，波士顿动力公司又发布了阿特拉斯（Atlas）人形机器人。2020年2月，挪威Aker石油公司购入波士顿动力公司的四足机器狗Spot，用于执行专门任务。2020年12月11日，韩国现代公司收购波士顿动力公司。通过波士顿动力公司的在售产品分析，可以发现该公司在腿式机器人领域具有较高的研发能力和技术影响力。

美国“Big Dog”机器人是波士顿动力学工程公司在2005年推出的形似机械狗的四足机器人，其四条腿完全模仿动物的四肢设计。“Big Dog”机器人内部安装有特制的减震装置并设置一台计算机用于根据环境的变化调整行进姿态。“Big Dog”机器人用于在交通不便的地区运送救灾物资，其动力装置是一部带有液压系统的汽油发动机。“Big Dog”机器人重量约为109kg，长和高约为1m，宽约为0.3m，装有大约50个传感器，内部传感器用于判断机身姿态和加速度，关节传感器用于监测关节处执行器的运动和受力，还有一些专用传感器用于监测机身的平衡、油压、引擎转速和温度等参数。“Big Dog”可以自行沿着预先设定的简单路线行进，也可以进行远程控制。“Big Dog”四足机器人项目自2005年开始，至2015年结束，旨在开发运输设备或救灾物资的机器人。

阿特拉斯（Atlas）是波士顿动力公司开发的两足机器人。前文提到过，该公司的四足机器人技术领先全球，为人形机器人的研究提供了技术支持。Atlas机器人高188cm，总重量150kg，属于人型机器人，全身装有28处液压驱动关节，具有较好的环境适应能力和越障能力。此外，Atlas机器人还可以手持工具展开作业，机器人头部装备了立体相机和光学遥感系统激光雷达（Light Detection And Ranging，LIDAR），可以收集周边的画面信息，Atlas通过内置电源供电，通过配置本体的电脑可以实现自主行动。

Spot小狗机器人是波士顿动力公司在2015年推出的一款电动液压控制的四足机器人，能够完成行走、跑步、上下楼梯和斜坡等动作。Spot机器人具有12个自由度，采用电源供电驱动液压系统作为机器人的驱动输出动力，控制四肢动作。随后，波士顿动力公司推出了spot小狗机器人的更新产品：spot mini机器人，spot mini机器人同样是四足机器人，但重量仅有25kg。该款机器人具有头戴式机械臂，能够操纵机械臂完成开关门、转动阀门等动作，并且还提高了收集环境数据的能力。

二、专利技术概况

波士顿动力公司在特殊作业机器人领域的重要专利共计约 76 项。在 2010 年前仅有少量专利申请，该公司专利申请时间主要集中在 2010 年之后，尤其是 2020 年至今，申请了大量涉及腿式机器人的自动控制技术的专利。通过分析可以发现，波士顿动力公司的机器人技术基本上针对腿式机器人进行研发，轮式机器人和履带式机器人仅有少量，这与福斯特－米勒以及 IRobot 公司具有较大的差异，由此可知波士顿动力公司的研究重点为腿式机器人，包含了腿式机器人的结构组成、移动机构控制系统，液压控制系统、遥控和自动控制系统、导航和定位系统，尤其是相对于履带结构或轮式结构来说，腿式结构控制的最大的难点在于腿结构姿态和动作的分别控制，因此波士顿动力公司针对腿的姿态控制也申请了大量专利。波士顿动力公司在特殊作业机器人领域的专利技术概况如图 4-4-3-1 所示。2018 年之前，波士顿动力公司的四足机器人主要参考构型为类似 BIGGOD 的基本结构，2020 年，波士顿动力公司为四足机器人增加了机械臂和夹持器，使四足机器人能够具有多项机械操作功能，并且针对带有机械臂和夹持器的四足机器人结构申请了关于线路规划、导航技术、控制系统、液压系统等多项专利，由此可知，四足机器人仍然是波士顿动力公司最新的研究热点，并且着重研究四足机器人除移动操控技术之外的自主操作控制技术。

通过对波士顿动力公司的专利文献进行分析，可以发现其主要技术领域为腿式机器人，且在腿式机器人技术领域，该公司的技术处于全球领先地位。2004 年，波士顿动力公司申请了一项特殊的腿式机器人的专利申请，申请号为 US20040864715A ，于 2010 年 6 月 8 日获得授权（US7734375B2）。该专利技术涉及一种外形类似蜘蛛的腿式机器人和机器人的腿机构，允许机器人爬升倾斜表面、竖直表面以及在水平表面上行走或跑步。机器人包括主体、在主体的每一侧上的至少一条腿以及将所述腿连接到所述主体的臀部。髋部被配置成外展和加合腿。连杆被构造成使腿沿着预定路径旋转。

2014—2018 年，波士顿动力公司与 GOOGLE 公司共同申请了一系列涉及腿式机器人控制技术的专利，这体现了波士顿动力公司在腿式机器人控制技术领域的一系列重要研究成果，具体如图 4-4-3-2 所示。这些专利技术主要涉及腿式机器人的移动控制，重点在于如何控制腿式机器人的动作以使其适用于更广泛的地面环境，这与波士顿动力公司近年来的重点产品和重点技术密切相关，也从一个侧面说明，虽然现阶段普遍使用的特殊作业机器人类型并未采用腿式机器人，但腿式机器人的研究仍然属于重点关注方向。

具体来说，2014 年，波士顿动力公司与 GOOGLE 公司共同申请了关于腿式机器人自动回正控制技术的专利申请，公开号为 US2016023354A1。该专利技术共包括 7 项系列专利申请，如表 4-4-3-1 所示。该专利技术涉及一种用于使腿式机器人装置自动回正的系统和由计算设备操作的回正方法，具体包括确定腿式机器人装置的底表面相对于地面的取向，以及基于所确定的取向来确定机器人装置处于不稳定位置，还包括执行被配置为使腿式机器人装置返回到稳定位置的第一动作，如果在第一动作之后腿式机器人装置处于不稳定位置，则执行被配置为使腿式机器人装置返回到稳定位置的第二动作。

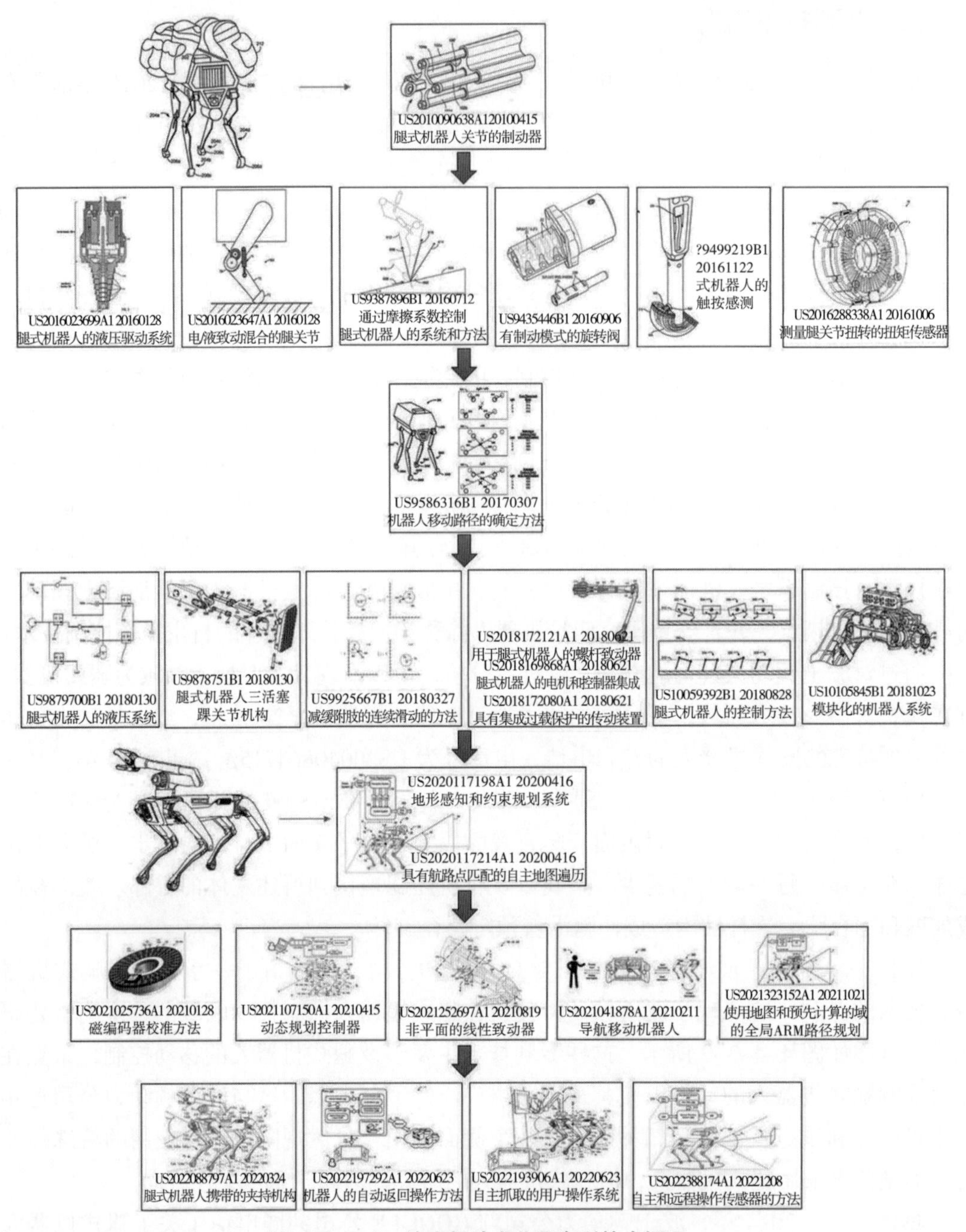

图 4-4-3-1 波士顿动力公司专利技术概况

2014 年，波士顿动力公司与 GOOGLE 公司共同申请了关于腿式机器人作动器控制技术的专利，公开号为 US2016023354A1。该专利技术共包括 7 项同族专利申请（见表 4-4-3-2）。该专利技术涉及一种腿式机器人的作动器限位控制器以及腿式机器人的致动器的位置 - 力控制方法。控制器接收指示活塞到达距端部止动件第一阈值距离处的第一位置的信息，并且作为响应，修改到控制液压流体流入和流出液压致动器的阀组件的信号。控制器还可以接收指示活塞到达更靠近液压致动器的端部止动件的第二阈值距离处的第二位置的信息，并且作为响应，控制器可以进一步修改到阀组件的信号，以便在远离端部止动件的情况下在活塞上施加力。该专利技术方案可以防止液压致动器的活塞高速移动时对液压致动器的端部止动件产生的机械损坏。

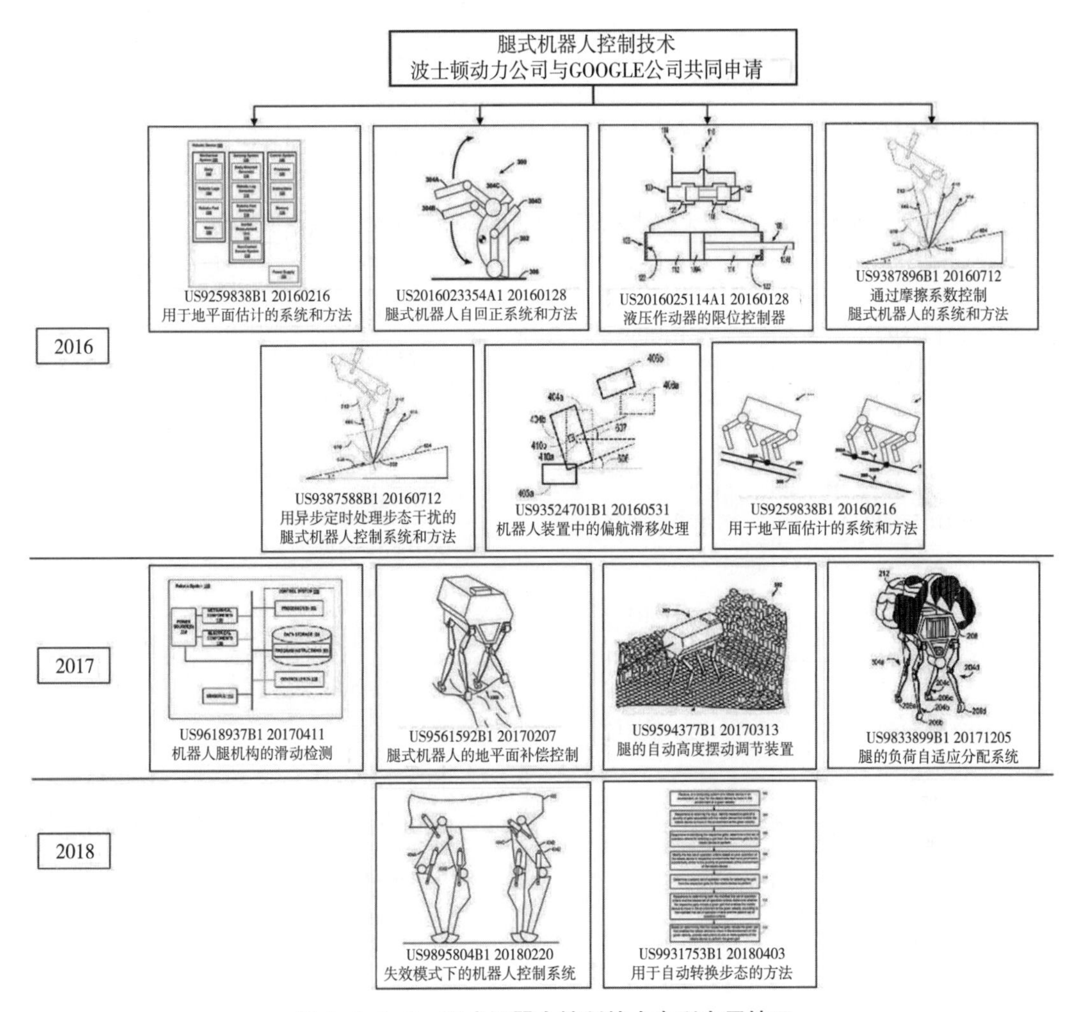

图 4-4-3-2　腿式机器人控制技术专利布局情况

表 4-4-3-1　波士顿动力公司 US2016023354A1 同族申请列表

申请号	申请日	公开号	公开日
US201414339841A	20140724	US2016023354A1	20160128
		US9308648B2	20160412
US201615010500A	20160129	US9662791B1	20170530
WO2015US37442	20150624	WO2016014202A1	20160128
EP15825127A	20150624	EP3172015A1	20170531
		EP3172015A4	20180404
		EP3172015B1	20210721

续表

申请号	申请日	公开号	公开日
EP21155566A	20150624	EP3835004A1	20210616
JP2016573061A	20150624	JP2017521267A	20170803
		JP6398067B2	20181003
JP2018141745A	20180727	JP2018192617A	20181206
		JP6654222B2	20200226

表 4-4-3-2　波士顿动力公司 US2016023354A1 同族申请列表

申请号	申请日	公开号	公开日
US201414489778A	20140918	US2016025114A1	20160128
		US9546672B2	20170117
US201615373626A	20161209	US2017089365A1	20170330
		US10550860B2	20200204
US201916550903A	20190826	US2019376533A1	20191212
		US10851810B2	20201201
WO2015US30290	20150512	WO2016014141A2	20160128
		WO2016014141A3	20160317
EP15824362A	20150512	EP3172450A2	20170531
		EP3172450A4	20180411
		EP3172450B1	20200916
JP2016572618A	20150512	JP2017522507A	20170810
		JP6431553B2	20181128
JP2018207005A	20181102	JP2019052760A	20190404
		JP6660448B2	20200311

2014 年，波士顿动力公司与 GOOGLE 公司共同申请了关于地面评估系统的专利，公开号为 US9259838B1。该专利技术共包括 5 项同族专利申请（见表 4-4-3-3）。该专利技术涉及一种腿式机器人用于地平面估计的系统和方法，确定机器人装置的身体相对于重力对准的参考系的取向；还包括确定机器人装置与地面之间的一个或多个接触点的位置；还包括基于所确定的机器人装置相对于重力对准参考系的取向和所确定的一个或多个接触点的位置来确定地面的地平面估计；还包括确定机器人装置的身体与所确定的地平面估计之间的距离；还包括提供指令以基于所确定的距离和所确定的地平面估计来调整机器人装置的位置和 / 或取向。通过该系统和方法，机器人装置能够评估机器人正在行走的地面斜坡的平坦平面以及地面的斜率，以使机器人保持平衡并向前前进。

表 4-4-3-3　波士顿动力公司 US9259838B1 同族申请列表

<table>
<tr><th>申请号</th><th>申请人</th><th>公开号</th><th>公开日</th></tr>
<tr><td>US201414339860A</td><td>20140724</td><td>US9259838B1</td><td>20160216</td></tr>
<tr><td>US201614988913A</td><td>20160106</td><td>US9804600B1</td><td>20171031</td></tr>
<tr><td>US201715723881A</td><td>20171003</td><td>US10496094B1</td><td>20191203</td></tr>
<tr><td rowspan="2">US201916596006A</td><td rowspan="2">20191008</td><td>US2020033860A1</td><td>20200130</td></tr>
<tr><td>US11287819B2</td><td>20220329</td></tr>
<tr><td>US202217652103A</td><td>20220223</td><td>US2022179417A1</td><td>20220609</td></tr>
</table>

2014 年，波士顿动力公司与 GOOGLE 公司共同申请了关于处理步态干扰的控制技术的专利，公开号为 US9387588B1。该专利技术共包括 6 项同族专利申请（见表 4-4-3-4）。该专利技术涉及一种用异步定时处理步态干扰的腿式机器人控制系统和方法，首先检测对机器人步态的干扰，其中步态包括摆动状态和步降状态，摆动状态包括机器人脚的目标摆动轨迹，并且其中目标摆动轨迹包括开始和结束；基于检测到的干扰，使机器人的脚在脚到达目标摆动轨迹的结束之前进入步降状态。

表 4-4-3-4　波士顿动力公司 US9387588B1 同族申请列表

<table>
<tr><th>申请号</th><th>申请日</th><th>公开号</th><th>公开日</th></tr>
<tr><td>US201414468118A</td><td>20140825</td><td>US9387588B1</td><td>20160712</td></tr>
<tr><td>US201615190127A</td><td>20160622</td><td>US9789611B1</td><td>20171017</td></tr>
<tr><td>US201715714451A</td><td>20170925</td><td>US10406690B1</td><td>20190910</td></tr>
<tr><td rowspan="2">US201916526115A</td><td rowspan="2">20190730</td><td>US2019351555A1</td><td>20191121</td></tr>
<tr><td>US10668624B2</td><td>20200602</td></tr>
<tr><td rowspan="2">US202016870381A</td><td rowspan="2">20200508</td><td>US2020269430A1</td><td>20200827</td></tr>
<tr><td>US10888999B2</td><td>20210112</td></tr>
<tr><td rowspan="2">US202017129996A</td><td rowspan="2">20201222</td><td>US2021146548A1</td><td>20210520</td></tr>
<tr><td>US11654569B2</td><td>20230523</td></tr>
</table>

2014 年，波士顿动力公司与 GOOGLE 公司共同申请了关于腿式机器人肢体滑动检测技术的专利，公开号为 US9618937B1。该专利技术共包括 5 项同族专利申请，具体如表 4-4-3-5 所示。该专利技术涉及一种腿式机器人的肢体滑动检测系统和方法，用于控制腿式机器人，以使得遇到粗糙或不平坦地形的腿式机器人能够有效操作。该技术包括：（1）确定在第一时间机器人的一双脚之间的第一距离，其中该双脚与地面接触；（2）在第二时间确定所述机器人的所述双脚之间的第二距离，其中所述双脚从所述第一时间到所述第二时间保持与所述地面接触；（3）将所确定的第一距离和第二距离之间的差与阈值差进行比较；（4）确定所确定的第一距离和第二距离之间的差超过所述阈值差；以及

（5）基于确定所确定的第一距离和第二距离之间的差超过所述阈值差，使所述机器人作出反应。

表 4-4-3-5　波士顿动力公司 US9618937B1 同族申请列表

申请号	申请日	公开号	公开日
US201414468146A	20140825	US9618937B1	20170411
US201715443899A	20170227	US10300969B1	20190528
US202117158471A	20210126	US2021171135A1	20210610
		US11654984B2	20230523
US201916393003A	20190424	US11203385B1	20211221
US202217581361A	20220121	US2022143828A1	20220512

2015 年，波士顿动力公司与 GOOGLE 公司共同申请了关于地面补偿技术的专利，公开号为 US9561592B1。该专利技术共包括 2 项同族专利申请，具体为：（1）申请号 US201514713569A，申请日 20150515，公开号 US9561592B1，公开日 20170207；（2）申请号 US201615386830A，申请日 20161221，公开号 US9908240B1，公开日 20180306。该专利技术涉及一种腿式机器人的地平面补偿系统和方法，通过该系统，机器人能够根据环境来调整机器人的步态参数。由于机器人装置所在的环境随着机器人的运动而改变，因此腿式机器人装置可以改变步态参数，诸如俯仰或滚动，以便于翻越各种地形特征。地平面补偿方法包括：（1）接收指示机器人装置正在其中操作的环境的地形特征的传感器数据，（2）针对环境的在机器人装置的行进方向上的特定地形特征，确定特定地形特征的高度和机器人装置与特定地形特征之间的距离，（3）估计从机器人装置在朝向特定地形特征的行进方向上延伸的地平面，地平面拟合所确定的距离和高度，（4）确定估计的地平面的坡度，以及（5）引导机器人装置与所确定的坡度成比例地调整俯仰。

2015 年，波士顿动力公司与 GOOGLE 公司共同申请了关于腿式机器人的自动高度摆动调节技术的专利，公开号为 US9594377B1。该专利技术共包括 4 项同族专利申请，具见表 4-4-3-6 所示。该专利技术涉及一种腿式机器人的自动高度摆动调节装置，调节机器人装置的一条或多条腿的摆动高度，当机器人装置所处环境改变时，腿式机器人装置可以改变腿的各种摆动高度以跨越环境特征或障碍物。自动高度摆动调节装置包括（1）接收指示机器人设备正在其中操作的环境的地形特征的传感器数据，（2）将传感器数据处理成包括离散单元的二维矩阵的地形地图，离散单元指示环境的相应部分的样本高度，（3）针对机器人设备的第一脚确定从第一抬离位置延伸到第一触地位置的第一步进路径，（4）在地形地图内识别包含第一步进路径的单元的第一扫描贴片，（5）确定单元的所述第一扫描贴片中的第一高点；以及（6）在第一步期间，引导机器人装置将第一脚抬起到高于所确定的第一高点的第一摆动高度。

表 4-4-3-6 波士顿动力公司 US9594377B1 同族申请列表

申请号	申请日	公开号	公开日
US201514709830A	20150512	US9594377B1	20170314
US201715416361A	20170126	US10528051B1	20200107
US201916703261A	20191204	US2020241534A1	20200730
		US11188081B2	20211130
US202117453270A	20211102	US2022057800A1	20220224

2015 年，波士顿动力公司与 GOOGLE 公司共同申请了关于腿式机器人的负荷自适应响应技术的专利，公开号为 US9833899B1。该专利技术涉及控制腿式机器人的负荷自适应响应装置和方法，包括确定腿式机器人装置的至少一只脚的力分配，其中腿式机器人装置包括联接到从腿式机器人装置的主体延伸的两条腿的两只脚；还包括确定腿式机器人装置的质量分布的变化，并且基于所确定的质量分布的变化，确定腿式机器人装置的身体上相对于地面的力和扭矩；还包括基于所确定的力和扭矩来更新针对两只脚中的至少一只脚的所确定的力分配；还包括基于更新的力分配使至少一只脚作用在地面上。

2015 年，波士顿动力公司与 GOOGLE 公司共同申请了关于步态自动转换技术的专利，公开号为 US9931753B1。该专利技术涉及一种用于腿式机器人的执行自动步态转换的系统和方法，机器人设备可以被配置为基于环境的分析、机器人设备的操作和包括转换请求的输入自动地在步态之间转换；机器人装置可以基于与环境、机器人装置或组合等相关联的参数自动选择特定步态。系统可以基于环境的传感器数据并且基于机器人装置的状态来确定用于从所识别的步态中选择步态以供机器人装置执行的标准。系统可以基于机器人装置在类似于环境中的先前操作来修改标准，装置响应于选择步态的标准，计算系统可以确定所识别的步态是否包括使得机器人装置能够根据该标准移动的步态，并且提供操作指令。

三、重点专利技术分析

1.US10279482B1　本专利技术涉及一种腿式机器人的制动与再生控制。包括控制机器人的构件的运动的液压致动器缸。液压致动器缸包括活塞、第一室和第二室。阀系统控制加压液压流体的液压供应管线、第一室和第二室与返回管线之间的液压流体流动。控制器可以向阀系统提供第一信号，以便基于包括在向前方向上移动、停止和在反向方向上移动的轨迹开始移动活塞。控制器可以向阀系统提供第二信号，以便当活塞在向前方向上移动并在给定位置处停止时使活塞超控轨迹，然后向阀系统提供第三信号，以便基于轨迹恢复在反向方向上移动活塞。

2.US11188081B2　本专利技术涉及一种腿式机器人的自动高度摆动调节装置，能够调节机器人装置的一条或多条腿的摆动高度，当机器人装置所处环境改变时，腿式机器人装置可以改变腿的各种摆动高度以跨越环境特征或障碍物。自动高度摆动调节装置包括（1）接收指示机器人设备正在其中操作的环境的地形特征的传感器数据，（2）将传感器数据处理成包括离散单元的二维矩阵的地形地图，离散单元指示环境的相应部分的样本高度，（3）针对机器人设备的第一脚确定从第一抬离位置延伸到第一触地位置的第一步进路径，（4）在地形地图内识别包含第一步进路径的单元的第一扫描贴片，（5）确定单元的所述第一扫描贴片中的第一高点；以及（6）在第一步期间，引导机器人装置将第一脚抬起到高于所确定的第一高点的第一摆动高度。

3.US11287819B2　本专利技术涉及一种腿式机器人用于地平面估计的系统和方法，确定机器人装置的身体相对于重力对准的参考系的取向；还包括确定机器人装置与地面之间的一个或多个接触点的位置；还包括基于所确定的机器人装置相对于重力对准参考系的取向和所确定的一个或多个接触点的位置来确定地面的地平面估计；还包括确定机器人装置的身体与所确定的地平面估计之间的距离；还包括提供指令以基于所确定的距离和所确定的地平面估计来调整机器人装置的位置和/或取向。通过该系统和方法，机器人装置能够评估机器人正在行走的地面斜坡的平坦平面以及地面的斜率，以使机器人保持平衡并向前前进（见图 4-4-3-3）。

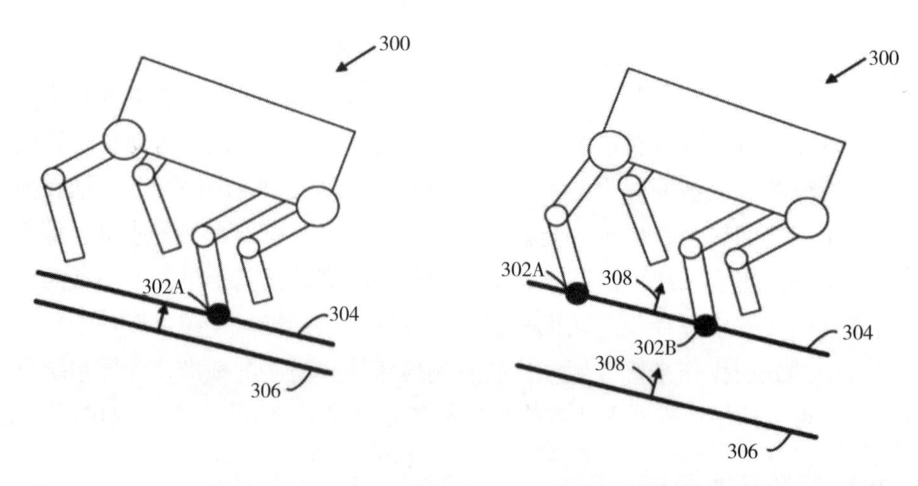

图 4-4-3-3　US11287819B2 专利技术方案示意图

4.US7398843B2　本专利技术涉及一种可重构的轮式机器人驱动器。包括机器人本体，在机器人本体上用于推进机器人本体的多个轮，以及用于每个轮的轴。每个轮被配置成交替地在轮的中心处或附近附接到轴，以用于在平坦地形上的高效率移动性，并且还被配置成在偏离轮的中心的位置处附接到轴，以用于在较粗糙地形上的更好移动性。机器人的控制器配置成当车轮安装在其中心处或附近时根据第一算法交替地致动所述车轮，并且当所述车轮未安装在其中心处或附近时根据第二算法操作所述车轮。第二算法以交替三脚架方式驱动轮。至少一个轮可以包括整体的翻板。轴可以位于中间高度，以允许倒置的机器人操作。机器人本体的轮子被配置为在轮子的中心处或附近附接到机器人，以用于在平坦地形上的高效移动性，并且被配置为附接在偏离轮子的中心的位置处，以用于在粗糙地形上的更好移动性。控制器被配置为当轮在轮的中心处或附近附接到机器人时，交替地根据第一算法致动轮，并且当轮在偏离轮的中心的位置处附接到机器人时，根据第二算法操作轮（见图 4-4-3-4）。

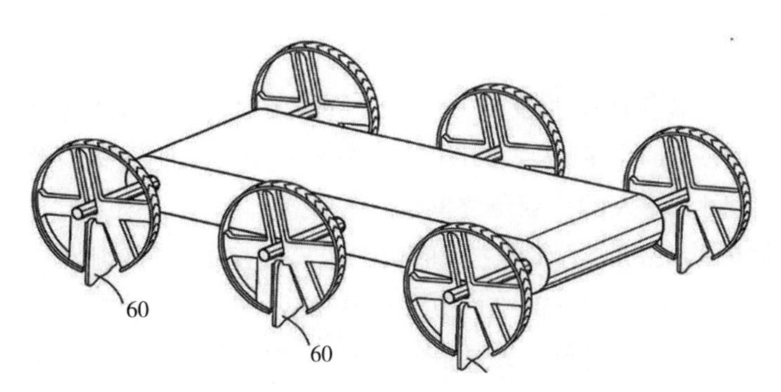

图 4-4-3-4　US7398843B2 专利技术方案示意图

5.US8849451B2　本专利技术涉及一种具有跳跃致动器的轮式机器人，根据桑迪亚国家实验室（SNL）授予的合同号 878424 完成。该机器人包括底盘、被配置为操纵底盘的动力子系统、附接到底盘并被配置为发射机器人的跳跃致动器，以及至少一个支腿，该至少一个支腿可相对于底盘枢转以使底盘以选定的发射轨迹角度向上俯仰。当机器人在空中时，控制子系统自动致动和控制动力子系统，并使用动力子系统的旋转动量来控制机器人底盘在飞行中的姿态。该专利技术能够用于沙蚤（SandFlea）跳跃式机器人系统（见图 4-4-3-5）。

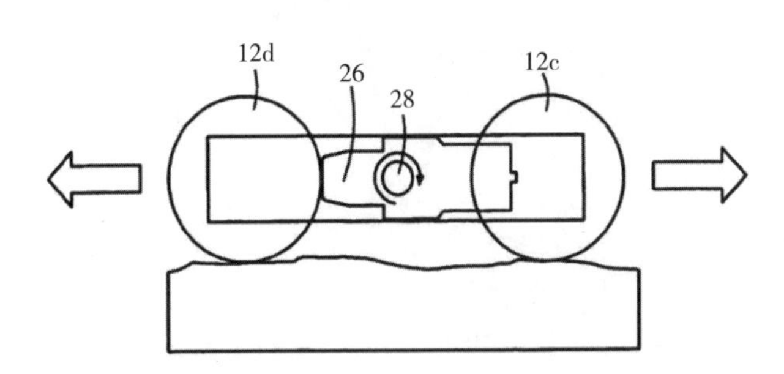

图 4-4-3-5　US8849451B2 专利技术方案示意图

6.US7734375B2　本专利技术涉及一种腿式机器人和机器人腿机构，允许机器人爬升倾斜表面和竖直表面，以及在水平表面上行走或跑步。机器人包括主体、在主体的每一侧上的至少一条腿以及将所述腿连接到所述主体的臀部。髋部被配置成外展和加合腿。连杆被构造成使腿沿着预定路径旋转。臀部将所述腿连接到所述主体并且包括差速齿轮组件，所述差速齿轮组件包括：框架部分，所述框架部分可旋转地连接到所述主体，一对耦合器齿轮，以及输出齿轮，所述输出齿轮接合所述一对联接器齿轮；联动装置，所述联动装置包括：由所述输出齿轮可旋转地驱动的曲柄可旋转地连接到所述支腿，第一构件，所述第一构件可枢转地连接到所述支腿，以及第二构件，所述第二构件可枢转地连接到所述第一构件并且连接到所述框架部分；用于每个耦合器齿轮的致动器马达；还包括控制器，所述控制器用于操作所述致动器马达，所述控制器被编程为：在相同的方向上以相同的速度旋转所述致动器马达，以旋转所述框架并外展和加合所述腿，使所述致动器马达沿相反方向并以相同速度旋转以转动所述输出齿轮、驱动所述曲柄并使所述支腿沿预定路径旋转，以及以不同的速度在相同或相反的方向上旋转所述致动器马达，以旋转所述框架部分和转动所述输出齿轮。

7.US9618937B1　本专利技术涉及一种腿式机器人的肢体滑动检测系统和方法，用于控制腿式机器人，以使得遇到粗糙或不平坦地形的腿式机器人能够有效操作。该技术包括：（1）确定在第一时间机器人的一双脚之间的第一距离，其中该双脚与地面接触；（2）在第二时间确定所述机器人的所述双脚之间的第二距离，其中所述双脚从所述第一时间到所述第二时间保持与所述地面接触；（3）将所确定的第一距离和第二距离之间的差与阈值差进行比较；（4）确定所确定的第一距离和第二距离之间的差超过所述阈值差；以及（5）基于确定所确定的第一距离和第二距离之间的差超过所述阈值差，使所述机器人作出反应（见图 4–4–3–6）。

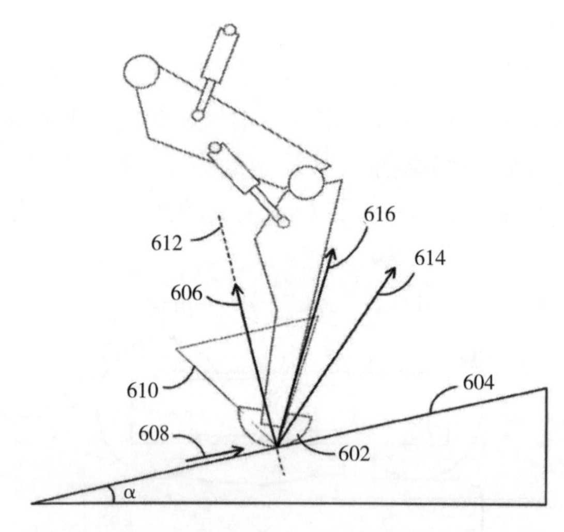

图 4–4–3–6　US9618937B1 专利技术方案示意图

第四节　韩国国防发展局

一、申请人概况

韩国国防发展局对于特殊作业机器人的专利申请时间较晚，多数集中在 2010—2020 年这十年间，公开了较多数量的相关技术专利。韩国国防发展局申请的专利在韩国具有非常高的授权比例，说明该申请人在其研究领域具有较高的技术水平和较强的研发能力。

针对具体发明内容来说，韩国国防发展局申请专利最多的技术领域是定位导航技术，具体主要包含导航定位、地图建立、路径规划、障碍物识别等相关技术，其次涉及自动控制以及自动驾驶技术的专利数量也比较多（见图 4–4–4–1）。另外，在机器人控制技术领域，韩国国防发展局也申请了一系列具有参考价值的专利，主要涉及多任务和多机器人的操控技术。与之相反，韩国国防发展局在结构方面的专利申请数量较少，说明该申请人的研发重点并非机械结构，而在于定位导航、自主控制以及集群与协同控制技术。

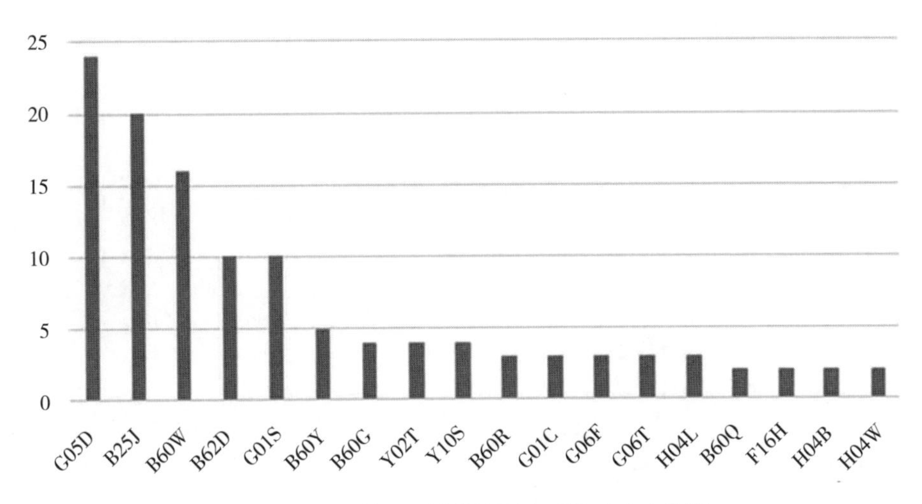

图 4-4-4-1　韩国国防发展局专利技术分布概况

二、专利技术概况

经过检索，筛选出韩国国防发展局涉及特殊作业机器人相关技术的重要专利 76 篇，经过对上述专利的分析可以看出，韩国国防发展局涉及特殊作业机器人的专利文献主要在 2006 年之后公开，

韩国国防发展局申请的专利文献中，涉及的特殊作业机器人结构类型较少，最主要的结构形式主要有两种，一种是带有旋转臂的轮式无人移动车辆，另一种是人形的救援机器人。除此之外，仅有少量涉及类似 PACKBOT 机器人的具有履带辅助臂的机器人以及更少量的半圆形的跳跃机器人和多腿结构的爬行机器人（见图 4-4-4-2）。

通过对专利文献的分析可以发现，韩国国防发展局的主要特殊作业机器人结构形式为图 4-4-4-2 中所示的带有旋转臂的轮式无人移动车辆，并且大量涉及定位导航、自主控制、移动控制以及集群协同控制技术等相关技术的专利文献均基于该基本结构车型研发和实验，仅有少量涉及悬架结构的专利，具体如图 4-4-4-3 所示。2009 年，韩国国防发展局公开了无人驾驶机器人的障碍物识别方法和装置，以及无人驾驶车辆的控制系统和方法，2011 年，韩国国防发展局公开了多件涉及地图创建和自动导航技术的专利。在随后的 5 年间，韩国国防发展局针对车辆悬架系统的姿态控制装置和方法以及电机控制结构和方法提出了一系列改进的技术方案，例如采用在旋转臂设置各种传感器以实现车辆姿态的判断和控制，还提出了大量线路规划技术和无人驾驶技术的改进方案。

2014 年，韩国国防发展局在专利申请中公开了一种救援机器人，并在之后的 5 年内申请了一系列相关技术（见图 4-4-4-4）。该救援机器人的基本构型为具有可旋转的履带移动机构的人形机器人，能够通过人形机器人的双臂实现被救人员的托举和移动，其移动机构为两个可旋转的履带机构，使得该机器人能够适应不同的地形和作业角度。人形机器人的主体结构能够实现俯仰运动，从而实现从地面托举被救人员，在最新的专利技术中，人形机器人的双臂能够通过滚轮结构将人员从水平面稳定地移动到双臂中。通过分析可以发现，针对该人形救援机器人的专利技术主要涉及机械结构的改进。

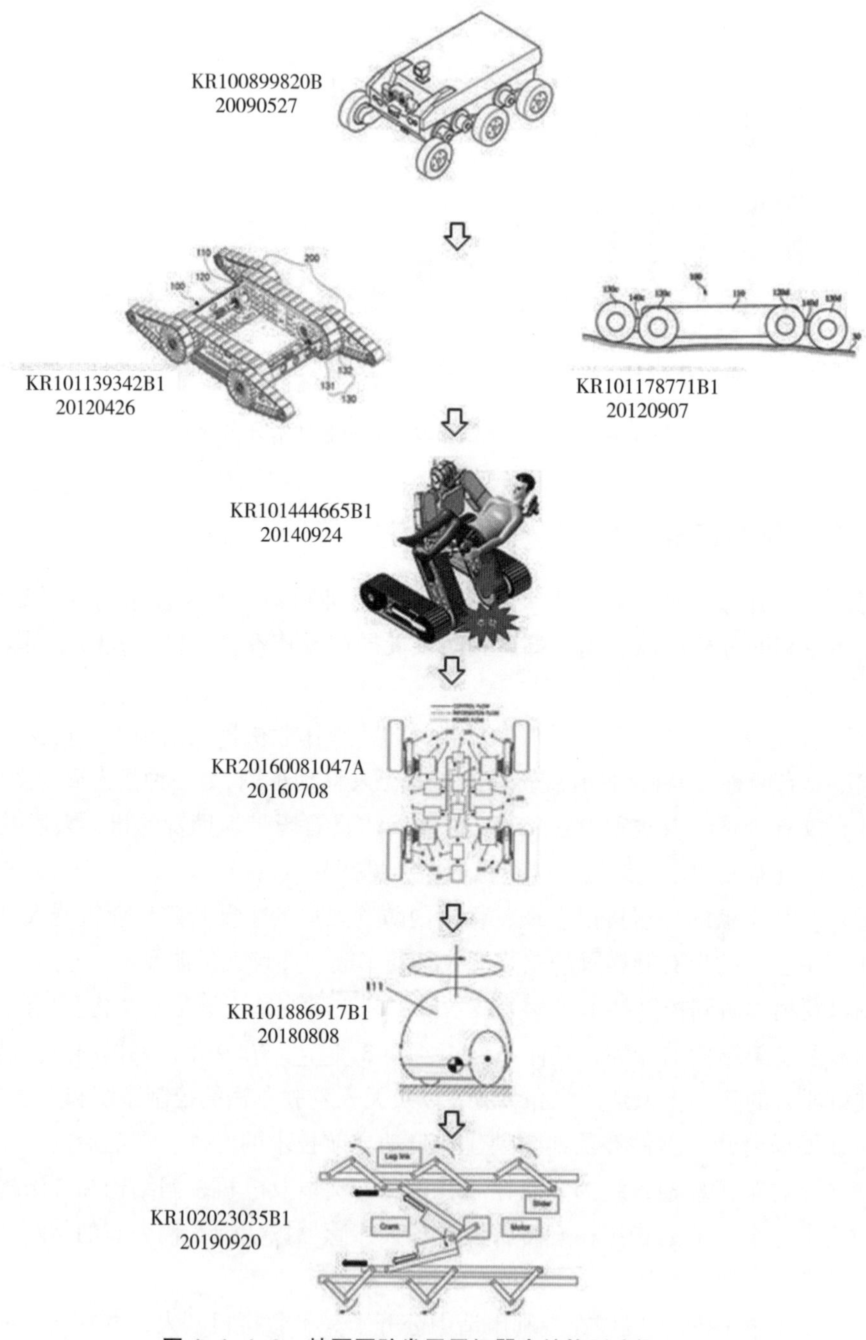

图 4-4-4-2　韩国国防发展局机器人结构形式概况

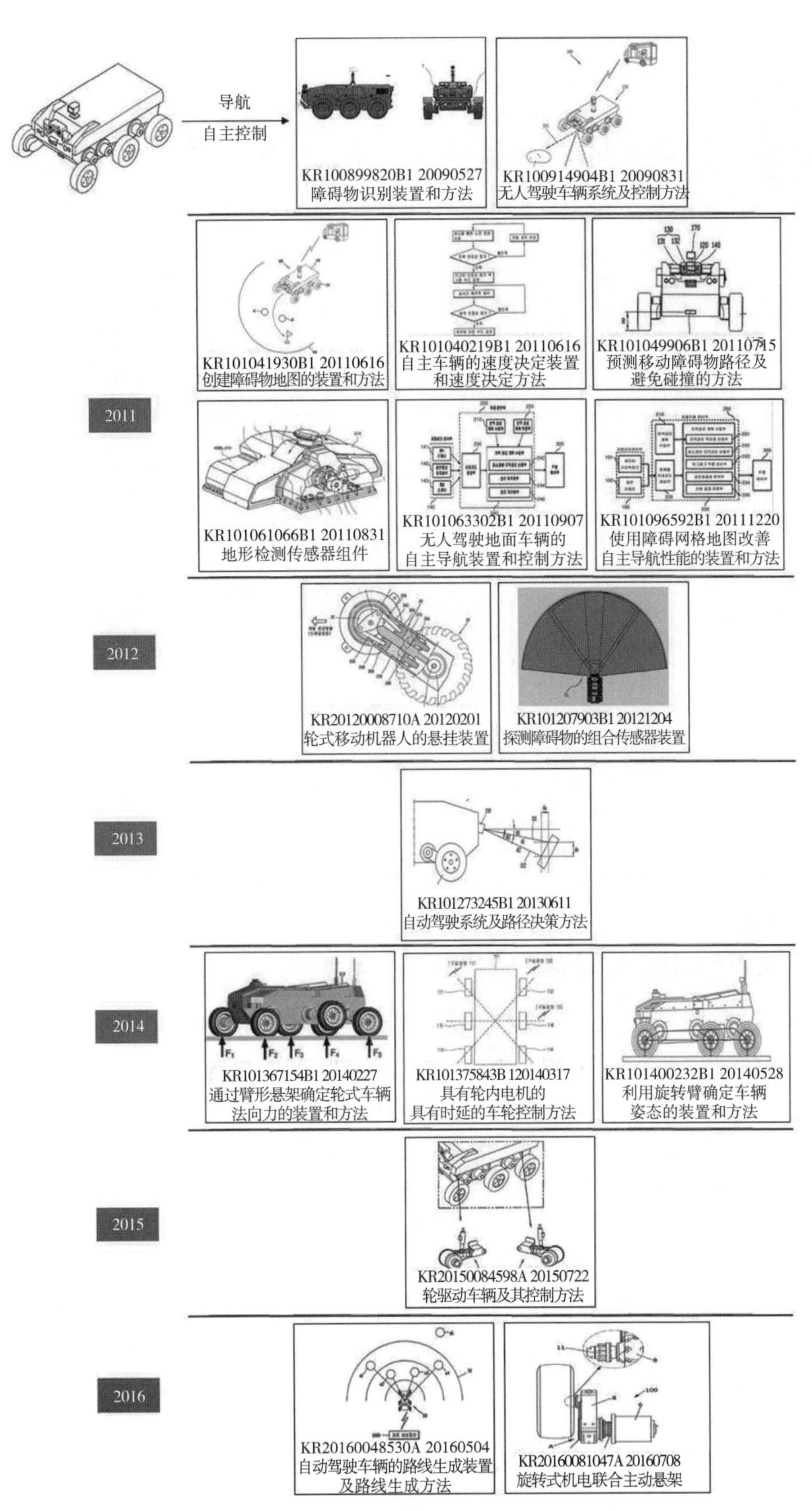

图 4-4-4-3　韩国国防发展局轮式机器人专利技术概况

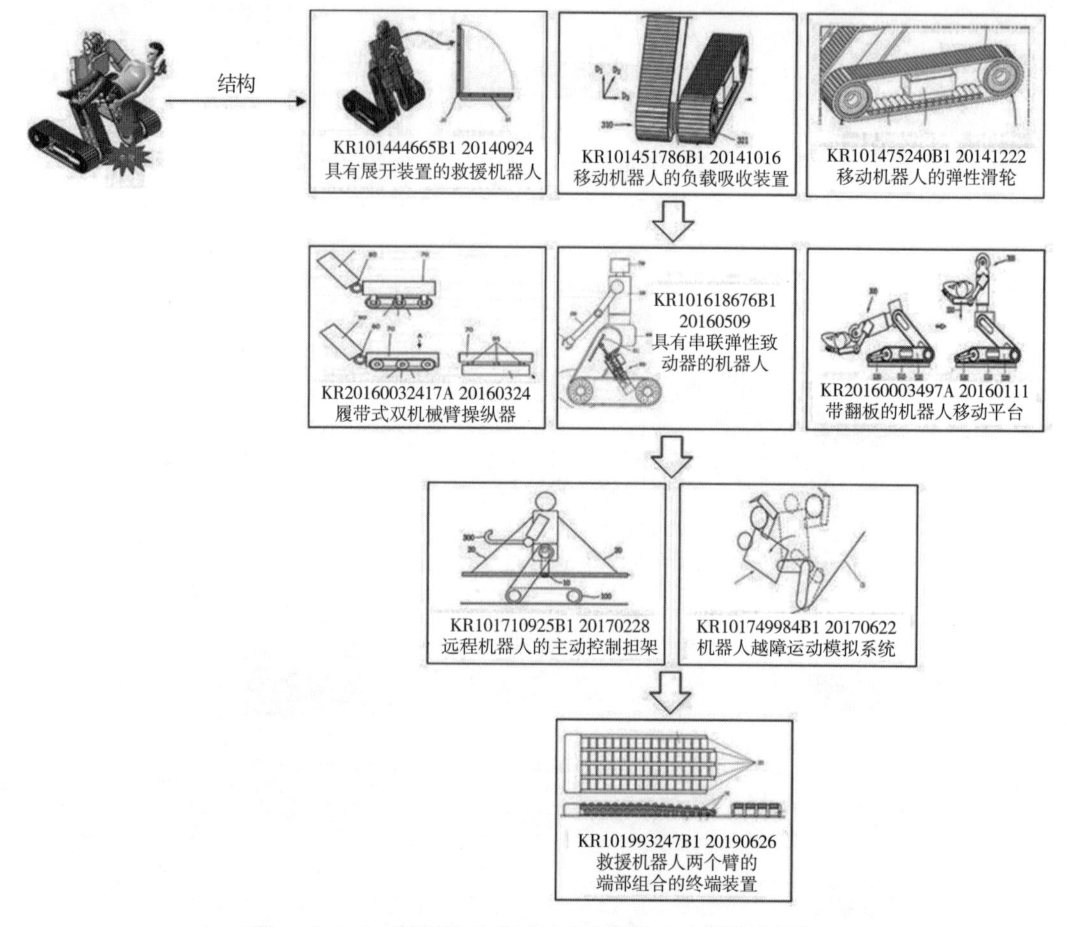

图 4-4-4-4　韩国国防发展局救援机器人专利技术概况

三、重点专利技术分析

1.KR100899820B1　本专利技术涉及一种用于自动移动车辆的障碍物识别装置，包括上部 2D 激光雷达 1、下部 2D 激光雷达 2 和处理单元 10，处理单元 10 包括距离数据接收部分 11、倾斜度计算部分 12、地面和障碍物确定部分 13 和发射部分。通过使用两个 2D 激光雷达来获得距离数据，两个 2D 激光雷达布置在垂直线的上部位置和下部位置处并且以不同的定向角朝向前部方向定向。然后通过使用由 2D 激光雷达获得的距离数据来计算检测到的物体的实际倾斜度，基于计算出的实际倾斜度来确定检测到的物体是障碍物还是地面。当对象被确定为地面时，对应的 2D 激光雷达可以具有的距离的任意最大值被存储为虚拟 2D 激光雷达上的改变的距离数据，虚拟 2D 激光雷达被假设为布置在与下部 2D 激光雷达相同的位置上，使得相对平坦的地面不会被错误地识别为障碍物。区分地面和自动移动车辆的障碍物的方法为：当检测到的对象的实际倾斜度（g）大于参考倾斜度时，检测到的对象被确定为障碍物，并且当检测到的对象的实际倾斜度（g）小于参考倾斜度时，检测到的对象被确定为地面。

2.KR101116033B1　本专利技术涉及一种自动驾驶车辆的自动返回系统、具有该自动返回系统的自动驾驶车辆以及自动返回方法。通过将可用 GPS（全球定位系统）卫星的数量设置为判断标准来切换绝对位置估计处理和相对位置估计处理。位置接收器接收主体的位置数据。卫星跟踪部分跟踪 GPS（全球定位系统）卫星（110）的数量。驾驶方法确定部分根据所跟踪的 GPS 卫星的数量来确定驾驶方法。基于绝对位置的操作部件包括绝对位置确定部件和第一路径设置部件。主体的绝对位置由绝对位置确定部分确定。第一路线确定部分向驾驶控制部分输出返回命令。控制器（100）管理输入和输出的信息。

3.KR101139342B1　本专利技术涉及一种移动机器人以及翻转器组件。移动机器人的翻转器组件通过增加驱动带和地面的接触面积来改善拉力，并且在没有地形条件的情况下改善移动机器人的移动性。用于移动机器人的翻转器，包括主轮组件、驱动轴、主支架、副轮组件和驱动带。主轮组件与机器人本体的主轴啮合并旋转。驱动轴一体地连接到机器人本体的副轴并且可旋转地支撑主轮组件。主支架支撑主轮组件并通过驱动轴旋转。子轮组件可旋转地联接到安装在主支架的另一侧中的从动轴。传动带连接到主轮组件和副轮组件的外表面，并沿主支架的导向件（55）的外表面移动（见图 4-4-4-5）。

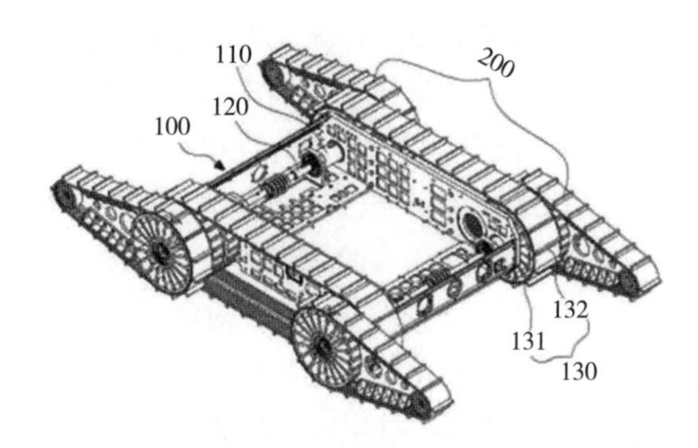

图 4-4-4-5　KR101139342B1 专利技术方案示意图

4.KR101152251B1　本专利技术涉及一种多机器人控制系统和控制多机器人的方法，以设置单元任务的时间限制条件，以基于此实现单元任务，并且在必要时使适当的操作者能够干预。本发明公开了一种多机器人控制系统，包括多个机器人、网络和服务器。多个机器人分别执行多个动作任务。网络提供多个机器人的动作信息和用于数据通信的路径。服务器根据每个任务计划多个机器人实施的任务与限制条件一致，并通过使用网络的数据通信实时管理。多个机器人实施的单元任务的限制条件包括地点和时间限制条件，时间限制条件包括开始时间、完成时间和持续时间。

5.KR101178771B1　本专利技术涉及一种多轮驱动车辆及其驱动控制方法。该多轮车辆及其驱动控制方法通过根据驱动条件实时改变车轮位置的组成来确保车辆的稳定驱动。该多轮车辆（100），包括车身（110）、驱动轮（120a、120b、120c、120d）、臂（140a、140b、140c、140d）、离合器和控制单元。驱动轮分别与形成在主体的侧部中的旋转轴模块联接。轮内电机安装在每个驱动轮中。从动轮安装在臂的一侧。臂与旋转轴模块联接以被旋转。离合器根据车辆的驱动模式使旋转轴模块和臂旋转。离合器安装在臂和驱动轮之间。控制单元根据地理特征确定驾驶模式。控制单元控制离合器的操作（见图 4-4-4-6）。

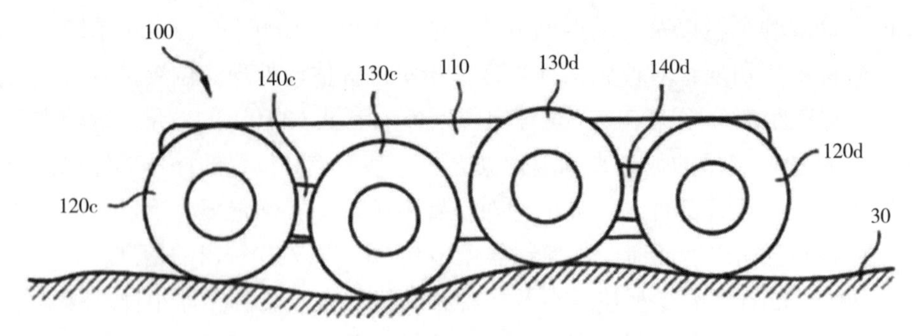

图 4-4-4-6　KR101178771B1 专利技术方案示意图

6.KR101857361B1　本专利技术涉及一种选择参考节点的方法，具体来说是一种在无线网络环境中基于多维缩放（MDS）技术选择用于估计节点之间的相对位置的参考节点的方法，该方法在被称为 MDS 的多维尺度方法中减少计算量的同时提高准确性。该方法包括以下步骤：测量节点之间的距离；分析所述节点之间的连接性信息；在所有节点中选择参考节点；从所述参考节点构建相对位置图；以及基于相对位置图估计所有节点的相对位置。

7.KR101916527B1　本专利技术涉及一种无人驾驶车辆的自主驾驶控制设备和方法，该方法和设备根据多个经过点的位置和类型来识别不必要的经过点，并且在用于无人驾驶车辆的自主驾驶的全局路径修正计划中自动生成绕过相应的经过点的全局路径。无人驾驶车辆的自主驾驶控制方法包括以下步骤：通过从操作站接收关于路径点的信息来初始化操作者路径点；通过使用所接收的关于路径点的信息来顺序地登记通过路线的路径点；根据外部环境处理所注册的路点中的不必要的路点；以及对除了所述不必要的路点之外的剩余路点执行旁路路线规划。因此，本发明可以自动生成广域路线以绕过不必要的路点。

8.KR102180036B1　本专利技术涉及一种生成预测路径数据的方法及其装置，以及无人驾驶地面车辆。通过根据从无人驾驶交通工具的环境感知信息获得的无人驾驶交通工具周围的对象的位置、速度、方向角信息和对象的类型，考虑不确定性生成预测路径数据，并且通过在线学习在预测路径上在连续的空间时间上显示无人驾驶交通工具和对象之间的碰撞风险信息，来生成用于在规划无人驾驶交通工具的路径时使与对象的碰撞风险最小化的最佳路径。该生成对象（objects）的预测路径数据的方法包括以下步骤：基于关于无人驾驶车辆的行驶路径的环境识别信息，获取所述无人驾驶车辆周围的至少一个对象的运动信息和所述对象的类型，以及基于所述对象的运动信息和根据所述对象的类型的不确定性，生成所述对象的预测路径数据。

9.KR102447980B1　本专利技术涉及一种具有双网络系统的无人驾驶地面车辆及其操作方法。该无人驾驶地面车辆包括：被配置为根据预定义的接口协议（ICD）进行操作的多个功能控制单元、被配置为从外部操作设备接收用于操作所述多个功能控制单元的控制消息并将所述控制消息发送到与所述控制消息相对应的功能控制单元的数据网络，被配置为接入外部管理设备以安装或检查所述多个功能控制单元的软件的管理网络，以及被配置为管理所述数据网络和所述管理网络的网络管理设备，其中，所述多个功能控制器通过所述管理网络将通过所述数据网络发送和接收的控制消息复制并发送到所述网络管理设备，并且所述网络管理设备识别复制的消息是不是在所述接口协议中定义的消息，并且基于识别的结果控制所述多个功能控制器与所述数据网络之间的连接。

第五节　艾罗伯特公司

一、申请人概况

美国艾罗伯特（IRobot）公司于1990年由美国麻省理工学院教授罗德尼·布鲁克斯、科林·安格尔和海伦·格雷纳创立，为全球知名MIT计算机科学与人工智能实验室技术转移及投资成立的机器人产品与技术专业研发公司。IRobot的产品包括各型救灾和侦测机器人，轻巧实用，被各种灾害救助单位用于各种不同场合。1998年，IRobot公司研发机动的特殊作业机器人，实质上即为“背包”（PACKBOT）机器人的前身。到2007，PackBot机器人已广泛使用于各类灾害救援一线，并在全球售出超过1000台。至今为止，“背包”（PACKBOT）机器人也成为iRobot公司在小型特殊作业机器人领域最著名的产品。

“背包”（PACKBOT）机器人是美国IRobot公司研制的最为成功的无人地面移动作业机器人之一，能够用于危险环境探测、对受灾环境的搜索、侦查和危险爆炸物处理。PACKBOT机器人为可变式履带iqiren，除了具有两个主履带，还具有两个辅助转臂履带作为支臂结构，在面对较高障碍时，前支臂可以充当一个杠杆的角色，将机器人整体长度延长，并且可以将机器人撑起，以越过障碍，因此PACKBOT机器人的越障能力极强，能爬60%的坡度楼梯，有多种越障方式，能越过比自身高度大许多的障碍，可以从任何颠覆状态下恢复到正常行驶状态。辅助臂可以拆卸，便于人员携带。平台长约0.87m，宽约0.51m，高约0.18m，自重约18kg，最大速度可以达到14km/h，一次充电行驶里程10km，最大涉水深度可以达到3m。不仅可以通过遥控控制移动，还具有一定的自主移动能力。底盘装有GPS、电子指南针和温度探测仪，设计成方形的头部由一个相机、红外感应器和摄像头组成，可以随时观察周围的环境。预留五个载荷设施接口，可搭载机械手及其他装备。该机器人采用的Aware2.0版机器人智能软件，允许机器人自主操作，从而降低操作人员的工作负荷，提高态势感知能力。PACKBOT机器人在2011年3月的日本福岛核泄漏事故中用于收集核电站内部的画面信息以及测量辐射值，取得了较好的效果。PACKBOT系列机器人目前主要分为三个系列，分别为PACKBOT SCOUT、PACKBOT EXPLORER和PACKBOT EOD。

IRobot公司在背包机器人的基础上，又研制了小型无人操作陆地机器人（Small Unmanned Ground Vehicle, SUGV）。新型机器人更加小型化，具有更轻的重量，但是保持了原有的机动性和通过能力。

“勇士”（Warrior）机器人实际上属于“PackBot”的派生机型。“勇士”机器人的体型在“Packbot”原有的基础上被放大，重达250lb，看起来是一个发胖的“Packbot”机器人，能负重150lb（68kg），跨越各种复杂地形，攀爬楼梯，担负多种危险任务，如清除危险爆炸物、搬运路面障碍、巡逻和监视等。它和背包机器人的基本设计是相同的，体型却是它的3～5倍，搬运能力获得提升，能够以4分钟跑完一英里的速度连续跑5个小时。“勇士”机器人在顶端有一个USB接口，可以通过接口将负载接入电脑，例如连接传感器、电视摄像机或是 iPod 或扩音器等。IRobot 公司将受灾的伤员运输作为“勇士”机器人的主要用途之一。在日本福岛核电站泄漏事故应急救援中，日本使用了来自各个国家的众多机器人进行探查、检测和处理，其中辐射探测所采用的机器人就包括“Packbot”机器人，清处障碍物和处理污染污所采用的机器人则包括“勇士”机器人。

二、专利技术概况

IRobot 公司特殊作业机器人相关技术重要专利如表 4-4-5-1 所示，大约涉及 53 项专利申请，主要发明内容涉及 PACKBOT 系列机器人的车体结构、控制技术以及传感器技术等。总体来说，PACKBOT 系列机器人在控制技术方面的专利申请明显多于涉及机械结构的专利申请，由此可见，IRobotr 公司近 20 年的热点技术方向为机器人的遥控操作系统以及自主控制系统的相关技术，在多机器人集群控制技术领域也有部分专利，这也是未来的热点技术方向。

表 4-4-5-1　IRobot 公司特殊作业机器人技术主要专利列表

公开号	公开日	公开号	公开日
US6263989B1	2001.07.24	US2010139995A1	2010.06.10
US2001037163A1	2001.11.01	WO2010068198A1	2010.06.17
US6615885B1	2003.09.09	US2010017046A1	2010.01.21
US6860206B1	2005.03.01	US2009317223A1	2009.12.24
US2004024490A1	2004.02.05	US2011190933A1	2011.08.04
US2006089765A1	2006.04.27	US2010217436A1	2010.08.26
US2006079997A1	2006.04.13	US2011054717A1	2011.03.03
WO2006047297A2	2006.05.04	US2011264303A1	2011.10.27
US8007221B1	2011.08.30	US2012072052A1	2012.03.22
US2007119326A1	2007.05.31	US2011301786A1	2011.12.08
US2007156286A1	2007.07.05	WO2012027390A2	2012.03.01
US2008266254A1	2008.10.30	US2012185091A1	2012.07.19
US2008086241A1	2008.04.10	US2012194395A1	2012.08.02
US2008063400A1	2008.03.13	US2012200149A1	2012.08.09
US2008196946A1	2008.08.21	US2013049687A1	2012.08.01
US2008093131A1	2008.04.24	US2013138337A1	2013.02.28
US2008121097A1	2008.05.29	US2013152724A1	2013.05.30
US2008027590A1	2008.01.31	US2015231784A1	2013.06.20
US2008179115A1	2008.07.31	US2013231779A1	2015.08.20
US2008183332A1	2008.07.31	US2014138168A1	2013.09.05
US2008136626A1	2008.06.12	US2013268118A1	2014.05.22
US2012183382A1	2012.07.19	US2015134115A1	2013.12.12
US2008235172A1	2008.09.25	US2015190925A1	2015.05.14
US2010100256A1	2010.04.22	US2018093723A1	2015.07.09
US2011000363A1	2011.01.06	US2018236666A1	2018.04.05
US2008253613A1	2008.10.16	US2018236654A1	2018.08.23
US2010117585A1	2010.05.13		

1999 年，IRobot 公司提出了 PACKBOT 系列机器人的基础专利申请，公开号为 US6263989B1，该基础专利申请共包括 12 项同族专利申请（见表 4-4-5-2）。这些同族专利申请的专利技术主要涉及 PACKBOT 机器人的主体结构、越障方法、驱动机构、控制系统等，不断进行技术改进。

表 4-4-5-2　IRobot 公司 US6263989B1 同族申请列表

申请号	申请日	公开号	公开日
US19990237570A	19990126	US6263989B1	20010724
US20010888760A	20010625	US6431296B1	20020813
US20020202376A	20020724	US2002189871A1	20021219
		US6668951B2	20031230
US20030745941A	20031224	US2004216931A1	20041104
		US7597162B2	20091006
US20070834321A	20070806	US2007267230A1	20071122
		US7546891B2	20090616
US20070834536A	20070806	US2008143064A1	20080619
		US7556108B2	20090707
US20070834290A	20070806	US2008143063A1	20080619
		US9573638B2	20170221
US20080138737A	20080613	US2008236907A1	20081002
		US8113304B2	20120214
US20080140371A	20080617	US2009065271A1	20090312
		US8365848B2	20130205
US20080347406A	20081231	US2009107738A1	20090430
		US9248874B2	20160202
US20090400416A	20090309	US2009173553A1	20090709
		US8763732B2	20140701
US201213423538A	20120319	US2012261204A1	20121018

2003 年，IRobot 公司针对机器人控制系统和控制方法提出了系列专利申请，公开号为 US2004024490A1。该专利技术共包括 2 项同族专利申请（见表 4-4-5-3）。该专利技术是一种用于配置、监视和控制一个或多个机器人装置以协作和自主方式完成任务的系统和方法，其采用相对于相邻机器人和外部条件的自适应行为。每个机器人能够接收、处理和作用于一个或多个多设备基元命令，该一个或多个多设备基元命令描述机器人将响应于其他机器人和外部条件而执行的任务。命令促进分布式命令和控制结构，从而使中央装置或操作者免于监视每个机器人的进展的需要。该项技术使得机器人能够彼此交互，感测环境条件，

并相应地调整其行为以驱动任务完成，不仅提高了机器人执行任务的效率，并且不会使中央命令和控制装置或操作者负担过重。

表 4-4-5-3　IRobot 公司 US2004024490A1 同族申请列表

申请号	申请日	公开号	公开日
US20030417401A	20030416	US2004024490A1	20040205
		US7117067B2	20061003
US20050286698A	20051123	US2007179669A1	20070802
		US7254464B1	20070807

2008 年，IRobot 公司申请的公开号为 US2010139995A1 的专利技术进一步针对传统 PACKBOT 机器人的结构进行了改进。此次改进的专利技术共包括 9 项同族专利申请，（见表 4-4-5-4）。该专利技术涉及改进的具有铰接臂的移动机器人，该结构改变了传统 PACKBOT 机器人的从动履带型支承臂的结构，采用了另一种铰接支撑臂的形式，同族申请分别涉及该机器人的整体结构、移动机构、驱动机构、控制系统、越障方法等多项技术。该机器人的结构特点为具有从动支撑表面，该从动支撑表面连接到底盘并且被配置为向前和向后推进机器人底盘。第一铰接臂可围绕位于机器人底盘的重心后方的轴线旋转，并且被配置为：跟踪机器人，在第一方向上旋转，在从动支撑表面向前推动底盘以越过障碍物的同时升高机器人底盘的后端，以及在第二相反方向上旋转以向前延伸超过机器人底盘的重心，以升高机器人底盘的前端并使机器人末端翻转。从表 4-4-5-4 可以看出，该技术的同族申请一直延续到 2020 年，由此可知，该机器人的技术延续仍然是 IRobot 公司的热点技术方向。

表 4-4-5-4　IRobot 公司 US2010139995A1 同族申请列表

申请号	申请日	公开号	公开日
US20080331380A	20081209	US2010139995A1	20100610
		US7926598B2	20110419
US201113078618A	20110401	US2011180334A1	20110728
		US8074752B2	20111213
US201113052022A	20110318	US2011266076A1	20111103
		US8122982B2	20120228
US201113323019A	20111212	US2012097461A1	20120426
		US8353373B2	20130115
US201213351382A	20120117	US2012199407A1	20120809
		US8616308B2	20131231
US201213721918A	20121220	US2013256042A1	20131003
		US8573335B2	20131105

续表

申请号	申请日	公开号	公开日
US201314036902A	20130925	US2014231156A1	20140821
		US9180920B2	20151110
US201514861263A	20150922	US2016176453A1	20160623
US202016865536A	20200504	US2020262497A1	20200820
		US11565759B2	20230131

2012 年，IRobot 公司进一步针对特殊作业机器人的结构形式进行了改进，采用了蛇形悬架臂结构。该专利技术申请号为 US201313828484A，申请日为 20130314，公开号为 US2014138168A1，公开日为 20140522 。该专利技术涉及一种轻型机器人，底盘小于 500lb，采用两个独立的履带式驱动器，履带式驱动器包括驱动轮组件、四个或更多个独立悬挂的转向架组件，惰轮组件、固定地联接到邻近惰轮组件定位的独立悬挂的转向架组件的顺应性前瓦，以及携带驱动轮、车轮、惰轮组件和顺应性前瓦的顺应性弹性体履带。转向架组件包括蛇形悬架臂，该蛇形悬架臂具有可旋转地安装在其远端处的相应的车轮，转向架臂可在整个底盘下方的范围内摆动。蛇形悬架臂为相邻的车轮提供间隙，以在不与相邻的转向架组件的任何部分接触的情况下摆动。通过该小型地面机器人的高行程悬架设计，使轻质机器人能够适用于粗糙地形。

2001 年，IRobot 公司提出了 PACKBOT 机器人的基本结构以及 3 件相关专利，随后到 2010 年前后，在机器人基本结构的基础上，针对上部荷载的变体、传感器系统以及控制方法等技术提出了一系列改进，并且通过相关专利申请形成了一系列专利技术，能够综合运用于 PACKBOT 系列的多个类型的机器人产品。PACKBOT 系列机器人的结构改进如图 4-4-5-1 所示，2001 年公开的机器人基本结构为具有履带型辅助臂的结构，2006—2010 年，先后申请了如图所示的多种结构性质，在结构方面的改进主要针对上部荷载，特别的是在 2018 年公开了一种结构变体是将履带结构进行了改进，该改进类型将在下文中详细介绍。2010 年和 2012 年，IRobot 公司公开了设置改进型辅助臂的履带型机器人，将原 PACKBOT 机器人的履带型辅助臂替换为翻板型辅助臂。IRobot 公司在 2018 年公开了具有新型机械臂和图像传感器的改进型机器人，主要发明内容涉及对机械臂的改进。

2006 年之前，IRobot 公司涉及特殊作业机器人的专利较少，仅有少量关于 PACKBOT 机器人的相关专利，分别涉及机体结构、弹性车轮结构以及远程控制系统（见图 4-4-5-2）。

2006—2010 年，IRobot 公司的专利技术主要涉及 PACKBOT 机器人传感器设备、越障方法、操控系统和操控方法，尤其是针对操控系统和操控方法申请了一系列专利，具体包括遥控方式、自主控制方式、操作界面等控制技术（见图 4-4-5-3）。

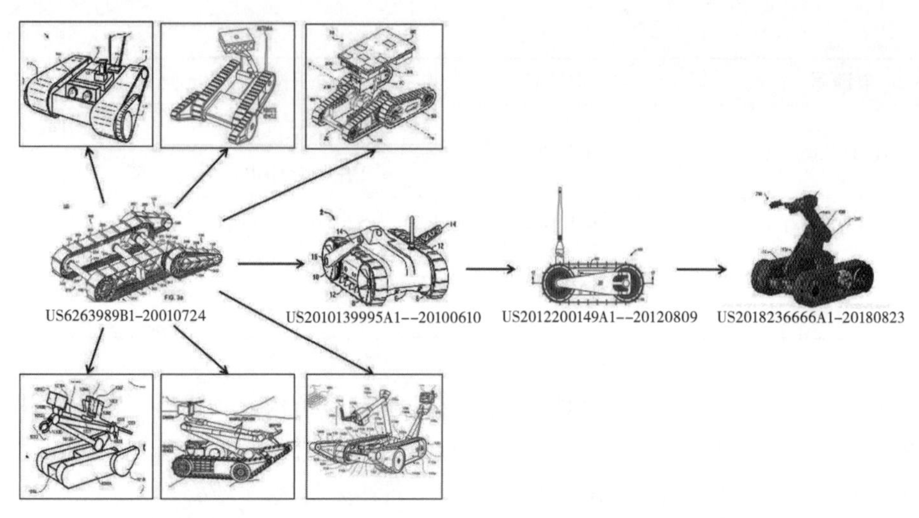

图 4-4-5-1　IRobot 公司机器人技术结构改进相关专利

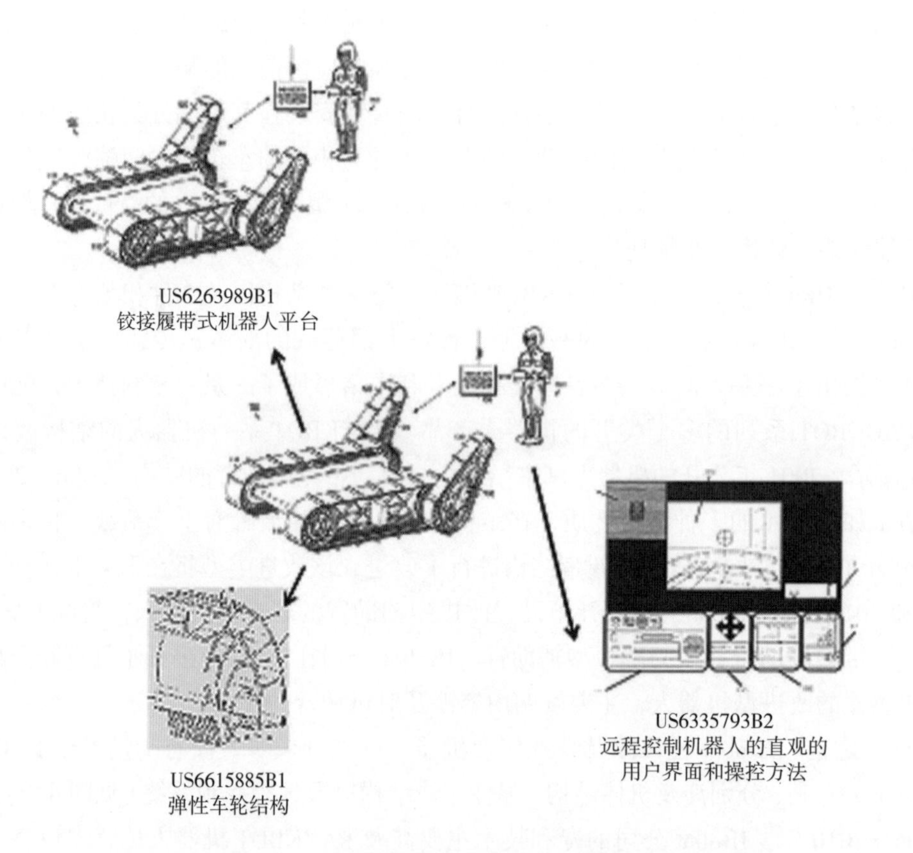

图 4-4-5-2　2006 年之前 IRobot 公司机器人技术相关专利

在 2010 年前后的三年内，IRobot 公司还提出了 PACKBOT 机器人的另一种改型设计，该结构形式与 Warrior 机器人的构型基本符合，具体技术内容是将原机器人的履带移动系统和荷载平台进行改变，使机器人具有更好的越障能力和操作性能，并且可以将所需要的负载连接在顶部平台上（见图 4-4-5-4）。

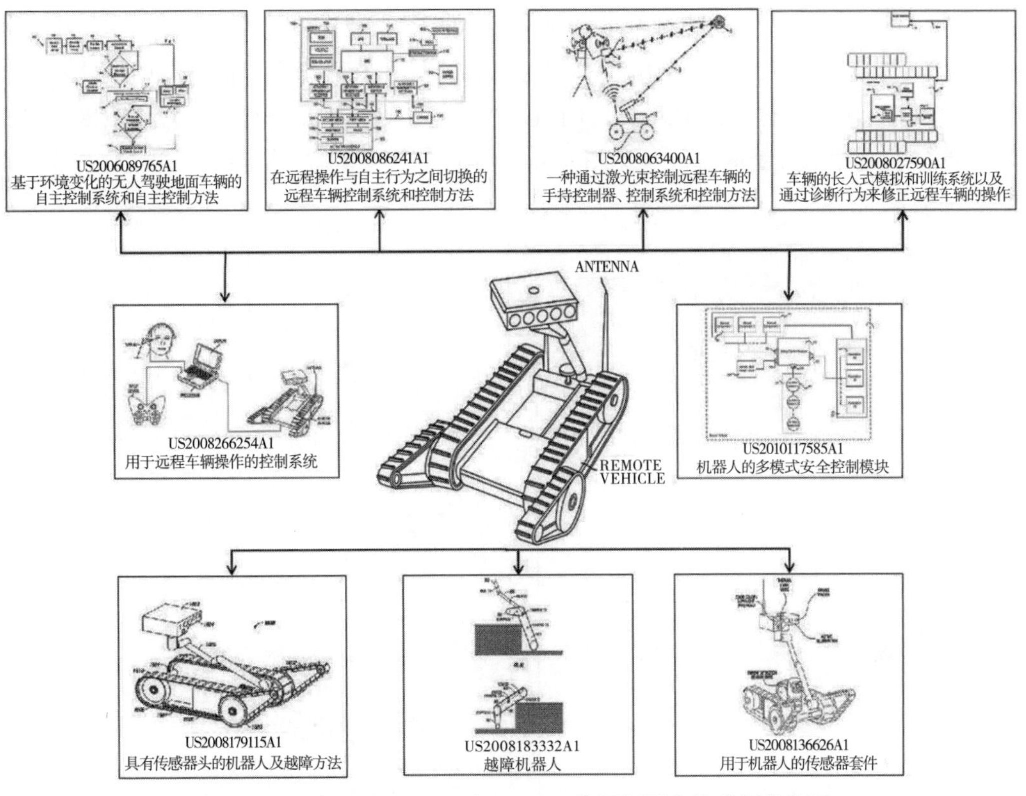

图 4-4-5-3　2006—2010 年 IRobot 公司机器人技术相关专利

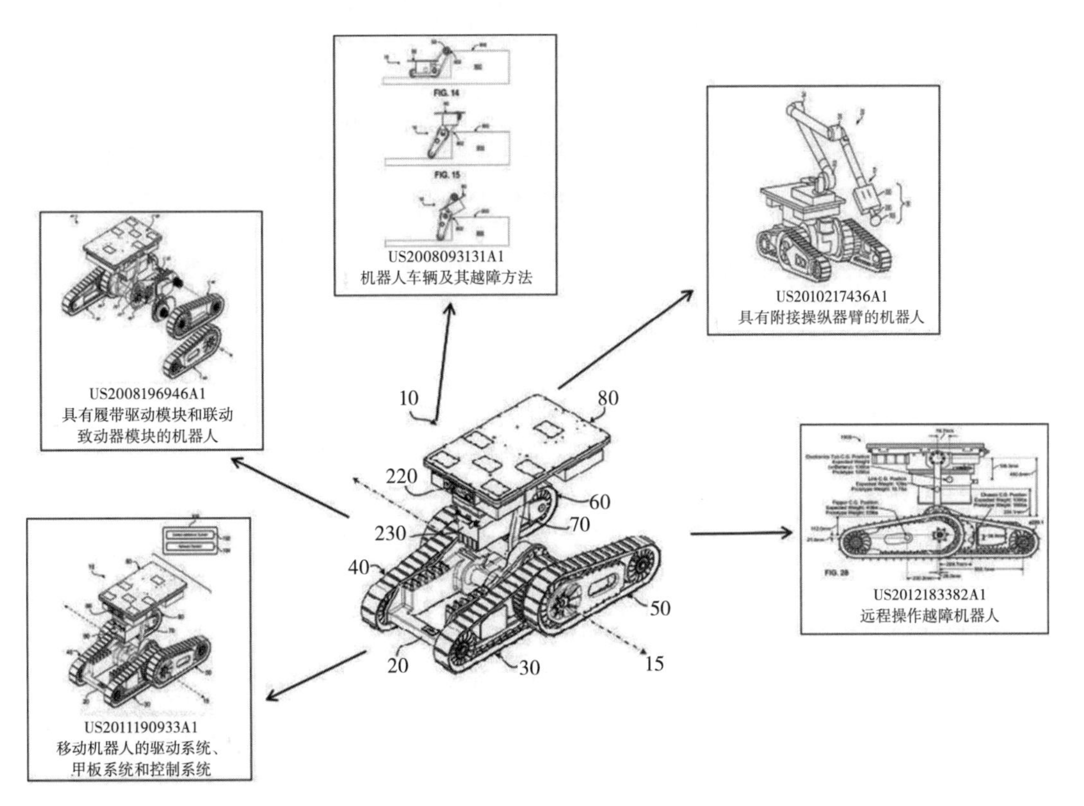

图 4-4-5-4　2010 年前后涉及 Warrior（勇士）的相关专利

另外，在 2010 年前后的 5 年中，IRobot 公司针对搭载机械操作臂的 PACKBOT 机器人也提出了一系列专利申请，在原有移动机构底盘的基础上，改变上部荷载的形式和结构，设置必要的半自主或自主控制设备，并且设置机械手等工程操作装备，使 PACKBOT 机器人具有更多功能和更广泛的工况（见图 4-4-5-5）。

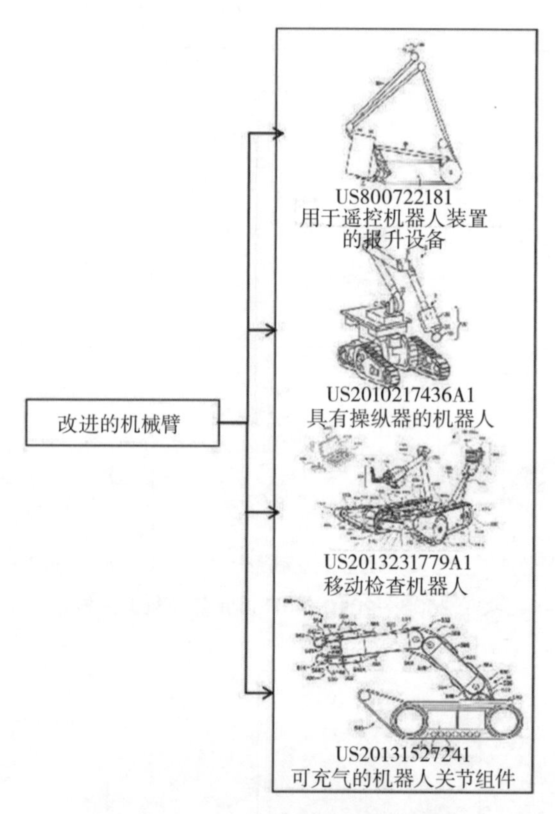

图 4-4-5-5　机械臂的改型相关专利

2010 年和 2012 年，IRobot 公司公开了设置改进型辅助臂的履带型机器人，将原 PACKBOT 机器人的履带型辅助臂替换为翻板型辅助臂。翻板型辅助臂作为从动支撑，连接到底盘并且被配置为向前和向后推进机器人底盘。翻板型辅助臂为铰接臂，可围绕位于机器人底盘的重心后方的轴线旋转。该机器人能够携带小于约 8lb 的重量，包括至少三种操作模式：间隙交叉模式，利用可旋转的翻板型辅助臂来顺时针枢转移动机器人的底盘，以相对于移动机器人在遇到间隙之前在其上行驶的表面倾斜；爬楼梯模式，利用可旋转的翻板型辅助臂顺时针或逆时针枢转移动机器人的底盘，以使履带接触楼梯的竖板的顶表面；以及障碍物超越模式，利用可旋转的翻板型辅助臂顺时针或逆时针枢转移动机器人的底盘，以使履带接触障碍物的上部（见图 4-4-5-6）。

2018 年，IRobot 公司对机器人结构最新的改进技术涉及带有传感器的新型机械臂以及传感器组件，并且对该机器人的履带结构也进行了相应的改进，使得机械臂与传感器能够更好地配合使用以实现多种操作功能（见图 4-4-5-7）。

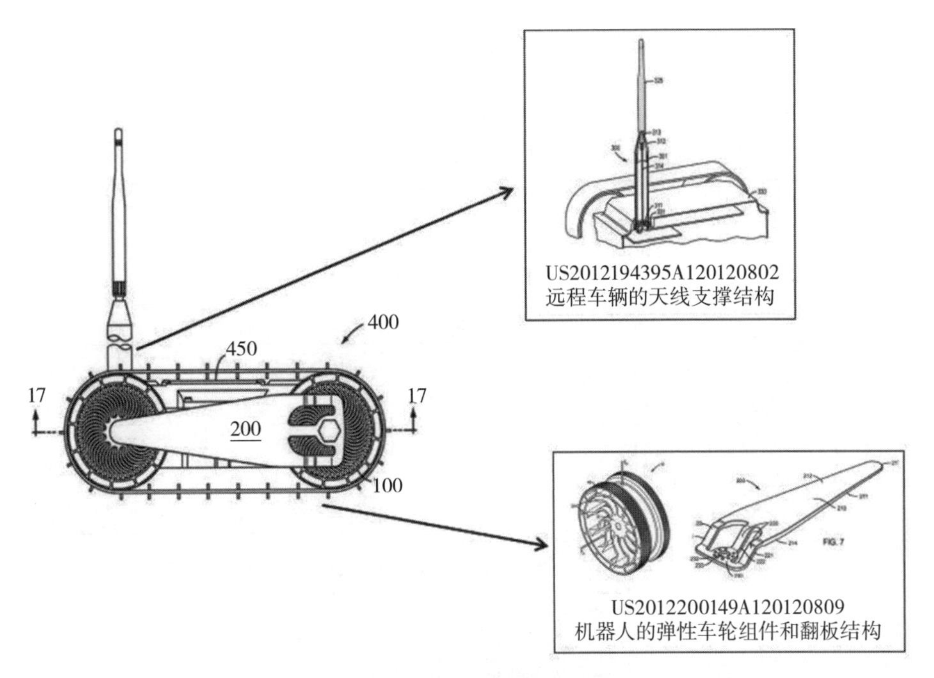

图 4-4-5-6 具有翻板型辅助臂的机器人专利技术

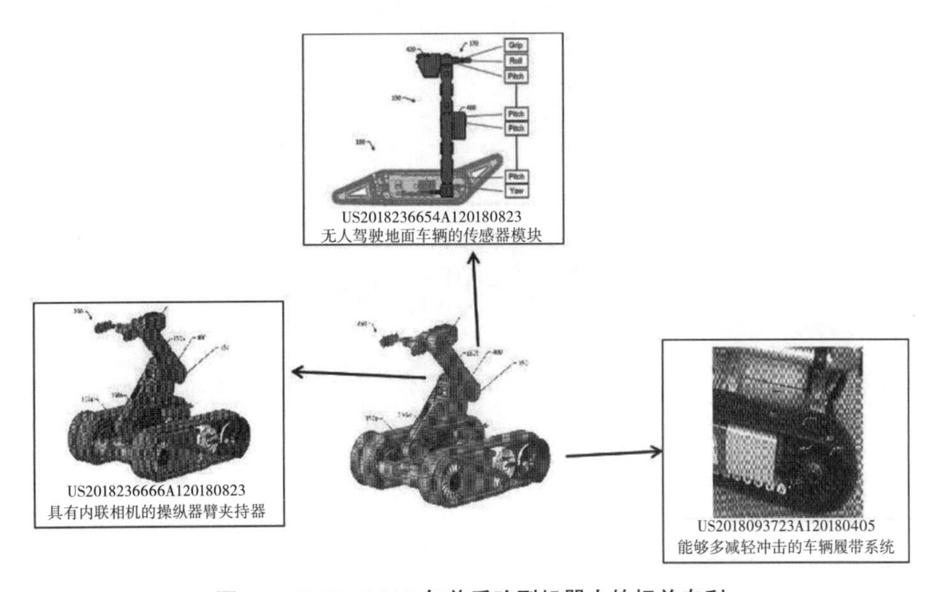

图 4-4-5-7 2018 年前后改型机器人的相关专利

对于控制系统和方法相关技术，近 20 年来 IRobot 公司也申请了大量专利，主要涉及遥控技术、自主控制技术、定位导航技术等内容，尤其是遥控技术根据环境自主控制技术是热点技术方向（见图 4-4-5-8）。

另外，多机器人协同和集群控制是本领域的热点技术方向之一，IRobot 公司申请了部分专利涉及多机器人协同控制和集群控制技术，包括通过多机器人的视觉图像增强技术和多机器人的通信信号接续技术以及多机器人的控制命令等技术（见图 4-4-5-9）。

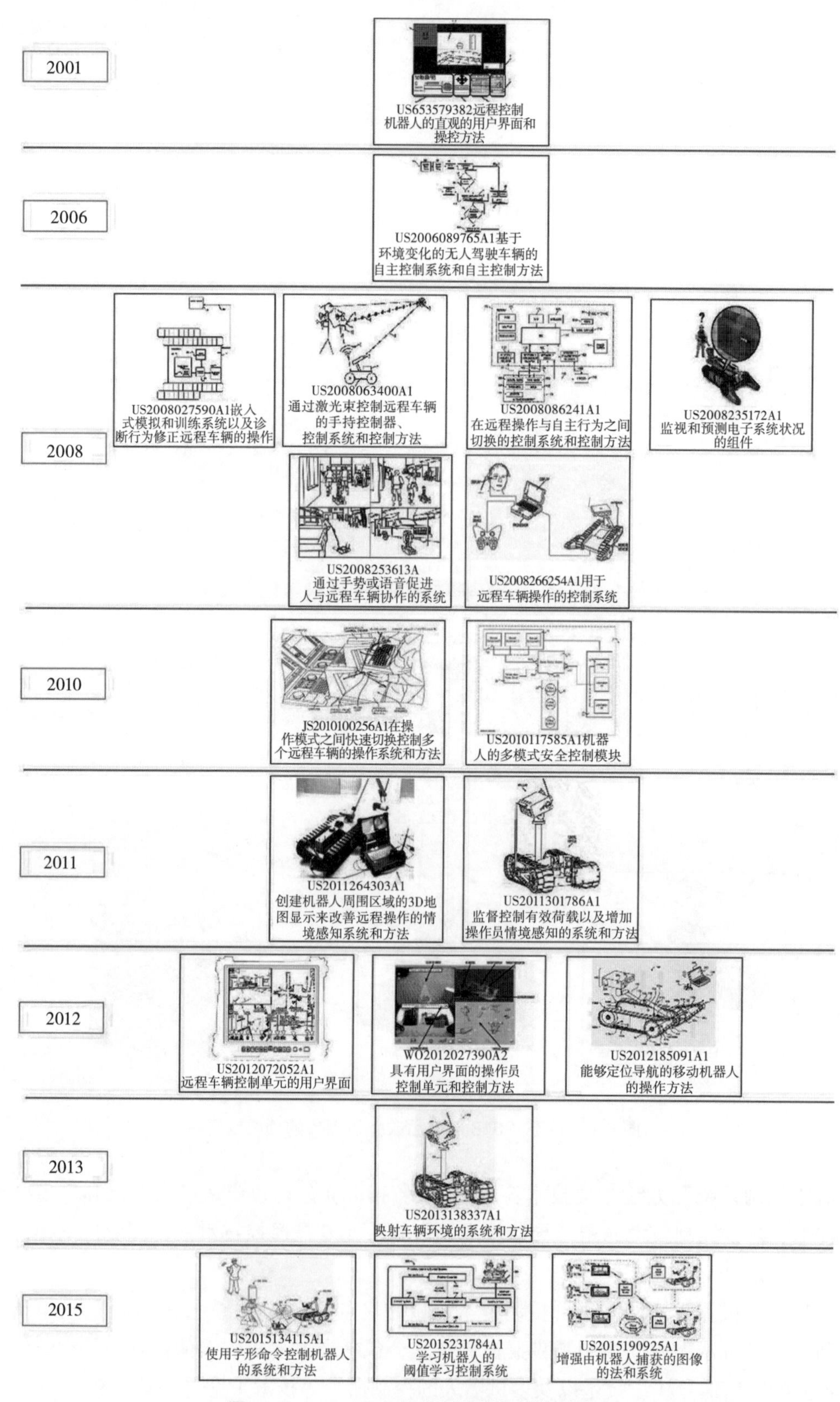

图 4-4-5-8　IRobot 公司控制领域相关专利

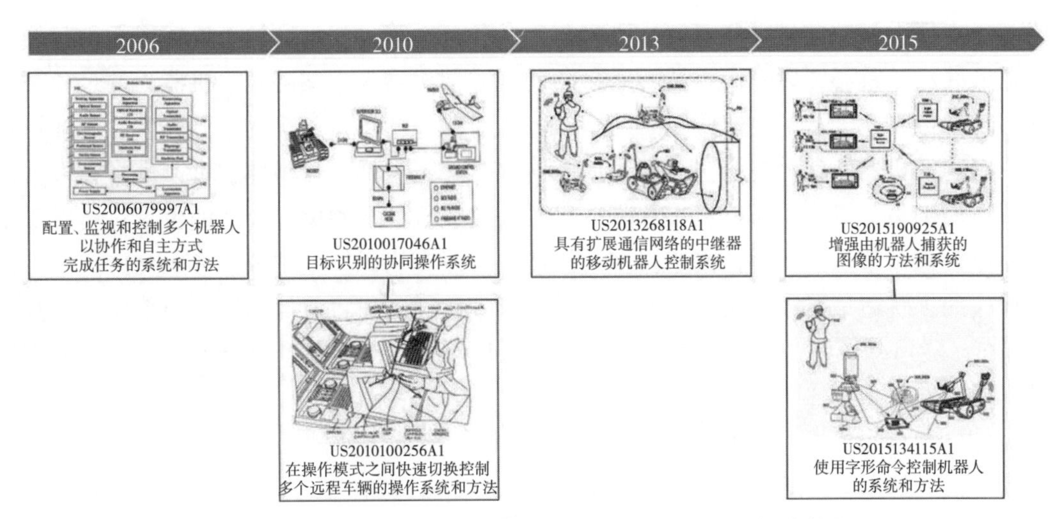

图 4-4-5-9　IRobot 公司多机器人协同和集群控制相关专利

三、 重点专利技术分析

1.US8682502B2　一种用于控制远程车辆的方法，包括：显示所述远程车辆的所述环境的视图，所述视图由所述远程车辆的相机提供；操纵远程灵巧控制装置的手持控制器，所述远程灵巧控制装置具有工作空间，所述手持控制器能够在所述工作空间中被操纵；将所述手持式控制器的移动转换成所述车辆的移动；使用反馈来实现滑动工作窗口的边缘检测例程，所述反馈确定所述用户何时已经将所述手持式控制器移动到所述工作空间的周界；当所述用户已经将所述手持式控制器移动到所述工作空间的周界时，在与所述手持式控制器的移动相对应的方向上平移所述滑动工作窗口；根据所述滑动工作窗口的平移来调整所述环境的所述视图，使得所述环境的所述视图与所述远程灵巧控制装置的所述工作空间对应，能够将第一远程灵巧控制装置的移动转换成所述远程车辆的移动； 以及将第二远程灵巧控制设备的移动转换成所述远程运载工具的操纵器臂的移动（见图 4-4-5-10）。

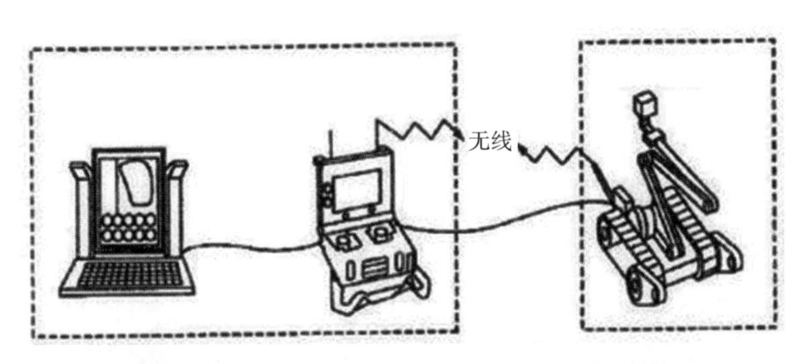

图 4-4-5-10　US8682502B2 专利技术方案示意图

2.US7926598B2　机器人的从动支撑表面和可围绕位于机器人底盘的重心后方的轴线旋转的第一铰接臂。臂可枢转以跟随机器人，在第一方向上旋转以升高机器人底盘的后端，同时从动支撑表面向前推动底盘以越过障碍物，并且在第二相反方向上旋转以向前延伸超过机器人底盘的重心，以升高机器人底盘的前端并使机器人末端翻转。机器人的尺寸被设计成易于携带，并且基本上适配在大约 18cm 长、12cm 宽和 5cm 高的包围体内。尾随枢转臂允许紧凑的机器人爬上与自身一样大的障碍物，包括楼梯。这种体积可以携带在人员口袋中。在使用中，机器人从口袋中移除，机器人被放置甚至抛掷在合适的位置。可以重复该过程以创建多节点网状通信网络。多个机器人可以充当无线电中继，形成允许在更大范围内操作的多跳通信路径。中继链对于城市地形中的任务或将通信扩展到角落周围并且扩展到洞穴 / 隧道综合体和掩体中是特别有用的，从而允许访问单个机器人无法访问的更偏远的区域（见图 4-4-5-11）。

3.US8577126B2　一种用于促进人与远程车辆之间的协作的系统，所述系统包括：所述远程车辆上的相机，所述相机创建图像；用于检测所述图像内的人的算法；以及用于从所述图像提取手势信息的经训练的统计模型；其中，所述手势信息被映射到远程车辆行为，所述远程车辆行为然后被激活，使用在人的形状上训练的支持向量机从所述大实体物体中识别人；经训练的统计模型是经训练的隐马尔可夫模型；相机是立体视觉系统的一部分；还包括被配置用于发出语音命令的无线耳机；利用语音识别软件分析所述语音命令，并将所述语音命令转换成离散控制命令；协作的方法包括：创建图像数据；检测所述图像数据内的人；从所述图像数据提取手势信息；将所述手势信息映射到远程车辆行为；以及激活所述远程车辆行为；行为从所述远程车辆传感器的传感器收集数据并输出一个或多个运动命令；远程车辆行为包括以下各项中的一项：人员跟随、避障、门突破、U 形转弯、开始 / 停止跟随和手动前进驾驶（见图 4-4-5-12）。

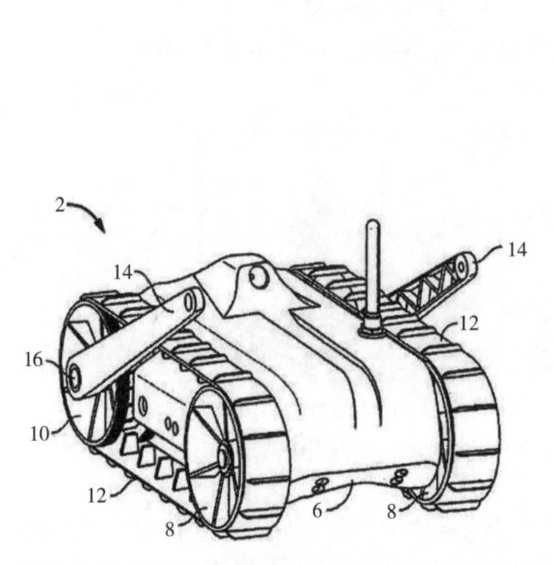

图 4-4-5-11　US7926598B2 专利技术方案示意图

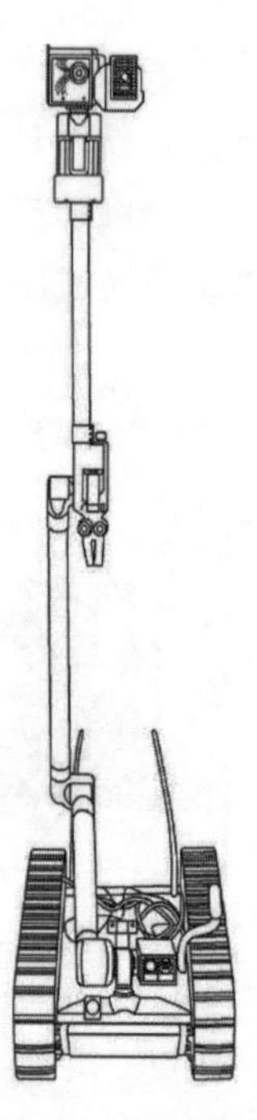
图 4-4-5-12　US8577126B2 专利技术方案示意图

4.US10486757B2　一种无人驾驶地面车辆，包括具有右侧和左侧的框架；右轨道组件和左轨道组件，每个轨道组件与另一个轨道组件平行地联接到所述框架的对应侧，每个轨道组件包括：驱动滑轮，所述驱动滑轮联接到所述框架的所述对应侧；以及轨道，所述轨道包括由所述驱动带轮支撑的连续柔性带，其中所述轨道包括与所述驱动带轮接合的内表面和与所述内表面相对的外表面，并且其中所述轨道的所述外表面包括多个柔性刷毛；以及一个或多个驱动马达，所述一个或多个驱动马达构造成驱动所述右履带组件和所述左履带组件的所述驱动滑轮。

5.US10843331B2　一种无人驾驶地面车辆，包括主体；驱动系统，所述驱动系统由所述主体支撑，所述驱动系统包括安装在所述主体的右侧和左侧上的右从动履带组件和左从动履带组件；操纵器臂，所述操纵器臂枢转地联接到所述主体，其中所述操纵器臂包括联接到所述主体的第一连杆、联接到所述第一连杆的弯头以及联接到所述弯头的第二连杆，其中所述弯头被配置成独立于所述第一连杆和所述第二连杆旋转；以及传感器模块，所述传感器模块安装在所述弯头上（见图 4-4-5-13）。

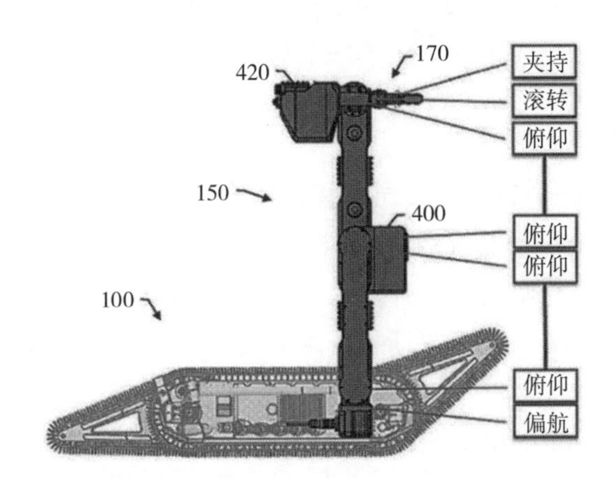

图 4-4-5-13　US10843331B2 专利技术方案示意图

6.US8875816B2　轻型移动机器人包括小于 500lb 的底盘和两个独立的履带式驱动器，该履带式驱动器包括驱动轮组件、四个或更多个独立悬挂的转向架组件、惰轮组件、固定地联接到邻近惰轮组件定位的独立悬挂的转向架组件的顺应性前瓦，以及携带驱动轮、车轮、惰轮组件和顺应性前瓦的顺应性弹性体履带。转向架组件包括蛇形悬架臂，该蛇形悬架臂具有可旋转地安装在其远端处的相应的车轮，转向架臂可在整个底盘下方的范围内摆动。蛇形悬架臂为相邻的车轮提供间隙，以在不与相邻的转向架组件的任何部分接触的情况下摆动经过彼此。柔性弹性体轨道具有中心引导件和从其突出的外围驱动特征，用于接合驱动轮、车轮和惰轮。通过本专利技术改进的悬架系统，能够使小型地面机器人成功地在不偏离期望的行进线并且不损坏机器人或其上的敏感有效载荷的情况下导航崎岖地形（见图 4-4-5-14）。

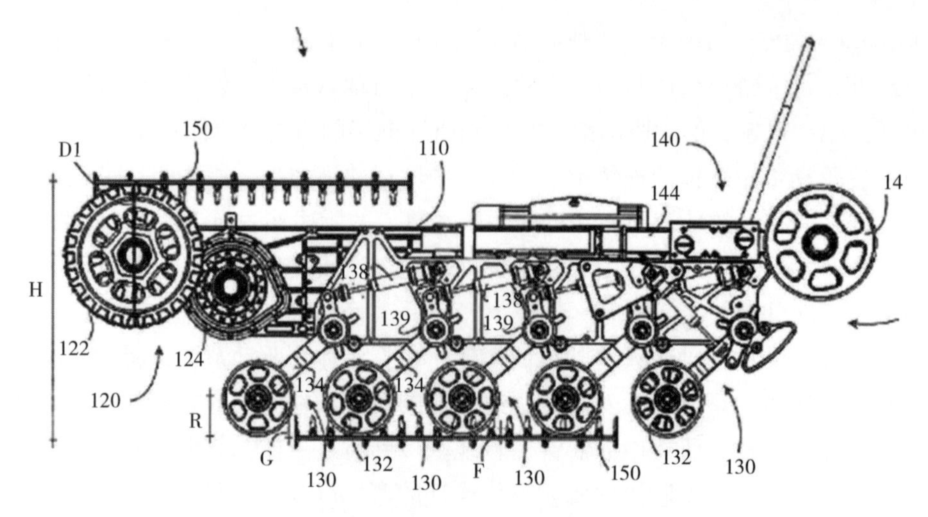

图 4-4-5-14 US8875816B2 专利技术方案示意图

第六节 福斯特 - 米勒公司

一、申请人概况

福斯特 - 米勒（Foster-Miller）公司由麻省理工学院的毕业生尤金·福斯特和阿尔·米勒共同创立的私人持股公司，总部设在美国马萨诸塞州。福斯特 - 米勒公司制造的产品范围比较广泛，从车辆到空气调机器均有涉及，其 90% 的业务都与安全有关。2004 年，英国科技公司奎奈蒂克（QinetiQ）买下福斯特 - 米勒公司（Foster-Miller），建立奈蒂克北美分公司。

福斯特 - 米勒（Foster-Miller）公司最著名的特殊作业机器人产品为 TALON（魔爪）系列机器人以及其改进产品 TALON HazMat 机器人、TALON SWORDS 机器人、SOLEM 机器人。

TALON 系列机器人是福斯特 - 米勒（Foster-Miller）公司开发的多功能型地面移动系列机器人。TALON 机器人的结构是轻型履带式车辆，便于人员携带，允许搭载多种传感器阵列，移动速度快，越障性能突出，可巡航任何地形，可靠性极高，从高处跌落后仍可继续执行任务。TALON 机器人可应用于执行爆炸物处理、监测、通信、感测、安全、防护以及营救等任务，具有全天候、昼 / 夜工作以及两栖能力。TALON 机器人不仅能上下楼梯和斜坡，还能够适应坑洼不平的路面，翻倒后也可以自动复位；除了配备有摄 / 录像装置、机械臂、麦克风、扩音器等设备，还可以设置危险物质探测传感器，用于探测空气中的化学物质、天然气，测量辐射强度等。TALON 机器人由电池供电，操作人员采用手柄通过有线或无线方式遥控 TALON 机器人。人员可以在相距 1000m 左右的距离实现远程控制 TALON 机器人。

美国在 2000 年使用 TALON 机器人成功地在波斯尼亚完成了转移并处理爆炸物的任务；在“9·11”事件发生后，被用于执行搜寻和援救伤员的任务；该机器人还多次用于执行拆除危险爆炸物和探查监测等任务。

TALON HazMat 机器人是 TALON 系列机器人中的有害物质探测机器人。TALON HazMat 机器人具有重量轻、坚固、快速、承载能力强等优点，其平台可以兼容相关的电子硬件、机械臂等作业装置和传感器阵列。Talon HazMat 机器人机械臂展开后高约 130cm，宽约 57cm，长约 86.4cm，机械臂向下可探至底盘以下 60cm。机器人有效载荷约为 45kg，牵引质量最大誉为 680kg。Talon HazMat 机器人的行进速度最高可达 8.3km/h，可以攀爬一定角度的坡道，还可以在一定厚度的积雪中行驶。Talon HazMat 机器人的动力由模块化锂电池提供，可持续使用 4.5 小时左右。

Talon HazMat 机器人还具有处理危险爆炸物的功能。Talon HazMat 机器人装备了三套具有自动数字变焦功能的视频传感器，可以在黑暗环境中从较远的距离观察危险品的状况，通过多自由度机械手臂的夹钳对危险品进行操作排险并运走。Talon HazMat 机器人还具有核化等危险物品的检测功能。Talon HazMat 机器人装配了 Smiths APD2000 有毒有害化学品探测器和化学品检测器（JCAD）能够检测常规的有毒有害化学品，且检测时间仅需要 30s；Talon HazMat 机器人装配有 Canberra AN/UDR-13 辐射监测仪，能够用于探测 γ 剂量率和 β 表面活度。Talon HazMat 机器人还可以用于污染事故现场检测，安装的 MultiRAE 气体探测仪能够用于检测工业有毒有害气体，如 CO、H_2S、SO_2、NO、NH_3 等。另外，Talon HazMat 机器人的机械臂夹钳上还可以固定安装 FirstDefender 拉曼化学物质鉴定仪，用于对危险爆炸物、有毒工业化学品、毒品等未知固体、液体进行快速识别检测。2004 年，美国首次将 Talon HazMat 机器人实际使用，多次成功完成预定任务。

2014 年，奎奈蒂克北美分公司再次更新了 TALON 机器人，更新后的第五代 TALON 机器人具有互通性界面（IOP）且多方位地提升了性能。第五代 TALON 机器人设置有重型机械臂、遥控可换工具装置、高清摄像机以及更强大的车载处理器，具有更高的行进速度、更强的爬坡能力，机械臂具有更高的提升荷载和伸长尺寸，平台的重量可根据荷载的不同设置为 62 ～ 112kg。更新后的 TALON 机器人采用了改进型数字电机，由车载自主控制装置操控；而且在控制信号丢失或者需要返回操作员位置或回到能够接收信号的位置时，第五代 TALON 机器人可实现自主原路返回。

SOLEM 机器人也是由美国 Foster-Miller 公司开发的救援机器人系统，该机器人与该公司的 Talon 机器人一起在纽约世贸大楼火灾的救援工作中使用。SOLEM 机器人属于轻型机器人，质量约为 15kg，高度约为 0.203m，在纽约世贸大楼火灾中采用有线控制。SOLEM 机器人建立在高机动性的操作平台上，可以全天候使用，具有两栖行动能力，可以执行监测、勘察等任务。伸出的桅杆上安装有激光防爆侦察探头（LUXOR），通过向目标区发射激光束可以进行精确定位测量，并配有适用于昼间和夜间的摄像机。操作人员可以根据不同的任务需求更换其他类型的监测探头，以配合相应的摄像机。SOLEM 机器人同时安装有备用无线电控制系统和电池组，通过加宽履带提高了地形适应能力。SOLEM 机器人安装有能够左右、上下活动的机械臂，机械臂长度大约 0.254m。

通过分析上述重点专利可以发现，Foster-Miller 公司在 2010 年之前申请的专利主要涉及早期 TALON 机器人产品的机体结构、机械臂夹持器结构、机械臂结构、电子接口单元以及操作员操控单元（见图 4-4-6-1）。

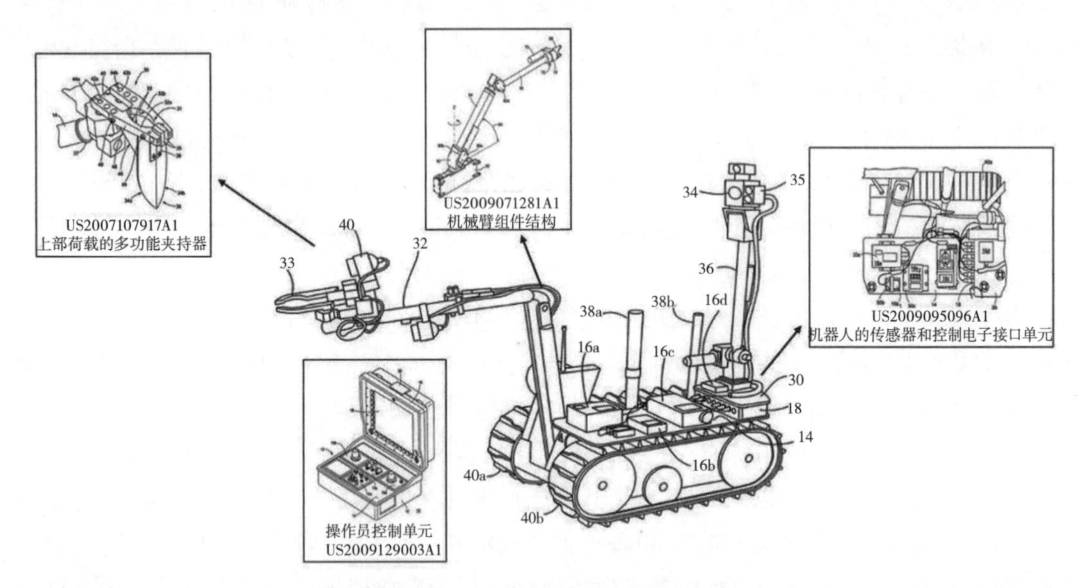

图 4-4-6-1　TALON 机器人专利技术分布

二、专利技术概况

Foster-Miller 公司特殊作业机器人相关技术的重要专利如表 4-4-6-1 所示，大约涉及 14 项专利申请，主要发明内容涉及 TALON 系列机器人的车体结构、控制技术以及传感器技术等。

表 4-4-6-1　Foster-Miller 公司特殊作业机器人技术主要专利列表

公开号	分类号	公开日	公开号	分类号	公开日
US2007107917A1	A01B49/02	2007.05.17	US2018079073A1	B25J13/00	2018.03.22
US2008083344A1	F42B33/00	2008.04.10	US2019009845A1	B62D55/084	2019.01.10
US2009071281A1	B25J17/02	2009.03.19	US2020114529A1	B25J13/00	2020.04.16
US2009095096A1	H05G2/00	2009.04.16	US2020346699A1	B62D55/065	2020.11.05
US2009164045A1	G05D1/00	2009.06.25	US2022193889A1	B25J9/10	2022.06.23
US2014144715A1	H01F7/02	2014.05.29	US2009129003A1	H04Q9/00	2009.05.21
US2018079070A1	B25J13/00	2018.03.22	US2011005847A1	B62D55/00	2011.01.13

2010 年前后，Foster-Miller 公司申请的专利还涉及 TALON SWORDS 机器人产品的相关技术，该机器人的主要专利技术除了涉及机器人机体结构，还包括安全控制系统、操控单元和操控系统以及机器人的模块化结构。

2017 年之后，Foster-Miller 公司申请的专利主要涉及一种具有履带型摆臂的地面移动机器人，由此可知该类型的机器人将是 Foster-Miller 公司现阶段的重点产品。该机器人设置主履带和后履带鳍状物，且后履带鳍状物能够相对于主履带旋转，以实现越障功能，相关专利主要涉及改进的机体结构、移动机构、机械臂结构、摄像机组件等上部荷载、越障控制方法等（见图 4-4-6-2）。

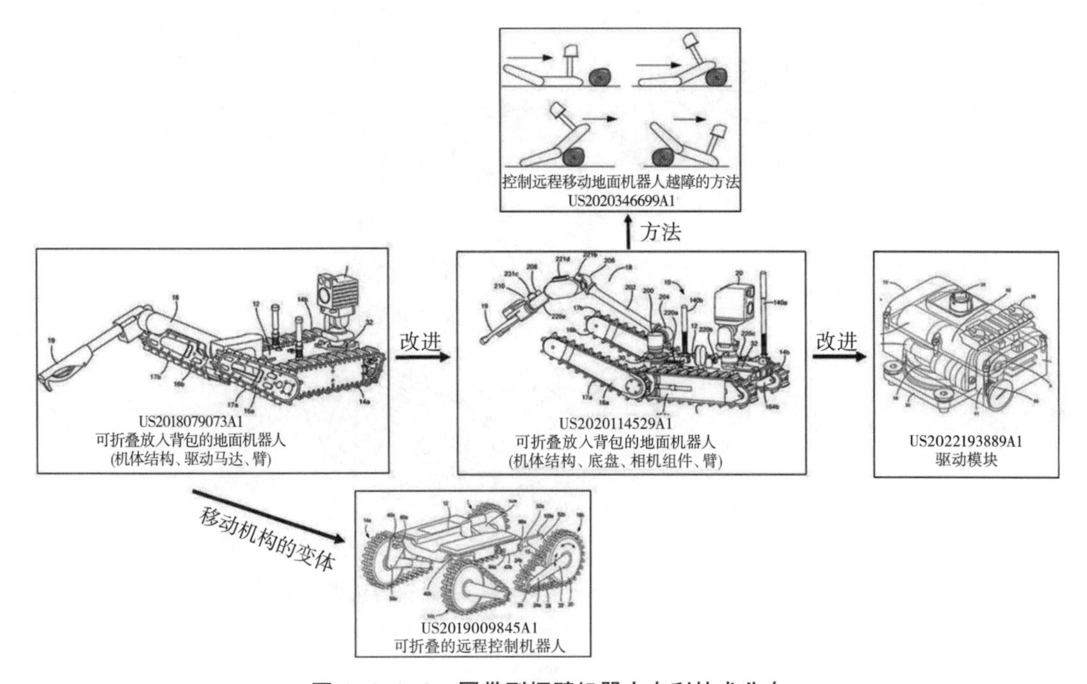

图 4-4-6-2　履带型摆臂机器人专利技术分布

三、重点专利技术分析

1.US2007107917A1　该专利技术是一种多功能机器人工具，包括：一对被构造为夹持器的从动指状物；从每个指状物悬垂的刀片，刀片在由指状物闭合在一起时被构造为挖掘铲，每个刀片包括向后延伸的框架构件，框架构件能够可移除地固定到指状物的侧面；与用于切割线的至少一个刀片相关联的刀；以及封闭齿轮箱，封闭齿轮箱包括向上延伸的驱动轴，驱动轴被接收在每个指状物中的后向夹具中。还具有履带驱动和铰接的主臂；一对指状物被配置为可铰接主臂上的夹持器（见图 4-4-6-3）。

2.US2014144715A1　该专利技术是一种磁力履带式机器人，磁性机器人包括底盘和与底盘相关联的至少一个轨道组件。轨道组件具有相对于底盘可移位地安装的线性系列的非循环磁体模块。从动轨道围绕磁体模块循环并且在磁体模块的引导部分上行进（见图 4-4-6-4）。

3.US2022193889A1　该专利技术是一种机器人驱动模块，用于使第一机器人臂构件相对于第二机器人臂构件旋转，所述驱动模块包括马达、由所述马达驱动的齿轮头、由所述齿轮头驱动的小齿轮和滑动离合器，所述滑动离合器包括具有由所述小齿轮驱动的整体齿轮齿的输入部，以及被配置为耦接到所述第二机器人臂构件的输出部。壳体至少围绕小齿轮和滑动离合器设置，并且构造成联接到第一机器人臂构件（见图 4-4-6-5）。

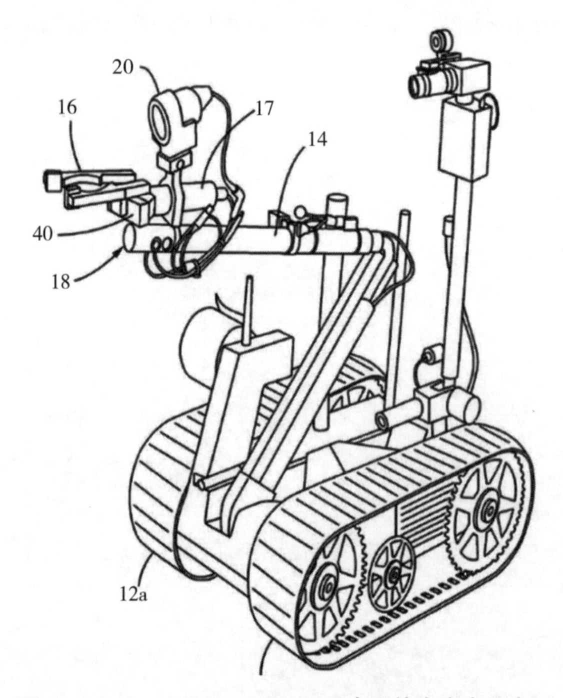

图 4-4-6-3　US2007107917A1 专利技术方案示意图

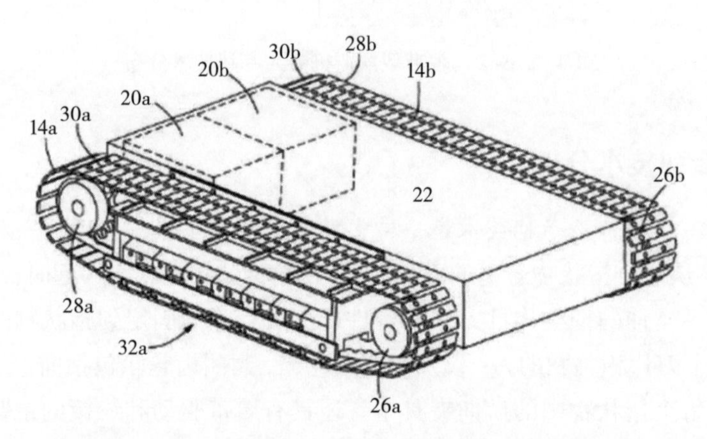

图 4-4-6-4　US2014144715A1 专利技术方案示意图

4.US2020346699A1　该专利技术是一种在困难地形中操作移动远程控制地面机器人的方法。机器人的后驱动履带臂向后和向上枢转，以相对于地面并在地面上方以固定角度跟随机器人的主驱动履带。机器人的主轨道被向前驱动以穿过地面。通过驱动主轨道穿过障碍物，使机器人的前端向上枢转，并且至少一个后从动轨道被驱动并接合地面和/或障碍物，以使机器人在障碍物上向前推进并防止机器人向后倾翻（见图 4-4-6-6）。

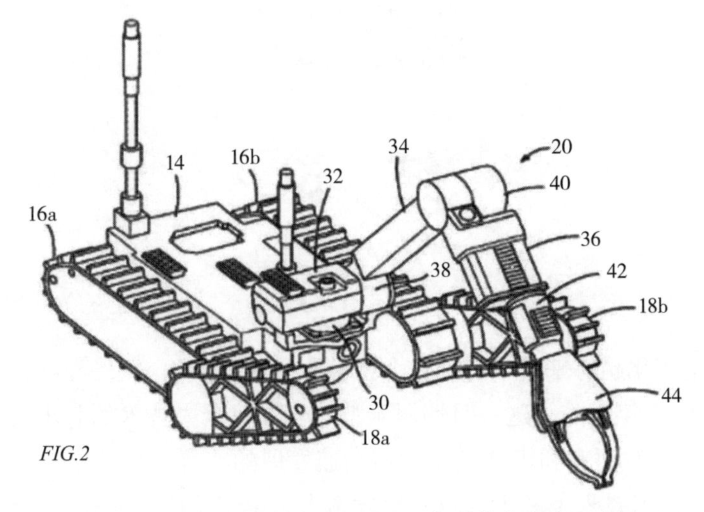

图 4-4-6-5　US2022193889A1 专利技术方案示意图

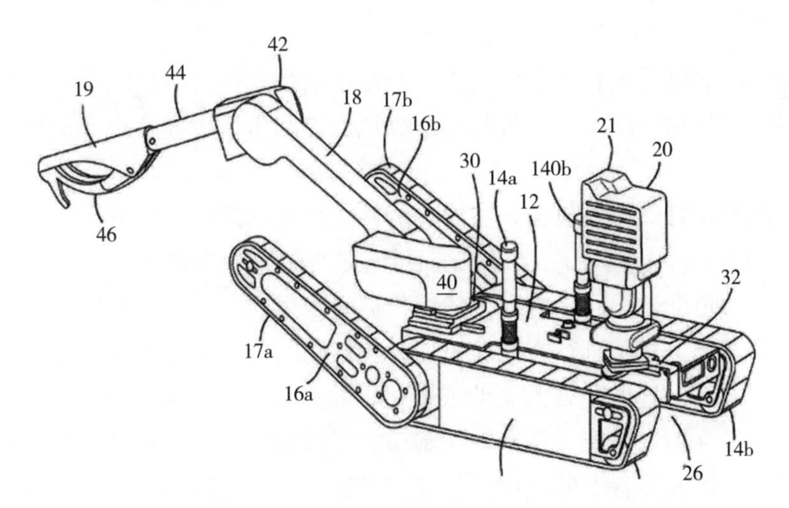

图 4-4-6-6　US2020346699A1 专利技术方案示意图

第五章

结　论

从专利申请量变化趋势来看，特殊作业机器人技术发展至今已经经历了三次发展阶段，其中第一阶段为 1997 年之前，这一时期属于特殊作业机器人技术的起步阶段。第二阶段为 1996—2002 年，这一时期专利申请量呈现出高速发展的态势，反映出这一阶段境外创新主体特殊作业机器人技术投入了较大的技术研发精力。第三阶段为 2003 年至今，这一阶段的申请量呈现出波动式发展，但申请量仍为增长趋势，说明在这一阶段中，特殊作业机器人技术进入更为成熟的发展时期，但在机器人行业中还没有形成明显的技术热度和市场热度。总体而言，特殊作业机器人相关专利技术的全球申请量总体呈阶段式增长趋势，且随着智能机器人技术的成熟和广泛应用，近几年该领域的专利申请也会呈现出更加稳定的发展过程。

从技术上来看，特殊作业机器人主要分为两大部分，即结构部分技术和智能化部分技术，研究重点包括五个主要方面：控制系统、运动机构、路径规划、环境建模以及感知功能。从专利申请主体的角度来看，一方面，传统机械研发生产主体，如福斯特 - 米勒公司，在既有的机械结构基础上对其进行智能化赋能，从结构的角度予以改进，使其适应智能化无人化场景；另一方面，智能化技术企业或机构，如索尼、波士顿动力、IRobot 等，研究重点在于传感器技术、人工智能、机器人控制系统等技术领域，主要是将其积累的智能化相关技术，拓展到机器人装备上的应用，使其实现智能化升级转型，上述两方面的研发均保持足够的研发热度，也均有一定的技术突破和专利产出，显示出特殊作业机器人相关技术交叉融合的特点。

从专利申请和布局区域的国家来看，境外关于特殊作业机器人专利申请的前 3 名分别是日本、韩国、美国，这些国家的专利申请都比较活跃，是特殊作业机器人的主要研发和竞争区域。特殊作业机器人技术在日本起步较早，其专利技术储备大幅领先其他国家，申请趋势持续稳定，其专利在美、欧、韩等区域被广泛布局，但在市场上的成熟产品没有美国的成熟产品数量多、应用范围广；美国在特殊作业机器人领域其专利申请量虽不及日本，但技术分支涵盖了特殊作业机器人几乎全部关键技术，其推出了较多的成熟产品，且适用于不同应用领域，成为特殊作业机器人市场的主流。相对而言，韩国在机器人技术领域起步晚于美国和日本，但在近 10 年中发展迅速，专利数量增速明显，虽然市场上较为成熟的韩国特殊作业机器人产品相对较少，但这并未阻碍韩国申请人的研发投入以及相关专利技术的布局。就申请人的类型而言，境外关于特殊作业机器人的申请人主要集中在公司，由于该领域研究需要较长的研究周期，公司在技术、人力和财力上有充足的保障，其中有些国家是通过技术合作的方式为创新主体提供资金支持，因此申请量较多，而个人申请人较少说明将特殊作业机器人实际运用到现实中还是相对较少。

总体来看，目前特殊作业机器人所涉及的主体结构、作业载荷、智能控制等技术方面的研发热度齐头并进，世界各国在特殊作业机器人方面的研究也正逐步从试验阶段转向实际应用，机器人的结构优化、智能化、群体化将成为今后特殊作业机器人研究的发展方向。特殊作业机器人的研发对国民经济和安全有着非常深远的影响和现实意义，但仍面临诸多的技术挑战，在可预见的未来，这一领域的技术竞争将更加激烈，特殊作业机器人也将更加智能化，应用场景也会广泛拓展。

参考文献

[1] 杨瑞伟 . 感知科学的魅力 大国重器 [M]. 北京：航空工业出版社 , 2017.

[2] 布鲁诺・西西利亚诺，欧沙玛・哈提卜 . 机器人手册 第 3 卷 机器人应用 原书第 2 版 [M]. 于靖军，译 . 北京：机械工业出版社 , 2022.

[3] 布鲁诺・西西利亚诺，欧沙玛・哈提卜 . 机器人手册 第 2 卷 机器人技术 原书第 2 版 [M]. 于靖军，译 . 北京：机械工业出版社 , 2022.

[4] 中国科学技术协会 . 前沿科技热点解读 [M]. 北京：中国科学技术出版社 , 2021.

[5] 张涛 . 机器人概论 [M]. 北京：机械工业出版社 , 2020.

[6] 和兴文化 . 现代科技与机器人 [M]. 西安：陕西人民美术出版社，2012.

[7] 陶永，王田苗，裴军 . 智能机器人创新热点与趋势 [M]. 北京：机械工业出版社 , 2022.

[8] 赵睿涛 . 世界人工智能发展态势 [M]. 北京：国防工业出版社 , 2022.

[9] 中国人工智能学会 . 人工智能学科路线图 [M]. 北京：中国科学技术出版社 , 2022.

[10] Kenzo Nonami, Muljowidodo Kartidjo, Kwang-Joon Yoon, 等 . 自主控制系统与平台智能无人系统 [M]. 龚立等 , 译 . 北京：国防工业出版社 , 2017.

[11] 孙立宁，王伟东，杜志江 . 特种移动机器人建模与控制 2019 机器人基金 [M]. 哈尔滨：哈尔滨工业大学出版社 , 2022.

[12] 刘奕，翁文国，范维澄 . 城市安全与应急管理 [M]. 北京：中国城市出版社 , 2012.

[13] 赵小川 . 机器人技术创意设计 [M]. 北京：北京航空航天大学出版社 , 2013.

[14] 船桥洋一 . 危机倒计时 下 [M]. 原眉等 , 译 . 北京：海洋出版社 , 2018.

[15] 邵晟宇，曹树亚，杨柳 . 境外典型核化侦察机器人探析 [J]. 机器人技术与应用 . 2015（01）：33-35.

[16] 中国生物医学工程学会 , 中国科学技术协会 . 生物医学工程学科发展报告 2014-2015 版 [M]. 北京：中国科学技术出版社 , 2016.

[17] 阎红灿，尤海鑫 . 医工融合系列教材 物联网医学导论 [M]. 上海：上海交通大学出版社 , 2023.

[18] 大卫・汉布林（David Hambing）. 机器人崛起 改变世界的 50 种机器人 [M]. 北京：机械工业出版社 , 2020.

[19] 李欣 . 计算机基础知识与实践研究 [M]. 北京：中国纺织出版社 , 2022.

[20] 张连存 . 布设式机器人抗过载机构及差异化的人机交互研究 [D]. 北京：北京理工大学，2015.

[21] 布鲁诺・西西利亚诺，欧沙玛・哈提卜 . 机器人手册 第 1 卷 机器人基础 原书第 2 版 [M]. 于靖军，译 . 北京：机械工业出版社 , 2022.

[22] 根岸康雄 . 精益制造 工匠精神 [M]. 李斌瑛 , 译 . 北京：东方出版社 , 2015.

[23] 日本日经制造编辑部 . 工业 4.0 之机器人与智能生产 [M]. 张源等 , 译 . 北京：东方出版社 , 2016.

[24] 丘柳东，朱顺兰 . 机器人设计与制作 [M]. 成都：西南交通大学出版社 , 2015.

[25] 中华人民共和国公安部消防局 . 中国消防手册 第 12 卷 消防装备・消防产品 [M]. 上海：上海科学技术出版社 , 2007.

[26] 仲崇慧，贾喜花 . 境外地面无人作战平台军用机器人发展概况综述 [J]. 机器人技术与应用 , 2005（04）: 18-24.

[27] 黄妙华 . 智能车辆控制基础 [M]. 北京：机械工业出版社 , 2020.

[28] 李婷婷，李强，刘书芸，等 . 反恐机器人研究综述 [J]. 中国安全防范技术与应用 . 2018（03）：

30–33.
[29] 张弛 . 国防科技工业概论 [M]. 西安：西北大学出版社 , 2007.
[30] 余青松，国内外地面无人系统发展与关键技术研究 [J]. 中国战略新兴产业 . 2018（28）: 131–132.
[31] 高利 . 智能运输系统 [M]. 北京：北京理工大学出版社 , 2016.
[32] 曾世藩，周广兵，李文威，等 . 面向公共安全的救援机器人关键技术综述 [J]. 机器人技术与应用 . 2019（02）: 20–25.
[33] 杨忠，杨荣根 . 高等学校人工智能教育丛书 人工智能及其应用 [M]. 西安：西安电子科学技术大学出版社 , 2022.
[34] 兰虎，王冬云 . 工业机器人基础 [M]. 北京：机械工业出版社 , 2020.
[35] 战强 . 机器人学 : 建模、控制与视觉 [M]. 2 版 . 武汉：华中科技大学出版社 , 2020.
[36] 赵颖，马芳武 . 微结构材料 车辆轻量化的终极解决方案 [M]. 北京：机械工业出版社 , 2021.
[37] 彭爱泉，宋麒麟 . 移动机器人技术与应用 [M]. 北京：机械工业出版社 , 2020.
[38] 王茂森，戴劲松，祁艳飞 . 智能机器人技术 [M]. 北京：国防工业出版社 , 2015.
[39] 王晓华，李珣，卢健，等 . 移动机器人原理与技术 [M]. 西安：西安电子科学技术大学出版社 , 2022.
[40] 竹内修 . 次世代武器大揭秘 [M]. 任宇庭 , 译 . 北京：机械工业出版社 , 2020.
[41] 中国科学技术协会国际联络部，国务院发展研究中心国际技术经济研究所 . 世界前沿技术发展报告 2014[M]. 北京：中国科学技术出版社 , 2015.
[42] 于振中，蔡楷倜，刘伟，等 . 救援机器人技术综述 [J]. 江南大学学报（自然科学版）. 2015,14（04）: 498–504.

第五篇

高性能热障涂层境外专利分析

第一章

高性能热障涂层的发展概述

第一节　高性能热障涂层发展简史

在诸如燃气轮机、航空发动机等热能发动机的研究应用进程中，高流量比、高推重比、高进口温度一直是其基本的需求和发展趋势。与此相对应，燃烧室中的燃气温度和压力也在不断提高。其中，高燃气温度正是保证热能发动机实现高推重比、高热效率的关键因素。据报道，推重比为 8 的发动机燃烧室内燃气温度为 1300 ～ 1400℃；推重比为 10 的发动机燃烧室内燃气温度则增加到 1600 ～ 1700℃；预计当发动机的推重比达到 20，燃气温度将超过 2000℃。燃气温度的不断提高，同时也就意味着其燃烧系统中高温部件将经受越来越严苛的高温、高应力、强氧化、热冲击、燃气腐蚀、粒子冲蚀等极端条件的考验。

为了增加这些热端部件工作的可靠性、延长其使用寿命，同时不断提高其燃气温度，研究人员在不断地研究和实践中总结出以下三种方法。

第一种方法是研制出更加先进的高温合金材料或者可以取而代之的陶瓷材料。在过去几十年里，研究人员通过改变合金成分、改进铸造工艺等方法，不断提高高温合金材料的耐高温性能。然而，合金材料总有其温度极限，进一步提升的空间已越来越小。与此同时，全陶瓷发动机的研制也遇到了技术瓶颈。陶瓷材料的塑性低、加工困难、可靠性差、价格昂贵等特性以及高温润滑、结构设计等技术问题极大地限制了全陶瓷发动机的研究与发展。

第二种方法是改进冷却技术以降低高温部件温度。通常采用的方法是在部件内部设计复杂而精巧的气冷通道，以提高空冷效率。但是随着这些工艺的日趋成熟，生产效益的增长速率却在不断下降。同时，过多依靠冷却技术，将会造成巨大的热能损失和能耗，这并不利于发动机热效率的提高。

第三种方法则是在高温部件工作表面喷涂一层热绝缘涂层，使高温燃气和部件基体金属之间产生较大的温降，以降低金属基体的受热温度，保证金属部件的强度和耐腐蚀性能，从而利于工作温度以及热机效率的进一步提高。对此，美国国家航空航天局于 20 世纪 50 年代提出了热障涂层（Thermal Barrier Coatings，TBCs）概念。

热障涂层是在全合金材料和全陶瓷材料之间的一个折中。它的主要作用是在高温燃气与合金部件基体之间提供一个低热导率的热导屏蔽层，可以起到隔热的效果并能够降低发动机叶片零件的表面温度。如图 5-1-1-1 所示，传统的热障涂层体系通常包括 4 个部分：高温合金基体、金属粘结层（Bond Coat，BC）、陶瓷表层（Top Coat，TC）以及在高温环境中生长的热生长氧化物层（Thermal Grown Oxide，TGO）。它的厚度通常只有

100 ～ 400μm，却能够在超合金表面带来 100 ～ 300℃的温降。这使得热能发动机的设计者能够在不提高合金表面温度的前提下提高燃气温度，从而提高发动机的热效率；此外，它还能对火焰喷射造成的瞬间局部热冲击提供防护，缓和局部过高的温度梯度；此外，热障涂层有时还能通过减小燃气轮机叶片的热变形来简化叶片的外形设计。

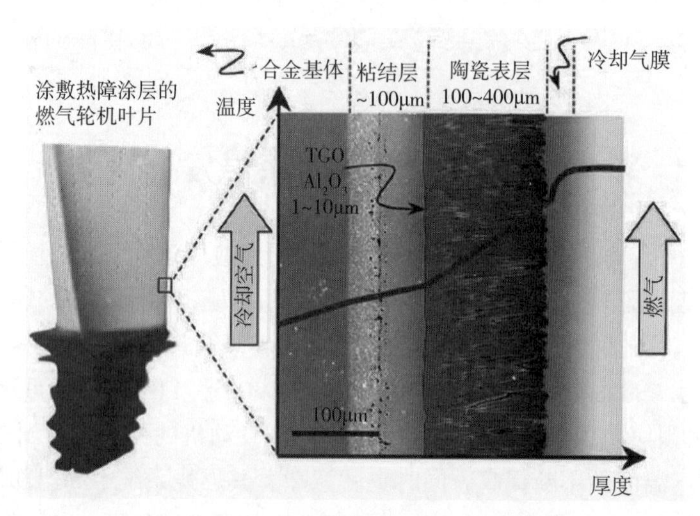

图 5-1-1-1 传统的热障涂层截面的扫描电子显微镜（SEM）照片

图 5-1-1-2 形象地描绘了在过去六十多年中材料、铸造技术、冷却技术以及热障涂层的发展对燃气轮机燃气温度的提高所带来的影响。由图中可以看出，热障涂层的应用使得燃气轮机的燃气温度有了极为显著的提高，其提高幅度超过了铸造技术三十多年从铸造合金到单晶合金的发展而带来的温度提升。由此可见，相对于其他技术开发，热障涂层材料的研制具有更重要的现实意义。因此，在本章中，笔者将对近年来热障涂层在材料的成分选择、涂层结构、制备工艺等方面的研究进展进行综述，并讨论其存在的问题和今后的发展趋势。

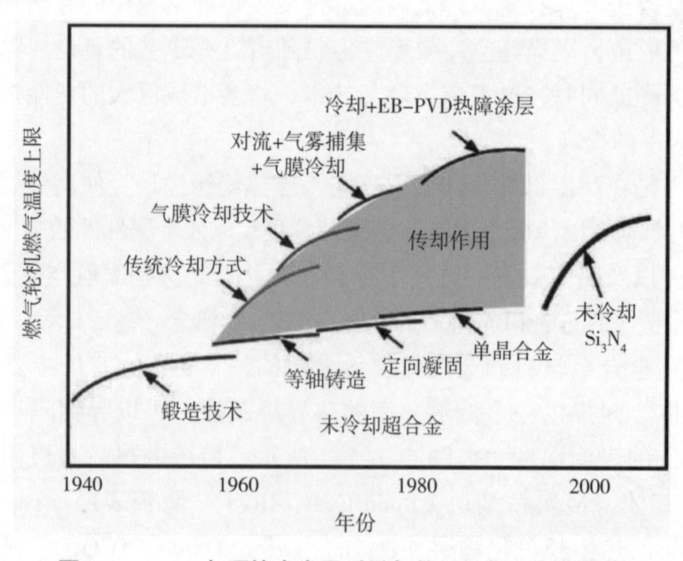

图 5-1-1-2 各项技术发展对燃气轮机燃气温度的影响

第二节　热障涂层材料体系

从前述图 5-1-1-1 可知，陶瓷表层是直接与高温燃气相接触的，它不仅需要承受燃气中外来粒子的高速冲击、磨损以及高温化学环境的热腐蚀、热冲击；同时还要与粘结层、TGO 层相接触，这使其还应当具备与粘结层 /TGO 层之间良好的热匹配和化学相容性。也就是说，热障涂层的陶瓷层材料既要满足隔热降温的作用，也要满足与整个体系其他部分的相容性，还需要满足一定的力学要求。这就需要热障涂层具备如下的性能要求：（1）高熔点；（2）低热导率；（3）良好的高温相稳定性；（4）高热膨胀系数；（5）较高的抗高温氧化及抗高温腐蚀的能力；（6）与 TGO 层之间良好的化学稳定性和黏着性；（7）低弹性模量以及较高的硬度和韧性。

综合考虑上述的性能要求，从以往研究的陶瓷材料来看，可适用于高温热障涂层的陶瓷材料主要有氧化锆、氧化锆 / 氧化铝、氧化铝、氧化钇 / 氧化铈稳定的氧化锆、莫来石、锆酸镧、稀土氧化物、锆酸锶、磷酸锆、硅酸锆、钛酸锆陶瓷等，然而由于苛刻的使用环境和纷繁的性能要求，可以说很难找到一种材料达到各项指标需求，综合分析研究人员多年的努力成果，目前主要发展了以下几种比较具有代表性和应用前景的热障涂层陶瓷层材料。

一、改进的稀土掺杂氧化锆体系

（一）氧化钇稳定氧化锆（YSZ）体系

TBCs 早期使用的陶瓷隔热材料为 Al_2O_3 陶瓷，后来 ZrO_2 陶瓷因其较高的熔点、良好的高温稳定性、低的热导率以及与基体材料相近的热膨胀系数成为主要隔热材料，同时为延长涂层的使用寿命、提高 ZrO_2 涂层的性能，实际工程应用中广泛选用 MgO 和 CaO 作为稳定剂。

随着航空燃气涡轮机的燃气温度接近 2000K，由大气等离子喷涂（APS）技术制备的 6wt.% ～ 8wt.%Y_2O_3 稳定 ZrO_2（YSZ）涂层能在该温度服役，进而成为热障材料的主流选择。然而，当涂层在高温（超过 1200℃下长时间工作时，APS 制备的 YSZ 涂层中的亚稳态四方氧化锆（t'-ZrO_2）结构会分解成钇含量较低的四方相（t-ZrO_2）和钇含量较高的立方相（c-ZrO_2）。在冷却过程中，t-ZrO_2 会转变为单斜相（m-ZrO_2），并伴随着 4% ～ 5% 的体积变化，其通常被认为是 TBCs 失效的原因之一。t'-ZrO_2 的分解是一个热激活的过程，其工作温度越高，分解越快，有害单斜相出现的时间就越早，涂层的使用寿命就会越短。此外，YSZ 热障涂层在 1200℃长期使用，会发生烧结，导致涂层热导率和氧传导率升高，弹性模量、断裂韧性等力学性能退化，金属粘结层进一步氧化，加速了涂层的失效。

（二）稀土掺杂 YSZ 体系

针对前述 YSZ 体系在应用中出现的诸多不足之处，科研人员在此基础上尝试利用不同的稀土稳定剂单掺或共掺 YSZ 来改善其性能。经研究表明，多元氧化物掺杂能有效降低 YSZ 的热导率，改善亚稳态 t’ 相的高温稳定性。其中，三价氧化物中，李其连等通过大气等离子喷涂制备了 7.1%Sc_2O_3-1.5%Y_2O_3-ZrO_2（ScYSZ）超高温热障涂层，在 1500℃下保温 300h 后，ScYSZ 涂层无单斜相出现，高温稳定性优异；涂层在 1500℃时的热导率为 1.19 W/（m·K），明显低于同等温度下的传统 YSZ 涂层。四价氧化物中，CeO_2 由于具有比 YSZ 更低的热导率和更高的膨胀系数而被人们广泛研究，Brandon 等人研究发现，当 ZrO_2 中掺杂 CeO_2 含量大于 25wt% 时，陶瓷的相稳定性比较好。对于 25wt% CeO_2 掺杂的 ZrO_2，在 1500℃热处理 100h 后，仍保持四方相（t）；1600℃热处理 100h 仅有 13% 的单斜相（m）。此外，Raghavan 等人曾尝试利用五价氧化物 Nb_2O_5/Ta_2O_5 与三价氧化物 Y_2O_3 共同掺杂 ZrO_2，通过改变 Nb_2O_5/Ta_2O_5 与 Y_2O_3 比例来调整材料中替代型点缺陷和氧空位的浓度，进而研究两者对热导率的影响。Zhu 等人还研究了多种稀土氧化物共同掺杂氧化锆的情况，其研究成分主要为 ZrO_2-Y_2O_3-Nd_2O_3（Gd_2O_3, Sm_2O_3）-Yb_2O_3（Sc_2O_3）。这种多种稀土氧化物的掺杂会在涂层中形成纳米相缺陷团簇结构，从而加剧了声子散射，使热导率显著降低；同时缺陷团簇迁移比较困难，从而提高了材料的抗烧结能力和高温相稳定性（c 相）。

二、稀土焦绿石 / 萤石结构体系

这是一大类化学通式可写作 $A_2B_2O_7$ 的化合物，具有相似的晶体结构，其中 A 为稀土元素，B 为某种四价元素。从晶体学角度，焦绿石结构亦可看作一种存在“有序缺陷”的萤石结构，而具有萤石结构的这类化合物中也存在相同浓度的氧空位，两者的根本区别在于氧空位缺陷及阳离子排列的有序与否。$A_2B_2O_7$ 型陶瓷材料由于具有较低的热导率，而其高温稳定性和热膨胀系数与 YSZ 材料相当，因此被认为是可能替代 YSZ 材料体系的理想材料之一。

其中，$La_2Zr_2O_7$（LZ）和 $Gd_2Zr_2O_7$（GZ）具有较高的熔点，良好的相稳定性和抗烧结性能，是最具代表性的 $A_2B_2O_7$ 型稀土锆酸盐化合物。1000℃时，它们的热导率均低于 YSZ，分别为 1.60 $W \cdot m^{-1} \cdot K^{-1}$ 和 1.10 $W \cdot m^{-1} \cdot K^{-1}$。为了解决 TGO 层中 Al_2O_3 与 LZ、GZ 相容性差，涂层热循环寿命低的问题，研究者们对 LZ 和 GZ 进行 A 位或 B 位掺杂，降低其热导率，提高其热膨胀系数。

此外，$RE_2Sn_2O_7$、$RE_2Ce_2O_7$ 和 $RE_2Hf_2O_7$ 也是具有较大潜力的 TBCs 材料。Qu 等研究发现 $RE_2Sn_2O_7$ 的热膨胀系数与 YSZ 相差不大，但绝大部分 $RE_2Sn_2O_7$ 的热导率高于 YSZ。Schelling 等对 $Ln_2B_2O_7$（Ln = La, Pr, Nd, Sm, Eu, Gd, Y, Er, Lu; B = Pb, Mo, Ti, Sn, Zr）的热导率进行分子动力学计算，1200 ℃时，它们的热导率范围为 1.40 $W \cdot m^{-1} \cdot K^{-1}$～3.05 $W \cdot m^{-1} \cdot K^{-1}$。Liu 等对 $La_2Hf_2O_7$ 进行第一性原理计算，发现其热导率比 YSZ 和其他一些 TBCs 材料都小，仅为 0.87 $W \cdot m^{-1} \cdot K^{-1}$。$La_2O_3$ 固溶到 CeO_2 中形成的 $La_2Ce_2O_7$（LC）固溶体是一种新型的 TBCs 候选材料，其具有典型的萤石结构。

稀土焦绿石 / 萤石结构的化合物还有很多，Schelling 等人通过分子动力学模拟的方法计算了大量具有该结构的化合物的热物理性能，为进一步的热障涂层的陶瓷层材料的选择与研究提供了理论指导。

三、稀土磁铅石结构体系

磁铅石型化合物 $LnMAl_{11}O_{19}$ 或 $LnTi_2Al_9O_{19}$（Ln=La,Yb,Sm,Gd；M=Mg,Cr,Mn,Zn,Sm）具有较低的热导率和烧结速率，较高的高温相稳定性，是近年来 TBCs 领域的一个研究热点。目前，研究人员已经对磁铅石类 TBCs 材料开展了大量研究，主要有 $SmMgAl_{11}O_{19}$（SMA）、$LaMgAl_{11}O_{19}$（LMA）、（Gd, Yb）$MgAl_{11}O_{19}$（GYMA）、$GdMgAl_{11}O_{19}$（GMA）、LaTi2Al_9O_{19}（LTA）五种。

LMA 是被研究时间相对较早、数量较多的磁铅石型热障涂层，在 1570℃保温 2h 可得到单相 LMA 喷涂粉末，而相比 YSZ，等离子喷涂制备的 LMA 使用温度更高。Bansal 等研究发现 La、Gd、Sm、Yb 掺杂改性的 LMA 热导率显著下降，热膨胀性能也发生变化，约为 $9.6\times10^{-6}K^{-1}$（200℃～1200℃）。片层状结构的 LMA 热循环寿命较长，但高温潮湿条件下易潮解。等离子喷涂制备的 LMA 会有一定的无定形态组织，材料在服役过程中该组织会重结晶且伴随体积收缩，致使涂层失效。LTA 块材具有良好的高温相稳定性，较低的热导率（$2.3W\cdot ml^{-1}\cdot K^{-1}$，1400℃），较高的热膨胀系数（$8.0\times10^{-6}K^{-1}$～$12.0\times10^{-6}K^{-1}$，200℃～1400℃），是一种性能优异的 TBCs 材料。Xie 等制备的 LTA/YSZ 双陶瓷层 TBCs 热循环实验（1100℃）达到 500h，高温燃气热冲击实验［（1300±50）℃下保温 10min］达到 2000 次无剥落，4157 次失效。另外，LTA 涂层还具良好的抗熔盐（Na_2SO_4、V_2O_5）、抗高温腐蚀能力。

四、其他热障涂层材料

目前，除了 YSZ、烧绿石结构的稀土锆酸盐、磁铅石结构的稀土六铝酸盐等国际上普遍看好的具有较大发展前景的 TBCs 新材料，其他的各类 TBCs 材料也得到了研究人员的关注。诸如钙钛矿结构的 $BaZrO_3$ 和 $SrZrO_3$ 具有很高的熔点，较高的热膨胀系数，$SrZrO_3$ 的热导率甚至接近 YSZ。但是在高温下该类材料会发生相变，导致涂层的热循环寿命变短。7.5%Y_2O_3 稳定的 HfO_2 具有比 YSZ 更高的热稳定性，比 YSZ 的工作温度可提高 100℃，也是一种有发展前景的 TBCs 材料。

此外，石榴石型 $Y_3Al_5O_{12}$、莫来石 $3Al_2O_3\cdot2SiO_2$ 等都被研究用作 TBCs 材料，但是其性能远不及经典 YSZ、烧绿石结构的稀土锆酸盐以及磁铅石结构的稀土六铝酸盐等材料，作为 TBCs 的应用前景有限，有关这些材料的系统性、持续性的研究报道不多。

近来，纳米结构 TBCs 的研究引起了广泛关注。由于纳米结构的存在，涂层晶界急剧增加，增强了声子散射，降低了涂层的热导率。另外纳米 TBCs 可以提高涂层的力学性能，延长涂层的服役寿命。但是，纳米 TBCs 在加工和应用中主要存在以下问题需要解决：①高温服役条件下纳米结构对涂层热力学性能的影响；②高温服役条件下纳米结构的稳定性；③涂层制备过程中如何保持纳米结构，同时使涂层与基体具有很好的结合强度。

第三节　热障涂层结构体系

为了提高新型热障涂层材料的使用效果，研究人员对热障涂层结构进行了设计。单层层状结构 YSZ 热障涂层具有较低的制备成本、便捷的制备方式及较低的层间热膨胀失配应力，成为目前使用最为广泛的热障涂层结构，但是在高温环境下氧化锆相变和烧结会造成涂层的失效，且热膨胀系数和断裂韧性较差的新型陶瓷材料无法作为顶部陶瓷层在黏结层表面制备。为了提高新型陶瓷材料热障涂层在高温环境下的使用性能，研究人员开始研究更为先进的双层层状结构、柱状结构、复合结构等热障涂层，通过减小高温环境下层与层之间的热膨胀系数差异，从而减少涂层的应力，增加涂层在高温环境下的使用寿命。

本节将简要介绍近年来在热障涂层结构设计方面的研究进展，并探讨未来热障涂层结构的发展趋势。

一、层状结构

层状结构热障涂层通过大气等离子喷涂方式制备。在喷涂过程中，位于等离子射流内部的陶瓷粉末熔化成液滴状，具有极高飞行速度的陶瓷液滴在碰撞到黏结层表面后，迅速铺展成片状形态。由于陶瓷液滴与黏结层之间具有较大的温差，从而使得液滴迅速放热凝固，最终形成层状结构。

Wang 等分析了大气等离子喷涂功率对 YSZ 陶瓷沉积片的影响，并使用扫描电镜对不同功率的沉积片形貌进行了表征，结果表明，当功率较低或较高时沉积的陶瓷沉积片的坚固性较差，只有当功率处于中间值时可以获得扩散均匀的陶瓷沉积片。虽然 Wang 等说明了中值功率可以有效改善层状结构形貌，但是在实际制备环境下，只有位于等离子射流外部的粉末可以充分受热，并以良好的熔融状态沉积在黏结层表面。位于等离子射流内部的粉末因加热效果较差，无法充分熔融，因此大气等离子喷涂的制备参数对制备具有良好层状结构的热障涂层至关重要，且针对不同陶瓷材料选择最合适的涂层制备参数是层状结构热障涂层的重要发展方向。

二、柱状结构

相较于层状结构热障涂层，柱状结构热障涂层具有以下优点：柱间缝隙的存在使得热障涂层具有更大的应变空间，在高温环境下陶瓷柱状晶可以利用柱间缝隙的膨胀，减少涂层内部应力的积累，从而提高涂层的抗热震性能；涂层的界面以化学键为主，以机械连接为辅，增加了黏结层－陶瓷层界面位置的结合强度及陶瓷层内部的拉伸强度，优化了涂层的力学性能；柱间间隙的存在，使涂层不会封堵冷却气体的通道，有利于发动机叶片的降温，使叶片保持良好的动力学性能；相较于层状热障涂层的粗糙表面，柱状结构热障涂层的表面光洁度较高，不利于熔融腐蚀物在涂层表面的附着。

柱状结构热障涂层的制备主要包括 EB-PVD 和 PS-PVD（Plasma Spray-Physical Vapor

Deposition, PS-PVD）2 种方式。EB-PVD 方式是将陶瓷靶材以气态原子的形式沉积在黏结层表面，使其以垂直于基体的方向择优生长为柱状结构。PS-PVD 则是以气态原子和团簇的形态被输送到基体表面，通过三维岛状生长方式发展为柱状晶结构的涂层，独特的涂层生长方式使其具有 EB-PVD 的柱状结构及 APS 的层状结构。

三、复合结构

复合结构包括如激光表面改性结构、梯度涂层、粉末镶嵌结构等近些年研发的用于提高热障涂层高温使用性能的一些新的结构类型。

激光改性指采用激光对涂层表面进行重熔，通过对激光的平均功率、扫描速度、脉冲频率和光斑直径进行设定，改变陶瓷层顶部的表面形貌及内部微观结构，从而实现对涂层性能的优化。虽然激光改性热障涂层可以有效地提高涂层的抗腐蚀能力、抗氧化能力及表面硬度，但是会降低涂层内部的孔隙率。孔隙率的降低不仅会减小声子的散射空间，降低涂层的隔热性能，还会降低涂层的应变容限，在高温环境下增加涂层内部的应力，导致涂层过早出现脱落现象。

梯度涂层是一种涂层成分呈梯度变化的多层复合涂层。与传统层状、柱状结构热障涂层相比，梯度涂层内部无明显的层间界面，并且涂层内部的微观结构呈规律性变化。独特的涂层结构减小了其内部不同材料之间热膨胀系数的差异，增加了涂层在基体上的弯曲和拉伸强度，提高了其断裂韧性和使用寿命。

粉末镶嵌结构是在大气等离子喷涂层状结构基础上发展的一种新型热障涂层结构。粉末镶嵌结构的制备系统与传统大气等离子喷涂单送粉管道相比，粉末镶嵌结构在等离子射流末端新增了一个额外的送粉管道，用于输送团聚粉末，额外的送粉管道位于等离子射流末端，因此粉末的受热时间较短，使其不会以熔融态沉积，而是以团聚形态存在于涂层内部。团聚形态粉末内部存在大量的微孔，这些额外的空间可以有效地提高声子散射，会对涂层的隔热性能产生积极影响。另外，微孔的存在提供了更多的应变空间，不仅提高了涂层的应力极限，还提高了涂层的断裂韧性。

第四节 热障涂层制备工艺技术

目前，热障涂层具有多种制备方法，包括等离子喷涂（Plasma spraying，PS）、电子束物理气相沉积（Electron-beam physical vapor deposition，EB-PVD）、低压等离子喷涂（Low pressureplasma spraying，LPPS）、化学气相沉积（Chemical vapor deposition，CVD）等。其中，PS 和 EB-PVD 是技术最为成熟、应用最广泛的热障涂层制备工艺技术。近十年来，一种兼具 PS 和 EB-PVD 技术优势的等离子物理气相沉积技术（Plasma spray-physical vapor deposition，PS-PVD）在国内外迅速发展起来，已成为新一代高性能热障涂层制备工艺技术的发展方向之一。

下文就 PS、EB-PVD、PS-PVD 典型热障涂层制备工艺技术的研究进展进行简单介绍。

一、等离子喷涂技术（PS）

等离子喷涂以等离子射流作为热源，射流具有高温、高速的特征。原料粉末受到射流加热熔化后高速撞击在基体表面后形成涂层，由于沉积物具有较高的飞行速度，因而涂层与基体之间的结合强度较高。等离子喷涂技术可细分为大气等离子喷涂（Atmospheric plasma spray，APS）、低压等离子喷涂（LPPS）、溶液先驱体等离子喷涂（Solution precursor plasma spray，SPPS）等。

其中，APS是目前制备热障涂层的主要方法之一，主要包括等离子枪、控制器、送粉装置、冷却器等部件。其工作原理是送入喷嘴的氩气和氢气在大电流高电压的作用下迅速电离并产生等离子射流，送粉器将氩气保护氛围中的粉体吹送到等离子射流中。由于等离子射流中心瞬间温度能达到10000～15000℃，局部最高可达33000℃，粉体在高温下被加热到熔融或者半熔融状态，并且具有较高的初始速度。当等离子射流中高速（600～800 m/s）运动的熔融或者半熔融粉体垂直撞向基底表面时，速度瞬间降为0，同时在冷却系统的作用下，粉体和基底温度迅速冷却，发生塑性变形，同时粘结在基底表面，重复喷涂次数，直到达到所需厚度。大气等离子喷涂具有以下优点：制备的涂层孔隙率较高，呈层状结构，隔热性能良好；制备涂层的粉体范围广泛，从低熔点的电解质到高熔点的氧化锆都可以进行大气等离子喷涂；设备采用智能机器人控制，制备精度高，受外界条件影响小；点火起弧较容易，电极寿命较长，使用性能稳定。缺点是对喷涂工件的尺寸及材质有一定要求（如工件内孔必须满足火焰和喷枪能正常工作的最小距离），材质必须耐一定的工作温度，以及对粉体材料的利用率不高。

LPPS和SPPS是在APS技术的基础上发展起来的。LPPS与APS的主要区别是：LPPS是在低压惰性气体（通常为Ar）的保护下进行喷涂，等离子束流的温度更高，速度更快，因而涂层与基体的结合力更强，致密性更好，服役寿命相对更高。SPPS的工艺原理与APS相似，具体区别在于，SPPS中使用的喷涂材料不再是原料粉末，而是一种溶液先驱体。在喷涂过程中，溶液先驱体会经过一系列的物理变化和化学反应后到达基体表面。Padture等提出了SPPS工艺制备热障涂层的机理：溶液先驱体在喷涂时会在等离子束流中形成纳米颗粒，随后在等离子射流的加热作用下发生烧结并沉积在基体表面形成涂层。采用SPPS制备的热障涂层的成本较低，具有良好的抗热循环性能，更重要的是可以在一定程度上解决纳米粉末难以喷涂的问题。采用SPPS制备的陶瓷涂层一般具有以下特征：（1）涂层具有片层状结构，孔隙率较大；（2）涂层内部具有明显的垂直裂纹，裂纹甚至可以贯穿整个涂层；（3）涂层中没有产生横向裂纹；（4）涂层热导率低；（5）热循环寿命高，抗热震性能较好；（6）可以通过热处理工艺对涂层的组织结构进行一定程度上的调控，从而获得亚微米与纳米组织。

二、物理气相沉积技术（PVD）

（一）电子束－物理气相沉积技术（EB-PVD）

20世纪60年代末，德国Leybold-Heraeus公司生产了第一台用于制备涂层的EB-PVD

设备，其本质是电子束技术与物理气相沉积技术的结合。由于工艺参数的细微变化都会导致涂层微观结构差异，早期的EB-PVD涂层的重复性较差，直至20世纪80年代中期，美国、俄罗斯、乌克兰等国很好地解决了该技术制备涂层的重复性问题，并成功地在涡轮叶片表面制备TBCs。

电子束物理气相沉积是在真空条件下，通过电子束激发靶材，将靶材以原子或分子的形式传递到基体材料表面，形成涂层，是一种化学形式结合方式。电子束物理气相沉积制备的热障涂层组织更为致密，是由许多彼此分离的垂直于涂层表面的柱状晶组成。柱状晶与基体之间为冶金结合，结合力高，具有很强的稳定性，使得涂层有着更高的应变容限和抗热疲劳性能，抗剥落性能较等离子喷涂有了很大的提高。然而，在高温氧化过程中，彼此分离的柱状晶结构为活性元素（如氧或腐蚀性气体、液体等）提供了通道，使其沿着缺陷进入涂层并与基体发生反应，导致涂层的耐高温氧化性能降低。与等离子喷涂相比，电子束物理气相沉积制备的涂层表面更为光滑，但涂层成分因蒸气压的影响难以得到精确控制，沉积速率低，只能沉积形状简单的工件，尺寸不能太大，设备较贵，成本高。

图5-1-4-1对比显示了分别由PS和EB-PVD制备得到的热障涂层的截面形貌，从图中可以看到由PS制备得到的涂层是由无数熔融或半熔融状态的变形粒子相互交错，堆叠形成的层状结构；而由EB-PVD制备得到的是显微结构为柱状晶的涂层。

图5-1-4-1 分别由PS和EB-PVD制备得到的热障涂层的截面形貌

（二）等离子－物理气相沉积技术（PS-PVD）

PS-PVD是在LPPS技术上发展起来的一种比较有前景的热障涂层制备技术，是低压等离子喷涂和物理气相沉积技术融合形成的一种新技术，主要用来制备功能性薄膜与涂层。通常而言，其工作在约50 Pa～200 Pa压强真空工作空间内，利用100 kW～180 kW超大功率等离子喷枪将YSZ等陶瓷材料加热至熔融状态、半熔状态和气态，然后以一定的速度冲击到基底表面沉积形成涂层。喷管与腔室间的压强差使等离子体气体迅速膨胀，形成的高强射流（长度2000 mm，直径200 mm～400 mm）使致密的金属/陶瓷涂层大面积快速、均匀沉积。

由于粉末在 PS-PVD 射流中的不同位置沉积，会形成不同形态涂层结构，所以在不同的喷涂距离下制备的涂层结构不同。喷涂距离较近时，涂层为层状结构；喷涂距离变大后，涂层为层状、柱状混合结构；喷涂距离足够大时，涂层为柱状结构。与传统的热喷涂方法相比，PS-PVD 技术具有以下特点：①等离子体输出能量高（可达 180 kW），使得喷涂材料范围广，大多数金属材料和陶瓷材料都可作为涂层原料；②制备的涂层具有较高的致密度和结合强度，良好的隔热性能和抗热震性能；③喷涂面积大，沉积效率高，可制备厚度较大的涂层；④通过调整喷涂距离，可以制备不同结构的涂层。缺点是工艺稳定性较差。

三、其他制备工艺技术

除了前述几种目前比较成熟、应用比较广泛的热障涂层制备技术，近些年已相继涌现出一些其他的工艺，常见的如化学气相沉积（CVD）、电泳沉积（EPD）、激光熔覆（LC）、超音速火焰喷涂（HVOF）等工艺。

化学气相沉积是通过气体在零件表面发生化学反应，随后形成所需涂层的制备方法。通过对反应气体的导流，可以对复杂零件表面或零件内部进行涂层沉积，表面涂覆率高，不容易出现堵孔等问题，但沉积速率较低。

电泳沉积是将涂层原料配成一定浓度的胶体，在直流电场的作用下，胶体粒子以一定的速度运动到某一电极，然后带电粒子沉积在基体表面，通过调控直流电场强度、液体的介电常数、电极间距、沉积时间等相关参数来控制沉积涂层的厚度。电泳沉积的优点是：制备的涂层均匀性好，不会发生相变和开裂；且经过高温煅烧之后与基体结合更加紧密，结合强度更高；设备简单，灵活性高，成本低。缺点是工件必须在溶液中沉积。

激光熔覆是利用激光的高能量密度、准直性、易于程序化控制等优点，以激光为能源，将涂层原料迅速加热至熔融状态并迅速附着在基底表面。激光熔覆法制备的涂层具有热影响区小、微观结构好、结合性能好和稀释率低等优点，缺点是涂层结合强度较低。

超音速火焰喷涂是以航空煤油和氧气为原料，利用航空煤油在氧气中剧烈燃烧产生的高温焰流将粉体熔融并冲击到基底表面制备涂层的技术。由于其火焰的温度一般只有 2000℃，而且火焰较长、较粗（相比于 APS），所以其适合用来制备金属粘结层，可以避免金属粘结层在制备过程中被氧化；同时，制备的涂层致密度高、结合强度高、化学分解及相变较少。但是其不能用来制备熔点较高的物质，比如氧化锆。

第五节 热障涂层无损检测工艺

涂覆 TBC 的发动机叶片能在 1600℃高温下运行，提高发动机 60% 以上的热效率，有效地增加推重比，这使得 TBC 逐渐应用在核反应堆、航空发动机等许多领域。然而，TBC 是一种由基底、粘结层及陶瓷层组成的多层结构系统，各层有明显不同的物理、热、机械和化学性能，复杂的结构和苛刻的工作环境使得 TBC 在使用过程中易产生表面裂纹缺陷和界面脱粘缺陷，而 TBC 的一些固有特性（如多孔性、较薄的厚度）使传统无损检测方法存在技术和检测效率的局限。

图 5-1-5-1 总结了热障涂层的主要失效机制，其大体可划分为内部因素和外部因素。其中，内部因素主要包括如各层热膨胀系数的不匹配、热生长氧化物（Thermally grown oxide，TGO）产生后引起的界面裂纹、陶瓷层的烧结等；外部环境因素主要包括高温冲蚀失效和 $CaO-MgO-Al_2O_3-SiO_2$（CMAS）腐蚀失效等。由于传统的涂层质量评价和性能表征多依靠破坏式检测和服役环境模拟测试，为了提高检测精度和简化工艺，发展 TBC 试件缺陷的无损检测技术具有重大意义。

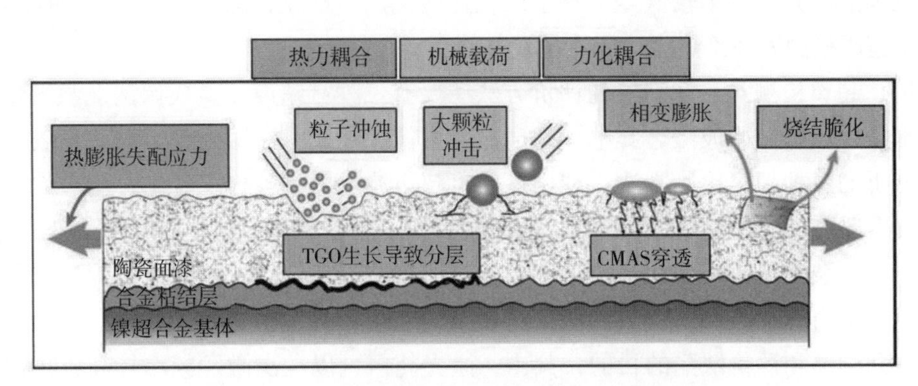

图 5-1-5-1 热障涂层的主要失效模式及其影响因素

目前国际主流的热障涂层无损检测技术包括超声检测（Ultrasonic testing，UT）、声发射（Acoustic emission，AE）、红外热成像（Infrared thermography，IRT）、阻抗谱（Impedance spectroscopy，IS）、光激发荧光压电光谱（Photoluminescence piezo spectroscopy，PLPS）以及太赫兹时域光谱无损检测（Terahertz time domain spectroscopy，THz-TDS）等。各检测技术的适用范围如表 5-1-5-1 所示。下面将对目前几种主要的无损检测方法进行简要介绍。

表 5-1-5-1　热障涂层无损检测技术适用范围

无损检测技术	适用范围
超声检测	密度、弹性模量、厚度、TGO 粘结质量
声发射	裂纹
红外热成像	厚度、裂纹、分层、陶瓷顶层剥蚀
阻抗谱	厚度、原始缺陷、剥落、裂纹、分层、TGO 评估
光激发荧光压电光谱	TGO 的应力状态
太赫兹时域光谱无损检测	厚度、孔洞、陶瓷顶层剥蚀

一、超声检测技术（UT）

超声检测（Ultrasonic testing，UT），超声波是频率高于 20kHz 的机械波。在超声检测中，常常使用频率在 0.5 ～ 5MHz 范围内的机械波。这一范围内的机械波，在材料中能以一定的速度和方向进行传播，一旦遇到声阻抗不同的异质界面时就会发生反射，超声检测正是运用了这一原理来达到检测的目的。由于涂层内部存在一定量的裂纹或微小孔隙，使得涂层内部结构产生细微变化，从而使材料的密度及弹性参数造成改变，进而影响声阻抗的变化，使散射衰减和频散现象变得更加复杂。基于这些多样性，在研究涂层超声表征时可以获得更广阔的空间。

超声检测具有几大优点，例如：声束指向性良好、声波能量集中、检测灵敏度较高以及检测范围广，并且成本较低等。基于以上这些优点，现今，国内外许多的科研学者正致力于使用超声检测来评价热障涂层质量及其使用寿命等。

当前，超声检测对热障涂层的评价方法主要有三种：超声显微成像法、激光超声表面波法和水浸超声脉冲回波法。其中，超声显微成像法是指将涂层内部情况进行成像以方便观察与分析的一种超声检测方法；利用探头将超声波发射到被检工件中，当声波与缺陷相遇时会发生反射,反射波被探头接受并转换为视频信号,进而对缺陷的形状和大小进行判断。激光超声表面波法是超声波在被检工件中传播，当被检工件涂层材料性质发生变化或者遇到缺陷时，超声波在被检工件中的传播速度、声衰减等会发生相应的改变，因此，利用这一变化达到测厚和评价缺陷的目的；其中，激光超声可以一次激发频率较高、频带较宽并且模式多样的超声波。水浸超声脉冲回波技术是使用较广泛的一种无损检测技术；使用一般频率的探头对涂层进行检测时容易发生回波混叠现象，无法正确地对涂层各界面波进行判定,影响涂层检测结果,而采用有效的信号处理技术如频谱分析技术则可以解决上述问题,并可测量涂层厚度以及表征声速和弹性模量等参量。

然而，超声检测技术也还存在一定的局限性。由于热障涂层具有多层结构、厚度较小且不均匀，这不仅导致超声信号受到时间和频率的限制，而且增加了超声信号提取、分析和处理的困难。此外，涂层的性能受其制备方法、工艺参数等多种条件影响，这些因素也使得超声检测难以获得统一的弹性模量、密度等力学、物理性能数据，降低了涂层检测的可靠性。未来热障涂层超声无损检测方法需在提高超声检测时间与频率分辨力、信号分析处理技术方面继续发展，进一步提高涂层检测精度，增强检测结果可靠性。

二、声发射技术（AE）

声发射（Acoustic emission，AE）是指被检构件物体或者材料内部的某局域源受到外部因素或者是内力作用时，发生变形或生成裂纹时快速释放能量，并且产生瞬态弹性波的物理现象，其产生的声波极其微弱，并且会导致内部结构的应力实现重新分布。

热障涂层在失效过程中，无论是在常温条件下的失效（承受拉伸还是弯曲），还是在高温服役条件下的失效（如高温热震、高温氧化、高温冲蚀等条件下），热障涂层的失效形式通常表现为龟裂、分层、翘曲或剥落，但无论是哪种形式的失效，涂层的失效归根结底是由裂纹的萌生、扩展和传播造成的。通过声发射技术则能够检测到这一过程，当涂层内部或界面处承受较大的应变以至于有裂纹萌生时，会发出一个应力波信号，该应力波信号被声发射仪器的传感器采集到，然后经过信号放大过程，再经过信号采集与处理系统，最后显示到记录与显示系统中，对信号经过加工和处理就能得到需要的裂纹扩展的信息，包括裂纹扩展的时间定位、空间定位等一些裂纹扩展的动态信息。

目前，AE 技术存在采集的信号信息复杂、数据处理困难和理论分析不够完善等问题，距热障涂层检测的工程化应用尚存在一定距离。AE 技术未来在热障涂层检测的发展应用需要更先进的传感器和更先进的信号分析系统。

三、红外热成像技术（IRT）

任何高于绝对零度的物体都会向周围环境发出电磁热辐射，根据Stefan–Boltzmann定律，其大小除与材料种类、形貌和内部结构等本身特性有关外，还与波长和环境温度有关，而红外热成像技术即是利用红外热像仪通过遥测材料表面温度场，从而实现对材料结构特性和物理力学性能的无损检测与评价。

根据被测对象是否需要施加外部热激励，该技术可分为主动式与被动式，其中主动式红外热波无损检测技术由于具有更高的热对比度与检测分辨率，近年来受到极大的关注。主动式红外热波检测技术是利用外界热源对待测试件进行热激励，同时利用红外热像仪记录其表面温度场的演化历程，并通过对所获得的热波信号进行特征提取分析，以达到检测材料表面损伤和内部缺陷的目的。根据外激励热源的不同，该技术又可被分为光激励红外热成像、超声红外热成像与电涡流红外热成像等。

红外热成像技术具有非接触、快速、检测面积大、检测结果直观等突出优点，非常适合于热障涂层结构性能与健康状况的在线检测与表征。但是这种方法测试一般需要测试件被加热，涂层的厚度和导热系数都会影响检测精度，不仅如此，其检测系统通常需要激励热源、红外热像仪、光路等调节装置、固定装置等模块，体积较大、结构较为复杂。因此，为满足实际无损检测应用中原位测量及低能耗高精度的需求，红外热成像检测技术需逐步向小型集成化方向以及由定性检测向定量检测发展，提高检测精度。

四、阻抗谱技术（IS）

阻抗谱技术（Impedance spectroscopy，IS）是根据材料或者被检物体阻抗的交流频率响应来检测材料损伤和破坏的一种电化学测试技术，通常应用于测定固态电解质电导率和研究电极表面现象等方面。通过研究热障涂层在失效过程中会出现的物理化学变化，如界面处的微观形貌、裂纹萌生与扩展、TGO 形成与增厚等，近年来该方法已广泛应用于热障涂层的失效过程和失效机理研究。

在 20 世纪 90 年代末，OGAWA 等首次利用阻抗谱技术研究热障涂层热时效过程中反应层的形成动力学和物理性质，利用阻抗的变化来评价反应层的物理性质和厚度。随后该技术在 TBCs 无损检测领域开展深入研究，目前 IS 技术可以通过测量 TBCs 的电学性能，然后建立其与 TGO 厚度和 TBCs 微观结构的映射关系。

阻抗谱技术（IS）通过检测获得热障涂层的电学性能，在热障涂层无损检测方面具有检测范围广、检测时间短、可定量分析、检测体系无损等特点。由于应用 IS 技术得到的是热障涂层的平均阻抗响应，而热障涂层结构复杂，因此 IS 数据与微观结构之间的映射关系将显得尤为重要。提高热障涂层阻抗谱测试精度，采用科学处理方法，将是未来 IS 技术的重要发展方向。

五、光激发荧光压电光谱（PLPS）

光激发荧光压电光谱法（Photo-stimulated luminescence piezo spectroscopy，PLPS）是测定热生长氧化物（Thermally grown oxide，TGO）中某个单一离子（一般为 Cr^{3+}）在经过光激发后而形成的荧光光谱，离子所受应力的水平状况会影响光谱的特征峰发生蓝移或者红移，因此应力值可以通过特征频率的改变量计算得到。

基于这个原理，PLPS 用于对热障涂层经过热循环或者高温氧化后的应力分布的测定，通过测得热障涂层的残余应力，绘制样品的应力图，结合压电光谱和 TGO 形貌来实现涂层的损伤模式识别、寿命预测和系统建模。

20 世纪 90 年代，CHRISTENSEN 等首次利用 PLPS 技术对热障涂层粘结层的应力进行测量，随后学者们对 PLPS 技术在热障涂层无损检测领域进行了深入研究。

应力是决定涂层开裂的关键因素，光激发荧光压电光谱技术（PLPS）通过低功率激光聚焦在物质表面进行化学识别和应力测量，为热障涂层 TGO 的测定和分布提供了依据。但目前，PLPS 检测结果的准确性还有待提高，未来可以通过提高光谱测试精度、过滤 / 减小其他噪声干扰、提高激光功率、降低激光入射距离、增加不同测试点等手段来提高结果的可靠性。

六、太赫兹时域光谱无损检测（THz-TDS）

太赫兹（TeraHertz，THz）波也称太赫兹辐射，它的波长比微波更长，但较红外线更短。因其所处的位置特殊，故而在电子学领域又称其为毫米波和亚毫米波；在光谱学领域，又被叫作远红外射线。鉴于太赫兹拥有的独特性能（瞬态性、宽带性、相干性、穿透性、低能性以及吸收性等），近年来已逐渐被热障涂层无损检测领域的学者所关注，并且在热障涂层厚度测量，TGO 和冲蚀监测，孔隙、裂纹及应力状态表征等方面展开了相关研究工作。

在利用太赫兹时域光谱无损检测（Terahertz time domain spectroscopy，THz-TDS）进行表征时，其原理是将样品通过 THz 反射或透射获得 THz 脉冲的振幅和相位信息，经频域变换后获取折射率和吸收系数等与样本本质相关的光谱信息。由于太赫兹对非导电介质材料具有很强的穿透性，可以在反射式和透射式模式下提取材料在太赫兹频段的光学参数，如折射率、吸收系数等，并且相较于其他光谱分析技术，太赫兹时域光谱技术无需使用 Kramers-Kronig 关系即可进行光学参数提取，同时可直接获得的光谱学信息非常丰富，如振幅、相位、峰 - 峰值、最大值、最小值、半峰宽度等，大大降低了计算工作量且提升了测量精度。这些特征信息都为太赫兹在无损检测领域的应用奠定了坚实的基础，另外，目前 THz-TDS 对热障涂层的无损检测处于起步阶段，存在理论模型有待完善、检测成像速度低和成像分辨率有待提高等问题。

第六节　结语和展望

本章着重梳理和介绍了目前航空航天及工业发动机热障涂层的常用制备技术、材料选择和无损检测技术。对于发动机热端部件的热防护而言，热障涂层技术是极为有效且不可替代的热防护手段。为了进一步推动热障涂层的工程化应用，同时提高热障涂层的使用温度、延长涂层使用寿命以及可靠性，未来热障涂层的研究可针对以下 3 个方面进行。

1. 进一步改进热障涂层材料体系。一方面，针对下一代高温环境服役的发动机需求，提升涂层耐温能力和抗烧结、抗颗粒冲击能力等，使涂层正常使用温度达到 1473K 以上；另一方面，针对现有涂层材料系统，优化陶瓷层与黏结层成分，提高工艺稳定性，提高服役性能，推动涂层在更多高性能发动机型号中的应用；此外，还应在新材料、新工艺以及新型结构上开展相关研究。

2. 加强对热障涂层系统性能检测与量化表征技术以及热障涂层隔热效果评价技术的研究，为热障涂层工程应用提供理论指导。

3. 进行热障涂层寿命预测研究。热障涂层寿命预测已成为其工程应用所面临的关键基础问题，与传统的金属材料疲劳破坏机理明显不同，涂层剥落本质上是双层材料系统界面失效问题，其寿命预测及模型建立的难点在于其涉及由微观、准稳态的损伤层离向宏观、瞬态屈曲剥落的跨尺度转换，以及氧化与力学的耦合作用。因此，需加强对热障涂层失效机理和寿命预测模型的研究，实现对热障涂层服役寿命的准确评估，为热障涂层的实际应用提供可靠的保障。

第二章

高性能热障涂层专利申请态势分析

第一节　文献检索和数据处理

本章的检索主题是高性能热障涂层，专利文献数据源包括八国两组织在内的 47 个国家和组织从 1948 年至今的专利数据，涵盖生物、化学、电子等领域。检索截止日期为 2023 年 12 月 31 日。需要说明的是，发明专利申请自申请日起（有优先权的，自优先权日起）满 18 个月公开，同时各数据库更新存在一定程度的时滞，因此，截至本报告数据检索日，尚有 2022—2023 年提出的部分专利申请未被数据库收录，导致本节中 2022—2023 年的专利申请数据统计不完全，可能在一定程度上对分析结果有影响，后文对此现象和原因不再赘述。

本章的检索由初步检索和全面检索两个阶段构成。初步检索阶段：初步选择关键词和分类号对该技术主题进行检索，对检索到的专利文献关键词和分类号进行统计分析，并抽样对相关专利文献进行人工阅读，提炼关键词，初步检索阶段还要进行检索策略的调整、反馈，总结各检索要素在检索策略中所处的位置，在上述工作基础上制定全面检索策略。全面检索阶段：选定精确关键词、扩展关键词、精确分类号和扩展分类号作为主要检索要素，合理采用检索策略及其搭配，充分利用截词符和算符，对该技术主题进行全面而准确的检索。

此外，对本章上下文中出现的主要术语进行解释和约定。

1. 同族专利　同一项发明在多个国家申请专利而产生的一组内容相同或基本相同的专利文献出版物，称为一个专利族或同族专利。从技术角度看，属于同一专利族的多件专利申请可视为同一项技术。在本节的数据统计中，对同族专利进行了合并统计，即属于同一专利族的多件专利申请计为一条记录。

2. 技术目标国　以专利申请的公开国家或地区来确定。

3. 技术来源国　以专利申请的首次申请优先权国别来确定，没有优先权的专利申请以该申请的最早申请国别来确定。

4. 项　同一项发明可能在多个国家或地区提出专利申请。在进行专利申请数量统计时，对于数据库中以一族数据的形式出现的一系列专利文献，计算为“1 项”。一般情况下，专利申请的项数对应于技术的数目。

5. 件　在进行专利申请数量统计时，例如为了分析申请人在不同国家、地区或组织所提出的专利申请的分布情况，将同族专利申请分开进行统计时，所得到的结果对应于申请的件数。一项专利申请可能对应于 1 件或多件专利申请。

6.PCT　《专利合作条约》Patent Cooperation Treaty。

7.IPC　国际专利分类号。

8.WIPO　国际知识产权组织。

9. 图表数据约定　由于2022年和2023年数据不完整，在某些与年份相关的数据分析中可能不能代表整体的专利申请趋势。

第二节　技术分解

高性能热障涂层的技术分解，主要依据为：

1. 收集相关文献了解技术背景、技术发展现状和技术发展趋势；收集的文献主要包括：行业报告和图书、论文等非专利文献。

2. 咨询技术专家。

3. 初步检索专利文献，对文献进行评估和分析。

经过上述工作，对于高性能热障涂层的技术分解为如下三级（见表5-2-2-1）：一级为热障涂层材料体系、热障涂层制备工艺体系、热障涂层检测工艺。材料体系下设二级分支，分别为YSZ/稀土掺杂氧化锆、稀土焦绿石/萤石、稀土磁铅石、其他材料；制备工艺下设

表5-2- 2-1　高性能热障涂层技术分解表

	一级分支	二级分支	三级分支
高性能热障涂层技术	材料体系	YSZ/稀土掺杂氧化锆	
		稀土焦绿石/萤石	
		稀土磁铅石	
		其他材料	
	制备工艺	等离子喷涂技术	
		物理气相沉积技术	电子束－物理气相沉积
			等离子－物理气相沉积
		其他制备工艺技术	化学气相沉积
			电泳沉积
			激光熔覆
			超音速火焰喷涂
	检测工艺	厚度、缺陷、应力检测	超声检测技术
			声发射技术
			红外热成像技术
			阻抗谱技术
			光激发荧光压电光谱
			太赫兹时域光谱无损检测
		寿命预测	

二级分支，分别为等离子喷涂技术、物理气相沉积技术和其他制备工艺技术；检测工艺下设二级分支，分为厚度、缺陷和应力的检测、寿命预测。根据二级分支具体技术内容，部分下设三级分支。

第三节　专利申请总体情况

分析专利申请的总体态势有助于了解行业发展的整体技术状况，把握目前专利技术所处的发展阶段，明确创新主体的技术实力分布情况和发展趋势，为国家产业政策制定、行业发展规划以及企业技术研发和创新方向的确定提供数据支持。

本节对境外申请人在高性能热障涂层相关专利文献进行宏观数据分析，具体包括：专利申请及公开数量、技术来源国、技术分类以及主要申请人的研究，据此以了解关于高性能热障涂层的整体专利态势，并试图揭示该领域专利申请的发展历程。

一、专利申请总体趋势

一种技术的生命周期通常由萌芽、发展、成熟、衰退几个阶段构成（见表 5-2-3-1）。通过分析一种技术的专利申请数量及专利申请人数量的年度变化趋势，可以分析该技术处于生命周期的何种阶段，进而可为研发、生产、投资等提供决策参考。

表 5-2-3-1　技术生命周期主要阶段简介

阶段	阶段名称	代表意义
第一阶段	技术萌芽	社会投入意愿低，专利申请数量与专利权人数量都很少
第二阶段	技术发展	产业技术有了一定突破或厂商对于市场价值有了认知，竞相投入发展，专利申请数量与专利权人数量呈现快速上升
第三阶段	技术成熟	厂商投资于研发的资源不再扩张，且其他厂商进入此市场意愿低，专利申请数量与专利权人数量逐渐减缓或趋于平稳
第四阶段	技术衰退	相关产业已过于成熟，或产业技术研发遇到瓶颈难以有新的突破，专利申请数量与专利权人数量呈现负增长

通过对专利数据库进行检索并筛选，从 20 世纪 70 年代至今近 50 年的期间，发明专利及实用新型申请总量近 3800 项，其中，境外申请人以及非在华申请相关专利申请近 2500 项。由于 2022 年和 2023 年的专利申请存在未完全公开的情况，故本节所列图表中这两年的相关数据不代表这两个年份的全部申请。从图 5-2-3-1 境外热障涂层技术专利申请及公开趋势可知，境外热障涂层技术研究主要经历了三个发展阶段：1975—1995 年为技术萌芽期，1995—2019 年为技术发展期，2019 年之后进入技术成熟期。

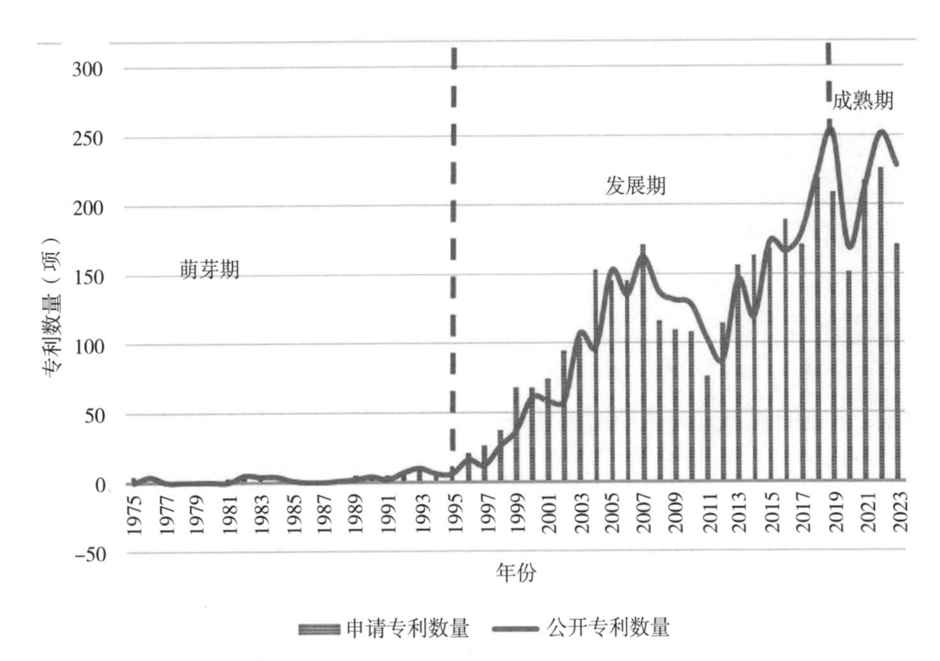

图 5-2-3-1　境外热障涂层技术专利申请及公开趋势

（一）技术萌芽期（1975—1995 年）

20 世纪 90 年代以前，境外高性能热障涂层领域的相关专利每年的申请量和公开量基本在个位数，数量较少，属于技术萌芽期，相关技术发展比较平缓，在这一时期，为了抑制 ZrO_2 的相变，研究人员尝试采用 Y_2O_3、MgO、CaO 等物质作为稳定剂，来稳定立方相 ZrO_2，其中，1976 年美国国家航空与航天局（NASA）将 YSZ 体系材料应用于燃气轮机叶片，标志着热障涂层的正式实用化，其在公开号为 US4055705A 的专利中将包含粘合涂层和热障涂层的涂层体系施加到诸如涡轮叶片的金属表面上，并且当暴露于高温气体或液体时，该涂层体系提供低热导率和改善的粘附性；其中粘结涂层包含 NiCrAlY，并且热障涂层包含反射氧化物，反射氧化物为 ZrO_2-Y_2O_3 和 ZrO_2-MgO，其可以通过等离子体或火焰喷涂来施加；粘结涂层厚度优选为 0.003in 至 0.007in；氧化锆 - 氧化钇和氧化锆 - 氧化镁阻挡涂层的厚度优选为 0.010in 至 0.030in；经测试证明了 ZrO_2-Y_2O_3 和 ZrO_2-MgO 作为抵抗热裂化的热障的有效性，此外，涂层显示出增加经受高温使用的部件的寿命，并且因此将增加涡轮机中暴露于热气体的那些部件的寿命。

然而，随着航空燃气涡轮机更高的工作温度的需求，当涂层在高温（超过 1200℃）下长时间工作时，大气等离子喷涂（APS）制备的 YSZ 涂层中的亚稳态四方氧化锆（t’-ZrO_2）结构会分解成钇含量较低的四方相（t-ZrO_2）和钇含量较高的立方相（c-ZrO_2）。在冷却过程中，t-ZrO_2 会转变为单斜相（m-ZrO_2），并伴随着 4% ～ 5% 的体积变化，其通常被认为是 TBCs 失效的原因之一。t’-ZrO_2 的分解是一个热激活的过程，其工作温度越高，分解越快，有害单斜相出现的时间就越早，涂层的使用寿命就会越短；此外，YSZ 热障涂层在 1200 ℃长期使用，会发生烧结，导致涂层热导率和氧传导率升高，弹性模量、断裂韧性等力学性能退化，金属粘结层氧化，加速了涂层的失效。因此，这一瓶颈导致在这一时期的专利申请数量处于较低的范围内，研究人员正在为开发更高温度下使用的新型高温 TBCs 材料而努力。

（二）技术发展期（1995—2019 年）

1995 年以后，由图 5-2-3-1 境外热障涂层技术专利申请及公开趋势可知高性能热障涂层领域的专利在整体上呈现持续增长的态势，且申请量分别在 1995—2007 年和 2013—2019 年期间具有两个快速增长期，其中，在 2003 年专利的年公开数量超过 100 项，在 2019 年则超过 250 项。

1. 第一快速增长期（1995—2007 年）　20 世纪 90 年代以来，随着工业和航空技术高速发展和前期研究的积累，许多新材料新技术开始涌现。

在热障涂层的陶瓷层材料方面，研究人员发现在 YSZ 基础上通过多元氧化物对 ZrO_2 进行共掺能够有效降低 YSZ 的热导率和改善 t' 相的高温稳定性。例如 2003 年，美国的铬合金燃气涡轮公司的专利 US2004166356A 公开了一种热障陶瓷涂层，其中陶瓷涂层具有式 RexZr1-xOy，其中 Re 是选自 Ce、Pr、Nd、Pm、Sm、Eu、Tb、Dy、Ho、Er、Tm、Yb 和 Lu 的稀土元素，其中 $0 < X < 0.5$ 且 $1.75 < Y < 2$；该专利在相同的隔热程度下，将导热率降低 50% ～ 60% 的同时可以将热障涂层所需的厚度降低约一半，由此节省了涂覆时间，节省了铸锭材料和生产中的节能，降低热障涂层的生产成本，不仅如此，涂层厚度的降低还将减轻燃气轮机部件的重量；沉积相同厚度的陶瓷涂层允许获得增加的操作温度，而不会使金属部件过热，从而允许发动机以更高的推力和效率操作，陶瓷涂层增加的绝缘能力降低了对空气冷却部件的要求。

在这一时期，更多类型的热障涂层陶瓷层材料被提出来，最值得一提的是 1996 年，联合技术公司申请的一项公开号为 US6117560A 的专利，首次提出了具有焦绿石结构并以组成 $A_2B_2O_7$ 为代表的新型热障涂层材料，其中 A 和 B 是各种离子，O 是氧，A 可以具有 3+ 或 2+ 的正电荷，并且 B 可以具有 4+ 或 5+ 的正电荷，这些材料具有优于当时使用的热障涂层陶瓷层的化学稳定性、热稳定性和隔热性能，具有代表性的焦绿石材料是锆酸镧，该专利的同族被引用次数高达近 400 次，可认为是焦绿石结构材料作为热障涂层陶瓷层材料的最重要的核心专利。2001 年，西门子公司（下称西门子）申请的专利 US2003103875A 中同时提到了如下不同结构的热障涂层陶瓷层材料，如：具有式 ABO_3 的钙钛矿，其中 A 选自稀土元素、碱土元素和锰，B 选自铝、铬、钨、锆、铪、钛、铌、钽、铁、锰、钴、镍和铬；具有式 $A_3Al_5O_{12}$ 的石榴石结构，其中 A 选自稀土元素的组；六铝酸盐 $LaAl_{11}O_8$，$BaMnAl_{11}O_{18}$，$BaAl_{12}O_{19}$，$BaMAl_{11}$；以及具有式 AB_2O_4 的尖晶石结构，其中 A 选自碱土元素的组，并且 B 选自铝、铁、锰、钴、铬和镍的组。上述工作极大地拓宽了 TBCs 陶瓷层材料的研究和选择方向。

而在热障涂层陶瓷层的制备工艺方面，德国宇航中心对物理气相沉积工艺进行了改进，1999 年公开号为 DE19715791C 的专利采用掺杂稀土金属氧化物，在 600 ～ 1550℃下气相沉积在陶瓷或金属基底上，同时基板以一定转速旋转；其中，在衬底缓慢旋转的成核阶段之后，将旋转速度和温度调节到由特定等式限定的范围，从而使涂层形成棒状柱状结构，避免了在使用过程中在涂层基部处的横向应力分量，由此防止疲劳现象。2003 年，康涅狄格大学对溶液等离子喷涂技术进行了改进（参见专利 US2004229031A），其将前体溶液液滴注入热喷涂火焰中，其中将前体溶液液滴的第一部分注入火焰的热区中，并将前体溶液液滴的第二部分注入火焰的冷区中；破碎第一部分的液滴以形成尺寸减小的液滴并热解尺寸减小的液滴，然后沉积部分熔化的热解颗粒，在基底上破碎并沉积非液体材料。如图 5-2-3-2 溶液等离子体喷涂沉积的涂层（C）与在电子束物理气相沉积工艺中形成的涂层（A）和常规热喷涂（B）相比的示意图所示，该制备方法能够使得材料具有细小的裂片、垂直裂纹和三维孔隙，其中三维孔隙率为 1-50vol%，孔可以是微米尺寸（1 ～ 50μm）、亚微米尺寸（0.1 ～ 1μm）或纳米尺寸（高达 100nm）；可选地，具有长度变化为材料厚度的 0.5 ～ 1 倍的垂直裂纹。这种微观结构使得它们非常适合于需要暴露于 1000℃或更高的温度、强界面强度、低热导率和 / 或应力耐受性的应用，从而用于例如用于喷气式飞机和发电等的燃气涡轮发动机中的热区段部件的热障涂层，该专利的同族被引用次数高达近 200 次。

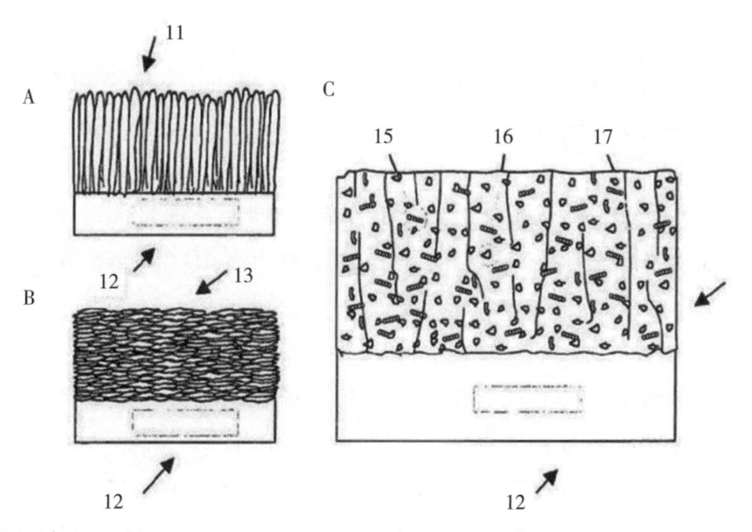

图 5-2-3-2　溶液等离子体喷涂沉积的涂层（C）与在电子束物理气相沉积工艺中形成的涂层（A）和常规热喷涂（B）相比的示意图

1998 年，通用电气公司（下称 GE）公开的专利 US6792521A 中提出了一种新的物理气相沉积设备，并利用该设备形成多层均匀的热障涂层，当采用不同的陶瓷材料形成涂层的交替层时，在相邻层之间形成不同的组成界面，且可以采用以不同热导率和耐侵蚀性为特征的不同陶瓷材料，从而促进涂层的磨损和粘附特性；该方法需要将制品支撑在陶瓷材料的陶瓷铸锭附近，然后在铸锭处顺序地偏转电子束，以便熔化每个铸锭的一部分并产生沉积在制品上的每个陶瓷材料的蒸气。

2. 第二快速增长期（2013—2019 年）　进入 21 世纪以来，随着航空航天事业的迅猛发展，世界各国更是加强了对航天材料和热障涂层材料、结构及其工艺的研发投资，由此诞生了许多新的用于热障涂层领域的各项技术，从而导致第二快速增长期的出现。

在材料体系选择方面，如稀土钽酸盐、稀土铈酸盐、稀土铌酸盐、高熵稀土陶瓷材料、自愈合材料等亦进入人们的视线，研究人员发现上述体系的材料因其独特的抗高温氧化、抗腐蚀等性能也具备用于热障涂层材料的可能。例如，公开号为JP2019151927A的专利公开了一种包含由$Y_bTa_3O_9$表示的化合物的热障涂层材料，其特征在于能够形成低导热性以及耐久性优异的隔热涂覆；上述隔热涂层的热传导率不会随着温度上升而转为上升（具有负的温度依赖性），因此，低导热性优异，特别是高温区域中的低导热性优异；另外，上述隔热涂覆在常温至高温区域（例如，100～1300℃的范围）中的升温时以及/或者降温时难以产生相变，因此，上述隔热涂覆用材料即使在高温区域反复升温以及降温那样的热循环条件下，也难以产生由相变引起的变形、断裂等，耐久性优异。公开号为JP2014156396A的专利则公开了一种热障涂层材料，其含有25℃、频率1MHz下的介电常数为300以上的电介质作为主体，电介质选自Bi_3TiNbO_9、$SrBi_2Nb_2O_9$；上述化合物在1000℃下具有2.2W/（m·K）或更小的热导率；通过使用具有高介电常数的化合物作为膜材料，获得具有抗剥离性和低热导率的膜。2019年，弗吉尼亚大学专利基金会申请的专利中（公开号为US2021323868A），将高熵氧化物陶瓷用于热障涂层中，这是一类新的多组分稀土多硅酸盐材料，其包含由下式表示的组合物：$(X_{a1}^{1}X_{a2}^{2}...X_{an}^{n})_uO_{z-m}SiO_2$，其中，a1、a2至an可以等于0和1之间的任何数字，其中a1+a2+...+an的总和等于1；n至少为2；u是1或2；z是2或3；m大于1；以及X1、X2至X11选自Sc、Y、La、Ce、Pr、Nd、Pm、Sm、Eu、Gd、Tb、Dy、Ho、Er、Tm、Yb、Lu、Hf、Zr和Ti；并且其中多组分稀土多硅酸盐的特征在于至少一种热物理或热化学性质；通过组合两种或更多种稀土二硅酸盐，可以定制性质（例如，热膨胀、热导率等）以适应特定应用，例如具有与硅基复合材料匹配的热膨胀和接近1W/（m·K）的低热导率；并且其可用于在恶劣环境如燃气涡轮发动机中的应用。

在结构体系选择方面，除了传统的层状结构、柱状结构，其他如具有激光表面改性、梯度涂层、粉末镶嵌结构等复合结构也陆续出现并受到关注。例如，联合技术公司在2014年申请的公开号为US2016273114A的专利中，提出了一种用于在部件上形成涂层体系的方法，包括在热挡板涂层的至少一部分上沉积具有预定CMAS反应动力学的反应层，并利用扫描激光激活反应层；具体如图5-2-3-3燃气涡轮发动机部件的表面激光扫描激活局部横截面平面图所示，该方法包括在基底102的表面上沉积粘结涂层116，然后将热障涂层沉积到粘结涂层上；激活反应层包括用扫描激光器108激活反应层；用激光扫描反应层完成了将反应层结合到热障涂层的增材制造工艺；在反应层的激活期间，例如在激光扫描期间，反应层和热障涂层的至少一部分在熔池113中熔化，并熔合在一起，激活反应层。使用该扫描激光来活化反应层倾向于允许比传统活化处理更薄的反应层，这种较薄的反应层倾向于改善热障涂层在暴露于环境熔融CMAS之后的存活性。此外，该公司还在2017年申请的公开号为US2018320270A的专利中，提出了一种用于形成环境阻挡涂层（EBC）的方法，包括以下步骤：通过冷喷涂将多个固体粉末层顺序地沉积到基板上，其中所述层中的至少两个包括不同的粉末成分；以及热处理所述多个层；其中冷喷涂包括以足以使固体粉末塑性变形并粘附到所述基板或先前沉积的层的速度将所述固体粉末引向所述基板；所属冷喷涂材料沉积与扩散热处理的组合可用于产生功能梯度EBC，该功能梯度EBC具有增加的强度和耐侵蚀性、热保护以及减少基板与 TBC 顶涂层之间的热应变失配，EBC 可以在整个厚度上具有渐变的弹性模量，这可以减少 TBC、EBC 和基板之间的热膨胀失配。

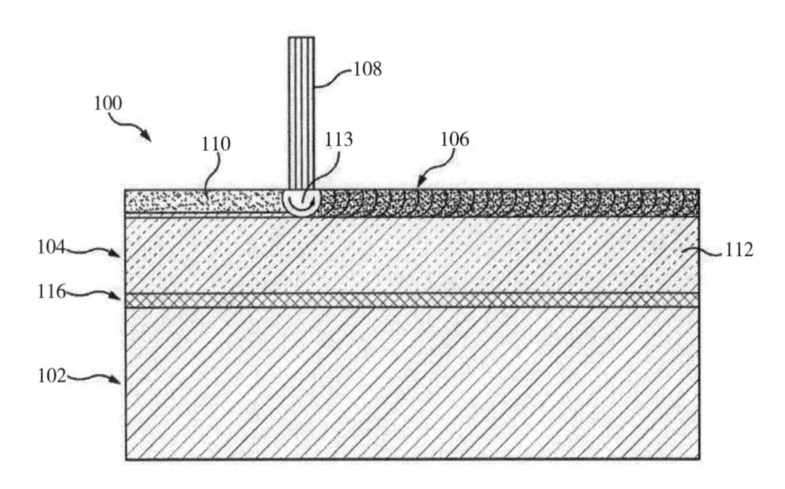

图 5-2-3-3　燃气涡轮发动机部件的表面激光扫描激活局部横截面平面图

在热障涂层的制备工艺方面，除了应用最为广泛的等离子喷涂技术、电子束和 / 或等离子物理气相沉积技术，化学气相沉积、激光熔覆、等离子熔覆、超音速火焰喷涂、磁控溅射和爆炸喷涂等也相继涌现出来，涂层的制备工艺对涂层的性能有着直接的影响，其改良和研究对涂层的发展具有极为重要的理论意义和工程价值。例如，公开号为 EP3725910A 公开了一种用于制备热障涂层的装置和方法，其磁控溅射装置，包括：溅射室 - 温度传感器装置，至少一个靶作为阴极，至少一个基底作为阳极，以及调节装置，其中，在所述溅射过程期间能将至少一种反应气体的限定的体积流量输送到所述溅射室中，其中，温度传感器装置设计用于测量所述溅射过程的温度，其中，调节装置设计用于根据通过所述温度传感器装置确定的值来改变所述至少一种输送的反应气体的体积流量；所述装置和方法可以以简单且成本有效的方式进行。2019 年，西门子申请了关于对热障涂层进行后处理的工艺（参见公开号 US2021340677A），具体涉及在多孔陶瓷涂层中产生裂纹以增加所述陶瓷涂层的热应力能力的方法，所述方法包括：用多孔陶瓷涂层涂覆或提供部件，其中所述陶瓷涂层不显示或几乎不显示垂直微裂纹，其中所述部件包括基底和粘结涂层，并且陶瓷涂层在粘结涂层上，在第一步骤中使用热源或激光或等离子体燃烧器来加热所述陶瓷涂层的表面以在所述表面处烧结所述陶瓷涂层，使得从表面边缘开始产生垂直裂纹，在最终步骤中强制冷却所述烧结的边缘和所述涂层，这能够增加陶瓷涂层的热应力能力。

（三）技术成熟期（2019 年之后）

2019 年以后，由图 5-2-3-1 境外热障涂层技术专利申请及公开趋势可知高性能热障涂层领域的专利申请量尽管每年有一定的涨落起伏，但在整体上呈现稳步前进的态势，平均每年的申请量在 200 项左右，这说明热障涂层相关的材料、结构和工艺等方面已逐渐细化并走向成熟。为了更有效地分析热障涂层领域在该时期的技术分布情况和变化趋势，图 5-2-3-4 技术成熟期热障涂层领域的技术功效趋势图给出了 2019 年以后的热障涂层领域的技术功效趋势图，从中可以看到，涂层的耐久性、成本、更高服役温度和安全可靠性是近几年科研人员的主要方向和目标。

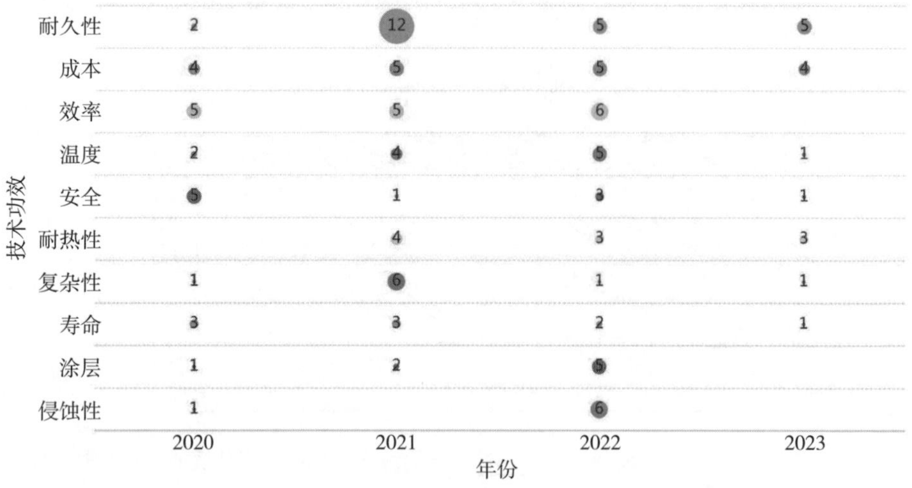

技术功效	2020	2021	2022	2023
耐久性	2	12	5	5
成本	4	5	5	4
效率	5	5	6	
温度	2	4	5	1
安全	5	1	3	1
耐热性		4	3	3
复杂性	1	6	1	1
寿命	3	3	2	1
涂层	1	2	5	
侵蚀性	1		6	

年份

图 5-2-3-4　技术成熟期热障涂层领域的技术功效趋势图

为了实现上述目标，除了新材料、新工艺的继续开发，研究人员的工作也更为深入和细致，对机理和参数的研究在这一时期逐渐成为研究的重点之一，例如关于稀土元素的掺杂含量和掺杂方式对材料性能的影响以及相关机理研究较少，揭示稀土元素掺杂含量和掺杂方式对涂层性能的影响原理，可以为新型热障涂层材料的优化提供重要依据；此外，热障涂层所处的实际工作环境包含高温、熔融腐蚀物、气流冲刷等因素，多环境耦合对不同结构热障涂层的力学性能、耐腐蚀性能和使用寿命等方面提出了更高的要求，因此建立耦合环境下不同结构热障涂层的性能评估标准显得尤为重要。

例如，公开号为 AU2021101445A 的专利提出了一种用于优化内燃机中的热障涂层厚度的基于模糊逻辑的方法，在该方法中评估了涂覆和未涂覆活塞的性能特征之间的比较；通过从 125μm、300μm、450μm、500μm、800μm 和 1000μm 改变厚度，将绝缘体涂覆在活塞上，在 ANSYS 中得到了不同厚度下的热流和温度变化，通过插值找到厚度的中间值，通过模糊优化找到获得最大性能的厚度的最佳值，这些优化在 MATLAB 中计算，通过优化厚度，我们可以优化材料使用，从而减少材料使用，这又将降低生产成本。

公开号为 JP 特开 2022-134211A 的专利则在耐热基材的表面形成特定气孔率的隔热涂覆层，隔热涂覆层包括隔着形成于该基材的表面的结合层而形成的陶瓷层，其中，所述层状气孔相对于所述陶瓷层的整体的含有比例即层状气孔率相对于球状气孔以及层状气孔相对于陶瓷层的整体的含有比例即总气孔率的百分率小于 50%；通过减少 TBC 层内的陶瓷层内的层状气孔，且增加该陶瓷层内的球状气孔的比例，能够抑制高温环境下的陶瓷层内的龟裂的发展，制作形成有剥离耐久性优异的 TBC 层而成的耐热部件。

二、专利申请主要技术分类

国际专利分类（IPC）是国际通用的、标准化的专利技术分类体系，蕴含着丰富的专利技术信息。通过对境外热障涂层技术领域专利的IPC进行统计分析，可以准确、及时地获取该领域涉及的主要技术主题和研发重点。

通过对高性能热障涂层领域的境外申请人以及非在华申请相关专利申请进行IPC主分类号的统计，结果如图5-2-3-5高性能热障涂层领域专利申请的技术领域分布所示，其列出了热障涂层技术相关专利前10位的专利技术领域，主要分布在C23C、F01D、B32B、C04B、B05D、F02C、G01N、B23K、C09D、C22C这几个小类中，结合表5-2-3-2高性能热障涂层专利申请量排名前十对应的技术主题（主分类号）高性能热障涂层专利申请量排名前十对应的技术主题（主分类号）对分类号的解析的统计可知：在IPC分类号的C部中，分类号为C23C小类的专利数量最多，为1067项，主要涉及对金属基底镀覆的各种工艺，不仅如此，B05D、B23K同样涉及对表面的流体涂布和用钎焊或焊接方法包覆或镀敷的工艺，上述分类号约占全部专利申请量的49.0%，由于主分类号是最充分体现文献发明信息的分类号，由此可见，关于热障涂层制备技术的创新和改进是本领域重要的发展方向之一，其直接影响到TBCs的微观组织结构、热力学性能和使用寿命，进而影响燃气轮机或发动机的性能；同样属于C部的还有C04B、C09D和C22C这三个小类，其中：C04B涉及陶瓷，耐火材料等，这与TBCs中表面陶瓷层相对应；C09D涉及涂料组合物，可能与整体涂层材料如金属粘结层（Bond Coat，BC）、陶瓷表层（Top Coat，TC）以及在高温环境中生长的热生长氧化物层（Thermal Grown Oxide，TGO）间的组合和协同作用有关；C22C涉及合金，其主要与金属粘结层对应，关系到与基底以及陶瓷表层间的结合力，上述三个与材料相关的分类号的专利申请数量约占全部专利申请量的8.7%，其比重不如涂层镀覆工艺的原因可能有如下两点：其一，TBCs涂层材料的种类和性能在近些年未能有突破性的进展，其仍主要基于如20世纪发展起来的改进YSZ、焦绿石/萤石结构的稀土锆酸盐等材料；其二，由于本节统计的是各项专利的主分类号，为此，部分既涉及材料创新、又涉及工艺创新的专利的主分类号优先被分入了C23C或其他分类号中；但无论如何，具有更优异的耐高温、耐腐蚀、低热导率、热力学性能的陶瓷材料一直都是科研人员迫切想要开发的领域。另一方面，B部的小类B32B涉及层状产品，这体现了热障涂层领域中关于材料结构的设计，其约占申请总量的8.6%；此外，F01D和F02C均是涉及燃气轮机、发动机等高温极端环境的分类号，其代表了相关专利的应用领域；G01N则涉及借助于测定材料的化学或物理性质来测试或分析材料，由于TBCs自身具有较复杂的结构且服役的环境极为苛刻，使得研究人员迄今为止仍尚未完全认清其失效的机理（包括高温氧化、应力场、相变及热物理性能不匹配等多种因素均能导致涂层失效）。因此，目前仍难以将各种因素都全面考虑来建立TBCs的检测方法或是寿命预测模型，但如果能对这些因素的影响进行测量（如应力集中检测），对危险破坏形式（如TCC的开裂与剥落）的破坏准则进行表征，甚至对TBCs失效的全过程进行实时检测、原位检测，则能为TBCs失效机理的理解以及寿命预测的建立提供依据和指导；因此，该分类下关于质量和性能的无损检测与评价等内容同样是热障涂层研究领域中急需解决的关键问题。

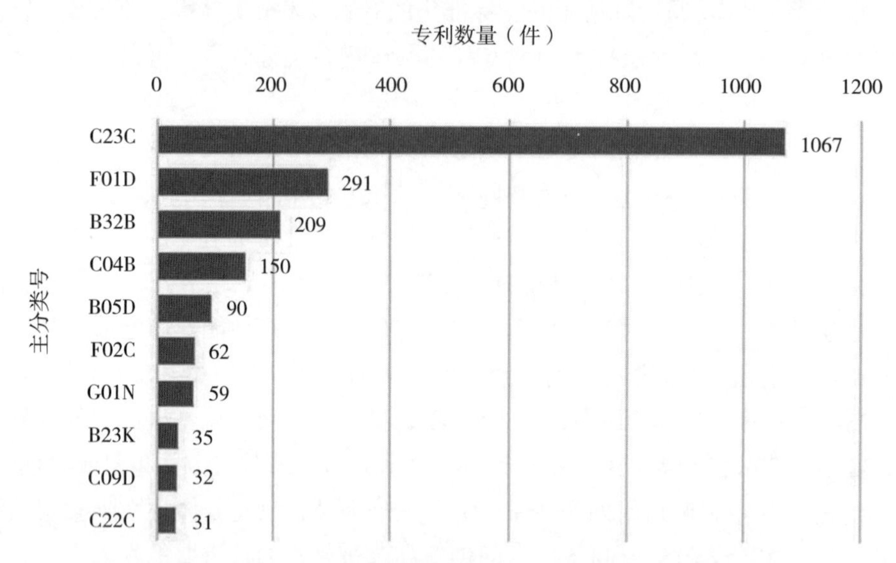

图 5-2-3-5　高性能热障涂层领域专利申请的技术领域分布

表 5-2-3-2　高性能热障涂层专利申请量排名前十对应的技术主题（主分类号）

IPC 小类	申请量（项）	分类号含义
C23C	1067	对金属材料的镀覆；用金属材料对材料的镀覆；表面扩散法，化学转化或置换法的金属材料表面处理；真空蒸发法、溅射法、离子注入法或化学气相沉积法的一般镀覆
F01D	291	非变容式机器或发动机，如汽轮机
B32B	209	层状产品，即由扁平的或非扁平的薄层，例如泡沫状的、蜂窝状的薄层构成的产品
C04B	150	石灰；氧化镁；矿渣；水泥；其组合物，例如：砂浆、混凝土或类似的建筑材料；人造石；陶瓷；耐火材料；天然石的处理
B05D	90	对表面涂布流体的一般工艺
F02C	62	燃气轮机装置；喷气推进装置的空气进气道；空气助燃的喷气推进装置燃料供给的控制
G01N	59	借助于测定材料的化学或物理性质来测试或分析材料
B23K	35	钎焊或脱焊；焊接；用钎焊或焊接方法包覆或镀敷；局部加热切割，如火焰切割；用激光束加工
C09D	32	涂料组合物，例如色漆、清漆或天然漆；填充浆料；化学涂料或油墨的去除剂；油墨；改正液；木材着色剂；用于着色或印刷的浆料或固体；原料为此的应用
C22C	31	合金

三、专利区域分布及申请人总体情况

本节中对境外高性能热障涂层专利区域分布的研究包括对技术来源国的专利分析以及对技术目标国的专利分布态势分析。技术来源国分析反映了主要技术研发力量的分布情况，有助于了解各国家或区域的技术创新能力；而技术目标国分析则体现了各创新主体的全球市场布局意图。这将有助于从宏观全面了解世界范围的技术和市场变化趋势，为国家产业政策制定、行业技术方向规划、企业技术研发和布局提供帮助。

图5-2-3-6中,左图给出了高性能热障涂层专利的主要的技术来源国(以优先权号统计)的分布统计结果，右图则给出了技术目标国（以公开号统计）的分布统计结果。

首先，结合专利公开数量和技术来源信息来看，美国既是申请数量最多的技术来源国，也是最大的技术目标国，其近垄断式的优势与热障涂层技术的发展史密不可分。1976 年，美国 NASA 刘易斯研究中心在陶瓷热障涂层在 J75 涡喷发动机涡轮工作叶片上得到了成功的试验验证；20 世纪 80 年代，美国成功地开发和应用了第 2 代等离子喷涂热障涂层，书写了涡轮部件热障涂层应用的新篇章，并且一直走在世界前列。不仅如此，20 世纪 90 年代后期以来，美国政府机构也特别重视涡轮叶片热障涂层的开发和验证工作，并将其列入了 DODNASA/DOE 技术联合体合作研究计划中。该计划目的是进一步推动推进动力技术领域各项研制计划（如 HPTET、VAATE、UEET 等）的顺利实施。在热障涂层技术方面，在低热传导性热障涂层和先进的粘结层的基础上，NASA 和 DOE 开发了低热传导性热障涂层；同时，NASA 和 DOE 进行了涂层寿命估算模型（包括概率方法的开发和验证。在环保涂层方面，在于 NASA EPM 研究计划下开发的 1533 ～ 1589K 环保涂层的基础上，DOD 负责研究 1755K 环保涂层的特性；NASA 负责开发 1755K 环保涂层，并研究冷却的涡轮导向叶片的组分和工艺技术，开发功能梯度厚涂层等。在 UEET 研究计划下，以表面温度和温度梯度都高于 YSZ 涂层的 167K 新热障涂层为研究目标，采用通过添加合金组分改进 YSZ 涂层和改变陶瓷组分，开发低传导性陶瓷涂层。从图中可见，作为申请数量居于首位的技术来源国，美国的申请量约占相关专利总量的 65%，这与前述其在工业技术、航空航天领域上的领先地位和政府的大力扶持是分不开的。申请数量次之的分别是日本、德国、英国、韩国等国家，上述国家也是工业发达国家，在高性能热障涂层方面的研究一直处于领先地位。

其次，从技术目标国排名来看，在美国之后依次是日本、韩国、加拿大、德国等国家，不仅如此，按照《欧洲专利公约》的规定，一项欧洲专利申请可以指定多国获得保护，即一项欧洲专利可以在任何一个或所有成员国中享有专利的同等效力，因此，从图 5-2-3-7 热障涂层技术专利的主要技术来源国（地区 / 组织）（左）和目标国（地区 / 组织）（右）统计图中右图可以看到，欧洲专利局（EPO）组织的公开数量也很显著，综合占整体数量的 23%，这也说明，在众多技术目标国（地区 / 组织）中欧洲专利局的排名靠前，说明 EPO 成员国之间的合作关系正在不断发展和加强。

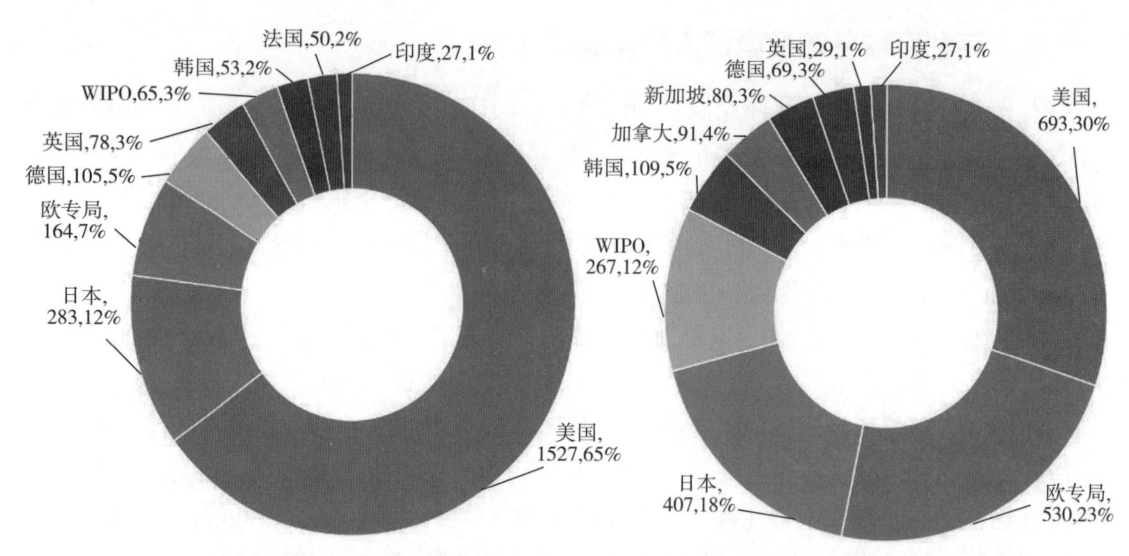

图 5-2-3-6 热障涂层技术专利的主要技术来源国（地区 / 组织）（左）和目标国（地区 / 组织）（右）统计图

下面分析四大技术来源国（地区 / 组织）的技术流向，图 5-2-3-7 热障涂层主要技术来源国（地区 / 组织）目标国（地区 / 组织）布局采用雷达图的形式，直观地展示出四大技术来源国（地区 / 组织）美国、日本、德国、英国在除本国 / 地区之外的目标国（地区 / 组织）布局具体状况，体现了各主要技术来源国（地区 / 组织）的技术流向（图中数字表示申请量，单位为件）。从图中分析可知，首先，美国、德国和英国均将欧洲专利局作为最重要的海外技术目标地区，日本则将美国作为最重要的海外技术目标国，这说明上述国家在热障涂层技术领域之间的竞争和合作关系密切。其次，上述四国都非常重视《专利合作条约》申请（世界知识产权组织），其申请量在四国海外市场的排名中均居于前三位，究其原因，可能是由于热障涂层最初主要是用于航空工业，特别是航空涡轮发动机的热端部的保护，其发展技术攻关难度大、耗费高，在各主要国家该领域相关计划发展过程中，因技术难度和成本过高等原因导致计划中断的情况并不鲜见，而随着工业技术发展对燃气轮机性能要求的提高和需求的增加，该热障涂层亦逐渐向民用工业化应用阶段过渡，其发展思路逐渐清晰，上述地区 / 组织中注重商业化运行的相关企业在实现技术目标的同时，也日益注重有效降低成本的方案设计，谋求完善的专利布局，其中，海外专利申请是企业国际化、参与国际市场竞争的重要体现，为此，通过《专利合作条约》申请能够使得一部分技术迅速占据在全球的专利制高点，为其研究成果提供系统、全面和有力的保护。

申请人是相关领域技术的创新和研发主体，针对不同国家和地区的申请人进行统计分析，能够明确在相关领域中占主要地位的研发主体，反映企业与企业之间的差距。为此，笔者接下来对高性能热障涂层技术专利境外创新主体的专利申请情况进行了统计分析。

图 5-2-3-8 热障涂层专利申请量境外申请人排名给出了排名前十位的申请人，从数量上看，GE 的申请量遥遥领先，相关申请量高达约 525 项，如此高的申请量与其旗下的通用飞机发动机集团（General Electric Aircraft Engines，GEAE）的贡献密不可分。早在 20 世纪

80 年代末，GEAE 公司就成功开发了等离子喷涂热障涂层技术，并于 90 年代初应用到航空发动机涡轮导向叶片上；同时，在 90 年代初开发了物理气相沉积的热障涂层技术，并在发动机上进行了大量的试验验证，在 90 年代中后期应用到了发动机涡轮工作叶片和导向叶片上。特别值得一提的是，在当时最高推力的民航发动机 GE90 发动机上，采用了 TBC-1 热障涂层。紧随 GE 之后，德国西门子公司（下称西门子）、美国联合技术公司（下称联合技术公司）和日本三菱重工（下称三菱重工）作为申请量的第二梯队，其相关申请量均在 100 项以上。随后依次是英国劳斯莱斯公司、美国霍尼韦尔公司、法国阿尔斯通公司、日本东芝、美国通用汽车、法国赛峰集团等欧美日企业，上述企业在这一领域也均有相当比例的研发投入。

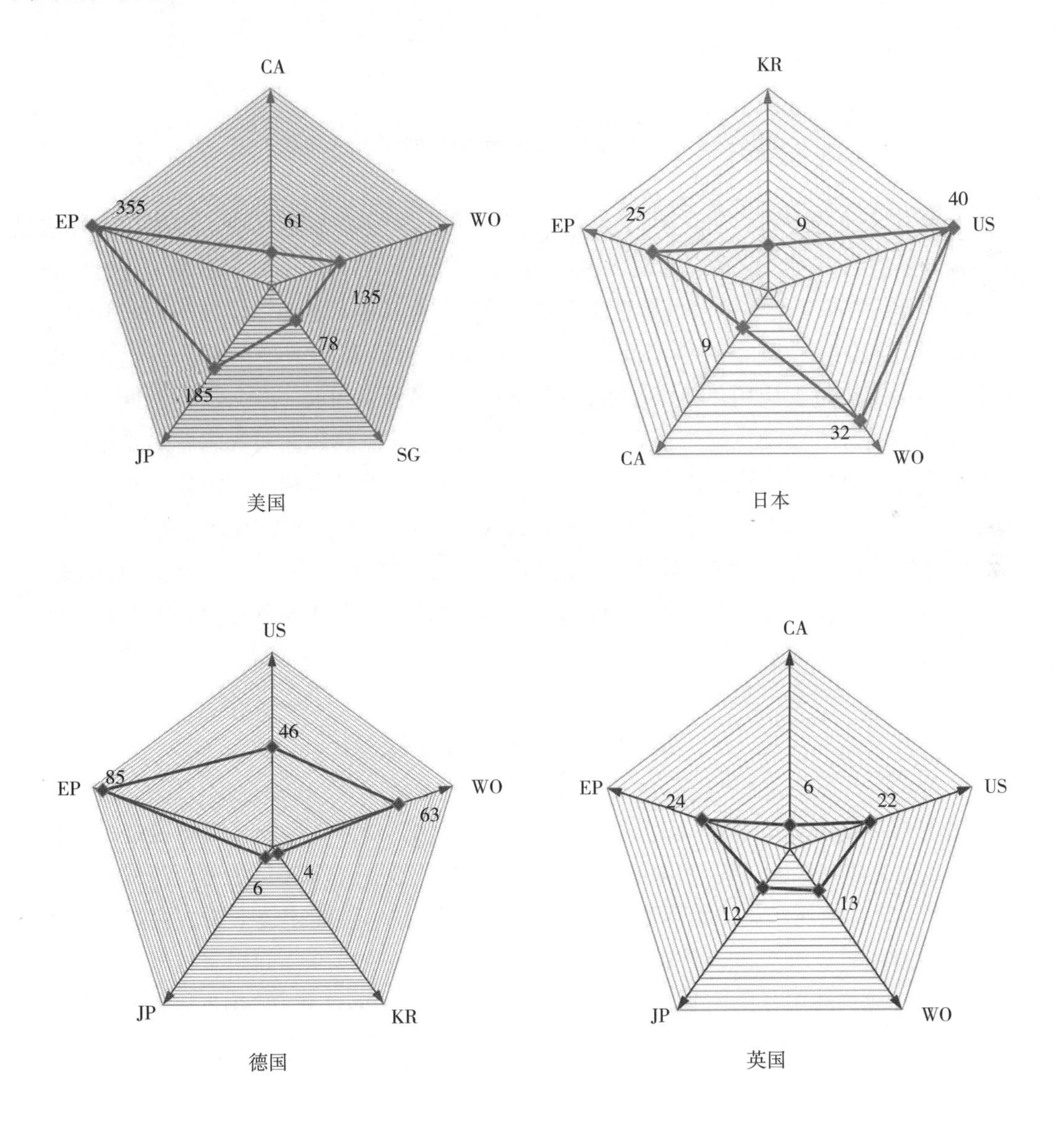

图 5-2-3-7　热障涂层主要技术来源国（地区 / 组织）目标国（地区 / 组织）布局

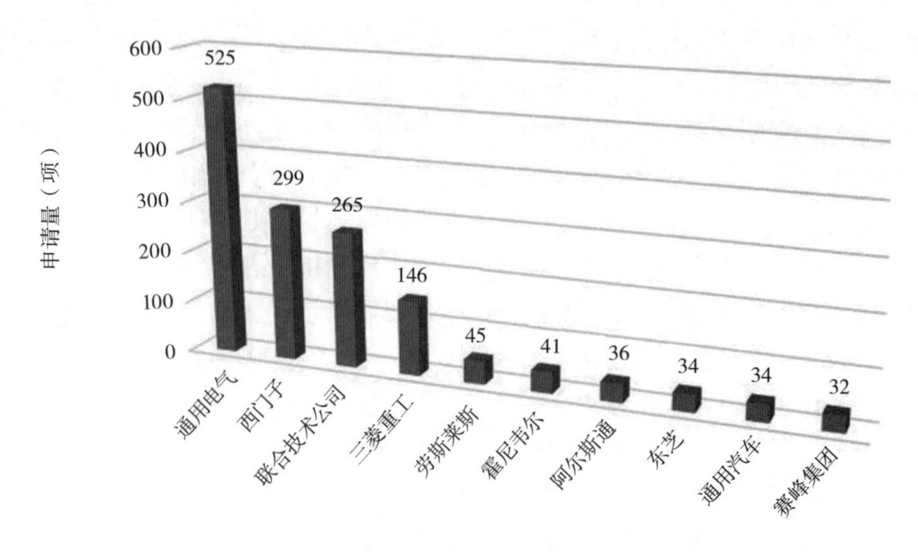

图 5-2-3-8　热障涂层专利申请量境外申请人排名

在排名前十位的申请人中，美国企业占到四家，这一定程度上反映了美国在高性能热障涂层领域的技术发展现状和未来发展趋势，其在掌握核心技术的同时也不断地进行创新。此外，英国劳斯莱斯公司的申请量尽管属于第三梯队，但其进入热障涂层领域的时间较早，也是目前世界三大航空发动机生产商之一，早在 1975 年，英国劳斯莱斯公司就在 RB211 发动机的环形燃烧室上应用热障涂层后使得局部温度降低了 50K，寿命延长了近 1 倍。而 70 年代后期，在 J75 发动机燃烧室上成功应用的等离子喷涂热障涂层标志着热障涂层的发展进入一个新的时代，该涂层也被称为第一代热障涂层。而日本和法国则各有两家企业进入前十，其中，如法国赛峰集团旗下的 SNECMA 公司也已经将 EB-PVD 热障涂层应用到 M88-2 发动机 AMl 单晶合金涡轮叶片上，使涡轮的冷却空气流量减少，寿命延长，效率提高。在后面的章节中，我们会就部分重点申请人的专利申请、布局情况及其相关重点专利作一个具体分析。

第四节　本章小节

通过历年申请量分析可知，从 20 世纪 70 年代至今，境外高性能热障涂层技术的境外申请人以及非在华申请相关专利申请近 2500 项，其技术发展主要经历了三个阶段：其中，20 世纪 90 年代以前属于技术萌芽期，数量较少，相关技术发展比较平缓，在热障涂层材料方面主要涉及如金属基和陶瓷基复合材料的研发；1995—2019 年间属于技术发展期，专利在整体上呈现持续增长的态势，且申请量分别在 1995—2007 年和 2013—2019 年期间具有两个快速增长期；2019 年之后则属于技术成熟期，整体上呈现稳步前进的态势，说明热障涂层相关的材料、结构和工艺等方面已逐渐细化并走向成熟。

通过 IPC 分类号对专利的技术领域分布进行统计，经分析可知，高性能热障涂层相关技术主要分布在 C23C、F01D、B32B、C04B、B05D、F02C、G01N、B23K、C09D、C22C

这几个小类中，其中，关于热障涂层制备技术的创新和改进是本领域重要的发展方向之一，其直接影响到TBCs的微观组织结构、热力学性能和使用寿命，进而影响燃气轮机或发动机的性能，此外，具有更优异的热力学性能的陶瓷材料和涂层结构也一直都是科研人员迫切需要深耕的领域。

通过对专利分布区域的分析可知，美国既是申请数量最多的技术来源国，也是最大的技术目标国，此外，日本、德国、英国等国作为传统的工业和经济发达国家，在高性能热障涂层方面的研究也一直处于领先地位。在技术流向方面，美国、德国和英国均将欧洲专利局作为最重要的海外技术目标国，日本则将美国作为最重要的海外技术目标国，这说明上述国家在热障涂层技术领域之间的竞争和合作关系密切。不仅如此，上述四国都非常重视《专利合作条约》申请，这说明上述国家/地区注重实现技术性能目标的同时，也日益注重有效降低成本的方案设计，谋求完善的专利布局。

整个热障涂层领域申请量排名前十的专利申请人中，GE的申请量遥遥领先。另一方面，在排名前十位的申请人中，美国企业占到四家，这一定程度上反映了美国在高性能热障涂层领域的主导地位，其在掌握核心技术的同时也不断地进行创新。

第三章

高性能热障涂层关键技术分析

1920年第一台燃气轮机研制成功以来，相关研究人员不断朝着提高涡轮进口温度的方向努力，由此也提出了对热端部件进行隔热和防护的技术需求。“热障涂层”这一技术词语在专利文献中最早可以追溯到20世纪30年代的法国专利申请，主要是用于电阻部件外层形成涂层用以绝热和绝缘。1953年，美国NASA-Lewis研究机构第一次明确提出了“热障涂层”的概念，即，在高温环境下工作的零部件表面通过喷涂技术喷涂陶瓷涂层，以提供隔热和防护、降低叶片表面的温度、减少发动机的油耗、延长叶片的使用寿命等作用。NASA明确提出该概念之前，专利申请文献中对于燃气轮机中热端部件的防热涂层很少用到“热障涂层”这一技术术语，但50年代后期，越来越多的燃气轮机中的有关涂层的申请中开始使用“热障涂层”一词。

在初步探索阶段，NASA、GE、美国西南研究院、联合技术公司、联合飞机集团、劳斯莱斯、Howmet涡轮机部件等多家公司或组织致力于发动机或汽轮机热端防护的研究，他们之间也以交叉合作的方式共同开展多个研究项目，在热障涂层方面取得了一个又一个的技术成果并申请了专利，与此同时，他们也在努力持续不断地将这些技术转化为生产力应用于工程实践中，部分专利文献作为基础技术推动了热障涂层技术的发展，对后续的研究有着深远的影响。

前文对高性能热障涂层各技术分支专利申请情况进行了分析，在相关专利申请量排名前10位的专利技术领域中，IPC分类号为C23C、B05D、B23K、B32B小类的专利数量最多，主要对应于高性能热障涂层制备工艺和相应结构方面的改进和研究，而分类号为C04B、C09D和C22C这三个小类则主要与材料体系相关，G01N则涉及借助于测定材料的化学或物理性质来测试或分析材料，能够为TBC失效机理的理解以及寿命预测的建立提供依据和指导。基于前述分析，在本章中，将通过专利引证分析、同族专利规模分析等手段，综合筛选出这三个领域中的重点专利，以此明晰该技术领域的发展脉络、核心技术的掌握情况，为国内相关研究建立具有自主知识产权的技术体系提供支持。

第一节　热障涂层材料体系

一、发展脉络

20世纪70年代前，高温涂层材料的发展经历了如下几个阶段：首先研究人员尝试在基底金属上直接喷涂金属合金类涂层，即纯金属类涂层，但其耐高温性和耐腐蚀性受到一定的局限，研究者开始利用陶瓷的耐高温和耐腐蚀性探索性地在基底金属上直接喷涂陶瓷类涂层，虽然其一定程度上提高了耐温性和耐腐蚀性，但陶瓷类涂层和基材之间的机械和热性能的相容性差，为了稳定基底金属上的陶瓷涂层，研究者将金属合金成分和陶瓷类组分混合在一起形成涂层组分，并逐步开始关注如何稳定陶瓷涂层。

关于纯陶瓷类涂层：60 年代末 Montedison Spa 公司向英国递交了两件有关金属 - 陶瓷组合物的申请（GB1105199A 和 GB1103679A），用于发动机热端部件的热防护涂层。

关于纯金属类涂层：60 年代末 70 年代初，联合飞机集团公司申请了发明名称为“一种耐高温氧化铝合金涂层”的专利申请（公开号为 US3754903A），其公开了采用一种抗氧化侵蚀的镍基涂层合金，该涂层包括 Cr、Co、Ti、Mo、Ta、C、B、Zr 等。次年，该公司又提交了发明名称为“具有改进的热稳定性的钴合金涂覆的超级合金”的专利申请（公开号为 US3676085A），其公开了用于燃气涡轮发动机部件的热稳定性涂层为钴合金涂层，包括 19% ～ 25%Cr、12% ～ 15%Al、余量 Co，厚度为 0.003 ～ 0.005in 的固合剂涂层，采用真空度小于 10–4 托的条件下进行气相沉积。

此外，美国专利 US3542530A、US3676085A、US3754903A、US3846159、US3869779A、US3928026A、US4005989A、US4055705A、US4339509A、US4743514A 等均提出了利用 NiCrAlY 或 NiCoCrAlY 和其他复合镀铝作为单一的金属涂层。

1978 年联合碳化物公司公开了 US4124737A，其发现含有铝的涂层能够形成连续的 Al_2O_3 层，相比不含铝而形成的包括 Cr_2O_3 氧化皮的涂层而言，其在腐蚀环境中能够提供更好的长期高温保护。

关于稳定陶瓷涂层：研究者们发现了几种基于氧化镁稳定的氧化锆的陶瓷 - 金属系列。通常基底金属是镍基或钴基超合金，中间金属稳定氧化锆陶瓷层和稳定氧化锆顶层，中间金属以氧化物的形式存在，譬如氧化镁、氧化钇或者氧化钙等来稳定立方相 ZrO_2，这些层被等离子或火焰喷涂到基底上，当时科研工作者还认识到，通过连续分级处理方法可以实现改进的性能和较低的应用成本，氧化锆的浓度从在粘结层和基底金属之间的界面处的 0 连续增加到在外表面处的基本上 100%。代表这些技术公开的专利有美国锆公司在 1960 年公开的 US2937102A“氧化锆稳定控制”、NORTON CO 在 1961 年公开的 US3006782A“具有金属底涂层的氧化物涂覆制品”、联合碳化物公司在 1963 年公开的 US3091548A“高温涂层”、爱迪生公司在 1967 年公开的 NL6616433A“用于生产黑色金属和有色金属表面的保护涂层的具有至少三种组分的金属陶瓷组合物”、TRW INC 在 1968 年公开的 US3410716A“用金属改性氧化物涂覆难熔金属”、1970 年杜邦公开的 US3522064A“含有氧化铌和氧化钙的稳定氧化锆”。通过上述公开的专利技术发现，科研工作者已经意识到保护镍基和钴基超合金免受高温环境影响的最佳手段之一是由基于氧化锆的陶瓷涂层组成，该陶瓷涂层通过镍 - 铬或镍 - 铝合金结合到基底涂层，其中陶瓷的浓度从基底到外涂层逐渐增加或以离散增量增加。

金属合金涂层和稳定的陶瓷涂层的发展为热障涂层的发展奠定了一定的技术基础，更多的公司和组织如联合技术公司、NASA 等开始关注将二者采用两层或多层结合的形式涂覆在金属基底上，以金属合金涂层作为粘结层，稳定的陶瓷涂层作为最外层。

PERUGINI G在1969年公开的GB1159823A专利中，公开了一种通过喷涂金属合金、铬和陶瓷氧化物的粉末的组合在金属表面上形成保护涂层的方法，具体而言，其通过火焰喷涂在所述表面上沉积熔点为800～1350℃的金属合金（A），例如铜和锌、铜和镍、铜、锌和镍、镍和铬或镍、铬、铁、硼和硅的合金；熔点为至少1800℃的难熔金属（B），例如铬；和熔点为至少1900℃的陶瓷类型的金属氧化物（C），例如氧化钍、氧化镁、氧化锆、氧化铝、硅酸锆、锆酸钙或尖晶石；屏障优选以（A）、（B）和（C）的混合物形式应用。

NASA在1976年5月申请并在1977年10月公开的公开号为US4055705A的专利中，明确公开了将包含粘合涂层和热障涂层的涂层体系施加到诸如涡轮叶片的金属表面上，并且当暴露于高温气体或液体时，该涂层体系提供低热导率和改善的粘附性；经测试证明了ZrO_2-Y_2O_3和ZrO_2-MgO作为抵抗热裂化的热障的有效性，这标志着热障涂层的正式实用化。

而在该专利公开的前几个月，1977年6月，联合技术公司也申请了相近的技术，并且四年之后也就是1981年才被公开，公开号为US4248940A发明名称为“镍基和钴基高温合金的热障涂层”。该申请请求保护一种热保护超合金结构，包括选自镍和钴基超合金的材料的基底、在基底上的金属粘结涂层和在所述粘结涂层上的氧化物稳定的氧化锆基陶瓷热障涂层，其改进在于，粘结涂层是铬、铝和钇与选自铁、钴、镍以及镍和钴的混合物的金属的合金。

在此之后，为了实现更高温度服役、更好隔热性能的目标，科研人员就耐高温、高隔热、抗烧结的新型热障涂层陶瓷材料的研究展开了深入而广泛的探索，并申请了相关的发明专利，图5- 3-1-1（图中横坐标为专利的公开年份）是基于公开的专利所绘制的关于热障涂层的陶瓷层材料技术发展脉络，在下一节中笔者将对图中的重要专利进行具体解读。

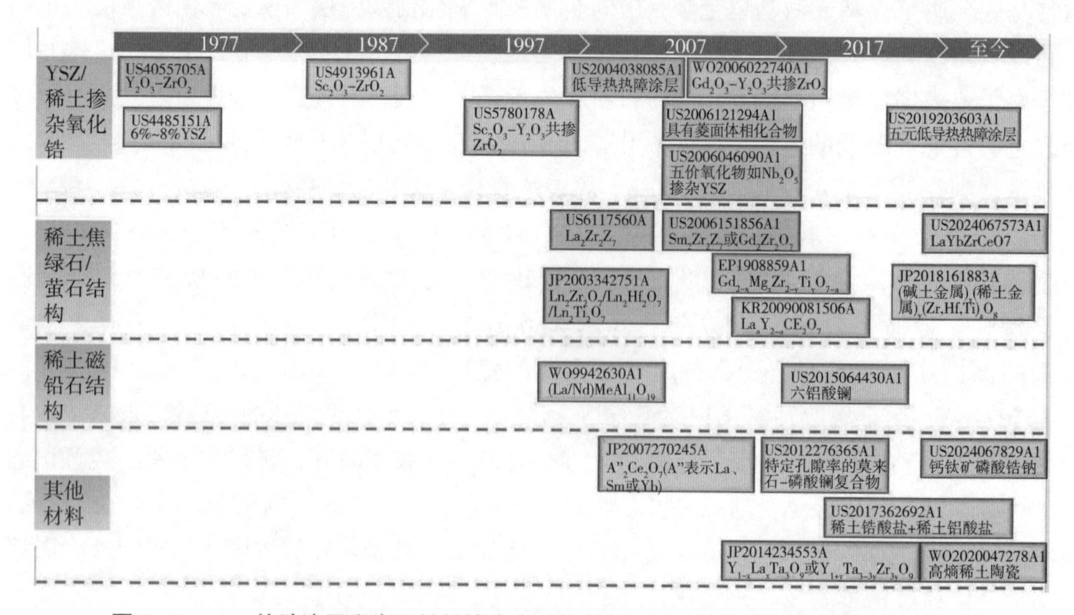

图5-3-1-1 热障涂层陶瓷层材料技术发展脉络图（图中横坐标为专利的公开年份）

二、重点专利

（一）YSZ/ 稀土掺杂氧化锆

稀土氧化物改性 YSZ 热障涂层结构原理是在稀土氧化物改性热障涂层中，向氧化锆中掺杂了不同稀土离子氧化物，由于 ZrO_2 和稀土离子尺寸差异很大，在保持热力学稳定性的同时，产生了高度缺陷的晶格，而形成的晶格畸变有利于降低了材料体系的热导率。因此，近些年国内外学者对稀土氧化物改性热障涂层材料体系进行了深入探索，从而发现了一些有光明应用前景的热障涂层的候选材料。

下面针对部分关于 YSZ/ 稀土掺杂氧化锆的重点专利进行介绍。

1.US4055705A　NASA 首次提出将包含粘合涂层和热障涂层的涂层体系施加到诸如涡轮叶片的金属表面上，并且当暴露于高温气体或液体时，该涂层体系提供低热导率和改善的粘附性；粘结涂层包含 NiCrAlY，并且热障涂层包含反射氧化物，反射氧化物 ZrO_2–Y_2O_3 和 ZrO_2–MgO 已经证明在高温涡轮机应用中具有显著的实用性。

2.US4485151A　该专利同样由 NASA 申请，其公开了内金属粘结层是 NiCrAlR、CoCrAlR 或 FeCrAlR 合金，其中 R 是稀土，优选 Y 或 Yb；合金含有重量百分比为 24.9% ～ 36.7% 的 Cr、5.4% ～ 18.5% 的 Al、0.05% ～ 1.55% 的 Y 或 0.05% ～ 0.53% 的 Yb；外层是含有 6% ～ 8%Y_2O_3 的部分稳定的 ZrO_2；涂层优选火焰或等离子喷涂。

在这篇专利中，NASA 经研究表明：6% ～ 8%Y_2O_3 的部分稳定的 ZrO_2 的热循环性能最好。这个成分范围内的 YSZ 材料具有一系列优异的性能：（1）高熔点（～ 2700℃）；（2）较低的热导率［完全致密材料在 1000℃下热导率为 2.3W/（m・K）］，主要因为 Y_2O_3 的掺入使得晶体内部具有较高的缺陷浓度；（3）较高的热膨胀系数（～ $11 \times 10^{-6}K^{-1}$），可以缓解与粘结层之间的热膨胀失配；（4）相对较好的耐热蚀性，优于 MgO、CaO 稳定的 ZrO_2；（5）较高的应力应变容忍度（喷涂后弹性模量～ 50GPa）、良好的韧性；（6）低密度（～ 6.4g/cm^{-3}），可减轻叶片重量，提高热能发动机推重比；（7）高硬度（～ 14GPa），利于抵抗热冲击和外来粒子撞击。该材料可用于航空燃气涡轮发动机、地面发电涡轮、推进涡轮、燃烧室和防热反射器等部件，提高了热障涂层的结合强度，提高了高温下的使用寿命。

3.US4913961A　由于单纯的 YSZ 体系的长期使用温度极限始终难以超越 1200℃，且其烧结速率随温度升高而加快，针对上述在应用中出现的问题，美国海军安全部于 1990 年公开了一种氧化钪稳定的氧化锆涂层，其在高温下能抵抗硫和钒化合物的腐蚀；氧化钪以约 4 至 8 摩尔 % 存在于氧化锆中，由稳定氧化锆在基材如超合金上的涂层形成的复合材料可用于涡轮叶片和发动机活塞。

该专利中发现，Sc_2O_3 是使 ZrO_2 晶格抗熔融钒酸盐侵蚀的最强稳定剂，并且不会通过熔融的 V 或 S 的作用而从晶格中浸出；Sc_2O_3 稳定的 ZrO_2 比 Y_2O_3 稳定的 ZrO_2 更耐硫酸化机理的降解，特别是高于 800℃（燃气轮机叶片通常高于该温度，除非在低功率运行中），在该温度下，不会发生 Sc_2O_3 硫酸化。图 5–3–1–2，分别显示了由 $NaVO_3$ 侵蚀氧化钇稳定的氧化锆得到的 YVO_4 晶体的照片（左图）和 $NaVO_3$ 在氧化钪稳定的氧化锆上不反应的照片（右图）。

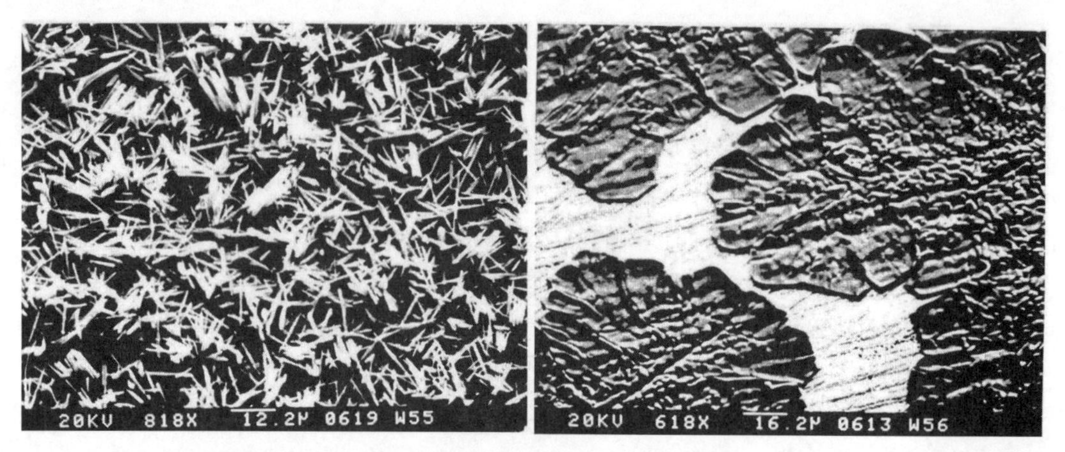

图 5-3-1-2　由 $NaVO_3$ 侵蚀氧化钇稳定的氧化锆得到的 YVO4 晶体的照片（左图），$NaVO_3$ 在氧化钪稳定的氧化锆上不反应的照片（右图）

4.US5780178A　为了更进一步提高氧化锆的性能，美国海军安全部进一步采用 Sc_2O_3 与 Y_2O_3 共同掺杂 ZrO_2 的体系，当采用氧化钪、氧化钇共同稳定的氧化锆的热障涂层的外表面暴露于高于 1200℃的温度时，氧化钪、氧化钇稳定的氧化锆比氧化钪稳定的氧化锆或氧化钇稳定的氧化锆在随后的冷却时经历破坏性的四方 - 单斜相转变的可能性小得多，不仅如此，当热障涂层中的氧化钪和氧化钇的组合量为热障涂层的约 6 ～ 8 摩尔 % 时，并且当热障涂层中的氧化钇的量为氧化钪和氧化钇的组合量的约 5 ～ 15 摩尔 %，其对相稳定性的提升作用最佳。

5.US2004038085A　前期研究发现，通过采用不同稳定剂共掺 ZrO_2 通常能够具有更优的效果和综合性能，为此，涌现出不少关于掺杂氧化锆体系的相关专利。

公开号为 US2004038085A 的专利涉及一种用作热障涂层的陶瓷材料，所述陶瓷材料广泛地包含至少一种氧化物，余量包含选自氧化锆、二氧化铈和二氧化铪的第一氧化物；所述至少一种氧化物具有式 A_2O_3，其中 A 选自 La、Pr、Nd、Sm、Eu、Tb、In、Sc、Y、Dy、Ho、Er、Tm、Yb、Lu 及其混合物。热障涂层可以直接施加到基材的表面上，或者可以施加到沉积在金属基材的一个或多个表面上的粘结涂层上，上述热障涂层的涂覆技术包括电子束物理气相沉积、化学气相沉积、LPPS 技术和扩散工艺；金属基底可以包括镍基超合金、钴基超合金、铁基合金、钛合金和铜合金中的一种。实施例中测试发现，其可以得到 1600°F 下测量的数据计算平均 1.37W/（m · K）的热导率值。

6.WO2006022740A　该专利涉及一种热障涂层组合物，其具有 46 ～ 97 摩尔 % 的碱氧化物、2 ～ 25 摩尔 % 的主稳定剂、0.5 ～ 25 摩尔 % 的 A 组掺杂剂和 0.5 ～ 25 摩尔 % 的 B 组掺杂剂；所述碱性氧化物选自 ZrO_2，HfO_2 及其组合；主稳定剂选自由以下组成的组：Y_2O_3、Dy_2O_3、Er_2O_3 及其组合；B 组掺杂剂选自由以下组成的组：Nd_2O_3、Sm_2O_3、Gd_2O_3、Eu_2O_3 及其组合；并且 A 组掺杂剂选自稀土氧化物、碱土金属氧化物、过渡金属氧化物及其组合，但不包括包含在基础氧化物、B 组掺杂剂和主要稳定剂组中的那些物质；组合物中 A 组掺杂剂与 B 组掺杂剂的摩尔百分比之比为约 1 ： 10 至约 10 ： 1。

通过实施例证明得到，根据本发明的阳离子氧化物掺杂剂（A 组和 B 组掺杂剂）的配对的存在降低了涂层的 20 小时热导率。涂层在高温下的抗烧结性也显著改善，如通过显著降低的电导率增加速率所显示的，涂层在 20 小时后热导率的增加幅度通常比在类似应用的现有技术 4.55mol% 氧化钇稳定的氧化锆涂层中观察到的增加幅度小约 25% ～ 50%。

7.US2006121294A　该专利公开了一种热障涂层，包含：具有菱面体相的化合物，所述化合物具有式：$A_4B_3O_{12}$，并且其中 A 是至少一种稀土元素，选自 :Yb、Ho、Er、Tm、Lu 及其混合物；B 选自 Zr、Hf 及其混合物。该热障涂层具有多种有益的性能，包括低导热性、对恶劣环境影响（侵蚀和冲击）的强耐受性和良好的相稳定性，避免了必须添加额外的层，这将导致涂层系统的厚度增加，热障涂层系统的厚度增加通常转化为与成本、部件寿命和发动机效率相关的问题。分析其原因，可能是由于 Hf 与 Zr 元素同属Ⅳ B 族，具有相近的离子半径，原子质量却比 Zr 大近一倍，所以，HfO_2 掺杂 ZrO_2 可以在晶格内产生质量差变化，减小材料热导率，同时 HfO_2 相变时的体积变化也比 ZrO_2 小一半，因此，其抗热震性也应该比较好。

8.US2006046090A　该专利公开了一种热障涂层的陶瓷组合物，包括具有五价氧化物第一掺杂剂和氧化物第二掺杂剂的至少部分稳定的氧化锆基质，五价氧化物第二掺杂剂与氧化物第三掺杂剂的比率可以小于或等于约 1；其中，五价掺杂剂包括作为主要量的非化学计量固溶体的氧化钽（Ta_2O_5）（0.6 ～ 2.1mol%）或氧化铌（Nb_2O_5）（0.6 ～ 2.1mol%），粘合涂层包括铝。该组合物可以减少热障涂层的烧结。

9.US2019203603A　该专利公开了一种涡轮发动机部件用五元低导热热障涂层，包含以下物质或由以下物质组成：约 2% 至约 30%$YO_{1.5}$；约 8% 至约 30%$YbO_{1.5}$ 或 $GdO_{1.5}$ 或其组合；约 6% 至约 30%$TaO_{2.5}$；约 0.1% 至约 10%$NbO_{2.5}$；约 0% 至约 10%HfO_2；和余量的 ZrO_2。

当通过 EB-PVD 以约 130μm 的厚度沉积到超合金基底上，在由 60μm 厚度的铂改性铝化物粘合涂层、500nm 厚度的热生长氧化物和 5μm 厚度的 7YSZ TBC 组成的中间系列层的顶部上；经测试，热障涂层表现出约 1.1 至约 1.4W/（m·K）的热导率，这些值与标准 7YSZ 涂层相比是有利的，标准 7YSZ 涂层通常表现出在约 2.0W/（m·K）至约 2.3W/（m·K）范围内的热导率；且本发明专利的涂层具有良好的断裂韧性。

该涂层与传统的热障涂层相比具有改进的高温性能和低的传导性。该涂层包括钽，但不要求钽除去氧化铌的常见杂质。与传统涂层相比，该涂层的化学和结构提供了改进的物理性能，涉及断裂韧性、导热性、耐腐蚀性、耐烧结性和当暴露于升高的涡轮发动机操作温度（例如大于或等于 1093℃的温度）时的高温相稳定性。究其原因，可能是由于这种多种稀土氧化物的掺杂会在涂层中形成纳米相缺陷团簇结构，从而加剧了声子散射，使热导率显著降低；同时缺陷团簇迁移比较困难，从而提高了材料的抗烧结能力和高温相稳定性（c 相）。

（二）稀土焦绿石 / 萤石结构

根据 Web of Science 网站文献可以看出，热障涂层研究最广泛的结构是烧绿石结构。由于烧绿石结构稀土锆酸盐 $A_2Zr_2O_7$（A= 稀土元素）材料具有高温不易发生相变、高熔点和低热导率等优点，但是主要是其抗 CAMS 腐蚀性能优异。国内外学者对 $A_2Zr_2O_7$ 材料体系进行大量实验研究，发现 $A_2Zr_2O_7$ 通常具有焦绿石和萤石晶体结构，表 5-3-1-1 给出了部分单一稀土锆酸盐材料的热物理性能，从中可以看出它们的导热系数在 1.15 W/（m·K）到 1.91 W/（m·K）之间。其中，$La_2Zr_2O_7$ 热导率低于 YSZ，并且其具有更好的高温相稳定性能，但是目前 $La_2Zr_2O_7$ 陶瓷涂层的热循环性能比 YSZ 差，归因于它的热膨胀系数较低，断裂韧性较差。

表 5-3-1-1 部分单一稀土锆酸盐材料的热物理性能

材料	热导率［W/（m·K）］	热膨胀系数（$10^{-6}/K^{-1}$）
$La_2Zr_2O_7$	1.56（1000℃）	9.1（1000℃）
	1.30（1100℃）	—
	1.15（1450℃）	—
$Nd_2Z_r2O_7$	1.25（800℃）	9.5（800℃）
$Sm_2Zr_2O_7$	1.6（700℃）	—
	1.5（1100℃）	10.8（1200℃）
$Eu_2Zr_2O_7$	1.60（1100℃）	—
$Gd_2Zr_2O_7$	1.91（1200℃）	11.6（1200℃）
$Dy_2Zr_2O_7$	1.34（800℃）	11.1（1200℃）
$Er_2Zr_2O_7$	1.49（800℃）	—
$Yb_2Zr_2O_7$	1.58（800℃）	—

下面针对部分关于稀土焦绿石 / 萤石结构的重点专利进行介绍。

1.US6117560A　2000 年，联合技术公司首次公开了一种可用于热障涂层陶瓷层的一类新的材料，陶瓷材料具有焦绿石结构，并以组成 $A_2B_2O_7$ 为代表，其中 A 和 B 是各种离子，O 是氧。A 可以具有 3+ 或 2+ 的正电荷，并且 B 可以具有 4+ 或 5+ 的正电荷。这些材料具有优于当时服役使用的热障陶瓷的化学稳定性、热稳定性和隔热性能；具有代表性的焦绿石材料是锆酸镧。

具体而言，$La_2Zr_2O_7$ 焦绿石氧化物相对于用于稳定氧化锆的热障涂层的有利性质包括热导率、热膨胀、密度和相稳定性。以 $La_2Zr_2O_7$ 的热导率与立方氧化锆的热导率的比较作为温度的函数，在 ICA 热障涂层使用温度下，焦绿石化合物表现出的热导率约为稳定氧化锆的 50%，而 $La_2Zr_2O_7$ 焦绿石化合物的密度与稳定的氧化锆大致相同，因此在重量校正的基础上，热导率效益也约为 50%，这对于相同程度的热保护，降低 50% 的热导率允许涂层厚度降低 50%。在实际操作条件下，在涡轮机叶片上将涂层质量降低 50% 将使叶片根部处的叶片拉力降低约 1500lb（680kg），这导致叶片寿命的显著增加并允许叶片所附接的盘的质量减少，其效果是非常显著的。

2.JP2003342751A　该专利所述的热障涂层具有由含有稳定剂的稳定化氧化锆或部分稳定化氧化锆和焦绿石型氧化物构成的复合组织，其中所述金属结合层由 Ni 基合金、Co 基合金和 Ni-Co 合金构成，所述稳定剂为选自 Y_2O_3、Er_2O_3、CeO_2 中的至少 1 种；所述烧绿石型氧化物为 $Ln_2Zr_2O_7$、$Ln_2Hf_2O_7$、$Ln_2Ti_2O_7$ 中的至少 1 种氧化物，其中，Ln 为选自 La、Ce、Pr、Nd、Pm、Sm、Eu、Gd 中的至少 1 种元素；所述隔热涂覆层中的焦绿石型氧化物的体积率为 0.1% ～ 50% 的范围。

上述焦绿石型氧化物通过与稳定化氧化锆或部分稳定化氧化锆复合化，能够利用钉扎效应抑制隔热涂覆层的致密化、晶粒生长，发挥有效地抑制由烧结收缩引起的隔热涂覆层的剥离、机械特性的劣化、导热率的上升的作用效果。另外，隔热涂覆层中的烧绿石型氧化物的体积分率对上述作用效果带来较大影响，因此设为 0.1% ～ 50% 的范围；在该烧绿石型氧化物的体积分率小于 0.1% 的情况下，抑制由上述烧结收缩引起的隔热涂覆层的剥离、机械特性的劣化、导热率的上升的效果变得不充分；另外，在体积分率过大而超过 50% 的情况下，隔热涂覆层的机械强度降低。

3.US2006151856A　该专利公开了一种可用于燃气轮机的部件中基材的热障涂层材料，其包含 $Sm_2Zr_2O_7$ 或 $Gd_2Zr_2O_7$ 的烧结体；比较优选的是，所述陶瓷层具有 1% ～ 30% 的孔隙率，并且陶瓷层在厚度方向上具有垂直裂纹，其间距为耐热基底上除粘结涂层之外的一个或多个层的总厚度的 5% ～ 100%。图 5-3-1-3 所示的是一种优选的热障涂层材料和结构组合方式，其包括粘合涂层 42、含氧化锆层 43 和由通式 $A_2Zr_2O_7$ 表示的陶瓷层 44，该陶瓷层 44 在耐热基底 41 上依次含氧化锆层 43 具有垂直裂纹 43C 并且陶瓷层 44 具有孔 44P。

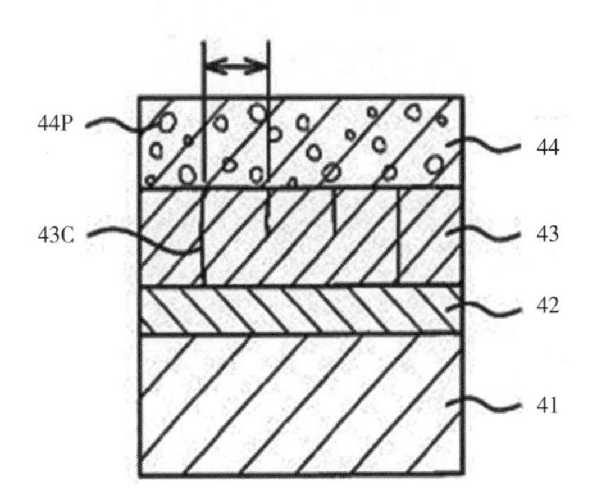

图 5-3-1-3　涂覆有热障涂层的构件

4.EP1908859A　该专利公开了一种可用于热障涂层的焦绿石材料，其包括 $Gd_{2-x}Mg_xZr_2O_{7-a}$，其中 $0 < x << 2$ 和 $0 \leqslant a \leqslant 1$；且该材料中可进一步添加钛（Ti），由此所述焦绿石材料包括 $Gd_{2-x}Mg_xZr_{2-y}Ti_yO_{7-a}$，其中 $0 < y < 2$ 和 $0 < x < 2$ 和 $0 \leqslant a \leqslant 1$。上述体系和组分的调整能够改善热障涂层的层裂行为和热膨胀系数。

5.KR20090081506A　该专利公开了一种焦绿石晶体结构陶瓷材料，其显示 1.3 ～ 1.6W/（m·K）的低热导率，同时防止在 200 ～ 400℃的温度范围内热膨胀系数的快速降低，从而能够抑制隔热涂层的剥离。焦绿石晶体结构陶瓷材料具有焦绿石晶体结构 $A_2B_2O_7$ 和组成 $La_aY_{2-a}Ce_2O_7$（$0 < a < 2$ 且 a 是实际数）。在该结构中，A 位点由至少包括 La 和 Y 的稀土

元素组成；并且B位点是Ce；A位点另外含有元素Gd和组成$La_{2-a}Gd_{a+b-2}Y_{2-b}Ce_2O_7$（a和b是实数并且满足不等式0＜a＜2和0＜b＜2）。

6.JP2018161883A　该专利公开了一种热障涂层的陶瓷层材料，包括具有式（碱土金属）$_x$（稀土金属）$_y$（Zr，Hf，Ti）$_zO_\delta$的组成的材料，其中，碱土金属可为Ca、Mg，稀土金属可为Y、Gd，且x＞0，y＞0，z＜0，δ＞0，并且［y/（x+y+z）］≥0.28，其中组成具有立方萤石结构。

在某些实施例中，所得陶瓷层的热导率在1000℃下小于1.8 W/（m·K）。究其原因可以解释如下：含稀土的氧化锆组合物通常具有阴离子空位、晶格缺陷和缺陷，它们有助于系统内的声子散射的增大，使热导率降低；通过在3+价稀土金属或4+价锆、铪或钛的晶格位点处取代尺寸设计为2+价碱土金属的低价阳离子，阴离子空位浓度增加，从而促进声子散射并降低热导率。不仅如此，稀土金属位点处的碱土金属取代还由于结构中的氧缺陷而导致无序化，并且还导致声子散射增加和热导率降低。此外，某些较低量的碱土金属（例如，锆酸钆中钙的15摩尔%）的部分取代使焦绿石结构不稳定并使立方萤石结构稳定。经观察发现，当稀土金属含量高时，这些效果更明显。综上，具有上述化学式的立方萤石结构增加了声子散射，这种增加的声子散射尤其可能是由于氧缺陷引起的晶格结构的不规则化，增加的声子散射降低了热导率，因此使得材料的热导率显著低于常规稀土稳定的氧化锆的热导率。

7.US2024067573A　该专利公开了一种用于热障涂层的陶瓷材料，所述陶瓷材料的化学组成是$LaYbZrCeO_7$。该陶瓷材料是通过将$LaO_{1.5}$、$YbO_{1.5}$和CeO_2掺杂到ZrO_2中而制成的。$LaO_{1.5}$、$YbO_{1.5}$、CeO_2和ZrO_2的摩尔比为1∶1∶1∶1。所制造的陶瓷材料为主要包括焦绿石相和萤石相的复合相结构。

根据该专利公开的陶瓷材料可以有效地抑制熔融CMAS在高温环境中的腐蚀渗透，这减少或避免了陶瓷开裂和剥离，更好地保持了陶瓷表面的微结构完整性，从而延长了陶瓷的使用寿命。

（三）稀土磁铅石结构

磁铅石矿结构的稀土铝酸盐化合物$LnMAl_{11}O_{19}$晶体（Ln为La、Pr、Nd、Ce、Sm、Gd、Eu等，M为Mg、Ni、Co、Mn、Fe等）为垂直于c轴的二维板状结构，具有高熔点、高热膨胀系数和低热导率，能在1400℃以下长期使用且无相变发生，有很强的高温相稳定性，是一类新型热障涂层材料。

下面针对部分关于稀土磁铅石结构的重点专利进行介绍。

1.WO9942630A　该专利公开了一种新的热障涂层材料体系，即磁铅石型晶体结构，其含有化学计量组成为1～80mol%M_2O_3、0～80mol%MeO、余量为Al_2O_3和杂质的组分相，其中M=La和/或Nd，Me=碱土金属、过渡金属和/或稀土金属，优选Mg、Zn、Co、Mn、Fe、Ni、Cr、Eu和/或Sm。

本发明的热障涂层材料在高于1100℃下具有高的热化学稳定性和相稳定性，使得其更适合于在高达1500℃或更高的高温下使用，与ZrO_2相比表现出慢得多的烧结过程，以及极大地减慢或延迟与ZrO_2相比产生的老化和晶粒增大。该材料对于燃烧气体或周围大气是惰性的，并且在室温和1200℃之间具有（9.5～10.7）$\times 10^{-6}K^{-1}$的期望的热膨胀系数，使得其适合于涂覆耐热钢。

2.US2015064430A　该专利公开了一种用于金属部件的绝热层系统，所述部件可以是飞行器发动机的燃烧室或涡轮的部件，其中所述系统包括至少一个材料的绝热层，所述材料包含至少一种具有至少一个相的组分，所述至少一个相化学计量地含有1～80摩尔%的Mx_2O_3、0.5～80摩尔%的MyO、余量为Al_2O_3和不可避免的杂质，其中Mx表示镧、钕、铬中的一种或多种，并且My选自碱土金属、过渡金属、稀土金属中的一种或多种，并且其中Al_2O_3层存在于所述至少一个绝热层上的旨在背离所述部件的一侧上；具体而言，My可表示镁、锌、钴、锰、铁、镍、铬、铕、钐中的一种或多种；所述至少一个相是具有磁铅石结构的六铝酸镧。该热障涂层可以提供有效的保护以防止材料由于侵蚀而被脱落，并且同时提供保护以防止沙熔体和粉尘熔体的腐蚀侵蚀。

（四）其他材料体系

目前，除了YSZ、烧绿石结构的稀土锆酸盐、磁铅石结构的稀土六铝酸盐等TBC材料，具有高熔点、较高热膨胀系数的稀土铈酸盐、高熵陶瓷材料或一些复合材料也引起了研究人员的关注。下面选取部分相关材料体系的重点专利进行介绍。

1.JP2007270245A　该专利涉及一种基于稀土铈酸盐的热障涂层陶瓷层，其包含分子式为A”$_2Ce_2O_7$的材料，A”表示La、Sm或Yb。根据声子导热机理，用于掺杂的稀土元素离子半径和相对原子质量与基体中稀土元素的相差很大，这会增加稀土铈酸盐晶胞中的缺陷，且额外的声子散射空间降低了涂层的热导率；因此，该隔热涂料具有优异的耐久性和屏蔽效果。

2.US2012276365A　传统的基于粉末的陶瓷加工方法可包括烧结结晶粉末以在粉末颗粒之间形成固体桥接，从而赋予粉末压块刚性。烧结可以以相对慢的速率发生，使得结晶粉末致密化和收缩，变得更致密和更少多孔。引入烧结助剂以克服该问题可能损害产品的高温性能。因此，难以制造具有高孔隙率（例如，大于约50vol%）、高温下的高化学和尺寸稳定性以及足够的内聚强度以将纤维和纤维束保持在基质内的适当位置的陶瓷。此外，均质陶瓷可能易于热循环疲劳，导致早期灾难性失效。

为了解决上述问题，该专利公开了一种热障涂层陶瓷层，其通过退火干燥的凝胶，由多铝红柱石–$LaPO_4$溶胶–凝胶形成包含结晶多铝红柱石（$3Al_2O_3$+$2SiO_2$或$3Al_6Si_2O_{11}$）和$LaPO_4$晶相的耐火多孔陶瓷复合物。在退火过程期间，颗粒烧结和自发泡在玻璃态下发生，并且至少部分地由于在凝胶热解期间形成的截留气体的释放而产生孔；所得结晶复合材料或结晶纳米复合材料具有高孔隙率，并且在高温下尺寸和化学稳定；该复合材料还具有高度的结构（例如，机械）稳定性，其至少部分地与溶胶制备期间莫来石和$LaPO_4$的精细纹理化和混合有关；所得陶瓷复合物在约100℃至约1200℃之间显示出很少或没有收缩或膨胀。

3.JP2014234553A　一种用于热障涂层的材料，其能够赋予涂层等优异的低导热性、通过升高或降低25℃～1200℃范围内的温度而几乎不产生相变，以及优异的耐久性，其包含由以下通式（1）表示的化合物，以及选自由以下通式（2）表示的化合物中的至少一种化合物：YLaTaO（1）（在该通式中，x为0.15～0.50），YTaZrO（2）（在该通式中，y为

0.05 ～ 0.10）。

该结构是从 $A_3B_3O_9$ 所示的钙钛矿结构中缺失了 2/3 的 A 离子的结构。上述通式（1）所示的化合物具有 Y 原子和 La 原子进入 A 位点、Ta 原子进入 B 位点的结构。另外，上述通式（2）所示的化合物具有 Y 原子进入 A 位点和 × 标记、Ta 原子和 Zr 原子进入 B 位点的结构。通过使 x 和 y 在上述范围内，上述复合化合物不易因 25℃～ 1200℃内的升温或降温而发生相变，伴随相变的体积变化得到抑制。由此，在使用含有上述化合物的隔热涂覆材料形成覆膜等的情况下，特别是在上述范围的温度下，能够抑制伴随体积变化的变形、断裂等不良情况。

4.US2017362692A　现有技术中没有单一 TBCs 材料表现出用于较高温度应用的所有期望的性质，例如低热导率、低烧结、高温相稳定性、CMAS 抗性和高耐久性，为此，需要新的 TBCs 系统，其能够高温操作，其中耐久性和性能得到改善。

针对上述需求，该专利公开了一种高温（＞ 1200℃）稳定的热障涂层，其具有高耐久性（例如，与热循环寿命、侵蚀、腐蚀、磨损、CMAS、火山灰等相关的改进的性质）。这种热障涂层有利于隔热发动机部件，例如基于金属和陶瓷的发动机部件，例如燃气涡轮发动机的部件。

该专利的热障涂层包括由两个或更多个相组成的多相复合物和 / 或多层涂层，其中至少一个相提供低热导率，并且至少一个相提供机械和侵蚀耐久性；这种低热导率相可以包括稀土锆酸盐，并且这种机械耐久性相可以包括稀土铝酸盐。具体而言，低热导率相包括具有约 5 ～约 80 摩尔 %RE_2O_3 的锆酸盐，其中 RE 选自 Y、La、Ce、Pr、Nd、Pm、Sm、Eu、Gd、Tb、Dy、Ho、Er、Tm、Yb、Lu、Sc，其还可包括二氧化钛（TiO_2）或二氧化铪（HfO_2）；且低热导率相包括立方相、萤石相、烧绿石相（$RE_2Zr_2O_7$）和 / 或 δ 相（$RE_4Zr_4O_{12}$）；稀土铝酸盐包含 RAP/YAP/LAP/CAP/PAP/NAP/PmAP/SAP/EAP/GAP/TAP/DAP/HAP/ErAP/TmAP/YbAP/LuAP/ScAP；所述铝酸盐处于钙钛矿相、石榴石相、单斜晶相或磁铅石相，并且其中所述稀土选自 Y、La、Ce、Pr、Nd、Pm、Sm、Eu、Gd、Tb、Dy、Ho、Er、Tm、Yb、Lu、Sc。即使在高于约 1200℃的高温下，上述不同的相也是热化学相容的。

根据该专利提供的数据和实验表明，包含两个或更多个相（其中至少一个相提供低热导率并且至少一个相提供机械耐久性）的热障涂层可以具有优于常规 YSZ 基涂层的性能。例如基于 GZO-GAP 涂层的系统，其能够利用低热导率相（如 GZO）的有益性质，同时通过并入相稳定的化学相容的第二机械耐久性相（如 GAP）来改善其机械和侵蚀耐久性问题。结果表明，可以制造 GAP-GZO 的复合物，其在 1600℃烧结期间以及在 1400℃烧结超过 500 小时期间是相稳定的、热化学相容的和显微结构稳定的。此外，掺入 10% 重量的 GAP 导致断裂韧性增加 27%，同时使腐蚀速率降低超过 22%。这代表了相对于 GZO TBC 的耐久性的显著改善，同时保持 GZO 体系的有益高温相稳定性。此外，这些复合材料的晶粒尺寸随时间保持，产生比纯相涂层更微结构稳定的化合物。

5.WO2020047278A　高熵稀土陶瓷材料是指由 5 种或 5 种以上稀土元素以等物质的量比或近等物质的量比形成的多组元单相固溶体，因其独特的“高熵效应”及优越的性能成为新一代热障涂层材料的研究焦点。

该专利基于高熵氧化物陶瓷的概念提出了一类新的多组分稀土多硅酸盐材料，其包含由下式表示的组合物：（$X_{a1}{}^{1}X_{a2}{}^{2}\cdots\cdots X_{an}{}^{n}$）$_{u}O_{z-m}SiO_{2}$；其中：a1、a2……an 可以等于 0 和 1 之间的任何数字，其中，a1+a2+……an 等于 1；n 至少为 2；u 是 1 或 2；z 是 2 或 3；m 大于 1；以及其中 X^{1}、X^{2}……X^{n} 选自 Sc、Y、La、Ce、Pr、Nd、Pm、Sm、Eu、Gd、Tb、Dy、Ho、Er、Tm、Yb、Lu、Hf、Zr 和 Ti；以及其中所述多组分稀土多硅酸盐的特征在于至少一种热物理或热化学性质。

所述多组分稀土多硅酸盐材料通过组合两种或更多种稀土二硅酸盐，可以定制性能（如热膨胀、热导率等）以适合特定应用，例如具有与硅基复合材料的热膨胀匹配的热膨胀和接近 1W/（m·K）的低热导率；应用可以扩展用于其他材料类别，例如 MCrAlY、MAX-phase 和耐火金属合金，通过利用高达约 15×10^{-6}/℃的热膨胀以及诸如“缓慢扩散”等特征，可用于恶劣环境如燃气涡轮发动机。

6.US2024067829A　现有 IC 发动机中，在燃烧期间产生的大部分热量传递到活塞、缸盖和气缸套，并最终由发动机冷却剂消散。这些到燃烧室壁的直接热损失降低了所产生的功率，并因此降低了 IC 发动机的效率。热障涂层（TBCs）可用于解决该问题，通过用 TBC 涂覆限定燃烧室的发动机部件，可以显著减少热损失，从而在燃烧后和整个膨胀过程中提供更高的温度和压力。膨胀期间的较高压力增加了功提取，从而提高了热效率。此外，低热惯性 TBCs 提供快速的表面温度响应，这将减少催化剂起燃的时间，导致冷启动期间较低的未燃烧烃（UBHC）和一氧化碳（CO）排放。

该专利的目的就是为了改进上述增强的效力，其公开了一种包含绝缘热喷涂涂层的内燃机热障涂层，包括：所述绝缘热喷涂涂层的选定材料在完全致密形式下具有低于 2W/（m·K）的热导率，其中，所述绝缘热喷涂涂层包括来自磷酸锆钠（“NZP”）类陶瓷的材料，所述材料具有低于 5ppm/K 的单晶热膨胀系数；磷酸锆钠（NZP）类陶瓷的材料是 $Sr_{0.5}HF_{2}(PO_{4})_{3}$、$Sr_{0.5}Zr_{2}(PO_{4})_{3}$、$Ca_{0.25}Sr_{0.25}Zr_{2}(PO_{4})_{3}$、$CsHF_{2}(PO_{4})_{3}$、$Ca_{0.25}Sr_{0.25}Zr_{2}(PO_{4})_{3}$、$Cs_{1.3}Gd_{0.3}Zr_{1.7}(PO_{4})_{3}$ 中的一种，该陶瓷具有低于 5ppm/K 的单晶热膨胀系数。

第二节　热障涂层制备工艺体系

一、发展脉络

热障涂层（TBCs）发展到今天，先进的涂层制备技术越来越受到重视。制备工艺直接影响 TBCs 的微观组织结构、热力学性能与使用寿命，从而影响燃气轮机的性能。因此，制备技术和工艺的持续改进也是发展 TBCs 技术的重要方面之一。

热障涂层的制备主要是将颗粒状的金属或陶瓷材料熔化之后均匀地覆盖在基体表面，形成具有隔热特性的涂层。目前已有的热障涂层制备技术包括超声速火焰喷涂（high velocity oxygen fuel，HVOF）、高频脉冲爆炸喷涂（HFPD）、化学气相沉积（CVD）、等离子喷涂（PS）和电子束物理气相沉积（electron beam physical vapor deposition，EB-PVD）等方法。目前应用最广泛的热障涂层制备技术是大气等离子喷涂（air plasma spray，

APS）、电子束物理气相沉积（electron beamphysical vapor deposition，EB-PVD）和等离子物理气相沉积（plasma spray physical vapor deposition，PS-PVD）技术。

PS应用于热障涂层制备的研究始于20世纪50年代末，其工作原理是利用等离子弧发生器（喷枪）将通入喷嘴内的气体加热电离，形成高温高速的等离子流，等离子流将金属或陶瓷粉末加热到熔化的状态，然后通过高速焰流喷射到预处理器件的表面，快速凝固形成热障涂层等离子体喷涂技术主要包括大气等离子体喷涂技术（air plasma spray，APS）和低压等离子体喷涂技术（VPS）两种，其中APS主要用于陶瓷层的制备，而VPS主要用于制备黏结层。

由于APS热障涂层为层状结构，热循环过程中不断积累的热应力会导致涂层剥落失效。与APS相比，EB-PVD热障涂层具有柱状结构，可在热循环过程中释放应力，其热循环使用寿命远远超过APS涂层。同时，EB-PD涂层具有更低的表面粗糙度，可有效降低燃气阻力，有利于保持叶片的空气动力学性能，主要用于航空发动机的高压涡轮工作叶片。EB-PVD技术的局限性在于设备昂贵，沉积效率较低（1～3μm/min），制备的热障涂层热导率较高（1.5～1.9）W/（m·K），隔热效果不如APS涂层。此外，APS与EB-PVD均为视线沉积工艺，喷涂过程中粒子只能处于直线运动状态，当基体前面有物体遮挡时，粒子不能绕过阻挡物进行涂层沉积。与APS和EB-PVD相比，PS-PVD技术兼具二者的优点，用快速热喷涂的方法实现等离子射流状态，PS-PVD还可以实现多相复合涂层的沉积，拓展了不同组织结构热障涂层的设计与制备。更为重要的是，PS-PVD的等离子射流具有良好的绕镀性，可以在外形复杂的工件表面实现非视线热障涂层沉积。目前，PS-PVD热障涂层技术的报道主要集中在制备工艺及涂层结构等方面，该技术已经成为国际热喷涂和热障涂层领域的研究热点和发展方向。

图5-3-2-1是基于公开的专利所绘制的关于热障涂层的制备工艺技术发展脉络，着重

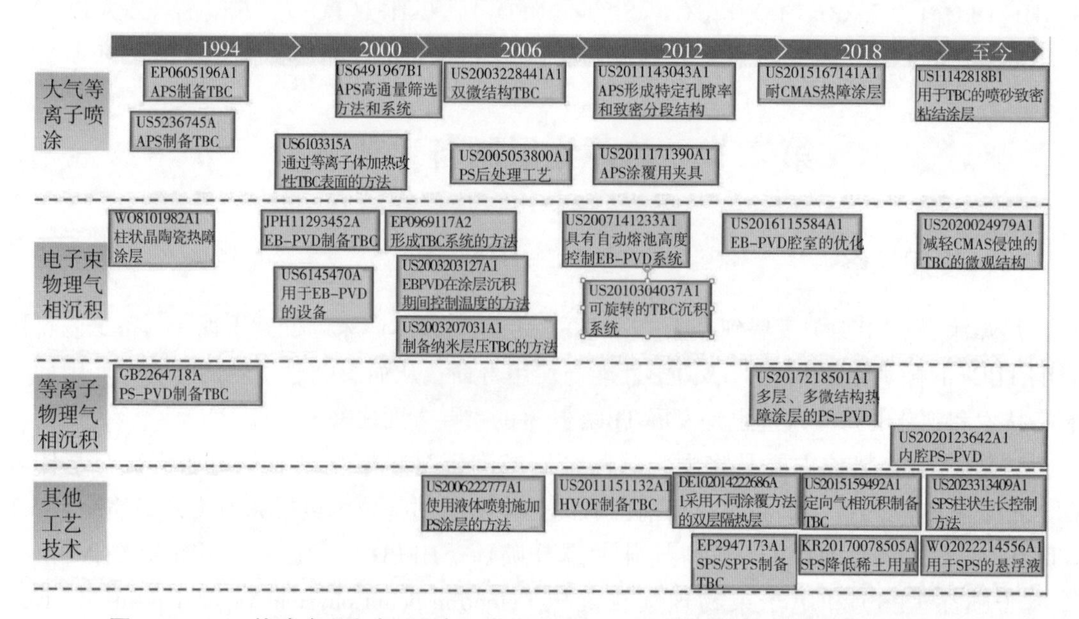

图5-3-2-1　热障涂层陶瓷层制备工艺发展脉络图（图中横坐标为专利的公开年份）

展示了 APS、EB-PVD、PS-PVD 典型热障涂层制备技术的研究进展，在下一节中笔者将对图中的重要专利进行具体解读。

二、重点专利

（一）大气等离子喷涂技术（APS）

1.US5236745A 和 EP0605196A　在以往的现有技术中，通常采用低压等离子体工艺（LPPS）施加基底和陶瓷之间的粘结涂层，但该工艺需要大量的资本投入真空室系统，并且工艺步骤繁琐复杂，生产率低，成本高昂，即使采用气相沉积方法施加该层（如US4321311A 所公开的），其成本也一样高昂。如何降低成本、提高生产效率引起科研工作的关注。

约在 20 世纪 80 年代，已经有一些高温涂层技术公开了在基体金属外涂覆合金，并且在该合金最外面进行铝化渗透，能够提高该高温涂层的抗氧化性和耐热疲劳性，如US3873347A、US3961098A、US4080486A、US4897315A 等；该时期也有一些专利公开了热障涂层中金属粘结层和陶瓷附着力的相关研究，例如，1978 年，联合碳化物公司发现在金属粘结层与陶瓷层之间的接触面处使金属粘结层的外表面粗糙化能够提高陶瓷层的附着力，在公开号为 US4095003A 的专利中其公开了相关技术内容：金属基底上采用等离子体沉积第一子层，然后在第一子层上沉积第二子层，第二子层的粉末粒度大于第一子层的粉末粒度以提供至少 250×10^{-6} 英寸 AA 的表面粗糙度，然后在第二子层上采用等离子体沉积氧化物层，表面粗糙度的存在能够避免氧化物层在热腐蚀环境中脱落。该专利意识到表面粗糙度对陶瓷层和金属粘结层结合力的贡献，但提供的双子层生产方法过于复杂。

为了解决上述问题，GE 的研究团队在 1993 年和 1994 年公开的两项专利中先后报道了利用大气等离子喷涂技术（APS）来制备热障涂层陶瓷层的研究成果。

在公开号为 US5236745A 专利文件中，研究人员发现：在粘结涂层外部表面进行铝化提供富含铝或铝合金的外表面，并且使其形成 200 ～ 600 微英寸 RA 范围内的表面粗糙度，不仅可以提高热疲劳失效寿命，而且可以将施加粘结涂层的工艺调整为环境压力下施加喷涂，例如在空气中或在非氧化或惰性气体下采用火焰或等离子喷涂的方式，而无需采用原有的 LPPS 中真空工作环境，该方法显著地改善了热障涂层的热循环寿命。

该专利公开的实施例和比较例可以看出，对于采用空气等离子喷涂 APS（环境压力下施加喷涂）或 LPPS 方法施加粘结涂层的热障涂层，通过铝化其粘结涂层的外表面并控制其表面粗糙度，均能够大幅度提高其热循环寿命，但采用环境压力下喷涂提供了本领域先前未认识到的更便宜、更简单的替代方案。

为了进一步优化陶瓷层与基底的附着力，公开号为 EP0605196A 的专利通过等离子体喷涂沉积具有柱状微结构的初始氧化锆沉积物来提供优异的 TBC 涂层，该初始氧化锆沉积物通过受控的基底预热来实现。具体而言，在该专利中，金属粘合涂层可以通过各种热喷涂工艺（包括空气或真空等离子体或高速氧 - 燃料（HVOF）沉积）施加至合适的厚度，之后通过空气等离子喷涂工艺将内部稳定氧化锆沉积层施加到粘结涂层上，控制该过程（通过基材预热）以产生致密（基本上零孔隙率）的柱状微结构，其具有较低的热阻率，但其非常好地粘附到金属粘合涂层，该内层为复合多层涂层系统提供最大的热循环抗性；在沉积内层之后，继续通过空气等离子喷涂沉积方法施加外氧化锆层，以产生包含最小裂纹和约 10% ～ 20% 孔隙率的受控微结构，这增强了该层的热阻性；作为该方法的连续性的结果，在内层和外层之间产生了具有 0 ～ 10% 的孔隙率的过渡区。综上所述，该专利通过 APS 技术使得该第一层或内层促进良好的粘附，并且随后平滑地在过程中过渡到有利于沉积受控孔隙率、高耐热性氧化锆外层的条件。

2.US6103315A　在这篇专利中，GE 公司通过等离子体加热改性热障涂层表面的方法使表面平滑到适合于空气动力学应用的程度，同时保持涂层的所有有益特性，它与热障涂层的应用相容，并且不会增加整个生产操作的过多成本或时间。

所述方法具体包括以下步骤：（i）用空气等离子喷涂装置在所述基底上施加热障涂层，所述空气等离子喷涂装置将障涂层颗粒推进到所述基底上；（ii）根据足以使所述涂层的所述表面区域再熔化的时间和温度计划，在不推进阻挡涂层颗粒的情况下，用所述空气等离子体喷涂装置对所述热障涂层进行等离子体加热，从而使其流动和平滑，所述表面区域具有在约 1μm 至约 100μm 的范围内的厚度，然后（iii）使所述表面区域冷却至低于其熔点的温度。

3.US6491967B1　该专利涉及一种等离子喷涂高通量筛选方法和系统。如图 5-3-2-2 所示，系统 10 包括 APS 设备 12 和衬底 14；装置 12 包括 APS 焊炬 16、具有气动雾化喷嘴 20 的液体注射器 18、机器人定位臂 22 和控制器 24；容器 26 包含涂层前体溶液 28，其经由泵 30 装入混合室 32；泵 30 是计算机控制的流速液体输送泵；泵 30 连接到 APS 焊炬 16 的液体喷射器 18；将溶解的涂层前体 28 混合并注入等离子体炬 16 的气动雾化喷嘴 20 中；热等离子体射流 34 将前体解离成原子蒸气；APS 焊炬 16 相对于基板 14 的位置由机械臂 22 借助于控制器 24 控制；控制器 24 可以控制机器人臂 22 和液体输送泵 30 两者，或者可以协同使用两个或更多个控制器以单独地控制机器人臂 22 和液体输送泵 30；控制器 24 还控制液体输送泵 30 的流速；泵 30 与 APS 焊炬 16 相对于基板 14 的位置同步；使泵 30 和焊炬 16 同步提供 TBCs 的组合库，作为跨基板 14 的连续梯度。

通过上述系统和方法，能够将热障候选涂层前体可控地空气等离子喷涂到基底上来选择热障涂层，以形成连续梯度的热障候选涂层，进而允许涡轮发动机在较高温度下操作并延长涡轮发动机部件寿命。

4.US2003228441A　该专利采用常规 APS 工艺设计并制备了一种双微结构热障涂层（12），如图 5-3-2-3 所示，其具有多孔的第一陶瓷绝缘材料层（20）和第二相对致密的陶瓷绝缘材料层（22），所述第二相对致密的陶瓷绝缘材料层（22）具有形成在其中的多个大致垂直的间隙（26）。第一层的多孔常规沉积态 APS 微结构为基材提供热和化学保护，而柱状颗粒第二层的间隙为涂层提供耐热冲击性。空气等离子体喷涂工艺可用于沉积第一材料层和第二材料层两者，以及任何下面的粘结涂层；柱状纹理的第二层的间隙不延伸到第一层中。

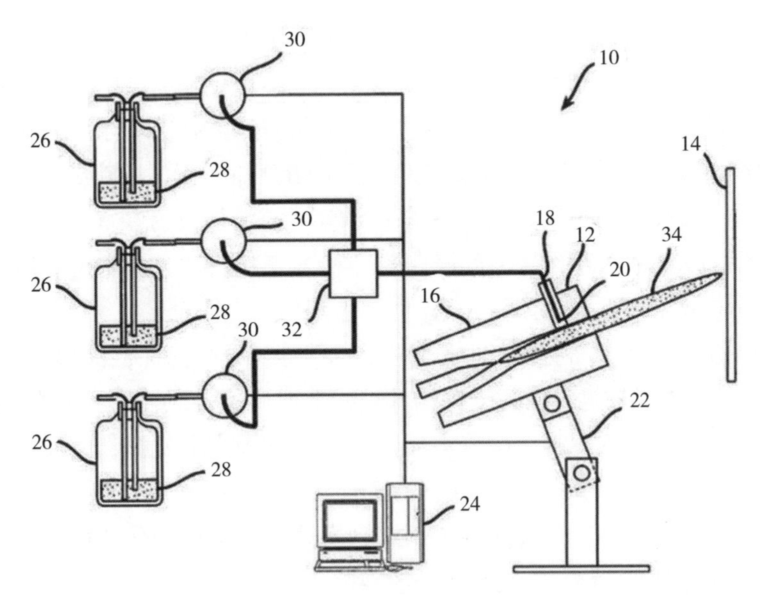

图 5-3-2-2　用于产生候选 TBC 材料的梯度膜的 DC APS 装置

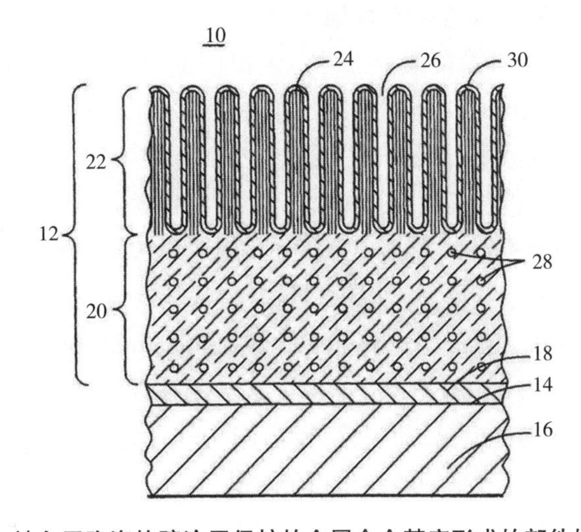

图 5-3-2-3　被多层陶瓷热障涂层保护的金属合金基底形成的部件的局部横截面图

本发明的热障涂层克服了现有技术热障涂层的许多缺点。因为第一层 20 和第二层 22 都可以通过空气等离子体喷涂工艺沉积，所以与现有技术的 EB-PVD 涂层相比，预期涂层 12 的生产相对经济。多孔第一层 20 提供对下面的基底 16 或粘结涂层 18 的良好粘附性，并且它提供防止有害环境成分迁移到基底表面 14 的屏障。它还提供了比具有延伸穿过涂层的整个厚度的柱状微结构的涂层更低的热导率。第一层 20 的孔 28 用作裂纹阻止器，用于减轻在第二层 22 中引发的裂纹。多孔第一层 20 的存在还保护下面的粘结涂层 18 在第二层 22 的高温沉积期间免于氧化。其中形成有多个间隙 26 的相对致密的第二层 22 为涂层 12 提供了高度的应变容限。

5.US2011143043A　在该专利中，联合技术公司公开了一种用于形成热障涂层的方法，包括以下步骤：提供基底，提供氧化钆稳定的氧化锆粉末，以及通过将氧化钆稳定的粉末供应到喷枪并使用空气等离子体喷涂技术，在所述基底上形成热障涂层，所述热障涂层具有在 5% ～ 20% 范围内的孔隙率和致密分段结构中的至少一种。

该专利通过调节空气等离子体喷涂参数以产生具有所需孔隙率水平的涂层或具有致密分段结构的涂层。对于多孔涂层，涂层可具有 3.0 至 10 BTU in/hr ft^2F 的热导率。对于分段涂层，涂层可具有 5.0 ～ 12.5 BTU in/hr ft^2F 的热导率。有用的涂层具有在 5.0% ～ 20% 范围内的孔隙率，可以通过改变枪功率设置、间隔距离、粉末颗粒尺寸和粉末进料速率来获得涂层的所需孔隙率。

6.US2011171390A　该专利公开了一种用于空气等离子喷涂涂层涂覆工艺的夹具组件，所述夹具组件包括：支撑构件，所述支撑构件被构造成可旋转地转位，所述支撑构件包括：第一部分以及第二部分；所述第二部分由所述第一部分固定地支撑，所述第二部分具有第一端部和相对的第二端部，其中所述第一部分和所述第二部分限定 T 形构造；第一支撑物，所述第一支撑物在所述第一端部处或附近固定到所述支撑构件的所述第二部分，所述第一支撑物被构造成固定第一工件； 以及第二支撑物，所述第二支撑物在所述第二端部处或附近固定到所述支撑构件的所述第二部分，所述第二支撑物被构造成固定第二工件，其中所述第二支撑物相对于所述第一支撑物对称地布置。

上述组件的使用允许同时涂覆两个部件，这提供了现有涂覆机的涂覆工艺的增加的生产量。此外，本发明可以生产相对高质量的涂层并以相对低的成本提供。

（二）电子束物理气相沉积（EB-PVD）

最初气相沉积方法应用于热障涂层中时，科研人员认为气相沉积涂层中出现柱状晶结构使得柱和柱之间相互结合不良，并且柱状表面增加了其暴露于环境的表面，因此认为其属于“柱状晶缺陷”结构缺陷，需要在应用中尽量使柱状结构最小化。但此后有论文提出［由 J.Fairbanks 等人撰写的题为“High Rate Sputtered Deposition of Protective Coatings on Marine Gas Turbine Hot Section Superalloys”的论文于 1974 年 7 月在关于“Gas Turbine Materials in the Marine Environment”的会议上提出，并且随后由国防部金属信息中心（MCIC 75-27）作为报告提出］一个假设，具有柱状结构的涂层可能允许涂层的应力松弛，从而提高涂层寿命。

之后，在 1978 年 7 月 19 日发布的 NASA 报告 NASA-CR-159412 中详细描述了对该假设的后续发展，报告中记载了在铜基底上溅射沉积氧化锆基柱状涂层以及在陶瓷沉积之前沉积钛中间层，但是这些涂层均在中等热循环条件下剥落。因此，上述假设并未得到证实。

一直到 1981 年，联合技术公司证实了柱状陶瓷材料在热障涂层中的有益作用。在其公开的发明名称为“柱状晶陶瓷热障涂层”的专利申请（公开号 WO8101982A，公开日为 1981 年 07 月 23 日）中，其公开的技术方案为：在金属基底 1 上采用气相沉积或等离子喷涂等方法涂覆的 MCrAlY 层 2，然后在 MCrAlY 层外表面采用喷丸（喷丸后表面粗糙度为 35-40RMS）和热处理使其表面形成氧化铝层 3，然后在其上采用气相沉积方法施加特定新颖柱状微结构的柱状陶瓷 4。其中，MCrAlY 层的功能是牢固地粘附到衬底上并产生牢固粘附的连续氧化物表面层，如此产生的氧化铝表面层保护下面的 MCrAlY 层和基底免受氧化和热腐蚀，并为柱状晶粒陶瓷表面层提供牢固的基础。该专利给出以下的结论：陶瓷涂层由许多单独的柱状部分组成（如图 5-3-2-4 所示），这些柱状部分牢固地结合到待保护的制品上，但不彼此结合，通过在柱状区段之间提供间隙，金属基底可以膨胀而不会在陶瓷中引起破坏性应力。

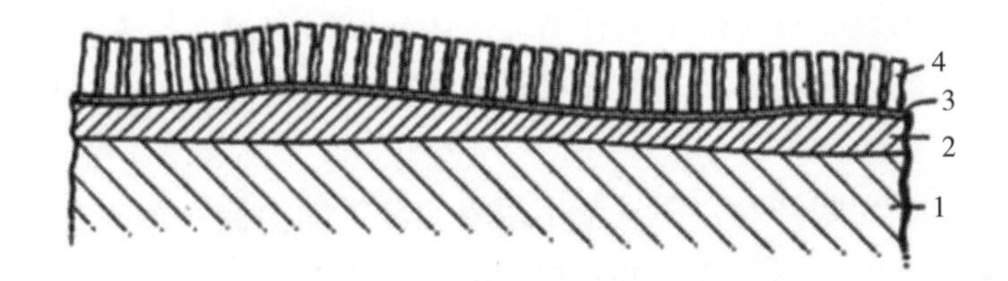

图 5-3-2-4　热障涂层的横截面线图

该技术在 13 个国家和组织申请并获得了专利权，相关研究人员对于气相沉积法，特别是对电子束物理气相沉积获得的柱状陶瓷有了新的认识，并在此基础上不断寻求改进，取得了更加丰硕的成果。

1.JPH11293452A　该专利是 1999 年三菱重工公开的，其明确提出通过电子束物理沉积法（EB-PVD）形成热障涂层中陶瓷屏蔽涂膜的方法，其可以抑制底涂层表面和 Al_2O_3 层之间的边界上的剥离，并且可以获得热循环性能优异且使用寿命提高的涂膜。

图 5-3-2-5 的（a）、（b）和（c）分别是表示预加热中、成膜初期（非氧化性气氛下的成膜）和正式成膜（氧气氛下的成膜）的状态的图。4 表示基材（试验片），7 表示预加热炉，8 表示产生电子束 14 的高电压型 EB 枪，9 表示水冷中空的坩埚，10 表示真空槽，15 表示导入 Ar 等非氧化性气体 11 的气体导入口，12 表示成为 YSZ 的供给源的 YSZ 棒。在该例子中，气体导入口 15 为一个，通过在源流侧切换阀来导入非氧化性气体 11 或氧 13，但也可以分别设置不同的导入口。成膜时，首先，如图 5- 3-2-5（a）所示，将试验片（基材）4 在真空槽 10 内的 10^{-4}Torr 以下的真空气氛中，通过预加热炉 7 加热至 800 ～ 1000℃左右并保持而预热后，如图 5- 3-2-5（b）所示，输送至水冷中空的坩埚 9 正上方，进行成膜；在成膜初期，为了抑制在基材 19 表面的底涂层 18 与隔热涂膜的界面生成 Al_2O_3，从气体导入口 15 导入非氧化性气体（Ar 气体）11，在 10^{-4}Torr 的压力、非氧化性气氛下进行成膜。通过 1 分钟的成膜，底涂层 18 的表面被 YSZ 覆盖（YSZ 层的厚度约 0.5μm），在 Al_2O_3 的生成的可能性变小的时刻，如图 5- 3-2-5（c）所示，从气体导入口 15 导入氧气 13，在 8×10^{-3} Torr 的压力、氧气氛下继续进行成膜，形成厚度约 250μm 的隔热涂膜。

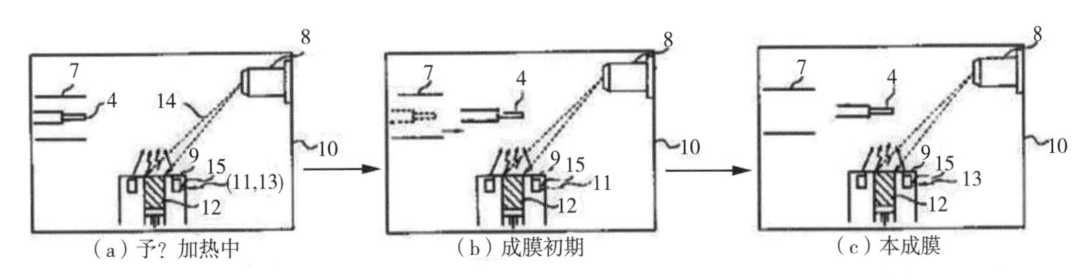

图 5-3-2-5　EB-PVD 形成热障涂层中陶瓷屏蔽涂膜的装置示意图

2.US6145470A　该专利公开了一种用于电子束物理气相沉积的设备，其相对于现有技术的改进点在于坩埚的尺寸，通过增加从其沉积陶瓷的熔融陶瓷池的尺寸，在较大表面积上沉积更均匀厚度的陶瓷涂层；该设备使用围绕陶瓷材料的坩埚，该陶瓷材料用作沉积的陶瓷涂层的来源；坩埚被配置成限定储存器，该储存器的横截面积大于陶瓷材料的横截面积；通过增加储存器的尺寸代替增加陶瓷材料的直径来增加池的尺寸，以保持可接受的铸锭质量。

如图 5-3-2-6；本发明针对左图设备中坩埚的改进的横截面图（右）所示，坩埚 112 可以由铜或另一种合适的材料形成，并且包括冷却通道 116，水或另一种合适的冷却介质流过冷却通道 116。坩埚 112 被示出为具有紧密围绕铸锭 10 的套环部分 112A。与现有技术相反，本发明的坩埚 112（右图）具有比现有技术中所示的坩埚 12（左图）的储器更大的储器 118。储槽 118 的横截面面积优选比晶锭 10 的横截面面积大约 10% 至约 50%，对于较大的面积，确定在晶锭 10 被电子束 26 熔化时极难保持熔融陶瓷均匀地流入储槽 118 中，并且难以保持储槽 118 适当地填充。在沉积粘结涂层之后，陶瓷涂层 32 由通过用由电子束枪 28 产生和发射的电子束 26 熔化和蒸发铸锭 10 而形成的蒸气沉积。部件 30 可以固定到本领域已知类型的可旋转支撑件，以便与铸锭 10 的上端相邻。电子束 26 指向晶锭 10 的上端，这导致晶锭 10 的表面熔化并在坩埚 112 的较大储存器 118 内形成熔池 114。电子束 26 对晶锭 10 的强烈加热导致陶瓷材料的分子蒸发，向上行进，然后沉积（冷凝）在部件 30 的表面上。

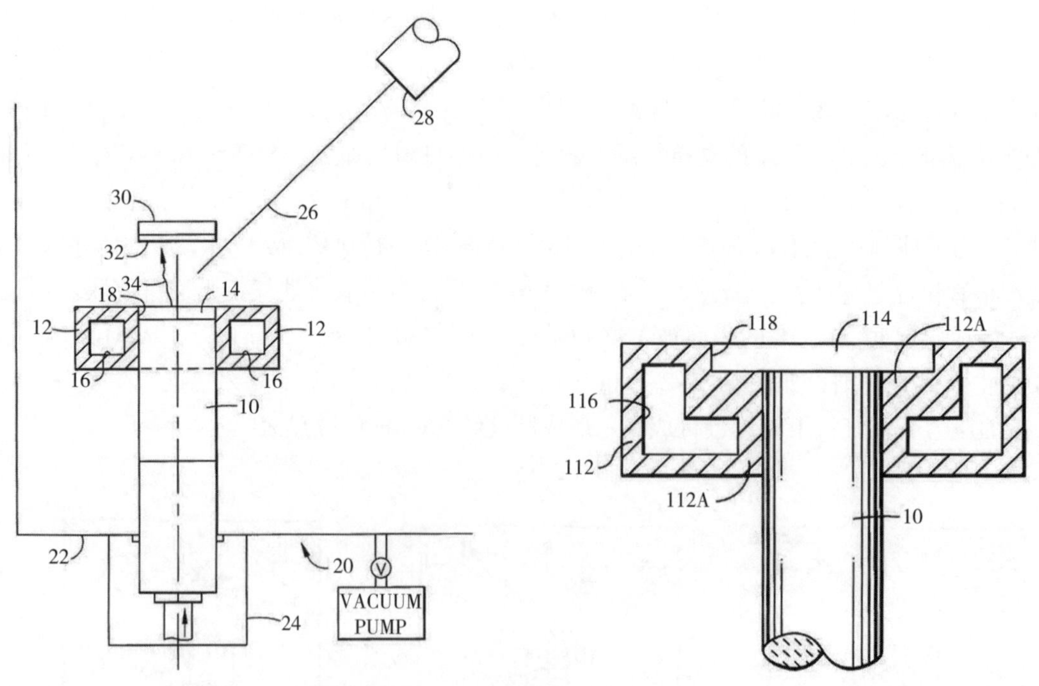

图 5-3-2-6　用于沉积热障涂层陶瓷层的电子束物理气相沉积设备（左）；本发明针对左图设备中坩埚的改进的横截面图（右）

3.EP0969117A　该专利公开了一种在将经受恶劣环境的制品上生产热障涂层系统的方法，热障涂层系统由金属结合涂层和具有柱状晶粒结构的陶瓷热障涂层组成；该方法通常需要在部件的表面上形成粘结涂层，然后用粒度大于 80 目的磨料介质对粘结涂层进行喷砂处理，然后将部件支撑在包含至少两个所需陶瓷材料锭的涂覆室内，在含有氧气和惰性气体的腔室内建立大于 0.014 毫巴的绝对压力，此后，用电子束蒸发陶瓷锭，使得蒸气沉积在部件的表面上，以在表面上形成陶瓷材料层。

图 5-3-2-7 示出了用于沉积根据本发明的热障涂层的电子束物理气相沉积设备的示意图，从通过用由适当数量的电子束枪 18 产生的电子束熔化和蒸发期望 TBC 材料的锭 16 而形成的蒸气沉积；枪 18 最好是线性的，这意味着与 Kennedy 等人和其他人使用的枪类型的约 270 度相比，光束偏转小于 50 度；刀片 12 优选地固定到本领域已知类型的可旋转支撑件 20，并且铸锭 16 位于腔室 10 内，使得它们的上端邻近刀片 12；由枪 18 发射的电子束指向锭 16 的上端，这导致锭 16 的表面熔化并形成 TBC 材料的熔池，通过电子束对锭 16 的强烈加热使 TBC 材料电离，由此材料的成分解离；例如当使用 YSZ 锭时，形成含有锆离子、钇离子、氧离子和非化学计量金属氧化物的蒸气，蒸汽向上行进，并且在与叶片 12 接触时，离子和非化学计量的金属氧化物重新结合以在叶片 12 的表面上沉积近化学计量的 YSZ 层；加热器（未示出）可以定位在叶片 12 上方，以提供额外的加热，如可能需要的，以补充由蒸发的 TBC 材料提供的热量和来自锭 16 的熔融表面的辐射。以这种方式，使刀片 12 达到约 925℃至约 1140℃的合适沉积温度。稳定的刀片温度促进陶瓷层的所需柱状晶粒结构，其中每个晶粒的纵向轴线大致垂直于每个刀片 12 的表面。

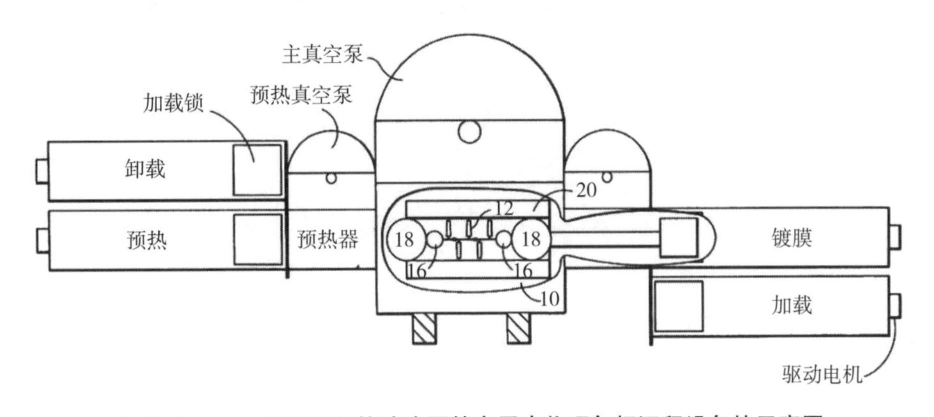

图 5-3-2-7　用于沉积热障涂层的电子束物理气相沉积设备的示意图

在现有技术中，通常在腔室 10 内抽吸至多 0.010 mbar 的真空，并且更通常约 0.005 mbar 或更小的真空以执行涂覆工艺，原因是已知较高的压力导致电子束枪 18 的不稳定操作并且使得电子束难以控制，假定将导致较差的涂层。然而，根据本发明，涂覆室 10 在至少 0.014 毫巴的压力下操作，这产生具有羽毛状柱状微观结构并且特征在于改善的抗剥落性和抗冲击性的 TBC 层。与现有技术相比，升高的涂覆压力还增加了涂层沉积速率以及更高的锭蒸发速率。与 Kennedy 等人相反，离子蒸气不是准直的，而是相对于锭 16 扩散，即，蒸气从锭 16 向上和向外流动，这允许同时涂覆更多的刀片 12。因此，该专利的方法不仅改善了所得 TBC 的抗剥落性，而且还改善了制造经济性。

4.US2003203127A　该专利公开了一种通过 EBPVD 在涂层沉积期间控制温度的方法，结合图 5-3-2-8 所示的用于沉积热障涂层陶瓷层材料的电子束物理气相沉积设备的正面剖视图，设备 10 包括预热室 12 和涂覆室 14。部件 20 在被引入到预加热室 12 和涂覆室 14 中之前最初通过装载室装载，装载室将与预热室 12 对准，并且组分 20 装载在靶 18 上，靶 18 将组分 20 转移到预热室 12 中，然后转移到涂覆室 14 中；利用附加的装载和预热室，当在涂覆室 14 内涂覆部件 20 时，可以同时发生多个装载和预热阶段。预热室 12 被示出为配备有预热元件 22，预热元件 22 用于在将部件 20 转移到执行涂覆的涂覆室 14 中之前加热部件 20。部件 20 优选地被预热至高于 1000℃的温度，诸如约 1100℃，这允许从部件 20 离开预热室 12 的时间直到沉积过程在涂覆室 14 中开始时冷却部件 20。通过用由电子束（EB）枪 30 产生的电子束 32 熔化和蒸发所需陶瓷材料的铸锭 24 来发生涂层沉积；EB 枪 30 被表示为配备有偏转装置 34，以适当地偏转电子束 32 并将其聚焦在晶锭 24 的上表面上；通过电子束 28 对陶瓷材料的强烈加热导致铸锭 24 的表面熔化，形成熔融陶瓷池 36，陶瓷材料的分子从熔融陶瓷池 36 蒸发，向上行进，然后沉积在部件 20 的表面上，产生所需的陶瓷涂层，其厚度将取决于涂覆工艺的持续时间；可以旋转靶 18 以促进沉积在部件 20 上的涂层的均匀性；EBPVD 设备 10 可以配备有多个铸锭和 EB 枪，并且所有铸锭可以同时蒸发或在任何给定时间以任何分组的方式蒸发；在给定的涂覆活动期间，用不同组的部件 20 执行多个涂覆操作，其中一个接一个地执行涂覆操作而不中断 EB 枪 30 的操作。为此，陶瓷材料的熔池 36 在连续的涂覆操作期间被连续地保持，并且铸锭 24 和涂覆室 14 的温度因此在活动的整个连续涂覆操作中连续地升高。通过上述方法使得涂层的热导率被最小化和稳定化。

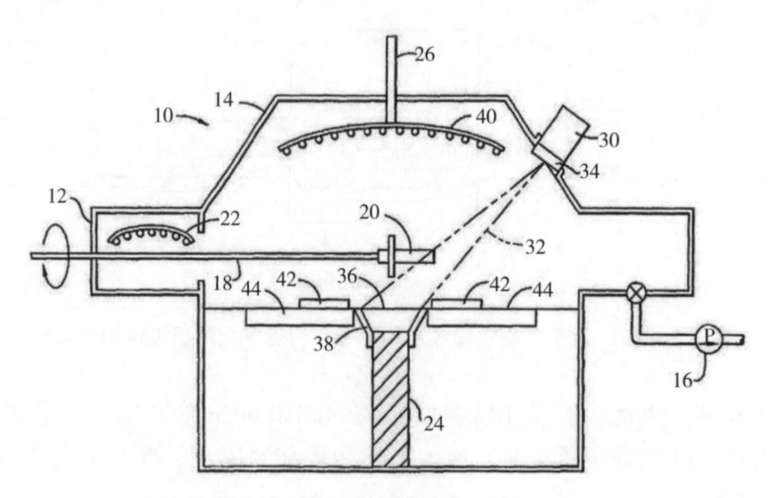

图 5-3-2-8　用于沉积热障涂层陶瓷层材料的电子束物理气相沉积设备的正面剖视图

5.US2003207031A　该专利公开了一种用于诸如涡轮叶片或轮叶的超合金基底的多层热障涂层的方法和设备，其能够得到由交替序列的非均匀的、纳米到微米尺寸的陶瓷材料层组成的多层热障涂层。

图 5- 3-2-9 给出了双源 EB-PVD 处理设备 10 的示意性正视图，沉积工艺设备 10 包括真空室 12，在真空室 12 内部放置主坩埚 14 和副坩埚 16；主坩埚 14 包含陶瓷材料，例如稳定的氧化锆铸锭 18，而副坩埚 16 可以包含金属或陶瓷材料，例如 Al_2O_3、Al、Ta_2O_5 或 Ta 铸锭；突出到真空室 12 中的是本领域公知的构造的两个电子束枪 22。所述电子束枪被布置成使得对应的电子束 24 被瞄准，一个瞄准所述主坩埚 14 内的涂层材料的上表面，并且另一个瞄准副坩埚 16 内的涂层材料的上表面；诸如涡轮叶片、轮叶或其他类似部件的制品 26 可以放置在旋转保持器 28 上，旋转保持器 28 可以在诸如箭头 29 所示的方向上旋转。旋转保持器 28 可定位在真空室 12 内，使得由制品 26 保持器的旋转轴与主坩埚 14 和副坩埚 16 内的材料的蒸发表面的中心形成的角度可为 20 度或更大；两个氧气泄放供应管 30 放置在真空室 12 的侧面上，使得测量的氧气供应可以瞄准物品 26 的方向，在致动电子束枪时，可以产生陶瓷蒸汽云 34 和氧化的金属或陶瓷蒸汽云 36。在组合的蒸气云 34 和 36 内旋转制品 26，使得混合蒸气可以沉积由交替序列的非均匀层组成的多层 TBC；层可以由主要陶瓷材料组成，该主要陶瓷材料可以具有第二材料的分散的氧化物分子或颗粒；由次级相颗粒和初级相颗粒组成的界面层可以将每个初级陶瓷层分开；界面层可以由细分散的纳米尺寸的次生陶瓷或氧化金属材料颗粒、初级陶瓷材料和纳米尺寸的孔隙的混合物组成。控制涂层沉积速率和制品 26 旋转速率，使得 TBC 内的多层区可具有每微米涂层厚度最少一个界面层。

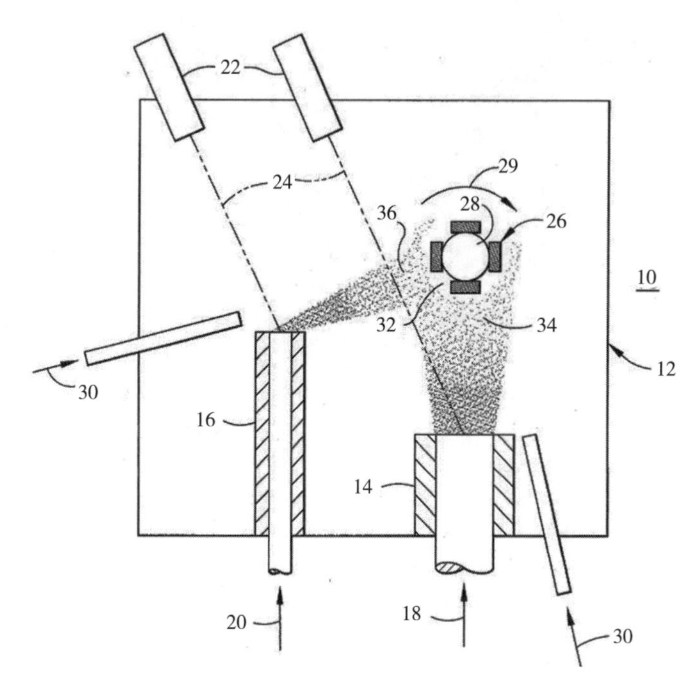

图 5-3-2-9　双源 EB-PVD 处理设备 10 的示意性正视图

6.US2007141233A　本领域公知零件与熔池之间的距离直接影响涂层的质量，在沉积过程中关键的是，熔池的高度相对于其在坩埚内的位置保持恒定，使得涂层均匀地施加到部件上；由于陶瓷铸锭不以恒定速率熔化，除非陶瓷锭料的进料速率是可变的，否则不可能保持恒定的熔池高度；而在当前工艺中，熔池高度由操作者手动控制，操作员目视监测熔池高度并相应地调节进料速率。因此，在操作者之间以及在涂覆运行之间存在涂层可变性。

为了保持部件到池的距离恒定并减少涂覆过程中的可变性，该专利公开了一种自动化系统，其可以将熔池高度保持在恒定值。如图 5-3-2-10 所示，所述使用 EB-PVD 施加涂层的系统包括熔池高度的控制系统，具体而言，系统 10 包括封闭室 12、真空源 14、旋转轴 16、坩埚 18、马达 20、链条驱动器 22、齿轮 24、螺杆驱动器 26、平台 28、电子束枪 30、温度传感器 32 和控制器 34；部件 P 被示出在腔室 12 内并且由旋转轴 16 支撑，陶瓷锭 C 通过包括马达 20、链条驱动器 22、齿轮 24、螺杆驱动器 26 和平台 28 的驱动系统向上进给到坩埚 18 中；当平台 28 被向上驱动时，它将陶瓷锭 C 向上提升并提升到坩埚 18 中，电子束枪 30 产生电子束 E，电子束 E 被引导到陶瓷铸锭 C 的上端部分上，使陶瓷铸锭 C 的一部分熔化并形成熔融陶瓷池 M 蒸气 V 从熔融陶瓷池 M 蒸发，形成蒸气云 VC，然后冷凝到部件 P 上以在部件 P 上形成涂层；电子束 E 用于熔化陶瓷锭 C 的上端，温度传感器 32 监测熔融陶瓷池 M，并且连接到控制器 34 以提供指示坩埚 18 内的熔融陶瓷池 M 的高度的信号，控制器 34 还连接到马达 20 以控制陶瓷锭 C 进入坩埚 18 的进给速率，该进给速率作为所感测的熔池高度的函数。

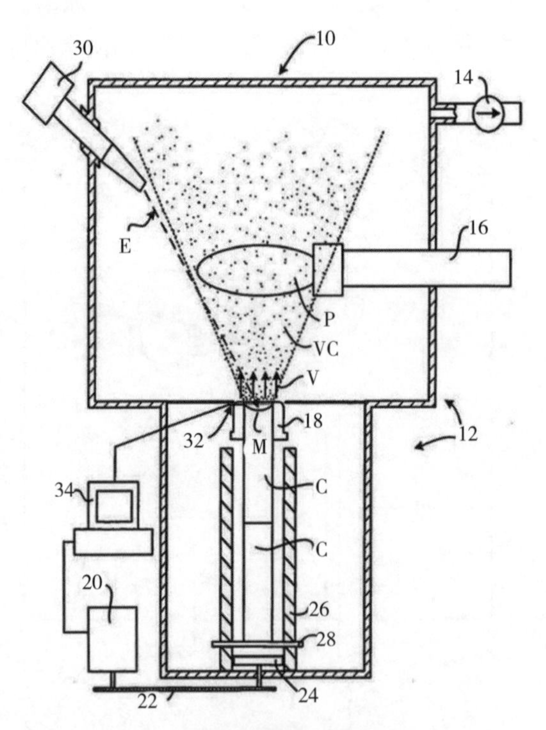

图 5- 3-2-10　包括熔池高度控制系统的 EB-PVD

7.US2010304037A　该专利公开了一种用于涂覆燃气涡轮发动机部件的方法，其将粘结涂层施加到部件的基底上，然后在粘结涂层的顶上施加阻挡涂层，施加阻挡涂层包括在施加阻挡涂层时旋转基材并改变旋转速度，如图 5- 3-2-11 所示，其给出了用于沉积 TBC 的示例性电子束物理气相沉积系统 200，包括具有内部 204 的容器或腔室 202，真空泵 206 联接到容器以抽空内部，陶瓷靶 208 位于内部，氧源 210 可以定位成经由歧管 212 将氧引入到内部 204，电子束源 220 经定位以将电子束 222 引导到靶材以汽化靶材的表面以产生蒸汽云 224，固定装置或保持器 236 定位在腔室中以保持暴露于蒸汽云 224 的部件（如涡轮叶片或轮叶）228，蒸汽云在部件上冷凝以形成 TBC；马达 230联接到保持器以使保持器和部件围绕轴线 232 旋转，控制器 234（如微控制器、微计算机等）可以联接到马达、电子束源、真空泵、氧源和 / 或任何其他适当的部件、传感器、输入装置等，以控制系统操作的各方面；示例性控制器可以被编程（如经由软件和硬件中的一者或两者）以在沉积期间改变保持器和部件围绕轴线的旋转速度；通过改变旋转速度，部件上的任何给定位置处的累积将是以不同速度确定的结果。

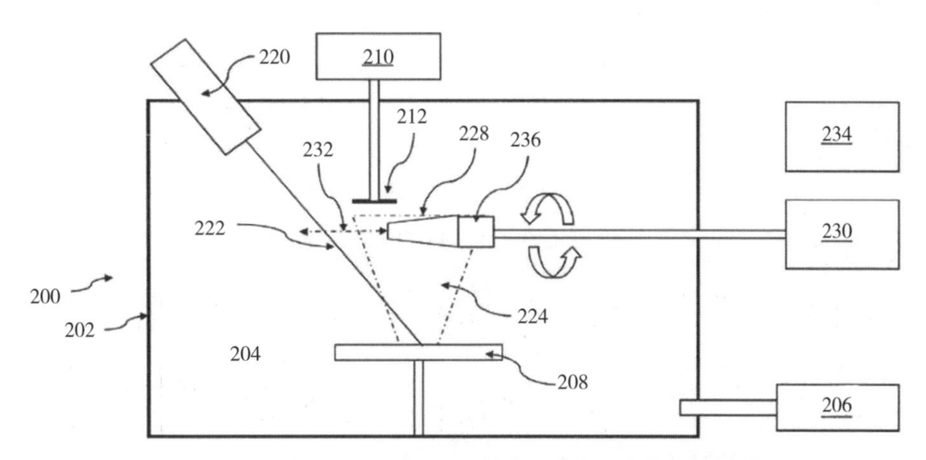

图 5-3-2-11　用于沉积 TBC 的电子束物理气相沉积系统

通过该方法得到的涂层可用于替代现有的具有恒定密度和方向性的柱状微结构的基线热障涂层，图 5- 3-2-12 分别给出了所得涂层的截面电镜照片（左图）和基线的截面电镜照片（右图）；从左图中可以看出，涂层的柱状微结构由于可变的旋转速率而变形，尽管整个柱生长仍然相当垂直于表面，但是局部生长在方向上变化，在密度、孔隙率和方向性方面具有分层变化的柱状微结构以及粗糙的整体柱形状，不规则的柱形状可以引起柱的互锁,这可以改善涂层的机械性质; 而右图示出了高度垂直于表面且线性的基线清洁柱状生长，高度恒定的层厚度在每列上的等间距暗点中看到。

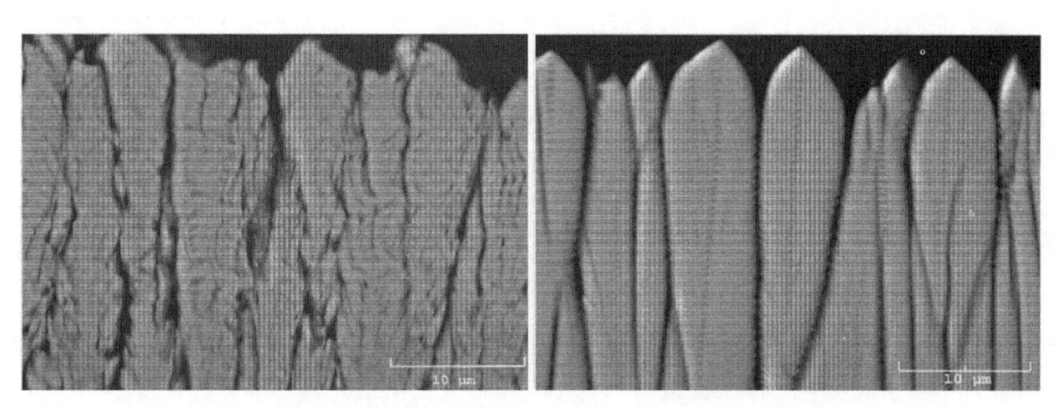

图 5-3-2-12　所得涂层的截面电镜照片（左图）和基线的截面电镜照片（右图）

综上，通过该专利形成的锯齿形微结构被认为提供与旋转变化相关联的调制密度和方向性，以便提供对热传导和机械损伤的增加的抵抗性，进而提高涡轮效率。

8.US2016115584A　现有技术已知在较低真空（较高压力）条件下运行 EB-PVD 工艺导致更快的沉积速率和改善的表面涂覆，然而，在这些条件下可能由于气相中蒸气的冷凝而形成纳米颗粒，这些纳米颗粒可具有若干不期望的效果，包括泵送系统的堵塞或损坏、电子束枪系统中的积聚和损坏以及视口的遮蔽。

减轻这些影响对于经济的、操作上有效的涂覆方法是非常必要的，该专利提出了一种用于在工件上沉积涂层的系统，包括沉积腔室，在该沉积腔室内形成涡流以至少部分地围绕其中的工件。如图 5-3-2-13 所示，在操作中，沉积室 26 以相对高的速度操作，使得工件 22 可以在比所需的预热时间和冷却时间更少的时间内被涂覆；物理建模支持压缩蒸气流 V 的 EB-PVD 工艺的低真空操作（LVO）；用于提供 LVO 的气体注入还有助于产生蒸气流 / 气体涡流，其允许蒸气冷凝成蒸气流 V 外部的纳米颗粒，这导致纳米颗粒的附聚及其在沉积室 26 的停滞和冷区域（例如机械泵筛网 110）中的沉积。因此，绒毛形成基本上是冷凝现象，使得补充热量或工艺热量的重新分布可以促进防止绒毛形成。

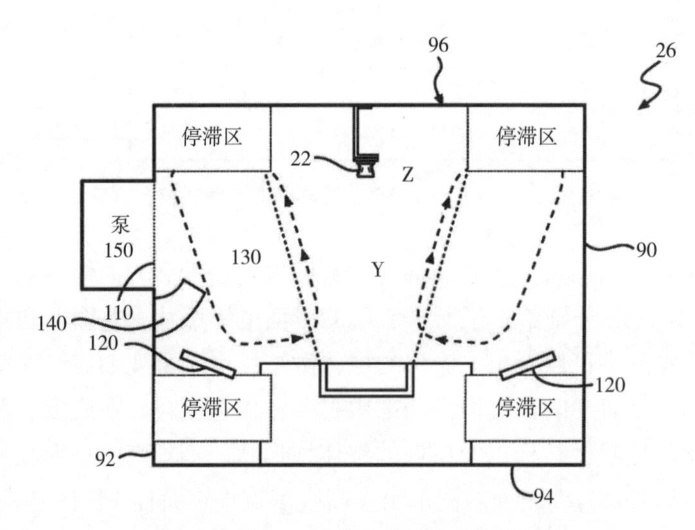

图 5-3-2-13　EB-PVD 沉积室的示意图

为了抵消这种冷凝现象，该专利采取了如下一些手段，例如，将工艺气体预热至接近沉积温度，EB 枪 60 功率的一部分用于加热停滞和涡流区域中的耐火板 120，以在涂覆活动早期减少到相对冷的壁 90-94 的热传递，以最小化绒毛形成；或者，沉积室 26 中的气体温度为约 1300F，使得壁 90-94 本身的温度有助于防止绒毛形成；或者，在沉积室 26 内围绕蒸汽羽流 V 形成涡流 130，以分离小于约 2.5nm 的颗粒；或者，注入以实现 LVO 的工艺气体以最小化工艺气体与蒸汽羽流 V 之间的相互作用的方式注入，同时仍然在沉积室 26 中提供压缩蒸汽羽流 V 的期望背景压力，以实现 LVO 的益处，这有助于在与相对较冷的处理气体显著相互作用之前将蒸气沉积在工件 22 上，从而减少冷凝现象的发生，这可以通过经由歧管 140 引入工艺气体来促进，歧管 140 布置成使得工艺气体不流过锭 70、72、工件

22和工件上方的上壁96之间的涂覆室或热罩的体积，在此之前称为“涂覆区”“Z”；或者，注入以实现LVO的工艺气体经由歧管140注入，歧管140将流向上引向上壁96；由于处理气体的速度矢量的方向类似于蒸汽分子的方向，所以处理气体与蒸汽之间的碰撞不会导致蒸汽分子的速度的显著降低，因此蒸汽分子不会被碰撞显著冷却。

综上，通过上述工艺减少了冷凝现象的发生，最小化了加热工艺气体的需要，并且提高了工艺效率，减少了纳米颗粒的形成，防止了泵送系统的堵塞或损坏。

9.US2020024979A　该专利公开了一种减轻CMAS侵蚀的热障涂层的微观结构的形成方法，包括：将热障涂层的层施加到具有表面的部件，在热障涂层中形成多个第一通道，以及在热障涂层中形成多个第二通道；第一通道从与部件的表面的界面到与界面相对的自由表面延伸穿过热障涂层的厚度；第二通道设置在自由表面和界面之间，并且大致平行于热障涂层的自由表面纵向延伸；通过电子束物理气相沉积工艺形成所述多个第二通道。该方法能够提高电阻，减少深度穿透和热传导，并增强性能。

（三）等离子物理气相沉积（PS-PVD）

大气等离子喷涂（air plasma spray，APS）和电子束物理气相沉积（electron beam physical vapor deposition，EB-PVD）技术目前应用最广泛的热障涂层制备技术。

1998年瑞士SulzerMetco公司在多年低压等离子喷涂研究基础上提出了超低压等离子喷涂薄膜技术。相比于低压等离子喷涂技术而言，其工作室压力更低（0.1～1kPa），且随着真空室压力降低，等离子射流逐渐变粗加长，其中的粉末粒子可被加热至气化，实现大面积致密金属/陶瓷薄膜的快速沉积。PS-PVD则是在超低压等离子喷涂技术的基础上通过进一步增加喷涂功率发展而来的。通过采用超大功率的等离子喷枪（约180kW），PS-PVD可以将YSZ等陶瓷材料加热气化并实现快速气相沉积。这种气相沉积形成的涂层，其特性更接近于电子束物理气相沉积涂层。因此，该技术被认为兼具了等离子喷涂（沉积效率高）与电子束物理气相沉积（涂层具有高应变容限）两种技术的优点，可实现准柱状结构的快速沉积，并突破了APS和EB-PVD共有的视线沉积限制，可以实现VPS/LPPS以及PS-PVD三种工艺的等离子射流。

1.GB2264718A　在该专利之前，现有技术中已有通过等离子体辅助PVD的涂覆技术的研究，并且已知这种结构化分层用于提供改进的热障涂层的具体用途。

在上述研究的基础上，1992年，赫尔大学正式提出了一种涂覆方法，包括通过物理气相沉积在基底上形成材料的层状涂层，所述层包括结构中的至少三个过渡，所述方法包括连续地或半连续地改变穿过所述结构的每一层的结构，以防止连续层之间的不连续性；材料的组成在整个层中可以相同或大致相同；因此，通过调节工艺参数以产生组成逐渐变化的层以避免结构区之间的冲击转变，克服了这种结构中的层间脱粘和分离的问题，这可以通过例如连续或半连续地改变电离程度来实现；具体而言，其通过在等离子体辅助PVD中对来自热离子发射器的电子发射进行范围调整来控制电离程度；或通过改变耦合到射频等离子体系统中的等离子体中的射频功率的量来实现。

2.US2017218501A　该专利使用等离子体喷涂物理气相沉积（PS-PVD）形成多层多微结构环境阻挡涂层（EBC），其中，该工艺基于一种系统，包括：真空泵；真空室；等离子喷涂装置；涂层材料源；以及计算设备，所述计算设备可操作以：控制所述真空泵以将所述真空腔室抽空到高真空；控制所述涂层材料源以第一进给速率向所述等离子体喷涂装置提供第一涂层材料，所述第一涂层材料具有被选择为使得由所述第一涂层材料形成的第一层包括稀土二硅酸盐的组成，并且所述第一进给速率被选择为导致所述第一层的基本上致密的微结构；控制所述等离子体喷涂装置使用等离子体喷涂物理气相沉积在所述真空室中的基板上沉积所述第一层，其中所述第一层包括所述稀土二硅酸盐；控制所述涂层材料源以第二供给速率向所述等离子喷涂装置提供第二涂层材料，所述第二涂层材料具有选择的组成，使得由所述第二涂层材料形成的第二层包括稀土单硅酸盐或热障涂层组合物，所述热障涂层组合物包括基础氧化物，所述基础氧化物包括氧化锆或氧化铪；初级掺杂剂，所述初级掺杂剂包括氧化镱；包含氧化钐的第一共掺杂剂；以及第二共掺杂剂，所述第二共掺杂剂包括镥、钪、二氧化铈、钆、钕或铕中的至少一种；以及控制所述等离子体喷涂装置使用等离子体喷涂物理气相沉积在所述第一层上沉积所述第二层，其中所述第二层包括所述稀土单硅酸盐或所述热障涂层组合物，所述热障涂层组合物包括所述基础氧化物，所述基础氧化物包括氧化锆或氧化铪；所述主要掺杂剂包括氧化镱；所述第一共掺杂剂包括氧化钐；并且所述第二共掺杂剂包括镥、钪、二氧化铈、钆、钕或铕中的至少一种。

可见，利用PS-PVD系统能够在基板上沉积多层多微结构的涂层，这对于通常用于沉积柱状涂层的EB-PVD（电子束物理气相沉积）技术可能是不可能的。

3.US2020123642A　该专利公开了一种内腔等离子喷涂物理气相沉积技术，基于其公开的系统和方法，可以在部件的内腔的表面上形成涂层。

结合图5-3-2-14，其工艺具体包括：漏斗30定位在等离子体喷涂装置20和基底16之间，漏斗30相对于等离子体喷射装置20定位，使得由等离子体喷射装置20产生的等离子体羽流28进入漏斗30的入口34并离开漏斗30的出口36；漏斗30相对于基底16定位，使得进入漏斗30的入口34的等离子体羽流28的部分离开出口36进入内腔18的开口38，从出口36离开进入内腔18的开口38的等离子体羽流28的部分可以在开放腔32的表面18上形成来自涂覆材料源26的蒸发材料的涂层；漏斗30的出口34具有第一宽度40，并且漏斗30的入口36具有小于第一宽度40的第二宽度42；漏斗30在出口34和入口36之间逐渐变细，以允许出口34和入口36之间的宽度逐渐变化；进入漏斗30的入口34的等离子体羽流28的横截面可大于内腔32的开口38的横截面，等离子体羽流28的该横截面可以基本上正交于羽流28的纵向轴线，基本上正交于等离子体羽流延伸出等离子体喷射装置20的方向，和/或沿着与内腔32的开口38的横截面基本上相同的平面。漏斗30可用于将进入漏斗的入口34的等离子体羽流28的体积引导并集中到基板16的相对较小的开口38中，以这种方式，即使由等离子体喷涂装置20产生的等离子体羽流28的尺寸大于通向内腔32的开口38的尺寸，PS-PVD系统10也可用于在基底16的内腔32的表面18上形成涂层。

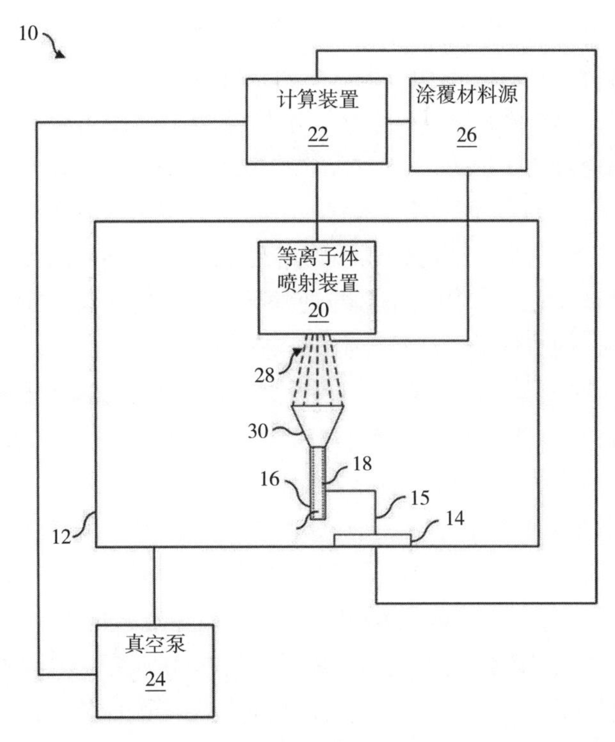

图 5-3-2-14　使用 PS-PVD 形成 EBC 或 TBC 的系统示意图

（四）其他工艺技术

前述 PS-PVD、EB-PVD、APS 三种工艺及采用上述工艺制备的 YSZ 热障涂层的微观结构与性能对比如表 5-3-2-1 所示。

表 5-3-2-1　PS-PVD 与 EB-PVD、APS 工艺制备的 YSZ 热障涂层对比

工艺方法	原材料	微观形貌	燃气热冲击寿命 / 次	热导率（1100℃）/（$W \cdot m^{-1} \cdot K^{-1}$）	涂层结合力 /MPa	表面粗糙度 R_a/μm（涂层厚度～ 100μm）	沉积效率	沉积方式	操作难易程度	成本
PS-PVD	粉体	准柱状晶	＞ 2000	1.1	＞ 40	＜ 5	10 ～ 20μm/min	非视线沉积	较难	较高
EB-PVD	靶材	柱状晶	与 PS-PVD 相当	1.6	＞ 50	＜ 5	1 ～ 3μm/min	视线沉积	较难	较高
APS	粉体	层柱状晶	一般＜ 1000	1.0	＜ 35	＜ 10	30 ～ 50μm/min	视线沉积	容易	较低

除了上述制备工艺，其他如激光熔覆（LC）、超音速火焰喷涂（HVOF）、液相等离子喷涂（主要包括溶液前驱体等离子喷涂（SPPS）和悬浮液等离子喷涂（SPS））等亦是近年来新兴的用

于热障涂层的方法，其各自的优劣性已在第一章中进行比较分析，在此不再赘述。

接下来，选取部分其他工艺的相关重点专利进行介绍。

1.US2006222777A　本领域中标准等离子喷涂技术主要使用粉末进料器将粉末涂层材料输送到等离子喷枪的等离子射流中，然而，该技术通常限于使用至少200目或更大的颗粒，随着颗粒尺寸减小到200目以下，将粉末状涂层材料直接引入等离子体射流中逐渐变得更加困难，细颗粒倾向于紧密堆积，增加了常规粉末进料系统中堵塞的可能性；然而另一方面，细颗粒被期望用于热障涂层中，因为细颗粒通常导致更细的晶粒、更致密的涂层，且由于细颗粒与其小质量相比的热性质，细颗粒也更容易熔融。

为了解决上述问题，该专利公开了一种使用液体喷射施加等离子体喷涂涂层的方法，其采用如图5-3-2-15的系统，其中，等离子体枪20用于施加热障涂层成分42，以在基板12上产生一个或多个涂层的热障涂层系统14，等离子体形成气体通过将等离子体形成气体运送到等离子体枪20的气体管线22引入到等离子体枪20中，等离子体形成气体被传送到等离子体枪20的炬部分24中；通过注入液体/固体混合物40，优选胶体悬浮液，将涂层成分42与载液一起引入等离子体射流44中，液体/固体混合物40可以在注入之前储存在罐32或其他类似容器中，罐32与附接到等离子体枪20的炬部分24的液体喷射器38流体连通，泵34迫使液体/固体混合物40通过管道36或用于流体流动的一些其他导管，在该点处液体/固体混合物40进入液体注射器38；固体/液体混合物40由液体喷射器38通过雾化喷嘴39喷射到等离子体火焰28中，其中的液体被蒸发，并且进入火焰28的液体/固体混合物40中的热障涂层成分42被熔化，并且被等离子体射流44的力（如虚线内的区域所限定的）携带抵靠基底12以形成热障涂层系统14。

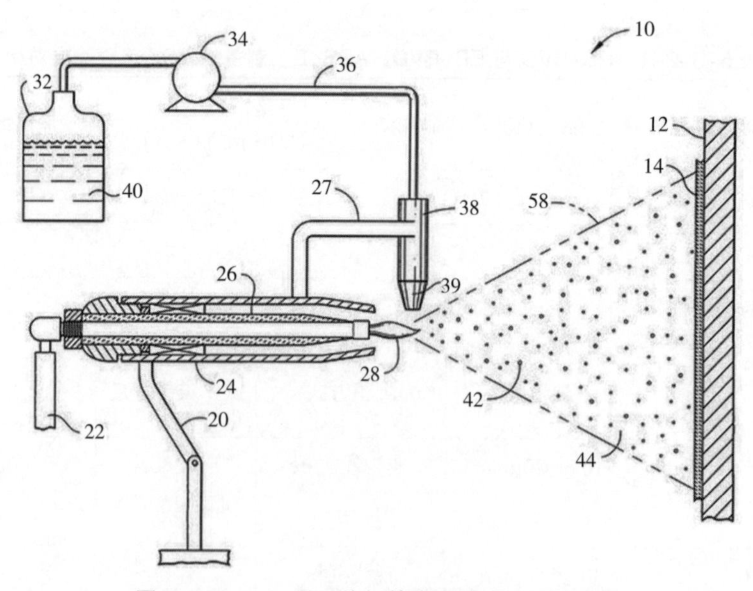

图5-3-2-15　用于施加等离子喷涂涂层的系统

综上，通过等离子喷涂技术使用涂覆成分的液体注射允许使用细颗粒作为涂覆成分，这导致涂层比通过常规方法可获得的涂层更致密，涂层还表现出更细的粒度。

2.US2011151132A 该专利提供用于减少暴露于热和恶劣气候的基材的 CMAS 渗透的涂层体系的方法；示例性方法包括使用高速氧燃料（HVOF）技术任选地将粘结涂层布置在基底上，将内陶瓷层布置在粘结涂层上或在不存在粘结涂层的情况下布置在基底上，以及布置包含至多 50% 重量二氧化钛的含氧化铝的外层；可以提供额外的陶瓷层和含氧化铝的层以获得抗 CMAS 涂层。

3.DE102014222686A 该专利通过悬浮等离子喷涂（SPS）制造的最外面的陶瓷层实现了对 CMAS 污染的改进的保护，其中该最外面的陶瓷层被施加到现有技术的陶瓷层上。

如图 5-3-2-16 所示，所属陶瓷层系统 1 具有基材 4，特别是金属基材 4，在涡轮机构件中，这是镍基或钴基超合金；在基材 4 上优选涂覆金属增附剂层 7，特别是涂覆层，更特别是由 NiCoCrAlY 合金构成的涂覆层，该金属增附剂层 7 的目的是结合到陶瓷层上和基底 4 的氧化保护功能，因为在金属增附剂层 7 上生长氧化层，该氧化层在制造时已经存在并且无论如何在运行中产生；在金属增附剂层 7 上施加有陶瓷内层 8，该陶瓷内层优选具有 15% ± 3% 的孔隙率，内陶瓷层 8 通过使用粉末的喷涂方法施加，特别是通过热喷涂方法，更特别是借助 HVOF 或 APS 施加；内陶瓷层 8 具有平坦的晶粒，其中“平坦”是指基材 4 的表面；用于陶瓷内层 8 的材料优选是部分稳定的氧化锆，部分稳定化优选通过氧化钇和优选通过 8% 重量的氧化钇重量份额实现；在该陶瓷层 8 的表面 13 上施加另一陶瓷的最外层 11，其优选借助于悬浮液等离子喷涂（SPS）制造。通过该 SPS 工艺能够形成一层具有主枝晶和次枝晶的层，这防止了液体的粘附，避免了硅酸钙镁铝（CMAS）对陶瓷涂层热气接触部件造成的损坏，因此延长了涡轮叶片的使用寿命。

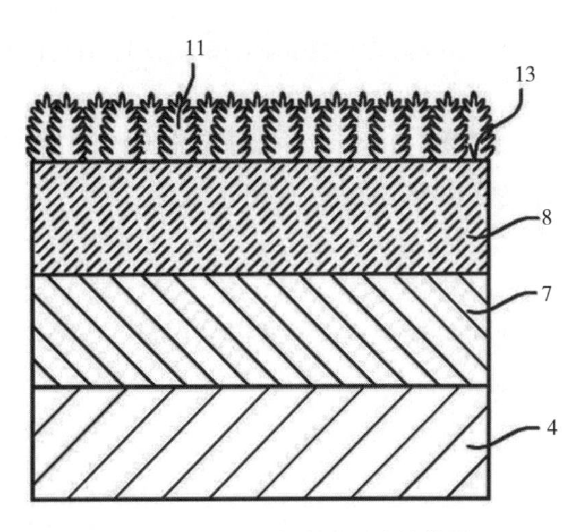

图 5-3-2-16 陶瓷层系统的截面图

4.EP2947173A 该专利公开了一种用于在超合金基底上涂覆包括粘合涂层的部件和涂层系统的方法。可以通过悬浮等离子体喷涂（SPS）和溶液前体等离子体喷涂（SPPS）中的一种将热障材料施加到结合涂层，并且可以将稀土磷灰石施加到热障材料，以形成暴露表面。其中，SPS 是等离子体喷涂的一种形式，其中陶瓷原料在注入等离子体射流之前分散在液体悬浮液中，这有助于通过使用更细的粉末沉积更细的微结构。SPPS 是基于溶液的工艺，通过该工艺将可溶性金属阳离子的溶液注入等离子体羽流中。对于 SPS，用于稀土氧化物（REO）涂层的源材料可以作为分散在醇、水或另一种合适的载体中的亚微米颗粒提供；对于 SPPS，REO 涂层的源材料可以作为金属盐或金属有机化合物提供，其将分散在醇、水或其他合适的载体中。

悬浮等离子体喷涂（SPS）或溶液前体等离子体喷涂（SPPS）工艺有利于促进涂层具有宽范围的化学和微结构，同时优化成本和应变容限。

5.US2015159492A　该专利中特别涉及一种定向气相沉积（DVD）技术，其是用于将高质量涂层气相沉积到复杂基材上的先进方法，它最初是在弗吉尼亚大学开发的，并被许可给 DVTI 公司。它为灵活的、高质量的涂覆方法提供了技术基础，该方法能够在部件的视线和 NLOS 区域上雾化沉积致密或多孔的、组成受控的涂层。

与其他 PVD 方法不同，DVD 被专门设计成能够高度控制蒸汽原子从源到衬底的传输。为了实现这一点，DVD 技术利用超音速气体射流将热蒸发的蒸汽云引导和输送到部件上，典型的操作压力在 1 ～ 50Pa 的范围内，要求仅需要使用快速且廉价的机械泵送，从而导致短的（几分钟）室抽空时间；在该处理方案中，蒸气原子与气体射流之间的碰撞产生用于控制蒸气输送的机制；这实现了几种独特的功能：

高速沉积：气体射流与蒸气原子之间的气相碰撞允许通量被“引导”到衬底上，由于蒸发的助熔剂的高分数影响衬底（即材料利用效率增加）而不是不期望的位置（例如真空室的壁），因此非常高的沉积速率（$>$ 10μm/min）。

非视线沉积：气体射流可用于将蒸气原子携带到部件的内部区域中，然后将它们散射到内表面上以导致 NLOS 沉积。

多源蒸发期间的受控混合：高频电子束扫描（100kHz）的使用允许同时蒸发多个源棒。通过使用与气体射流原子的二元碰撞，蒸气通量被混合，从而允许蒸气通量的组成（以及因此涂层）被唯一地控制。即使当合金组分之间存在大的蒸气压差时，这也允许产生具有精确组成控制的合金；它还能够在单次运行中沉积多层涂层。

6.KR20170078505A　该专利涉及一种使用悬浮等离子体喷涂制备热屏蔽涂层的方法，包括：（a）制备其中分散有用于热屏蔽涂层的氧化物颗粒的悬浮体；以及（b）利用所述悬液通过悬液等离子体喷涂法在母材上形成涂覆层的步骤，所述隔热涂覆层包含低导热性复合氧化物陶瓷，所述低导热性复合氧化物陶瓷由下述化学式表示，并具有氟石（fluorite）结晶相的单一结构；

[化学式] $A_{2-x}Zr_{2+x}O_{7+0.5x}$（其中 A 是 Gd、Sm 或 Dy，并且 $0 < x \leq 1$）。

悬浮等离子体喷涂是代替粉末材料而将液体状态的悬浮直接供给到等离子体射流的喷涂法，投入等离子体射流的悬浮在等离子体射流内被微粒化，经过由加热引起的溶剂的蒸发、材料的溶解、母材中的碰撞等一系列过程而形成涂层。悬浮等离子体喷涂具有如下优点：即使在将微细粉末用于喷涂材料的情况下，也不会发生由喷涂材料引起的供给软管的堵塞现象，并且能够连续且稳定地提供喷涂材料，因此通过一同调节投入电力、等离子体气体流量、悬浮的浓度、喷涂距离等变量，能够多样地控制所形成的涂层的微细结构。

通过根据本发明的使用悬浮等离子体喷涂的高温环境热屏蔽涂层的制造方法获得的热屏蔽涂层具有降低的稀土元素含量，从而降低生产成本，所述稀土元素是昂贵的并且具有供需不稳定的顾虑。

7.US2023313409A 该专利涉及一种悬浮等离子喷涂柱状生长控制方法，其包括将金属氧化物颗粒悬浮在载液中以产生悬浮液，通过等离子体火焰将悬浮液喷射到基材上，颗粒在等离子体火焰中蒸发以在它们行进到基底期间形成气态陶瓷，气态陶瓷沉积在基底上以形成柱状晶粒。

SPS是使用等离子体羽流来加热陶瓷材料（金属氧化物粉末颗粒）并将其推向基材表面的工艺。为了通过外延生长形成柱状晶粒，注入等离子体中的陶瓷粉末被完全蒸发以产生所需的陶瓷蒸气，该陶瓷蒸气可以通过等离子体流的动量输送到衬底表面。总之，等离子体的温度、粉末在等离子体内的停留时间和粉末的尺寸是本公开中详述的几个参数，并且被控制以实现一致的柱状晶粒。该方法简单，并且能够进行控制衬底上柱状生长的悬浮等离子体喷涂处理，该衬底在高温操作期间具有改善的应变耐受性和耐久性。

第三节 热障涂层检测技术

一、发展脉络

随着热障涂层（TBCs）的研究和应用，发动机热端部件在恶劣工况下的服役过程中的安全性和可靠性也日益引起相关研究人员的重视，寻求可以表征涂层质量的厚度、显微结构、缺陷、应力等参数的检测方法以及科学合理预估其剩余寿命，是发动机热端部件安全运转的重要保障，同时还能够节约生产和维护成本，从而拓宽其民用工程使用范围。

检测技术的发展一方面基于对热障涂层微观结构、力学性能、化学性能及热性能认识逐步完善，另一方面也基于更多新的检测技术在工程中的成功应用，热障涂层也由最初传统的依靠厚度、裂纹的检测参数，扩展到微观结构如界面结构的检测，由传统的破坏式或是接触式检测发展为无损检测进而发展为无接触式诊断，由停机检测过渡为在线运行实时监控，模拟实际服役环境也逐渐被计算模拟预测替代。

图5-3-3-1是境外热障涂层检测技术主要申请人构成。可以看出，西门子和GE占据了该技术领域一大半的申请量，GE虽然最早在这一领域中探索，但后起之秀西门子总申请量略高于GE。这两个公司不仅拥有的专利技术的数目多，引领着该技术的发展方向，而且善于研究各国或地区在该技术中的研发领先程度，并积极在全球进行合理的专利布局。近年来，GE和西门子逐渐开始在中国进行热障涂层检测技术的专利布局，可以侧面反映出国内相关工作团队的技术研究成果已引起了境外的关注，并开始积极在中国申请专利进行技术防御。

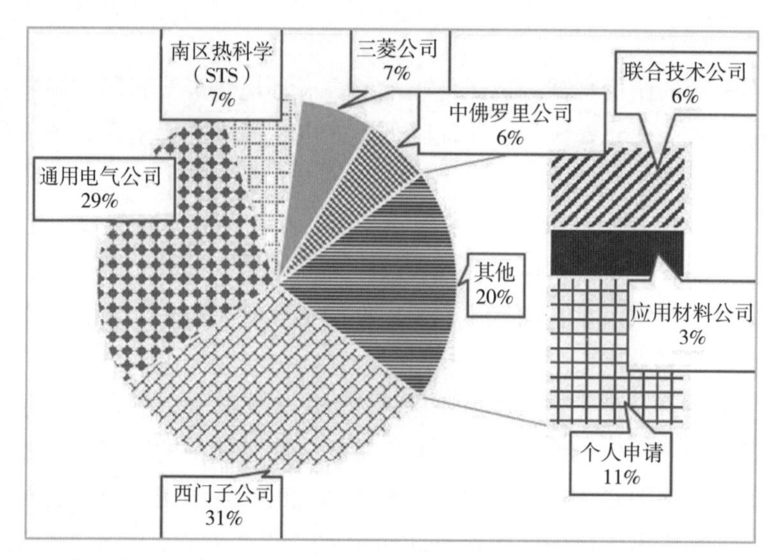

图 5-3-3-1　境外热障涂层检测技术主要申请人构成（申请件数 / 境外该领域总申请件数）

图 5-3-3-2 是境外热障涂层检测技术专利申请及公开趋势，与前章给出的图 5-2-3-1 境外热障涂层技术专利申请及公开趋势相比，可以看出境外最早期的热障涂层检测技术比早期的热障涂层技术相比滞后 10 年左右，检测技术的专利申请最早出现在 20 世纪 80 年代中期，可能是第一批应用热障涂层技术的发动机热端部件面临性能恶化，无法满足极端服役环境，促使相关人员开始研究检测和表征热障涂层的某些性能，用以指导和判断其恶化程度。下面简要介绍热障涂层检测技术的几个发展阶段。

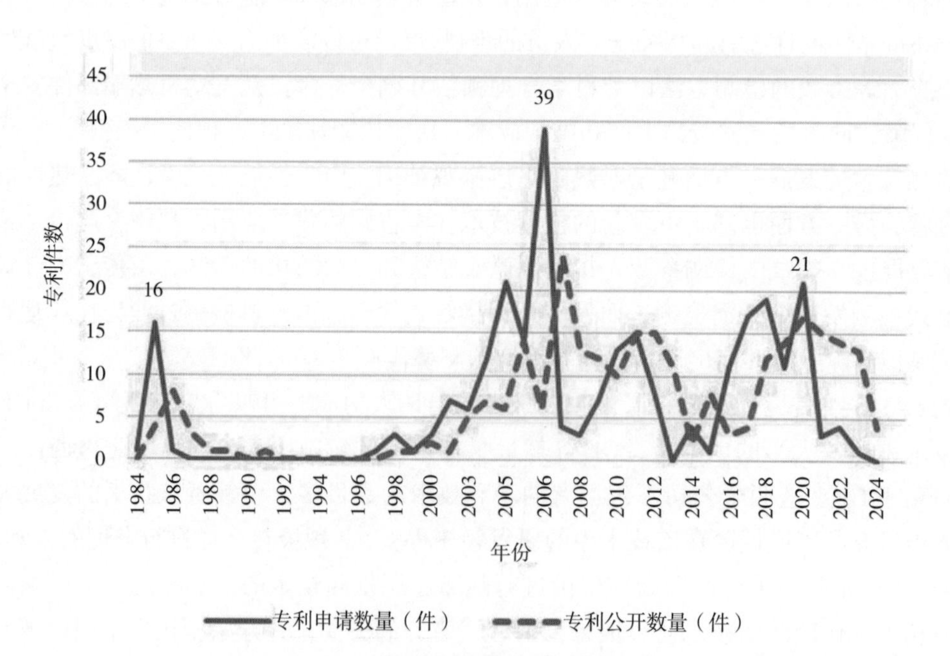

图 5-3-3-2　境外热障涂层检测技术专利申请及公开趋势

（一）技术萌芽期（1984—1995 年）

从图 5- 3-3-2 中可以看出，境外热障涂层检测技术的专利申请在早期阶段的初始有一个小高峰，但随即一直到 20 世纪 90 年代中期，几乎没有新的专利申请，总共申请量 20 件左右，属于该技术的萌芽期。经对这批专利分析发现，申请人基本上全是 GE，而这些申请仅涉及热障涂层厚度和粘附性参数的检测技术。

在厚度测量方面：当时现有技术中常用的四种测量方式均有一定的弊端，一是通过锯切部件以暴露 TBC 横截面的直接测量方式，容易损坏部件；二是 TBCs 的多孔性导致其分散超声能量，因此无法使用超声测量厚度；三是计算机辅助 X 射线断层摄影术尚无法提供足够的测量精度；四是涡流探针需与 TBCs 的复杂表面精确对准，使得涡流测厚虽然准确但操作精准度要求很难达到。基于上述技术限制，GE 采用的厚度测量技术主要采用激光脉冲比较推断的方式，如 US4634291A，其通过将受控量的激光能量施加到该区域上一段时间间隔，在激光脉冲终止之后的预定时间测量激光撞击区域之外的区域的辐射热能，然后将该测量的辐射能量的强度与从已知厚度的样品实验获得的辐射强度进行比较，并由此推断出厚度。

在粘附性检测方面：为了检测 TBC 涂层的不良粘附（脱粘）区域，GE 利用涂层中脱粘区处的温度与非脱粘处的温度存在差异来判断。如其公开的 GB2164147，利用激光束或其他手段加热 TBC 的两个区域，用扫描红外辐射计测量不同区域的温度，将所述测量温度中的选定温度与基准进行比较，判断出脱粘区。

（二）技术快速发展期（1996—2007 年）

从 1996 年开始，越来越多的组织和公司参与热障涂层检测技术的研究，关于该项技术的申请如雨后春笋般蓬勃发展，2006 年更达到年申请量的顶峰。

在此期间，西门子的申请量远远超过了 GE 的申请量，其涉及的专利技术主要是应用电磁波或是热成像系统对涂层进行检测，包括：WO2007020170A 公开的将发射的电磁波的相位与接收到的电磁波的相位进行比较确定 TBC 涂层的厚度；WO0146660A 公开的利用使用热成像相机测量系统获取服役部件温度分布的辐射进行远程测量和生成数据，判断陶瓷涂层的劣化程度并由专家学习系统预测剩余寿命。

南区热科学（STS）有限公司的申请量与 GE 的申请量相差不大，其涉及的专利技术主要利用光信号检测厚度或是腐蚀状况。包括：WO2007023292A 公开的基于用检测器检测来自所述物体的表面的发光信号，根据发光信号的强度通过确定单元得到涂层的厚度信息；WO2005019601A 公开了，在涂层中加入指示材料，涂层在指示材料处因腐蚀而改变光发射；用激发光束照射涂层，接收来自涂层的光发射的检测信号，对该信号进行分析以识别一个或多个可预定光谱特征并表征涂层的腐蚀情况。

GE 的申请涉及不用厚度标准就能定量地测量绝缘涂层的绝对厚度的技术，包括：JP2007178429A 公开的通过使用高速红外（IR）瞬时热成像来确定和显示绝缘涂层的实际厚度和热导率值的无损测试方法。

（三）稳定发展期（2008 年之后）

从 2008 年开始，专利申请量回落，年度申请量周期式波动变化，西门子相关的专利申请最为活跃，不仅专利技术的数目最多，而且积极向全球重要区域和组织提交专利申请，因此其专利申请件数也遥遥领先；应用材料公司拥有的专利技术的数目增多，与 GE 的专利技术的数目不相上下，但由于应用材料公司除了在美国和新加坡申请，很少在其他国家和地区进行专利布局，因此，其专利申请件数远远不及 GE，并且也落后于专利技术的数目，少于该公司的三菱重工公司和中佛罗里公司。

在该阶段，寿命管理相关的申请成为主流，各研究机构也积极尝试将新的检测应用于热障涂层的检测中，如 GE 在 2018 年申请的 WO2018081647A，其公开了用来自脉冲发生器的电磁脉冲扫描非金属 CMC 结构，该脉冲发生器产生太赫兹范围内的电磁脉冲，在电磁脉冲穿过非金属结构之后对其进行评估，基于电磁脉冲的评估来确定非金属结构中的阻抗差。期间，相关研究者也将热障涂层检测技术应用于修复工艺中以适时反馈修复程度，如西门子 2018 年申请的 US2021308829A，其公开了测量部件的 TBC 的第一厚度以验证第一厚度大于预定阈值，以及选择海绵射流喷砂工艺的操作参数清洁 TBC，并且测量所述 TBC 的第二厚度以确定在所述清洁期间去除的 TBC 的量，并且验证所述厚度超过将允许所述部件返回到所述高温环境的预定最小值。

在下一节中笔者将对热障涂层检测技术的重点专利作一简单介绍。

二、重点专利

（一）超声检测技术（UT）

1.JP2005114376A　早在 20 世纪 70 年代就有将超声用于无损检测涂层厚度或缺陷的专利技术，例如 US3499153、US3808439 等。

线性超声波法无法评价热障涂层在初期产生的微小裂纹或损伤，非线性超声波法（高次谐波）在直接接触法中容易引起测定误差，但如果利用保水浸法，非常强的水的非线性则难以解决。

据此，KAWASHIMA K 于 2005 年公开了一种提高物体非线性超声检测方法的精度，超声换能器 1、3（见图 5-3-3-3）和检查对象材料 10 被布置在超声传播液体 21 中；使突发波从超声换能器 1、3 入射到检查对象材料 10；扫描传输频率以测量谐振频率 2fc、3fc、4fc 等；并且使具有作为测量的谐振频率 2fc、3fc、4fc 等之一的频率 fc 的 1/b 的发射频率入射到检查对象材料 10，其中 b 是 2 或更大的整数（2、3、4 等），以便测量在检查对象材料 10 中产生的发射超声波 fc 的高次谐波 BFc=2fc、3fc、4fc 等。在从发射超声波的入射开始计数的设定延迟时间 C 到 D 之后，高次谐波 Bfc 的接收电平被显示在显示装置 6d 上。

2.US2019064119A　西门子于 2019 年公开的上述专利技术涉及超声和红外热成像技术用于检测热障涂层的内部缺陷。该技术提供一种用于涡轮机部件的状态评估的非破坏性方法，具有声学热成像系统 100（见图 5-3-3-4），其包括与涡轮机部件 110 间隔开的热成像红外相机 130，红外相机 130 包括用于检测电磁光谱的红外区域中的热能的红外传感器，检测到的热能由涡轮机部件 110 辐射并传输到红外传感器，从而捕获涡轮部件 110 的红外图像；红外传感器通过信号连接耦合到计算机的处理器 150；计算机 140 根据存储在存储器中的预编程位置自动定位相机，以便捕获期望的图像。图 5-3-3-5 示出了涡轮机部件的横截面，基板 200 覆盖有粘结涂层 210，热障涂层 220 施加到粘结涂层 210，粘结涂层 210 和热障涂层 220 包括裂纹 230。当系统 100 有效地捕获涡轮机部件 110 中的裂纹 230 的热成像图像并将图像传输到处理器 150 后，就可以对该图像进行分析，进而评估涡轮机部件 110 的状况。

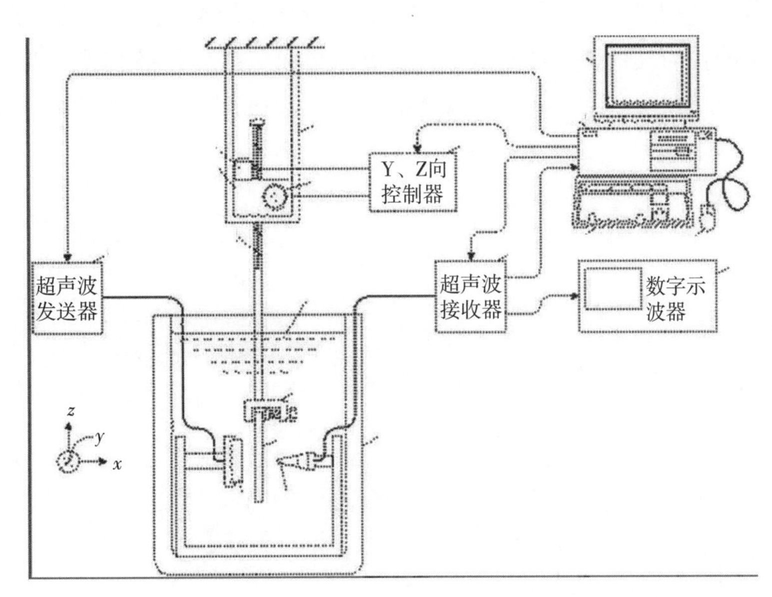

图 5-3-3-3　基于共振高次谐波的探伤程序执行的探伤控制示意图

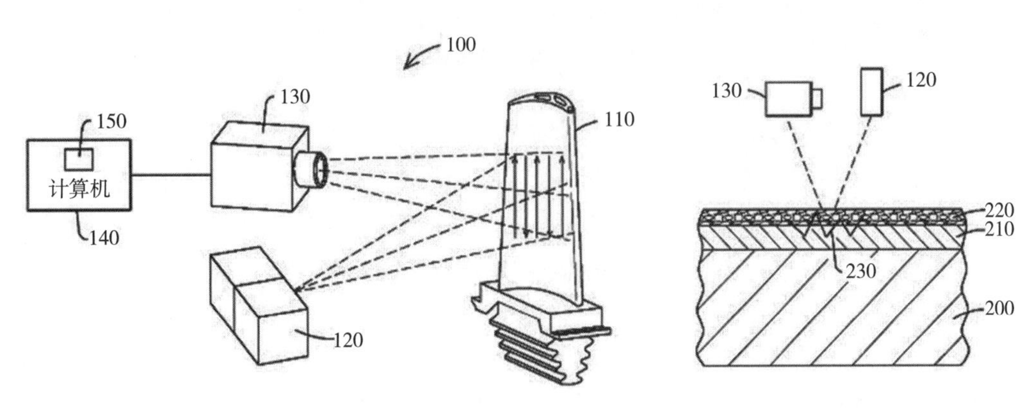

图 5-3-3-4　声学热成像系统的示意图

图 5-3-3-5　涡轮机部件的横截面

该非破坏性方法可以对安装在涡轮发动机中的内部部件的原位热成像检查，这样就可以使得被检查的涡轮机部件保持安装在发动机中，脉冲激光 120 可以在涡轮壳体内经由涡轮壳体中的入口被引导到涡轮壳体的内部上的涡轮部件的期望表面，图像接收器可以定位在涡轮壳体的内部上，以有效地捕获期望表面的热成像图像。

3.US2011062339A　西门子申请的该专利公开了一种用于对结构执行声学热成像的系

统，所示的系统 10（见图 5-3-3-6）包括声能源，诸如超声换能器 14，其以预定超声频率或在特定超声频带内生成声音输入信号。超声换能器 14 可以包括将声音输入信号耦合到部件 12 中的变幅杆 18。换能器 14 可以是适用于本发明热超声方法目的的常规换能器。换能器 14 通过使用压电元件提供电脉冲到机械位移的变换。例如，换能器 14 可以采用压电晶体的 PZT 堆叠，其被切割成精确的尺寸并且在由晶体的切割尺寸决定的非常窄的频率下操作。PZT 堆叠机械地联接到变幅杆 18，并且变幅杆 18 的尖端压靠在部件 12 上。因为尖端具有固定的尺寸并且是不可弯曲的，所以它表现出宽的接触面积和接触区域内的压力。这进一步受到部件 12 的非平坦、非光滑表面的影响。换能器 14 也可以是能够在部件 12 内的缺陷中产生热量的任何其他合适的声音装置，并且可以包括具有用于耦合到部件 12 的换能器的测试固定装置。在一个实施例中，换能器 14 以约 20kHz 的频率产生超声能量脉冲，持续约 0.5 ～ 1 秒的时间段。

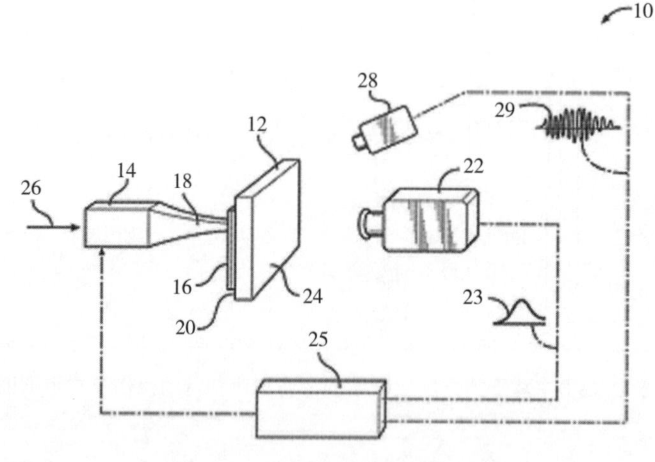

图 5-3-3-6　声学热成像的系统

（二）3.3.2.2 声发射技术（AE）

1.US5445027A　早在 20 世纪 80 年代，声发射技术就被应用于转动体的在线裂纹缺陷检测，如日立公司 1987 年公开的 US4685335A，其通过测量声发射信号来检测裂纹并根据可旋转体的假定振动与其测量的振动的比较结果来评估裂纹的深度，由此可以检测和监测可旋转体（主要指转轴）破裂的开始，而且可以在线检测和监测裂纹的进展。

西门子在 1995 年公开的专利 US5445027A 中涉及一种用于检测和定位涡轮机叶片中变化的方法，该方法包括：在涡轮机的操作期间确定至少一个测量值；以及在涡轮机的操作期间确定的至少一个测量值偏离标准值的情况下，利用涡轮机的内部中的探头确定由涡轮机的部件产生的声谱，并将声谱与参考谱进行比较，从而允许确定或检测过程变化。

上述两项专利虽然都用到了声发射技术，但其并未明确将其用于热障涂层的缺陷检测中，即使西门子的该项专利提出了检测涡轮机叶片的变化。众所周知，热障涂层的检测相比普通裂纹的检测要求的精密度更高，这是当时现有技术在应用声发射技术检测涂层缺陷时所要面临的问题。

2.US2002157471A　由于涡轮机内存在的高压流动气体，在使用声发射器时，如何引导声波精确地通过涡轮机是声发射技术面临的挑战。

西门子公开的上述专利很好地解决了声波在涡轮机中传递中的变化所带来的困扰。该专利公开了一种用于在涡轮机的操作期间监测燃烧涡轮机内的部件的状况的系统，可以用于监测涡轮机内的叶片和导叶上的热障涂层，该系统依赖于检测由施加在叶片（用于引导气流）和叶片（用于将气体压力转换成功）上的气体压力产生的声波的幅度和/或速度的变化。当燃气轮机运行时，脉冲信号发生器将产生到声发射器的信号，声发射器将电信号转换为声波，以通过高频声波导传输到每个叶片；通过每个叶片的声波由第二声波导接收，声波导接收器将对应于接收到的声波的信号发送到声接收器，用于将声信号转换为电信号；然后将信号传输到滤波器，以从待分析的较高频率信号中去除涡轮机的较低频率信号；信号最终被发送到存储示波器和/或计算机，从而允许分析声波的变化。

如果仅监测叶片的状况，则可以通过叶片发送脉冲声信号；当穿过具有完整涂层的叶片时，所得到的声波将具有一定的幅度和速度；声波的大小和速度将根据热障涂层的条件和结合强度以及叶片经受的应变而变化；当叶片上的涂层劣化时，所得声波的大小和/或速度将改变，从而指示叶片需要维修。

该专利进一步指出，也可以直接监测涡轮机内的声学信号，而不需要提供声学信号；当每个叶片经过叶片时，叶片将在该叶片处产生气体压力脉冲并产生声波；声波由声波导接收。声波导将声波发送到声接收器，用于将声信号转换为电信号；然后，电信号将被传输到滤波器，以从待分析的较高频率信号中去除涡轮机的较低频率信号；信号最终被发送到存储示波器和计算机，允许分析声波的变化。

围绕上述技术的核心内容，西门子后续还申请了多件专利，以更好地保护该技术，如US2003126928A、US2004177694A等。

3.US2003126928A　西门子相关研究人士发现，由物体撞击具有热障涂层的金属部件产生的声信号不同于未涂覆的金属部件的声信号，并且因此可以将由燃气轮机内部的外来物体产生的声信号与新叶片和轮叶的比较与在稍后的时间点产生的声信号进行比较，当部件已经经历服务并且已经暴露于涡轮机的恶劣条件时，以指示热障涂层是否已经劣化。

根据该发现，在上述专利中公开了一种在涡轮机运行时监测涡轮机叶片或静叶上的热障涂层的状况的方法，该方法包括提供用于在涡轮机的操作期间接收来自叶片和导叶的声学输出的装置，该声学输出由工作气体或其成分施加在涡轮机内的叶片或导叶上的力产生；为了监测目的，声输出是由涡轮机内的各种力产生的表面波；然后，当涡轮机的叶片和轮叶是新的时，将该声学输出与较早时间收集的声学输出数据进行比较；随着时间的推移监测表面波的幅度，其中声学输出随时间的变化（表面波的幅度的变化）指示涡轮机内的叶片或导叶上的热障涂层的劣化。

4.US2023288375A　雪佛龙美国公司于2023年公开的上述专利中，涉及一种用于涂层检查的方法：获得结构中的声激励的测量，结构包括基底和在所述基底的至少一部分上的涂层；对结构中的声激励的测量结果进行滤波，以从测量结果中去除基底的声响应，结构中的声激励的经滤波的测量结果包括涂层的声响应；以及基于结构中的声激励的经滤波的测量结果中的涂层的声响应来确定涂层的一个或多个性质，包括涂层中的缺陷的位置、尺寸和 / 或类型以及涂层与基底之间的粘附性能；特别是基于所述涂层在不同时间的声学响应来生成所述涂层的多个缺陷图，并且基于覆盖在所述结构的顶部上或配准到所述结构的所述多个缺陷图来确定涂层中的缺陷的变化或进展。

（三）红外热成像技术（IRT）

1.US5111048A　GE 于 1992 年公开的该专利引起了广泛的关注，此后 30 年中被引用了近 100 次。该专利公开了一种用于检测部件中的裂纹的装置，包括：激光器，用于提供激光束；以及光学器件，用于在部件的所选表面区域上扫描激光束，以加热所选表面区域并引起来自所选区域中存在的任何缺陷的辐射亮度的增加，红外辐射计或相机定位在基本上平行于所选表面区域的表面法线的光路中，以接收来自所选表面区域的辐射，红外辐射计和辐射计控件生成一系列曲线图，其对应于紧接在移除热量之后的选定持续时间内从选定表面区域接收的辐射率，该系列曲线图提供了接收到的辐射的瞬态响应，可以分析瞬态响应以区分次要表面异常和可能导致部件失效的裂纹或缺陷。

该技术手段通过选择性的局部电磁辐射加热改善了任何裂纹或缺陷与裂纹周围的材料之间的对比度，提高了针对长度小至约 0.01in 的非常微小的裂纹的检测能力，此外，GE 指出，发现通过分析对应于来自选择性加热的工件表面的辐射的检测红外图像的瞬态响应来区分可能导致故障的缺陷和其他不重要的微小表面异常，而这一技术在此之前从未被发现或使用过。

GE 在此后的一段时间内，也在以该专利为技术基础，不断地完善该检测技术，申请了更多的技术上有密切相关性的专利，如 US2004262521A、EP3964813A、US8759770B1 等。其中，US2004262521A 公开了一种用于检测延伸到部件表面中的裂纹的方法，方法包括：将待检查部件的表面定位在至少一个红外辐射检测器的光路中；使用电磁辐射加热部件表面以引起来自存在于部件表面处的缺陷的辐射率的增加；使用至少一个红外辐射检测器检测部件表面内的温度变化，使得在部件表面上的预定位置处测量表面辐照度；通过分析由红外辐射检测器接收的辐射瞬态响应数据来检测部件中的裂纹；以及将温度变化与辐射瞬态响应数据相关联以确定检测到的裂纹的深度。

2.US2009312956A　西门子在上述专利公开的利用红外热成像检测技术中，涉及一种用于从涡轮机部件的非破坏性监测生成数据的方法，该涡轮机部件与冷却介质接触并且将包含外部保护性陶瓷热障涂层，该外部保护性陶瓷热障涂层在腐蚀性高温涡轮机环境中经历潜在劣化，该方法通过以下步骤进行：（A）提供红外热成像装置；（B）提供连接到成像装置的数据库以提供测量系统，测量系统具有至少一个传感器，至少一个传感器有效地通过直接在热障涂层的表面处使用对表面辐射分布的非破坏性远程监测来定量地测量和生成数据，而无需热障涂层的物理接触，其中这种分布由热障涂层内的热流引起；（C）监测测量系统的辐射率，以确定由侵蚀、腐蚀、烧结、微裂纹、剥落和粘结分层中的至少一种引起的冷却系统或热障涂层的任何劣化；（D）使数据库评估劣化；以及（E）可选地基于劣化的评估来修改涡轮机的运行参数。

该方法和设备有效地监测冷却的低 IR 发射率陶瓷涡轮部件的分层，涡轮部件可能处于恶劣环境中并且以马赫速度移动，使得检测陶瓷内的脱粘区域等或单独的冷却系统故障触发几乎瞬时的装置，例如在大约 5 ～ 10 秒的延迟内，以分析潜在的损坏并且如果需要关闭设备。

3.US2008101683A　西门子在 2008 年公开的上述专利中，涉及一种用于从旋转操作涡轮机部件的检查生成数据的近实时方法，旋转操作涡轮机部件具有外部保护性陶瓷热障涂层，外部保护性陶瓷热障涂层可能在腐蚀性高温涡轮机环境中经历降解，方法包括：（A）提供多个红外热成像器，用于在部件旋转时同时获取热障涂层的区域上的多个空间配准的热成像点，其中多个热成像点用于感测由热障涂层的 as 区域内的热流引起的表面辐射分布；（B）从感测到的表面辐射率分布生成数据，数据具有足够的分辨率以在劣化升级到部件的故障点之前识别热障涂层中的初期劣化；（C）处理数据以生成涂层的区域的图像，以指示热障涂层的初始劣化；（D）评估图像中指示的初始劣化；以及（E）可选地，基于对劣化的评估，近实时地修改涡轮机的运行参数，其中，获取、生成、处理、评估和修改在足够短的时间段内实现，以避免初期劣化升级到涡轮机部件的故障点。

4.US2007299628A　芝加哥大学在 2007 年公开的上述专利中指出，影响 TBC 定量评估的主要障碍在于 TBC 的半透明度，常规的热成像方法无法直接使用，甚至需要在 TBC 表面上施加黑色涂料以消除体积加热效应。上述专利公开了一种用于从单面脉冲热成像自动分析多层材料的热成像数据的装置，包括：数据采集和控制计算机，数据采集和控制计算机存储多层材料系统的多个模型解；数据采集和控制计算机用于执行以下步骤：采集实验热成像数据；通过调整包括每层的热性质和厚度的模型参数，用实验热成像数据拟合模型解；以及响应于模型结果与实验热成像数据匹配，识别多层材料的热性质和厚度参数，其体积加热能够由吸收参数明确地建模，该吸收参数由最小二乘拟合自动确定。上述方法成功地解决了 TBC 的厚度和电导率的难以定量评估的技术问题。

（四）阻抗谱技术（IS）

1.JP2000131256A　形成涂层部件的母材是金属，是良导体，与此相对，涂层是电流极难流动的不良导体，因此电极间的阻抗与涂层的阻抗大致相等，该涂层的阻抗能够与电阻和静电电容并联连接而成的等效电路同等。该氧化物与涂层相比，电流更难以流通，其厚度薄，因此电阻率大，相对介电常数小。通过生成氧化物时的阻抗的测定值，能够检测氧化物的生成。在涂层减薄而壁厚变薄的情况下，与仅涂层的情况相比，静电电容变大，电阻变小，因此，通过将该倾斜角与涂层的厚度正常的倾斜角进行比较，能够检测壁厚减薄的状况。

根据上述阻抗谱技术原理，三菱重工等申请人在上述公开的专利文件中披露了采用阻抗谱检测涂层厚度的方法：在一个表面实施了涂层的被检测体即母材的另一个表面和上述涂层的表面分别安装电极，在该电极间一边使频率变化一边使电流流动，测定电极间的各频率下的阻抗，将各频率下的测定值根据实数成分的大小和虚数成分的大小显示于复平面，求出测定值的轨迹，根据该测定值的轨迹的大小检测作为劣化现象之一的氧化物的生成，根据轨迹的零点附近的倾斜角检测作为劣化现象之一的涂层的壁厚的减少。

2.US2004207413A　联合技术公司公开了一种用于检查涂覆物品的方法，包括：将测试装置的第一电极和第二电极电耦合到所述物品；在所述电极之间传递交流电，所述电流至少通过：陶瓷层；金属基材；在所述陶瓷层和所述金属基底之间的粘结涂层；以及在粘结涂层和陶瓷层之间的附加层；以及测量阻抗参数。

可包括环境控制室，环境控制室用于在测试期间容纳被涂覆物品并且控制温度、湿度、压力等的各种特性；电流由耦合到用于测量阻抗参数的阻抗分析器的电流放大器提供；阻抗分析器耦合到诸如计算机的分析设备；计算机可以显示测量参数的结果并执行分析以基于接收的参数确定涂层的定量和定性性质。

3.US2005274611A　电化学阻抗谱（EIS）可以用作非破坏性检查技术来测量或估计燃气涡轮发动机部件上的 TGO 层的厚度，从而允许评估 TBC 的质量。由于氧化钇稳定的氧化锆是离子导体，并且 TGO 通常是绝缘体，因此 EIS 可用于测量燃气涡轮发动机部件上的 TBCs 的阻抗谱，并且可由此确定 TGO 中的组成或微结构变化。

然而，现有的 EIS 探头很大，因此不容易用于生产、修理或维护环境，对于评估燃气涡轮发动机部件上的 TBCs 不是理想的。并且 EIS 探头通常需要固定被测量的部件，也不能在复杂的表面上进行测量。

SCHLICHTING K W 和联合技术公司共同申请的上述专利克服了现有技术中 EIS 探针的缺点，该专利提供了一种新型的 EIS 探针设计，其可用于评估热障涂层系统的厚度、质量、结构完整性、降解程度和 / 或剩余寿命，和 / 或允许确定热生长氧化物层中混合氧化物的存在。这种新型的探针比现有的 EIS 探针小得多，允许在生产、修理和 / 或维护环境中在复杂表面上进行测量；并且使其在涂覆的部件上快速且容易地执行非破坏性质量控制检查，并且在基底发生损坏之前识别和修复或更换质量差的 TBCs；可用于评估燃气涡轮发动机部件上的涂层。

其公开的具体方案为：参见图 5-3-3-7 和图 5-3-3-8 所示，发动机部件包括叶片 60，其具有从平台 64 朝向叶片梢部 65 向外延伸的涂覆的翼型件部分 62，以及从平台 64 向内延伸的未涂覆的叶片根部部分 66；叶片 60 的涂覆的翼型部分 62 在其上包括热障涂层系统 55；EIS 系统包括经由一对电引线 74、76 可操作地耦合到涂覆部件 60 的阻抗分析器 72；每个电引线 74、76 的一端可操作地耦合到阻抗分析器 72，电引线 74 可操作地直接联接到部件的未涂覆部分（叶片 60 的未涂覆叶片根部部分 66），从而使部件的未涂覆部分成为工作电极 75；电引线 76 可操作地联接到润湿电极 77，润湿电极 77 接触部件的涂覆部分（叶片 60 的涂覆翼型部分 62）；润湿电极 77 包括对电极 95，并且还可以包括参考电极 92；当两个电极 75、77 之间存在连续电路径时，电压源 71 可用于驱动对电极 95 和工作电极 75 之间的反应，并且阻抗参数可由阻抗分析器 72 测量；阻抗分析器 72 可以可操作地耦合到计算机 78，计算机 78 可以显示测量的阻抗参数和 / 或对其执行分析以基于测量的参数确定涂层的定量和 / 或定性性质。可以利用各种理论、经验或混合模型来确定涂层性质，例如层厚度、缺陷的存在、尺寸和数量（涂层的层内或层之间的空隙，其指示层的分离或其分层）、涂层的降解程度、涂层的估计剩余寿命等。

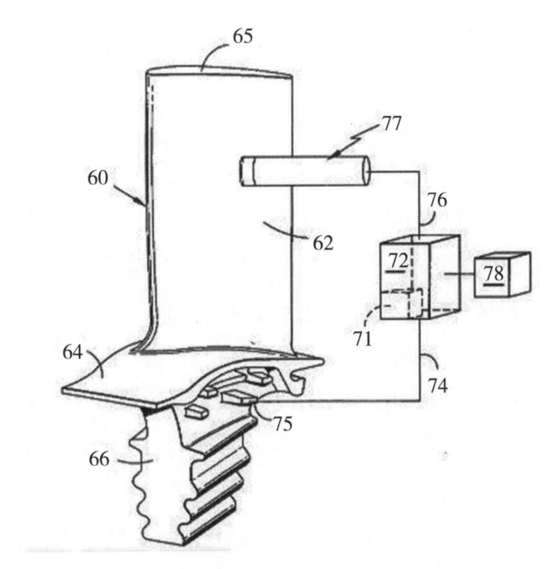

图 5-3-3-7 示例性的非限制性燃气涡轮发动机部件

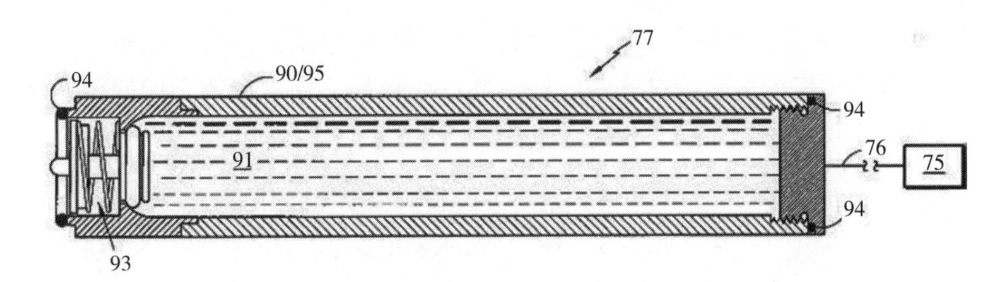

图 5-3-3-8 与电化学阻抗系统一起使用的双电极探针系统

（五）光激发荧光压电光谱（PLPS）

1.WO2011060404A PLPS 依赖于 TBC 对 PLPS 测量中使用的激光是透明的并且唯一的荧光源在 TGO 中的假设；但在使用涂覆有 TBC 的制品（例如燃气涡轮发动机叶片）期间，污染物可能积聚在 TBC 的表面上，这些污染物对于 PLP 中使用的激光可能是不透明的，而且污染物可以在类似于 TGO 中的 Cr^{3+} 的波长处发荧光，散射来自激光器的电磁能，吸收来自激光器的电磁能，或者以某种其他方式防止足够的能量到达 TGO，这可能会模糊 PLPS 光谱中的感兴趣的峰，重要的是确定 TBC 的一部分是否包括污染物或 TBC 表面上的污染物层，并且如果存在污染物，则在执行 PLPS 测量之前从 TBC 的表面去除污染物，因此，使用 PLPS 测量技术时应当去除不会显著损害 TBC 和下面的制品的污染物，使得制品可以在估计剩余寿命之后继续使用。

基于上述认识的基础上，劳斯莱斯公司在 WO2011060404A 的专利文件中公开了如下用于估计 TBC 的剩余寿命的系统和技术：使用无损检测技术 PLPS，即使用激光来激发存在于氧化铝（Al_2O_3）热生长氧化物（TGO）层中的 Cr^{3+} 离子的荧光，Cr^{3+} 离子在两个不同的峰处发荧光，TGO 中的机械应力可能导致 Cr^{3+}:Al_2O_3 的晶体结构变形，导致 Cr^{3+} 荧光峰的波长偏移。可以形成 TGO 中的应力（如由荧光峰的偏移所指示的）与 TBC 的剩余寿命之间的关系，因此可以用来测量 TGO 中的应力，并且通过上述关系可以用于估计 TBC 的剩余寿命。

该专利还进一步公开了激光诱导击穿光谱（LIBS）是可用于在对热生长氧化物（TGO）执行光致发光压电光谱（PLPS）之前从 TBC 表面去除污染物的一种方法。LIBS 可以有助于基本上实时地监测所移除的材料的化学组成。LIBS 可以用于基本上仅去除污染物，而对下面的 TBC 的影响最小。用于确定何时停止从 TBC 移除材料的一种技术是从烧蚀材料收集的光谱与从参考衬底收集的参考光谱之间的互相关。同一系统既可以用于执行 LIBS 以去除杂质也可以用 PLPS 测量 TGO 中的应力。

2.US2021180191A1　该专利使用光致发光压电光谱（PLPS）系统完成光谱采集和数据处理，用于通过压电光谱应力评估的损伤识别，并使用 α-Al_2O_3 的 R 线发射通过比较探测区域上的稀土发射光谱来获得光谱特征、强度比、应力定量和其他数据。如图 5-3-3-9 所示，所述系统 520 包括光纤收集光谱仪 524，作为收集探针或检测器，在来自激光器 528 的 15mW、532nm 激光激发下操作。收集探针 524 具有 7.5mm 的焦距、2.2mm 的景深、0.27 的数值孔径和 200μm 的光斑尺寸。探针 524 能够使用 XYZ 平台 536 在样品 532 的表面上快速扫描，其中收集探针 524 和激光支撑件 540 安装在 XYZ 平台上。控制器 541 与 XYZ 台 536、激光器 528 和作为光谱仪 524 的检测器一起操作，用于协调它们的操作功能并收集和处理数据。

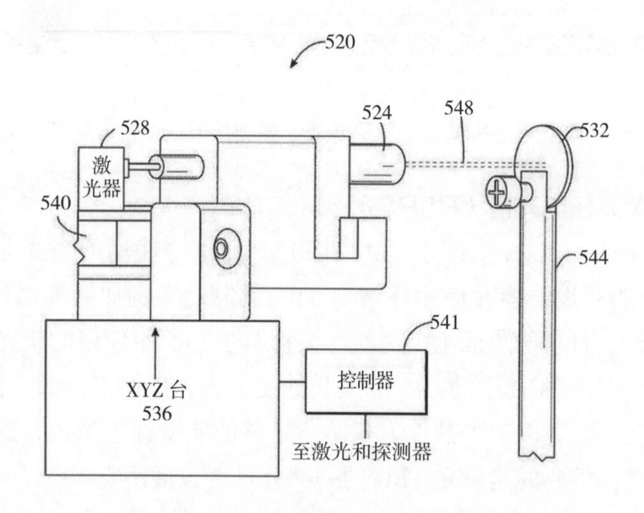

图 5-3-3-9　光致发光压电光谱系统

（六）太赫兹时域光谱无损检测（THz-TDS）

1.US2006222777A　加利福尼亚大学申请了上述专利，该专利中公开了太赫兹时域光谱无损检测技术，其可以对热障涂层进行检测。具体技术为：一种用于识别基底中的化学和结构不规则性的方法，包括：提供包括多个点并具有化学或结构变化的样品；提供太赫兹扫描仪，太赫兹扫描仪包括：至少一个太赫兹源，至少一个太赫兹源产生沿着太赫兹光束路径行进的太赫兹光束，以及至少一个太赫兹检测器，其中当太赫兹光束在与样品的多个点中的一个点相互作用之后被至少一个太赫兹检测器检测到时，太赫兹扫描仪产生特征信号；以及当太赫兹光束未被样品拦截时，太赫兹扫描仪产生参考信号；获得样本的多个点中的至少一个点的特征信号和参考信号；从由特征信号提供的特征数据集中提取一个或多个特征，并且从由参考信号提供的参考数据集中提取一个或多个对应的参考特征；其中特性特征和对应参考特征中的至少一个选自由以下组成的列表：特性信号的峰值强度、平均强度、延迟、脉冲宽度、光谱功率、相位及其任何组合；使用机器学习数据分析模型分析特性特征和对应的参考特征，以找到关于样品的化学和/或结构信息；以及识别特性特征与对应参考特征之间的不规则性或差异，以识别样品中的化学或结构变化。

2.WO2024033945A　TERALUMEN SOLUTIONS PVT LTD 公司在 2024 年公开了上述专利技术，该技术涉及一种太赫兹成像装置（100），包括：安装在激光驱动器（101）上的至少一个激光源（102），其中激光源被配置为产生光学输入；至少一个光纤耦合器（103），其被配置为分离或组合来自激光源（102）的信号；发射器（104），其包括由信号发生器偏置的太赫兹天线，并且被配置为从光纤耦合器（103）接收激光束以发射太赫兹辐射；至少一对光学元件（106A、106B），至少一对光学元件（106A、106B）被配置成接收来自发射器（104）的太赫兹辐射并将太赫兹辐射朝向定位在焦点处的样品（107）引导，其中使用适于在可见光谱内可视化焦点的激光模块（111）将样品定位在焦点处；深度传感器（112），深度传感器（112）被定位成与太赫兹天线相邻并且被配置成获得样品距发射器（104）的距离；用于捕获可见光谱内的图像的 RGB 相机（105），其被配置为限定样本的扫描区域；太赫兹天线中的检测器（110），检测器（110）被配置为接收来自光纤耦合器的激光束和来自样品的反射光束以形成太赫兹图像。利用上述太赫兹成像系统可以对热障涂层（TBC）厚度进行无损测量。

第四节　结语和展望

热障涂层在航空发动机上的应用已有近 30 年的历史。本章对热障涂层的主流制备技术和新型陶瓷层陶瓷进行了阐述；结合重点专利梳理了 TBCs 制备技术的发展趋势和新型热障涂层材料研究的热点方向。热障涂层未来可能的研究方向主要有以下几个方面：

1. 耐高温、隔热和抗烧结的热障涂层陶瓷材料的开发和研究。在材料方面，传统的 YSZ 通过多元素掺杂改性材料已经接近该体系材料的极限，已经很难大幅提升其性能，迫切需要发展新一代的耐高温、高隔热、抗烧结热障涂层陶瓷层材料，其中如 $Gd_2Zr_2O_7$、$LaMgAl_{11}O_{19}$ 高熵稀土陶瓷材料等新型材料表现出了优异的性能，是目前研究的热点；在结构方面，多层陶瓷结构材料能较好地解决单层材料在严苛应用环境下造成的破坏，还可以很好地解决隔热、抗氧化、抗烧结、耐腐蚀等难题，但是由于不同体系陶瓷材料之间的物理性质差异，其界面失效是该技术走向实际应用迫切需要解决的问题。

2. 可靠经济的热障涂层制备工艺的探索和研究。目前，实际生产主要使用传统的 APS 和 EB-PVD，以及新兴的 PS-PVD 制备陶瓷面层，HVOF 制备金属粘结层。APS 的工作条件是大气环境，较 EB-PVD 沉积速度快，生产效率高，但是涂层孔隙率高，抗热震性能较差；

EB-PVD 的工作条件是高真空，制备的涂层致密度好，抗热震性能好，但是制备效率较低；HVOF 只能提供 2000℃左右的高温，火焰长且粗，适合用来制备熔点较低的金属粘结层，沉积效率高，减少粘结层的氧化。而 PS-PVD 是在结合 APS 和 EB-PVD 的优势基础之上发展而来，能有效提高沉积速率同时增强涂层抗热震性能。为此，接下来的方向应继续开发制备涂层的新方法，将粉体材料的性能发挥到极致，同时不断改进现有热障涂层制备方法，让新方法在保持现有制备方法优点的同时，减少缺点，或者将不同涂层制备方法相结合，达到性能最优化。

3. 降低成本。随着发动机技术的不断发展、推重比的不断提高，高性能热障涂层对经济性要求的不断提高，低成本成为复合材料应用中必需关注的问题。针对现有材料体系，应加大工艺创新力度，提升自动化制造水平，进一步降低复合材料部件制造成本。对于新材料的研发，应重视材料性能、工艺和经济性的协调。此外，还要统筹复合材料的系列化发展，实现统标统型，多措并举提升复合材料的经济性。

第四章

境外重点申请人分析

根据第二章的分析，美国、日本、韩国、德国、英国等是目前境外研究高性能热障涂层技术最为发达的国家，其中，通用电气公司（General Electric Company）、西门子公司（SIEMENS AG）、联合技术公司（United Technologies Corporation）、三菱重工（Mitsubishi Heavy Industries，Ltd.）、劳斯莱斯（Rolls-Royce）是申请量排名前五位的公司。在本章中，将主要选取美国通用电气公司、德国西门子公司和日本三菱重工三位申请人，对其研发概况、技术重点和主要专利等方面进行梳理和分析。

第一节　通用电气公司

一、公司概况

通用电气公司（下称 GE）是世界上最大的多元化服务性公司，从飞机发动机、发电设备到金融服务，涉猎极广，其中最主要的还是由航空、医疗和能源三大业务集团构成。基于 80 年的燃气轮机技术传承，GE 拥有丰富的燃气轮机产品组合。GE HA 级燃气轮机已实现了多个行业内第一，并创造了两项世界纪录。与此同时，GE 还在氢能和低热值燃料运行方面提供业内经验丰富的燃气轮机系列产品，其中超过 75 台燃气轮机在数十年的应用中，累计运行小时数已超过 600 万小时。

在航空发动机和燃气轮机的热障涂层领域，自 1976 年，自美国 NASA 刘易斯研究中心成功验证了将陶瓷热障涂层用于 J75 涡喷发动机涡轮工作叶片上，普惠公司（PW）又相继开发质量分数为 7% 的氧化钇部分稳定的氧化锆（YSZ）的陶瓷面层以及相应的耐氧化的低压等离子喷涂（LPPS）的 NiCoCrAlY，上述结构能够有效消除叶片蠕变疲劳、断裂和叶型表面抗氧化陶瓷的剥落，使其寿命比未喷涂该涂层叶片的寿命延长了 3 倍。

在上述研究工作的基础上，GE 旗下的 GE Aerospace（GEAE）公司在 20 世纪 80 年代末又开发出新的等离子喷涂热障涂层技术，并于 90 年代初应用到航空发动机涡轮导向叶片上；同时，在 90 年代初开发了物理气相沉积的热障涂层技术，并在发动机上进行了大量的试验验证；在 90 年代中后期应用到了发动机涡轮工作叶片和导向叶片上。

不仅如此，其还在 CF6-50 发动机的第 2 级涡轮导向叶片上，采用了真空等离子喷涂的 MCrAlY 粘结层和空气等离子喷涂的陶瓷层的热障涂层；在 CF6-80 发动机的第 1 级工作叶片上，采用 PtAl 粘结层和电子束物理气相沉积的陶瓷层的热障涂层，第 2 级涡轮导向叶片采用了空气等离子喷涂的MCrAlY粘结层（铝化的）和空气等离子喷涂的陶瓷层的热障涂层；在CFM56-7发动机的第1级涡轮导向叶片上，采用了铝粘结层和电子束气相沉积的陶瓷层的热障涂层；在F414发动机上，采用了电子束物理气相沉积的陶瓷层的热障涂层，在涡轮进口温度不变的情况下，与未采用该涂层的叶片相比，使冷却空气量减少10%，或寿命延长80%，或冷却空气量保持不变，使涡轮进口温度提高84 K。在GE90发动机上，采用了TBC-1热障涂层，并计划在GE90-120+发动机上采用PW公司在GP7200发动机上采用的合金和热障涂层。

GEAE公司在20世纪90年代后期又开发出新型热障涂层，并进行了大量的试验验证工作。在UEET研究计划中，开发出了防止MX4与热障涂层粘结层相互作用的技术，开发和验证了热障涂层的寿命估算模型。与未采用该涂层的叶片相比，预计GE90发动机高压涡轮叶片采用第4代单晶合金MX4和TBC-2热障涂层后，性能将大大提高，寿命将延长4倍，维护费用将大大降低。

二、技术研究重点

通过对专利数据库进行检索并筛选，GE从20世纪70年代至今共申请专利近600项，由于早期申请量较低，年均申请量均在个位数，因此，图5-4-1-1中仅统计了20世纪90年代之后的历年申请量。不仅如此，由于2022年和2023年的专利申请存在未完全公开的情况，故本节所列图表中这两年的相关数据不代表这两个年份的全部申请。

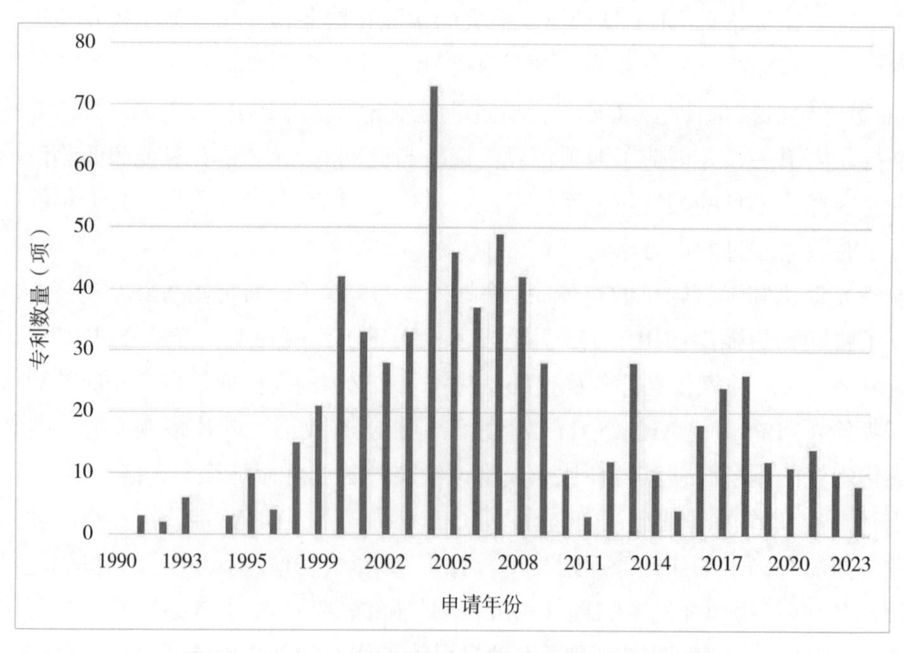

图5-4-1-1　GE在热障涂层领域的历年专利申请量

如图5-4-1-1所示，GE作为境外申请量最大的公司，其申请趋势与第二章中的整体技术发展趋势基本一致，均是在1995—2019年专利在整体上呈现持续增长的态势，且申请量分别在 1995—2007 年和 2013—2019 期间具有两个快速增长期；其中，第二个增长期出现的原因，除了这一时期新材料、新工艺的出现，可能也与 GE 同其他一些公司的密切合作有关：例如，2014 年 11 月 24 日，GE 航空集团和位于意大利帕尔玛的 Turbocoating 公司平股合资成立了先进陶瓷涂层公司（Advanced Ceramic Coating），为喷气发动机采用的陶瓷基复合材料提供热障涂层。ACC 将在 Turbocoating 公司位于美国北卡罗来纳州希科里的基地进行运营，并结合 Turbocoating 公司专有的涂层技术和工业流程以及 GE 航空集团专为陶瓷基复合材料开发的涂层工艺，为制造阶段后期的 GE 高温陶瓷基复合材料生产先进的涂层。

20 多年来，GE 全球研发中心和 GE 工业部门的科学家一直致力于开发陶瓷基复合材料的商业应用。GE 预计，其发动机产品在今后 10 年中对陶瓷基复合材料的需求将增加 10 倍。例如 CFM 的 LEAP 发动机已获得 7700 台订单，每台发动机将采用 18 个陶瓷基复合材料涡轮机罩环作为高压涡轮的静子件，用于引导气流以保证涡轮叶片的效率。LEAP 发动机目前正在进行研发试验，将为新的空客 A320neo、波音 737MAX 和中国商飞的 C919 飞机提供动力，计划于 2016 年投入运营。此外，陶瓷基复合材料还将在未来 10 年中用于 GE 正在开发的新型 GE9X 发动机的燃烧室和高压涡轮部件中。GE9X 发动机将用于双通道波音 777X 飞机。目前，GE9X 发动机的订单量已超过 600 台。

可见，对发动机供应量和需求量的增加激励 GE 在该领域不断前行，2019 年之后随着技术的不断成熟，整体上呈现稳步前进的态势，说明热障涂层相关的材料、结构和工艺等方面已逐渐细化并趋于稳定。

通过对 GE 关于高性能热障涂层技术领域专利的 IPC 主分类号进行统计分析，可以比较准确、及时地获取该领域涉及的主要技术主题和研发重点。图 5-4-1-2 给出了 GE 在热障涂层领域专利申请的技术领域分布，其列出了热障涂层技术相关专利前 10 位的专利技术领域，主要分布在 C23C、F01D、B32B、B05D、C04B、F02C、C09D、F23R、B23K、B23P 这几个小类中，对比第二章中整体的技术研发重点， GE 在 F23R 、B23P 这两个领域有更多的关注，其主要涉及高压或高速燃烧生成物的产生（例如燃气轮机的燃烧室）和金属的加工，这可能与 GE 长期对燃气涡轮机以及热障涂层中合金粘结层的关注有关。

图 5-4-1-3 给出了热障涂层领域的技术功效趋势图，从中可以看到，降低成本、提高效率以及提高寿命和安全性是 GE 研究的主要方向和目标；此外，围绕如避免涂层剥落和降低氧化和侵蚀性等方面，GE 也开展了不少工作，并取得了一定的进展。

GE 在热障涂层方面专利申请量较大，研究分支繁多，下面以该公司在热障涂层方面涉及消除 CMAS 不利影响的专利申请情况，以点带面地了解其专利布局策略、该技术分支发展状况，为国内相关产业或研究团队提供具体的、价值较高的技术情报信息。

GE 关于热障涂层涉及消除 CMAS 不利影响的研究，最早可以追溯到美国专利 US6261643B，至今已有 20 项专利族，总计 55 件专利申请。

其中早期公开的 US6465090B1 和 WO9701436A 的影响力最大，被引用次数分别多达 198 次和 151 次，属于 GE 在该方向研究的基础性专利。

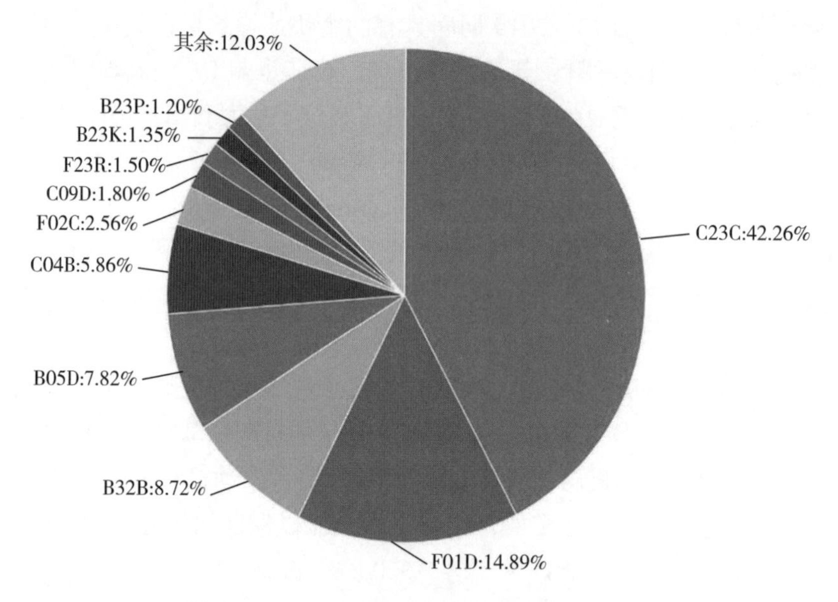

图 5-4-1-2 GE 专利申请的技术领域分布

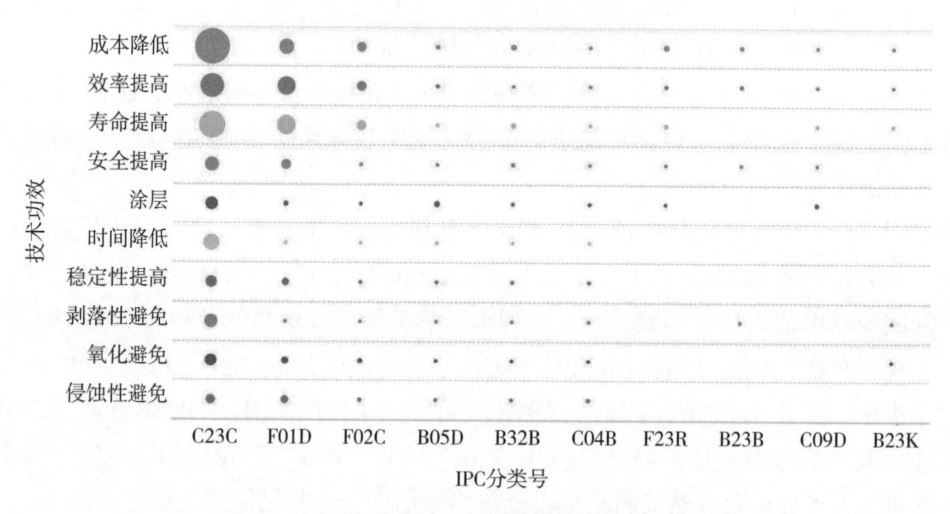

图 5-4-1-3 GE 热障涂层领域的技术功效趋势图

这 20 项专利族中有 14 项专利族是 GE 通过转让的形式获得专利申请权 / 专利权，占总专利族数量的 70%，可以看出 GE 通过公司内部研发和受让他人的专利申请权或是专利权两种手段不断拓展自己的专利疆域，完成专利技术的全面缜密的布局。此外，该 20 项专利族中有 10 项处于授权有效状态（专利族中的同族申请法律状态不一，若有一同族处于授权有效状态则认定该专利族处于授权有效状态，下同），其余 10 项均大都因期限届满处于失效状态（见表 5-4-1-1）。

表 5-4-1-1　GE 公司热障涂层材料涉及消除 CMAS 不利影响的专利

序号	专利号	同族最早公开年份	同族专利件数	法律状态	主题名称
1	WO9701436A	1997	7	失效	具有多个涂层的受保护热障涂层复合材料
2	US6465090B1	2002	1	失效	用于热障涂层的保护涂层及其涂覆方法
3	EP1335040A	2003	4	失效	形成抗沉积物涂层的方法
4	US20040115410A	2004	1	失效	一种氧化钽保护的热障涂层及其制备方法
5	EP1428901A	2004	2	失效	热阻挡涂层含有反应性保护材料和方法
6	EP1335040A	2006	4	失效	形成抗沉积物涂层的方法 以及由此形成的涂层
7	US20060115661A	2006	3	失效	通过牺牲涂层保护热障涂层
8	EP1788122A	2007	2	失效	工艺用于形成热阻挡涂层的耐渗透
9	US20070119713A	2007	1	失效	保护设置在包含空隙的金属基材例如涡轮发动机部件上的热障涂层
10	EP1793011A	2010	1	有效 / 诉讼	形成耐渗透的热障涂层的方法
11	US20080145674A	2008	1	有效	含氧化钇的热障涂层面涂层及其涂覆方法
12	EP2053141A	2009	3	有效	氧化铝 – 基的保护涂层热阻挡涂层
13	US20090110953A	2009	3	无效	处理热障涂层的方法和相关制品
14	US20090169914A	2009	6	有效	包括稀土铝酸盐层的热障涂层系统，用于改善对 CMAS 渗透和涂覆制品的耐受性
15	US20160115818A	2016	1	有效	用于涡轮发动机部件的制品包括基材和设置在基材上的涂层
16	US20160115819A	2016	1	有效	具有涂覆有由包含钙 – 镁 – 铝 – 硅 – 氧化物（CMAS）反应性材料的保护性覆盖涂层组成的涂层的基材的制品
17	US20160177746A	2016	1	有效	一种用于底层金属基底的热障涂层
18	US20170321559A	2017	6	有效	具有粘结层隔热层的隔热层系统
19	US20180371923A	2018	6	有效	用于改进 CMAS 电阻的开槽陶瓷涂层及其形成方法
20	US20210277523A	2021	1	有效	包括渗透涂料和反应相喷雾制剂涂料的涂料体系

三、重要专利

专利作为技术方案的文本，其技术维度的指标不能忽视，其中先进性通常是专利分析的一个重要维度指标。先进性包括了引用与被引用两个指标，其中，被引用（数量）体现的是企业专利中被后来其他专利引用的水平。在各种专利中，倘若一项专利被公开后，能够被行业或产业后续所申请专利多次引用，成为该行业或产业的引路者或奠基者，那么该项专利的高引用率会为企业带来更高的经济价值，通常称该类型的专利为基础性专利或核心性专利。基础性专利或核心专利之所以会有高的引用率是因为该项专利是一个行业或产业新的技术源头，其所包含的技术具有该领域前所未有的技术优势，在新的基础性或核心性专利出现之前，该专利的应用所带来的技术效果无可替代，因而基于此产生的后续专利必须引用该专利，使得该专利的引用率越高。因此，专利的被引证次数可以从一定程度上反映出该项专利是不是基础性或核心性专利以及所包含技术在该行业或产业范围内的重要程度。因此，在本节中，首先对 GE 公司的专利引证情况进行分析，依照专利被引证次数从多到少对其进行了排序，排名前二十位的专利如表 5- 4-1-2 所示。

表 5-4-1-2　GE 公司热障涂层材料及结构领域被引证次数排名前 20 的专利

序号	专利号	被引证次数	同族专利数量	主题名称及技术要点
1	EP0783043A	298	7	在经受颗粒冲击侵蚀和磨损的制品上形成的抗侵蚀热障涂层
2	EP0808913A	220	5	修复燃气涡轮发动机中的热障涂层
3	US20050058534A	180	5	在壁和热障涂层之间平行延伸的流动通道网络，用于携带冷却剂以冷却涂层
4	EP1806435A	165	4	钙镁铝硅酸盐抗渗透热障涂层系统
5	US20030027012A	122	2	低热导率热障涂层系统及其方法
6	US20030157361A	120	2	抗沉积物的热障涂层及其涂覆方法
7	US20050003172A	120	4	将具有限定网格图案的可磨损陶瓷涂层施加到基底
8	US20020141872A	119	2	在没有掩模材料的热障涂层系统内形成微冷却通道的方法
9	US20050170200A	112	2	用于保护燃气涡轮发动机部件的表面的热障涂层
10	US20060280963A	104	8	含硅材料的热 / 环境阻隔涂层系统
11	US20020141868A	98	2	在涡轮机叶片尖端上的冷却的热障涂层
12	US20060222777A	90	1	通过自修复基质防止氧化的复合材料及其制造方法
13	US20090169914A	89	13	包括稀土铝酸盐层的热障涂层系统，用于改善对 CMAS 渗透和涂覆制品的耐受性
14	US20030115941A	89	2	确定内燃机部件和热障涂层的过去使用条件或剩余使用寿命的方法
15	EP605196A	77	6	具有合金结合的燃气涡轮部件的热障涂层及其制备工艺
16	EP1428902A	65	4	一种用于底层金属基底的热障涂层

续表

序号	专利号	被引证次数	同族专利数量	主题名称及技术要点
17	US20090110953A	64	4	处理热障涂层的方法和相关制品
18	US20040256504A	64	2	选择性去除热障涂层系统的层的方法
19	WO9943861A	62	7	多层的粘合层用于一种热阻挡涂层系统和方法
20	US20070119713A	50	2	施加缓解涂层的方法和相关制品

通过对主题名称及其技术要点的分析可知，从20世纪70年代起，GE公司就针对热障涂层的陶瓷表面、金属粘结层以及制备工艺方面进行了深入的研究和专利布局。通过对上述专利的法律状态进行查询，上述大部分近10年专利目前仍处于有效状态或转让状态，不仅如此，早期如EP0783043A、EP0808913A、US20030115941A等专利都维持了发明专利保护的最长期限20年，这说明上述专利在该领域内得到了持续关注，处于基础地位和核心地位，且这些专利申请时间较早；被引频次高，EP0783043A被引频次高达298次，EP0808913A被引频次为220次；这2项专利涉及的技术要点分别涉及通过物理气相沉积技术制备柱状陶瓷层和用于修复制品上的热障涂层的方法，其目的均是提高上述热障涂层的寿命和高温热力学性能，并且尽可能地降低成本。

此外，由于专利具有地域性，因此获得越多国家及地区保护的专利，对应的产品市场往往就越大，该专利的价值也就越高。从表5-4-1-2中可见，上述专利均包含多个同族，US20090169914A这项专利拥有高13个同族专利，结合其高被引次数，足见这项专利在本领域具有举足轻重的价值。

下面就GE公司一些重要专利作一个简单介绍。

1.EP0783043A　在以往的研究中，一方面，对热障涂层抗剥落性的改进，通常会导致其绝缘性能和/或耐侵蚀性和耐磨性的降低，如US4916022公开的一种PVD沉积的柱状YSZ陶瓷涂层，改善陶瓷涂层的抗剥落性，但在实践中显示出陶瓷涂层的耐侵蚀性降低。另一方面，针对陶瓷涂层耐磨性的改进，则会导致其热性能的损害，如US4761346A所公开的一种耐侵蚀涂层，但其不适合用于高压和低压涡轮喷嘴和叶片、护罩、燃烧器衬里和燃气涡轮发动机这些高温部件中。如何同时满足其抗剥落性、耐侵蚀性和耐磨性以及耐热性，是该领域面临的一个重要课题。

为解决上述问题，该专利提供了一种适于在经受恶劣热环境同时经受颗粒和碎屑侵蚀的制品上形成热障涂层，其主要包括在热障涂层内提供应变弛豫的微裂纹或晶界，以赋予陶瓷层柱状晶粒结构、将抗冲击和侵蚀组合物分散在陶瓷层内或覆盖于陶瓷层，以使陶瓷层更耐侵蚀、通过优化涂层的加工步骤以提高涂层的抗冲击性和抗侵蚀性。具体技术为：热障涂层由形成在制品表面上的金属结合层、覆盖结合层的陶瓷层和分散在陶瓷层内或覆盖陶瓷层的耐侵蚀组合物组成；耐侵蚀组合物是氧化铝（Al_2O_3）或碳化硅（SiC），陶瓷层是通过物理气相沉积技术沉积的氧化钇稳定的氧化锆（YSZ），以产生柱状晶粒结构，陶瓷层在沉积期间保持制品静止。

该专利意外地发现，包括氧化铝（Al_2O_3）或碳化硅（SiC）耐侵蚀组合物之一的热障涂层比现有技术的柱状 YSZ 陶瓷涂层低至多约 50% 的侵蚀速率。之前并未有研究将碳化硅作为热障涂层系统的外磨损表面，是因为预期碳化硅与 YSZ 陶瓷层的反应会形成锆石从而会促进陶瓷层的剥落，而该专利惊讶地发现，当以规定的有限厚度沉积时，利用碳化硅作为热障涂层系统的外磨损表面时，碳化硅形成随着陶瓷层的柱状微结构破裂和膨胀的粘附层，因此作为耐侵蚀涂层保留在陶瓷层上，提高了热障涂层的抗剥落性能。

该专利还进一步地指出，通过增加粘结层的光滑度，使其的平均表面粗糙度 R 不大于 2μm，这种结合层的更光滑的表面光洁度促进了陶瓷层的耐侵蚀性；在物理气相沉积技术沉积工艺期间保持部件静止产生更致密但仍然是柱状晶粒结构，并且使得陶瓷层的耐侵蚀性的显著改善。

2.EP0808913A　经受强烈热循环的燃气涡轮发动机的高温部件，在发动机服务期间或在涂覆部件的后涂覆处理期间，不可避免地会出现局部区域热障涂层的剥落，需要对其进行修复。当时的技术中最先进的修复方法是完全去除热障涂层，根据需要恢复或修复结合层表面，然后再涂覆部件。但是，由于热障涂层的抗剥落性能日益提高，因此，其陶瓷层难以去除，尤其对于具有复杂的几何形状的部件而言，加之去除热障涂层的技术通常为喷砂涂层或使涂层在高温和高压下经受碱性溶液腐蚀，而喷砂不仅是劳动密集型工作方式，耗费的工时较长，而且也容易破坏部件，碱性溶液腐蚀不仅需要采用高温和高压下操作的高压釜，而且腐蚀也容易损毁涂层下方的表面。

基于上述热障涂层修复所面临的技术难题，GE 申请的该项专利提供了一种用于修复恶劣热环境的制品上的热障涂层的方法，该方法能够降低修复成本并且可以用于具有复杂结构或是外形的部件，尤其是燃气涡轮发动机的涡轮、燃烧器中使用的部件，该方法仅需要修复制品的损坏或剥落区域，而不需要去除整个热障涂层，特别适用于修复由形成在制品表面上的金属结合层和覆盖结合层的绝缘柱状陶瓷层组成的热障涂层。

该专利公开的具体处理步骤包括：清洁由于局部剥落 20 而暴露的结合层 14，以便去除剥落的陶瓷层的氧化物和残留物 18［见图 5- 4-1-4（a）］；选择性地处理结合层 14，以便使其暴露表面纹理化 22，然后在结合层的表面上沉积陶瓷材料，以便形成完全覆盖结合层的陶瓷修复层 24，在修复层进行沉积时，可以使得其上表面突出到相邻的陶瓷层 16 上方［见图 5- 4-1-4（b）］，然后将修复层研磨到与陶瓷层基本上齐平的高度［见图 5-4-1-4（c）］。

根据该专利所公开的内容，陶瓷修复层并不需要使用与热障涂层最初成型时所采用的沉积柱状陶瓷层相同的技术来沉积，依然能够获得常规所需的热障涂层的热循环寿命。例如，热障涂层最初成型时其陶瓷层是通过物理气相沉积技术沉积在制品上以产生期望的柱状晶粒结构，但是在陶瓷修复阶段，其可以通过等离子体喷涂（PS）技术沉积，虽然其修复层不表现出柱状晶粒结构，但修复后的陶瓷层依然能够表现出与通过物理气相沉积的常规热障涂层的热循环寿命相当的热循环寿命。

GE 公开的该项技术不同于本领域技术人员在当时所认为的需要去除整个原始热障涂层

进行修复的认知和实践，创新性地提出仅修复局部剥落区域，不仅可以降低修复热障涂层部件的时间和成本，而且对于修复涂层的热循环疲劳寿命几乎没有或没有不利影响。

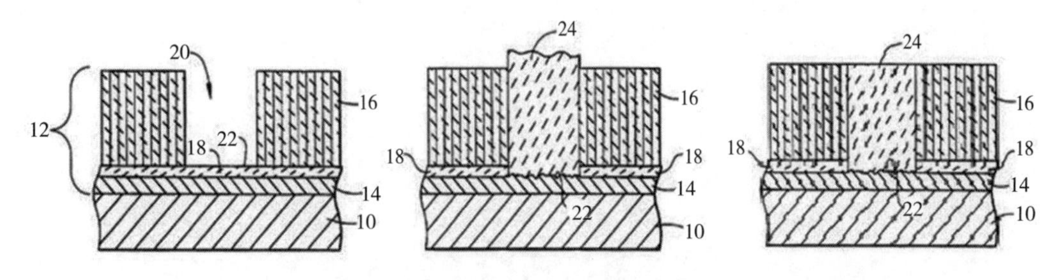

图 5-4-1-4 （a）清洁结合层；（b）沉积陶瓷材料；（c）研磨修复层

3.EP1806435A 在发动机的操作温度下，包括钙、镁、氧化铝、二氧化硅在内的污染物组合物并形成沉积物（称为 CMAS）附着在热障涂层上，在高于约 2240°F 的温度下，这些 CMAS 组合物可变成液体并渗透到 TBC 中，液体 CMAS 的渗透容易破坏 TBC 的顺应性并导致 TBC 过早剥落。

关于 CMAS 劣化问题已经存在多种解决方案，其中包括 GE 在先申请的 US6261643 和 US6465090 所采用的在 TBC 上施加不渗透屏障（如二氧化硅基质中的氧化铝颗粒）或施加牺牲氧化物涂层，直到这些薄的阻挡层被磨损或牺牲地消耗掉。GE 之后的两件专利 US6893750 和 US693066 也给出了其他解决方案，陶瓷热障涂层材料直接施加到覆盖在金属基材上的粘结涂层上，并分别公开了覆盖陶瓷 TBC 的氧化铝 - 氧化锆层或是利用覆盖陶瓷 TBC 的氧化钽层。

上述技术均没有认识到包括镧系添加物的 TBC 涂层可用于保护基材免受 CMAS 渗透，在 GE 随后公开的申请 EP1806435A 中则发现了 TBC 涂层中包括镧系添加物能够保护基材免受 CMAS 渗透。

GE 公开的该专利解决了上述问题：一种用于施加到基材的 CMAS 耐渗透热障涂层系统，包括：施加到基材上的粘合涂层；以及施加在粘结涂层的热障涂层，热障涂层包括基本上由氧化锆组成的内层和施加在内层上的外层，氧化锆用小于 20% 重量的氧化钇部分稳定，外层包含选自由氧化锆和氧化铪组成的组的 IV 族金属的氧化物，氧化物掺杂有有效量的镧系基氧化物，其中镧系基氧化物选自由 La、Ce、Pr、Nd、Pm、Sm、Eu、Gd、Th、Dy 组成的组的氧化物，Ho、Er、Tm、Yb、Lu 及其组合；其中外层与内层的厚度比为约 0.05 ∶ 1 至约 7 ∶ 1。

该热障涂层系统在升高的温度下能够抵抗 CMAS 渗透，但也抵抗在不存在 CMAS 的情况下在升高的温度下的剥落和来自正常发动机操作的过度磨损。

4.US20090169914A 在前述专利 EP1806435A 研究的基础上，GE 又对 CMAS 耐渗透热障涂层进行了改进，同样提供具有两层或两层以上的热障涂层结构，但每层的具体材料不同于前述专利。该专利 US20090169914A 中公开了如下热障涂层系统：一种用于施加到基材的 CMAS 耐渗透热障涂层系统，包括：粘合涂层，粘合涂层覆盖基底并与基底接触；以及覆盖粘结涂层的热障涂层，热障涂层包括：内层，内层包括热障涂层材料，热障涂层材料包括氧化锆和二氧化铪中的至少一种； 以及覆盖内层的至少一部分的顶层，其中顶层包括含稀土铝酸盐的材料，内层和顶层之间可以有过渡层，过渡层可包括稳定的氧化锆组分和含稀土铝酸盐的组分（类似于 TBC 顶层的材料）。

含有稀土铝酸盐的 TBC 顶层在高温范围内通过形成含有稀土硅酸钙的密封反应层提供 CMAS 保护，并且在低温范围内（其中稀土硅酸钙形成缓慢）通过 CMAS 熔点由于顶层的 $Al2O_3$ 含量而增加提供 CMAS 保护。

第二节　西门子公司

一、公司概况

燃气轮机有着极其广泛的应用。它在航空航天、国民经济的电力、能源开采和输送、分布式能源系统等领域中，燃气轮机也有着不可替代的战略地位和作用。经过几十年的发展，燃气轮机已经达到了很高的水平。目前，燃气轮机产业已经高度垄断，形成了以 GE 、西门子公司（下称西门子）、三菱重工、阿尔斯通公司为主的重型燃气轮机产品体系。

西门子自 1948 年自行开发第一台 1000℃水冷型燃气轮机以来，随着技术的发展，形成了三种尺寸功率大小的 V64、V84（60Hz）、V94（50Hz）燃气轮机系列。随着技术的发展进步，这三种机型自 20 世纪 70 年代以来不断地更新换代，分别出现第二代、第三代以及其改进的“3A”系列。1999 年兼并美国西屋后，其 60Hz 和 50Hz 市场的 W501G、W501F 及 V94.3A 产品以其优异的性能指标在世界燃气轮机市场处于领先地位。

其中，热障涂层技术属于高性能燃气轮机制造的关键技术之一，西门子作为前述国际上该领域的巨头公司之一同样经过长期积累发展了热喷涂热障涂层技术，并已经得到广泛应用。例如其 E 级、F 级燃气轮机燃烧室为整体环形结构，由陶瓷隔热瓦和金属隔热瓦组成环形空腔以隔离高温燃气，其中金属隔热瓦上也喷涂了热障涂层，过渡段则采用了内表面喷涂热障涂层的 IN617 合金。

在接下来的章节中，将结合专利技术脉络和重要专利来分析西门子在热障涂层技术领域的发展态势。

二、技术研究重点

通过对专利数据库进行检索并筛选，西门子从 20 世纪 70 年代至今共申请专利约 300 项。如图 5-4-2-1 所示，西门子在 1999—2019 年，历年专利申请均保持一个稳态前行的趋势，并在 2000 年、2007 年、2014 年分别出现了三个申请小高峰，究其原因，可能与其在 1999 年兼并美国西屋后在技术和产业上的成功有关。而在 2019 年之后，西门子的申请量下降较为明显，每年均在 5 件以下，这可能与近几年其在热障涂层领域的研发未有突破性进展有关。

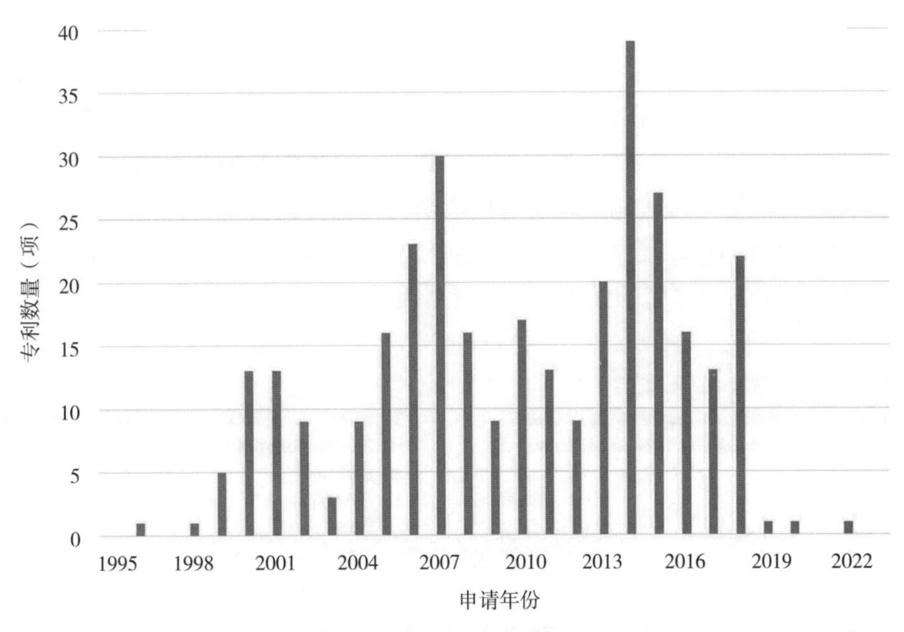

图 5-4-2-1　西门子在热障涂层领域的历年专利申请量

通过对西门子关于高性能热障涂层技术领域专利的 IPC 主分类号进行统计分析，可以比较准确、及时地获取该领域涉及的主要技术主题和研发重点。图 5-4-2-2 给出了西门子在热障涂层领域专利申请的技术领域分布。结果如图 5-4-2-2 所示，其列出了热障涂层技术相关专利前 10 位的专利技术领域，主要分布在 C23C、F01D、B32B、C04B、B23K、B05D、B23P、G01N、B22F、B24C 这几个小类中。

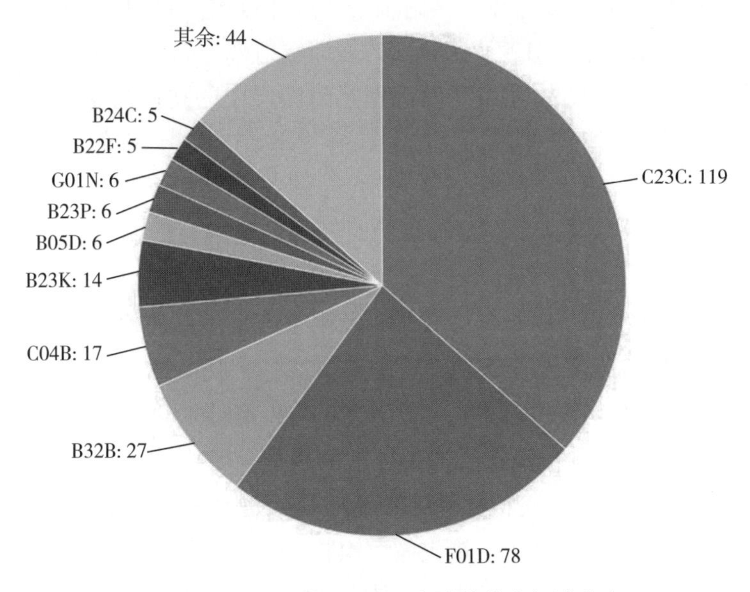

图 5-4-2-2　西门子专利申请的技术领域分布

通过与 GE 的技术研发重点进行对比发现（见图 5-4-2-3），西门子的技术主题构成中在IPC分类号B部的申请量更为集中，相关的如B32B、B23K、B05D、B23P、B22F、B24C，占技术主题分布排名前十位中的六位，由于B部更多地涉及涂层的镀覆、涂布，金属的加工和制造以及微粒材料的喷射等，可见，西门子在热障涂层各层间的涂覆及粘结工艺和表面处理方面有更多的关注，不仅如此，西门子在G01N小类中也有一定量的申请，该小类涉及借助于测定材料的化学或物理性质来测试或分析材料，可见，西门子也非常重视研究涂层的微观结构和性能变化规律，致力于建立科学高效的TBCs体系的失效模型、寿命评估技术和方法，为涂层的优化设计和应用提供有力支持。

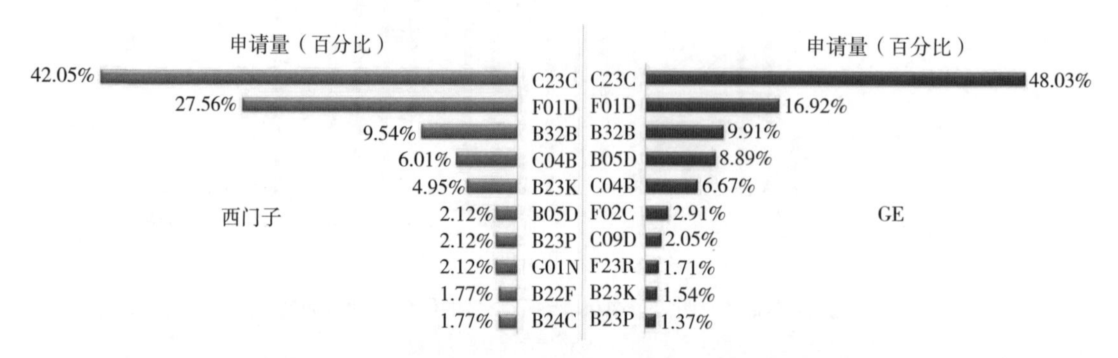

图 5-4-2-3　西门子和GE技术主题分布排名前十位的对比

西门子公司早在2003年左右就申请了一种利用红外热成像器从旋转操作涡轮机部件的检查生成数据的近实时方法（公开号为EP1494020A）的发明专利，旋转操作涡轮机部件具有外部保护性陶瓷热障涂层，外部保护性陶瓷热障涂层可能在腐蚀性高温涡轮机环境中经历降解，方法包括：（A）提供多个红外热成像器，用于在部件旋转时同时获取热障涂层的区域上的多个空间配准的热成像点，其中多个热成像点用于感测由热障涂层的as区域内的热流引起的表面辐射分布；（B）从感测到的表面辐射率分布生成数据，数据具有足够的分辨率以在劣化升级到部件的故障点之前识别热障涂层中的初期劣化；（C）处理数据以生成涂层的区域的图像，以指示热障涂层的初始劣化；（D）评估图像中指示的初始劣化；以及（E）可选地，基于对劣化的评估，近实时地修改涡轮机的运行参数，其中，获取、生成、处理、评估和修改（如果有的话）在足够短的时间段内实现，以避免初期劣化升级到涡轮机部件的故障点。

公开号为US2017359530A的专利公开了一种用于产生位于涡轮机（10）内部的涡轮机部件的红外图像的闪光热成像设备（40）。设备包括具有孔（48）的闪光壳体（46）。闪光源（50）被定位在孔中，其中，闪光源产生对涡轮机部件加热的光脉冲。设备还包括红外传感器（42），其用于检测由涡轮机部件辐射的热能，其中，所辐射的热能通过孔传输到红外传感器以使得能够产生涡轮机部件的红外图像；如图5-4-2-4所示。

可见，上述专利中关于应用红外热成像（IRT）的手段能够实现对燃气轮机涡轮叶片热障涂层实时在线监测，并建立了在线状态评估模型；红外热成像技术是一种基于瞬态热传导的无损检测方法。样品内部缺陷会影响热量传递，导致表面温度分布不均，IRT技术通过红外热像仪记录表面的热像图，识别出样品损伤，具有非常重要的应用价值。

56
40
42
58
计算机
44
48
46
52
58
50
51
58
54
闪光电源

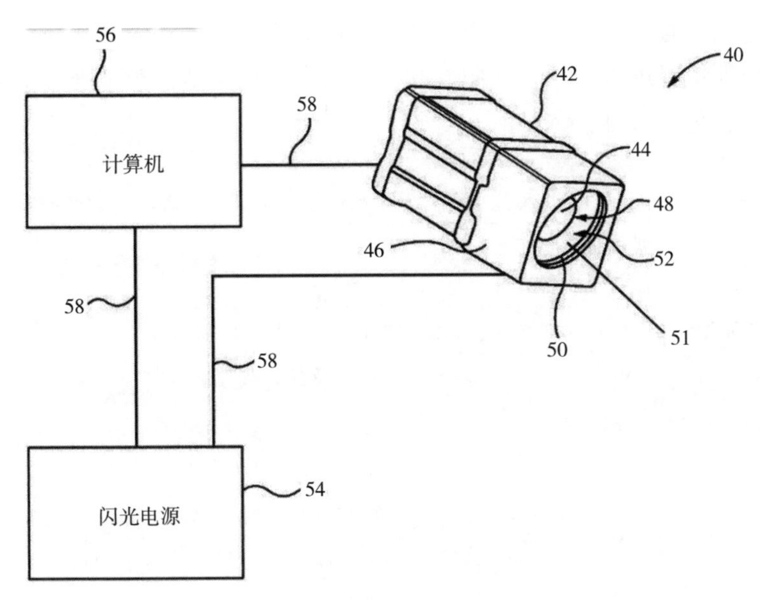

图 5-4-2-4　用于对涡轮机部件成像的闪光热成像设备

进一步的，图 5-4-2-5 给出了西门子热障涂层领域的技术功效趋势图，从中可以看到，与 GE 将降低成本、提高效率放在首位不同的是，西门子更注重提高寿命和安全性；此外，围绕如何提高涂层的稳定性和降低复杂性等方面，西门子也开展了不少工作，并取得了一定的进展。

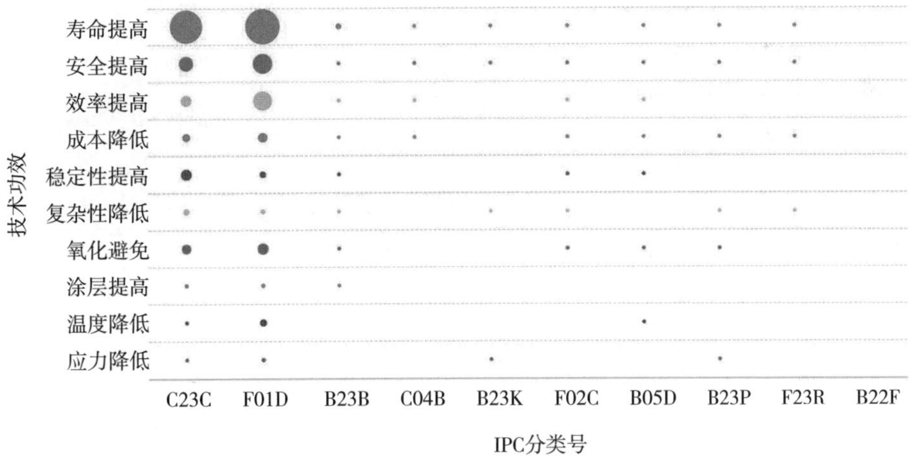

寿命提高
安全提高
效率提高
成本降低
稳定性提高
复杂性降低
氧化避免
涂层提高
温度降低
应力降低
技术功效
C23C
F01D
B23B
C04B
B23K
F02C
B05D
B23P
F23R
B22F
IPC分类号

图 5-4-2-5　西门子热障涂层领域的技术功效趋势图

三、重要专利

如前所述，专利的被引证信息可以识别孤立的专利和活跃的专利，因为这些活跃的专利被大量地在后申请的专利所引证，表明了它们是影响力较大的专利，或是具有更高价值的专利。一定程度上来说，一项专利被引用次数越多，表明对其后发明者所依据的思想越重要，这使得它们更有价值，也反映出该专利申请的重要程度。为此，在本节中，首先对西门子的专利引证情况进行分析，依照专利被引证次数从多到少对其进行了排序，排名前二十位的专利如表 5- 4-2-1 所示。

表 5-4-2-1　西门子热障涂层材料及结构领域被引证次数排名前 20 的专利

序号	专利号	被引证次数	同族专利数量	主题名称及技术要点
1	US20020102360A	225	4	应用冷喷涂技术的热障涂层
2	EP1283278A	184	7	分段热障涂层及其制造方法
3	US20090017260A	181	5	分段热障涂层
4	US20050235493A	171	2	热障涂层的框架内修复
5	US20140099476A	161	8	通过选择性激光烧结和选择性激光熔化不同材料的相邻粉末层来制造热障涂层
6	US20020172799A	133	8	蜂窝结构热障涂层
7	US20050061058A	125	5	利用光纤光栅传感器监测热障涂层温度和应变的方法和装置
8	EP1295964A	88	4	双微结构的热阻挡涂层
9	WO0118274A	87	5	在原位形成多相空气等离子体喷涂的热障涂层
10	WO2007112783A	86	12	用于燃气轮机部件例如涡轮叶片的两层陶瓷热障涂层
11	US20060245984A	74	2	具有金属基体和陶瓷热障涂层材料层的催化元件
12	US20080145629A	71	8	抗冲击热障涂层系统
13	US20090134884A	66	10	通过比较从叶轮叶片反射后的接收波的相位与透射波的相位来确定涡轮叶轮叶片热障涂层厚度的方法
14	US20140263579A	49	6	用放电等离子共烧结形成具有金属钎焊层和陶瓷热障层的共烧结陶瓷 / 金属瓦
15	US20030056520A	42	2	具有作为催化剂基材的热障涂层的催化剂元件
16	WO0009778A	42	8	多层的热阻挡涂层系统
17	US20100224772A	42	2	用于在高温燃烧环境中对旋转涡轮部件进行温度映射的设备和方法
18	US20130052415A	41	7	具有工程表面粗糙度的热障涂层系统的形成方法
19	US20020136884A	41	7	具有改善抗热震性的表面下夹杂物的热障涂层
20	US20090324841A	32	1	近壁冷却涡轮部件的修复方法

通过对主题名称及其技术要点的分析可知，西门子被引证次数高的专利主要集中在 2002—2014 年，这一时期也是该公司技术快速发展的黄金时期。从表中可知，这一时期，西门子就针对热障涂层的结构改进、修复及检测工艺方面进行了深入的研究和专利布局。其中，公开号为 EP1283278A、US20090017260A、US20020172799A、EP1295964A、WO2007112783A、WO0009778A 等专利均涉及如分段结构、蜂窝结构、多层结构等不同结

构类型的热障涂层的制备，公开号为 US20050235493A、US20090324841A 等专利均涉及热障涂层的修复，以及公开号为 US20050061058A、US20090134884A、US20100224772A 等专利则关注对热障涂层无损检测的方法。

下面就西门子一些重要专利作一个简单介绍。

1.US20020102360A　西门子在研究热障涂层制备工艺时敏锐地注意到，现有技术中通常采用的热喷涂工艺施加热障涂层中的粘结涂层，包括低压等离子体喷涂（LPPS）、空气等离子体喷涂（APS）和高速氧燃料（HVOF），这些工艺将处于熔融等离子体状态的 MCrAlY 材料喷涂在超合金基底表面上，由于高温工艺的固有性质而导致显著的孔隙率和在粘结涂层中易形成氧串。此外还发现，来自 MCrAlY 的熔融颗粒的热量的释放和来自热喷涂工艺中使用的高温气体的热量的传递也导致在金属粘合涂层施加工艺期间超合金基底材料的表面温度的显著增加，从而在涂层冷却时容易导致超合金材料中的局部应力。此外，热喷涂沉积后需进行扩散热处理以提供所需的冶金结合强度，但是这种热处理对基底材料的性质具有不利影响。

西门子发现，冷喷涂工艺可以应用于燃烧涡轮发动机部件的热障涂层的粘结涂层，并且能够带来许多工艺的便利操作和对涂层区域的适当控制。通过冷喷涂工艺沉积粘结涂层的步骤，粘结涂层可以在部件的不同区域中具有不同的深度，并且它可以在其整个深度上具有不同的组成，由冷喷涂材料沉积步骤提供的精确控制允许粘结涂层的表面形成有预定的表面粗糙度或多个微脊，以便优化其与上覆陶瓷层的粘结。冷喷涂工艺能够产生基本上没有孔隙和没有氧串的涂层，所以当与现有技术火焰或热喷涂涂层相比时，在部件的操作期间粘合涂层的性能得到改善。

相比于热喷涂形成热障涂层的粘结层而言，用冷喷涂工艺可以减少工艺步骤，从而提高生产效率，例如在粘结层沉积之后不需要高温热处理，使得基底和粘结层之间的初始互扩散区被最小化。此外，生成的粘结层没有孔隙率，为部件提供了致密的抗氧化性和耐腐蚀性。粘结层的材料成分可以沿着涡轮机部件的表面变化，通过仅在部件性能需要的区域施加这种材料成分，能够减少昂贵材料（例如铂）的消耗。粘结层材料成分根据需求变化时无需掩蔽相关区域，从而减少工艺步骤并消除掩蔽区域边缘处的几何不连续性。

虽然冷喷涂工艺在当时属于相对成熟的喷涂工艺，但西门子相对较早地发现冷喷涂工艺形成的粘结层所具备的优点，在该技术之后有一百多项申请也紧随其后，通过冷喷涂工艺改善热障涂层各层的涂覆，足以看出其对于后期技术研发方向的影响之深远。

2.EP1283278A 和 US20090017260A　EP1283278A 和 US20090017260A 两项专利是西门子先后于 2002 年和 2008 年分别向欧洲专利局和美国递交的专利申请，两者均享有两份相同的优先权文件，属于同一个专利族。

EP1283278A 主要涉及一种热障涂层 18（参见图 5-4-2-6），其具有第一施加的底层 20 和上覆的顶层 22，底层 20 具有小于顶层 22 第二密度的第一密度，底层 20 具有高于顶层 22 的孔隙率，基于孔 24 提供的隔热效果，底层 20 的隔热性能也优于顶层 22；孔 24 同时能够提供应变容限，结合顶层 22 的绝缘效应，底层 20 则相对较不易受层间失效（剥落）的影响，该层间失效主要由层的深度上的温度差引起。因为顶层 22 含有相对少量的孔

24，导致顶层 22 不易于致密化和由此产生的可能的层间破坏。

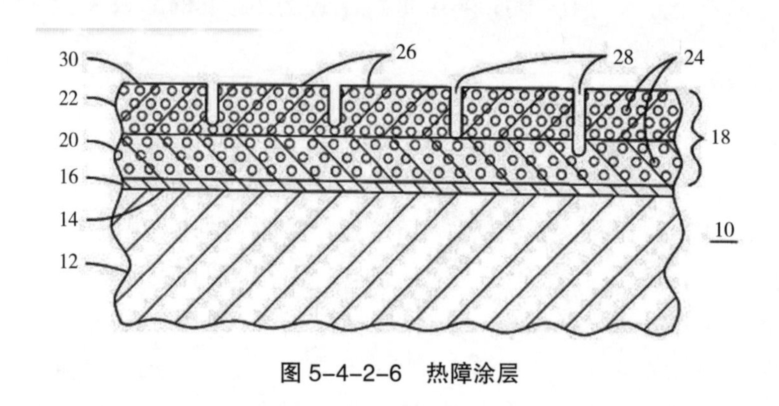

图 5-4-2-6 热障涂层

热障涂层的顶层 22 被分段以在该层中提供附加的应变消除，通过激光雕刻工艺在顶层 22 中形成由多个间隙 28 界定的多个区段 26，间隙 28 允许顶层 22 在其厚度上承受大的温度梯度而不会失效，材料的膨胀 / 收缩可以通过间隙尺寸的变化至少部分地减轻，从而减少每个区段的总存储能量。激光雕刻工艺被控制以将表面开口的尺寸限制为不大于 50μm，以便限制间隙对燃气轮机应用的空气动力学影响。控制激光雕刻工艺以在间隙中形成大致 U 形的底部几何形状 54，以便最小化应力集中效应。

对于热障涂层的陶瓷层进行分段，早在 1998 年 UNITED TECHNOLOGIES CORP 提交的 US5705231A 专利申请就有提出，但西门子在上述专利 EP1283278A 中的技术手段综合了垂直分层、不同的孔隙率以及由激光雕刻工艺形成间隙从而界定区段，从而更好地提供其耐热性、耐磨性和耐侵蚀性。

在上述技术的基础上，西门子 6 年之后又提交了公开号为 US20090017260A 的专利申请，技术内容为：一种热障涂层（TBC），包括衬底；在基板的表面上的第一陶瓷材料的第一层；在第一层上的第二陶瓷材料的第二层，其中对于给定密度，第二陶瓷材料具有比第一陶瓷材料低的热导率；第一层包括内部孔的分布，内部孔的分布提供与第二层相比较低密度的第一层；TBC 包括在衬底远侧的表面中的凹槽图案，凹槽图案限定 TBC 的分段；激光雕刻工艺用于形成从顶表面 78（见图 5-4-2-7）延伸到涂层 72 中的部分深度的连续凹槽 76，凹槽 76 中的各种凹槽被形成在顶表面 78 下方延伸到选定的预定深度 A1、A2 和 A3，以在涂层 72 内形成垂直分段的多层布置，选择这种布置以允许涂层由于使用引起的热应力而在离散的失效平面内剥落。通过定制凹槽 76 的深度和相同深度的凹槽之间的间距 S1、S2、S3，可以迫使在最佳水平发生剥落，从而导致当涂层 72 的上层剥落时暴露出新鲜的未烧结的涂层表面， 以这种方式，涂层 72 的操作寿命可以增加到超过形成有没有凹槽或具有全部具有均匀深度的凹槽的类似涂层的操作寿命，通过选择凹槽深度和间距，使得在已知热梯度期间在涂层 72 中引起的应力将在涂层 72 内的临界深度处（例如在深度 A1 处）达到临界水平。一旦达到临界应力水平，涂层将在临界深度处以大致平面的方式失效，从而暴露涂层 72 的新表面。

由上述两项同族专利可以看出，西门子采用激光雕刻工艺在热障涂层的陶瓷层上进行结构设计，使其具有垂直方向变化的密度、孔隙率以及凹槽图案的凹槽深度或宽度的变化设计，由此在陶瓷层上提供垂直分段的多层布置以允许其由于热应力而在离散的失效平面内剥落。

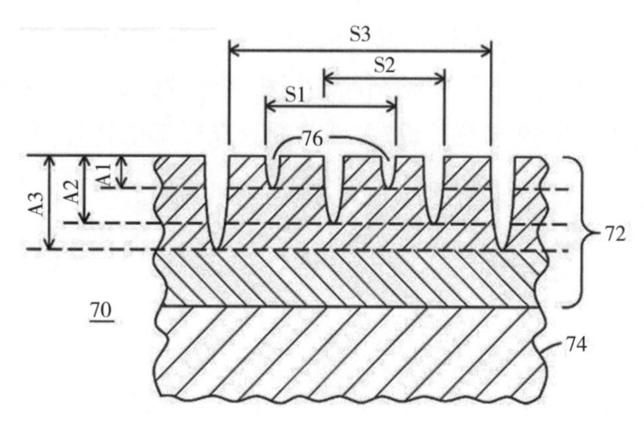

图 5-4-2-7　热障涂层

此后，西门子持续在热障涂层的多段涂层结构上开展研究和改进，于 2018 年公开了 EP3333279A，其通过多孔陶瓷涂层的后续热处理，可以产生分段的多孔涂层；同年，公开了 WO2018103993A，通过将染料施加到分段 TBC，渗透剂保留在段与段之间，可以容易地评估分段 TBC 的微结构；2023 年公开了 WO2023078633A，通过喷涂粒度为 −125μm+45μm 的部分稳定的氧化锆粉末形成陶瓷层下层，由完全稳定的氧化锆产生的分段热障涂层形成陶瓷层上层。

3.US20050235493A　2005 年之前，已经有部分公开的技术能够实现在不需要从燃气涡轮机移除待修复部件或在框架内修复 TBCs 的方法，但通常难以保证热障涂层的寿命。西门子开发了一种执行燃气涡轮机部件的 TBCs 的框内修复的创新系统和方法，其可以提供与在车间环境内再涂覆的部件的使用寿命相当的修复部件的使用寿命或至少大部分的修复部件的使用寿命，在对使用这种创新方法修复的部件进行的实验室测试中，修复部件的使用寿命的范围为 8000 ～ 24 000 个服务操作小时，这是其他提出的框架内方法可能无法实现的使用寿命长度。与需要移除、修理和稍后重新安装部件以实现修复部件的期望使用寿命的常规技术不同，其能够在部件保持安装在燃气涡轮机中或在燃气涡轮机中的框架内的同时执行创新修复方法，可以减少修复所需的时间和成本。

该燃气涡轮机部件的 TBCs 的框内修复系统包括：被用于燃气涡轮发动机内的研磨介质 34（见图 5-4-2-8），以及具有出口端 44 的研磨介质喷射器 36，出口端 44 定位在燃气涡轮 32 内，以选择性地研磨燃气涡轮部件（如叶片 30）的表面的受损局部区域 20；喷雾器 36 包括与介质料斗 56 连通的压缩机 40，用于压缩气体如空气，将介质 34 通过喷雾导管 42 输送到出口 45，在出口 45 处，介质抵靠局部区域 20 排出以磨掉部件的表面的期望部分；喷雾器 36 的出口端 44 可以制成足够小以插入燃气涡轮 32 的封闭部分内，以允许在局部区域 20 处引导研磨介质 34 的喷雾；进一步地，可以提供具有靠近出口 45 设置的入口

50 的返回导管 48，以移除喷射在局部区域 20 上的用过的介质 54 和从局部区域 20 中的部件的表面磨掉的任何碎屑；导管 38 与真空装置 52 流体连通，真空装置 52 提供抽吸以去除用过的介质 54 和碎屑。

该燃气涡轮机部件的 TBCs 的框内修复方法包括（见图 5-4-2-9）：无需移除燃气涡轮机的部件，清洁并粗糙化燃气涡轮机部件的期望表面部分 20；在框架内将 MCrAlY 粘结涂层 68 施加到所需表面部分，而不将粘结涂层沉积在部件的其他表面部分上，使得粘结涂层围绕所需表面部分的周边 69 与热障涂层 12 重叠；在框架内将陶瓷涂层 70 施加到粘结涂层。

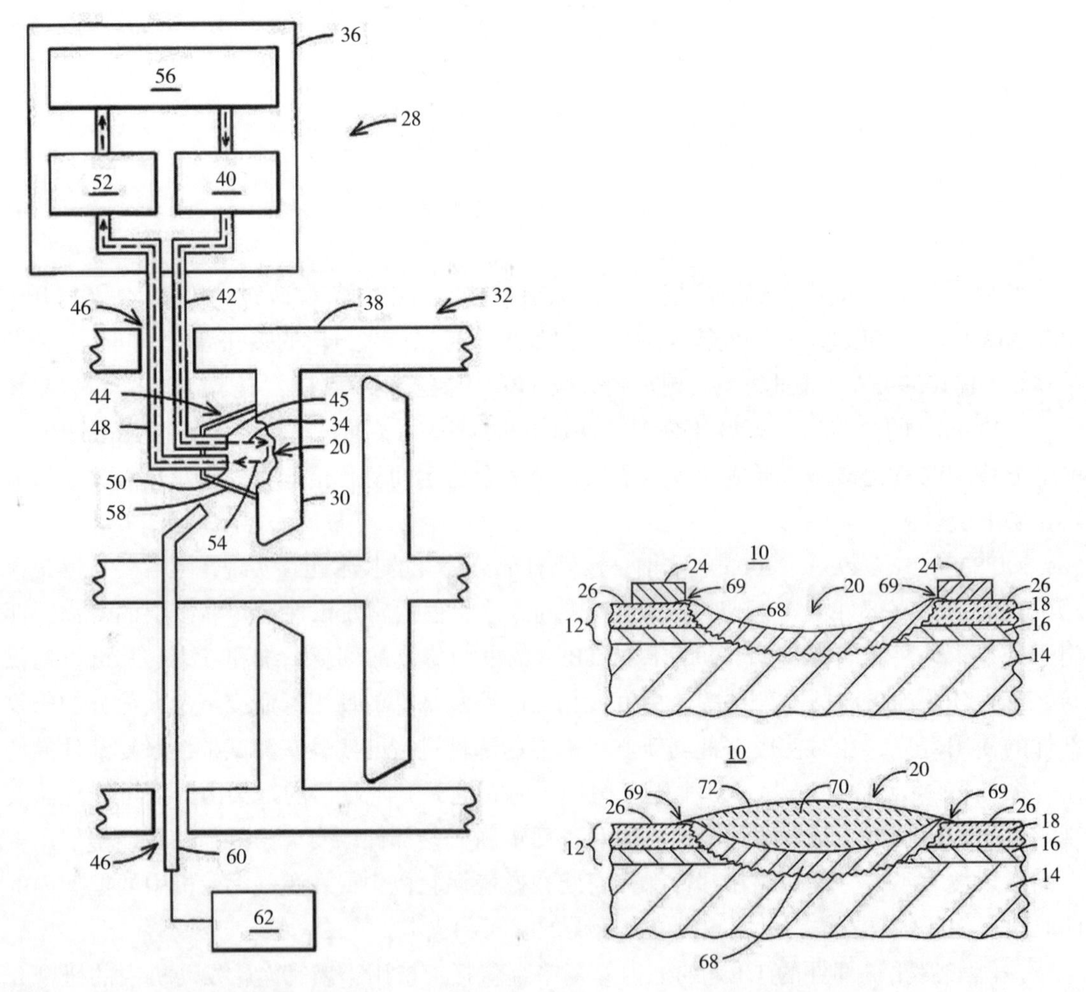

图 5-4-2-8　燃气涡轮机部件的 TBCs 的框内修复系统

图 5-4-2-9　燃气涡轮机部件的 TBCs 的框内修复方法

4.US20140099476A　该专利通过选择性激光烧结和选择性激光熔化不同材料的相邻粉末层来制造热障涂层，如图 5-4-2-10 所示，其将第一（48）、第二（50）和第三（52）相邻粉末层以部件的给定剖面中的相邻最终材料的各自第一、第二和第三区域形状被输送到工作表面（54A）上；第一粉末可以是以翼型基体（30）的截面形状输送的结构性金属；第二粉末可以是以基体上的粘合涂覆层（45）的截面形状输送的粘合涂覆层材料；第三粉末可以是以热障涂层（44）的截面形状输送的热障陶瓷。特定的激光强度被施用至每个层，以熔化或烧结所述层，由此可以通过梯度材料重叠和/或交错突出部在相邻层之间形成集成的界面（57、77、80）。

该方法实现了能够一起利用光束多个激光发射器来产生更宽的条带以减少扫描次数，使得可以通过改变发射器与工作表面的距离来调节激光束的宽度，和/或可以通过可调节透镜、反射镜或掩模来调节光束的尺寸和形状，以更好地限定部件的小的、尖锐的或弯曲的元件，例如圆角，而不减小扫描间隔和光斑尺寸。

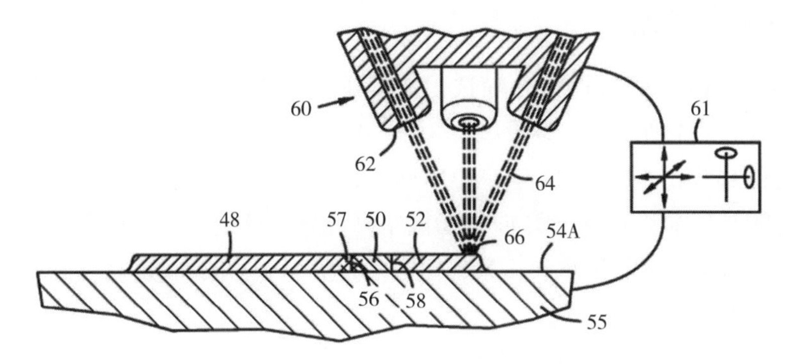

图 5-4-2-10 在工作表面上形成相邻粉末层的粉末输送装置的截面图

第三节 三菱重工

一、公司概况

近20年来，为了保持世界领先地位，西方发达国家的政府和业界制订和实施了长期多层次的燃气轮机技术研究计划，以推动其产品与产业的进一步发展。例如，美国投资4亿美元发起先进涡轮系统（Advanced Turbine System，ATS）计划，欧洲23国联合实施科技合作（Cooperation in Science & Technology Program，COST）计划等。这些计划将材料及其成形研究置于重要地位，如COST计划中的501项目着重对高性能材料及其涂层技术进行开发，使燃气轮机转子/静子叶片等热端部件材料能够承受更高的温度。

日本近年来推出的21世纪高温材料计划（High-Temperature Material 21 Project）为重型燃气轮机用镍基高温合金及其成形技术的进一步发展提供了机会。三菱重工作为日本乃至世界燃气轮机的巨头，其燃气轮机技术是在引进美国西屋公司技术的基础上发展而来。从1984年开始，三菱重工将TBC技术引进到燃烧室，随后又逐渐应用到涡轮。为了满足J级和1700℃燃气轮机工作温度的需求，三菱重工选择开发新型陶瓷涂层作为方向，其最终选取了焦绿石结构和四方相结构两种新型热障涂层材料进行筛选。研究结果显示，新型热障涂层具有更高的高温稳定性，焦绿石结构的热障涂层材料的热导率相对于传统的7YSZ

热障涂层的热导率降低了 20%；四方相结构的热障涂层材料的循环寿命提高了 1 倍还要多。通过在 M501GTV1 上的工业喷涂，经过 10000h 的现场测试后，两种材料结果反馈都非常好。

同 GE 公司和西门子一样，三菱重工同样开发出了材料牌号，并形成了自己的涡轮转子 / 静子叶片材料体系，其于 1994 年开始研发 G 型燃气轮机，首台 60 Hz 的 501G 型机组于 1997 年出厂，紧接着又造出了相同级别 50Hz 的 701G 型机组。G 型机组把燃气初温提高到 1427℃，相应的压气机压比也提高到 20，使简单循环净效率达 39.5%，联合循环净效率达 58%。与 GE 公司、西门子不同的是，前者在其 F 级及以上燃气轮机中普遍采用了单晶叶片和定向柱晶叶片，而三菱重工得益于所掌握的先进冷却技术和热障涂层技术，即使在其最先进的 J 级燃气轮机上，也没有采用单晶叶片，而仅仅采用定向柱晶叶片。

二、技术研究重点

通过对专利数据库进行检索并筛选，三菱重工从 20 世纪 70 年代至今共申请专利约 150 项。如图 5-4-3-1 所示，三菱重工在 1999 年之后至今这段时间，历年专利申请均保持一个稳态前行的趋势，并在 2002 年、2010 年、2017 年前后分别出现了三个申请小高峰，究其原因，可能与日本政府提出的如“21 世纪高温材料计划”等激励政策有关，且在技术上其得益于美国西屋电气的传承和积累，使得其发展势头一直比较稳定。

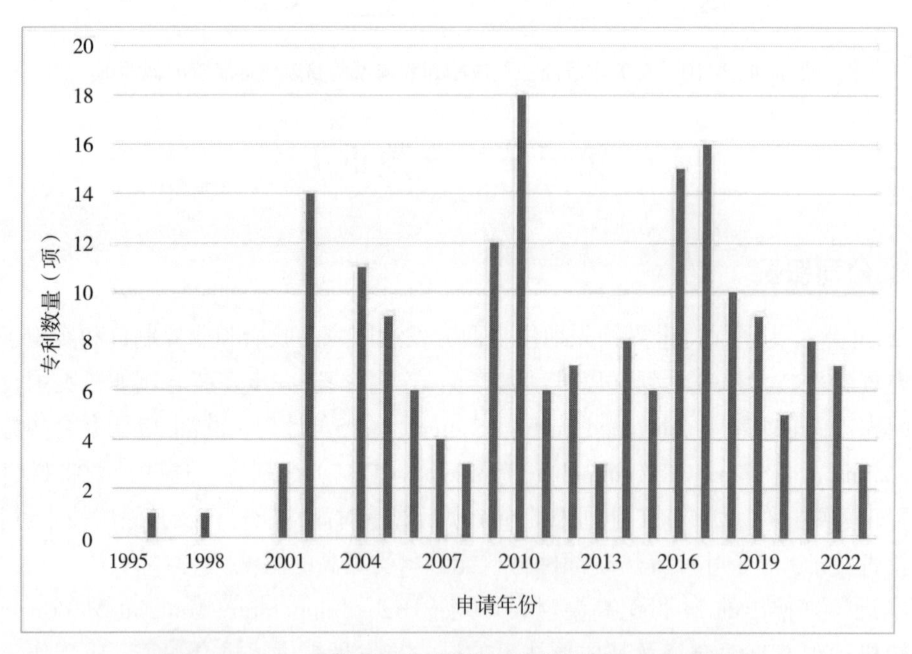

图 5-4-3-1　三菱重工在热障涂层领域的历年专利申请量

通过对三菱重工关于高性能热障涂层技术领域专利的 IPC 主分类号进行统计分析，可以比较准确、及时地获取该领域涉及的主要技术主题和研发重点。图 5-4-3-2 给出了三菱重工在热障涂层领域专利申请的技术领域分布。结果如图 5-4-3-2 所示，其列出了热障涂层技术相关专利前 10 位的专利技术领域，主要分布在 C23C、F01D、F02C、C04B、

G01N、B32B、G01B、C22C、B05D、B24B 这几个小类中。

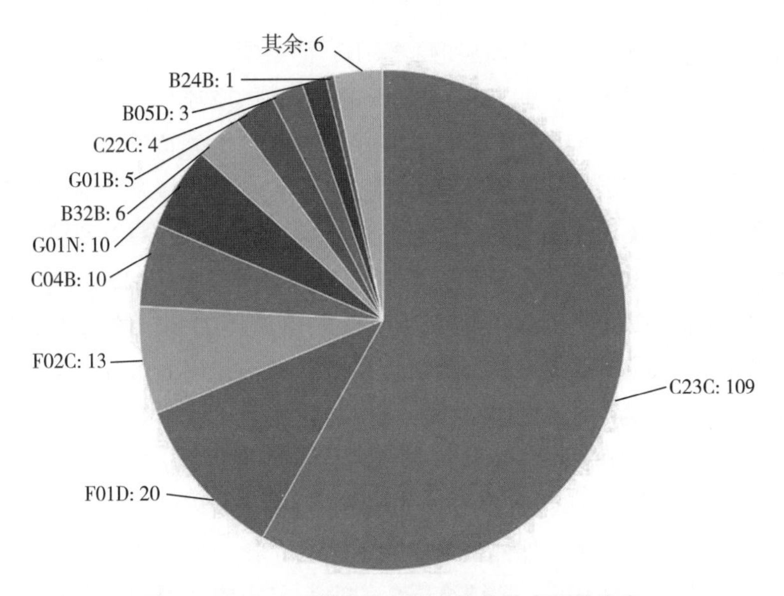

图 5-4-3-2 三菱重工专利申请的技术领域分布

由于三菱重工和西门子的技术都与西屋电气有所关联，因此，通过将三菱重工与西门子的技术研发重点进行对比发现（见图 5-4-3-3），三菱重工的技术主题构成中 C23C 的占比更重，该分类号涉及的内容是“对金属材料的镀覆；用金属材料对材料的镀覆；表面扩散法，化学转化或置换法的金属材料表面处理；真空蒸发法、溅射法、离子注入法或化学气相沉积法的一般镀覆”，即主要与制备工艺相关，可见，三菱重工在制备工艺上的革新和改进上投入的研发比重更大，其在近两年的申请中也不断对相关的制备工艺进行改进。

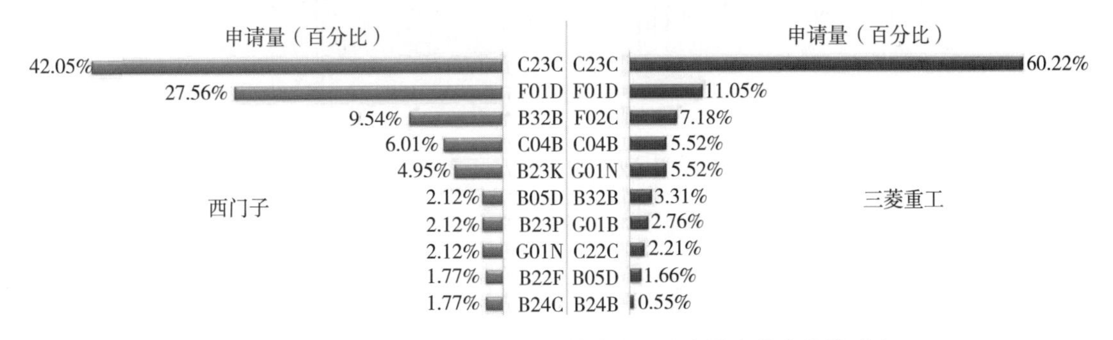

图 5-4-3-3 三菱重工和西门子技术主题分布排名前十位的对比

例如 WO2023248784A 公开的专利中通过对陶瓷粒径和比例的调整，经喷涂得到的热障涂层具有优异的热循环耐久性、低热导率和抑制由于相变产生的裂纹的优点。公开号为 WO2023199725A 公开了用于在热障涂层的粘结涂层上形成顶涂层的步骤，其通过在将面漆层的温度保持在 300 ～ 450℃的同时，使用高速火焰热喷涂对包含陶瓷粉末的悬浮液进行热喷涂来形成面漆层，以形成面漆层（其中，相对于面漆层的横截面面积，未熔化的陶瓷粉末团聚的区域的面积百分比不大于 0.15%）这一方式，得到具有优异的热屏蔽性能和热循环耐久性的热障涂层，并能够降低耐热部件上的热障涂层的成本。相似的，公开号为 WO2023176577A 的专利则在形成面漆层的步骤中，面漆层通过大气压等离子体喷涂包括陶瓷粉末的悬浮液而形成，同时通过以 25 ～ 100ml/min 的供应速率在等离子体火焰周围供应作为冷却流体的水来冷却等离子体火焰的一部分，其喷涂系统如图 5-4-3-4 所示。其使用用于进行大气压等离子体喷镀的喷镀枪 30、用于供给包含外涂层 9 的喷镀材料的粉末的悬浊液 S 的供给部 35，以及用于从等离子体焰 P 的周围供给作为冷却流体的水 W 的冷却流体供给部（水护罩）40 来对外涂层 9 进行施工；冷却流体供给部 40 例如包括配置于比悬浊液 S 的供给部 35 靠等离子体焰 P 的喷射方向上的下游侧的多个喷嘴 41，例如多个喷嘴 41 以包围等离子体焰 P 的周围的方式，沿着以沿着等离子体焰 P 的喷射方向的等离子体焰 P 的假想的中心轴线 AX 为中心的周向配置；冷却流体供给部 40 构成为使来自多个喷嘴 41 的水 W 朝向中心轴线 AX 喷射；通过从冷却流体供给部 40 朝向等离子体焰 P 喷射水 W，在等离子体焰 P 中的以中心轴线 AX 为中心的径向外侧的区域（外侧区域 Ro），等离子体焰 P 的温度降低。因此，存在于外侧区域 Ro 的陶瓷粉末、即外涂层 9 的原料粉末在未熔融的状态下与喷镀对象物的表面（粘结涂层 7 的表面）碰撞，因此不会附着（熔敷）于喷镀对象物的表面。但是，在等离子体焰 P 中的以中心轴线 AX 为中心的径向内侧的区域（内侧区域 Ri），等离子体焰 P 几乎不受水 W 的影响，内侧区域 Ri 的温度几乎不降低。因此，存在于内侧区域 Ri 的外涂层 9 的原料粉末以熔融的状态与粘结涂层 7 的表面碰撞，因此堆积于粘结涂层 7 的表面。

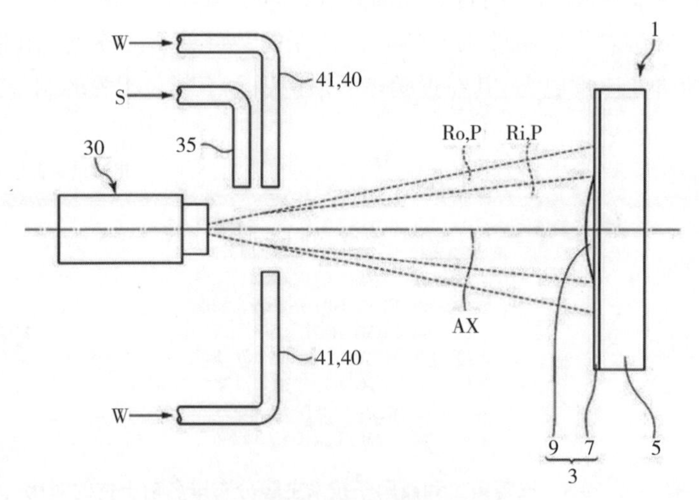

图 5-4-3-4　热障涂层喷涂系统

此外，与西门子不同的是，三菱重工在 F02C、G01B、C22C、B24B 等小类上也具有一定的申请量，其中如 G01B 涉及“长度、厚度或类似线性尺寸的计量；角度的计量；面积的计量；不规则的表面或轮廓的计量”，即说明该公司不仅侧重涂层的物化性能的测试，也对其结构、表面状态等参数比较关注。例如其在 2023 年申请的公开号为 WO2023153037A

的专利中提出一种用于定量诊断对 TBC 的损伤的方法，诊断方法包括：在通过拍摄构件表面而获取的图像中设置诊断对象部分的步骤；用于指定图像中的参考部分的步骤；分别计算诊断对象部分和参考部分的 L*a*b* 值的步骤；计算诊断对象部分的 L*a*b* 值与基准部分的 L*a*b* 值之间的色差的步骤；以及根据色差诊断诊断对象部分的损坏状态的步骤。可见，进一步优化和发展热障涂层的制备技术和检测手段，为涂层的优化设计和应用提供有力支持是三菱重工的重要研发目标。

进一步的，图 5-4-3-5 给出了三菱重工热障涂层领域的技术功效趋势图，之前分析已知，GE 将降低成本、提高效率放在首位不同，西门子更注重提高寿命和安全性，而三菱重工的技术研发重点则是如何提高涂层的耐久性和抗高温及氧化性能；此外，围绕如何提高涂层的稳定性和降低复杂性等方面，三菱重工也开展了不少工作，并取得了一定的进展。

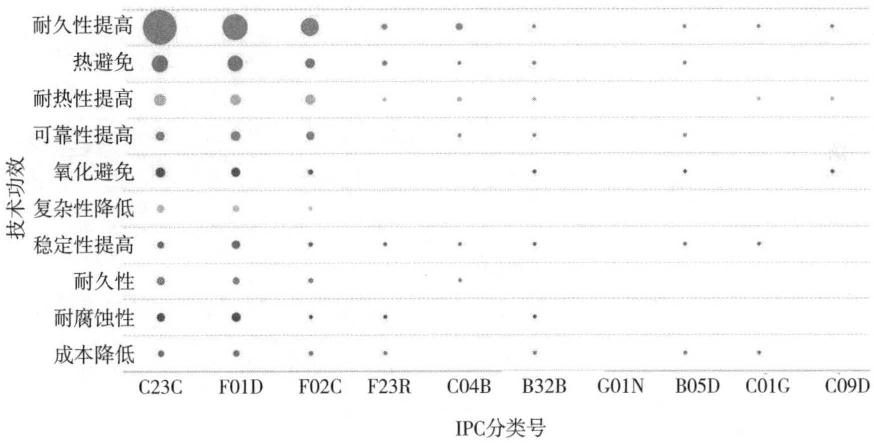

技术功效
耐久性提高
热避免
耐热性提高
可靠性提高
氧化避免
复杂性降低
稳定性提高
耐久性
耐腐蚀性
成本降低
C23C　F01D　F02C　F23R　C04B　B32B　G01N　B05D　C01G　C09D
IPC分类号

图 5-4-3-5　三菱重工热障涂层领域的技术功效趋势图

三、重要专利

与前两节相似，在本节中，首先对三菱重工的专利引证情况进行分析，依照专利被引证次数从多到少对其进行了排序，排名前二十位的专利如表 5- 4-3-1 所示。

表 5-4-3-1　三菱重工热障涂层材料及结构领域被引证次数排名前 20 的专利

序号	专利号	被引证次数	同族专利数量	主题名称及技术要点
1	WO2007116547A	130	14	具有通过向含锆氧化物中添加预定量的氧化钙和氧化镁而形成的含氧化物的陶瓷层
2	EP1319730A	118	11	用于热障涂层材料的金属结合层的耐高温腐蚀合金组合物
3	WO2004085338A	101	9	具有组成为镧、钕、镱、钛、硅、铌和钽的复合氧化物的热障涂膜
4	JP2004156444A	49	1	燃气轮机高温构件的热障涂层劣化诊断方法

续表

序号	专利号	被引证次数	同族专利数量	主题名称及技术要点
5	EP1640477A	65	11	在耐热合金基底表面上形成的粘合涂层上由氧化物基陶瓷形成的顶涂层
6	US20050136249A	42	4	具有热障涂层的耐热制品
7	EP1674663A	87	14	用于涂覆耐热基底的热障涂层材料，包括钐和锆或钆和锆的复合氧化物
8	JP2005163172A	69	6	热障涂层材料，具有在氧化镝和 / 或氧化镱存在下形成的含有部分稳定的氧化锆的金属结合层和陶瓷层
9	JP2003129210A	64	12	用于燃气轮机部件的热障涂层材料包括具有氧化锆和氧化铒的陶瓷层
10	US20050221109A	39	2	热障涂层陶瓷层包含添加有氧化钇作为稳定剂的二氧化锆
11	US20070224443A	35	7	热障涂层的抗氧化涂层及其形成方法
12	JP2010235415A	30	1	用于燃气轮机的涡轮材料的热障涂层材料包含钛钽氧合金
13	JP2006298695A	27	2	具有含特定组成铌和钽的热障涂层材料
14	JP2012172610A	21	2	一种包括抛光致密的热障涂层的制造方法
15	JP07243018A	18	1	表面改性方法用于热障涂层
16	JP2010255121A	15	1	一种用于热障涂层材料的低导热系数化合物的搜寻方法
17	JP07292453A	14	2	用于防止高温氧化的隔热涂层方法
18	JP2004190602A	13	1	热障涂层修复方法
19	JP2009209440A	12	2	在陶瓷层上形成具有耐热微粒和耐热粗粒的颜色调整膜的燃气轮机用热障涂层结构
20	JP2005194599A	11	1	等离子喷涂设备和方法用于检测该装置中的喷雾颗粒的温度

通过对主题名称及其技术要点的分析可知，三菱重工被引证次数高的专利同样主要集中在21世纪最初这十年期间，这一时期也是该领域技术快速发展的黄金时期。从表中可知，这一时期，三菱重工针对热障涂层的改进更偏重于材料组分的调整，此外，如涂层的修复和诊断等工艺也进行了一定的研究和专利布局。

下面就三菱重工一些重要专利作一个简单介绍。

1.WO2007116547A　在该专利中公开了一种热障涂层材料，其具有以下两种通式中的一种，其一是由通式 $A_2Zr_2O_7$（其中，A 表示 La、Nd、Sm、Gd 或 Dy 中的任一种）表示的氧化物中添加了 5 摩尔%～ 30 摩尔%的 CaO 及 5 摩尔%～ 30 摩尔%的 MgO 的至少一种而成的氧化物，且具有 10 体积%以上的烧绿石型结晶结构；其二是由通式 $A'_1B_1Zr_2O_7$（其中，A' 及 B 分别表示 La、Nd、Sm、Gd、Dy、Ce 或 Yb 中的任一种，且 A' 及 B 为彼此不同的元素）表示的氧化物。

上述隔热涂层材料能够抑制在高温下使用时的剥离，而且具有高的隔热效果。

2.EP1319730A　该专利公开了一种耐高温腐蚀合金组合物，除了 Ni 外，包含 0.1% ～ 12%（重量）Co，10% ～ 30% Cr，4% ～ 15% Al，0.1% ～ 5% Y 和 0.5% ～ 10% Re。该合金组合物具有优异的延展性和抗氧化性，降低了施加到层叠在金属结合层上的陶瓷层上的应力，从而防止了陶瓷层和金属结合层的分离，无裂纹的金属结合层具有高耐久性，并且具有高温下的抗氧化性和抗腐蚀性。

3.WO2004085338A　该专利公开了一种新的热障涂层材料，具有衍生自钙钛矿的斜方晶或单斜晶结构，其由组成式 $A_2B_2O_7$ 表示，上述组分元素 A 选自由 La、Nd 和 Sr 组成的组，组分元素 B 选自由 Ti、Si、Nb 和 Ta 组成的组。

在该专利中，通过第一性原理计算可获知，由于上述材料的晶体结构比具有萤石型结构的氧化锆材料或立方烧绿石材料的晶体结构更复杂，因此可以预期它们显示出低热导率，并且由于它们在一个轴向方向上较长，因此可以预期它们显示出高热膨胀率，并且它们被认为是用于热障涂层的合适材料。在此基础上，通过实验证实，使用这些元素可以获得用于形成热膨胀系数大于氧化锆的热膨胀系数并且热导率小于氧化锆的热膨胀系数的热障涂膜。

4.JP2004156444A　该专利公开了一种隔热涂层劣化诊断方法，隔热涂层劣化诊断方法是对施加于燃气轮机用高温构件的隔热涂层的劣化进行诊断的方法，隔热涂层劣化诊断方法包含内部剥离检查、表面元素分析检查以及膜厚测定检查，内部剥离检查通过红外线热成像法来检查隔热涂层的减摩、脱落部、附着物、外部剥离以及内部剥离，所述表面元素分析检查通过荧光 X 射线法来分析所述隔热涂层的表面元素，所述膜厚测定检查通过涡流探伤法来测定所述隔热涂层的膜厚，所述隔热涂层劣化诊断方法基于所述内部剥离检查和所述表面元素分析检查以及 / 或者所述膜厚测定检查的检查结果来诊断所述隔热涂层的劣化。

具体而言，该方法首先采用红外热像仪检测热障涂层内部的剥离，如果结果检测到剥离图案部分，则对剥离图案部分进行荧光 X 射线法的表面元素分析检查和涡流探伤法的膜厚测量检查；如果作为通过红外线热成像法的内部剥离检查的结果没有检测到剥离图案部分，则消除通过荧光 X 射线法的表面元素分析检查，并且进行通过涡流探伤法的膜厚度测量检查以进行确认。

综上，该专利采用无损检测技术准确诊断热障涂层的劣化，提高了燃气轮机的可靠性。

5.EP1640477A　现有技术中，在苛刻的热条件下使用的 TBC 与基板或粘合涂层之间的由于热膨胀差异、由燃气轮机启动和停止时的突然温度变化引起的热应力，以及粘合涂层中的金属组分的氧化在粘合涂层与顶涂层之间的界面上的氧化物层的生长等原因，容易导致发生顶涂层（隔热陶瓷层）的剥落或损坏。

针对上述问题，该专利针对粘结涂层进行了改进，该粘结涂层形成在主要由镍和钴中的至少一种元素组成的耐热合金基底上，其中粘结涂层含有镍和钴、铬和铝中的至少一种，并且还含有 0 ～ 20% 重量范围内的选自钽、铯、钨、硅、铂、锰和硼中的至少一种；由此得到的高温部件具有非常高的隔热陶瓷层耐久性，并且不易受剥落损坏的影响。

第四节 本章小节

本章对三家重点公司——GE、西门子和三菱重工在高性能热障涂层技术领域的申请趋势、研发方向和重点专利进行梳理，通过对该领域主要创新主体的研究，以期探明航空发动机和燃气轮机用先进热障涂层技术信息，改变我国航空航天和工业用热障涂层技术的发展现状，指导我国在该领域的未来发展方向。

在申请趋势方面，GE作为申请量排名第一的境外申请人，申请持续时间长，在本领域一直有专利技术输出，其申请量分别在1995—2007年和2013—2019年期间具有两个快速增长期，这不仅与GE在热障涂层领域针对材料和工艺的不断创新和改进有关，也与其不断加强同其他一些公司的密切合作有关。西门子在1999—2019年，历年专利申请均保持一个稳态前行的趋势，但在2019年之后，其申请量下降较为明显；相较而言，三菱重工在1999年之后至今这段时间，历年专利申请均保持一个稳态前行的趋势，这可能与两个公司侧重的研发领域不同以及政策扶持力度有关。

在研发方向方面，三家公司申请量排名前两位的IPC主分类号均为C23C、F01D，即三家公司的研究主线比较相近，而在其他分支上，各公司则有所侧重，例如，GE在F23R、B23P这两个领域有更多的关注，其主要涉及高压或高速燃烧生成物的产生（如燃气轮机的燃烧室）和金属的加工，且其将降低成本、提高效率放在首位：西门子在涉及涂层的镀覆、涂布，金属的加工和制造以及微粒材料的喷射等的涉及IPC分类号B部的申请量更多，可见，其在热障涂层各层间的涂覆及粘结工艺和表面处理方面有更多的关注，且更注重提高涂层寿命和安全性；三菱重工的技术主题构成中C23C的占比更重，即其在制备工艺上的革新和改进上投入的研发比重更大，其更关注提高涂层的耐久性和抗高温及氧化性能。此外，西门子和三菱重工在研究涂层的微观结构和性能变化规律等领域也有较大的申请量，二者均致力于建立科学高效的TBCs体系的失效模型、寿命评估技术和方法，为涂层的优化设计和应用提供有力支持。

参考文献

[1] Clarke D R, Phillpot S R. Thermal barrier coating materials [J]. Mater Today, 2005（8）:22–29.

[2] 江和甫 . 燃气涡轮发动机的发展与制造技术 [J]. 航空制造技术 ,2007（5）:36–39.

[3] 丁彰雄 . 热障涂层的研究动态及应用 [J]. 中国表面工程 , 1999（2）: 31–37, 51.

[4] Caron P, Khan T. Evolution of Ni–based superalloys for single crystal gas turbine blade applications [J]. Aerosp Sci Technol, 1999, 3（8）: 513–523.

[5] Meier S M, Gupta D K. The evolution of thermal barrier coatings in gas–turbine engine applications [J]. J Eng Gas Turbines Power–Trans ASME, 1994, 116（1）:250–257.

[6] 陈炳贻 . 燃气轮机用热障涂层的进展 [J]. 燃气轮机技术 , 1995, 8:24–27.

[7] 徐惠彬 , 宫声凯 , 刘福顺 . 航空发动机热障涂层材料体系的研究 [J]. 航空学报 , 2000（1）: 8–13.

[8] Clarke D R, Levi C G. Materials design for the next generation thermal barrier coatings [J]. Ann Rev Mater Res, 2003, 33:383–417.

[9] Padture N P, Gell M, Jordan E H. Materials science – Thermal barrier coatings for gas–turbine engine apptications [J]. Science, 2002, 296:280–284.

[10] 瞿志学 . 稀土氧化物热障涂层陶瓷材料的缺陷化学及热物理性能 [D]. 北京 : 清华大学 , 2009.

[11] 张玉娟 , 张玉驰 , 孙晓峰 , 等 . 热障涂层的发展现状 [J]. 材料保护 , 2004, 37（6）: 26 - 29.

[12] 李其连 , 刘怀菲 . 等离子喷涂 Sc_2O_3–Y_2O_3–ZrO_2 热障涂层组织结构和性能研究 [J]. 热喷涂技术 , 2016, 8 （1）: 17–24.

[13] Brandon J R, Taylor R. Phase stability of zirconia–based thermal barrier coatings part II. Zirconia–ceria alloys [J]. Surf Coat Technol, 1991, 46:91–101.

[14] Raghavan S, Wang H, Porter W D, et al. Thermal properties of zirconia co–doped with trivalent and pentavalent oxides [J]. Acta Mater, 2001, 49:169–179.

[15] Zhu D M, Nesbitt J A, Barrett C A, et al. Furnace cyclic oxidation behavior of multicomponent low conductivity thermal barrier coatings [J]. J Therm Spray Technol, 2004, 13:84–92.

[16] 薛召露 , 郭洪波 , 宫声凯 , 等 . 新型热障涂层陶瓷隔热层材料 [J]. 航空材料学报 , 2018, 38（2）: 10 - 20.

[17] 史天杰 , 张鑫 , 彭浩然 , 等 . 热障涂层材料体系研究现状及展望 [J]. 热喷涂技术 , 2023, 15（2）: 1 - 12.

[18] 项建英 , 黄继华 , 陈树海 , 等 . La2Zr2O7 弹性常数及最低热导率的第一性原理计算 [J]. 航空材料学报 , 2012, 32（5）: 1 - 6.

[19] CHI W G, SAMPATH S, WANG H. Microstructure–thermal conductivity relationships for plasma–sprayed yttria–stabilized zirconia coatings [J]. Journal of the American Ceramic Society, 2008, 91(8):2636 - 2645.

[20] 谢敏 , 刘洋 , 李瑞一 , 等 . $Sm_2Zr_2O_7$ 基热障涂层材料研究现状 [J]. 航空制造技术 , 2022, 65 （3）: 51–63.

[21] QU Z. X, WAN C. L, PAN W. Thermophysical properties of rare–earth stannates: Effect of pyrochlore structure [J]. Acta Materialia, 2012, 60（6）:2939–2949.

[22] SCHELLING P K, PHILLPOT S R, GRIMES R W. Optimum pyrochlore compositions for low thermal conductivity [J]. Philosophical Magazine Letters, 2004, 84（2）:127–137.

[23] LIU B, WANG J Y, LI F Z, et al. Theoretical elastic stiffness structural stability and thermal conductivity

of $La_2T_2O_7$（T=Ge, Ti, Sn, Zr, Hf）pyrochlore [J]. Acta Materialia, 2010, 58（13）: 4369–4377.

[24] Schelling P K, Phillpot S R, Grimes R W. Optimum pyrochlore compositions for low thermal conductivity [J]. Philos Mag Lett, 2004, 84: 127–137.

[25] 齐峰，樊自拴，孙冬柏，等．新型热障涂层材料镁基六铝酸镧喷涂粉末的制备 [J]. 材料工程，2006（7）: 14–18.

[26] DHINESHKUMAR S R, DURAUSELVAM M, NATARAJAN S, et al. Enhancement of strain tolerance of functionally graded La $Ti_2Al_9O_{19}$ thermal barrier coating through ultra–short pulse based laser texturing [J]. Surface and Coatings Technology, 2016, 304: 263－271.

[27] FRIEDRICH C, GADOW R, SCHIRMER T. Lanthanum hexaaluminate—A new material for atmospheric plasma spraying of advanced thermal barrier coatings [J]. Journal of Thermal Spray Technology, 2001, 10（4）: 592－598.

[28] BANSALN P, ZHU D. Thermal properties of oxides with magnetoplumbite structure for advanced thermal barrier coatings [J]. Surfaceand Coatings Technology, 2008, 202（12）: 2698－2703.

[29] CAO X Q, ZHANG Y F, ZHANG J F, et al. Failure ofthe plasma–sprayed coating of lanthanum hexaluminate [J]. Journal of the European Ceramic Society, 2008, 28（10）: 1979－1986.

[30] XIE X Y, GUO H B, GONG S K. Mechanical properties of $LaTi_2Al_9O_{19}$ and thermal cycling behaviors of plasma–sprayed $LaTi_2Al_9O_{19}$/YSZ thermal barrier coatings [J]. Journal of Thermal Spray Technology, 2010, 19（6）: 1179－1185.

[31] XIE X Y, GUO H B, GONG S K, et al. Thermal cycling behavior and failure mechanism of $LaTi_2Al_9O_{19}$/YSZ thermal barrier coatings exposed to gas flame [J]. Surface and Coatings Technology, 2011, 205（17）: 4291－4298.

[32] XIE X Y, GUO H B, GONG S K, et al. Hot corrosion behavior of double–ceramic–layer $LaTi_2Al_9O19$/YSZ thermal barrier coatings [J]. Chinese Journal of Aeronautics, 2012, 25（1）: 137－142.

[33] 魏绍斌，陆峰，何利民，等．热障涂层制备技术及陶瓷层材料的研究进展 [J]. 热喷涂技术，2013, 5（1）: 31–37.

[34] 李迪，李享成，朱颖丽，等．稀土锆酸盐热障涂层材料的研究进展 [J]. 耐火材料，2021, 55（3）: 258–263.

[35] KUMAR A, NAYAK S K, BIJALWAN P, et al. Optimization of Mechanical and Corrosion Properties of Plasma Sprayed Low–Chromium Containing Fe–Based Amorphous/Nanocrystalline Composite Coating[J]. Surface and Coatings Technology, 2019, 370: 255–268.

[36] WANG Yu–yan, HAN Yue–xing, LIN Chu–cheng, et al. Effect of Spraying Power on the Morphology of YSZ Splat and Micro–Structure of Thermal Barrier Coating [J]. Ceramics International, 2021, 47（13）: 18956–18963.

[37] SHEN Zao–yu, HE Li–min, XU Zhen–hua, et al. LZC/YSZ DCL TBCS by EB–PVD: Microstructure, Low Thermal Conductivity and High Thermal Cycling Life [J]. Journal of the European Ceramic Society, 2019, 39（4）: 1443–1450.

[38] 刘林涛，张勇，吕海兵，等．EB–PVD 热障涂层粘结层 /TGO 界面性能的研究进展 [J]. 材料导报，2021, 35（S1）: 160–163.

[39] XU Guang–Nan, YANG Li, ZHOU Yi–chun. Acoupled Theory for Deformation and Phase Transformation due to CMAS Infiltration and Corrosion of Thermal Barrier Coatings [J]. Corrosion Science, 2021, 190: 109690.

[40] TANAKA M, LIU Y F, KIM S S, et al. Delamination Toughness of Electron Beam Physical Vapor Deposition（EB–PVD）Y2O3－ZrO2 Thermal Barrier Coatings by the Pushout Method: Effect of Thermal Cycling Temperature [J]. Journal of Materials Research, 2008, 23（9）: 2382–2392.

[41] HUANG Ji-bo, CHU Xin, YANG T, et al. Achieving High Anti-Sintering Performance of Plasma-Sprayed YSZ Thermal Barrier Coatings through Pore Structure Design [J]. Surface and Coatings Technology, 2022, 435: 128259.

[42] YU C，LIU H，ZHANG J，et al. Gradient thermal cycling behavior of a thermal barrier coating system constituted by Ni CoCrAlY bond coat and pure metastable tetragonal nano-4YSZ top coat [J]. Ceramics International，2019，45（12）:15281-15289.

[43] PADTURE N P, SCHLICHTING K W, BHATIA T, et al. Towards durable thermal barrier coatings with novel microstructures deposited by solution-precursor plasma spray [J]. Acta Materialia, 2001, 49: 2251-2257.

[44] 张宝鹏, 朱申, 王宇, 等. 热障涂层典型制备技术研究进展 [J]. 航空制造技术, 2021, 64（13）: 36-44.

[45] LIU M J, ZHANG G, LU Y. H, et al. Plasma spray-physical vapor deposition toward advanced thermal barrier coatings: A review [J]. Rare Metals, 2020, 39（5）: 479 - 497.

[46] 汪刘应, 王汉功. 多功能微弧等离子喷涂技术与应用 [M]. 北京: 科学出版社, 2010.

[47] 杨明, 李玉花, 李明. 热障涂层制备方法的研究现状 [J]. 湖北理工学院学报, 2021, 37（3）: 33-38.

[48] 刘战伟, 朱文颖, 石文雄, 等. 热障涂层无损检测技术进展 [J]. 航空制造技术 ,2016,（4）: 43-47.

[49] 王铁军, 范学领, 孙永乐, 等. 重型燃气轮机高温透平叶片热障涂层系统中的应力和裂纹问题研究进展 [J]. 固体力学学报, 2016, 37（6）: 477 - 517.

[50] 李建超, 何箐, 吕玉芬, 等. 热障涂层无损检测技术研究进展 [J]. 中国表面工程, 2019, 32（2）: 16-26.

[51] 夏际先, 王万里, 周盈涛, 等. 国内燃气轮机热端部件检修技术研究进展 [J]. 安徽电气工程职业技术学院学报, 2022, 27（3）: 81-87.

[52] 郭磊, 高远, 叶福兴, 等. 航空发动机热障涂层的 CMAS 腐蚀行为与防护方法 [J]. 金属学报, 2021, 57（9）: 1184-1198.

[53] 郑凯, 罗志涛, 张辉. 红外热成像技术在 FRP 复合材料 / 热障涂层无损检测应用中的研究现状与进展 [J]. 红外技术, 2023, 45（10）: 1008-1019.

[54] OGAWA K, MINKOV D, SHOJI T, et al. NDE of degradation of thermal barrier coating by means of impedance spectroscopy [J]. Ndt & E International, 1999, 32（3）: 177-185.

[55] 曹枝军，袁建辉，苏怀宇，等. 声发射技术在热障涂层失效机理中的研究进展及展望 [J]. 中国表面工程, 2023, 36（2）: 34-53.

[56] CHRISTENSEN R J, LIPKIN D M, CLARKE D R, et al. Nondestructive evaluation of the oxidation stresses through thermal barrier coatings using Cr^{3+} piezospectroscopy [J]. Applied Physics Letters, 1996, 69（24）: 3754-3756.

[57] 叶东东, 王卫泽. 热障涂层太赫兹无损检测技术研究进展 [J]. 表面技术, 2020, 49（10）: 126-137+197.

[58] 温泉, 李亚忠, 马薏文, 等. 热障涂层技术发展 [J]. 航空动力, 2021（5）: 60-64.

[59] 陈燕, 黄迎燕, 方建国, 等. 专利信息采集与分析 [M]. 北京: 清华大学出版社 ,2006.

[60] Stecura S. Two-layer thermal barrier coating for turbine airfoils-fumace and burner rig test results. NASA TM X-3425, National Aeronautics and Space Administration, 1976.

[61] WITZ G, SCHAUDINN M, SOPKA J, et al. Development of advanced thermal barrier coatings with improved temperature capability [J]. Journal of Engineering for Gas Turbines and Power, 2017, 139（8）: 081901.

[62] 高元明, 马文, 冯雪英, 等. 热障涂层材料制备技术的研究进展及失效分析 [J]. 陶瓷学报, 2024,

45（02）: 248-268.

[63] 周益春，刘奇星，杨丽，等．热障涂层的破坏机理与寿命预测 [J]. 固体力学学报，2010, 31（05）: 504-531.

[64] 徐庆泽，梁春华，孙广华，等．境外航空涡扇发动机涡轮叶片热障涂层技术发展 [J]. 航空发动机，2008,（03）: 52-56.

[65] 邹兰欣，常辉，高明浩，等．地面重型燃气轮机及其热障涂层的研究进展与发展趋势 [J]. 中国表面工程，2024, 37（01）: 18-40.

[66] Motoc A M, Valsan S, Slobozeanu A E, et al. Design, fabrication, and characterization of new materials based on zirconia doped with mixed rare earth oxides: Review and first experimental results [J]. Metals, 2020, 10（6）: 746.

[67] Yang Z, Zhang P, Pan W, et al. Thermal and oxygen transport properties of complex pyrochlore RE2InTaO7 for thermal barrier coating applications [J]. Journal of the European Ceramic Society, 2020, 40（15）: 6229-6235.

[68] Guskov A V, Gagarin P G, Guskov V N, et al. Heat capacity and thermal expansion of lanthanum hafnate [J]. Russian Journal of Inorganic Chemistry, 2021, 66: 1017-1020.

[69] Xie X Y, Guo H B, Gong S K, et al. Lanthanum-titanium-aluminum oxide: a novel thermal barrier coating material for applications at 1300℃ [J]. J Eur Ceram Soc, 2011, 31（9）: 1677.

[70] DONG Yu, REN Ke, LU Yong-hong, et al. High-Entropy Environmental Barrier Coating for the Ceramic Matrix Composites [J]. Journal of the European Ceramic Society, 2019, 39（7）: 2574-2579.

[71] SCHULZ U, TERRY S G, LEVI C G. Microstructure and texture of EB-PVD TBCs grown under different rotation modes [J]. Materials Science and Engineering: A, 2003,360（1/2）: 319-329.

[72] KUMAR V, KANDASUBRAMANIAN B. Processing and design methodologies for advanced and novel thermal barrier coatings for engineering applications [J]. Particuology, 2016, 27: 1-28.

[73] 翁一武，闻雪友，翁史烈．燃气轮机技术及发展 [J]. 自然杂志，2017, 39（1）: 43-47.

[74] 程玉贤，王璐，袁福河．航空发动机涡轮叶片热障涂层应用的关键技术和问题 [J]. 航空制造技术，2017, 534（15）: 534-567.

[75] Okajima Y, Kudo D, Okaya N, et al. 三菱重工地面燃气轮机热障涂层研究进展 [J]. 热喷涂技术，2014, 6（3）: 56-62.

[76] 崔耀欣，汪超，何磊，等．重型燃气轮机先进热障涂层研究进展 [J]. 航空动力，2019,（2）: 66-69.